图灵程序设计丛书

The Definitive Guide to HTML5

HTML5 权威指南

[美] Adam Freeman 著
谢廷晟 牛化成 刘美英 译

人民邮电出版社
北京

图书在版编目（CIP）数据

HTML5权威指南 /（美）弗里曼（Freeman, A.）著；谢廷晟，牛化成，刘美英译. -- 北京：人民邮电出版社，2014.1
（图灵程序设计丛书）
书名原文：The definitive guide to HTML5
ISBN 978-7-115-33836-5

Ⅰ．①H… Ⅱ．①弗… ②谢… ③牛… ④刘… Ⅲ．①超文本标记语言－程序设计－指南 Ⅳ．①TP312-62

中国版本图书馆CIP数据核字（2013）第281438号

内 容 提 要

《HTML5 权威指南》是系统学习网页设计的权威参考图书。本书分为五部分：第一部分介绍学习本书的预备知识和 HTML、CSS 和 JavaScript 的最新进展；第二部分讨论 HTML 元素，并详细说明了 HTML5 中新增和修改的元素；第三部分阐述 CSS，涵盖了所有控制内容样式的 CSS 选择器和属性，并辅以大量代码示例和图示；第四部分介绍 DOM，剖析如何用 JavaScript 操纵 HTML 内容；第五部分讲解 Ajax、多媒体和 canvas 元素等 HTML5 高级特性。

本书面向初学者和中等水平 Web 开发人员，是牢固掌握 HTML5、CSS3 和 JavaScript 的必读之作。

◆ 著　　　[美] Adam Freeman
　 译　　　谢廷晟　牛化成　刘美英
　 责任编辑　李松峰
　 责任印制　焦志炜

◆ 人民邮电出版社出版发行　北京市丰台区成寿寺路 11 号
邮编　100164　电子邮件　315@ptpress.com.cn
网址　http://www.ptpress.com.cn
固安县铭成印刷有限公司印刷

◆ 开本：800×1000　1/16
印张：53
字数：1 252千字
2014 年 1 月第 1 版
2025 年 3 月河北第 27 次印刷

著作权合同登记号　图字：01-2012-0711号

定价：129.00元
读者服务热线：(010)84084456　印装质量热线：(010)81055316
反盗版热线：(010)81055315

版 权 声 明

Original English language edition, entitled *The Definitive Guide to HTML5* by Adam Freeman, published by Apress, 2855 Telegraph Avenue, Suite 600, Berkeley, CA 94705 USA.

Copyright © 2011 by Adam Freeman. Simplified Chinese-language edition copyright © 2014 by Posts & Telecom Press. All rights reserved.

本书中文简体字版由Apress L. P.授权人民邮电出版社独家出版。未经出版者书面许可，不得以任何方式复制或抄袭本书内容。

版权所有，侵权必究。

致　谢

　　感谢 Apress 出版社的全体工作人员，他们为本书出版付出了艰辛的劳动。尤其感谢负责本书流程的 Jennifer Blackwell（她还包容了我拒绝使用 SharePoint）、策划本书的 Ewan Buckingham，以及编辑本书的 Ben Renow-Clarke。此外，感谢 Kevin、Andy、Roger、Vanessa、Lori、Ralph、Kim 和 Marilyn，感谢他们审阅本书并对文字进行润色。

目 录

第一部分 开篇

第1章 HTML5 背景知识 ... 1
- 1.1 HTML 的历史 ... 2
  - 1.1.1 JavaScript 出场 ... 2
  - 1.1.2 浏览器战争的结束 ... 3
  - 1.1.3 插件称雄 ... 3
  - 1.1.4 语义 HTML 浮出水面 ... 3
  - 1.1.5 发展态势：HTML 标准滞后于其使用 ... 4
- 1.2 HTML5 简介 ... 4
  - 1.2.1 新标准 ... 4
  - 1.2.2 引入原生多媒体支持 ... 5
  - 1.2.3 引入可编程内容 ... 5
  - 1.2.4 引入语义 Web ... 6
- 1.3 HTML5 现况 ... 6
  - 1.3.1 浏览器对 HTML5 的支持情况 ... 6
  - 1.3.2 网站对 HTML5 的支持情况 ... 6
- 1.4 本书结构 ... 6
- 1.5 HTML5 的更多信息 ... 7
- 1.6 小结 ... 7

第2章 准备工作 ... 8
- 2.1 挑选浏览器 ... 8
- 2.2 挑选 HTML 编辑器 ... 9
- 2.3 挑选 Web 服务器 ... 9
- 2.4 获取 Node.js ... 9
- 2.5 获取示例代码 ... 10
- 2.6 小结 ... 10

第3章 初探 HTML ... 11
- 3.1 使用元素 ... 12
  - 3.1.1 了解本章用到的元素 ... 13
  - 3.1.2 使用空元素 ... 14
  - 3.1.3 使用自闭合标签 ... 14
  - 3.1.4 使用虚元素 ... 14
- 3.2 使用元素属性 ... 16
  - 3.2.1 一个元素应用多个属性 ... 16
  - 3.2.2 使用布尔属性 ... 16
  - 3.2.3 使用自定义属性 ... 17
- 3.3 创建 HTML 文档 ... 17
  - 3.3.1 外层结构 ... 18
  - 3.3.2 元数据 ... 19
  - 3.3.3 内容 ... 19
  - 3.3.4 父元素、子元素、后代元素和兄弟元素 ... 20
  - 3.3.5 了解元素类型 ... 20
- 3.4 使用 HTML 实体 ... 21
- 3.5 HTML5 全局属性 ... 21
  - 3.5.1 accesskey 属性 ... 21
  - 3.5.2 class 属性 ... 22
  - 3.5.3 contenteditable 属性 ... 25
  - 3.5.4 contextmenu 属性 ... 25
  - 3.5.5 dir 属性 ... 26
  - 3.5.6 draggable 属性 ... 26
  - 3.5.7 dropzone 属性 ... 26
  - 3.5.8 hidden 属性 ... 26
  - 3.5.9 id 属性 ... 28
  - 3.5.10 lang 属性 ... 29
  - 3.5.11 spellcheck 属性 ... 29

```
    3.5.12  style 属性 ·········································· 30
    3.5.13  tabindex 属性 ···································· 30
    3.5.14  title 属性 ············································ 31
  3.6  有用的 HTML 工具 ······································ 32
  3.7  小结 ······························································ 32

第 4 章  初探 CSS ················································ 33
  4.1  定义和应用样式 ············································ 33
    4.1.1  了解本章所用的 CSS 属性 ···················· 34
    4.1.2  使用元素内嵌样式 ································ 34
    4.1.3  使用文档内嵌样式 ································ 35
    4.1.4  使用外部样式表 ···································· 37
  4.2  样式的层叠和继承 ········································ 40
    4.2.1  浏览器样式 ············································ 40
    4.2.2  用户样式 ················································ 41
    4.2.3  样式如何层叠 ········································ 42
    4.2.4  用重要样式调整层叠次序 ···················· 42
    4.2.5  根据具体程度和定义次序解决
           同级样式冲突 ········································ 43
    4.2.6  继承 ························································ 46
  4.3  CSS 中的颜色 ················································ 48
  4.4  CSS 中的长度 ················································ 49
    4.4.1  绝对长度 ················································ 50
    4.4.2  相对长度 ················································ 51
  4.5  其他 CSS 单位 ·············································· 56
    4.5.1  使用 CSS 角度 ······································ 56
    4.5.2  使用 CSS 时间 ······································ 57
  4.6  测试 CSS 特性的支持情况 ·························· 57
  4.7  有用的 CSS 工具 ·········································· 57
    4.7.1  浏览器样式报告 ···································· 57
    4.7.2  用 SelectorGadget 生成选择器 ············ 58
    4.7.3  用 LESS 改进 CSS ······························· 59
    4.7.4  使用 CSS 框架 ······································ 59
  4.8  小结 ······························································ 59

第 5 章  初探 JavaScript ····································· 60
  5.1  准备使用 JavaScript ······································ 61
  5.2  使用语句 ························································ 62
  5.3  定义和使用函数 ············································ 63
    5.3.1  定义带参数的函数 ································ 63
    5.3.2  定义会返回结果的函数 ························ 64

  5.4  使用变量和类型 ············································ 65
    5.4.1  使用基本类型 ········································ 66
    5.4.2  创建对象 ················································ 67
    5.4.3  使用对象 ················································ 69
  5.5  使用 JavaScript 运算符 ································ 73
    5.5.1  相等和等同运算符 ································ 73
    5.5.2  显式类型转换 ········································ 76
  5.6  使用数组 ························································ 78
    5.6.1  使用数组字面量 ···································· 79
    5.6.2  读取和修改数组内容 ···························· 80
    5.6.3  枚举数组内容 ········································ 80
    5.6.4  使用内置的数组方法 ···························· 81
  5.7  处理错误 ························································ 81
  5.8  比较 undefined 和 null 值 ··························· 83
    5.8.1  检查变量或属性是否为
           undefined 或 null ································· 85
    5.8.2  区分 null 和 undefined ························ 85
  5.9  常用的 JavaScript 工具 ································ 86
    5.9.1  使用 JavaScript 调试器 ························ 86
    5.9.2  使用 JavaScript 库 ································ 86
  5.10 小结 ······························································ 87

第二部分  HTML 元素

第 6 章  HTML5 元素背景知识 ························· 90
  6.1  语义与呈现分离 ············································ 90
  6.2  元素选用原则 ················································ 91
    6.2.1  少亦可为多 ············································ 91
    6.2.2  别误用元素 ············································ 91
    6.2.3  具体为佳,一以贯之 ···························· 91
    6.2.4  对用户不要想当然 ································ 92
  6.3  元素说明体例 ················································ 92
  6.4  元素速览 ························································ 92
    6.4.1  文档和元数据元素 ································ 92
    6.4.2  文本元素 ················································ 93
    6.4.3  对内容分组 ············································ 94
    6.4.4  划分内容 ················································ 95
    6.4.5  制表 ························································ 95
    6.4.6  创建表单 ················································ 96
    6.4.7  嵌入内容 ················································ 96
```

6.5 未实现的元素	97
6.6 小结	97

第 7 章 创建 HTML 文档 … 98

7.1 构筑基本的文档结构	99
7.1.1 DOCTYPE 元素	99
7.1.2 html 元素	99
7.1.3 head 元素	100
7.1.4 body 元素	101
7.2 用元数据元素说明文档	102
7.2.1 设置文档标题	102
7.2.2 设置相对 URL 的解析基准	103
7.2.3 用元数据说明文档	104
7.2.4 定义 CSS 样式	108
7.2.5 指定外部资源	112
7.3 使用脚本元素	116
7.3.1 script 元素	117
7.3.2 noscript 元素	123
7.4 小结	125

第 8 章 标记文字 … 126

8.1 生成超链接	127
8.1.1 生成指向外部的超链接	128
8.1.2 使用相对 URL	129
8.1.3 生成内部超链接	129
8.1.4 设定浏览环境	130
8.2 用基本的文字元素标记内容	131
8.2.1 表示关键词和产品名称	131
8.2.2 加以强调	132
8.2.3 表示外文词语或科技术语	133
8.2.4 表示不准确或校正	134
8.2.5 表示重要的文字	135
8.2.6 为文字添加下划线	136
8.2.7 添加小号字体内容	137
8.2.8 添加上标和下标	138
8.3 换行	139
8.3.1 强制换行	139
8.3.2 指明可以安全换行的建议位置	141
8.4 表示输入和输出	142
8.5 使用标题引用、引文、定义和缩写	143
8.5.1 表示缩写	143
8.5.2 定义术语	144
8.5.3 引用来自他处的内容	145
8.5.4 引用其他作品的标题	146
8.6 使用语言元素	147
8.6.1 ruby、rt 和 rp 元素	147
8.6.2 bdo 元素	149
8.6.3 bdi 元素	150
8.7 其他文本元素	152
8.7.1 表示一段一般性的内容	152
8.7.2 突出显示文本	153
8.7.3 表示添加和删除的内容	155
8.7.4 表示时间和日期	156
8.8 小结	157

第 9 章 组织内容 … 158

9.1 为什么要对内容分组	158
9.2 建立段落	159
9.3 使用 div 元素	161
9.4 使用预先编排好格式的内容	163
9.5 引用他处内容	164
9.6 添加主题分隔	166
9.7 将内容组织为列表	169
9.7.1 ol 元素	169
9.7.2 ul 元素	171
9.7.3 li 元素	172
9.7.4 生成说明列表	173
9.7.5 生成自定义列表	174
9.8 使用插图	176
9.9 小结	178

第 10 章 文档分节 … 179

10.1 添加基本的标题	179
10.2 隐藏子标题	182
10.3 生成节	185
10.4 添加首部和尾部	188
10.5 添加导航区域	191
10.6 使用 article	194
10.7 生成附注栏	198

10.8	提供联系信息	201
10.9	生成详情区域	202
10.10	小结	205

第 11 章 表格元素 ... 206

11.1	生成基本的表格	206
11.2	添加表头单元格	209
11.3	为表格添加结构	211
	11.3.1 表示表头和表格主题	212
	11.3.2 添加表脚	214
11.4	制作不规则表格	216
11.5	把表头与单元格关联起来	220
11.6	为表格添加标题	221
11.7	处理列	223
11.8	设置表格边框	228
11.9	小结	230

第 12 章 表单 ... 231

12.1	制作基本表单	232
	12.1.1 定义表单	233
	12.1.2 查看表单数据	234
12.2	配置表单	236
	12.2.1 配置表单的 action 属性	236
	12.2.2 配置 HTTP 方法属性	237
	12.2.3 配置数据编码	237
	12.2.4 控制表单的自动完成功能	239
	12.2.5 指定表单反馈信息的目标显示位置	240
	12.2.6 设置表单名称	242
12.3	在表单中添加说明标签	242
12.4	自动聚焦到某个 input 元素	244
12.5	禁用单个 input 元素	245
12.6	对表单元素编组	246
	12.6.1 为 fieldset 元素添加说明标签	248
	12.6.2 用 fieldset 禁用整组 input 元素	249
12.7	使用 button 元素	250
	12.7.1 用 button 元素提交表单	251
	12.7.2 用 button 元素重置表单	252

	12.7.3 把 button 作为一般元素使用	253
12.8	使用表单外的元素	254
12.9	小结	254

第 13 章 定制 input 元素 ... 255

13.1	用 input 元素输入文字	256
	13.1.1 设定元素大小	256
	13.1.2 设置初始值和占位式提示	258
	13.1.3 使用数据列表	259
	13.1.4 生成只读或被禁用的文本框	262
	13.1.5 指定文字方向数据的名称	263
13.2	用 input 元素输入密码	263
13.3	用 input 元素生成按钮	266
13.4	用 input 元素为输入数据把关	267
	13.4.1 用 input 元素获取数值	268
	13.4.2 用 input 元素获取指定范围内的数值	270
	13.4.3 用 input 元素获取布尔型输入	271
	13.4.4 用 input 元素生成一组固定选项	273
	13.4.5 用 input 元素获取有规定格式的字符串	275
	13.4.6 用 input 元素获取时间和日期	277
	13.4.7 用 input 元素获取颜色值	279
13.5	用 input 元素获取搜索用词	281
13.6	用 input 元素生成隐藏的数据项	282
13.7	用 input 元素生成图像按钮和分区响应图	284
13.8	用 input 元素上传文件	286
13.9	小结	288

第 14 章 其他表单元素及输入验证 ... 289

14.1	使用其他表单元素	289
	14.1.1 生成选项列表	289
	14.1.2 输入多行文字	294
	14.1.3 表示计算结果	296
	14.1.4 生成公开/私有密钥对	297

14.2	使用输入验证 …………… 298	16.4.2	盒模型属性 ……………… 331
	14.2.1 确保用户提供了一个值 …… 299	16.4.3	布局属性 ………………… 332
	14.2.2 确保输入值位于某个范围内 …………………… 300	16.4.4	文本属性 ………………… 332
		16.4.5	过渡、动画和变换属性 …… 333
	14.2.3 确保输入值与指定模式匹配 …………………… 301	16.4.6	其他属性 ………………… 334
		16.5	小结 …………………………… 334
	14.2.4 确保输入值是电子邮箱地址或 URL ………… 303	第 17 章	使用 CSS 选择器（第 I 部分） ……………………… 335
14.3	禁用输入验证 …………… 304	17.1	使用 CSS 基本选择器 ……… 335
14.4	小结 ……………………… 305		17.1.1 选择所有元素 …………… 336
第 15 章	嵌入内容 ………………… 306		17.1.2 根据类型选择元素 ……… 337
15.1	嵌入图像 ………………… 306		17.1.3 根据类选择元素 ………… 338
	15.1.1 在超链接里嵌入图像 …… 308		17.1.4 根据 ID 选择元素 ……… 340
	15.1.2 创建客户端分区响应图 … 310		17.1.5 根据属性选择元素 ……… 341
15.2	嵌入另一张 HTML 文档 …… 313	17.2	复合选择器 …………………… 344
15.3	通过插件嵌入内容 ………… 315		17.2.1 并集选择器 ……………… 344
	15.3.1 使用 embed 元素 ……… 315		17.2.2 后代选择器 ……………… 345
	15.3.2 使用 object 和 param 元素 …… 317		17.2.3 选择子元素 ……………… 347
15.4	object 元素的其他用途 …… 319		17.2.4 选择兄弟元素 …………… 349
	15.4.1 使用 object 元素嵌入图像 … 319	17.3	使用伪元素选择器 …………… 351
	15.4.2 使用 object 元素创建分区响应图 ……………… 320		17.3.1 使用::first-line 选择器 …… 351
			17.3.2 使用::first-letter 选择器 …………………………… 352
	15.4.3 将 object 元素作为浏览上下文环境 …………… 320		17.3.3 使用:before 和:after 选择器 …………………………… 353
15.5	嵌入数字表现形式 ………… 321		17.3.4 使用 CSS 计数器 ……… 354
	15.5.1 显示进度 ………………… 321	17.4	小结 …………………………… 356
	15.5.2 显示范围里的值 ………… 322	第 18 章	使用 CSS 选择器（第 II 部分） ……………………… 357
15.6	其他嵌入元素 …………… 324	18.1	使用结构性伪类选择器 ……… 357
	15.6.1 嵌入音频和视频 ………… 324		18.1.1 使用根元素选择器 ……… 358
	15.6.2 嵌入图形 ………………… 324		18.1.2 使用子元素选择器 ……… 359
15.7	小结 ……………………… 324		18.1.3 使用:nth-child 选择器 …… 363

第三部分 CSS

		18.2	使用 UI 伪类选择器 ……… 364
第 16 章	理解 CSS ………………… 326		18.2.1 选择启用或禁用元素 …… 364
16.1	CSS 标准化 ……………… 326		18.2.2 选择已勾选的元素 ……… 365
16.2	盒模型 …………………… 327		18.2.3 选择默认元素 …………… 366
16.3	选择器简明参考 ………… 328		18.2.4 选择有效和无效的 input 元素 …………………………… 367
16.4	属性简明参考 …………… 329		
	16.4.1 边框和背景属性 ………… 329		

18.2.5 选择限定范围的 input
元素·····················369
18.2.6 选择必需和可选的 input
元素·····················370
18.3 使用动态伪类选择器···············371
18.3.1 使用:link 和:visited 选
择器·····················371
18.3.2 使用:hover 选择器········372
18.3.3 使用:active 选择器·······373
18.3.4 使用:focus 选择器········374
18.4 其他伪类选择器·····················375
18.4.1 使用否定选择器············376
18.4.2 使用:empty 选择器·······376
18.4.3 使用:lang 选择器·········377
18.4.4 使用:target 选择器·······377
18.5 小结······································379

第 19 章　使用边框和背景···············380
19.1 应用边框样式·························380
19.1.1 定义边框宽度···············381
19.1.2 定义边框样式···············382
19.1.3 为一条边应用边框样式···383
19.1.4 使用 border 简写属性····384
19.1.5 创建圆角边框···············385
19.1.6 将图像用做边框············388
19.2 设置元素的背景······················392
19.2.1 设置背景颜色和图像·····392
19.2.2 设置背景图像的尺寸·····394
19.2.3 设置背景图像位置········395
19.2.4 设置元素的背景附着方式···396
19.2.5 设置背景图像的开始位置和
裁剪样式·····················397
19.2.6 使用 background 简写属性···399
19.3 创建盒子阴影·························400
19.4 应用轮廓·······························403
19.5 小结······································405

第 20 章　使用盒模型······················406
20.1 为元素应用内边距···················407
20.2 为元素应用外边距···················409

20.3 控制元素的尺寸······················410
20.3.1 设置一定尺寸的盒子·····412
20.3.2 设置最小和最大尺寸·····413
20.4 处理溢出内容·························414
20.5 控制元素的可见性···················417
20.6 设置元素的盒类型···················419
20.6.1 认识块级元素···············420
20.6.2 认识行内元素···············421
20.6.3 认识行内-块级元素·······422
20.6.4 认识插入元素···············423
20.6.5 隐藏元素·····················426
20.7 创建浮动盒·····························427
20.8 小结······································433

第 21 章　创建布局··························434
21.1 定位内容·······························434
21.1.1 设置定位类型···············435
21.1.2 设置元素的层叠顺序·····437
21.2 创建多列布局·························439
21.3 创建弹性盒布局······················442
21.3.1 创建简单的弹性盒········444
21.3.2 伸缩多个元素···············446
21.3.3 处理垂直空间···············447
21.3.4 处理最大尺寸···············448
21.4 创建表格布局·························450
21.5 小结······································453

第 22 章　设置文本样式···················454
22.1 应用基本文本样式···················454
22.1.1 对齐文本·····················455
22.1.2 处理空白·····················457
22.1.3 指定文本方向···············460
22.1.4 指定单词、字母、行之间的
间距··························461
22.1.5 控制断词·····················462
22.1.6 首行缩进·····················464
22.2 文本装饰与大小写转换············465
22.3 创建文本阴影·························467
22.4 使用字体·······························468
22.4.1 选择字体·····················469

         22.4.2 设置字体大小 470
         22.4.3 设置字体样式和粗细 472
   22.5 使用 Web 字体 473
   22.6 小结 475
第23章 过渡、动画和变换 476
   23.1 使用过渡 477
         23.1.1 创建反向过渡 480
         23.1.2 选择中间值的计算方式 481
   23.2 使用动画 483
         23.2.1 使用关键帧 486
         23.2.2 设置重复方向 488
         23.2.3 理解结束状态 490
         23.2.4 初始布局时应用动画 491
         23.2.5 重用关键帧 492
         23.2.6 为多个元素应用多个动画 493
         23.2.7 停止和启动动画 495
   23.3 使用变换 497
         23.3.1 应用变换 497
         23.3.2 指定元素变换的起点 498
         23.3.3 将变换作为动画和过渡处理 500
   23.4 小结 501
第24章 其他 CSS 属性和特性 502
   24.1 设置元素的颜色和透明度 502
         24.1.1 设置前景色 502
         24.1.2 设置元素的透明度 504
   24.2 设置表格样式 505
         24.2.1 合并表格边框 505
         24.2.2 配置独立边框 507
         24.2.3 处理空单元格 508
         24.2.4 设置标题的位置 509
         24.2.5 指定表格布局 511
   24.3 设置列表样式 512
         24.3.1 设置列表标记类型 513
         24.3.2 使用图像作为列表标记 514
         24.3.3 设置列表标记的位置 515
   24.4 设置光标样式 517
   24.5 小结 518

第四部分 使用 DOM

第25章 理解 DOM 520
   25.1 理解文档对象模型 520
   25.2 理解 DOM Level 和兼容性 522
   25.3 DOM 快速查询 524
         25.3.1 Document 的成员 524
         25.3.2 Window 的成员 525
         25.3.3 HTMLElement 的成员 527
         25.3.4 DOM 里的 CSS 属性 529
         25.3.5 DOM 中的事件 531
   25.4 小结 532
第26章 使用 Document 对象 533
   26.1 使用 Document 元数据 536
         26.1.1 获取文档信息 536
         26.1.2 使用 Location 对象 537
         26.1.3 读取和写入 cookie 541
         26.1.4 理解就绪状态 542
         26.1.5 获取 DOM 的实现情况 543
   26.2 获取 HTML 元素对象 544
         26.2.1 使用属性获取元素对象 545
         26.2.2 使用数组标记获取已命名元素 546
         26.2.3 搜索元素 548
         26.2.4 合并进行链式搜索 550
   26.3 在 DOM 树里导航 552
   26.4 小结 554
第27章 使用 Window 对象 555
   27.1 获取 Window 对象 555
   27.2 获取窗口信息 556
   27.3 与窗口进行交互 558
   27.4 对用户进行提示 559
   27.5 获取基本信息 561
   27.6 使用浏览器历史 561
         27.6.1 在浏览历史中导航 562
         27.6.2 在浏览历史里插入条目 564
         27.6.3 为不同的文档添加条目 566
         27.6.4 在浏览历史中保存复杂状态 567

	27.6.3	替换浏览历史中的条目 ……… 570
27.7	使用跨文档消息传递 ……………… 570
27.8	使用计时器 …………………………… 574
27.9	小结 ………………………………………… 576

第 28 章　使用 DOM 元素 ……………… 577

- 28.1 使用元素对象 ……………………… 577
  - 28.1.1 使用类 …………………………… 579
  - 28.1.2 使用元素属性 ………………… 582
- 28.2 使用 Text 对象 …………………… 586
- 28.3 修改模型 …………………………… 588
  - 28.3.1 创建和删除元素 ……………… 589
  - 28.3.2 复制元素 ……………………… 591
  - 28.3.3 移动元素 ……………………… 592
  - 28.3.4 比较元素对象 ………………… 593
  - 28.3.5 使用 HTML 片段 ……………… 595
  - 28.3.6 向文本块插入元素 …………… 600
- 28.4 小结 ………………………………… 601

第 29 章　为 DOM 元素设置样式 …… 602

- 29.1 使用样式表 ………………………… 602
  - 29.1.1 获得样式表的基本信息 ……… 603
  - 29.1.2 使用媒介限制 ………………… 605
  - 29.1.3 禁用样式表 …………………… 607
  - 29.1.4 CSSRuleList 对象的成员 …… 608
- 29.2 使用元素样式 ……………………… 611
- 29.3 使用 CSSStyleDeclaration 对象 …… 613
  - 29.3.1 使用便捷属性 ………………… 613
  - 29.3.2 使用常规属性 ………………… 616
  - 29.3.3 使用细粒度的 CSS DOM 对象 …………………………… 620
- 29.4 使用计算样式 ……………………… 623
- 29.5 小结 ………………………………… 625

第 30 章　使用事件 ……………………… 626

- 30.1 使用简单事件处理器 …………… 627
  - 30.1.1 实现简单的内联事件处理器 …………………………… 627
  - 30.1.2 实现一个简单的事件处理函数 …………………………… 629

- 30.2 使用 DOM 和事件对象 ………… 630
  - 30.2.1 按类型区分事件 ……………… 633
  - 30.2.2 理解事件流 …………………… 634
  - 30.2.3 使用可撤销事件 ……………… 641
- 30.3 使用 HTML 事件 ………………… 642
  - 30.3.1 文档和窗口事件 ……………… 642
  - 30.3.2 使用鼠标事件 ………………… 643
  - 30.3.3 使用键盘焦点事件 …………… 645
  - 30.3.4 使用键盘事件 ………………… 647
  - 30.3.5 使用表单事件 ………………… 649
- 30.4 小结 ………………………………… 649

第 31 章　使用元素专属对象 ………… 650

- 31.1 文档和元数据对象 ……………… 650
  - 31.1.1 base 元素 …………………… 650
  - 31.1.2 body 元素 …………………… 650
  - 31.1.3 link 元素 …………………… 651
  - 31.1.4 meta 元素 …………………… 651
  - 31.1.5 script 元素 ………………… 651
  - 31.1.6 style 元素 …………………… 652
  - 31.1.7 title 元素 …………………… 652
  - 31.1.8 其他文档和元数据元素 ……… 652
- 31.2 文本元素 …………………………… 652
  - 31.2.1 a 元素 ………………………… 652
  - 31.2.2 del 和 ins 元素 ……………… 653
  - 31.2.3 q 元素 ………………………… 653
  - 31.2.4 time 元素 …………………… 653
  - 31.2.5 其他文本元素 ………………… 654
- 31.3 分组元素 …………………………… 654
  - 31.3.1 blockquote 元素 …………… 654
  - 31.3.2 li 元素 ………………………… 654
  - 31.3.3 ol 元素 ………………………… 654
  - 31.3.4 其他分组元素 ………………… 655
- 31.4 区块元素 …………………………… 655
  - 31.4.1 details 元素 ………………… 655
  - 31.4.2 其他区块元素 ………………… 655
- 31.5 表格元素 …………………………… 655
  - 31.5.1 col 和 colgroup 元素 ……… 655
  - 31.5.2 table 元素 …………………… 656
  - 31.5.3 thead、tbody 和 tfoot 元素 … 656

- 31.5.4 th 元素 ································ 657
- 31.5.5 tr 元素 ································ 657
- 31.5.6 其他表格元素 ·························· 657
- 31.6 表单元素 ·· 657
  - 31.6.1 button 元素 ························· 657
  - 31.6.2 datalist 元素 ······················· 658
  - 31.6.3 fieldset 元素 ······················· 658
  - 31.6.4 form 元素 ······························ 658
  - 31.6.5 input 元素 ···························· 659
  - 31.6.6 label 元素 ···························· 660
  - 31.6.7 legend 元素 ·························· 661
  - 31.6.8 optgroup 元素 ······················ 661
  - 31.6.9 option 元素 ·························· 661
  - 31.6.10 output 元素 ························ 661
  - 31.6.11 select 元素 ·························· 662
  - 31.6.12 textarea 元素 ···················· 663
- 31.7 内容元素 ·· 663
  - 31.7.1 area 元素 ······························ 664
  - 31.7.2 embed 元素 ·························· 664
  - 31.7.3 iframe 元素 ·························· 664
  - 31.7.4 img 元素 ······························· 665
  - 31.7.5 map 元素 ······························ 665
  - 31.7.6 meter 元素 ···························· 665
  - 31.7.7 object 元素 ··························· 666
  - 31.7.8 param 元素 ··························· 666
  - 31.7.9 progress 元素 ······················· 667
- 31.8 小结 ··· 667

第五部分 高级功能

第 32 章 使用 Ajax（第 I 部分） ········ 670
- 32.1 Ajax 起步 ······································· 671
  - 32.1.1 处理响应 ······························ 674
  - 32.1.2 主流中的异类：应对 Opera ···· 675
- 32.2 使用 Ajax 事件 ······························ 677
- 32.3 处理错误 ·· 679
  - 32.3.1 处理设置错误 ······················ 681
  - 32.3.2 处理请求错误 ······················ 682
  - 32.3.3 处理应用程序错误 ··············· 682

- 32.4 获取和设置标头 ······························ 683
  - 32.4.1 覆盖请求的 HTTP 方法 ········· 683
  - 32.4.2 禁用内容缓存 ······················ 685
  - 32.4.3 读取响应标头 ······················ 685
- 32.5 生成跨源 Ajax 请求 ······················· 687
  - 32.5.1 使用 Origin 请求标头 ·········· 690
  - 32.5.2 高级 CORS 功能 ··················· 691
- 32.6 中止请求 ·· 691
- 32.7 小结 ··· 693

第 33 章 使用 Ajax（第 II 部分） ······· 694
- 33.1 准备向服务器发送数据 ··················· 694
  - 33.1.1 定义服务器 ··························· 695
  - 33.1.2 理解问题所在 ······················ 697
- 33.2 发送表单数据 ································· 698
- 33.3 使用 FormData 对象发送表单数据 ····· 701
  - 33.3.1 创建 FormData 对象 ············· 701
  - 33.3.2 修改 FormData 对象 ············· 702
- 33.4 发送 JSON 数据 ······························ 703
- 33.5 发送文件 ·· 705
- 33.6 追踪上传进度 ································· 707
- 33.7 请求并处理不同内容类型 ················ 709
  - 33.7.1 接收 HTML 片段 ··················· 709
  - 33.7.2 接收 XML 数据 ····················· 712
  - 33.7.3 接收 JSON 数据 ···················· 714
- 33.8 小结 ··· 715

第 34 章 使用多媒体 ······························ 716
- 34.1 使用 video 元素 ······························ 717
  - 34.1.1 预先加载视频 ······················ 718
  - 34.1.2 显示占位图像 ······················ 720
  - 34.1.3 设置视频尺寸 ······················ 720
  - 34.1.4 指定视频来源（和格式）······· 721
  - 34.1.5 track 元素 ··························· 724
- 34.2 使用 audio 元素 ······························ 724
- 34.3 通过 DOM 操作嵌入式媒体 ············ 726
  - 34.3.1 获得媒体信息 ······················ 726
  - 34.3.2 评估回放能力 ······················ 728
  - 34.3.3 控制媒体回放 ······················ 730
- 34.4 小结 ··· 733

第35章 使用 canvas 元素（第 I 部分） ································ 734

- 35.1 开始使用 canvas 元素 ············· 735
- 35.2 获取画布的上下文 ··············· 736
- 35.3 绘制矩形 ····················· 737
- 35.4 设置画布绘制状态 ··············· 739
  - 35.4.1 设置线条连接样式 ········· 741
  - 35.4.2 设置填充和笔触样式 ······· 742
  - 35.4.3 使用渐变 ·················· 743
  - 35.4.4 使用径向渐变 ············· 748
  - 35.4.5 使用图案 ················ 751
- 35.5 保存和恢复绘制状态 ············· 753
- 35.6 绘制图像 ····················· 755
  - 35.6.1 使用视频图像 ············· 756
  - 35.6.2 使用画布图像 ············· 759
- 35.7 小结 ························ 761

第36章 使用 canvas 元素（第 II 部分） ································ 762

- 36.1 用路径绘图 ··················· 762
  - 36.1.1 用线条绘制路径 ··········· 763
  - 36.1.2 绘制矩形 ················ 766
- 36.2 绘制圆弧 ····················· 768
  - 36.2.1 使用 arcTo 方法 ··········· 768
  - 36.2.2 使用 arc 方法 ············· 772
- 36.3 绘制贝塞尔曲线 ··············· 773
  - 36.3.1 绘制三次贝塞尔曲线 ······· 773
  - 36.3.2 绘制二次贝塞尔曲线 ······· 775
- 36.4 创建剪辑区域 ················· 777
- 36.5 绘制文本 ····················· 778
- 36.6 使用特效和变换 ··············· 780
  - 36.6.1 使用阴影 ················ 780
  - 36.6.2 使用透明度 ··············· 781
  - 36.6.3 使用合成 ················ 782
  - 36.6.4 使用变换 ················ 784
- 36.7 小结 ························ 786

第37章 使用拖放 ················· 787

- 37.1 创建来源项目 ················· 787
- 37.2 创建释放区 ··················· 791
- 37.3 使用 DataTransfer 对象 ········· 794
  - 37.3.1 根据数据过滤被拖动项目 ··· 796
  - 37.3.2 拖放文件 ················ 797
- 37.4 小结 ························ 801

第38章 使用地理定位 ············· 802

- 38.1 使用地理定位 ················· 802
- 38.2 处理地理定位错误 ············· 805
- 38.3 指定地理定位选项 ············· 807
- 38.4 监控位置 ····················· 809
- 38.5 小结 ························ 810

第39章 使用 Web 存储 ············· 811

- 39.1 使用本地存储 ················· 811
- 39.2 使用会话存储 ················· 815
- 39.3 小结 ························ 819

第40章 创建离线 Web 应用程序 ······ 820

- 40.1 定义问题 ····················· 820
- 40.2 定义清单 ····················· 822
- 40.3 检测浏览器状态 ··············· 827
- 40.4 使用离线缓存 ················· 828
  - 40.4.1 制作更新 ················ 832
  - 40.4.2 获取更新 ················ 832
  - 40.4.3 应用更新 ················ 833
- 40.5 小结 ························ 834

Part 1 第一部分

开 篇

开始探索 HTML5 之前，需要一番准备。下面五章将要介绍本书的结构，说明如何着手 HTML5 开发，并且简要介绍 HTML、CSS 和 JavaScript 的新进展。

第 1 章 HTML5背景知识

HTML（Hypertext Markup Language，超文本标记语言）诞生于20世纪90年代初。我与它的初次邂逅大约是在1993年或1994年，当时我还在伦敦附近一个大学的研究实验室工作。那时浏览器只有NCSA Mosaic这一种，Web服务器的种类也屈指可数。

回想那段日子我们对HTML和万维网的着迷，仍不免有些惊讶。那时我们还得不厌其烦地把"World Wide Web"（万维网）这三个单词全写出来，因为它的知名度还没有那么高，远没有今天这么受人瞩目，还不能只简称其为"Web"。

那时一切都还很简陋。我还记得当时盯着一些慢腾腾加载的宝石图片看的情景。这都是宽带革命之前的事，整个大学享有的带宽大致与如今的一部移动电话相当。不过我们还是很激动。为迎接新时代的到来，大家都在忙着修改课题经费申请。尽管我们上网能做的只是看看另一所大学的咖啡壶图片（这所大学也在伦敦附近，但过去喝杯咖啡却并不近），我们还是有一种强烈的感觉：技术世界已经分为Web诞生前和诞生后两个时代了。

光阴荏苒，在许多用户眼中，Web跟因特网变成了一回事儿，而我们也远远超越了为几张宝石图片就雀跃不已的层次。在此过程中，HTML有过扩充，有过增强，有过扭曲，有过煎熬，见过争斗，见过官司，受过忽视，受过追捧，曾被贬为雕虫小技，也曾被誉为未来之星。待尘埃落定，它已然成为亿万人日常生活不可或缺的一部分。

本书讲述的是HTML5。这是HTML标准的最新版本，意在为这项重要技术带来秩序、条理和改进。曾经的青涩少年终于成熟了。

1.1 HTML 的历史

讲HTML的书都有"HTML的历史"这样一节，其中大都会提供HTML标准从诞生至今的详细年表。需要这类信息的读者可以去查查维基百科，不过这些信息读起来可能比较枯燥乏味，用处也不大。本书只关心其中几个重要转折点和一个长期存在的发展态势，旨在让读者明白HTML是如何成型的，明白为什么最终走到了HTML5。

1.1.1 JavaScript 出场

JavaScript语言（虽然取了这么一个名字，但是它跟Java程序设计语言基本上没有什么关系）

出自一家名为网景的公司。它的出现标志着内嵌在Web浏览器中的客户端脚本程序控制功能的发端。原本是一种静态内容载体的HTML因此变得有点丰富起来。之所以说"有点丰富",是因为现在我们在浏览器中见到的这种复杂交互方式是经过一段时间的发展之后才形成的。

JavaScript并非HTML规范核心的组成部分,然而Web浏览器、HTML和JavaScript之间的关系是如此紧密,以至于根本无法将它们分开讨论。HTML5规范假定可以使用JavaScript,而且要想使用HTML5中新增的一些最为引人注目的特性也需要用到JavaScript。

1.1.2 浏览器战争的结束

浏览器市场也有过激烈的竞争。主要的角逐者是微软和网景,它们都把在自己的浏览器中添加一些独有的特性当做竞争手段。其如意算盘是这样打的:诱人的专有特性会诱使开发人员制作出只能在特定浏览器上使用的内容,而诱人的内容又会诱使用户对能提供这种内容的浏览器青睐有加,由此市场霸业可成。

可惜人算不如天算。这样做的结果是Web开发人员要么只使用那些所有浏览器都有的特性,要么煞费苦心地想些变通办法来使用各款浏览器中勉强相当的那些特性。这不啻为一种煎熬,而且其后遗症直到现在仍然在影响Web开发。

微软用免费提供IE来与网景收费的Navigator抢生意,这一招儿后来被认定违反垄断法。很多人指责微软是网景垮台的罪魁祸首。这一指控或许不无道理,不过在我这个曾在那段时期为网景做过大约18个月顾问的人看来,我从没见过像它那样一根筋地自残的公司。有些公司注定要成为别人的前车之鉴,网景就是其中之一。

浏览器战争以网景倒台及微软受到惩处结束,为基于标准的网络浏览奠定了基础。HTML规范有了改进,遵从这个规范成了准则。现在的浏览器需要凭遵守标准的程度来竞争。这是一次天翻地覆的转折,开发人员和用户均受益于此。

1.1.3 插件称雄

插件是Web世界的"益虫"。它们可以提供一些单用HTML很难实现的高级特性和丰富内容。有些插件特性如此丰富、部署如此普遍,以至于不少网站只提供用于这种插件的内容。Adobe公司的Flash正是这样一个典型。我经常见到完全用Flash实现的网站。按说这也没什么不妥,不过这就意味着浏览器和HTML除了Flash容器一职外再无他用。

浏览器开发商看插件不顺眼,因为它把控制权转移到了插件开发商手中。HTML5的一大改进就是着力于让浏览器直接处理那些原来要使用Flash的富内容(rich content)。苹果和微软是疏远Flash的两个急先锋。前者的iOS不支持Flash,后者则在Windows 8附带的Metro风格的IE中禁用了Flash。

1.1.4 语义HTML浮出水面

HTML标准的早期版本不太关心将内容的意义与其呈现方式分开。想表示一段文字的重要性，使用一个让文字显示为粗体的HTML元素就是了。把粗体内容与重要内容关联起来是用户的事。这对人类用户来说很容易，却会让自动化工具犯难。自HTML初次亮相以来，对内容进行自动处理日趋重要，人们也越来越致力于分开HTML元素的意义与内容在浏览器中的呈现方式。

1.1.5 发展态势：HTML标准滞后于其使用

制定标准一般都是一个长期过程，像HTML这种应用广泛的技术更是如此。参与方众多，每家都想把新标准往符合自己利益或观点的方向引。而标准并不是法律，标准制定机构害怕分裂甚于一切。因此对于未来的特性和改进该当如何，各方经常陷入旷日持久的讨价还价。

负责制定HTML标准的是W3C（World Wide Web Consortium，万维网联盟）。这是一项棘手的任务。一条提案要花不少时间才能成为标准。而对HTML核心规范的修改则需经过很长时间才会得到批准。

冗长的标准制定过程带来的结果就是W3C总是要多绕一些路，总是在将已经被大家接受的实际做法追认为标准。HTML规范反映的只是几年前关于Web内容的前沿思考。这削弱了HTML标准的重要性，因为真正的革新并非来自W3C，而是来自浏览器和插件。

1.2 HTML5简介

HTML5不仅仅是HTML规范的最新版本，它还是一系列用来制作现代富Web内容的相关技术的总称。后面各章将会介绍这些技术，其中最重要的三项技术是HTML5核心规范、CSS（Cascading Style Sheets，层叠样式表）和JavaScript。

HTML5核心规范定义用以标记内容的元素，并明确其含义。CSS可用于控制标记过的内容呈现在用户面前的外貌。JavaScript则可以用来操纵HTML文档的内容以及响应用户的操作，此外要想使用HTML5新增元素的一些为编程目的设计的特性也需要用到JavaScript。

> 提示　看不懂上面说的这些东西不要紧。我会分别在第3章、第4章和第5章专门介绍HTML元素、CSS和JavaScript。

有些人（那些挑剔、执拗、爱钻牛角尖的人）会说HTML5所指的只是HTML元素。别管他们。这些人看不出Web内容的本质所发生的根本性变化。用于网页的各种技术之间的关联已经变得如此紧密，以致于需要通晓这些技术才能制作Web内容。如果只使用HTML元素，不用CSS，这样制作出来的内容会让用户觉得不便阅读。如果用了HTML和CSS，但不用JavaScript，那就无法为用户的操作提供即时反馈，也无法使用HTML5中的一些高级特性。

1.2.1 新标准

为了应对漫长的标准化过程以及标准落后于常见用法的情况，HTM5及其相关技术是作为一系列小型标准而制定的。其中有些标准只有区区几页，涉及的只是某项特性中一个高度细化的方面。当然，其他一些标准仍然有密密麻麻的几百页，涵盖了相关功能的所有方面。

这样做的目的是让较小的团体可以合作设计和将对他们较为重要的特性标准化，争议较少的特性可以先标准化，不必受围绕其他特性发生的争论的拖累。

这个办法有利也有弊。好处是可以加快标准制定步伐。主要的弊端在于难以全面掌握制定中的各个标准的情况以及这些标准之间的关系。技术规范的质量也有所下降。有些标准中存在着一些歧义，致使浏览器中的实现出现了不一致的情况。

最大的不足之处大概要算没有一条可用来评估HTML5达标情况的基准线。我们现在还处于初始阶段，但是不能指望用户可能用到的所有浏览器都实现了要用的特性。因此采用HTML5中的特性是件复杂的事情，需要仔细评估相关标准得到支持的情况。W3C公布过一个正式的HTML5徽标（如图1-1所示），但是它并不代表对HTML5标准及相关技术的全面支持。

图1-1　W3C的正式HTML5徽标

1.2.2　引入原生多媒体支持

HTML5的一大改进就是支持在浏览器中直接播放视频和音频文件（也就是说不借助于插件）。这是W3C对插件风靡现象的一种反应。原生（native）多媒体支持再结合其他HTML特性可望大有作为。这些特性将在第34章介绍。

1.2.3　引入可编程内容

HTML5最大的变化之一是添加了canvas元素（第34章和第35章会有介绍）。这个元素是对插件现象的另一反应，它提供了一个通用的绘图平面，开发人员可以用它完成一些通常用Adobe Flash来完成的任务。

这个特性之所以重要，部分原因在于要使用canvas元素就必须用到JavaScript。编程从而成了HTML文档中第一层次的事情，这是一个重大转变。

1.2.4 引入语义Web

HTML5引入了一些用来分开元素的含义和内容呈现方式的特性和规则。这是HTML5中的一个重要概念，详见第6章。这个主题在本书中将多次论及，它标志着HTML在走向成熟的道路上又迈上了一个新台阶，反映出制作和使用HTML内容的方式的多样性。这个变化（它逐步体现在之前的HTML版本中）稍稍增加了Web开发者的负担，这是因为开发者需要先标记内容然后再定义其呈现方式。不过有些实用的新改进可以减轻这种负担。

1.3 HTML5现况

HTML5的核心标准目前仍在制定过程中，一时完成不了。这意味着本书介绍的特性与最终标准中的可能略有出入。不过，标准正式出炉还得等上好些年，而最终版本与目前版本可能出入不大。

1.3.1 浏览器对HTML5的支持情况

最流行的那些浏览器都已经实现了许多HTML特性。本书演示示例的显示效果时，用来浏览HTML5文档的是谷歌的Chrome或Mozilla的Firefox。然而，不是每款浏览器都支持所有的特性。在把某个特性用到实际项目之前，应该先核查一下浏览器是否支持这个特性。有些浏览器（例如Chrome和Firefox）的升级近乎持续不断。撰写本书时我已经记不清所使用的浏览器到底更新过多少次了。鉴于每次升级都会加入些新特性或修补点纰漏，这意味着我无法就某种特性得到哪些浏览器的支持提供确切的信息。不过考虑到HTML标准的分散本性，使用Modernizr之类的JavaScript库检查特性是可行的。使用Modernizr，可以用编程的方式判断用户使用的浏览器是否支持关键的HTML特性，籍此可以决定在文档中应该使用哪些特性。

习惯未雨绸缪的读者可以参考一下When Can I Use?网站。上面提供了浏览器的支持情况和采用率方面的详细信息，并且勤于修订。

1.3.2 网站对HTML5的支持情况

用到HTML5特性的网站日益增多。其中有些属于示范性网站，是用来演示HTML特性的。但是能利用浏览器对HTML5的支持的实用型网站也越来越多。YouTube就是一个典型，它现在已经提供让浏览器直接播放的视频——当然，它还为较老的浏览器提供Flash视频。

1.4 本书结构

本书分为五部分。本章所属的第一部分除了介绍使用本书所需要的预备知识外，还会介绍

HTML、CSS和JavaScript最新进展的基本情况。对于近期未做过Web开发工作的读者，这些内容可以助其跟上形势。

第二部分讨论的是HTML元素，包括那些HTML5中新增或有所改动的元素。每个元素都有说明和演示。读者还可以了解到元素默认的呈现方式。

第三部分讨论的是CSS（Cascading Style Sheet，层叠样式表）。其中各章介绍了用来控制内容样式的所有CSS选择器和属性，还提供了大量例子和图示来帮助读者掌握其用法。这部分讨论的是CSS的最新版本（CSS3），不过也会说明一下哪些特性是CSS1和CSS2中引入的。

第四部分介绍的是DOM（Document Object Model，文档对象模型）。通过DOM，即可用JavaScript探索和操纵HTML内容。DOM包含着对于制作富Web内容至关重要的一套特性。

第五部分讲的是Ajax、多媒体和canvas元素等HTML5高级特性。这些特性需要更高的编程技术，但也能显著提升Web内容的品质。使用HTML5时这些特性并非非用不可，不过对于复杂项目来说它们值得一试。

> **注意** 本书没有涉及的一种HTML5相关技术是SVG（Scalable Vector Graph，可缩放矢量图形）。使用SVG技术，可以用标记或JavaScript生成二维矢量图形。这不是一个简单的话题。对SVG感兴趣的读者可参阅Kurt Cagle所著的*SVG Programming*一书，该书由Apress出版。

1.5 HTML5的更多信息

虽然本书力求做到全面详尽，但是有些事情还是难以避免。读者可能会遇到我未曾提及的情况，也可能会有问题但在书中找不到答案。在此情况下，首选的参考资料是W3C的网站。读者可以在此细读相关标准，并能明白浏览器应该如何处理。那些标准可能不太好读（甚至有自我参照倾向），但能提供一些有用的深层信息。

还有一个资料来源是Mozilla开发者网络。它更具亲和力，不过权威性略有不如。上面有大量关于各种HTML特性的有用信息，包括一些HTML5方面的很不错的内容。

1.6 小结

本章为讲解HTML5提供了一些背景知识，罗列了HTML发展史上的一些关键转折点，并说明了HTML5的应对方式。下一章将告诉读者如何为使用本书中的大量例子做好准备。在此之后，我们就将从HTML元素本身入手开始HTML5的探索之旅。

第 2 章 准备工作

磨刀不误砍柴工。任何Web开发工作都需要一些基本工具。要想自己重做一遍本书后面的一些高级范例，也需要用到本章介绍的一种软件。

说到Web开发工具，大家都乐意看到有大把免费和开源的软件可用。编写本书示例时用到的所有工具均可免费获取。选好喜欢的装备，HTML5之旅即可启程。

2.1 挑选浏览器

学习本书所需的工具中，最重要的是浏览器。书中所用浏览器只限于主流产品。此处所谓主流产品，指的是下列几种浏览器的桌面版本：

- Google Chrome；
- Mozilla Firefox；
- Opera；
- Apple Safari；
- Internet Explorer。

这些浏览器用户最多。与手机版本相比，其桌面版本更新更频繁，特性也更丰富。读者可能会发现这里没有提到你喜欢的浏览器，这并不代表你的浏览器不支持书中介绍的特性。不过我建议还是使用这里列出的浏览器为好。

我最喜欢的浏览器是谷歌的Chrome。我喜欢它的简洁，还有它附带的一些称手的开发工具。出于这个原因，书中插图多为显示HTML5文档的谷歌Chrome的屏幕截图。不好Chrome这一口的读者可以使用Firefox或Opera，这两种浏览器对HTML5的支持不逊于Chrome。相比之下，Safari和Internet Explorer略显落后。

Internet Explorer目前的情况有些意思。本书写作之时，Internet Explorer 9已经发布，它对一些基本的HTML5特性支持得不错。目前Internet Explorer 10已有预览版，它的改进不小，然而仍然缺乏对一些关键特性的支持。不过事情已经很清楚，微软在Windows 8的规划中包括了基于HTML5和JavaScript的应用程序开发。这意味着在Windows 8发布的时候Internet Explorer引擎可望出色地支持HTML5。

> 注意 请不要来信告诉我你中意的浏览器如何如何比我的好。我知道你的浏览器很可人，知道你很有眼光。我也祝愿你欢欢喜喜一用许多年。要是你实在不想就这么凑合，我可以卖套补救工具给你（收费只有区区50美元）——其中包括一扎纸、一把剪刀和少许胶水。书中凡有插图的地方，你都可以打印一张自己浏览器的图，剪下来粘上去，蒙住原来的Chrome的图。为了内心安宁，这点代价是微不足道的。我猜你也一定同意这一点。

2.2 挑选 HTML 编辑器

编写HTML文档需要编辑器。任何文本编辑器都可以，不过我建议找款对HTML（最好是HTML5）有专门支持的。这种编辑器通常会对标记进行语法检查，具备能减轻用户打字工作量的自动补全功能，还可以用来同步显示代码变化所产生的效果的预览面板。

本书用的是出自ActiveState的Komodo Edit（可从activestate.com获取）。这是一款免费、开源的编辑器。它对HTML的支持有其独到之处，而且比较接近我心中理想编辑器的样子。我跟ActiveState没有来往，无意为Komodo Edit做广告，这里提到它只不过是因为我觉得它对这本书和其他一些项目很有用。

2.3 挑选 Web 服务器

Web服务器对于学习本书而言并非不可或缺，不过如果HTML文档是从磁盘（而非Web服务器）加载的话，有些特性的表现会有所不同。本书的例子用什么Web服务器都行，免费的开源Web服务器有的是。我用的是IIS 7.5——出自微软的Web和应用程序服务器。这个不是免费产品。不过我有一台运行Windows Server 2008 R2的开发用服务器，所以需要的特性基本上都齐全了。

2.4 获取 Node.js

在本书一些章节中，我需要编写运行在后端服务器上的代码。为此我使用了近来迅速走红的Node.js。其简洁的事件驱动型I/O很适合处理容量大但数据传输率不高的Web请求。

不熟悉Node.js不要紧。之所以选择它是因为我要用JavaScript编写服务器脚本，这样本书就不必再引进另一门编程语言。我不打算解释Node.js的工作方式，甚至也不打算详细解释书中的服务器脚本。不过，有JavaScript功底的读者应该能推测出它们的功能。

Node.js可以从http://nodejs.org下载。本书使用的是0.4.11版。由于Node.js升级很快，读者读到本书的时候可能会发现它已经发布了更新的版本。

获取 multipart 模块

并非所有要用到的功能都能在Node.js核心程序包中找到。读者还需要用到multipart模块，它可以从这个地址下载：https://github.com/isaacs/multipart-js，下载后根据说明安装即可。第32章和第33章介绍Ajax技术时要用到这个模块。

2.5 获取示例代码

本书所有示例HTML文档均可从apress.com免费获得。它们按章组织，还附带有支持资源（第34章所用的视频和音频内容除外，因为清理媒体内容很麻烦）。

2.6 小结

本章概述了准备学习后续章节所需的基本工具。Web开发只需要一些简单工具（其中最重要的是浏览器），它们都可以免费获得。下面三章将要介绍HTML、CSS和JavaScript方面的基础知识。

第 3 章　初探 HTML

开发人员多少都知道一点HTML。近年来它的身影随处可见，即便是那些从不需要写HTML代码的人，也很可能见过一些。为了让读者打好基础，本章将回头介绍HTML的基本知识——就从HTML的目标及其工作原理讲起吧。我会解释一些HTML中的基本术语，并且介绍一些几乎所有网页都要用到的核心元素。

顾名思义，HTML是一种标记语言。其标记以应用于文档内容（例如文本）的元素为其存在形式。在后面的各节中，我会解释各种HTML元素的区别，以及使用各种属性配置这些元素的方法，并且介绍一组可用于所有HTML元素的全局属性。表3-1概括了本章内容。

表3-1　本章内容概要

问　题	解决方案	代码清单
标记文档内容	使用HTML元素	3-1 ~ 3-5
细调浏览器处理HTML元素的方式	把一个或多个属性应用到元素上	3-6 ~ 3-10
声明文档包含的是HTML内容	使用DOCTYPE和lhtml元素	3-11
描述文档	使用head元素，其中包含一个或多个元数据元素（其说明见第7章）	3-12
在HTML文档中添加内容	使用body元素，其中包含文本内容和其他HTML元素	3-13
定义用于选择某个元素的快捷键	使用全局属性accesskey	3-14
对元素进行分类，以便统一其样式或用程序查找该元素	使用全局属性class	3-15 ~ 3-17
使元素的内容可被编辑	使用全局属性contenteditable	3-18
为元素添加快捷菜单	使用全局属性contextmenu（目前尚无支持这个属性的浏览器）	—
指定元素内容的布局方向	使用全局属性dir	3-19
声明元素可拖动	使用全局属性draggable（HTML5中的拖放功能详见第37章）	—
声明可将其他元素拖放到某个元素上	使用全局属性dropzone（HTML5中的拖放功能详见第37章）	—
表示某个元素及其内容毋需关注	使用全局属性hidden	3-20

（续）

问题	解决方案	代码清单
为元素分配一个独一无二的标识符，以便对其应用样式或用程序选择该元素	使用全局属性id	3-21
声明元素内容所用语言	使用全局属性lang	3-22
声明是否应检查元素内容的拼写错误	使用全局属性spellcheck	3-23
直接定义元素的样式	使用全局属性style	3-24
指定HTML文档中元素的Tab键次序	使用全局属性tabindex	3-25
为元素提供额外信息（通常显示为工具提示）	使用全局属性title	3-26

3.1 使用元素

代码清单3-1是一个应用于文本内容的HTML元素的简例。

代码清单3-1　HTML元素示例

```
I like <code>apples</code> and oranges.
```

这里用粗体标明元素。该元素分为三部分。其中有两部分称为标签（tag）：开始标签<code>和结束标签</code>。夹在两个标签之间的是元素的内容（本例中为单词apples）。两个标签连同它们之间的内容构成code元素。其结构剖析见图3-1。

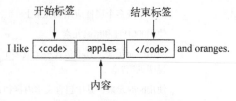

图3-1　HTML元素剖析

元素是一种用来向浏览器说明文档内容的工具。其效果体现在内容之上。不同的元素有不同的确切含义。例如，前述code元素代表的是计算机代码片段。

提示　元素名不区分大小写。<CODE>、<code>甚至<CoDe>都会被浏览器视为code元素的开始标签。一般来说，应该认定某种大小写格式并且贯彻始终。近年来更常见的风格是全部使用小写。本书采用的就是这种格式。

HTML定义了各种各样的元素，它们在HTML文档中起着各不相同的作用。code元素是语义元素的一个例子。语义元素可以用来说明内容的含义以及内容的不同部分之间的关系。第8章还会对此做进一步说明。下面的图3-2显示了code元素的效果。

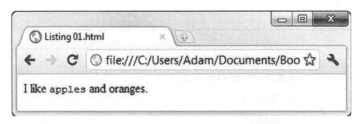

图3-2　code元素在浏览器中的显示效果

注意，浏览器不会显示元素的标签，它的任务是解读HTML文档，然后向用户呈现一个体现了HTML元素作用的视图。

将内容与呈现分开

有些HTML元素会对呈现形式产生影响。浏览器遇到这种元素时，会改变向用户呈现文档内容的方式。code元素就是一例。浏览器遇到该元素时，会用等宽字体显示元素的内容，这可以从图3-2中看出来。

用HTML元素控制内容呈现形式的做法如今受到强烈反对。现在的观点是应该用HTML元素说明文档内容的结构和含义，用CSS（第4章将会介绍）控制内容呈现给用户的形式。

会影响呈现形式的那些元素通常产生于HTML的早期版本，当时将内容与其呈现形式分开这个理念尚未像如今一样得以严格实施。这些元素在浏览器中呈现时有默认的呈现样式（例如code元素通常使用等宽字体），不过可以用CSS改变其默认样式。第4章会谈到这个问题。

3.1.1　了解本章用到的元素

为了让读者对HTML有个初步的认识，我需要用到一些后面各章中才会讲到的元素。表3-2列出了这些元素及其简要说明，还有其全面说明所在的章编号。

表3-2　元素摘要

元　　素	说　　明	所　在　章
a	生成超链接	8
body	表示HTML文档的内容	7
button	生成用以提交表单的按钮	12
code	表示计算机代码片段	8
DOCTYPE	表示HTML文档的开始	7
head	表示HTML文档的头部区域	7
hr	表示主题的改变	9
html	表示文档的HTML部分	7

（续）

元素	说明	所在章
input	表示用户输入的数据	8
label	生成另一元素的说明标签①	12
p	表示段落	9
style	定义CSS样式	7
table	表示用表格组织的数据	11
td	表示表格单元格	11
textarea	生成用于获取用户输入数据的多行文本框	14
th	生成表头单元格	11
title	表示HTML文档的标题	7
tr	表示表格行	11

3.1.2 使用空元素

元素的开始和结束标签之间并非一定要有内容。没有内容的元素称为空元素。代码清单3-2所示就是一例。

代码清单3-2 空HTML元素

I like <code></code> apples and oranges.

有些元素为空时没有意义（code就是其中之一），即便如此，它也是有效的HTML代码。

3.1.3 使用自闭合标签

空元素可以更简洁地只用一个标签表示。如代码清单3-3所示。

代码清单3-3 只用一个标签表示空元素

I like <code/> apples and oranges.

此例将开始标签和结束标签合二为一。通常用来表示结束标签开始的斜杠符号（/）在此被放到标签的末尾。代码清单3-2和代码清单3-3中的元素等价，但只用一个标签的表示法更为简洁。

3.1.4 使用虚元素

有些元素只能使用一个标签表示，在其中放置任何内容都不符合HTML规范。这类元素称为虚元素（void element），hr就是这样一个元素。它是一种组织性元素（第9章将介绍一些其他的这类元素），用来表示内容中段落级别的终止。虚元素有两种表示法。第一种只使用开始标签，如

---

① label和tag都是标签的意思。为示区别，本书在提到label时，一律译为"说明标签"。——译者注

代码清单3-4所示。

代码清单3-4　用单个开始标签表示虚元素

```
I like apples and oranges.
<hr>
Today was warm and sunny.
```

浏览器知道hr是虚元素，所以不会等待其结束标签出现。第二种表示法在此基础上加了一个斜杠符号，其形式与空元素一致，如代码清单3-5所示。

代码清单3-5　用空元素结构表示虚元素

```
I like apples and oranges.
<hr />
Today was warm and sunny.
```

我更喜欢这种表示法，并且会在本书中采用。顺便提一句，hr元素也是一个具有呈现形式含义的元素，它会显示为一条横线（这也是其名称的由来）。在图3-3中可以看到hr元素的默认表现形式。

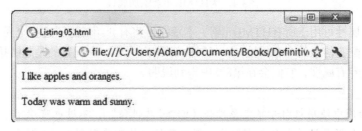

图3-3　hr元素的默认表现形式

用不用非强制使用的开始和结束标签

　　许多HTML5元素在某些条件下可以省略其中一个标签。例如，html元素（第7章将会讲到）的结束标签在此情况下就可以省略："该元素后面没有紧跟着一条注释，且该元素包含着一个非空或者其开始标签未曾省略的body元素"。这段引文出自一份正式的HTML5规范文档。你不妨读读这些规范（可从w3c.org获得），但是要注意：它们都是以这样一种"活泼"的风格写就。

　　标记语言能有这种灵活性挺棒，不过这也会把人弄糊涂，而且会给维护工作带来麻烦。HTML文档并非只由浏览器处理，你的同事和未来的你（在以后回头整修和升级自己的应用程序时）也会阅读它们。浏览器也许能明白某个标签为什么会被省略，但你的同事未必能轻松看出来，就算你自己以后回头修改代码也是如此。出于这个原因，本书不会详述前面所说的那些特殊规定，除非有必要破例（届时会有解释），否则书中的元素都会有开始和结束标签。

3.2 使用元素属性

元素可以用属性（attribute）进行配置。代码清单3-6所示为应用到a元素上的一个属性。这个元素用来生成超链接。点击超链接就会加载另一个HTML文档。

代码清单3-6　使用元素属性

```
I like <a href="/apples.html">apples</a> and oranges.
```

属性只能用在开始标签或单个标签上，不能用于结束标签。如图3-4所示，属性具有名称和值两部分。

图3-4　为HTML元素添加属性

有一些全局属性可用于所有HTML元素，本章稍后将有介绍。除了这些全局属性，元素还有用来提供其特有配置信息的专有属性。href属性就限于a元素，它配置的是超链接的目的URL。a元素定义了一批专有属性，它们会在第8章中得到说明。

> **提示**　上面的示例中使用双引号界定属性值（形如"属性值"），不过也可以用单引号（形如'属性值'）。如果属性值本身含有引号，那么两种引号都要用到（形如"'含引号的'属性值"，或'"含引号的"属性值'）。

3.2.1　一个元素应用多个属性

一个元素可以应用多个属性，这些属性间以一个或几个空格分隔即可。代码清单3-7即为一例。

代码清单3-7　为一个元素设置多个属性

```
I like <a class="link" href="/apples.html" id="firstlink">apples</a> and oranges.
```

这些属性的顺序未作要求，全局属性和元素专有属性可随意交错。上面的代码清单就是这样做的，其中class和id是全局属性（本章稍后会讲到这些属性）。

3.2.2　使用布尔属性

有些属性属于布尔属性，这种属性不需要设定一个值，只需将属性名添加到元素中即可，如代码清单3-8所示。

3.3 创建 HTML 文档

代码清单3-8　布尔属性

```
Enter your name: <input disabled>
```

此例中的布尔属性是 `disabled`，元素中只添加了该属性的名称。`input` 元素为用户在 HTML 表单（在第12章中讲述）中输入数据提供了一种手段。添加 `disabled` 属性可以阻止用户输入数据。布尔属性有一点小古怪，它以本来存在而不是用户为其设定的值对元素进行配置。上例中并未这样设置 `disabled="true"`，仅仅是添加了 `disabled` 这个词而已。为布尔属性指定一个空字符串（`""`）或属性名称字符串作为其值也有同样的效果，如代码清单3-9所示。

代码清单3-9　为布尔属性指定空字符串值

```
Enter your name: <input disabled="">
Enter your name: <input disabled="disabled">
```

3.2.3　使用自定义属性

用户可自定义属性，这种属性必须以 `data-` 开头。代码清单3-10演示了这种属性的用法。

代码清单3-10　对元素应用自定义属性

```
Enter your name: <input disabled="true" data-creator="adam" data-purpose="collection">
```

这种属性的恰当名称是作者定义属性，有时也称扩展属性。不过我更喜欢使用自定义属性这个常见得多的名称。

自定义属性是对 HTML4 中"浏览器应当忽略不认识的属性"这种广泛应用的技巧的正式规定。在这类属性名称之前添加前缀 `data-` 是为了避免与 HTML 的未来版本中可能增加的属性名冲突。自定义属性与 CSS（在第4章介绍）和 JavaScript（在第5章介绍）结合起来很有用。

3.3　创建 HTML 文档

元素和属性不会孤立存在，它们是用来标记 HTML 文档内容的。要创建一个 HTML 文档，最简单的方法是创建一个文本文件，并将其文件扩展名设置成为这类文件规定的 `.html`。这个文件可以直接从磁盘载入浏览器，也可以从 Web 服务器载入（在本书中，我一般都要使用 Web 服务器。我的 Web 服务器名为 titan，这个名字经常出现在书中屏幕截图的浏览器窗口中）。

浏览器和用户代理

在本章（及本书大部分章节）中，HTML 文档都是针对浏览器创建的。这样看待 HTML 文档较为省事，而且 HTML 文档最常见的使用方式也是用浏览器查看。但是还有其他情况需要考虑。用于处理 HTML 文档的各种软件有一个共同的名称叫做用户代理（user agent）。浏览器是最流行的用户代理，但不是唯一的一种。

非浏览器类用户代理现在还很少，以后可能会多起来。在HTML5中更加强调将内容与呈现形式分开，正是因为认识到HTML内容并不总是会被显示给用户看。本书尽管说的还是浏览器（因为这是最重要、最强势的一类用户代理），但是最好还是记住：你的HTML文档有可能会给别的一些软件处理。

HTML文档具有特定的结构，最起码要有一些关键性的元素。本书绝大多数示例均为完整的HTML文档，这样读者很快就能轻松看出元素的应用方式和效果。为了给你一个初步印象，在此我要先带你看一个基本的HTML文档。代码清单中所有的HTML元素都会在后面各章得到详细讲解，本章提供了它们的相关参照信息。

HTML与XHTML的对比

尽管本书讲的是HTML，但我要是不提一下XHTML（在HTML前面加了一个X）的话，那就太不负责了。符合HTML语法的文档不一定符合XML语法，因此用标准的XML解析程序处理HTML文档可能会遇到麻烦。

为了解决这个问题，可以使用XHTML，它是HTML的XML序列化形式（这就是说，以符合XML规范的方式来表达文档的内容以及HTML元素和属性，以便XML解析程序处理）。此外，也可以创建既是有效HTML文档也是有效XML文档的多语文档（polyglot document），不过这要求使用HTML语法的一个子集。本书不讲XHTML，想了解更多XHTML方面的信息的读者可以参阅这个网址：http://wiki.whatwg.org/wiki/HTML_vs._XHTML。

3.3.1 外层结构

HTML文档的外层结构由两个元素确定：DOCTYPE和html，如代码清单3-11所示。

代码清单3-11　HTML文档的外层结构

```
<!DOCTYPE HTML>
<html>
    <!-- elements go here -->
</html>
```

上例中的DOCTYPE元素让浏览器明白其处理的是HTML文档。这是用布尔属性HTML表达的：

`<!DOCTYPE HTML>`

紧跟着DOCTYPE元素的是html元素的开始标签。它告诉浏览器：自此直到html结束标签，所有元素内容都应作为HTML处理。用了DOCTYPE元素之后又接着使用html元素看起来可能有点奇怪，其实早在HTML标准小荷才露尖尖角的时候，具有同等地位的还有一些别的标记语言，文档中可能会混合使用多种标记语言。

如今HTML已成为占绝对优势的标记语言，即使在文档中省略DOCTYPE和html元素，绝大多数浏览器仍会假定自己处理的是HTML文档。不过这并不意味着不必再用这两个元素。这是因为它们有着重要的用途，而且依赖浏览器的默认行为模式就像轻信陌生人一样不靠谱——多数情况下事情很顺利，可是冷不防就会出大漏子。关于DOCTYPE和html元素详见第7章。

3.3.2 元数据

HTML文档的元数据部分可以用来向浏览器提供文档的一些信息。元数据包含在head元素内部，如代码清单3-12所示。

代码清单3-12 在HTML文档中添加head元素

```
<!DOCTYPE HTML>
<html>
    <head>
        <!-- metadata goes here -->
        <title>Example</title>
    </head>
</html>
```

这个清单中的元数据少到不能再少，只有title元素一项。按说HTML文档中都应该包含title元素，但是没有的话浏览器通常也不会在意。大多数浏览器把title元素的内容显示在其窗口的标题栏上或用来显示文档的标签页[①]的标签位置上。第7章会详细说明head元素和title元素，以及可以放在head元素中的所有其他元数据元素。

> 提示　代码清单3-12也演示了HTML文档中注释的写法。注释以标签<!--开头，以-->结尾。浏览器会忽略这两个标签之间的一切内容。

除了可包含用于说明HTML文档的元素，head元素还能用来规定文档与外部资源（如CSS样式表）的关系，定义内嵌CSS样式，放置和载入脚本程序。第7章将会示范所有这些用途。

3.3.3 内容

文档的第三部分是文档内容，这也是最后一个部分，放在body元素之中，如代码清单3-13所示。

代码清单3-13 在HTML文档中添加body元素

```
<!DOCTYPE HTML>
<html>
    <head>
        <!-- metadata goes here -->
        <title>Example</title>
    </head>
    <body>
```

---

① IE中称为选项卡。——译者注

```html
        <!-- content and elements go here -->
        I like <code>apples</code> and oranges.
    </body>
</html>
```

body元素告诉浏览器该向用户显示文档的哪个部分。自然，本书大部分篇幅都花在那些需要放在body元素之中的东西上面。把body元素加进来后，HTML文档的基本框架业已成型，本书大部分例子都要用到这个框架。

3.3.4 父元素、子元素、后代元素和兄弟元素

HTML文档中元素之间有明确的关系。包含另一个元素的元素是被包含元素的父元素。在代码清单3-13中，body元素是code元素的父元素，这是因为code元素位于body元素的开始标签和结束标签之间。反过来说，code元素是body元素的子元素。一个元素可以拥有多个子元素，但只能有一个父元素。

包含在其他元素中的元素也可以包含别的元素。从代码清单3-13中也可以看到：html元素包含着body元素，而后者又包含着code元素。body元素和code元素都是html元素的后代元素，但是二者中只有body元素才是html元素的子元素。子元素是关系最近的后代元素。具有同一个父元素的几个元素互为兄弟元素。在代码清单3-13中，head元素和body元素就是兄弟，这是因为它们都是html元素的子元素。

元素间关系的重要性在HTML中随处可见。一个元素能以什么样的元素为父元素或子元素是有限制的，这些限制通过元素类型表现出来（下一节将讨论这个问题）。即将在第4章讲述的CSS中元素间的关系也很重要，圈定应用样式的元素的方法之一就要借助元素的父子关系。最后，本书第四部分中介绍的文档对象模型（DOM）也会涉及通过搜索文档树查找文档中某个元素，而文档树正是元素之间关系的一种表述。在HTML世界里，从后代中辨认兄弟是一种重要能力。

3.3.5 了解元素类型

HTML5规范将元素分为三大类：元数据元素（metadata element）、流元素（flow element）和短语元素（phrasing element）。

元数据元素用来构建HTML文档的基本结构，以及就如何处理文档向浏览器提供信息和指示。其说明见第7章。

另外两种元素略有不同，它们的用途是确定一个元素合法的父元素和子元素范围。短语元素是HTML的基本成分。第8章会介绍最常用的短语元素。流元素是短语元素的超集。这就是说，所有短语元素都是流元素，但并非所有流元素都是短语元素。

有些元素无法归入上述三种类型，这些元素要么没有什么特别的含义，要么只能用在一些非常有限的情况下。li元素就是受限元素的一个例子。它表示列表项，只能有三种父元素：ol（表示有序列表）、ul（表示无序列表）和menu（表示菜单）。该元素详见第9章。从第6章开始的所有元素说明都包含了元素所属类型的信息。

3.4 使用 HTML 实体

从本章的例子中可以看到，HTML文档中有些字符具有特殊含义——最明显的是<和>这两个字符。有时需要在文档内容中用到这些字符，但不想让它们被当做HTML处理。为此应该使用HTML实体（entity）。实体是浏览器用来替代特殊字符的一种代码。表3-3列出了一些常用实体。

表3-3 常用HTML实体

字 符	实体名称	实体编号
<	&lt;	&#60;
>	&gt;	&#62;
&	&amp;	&#38;
€	&euro;	&#8364;
£	&pound;	&#163;
§	&sect;	&#167;
©	&copy;	&#169;
®	&reg;	&#174;
™	&trade;	&#8482;

每个特殊字符都有一个实体编号，可以用来在文档内容中代表该字符。例如，字符"&"的实体编号是&。特别常用的特殊字符还有对应的实体名称。例如，对于浏览器来说，&和&是一回事。

3.5 HTML5 全局属性

本章前面讲过如何用属性配置元素。每种元素都能规定自己的属性，这种属性称为局部属性（local attribute）。第6章在开始详细介绍各种元素的时候，将会列出它们具有的所有局部属性并且示范用法。每一个局部属性都可以用来控制元素独有行为的某个方面。

属性还有另一种类型：全局属性（global attribute）。它们用来配置所有元素共有的行为。全局属性可以用在任何一个元素身上，不过这不一定会带来有意义或有用的行为改变。下面将会介绍所有全局属性并示范其用法。有些全局属性涉及本书后面才会详细讲到的更宏大的HTML特性。对于它们这里会提供相关章节的参照信息。

3.5.1 accesskey 属性

使用accesskey属性可以设定一个或几个用来选择页面上的元素的快捷键。代码清单3-14是一个在简单表单中使用这个属性的例子。表单是第12章到第14章的主题，可以在读过那几章之后再来看看这个例子。

代码清单3-14 使用accesskey属性

```html
<!DOCTYPE HTML>
<html>
    <head>
        <title>Example</title>
    </head>
    <body>
        <form>
            Name: <input type="text" name="name" accesskey="n"/>
            <p/>
            Password: <input type="password" name="password" accesskey="p"/>
            <p/>
            <input type="submit" value="Log In" accesskey="s"/>
        </form>
    </body>
</html>
```

此例为三个input元素添加了accesskey属性（input元素的说明见第12章和第13章）。其目的是让网页或网站的熟客可以使用快捷键访问经常用到的元素。用来触发accesskey机制的按键组合因平台而异，在Windows系统上是同时按下Alt键和accesskey属性值对应的键。图3-5展示了accesskey属性的效果。用户可以按Alt+n将键盘焦点转移到第一个input元素，在此输入姓名。接下来按Alt+p将焦点转到第二个input元素，在此输入密码。然后按Alt+s，这等于按下Log In按钮以提交表单。

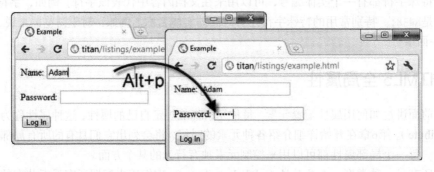

图3-5 accesskey属性的效果

3.5.2 class属性

class属性用来将元素归类。这样做通常是为了能够找出文档中的某一类元素或为某一类元素应用CSS样式。代码清单3-15示范了如何使用class属性。

代码清单3-15 使用class属性

```html
<!DOCTYPE HTML>
<html>
    <head>
```

```
            <title>Example</title>
        </head>
        <body>
            <a class="class1 class2" href="http://apress.com">Apress web site</a>
            <p/>
            <a class="class2 otherclass" href="http://w3c.org">W3C web site</a>
        </body>
</html>
```

一个元素可以被归入多个类别，为此在class属性值中提供多个用空格分隔的类名即可。类名可以随便取，不过最好取点具有实际含义的，文档中拥有许多元素类别时尤其如此。class属性本身没有任何作用。图3-6是上面的示例在浏览器中的显示结果，从中看到的只是几个超链接。

图3-6　两个应用了class属性的元素

class属性的一种利用方式是设计CSS样式时以所定义的一个或多个类作为应用目标。代码清单3-16即是一例。

代码清单3-16　定义依靠类起作用的样式

```
<!DOCTYPE HTML>
<html>
    <head>
        <title>Example</title>
        <style type="text/css">
            .class2 {
                background-color:grey;
                color:white;
                padding:5px;
                margin:2px;
            }
            .class1 {
                font-size:x-large;
            }
        </style>
    </head>
    <body>
        <a class="class1 class2" href="http://apress.com">Apress web site</a>
        <p/>
        <a class="class2 otherclass" href="http://w3c.org">W3C web site</a>
```

```
        </body>
</html>
```

此例用style元素定义了两条样式，第一条用于属于class2类的元素，第二条用于属于class1类的元素。

style元素的说明见第7章。第4章会介绍样式以及将其应用到元素上的各种方式。

将这个HTML文档载入浏览器，所定义的样式会被应用到相关元素上，其效果如图3-7所示。用类来确定样式应用对象的好处在于不用对涉及的元素一一重复同样的样式设置。

图3-7　借助class属性应用样式

脚本程序也可以利用class属性。代码清单3-17就是这样一个例子。

代码清单3-17　在脚本中使用class属性

```
<!DOCTYPE HTML>
<html>
    <head>
        <title>Example</title>
    </head>
    <body>
        <a class="class1 class2" href="http://apress.com">Apress web site</a>
        <p/>
        <a class="class2 otherclass" href="http://w3c.org">W3C web site</a>
        <script type="text/javascript">
            var elems = document.getElementsByClassName("otherclass");
            for (i = 0; i < elems.length; i++) {
                var x = elems[i];
                x.style.border = "thin solid black";
                x.style.backgroundColor = "white";
                x.style.color = "black";
            }
        </script>
    </body>
</html>
```

此例中的脚本程序找出所有属于otherclass类的元素并对其设置了一些样式。script元素在第7章介绍。第19章到第24章介绍各种样式属性。第26章介绍如何查找文档中的元素。前述脚本的效果见图3-8。

图3-8　在脚本中使用class属性

3.5.3　contenteditable属性

contenteditable是HTML5中新增加的属性，其用途是让用户能够修改页面上的内容。代码清单3-18是一个简单的例子。

代码清单3-18　使用contenteditable属性

```
<!DOCTYPE HTML>
<html>
    <head>
        <title>Example</title>
    </head>
    <body>
        <p contenteditable="true">It is raining right now</p>
    </body>
</html>
```

此例把contenteditable属性用在一个p元素（在第9章介绍）身上。该属性值设置为true时用户可以编辑元素内容，设置为false时则禁止编辑。如果未设定其值，那么元素会从父元素处继承该属性的值。这个属性的效果如图3-9所示。用户单击那段文字后即可开始编辑其内容。

图3-9　用contenteditable属性启用编辑功能

3.5.4　contextmenu属性

contextmenu属性用来为元素设定快捷菜单。这种菜单会在受到触发的时候（例如，Windows用户用鼠标右击时）弹出来。在撰写本书的时候，尚无支持这个属性的浏览器。

3.5.5 dir 属性

dir属性用来规定元素中文字的方向。其有效值有两个：ltr（用于从左到右的文字）和rtl（用于从右到左的文字）。在代码清单3-19中这两个值都用上了。

代码清单3-19　使用dir属性

```
<!DOCTYPE HTML>
<html>
    <head>
        <title>Example</title>
    </head>
    <body>
        <p dir="rtl">This is right-to-left</p>
        <p dir="ltr">This is left-to-right</p>
    </body>
</html>
```

其效果如图3-10所示。

图3-10　从右到左的文字和从左到右的文字

3.5.6 draggable 属性

draggable属性是HTML5支持拖放操作的方式之一，用来表示元素是否可被拖放。拖放操作的详细说明见第37章。

3.5.7 dropzone 属性

dropzone属性是HTML5支持拖放操作的方式之一，与上述draggable属性搭配使用。二者的介绍都放到第37章。

3.5.8 hidden 属性

hidden是个布尔属性，表示相关元素当前毋需关注。浏览器对它的处理方式是隐藏相关元素。代码清单3-20展示了hidden属性的效果。

代码清单3-20　使用hidden属性

```html
<!DOCTYPE HTML>
<html>
    <head>
        <title>Example</title>
        <script>
            var toggleHidden = function() {
                var elem = document.getElementById("toggle");
                if (elem.hasAttribute("hidden")) {
                    elem.removeAttribute("hidden");
                } else {
                    elem.setAttribute("hidden", "hidden");
                }
            }
        </script>
    </head>
    <body>
        <button onclick="toggleHidden()">Toggle</button>
        <table>
            <tr><th>Name</th><th>City</th></tr>
            <tr><td>Adam Freeman</td><td>London</td></tr>
            <tr id="toggle" hidden><td>Joe Smith</td><td>New York</td></tr>
            <tr><td>Anne Jones</td><td>Paris</td></tr>
        </table>
    </body>
</html>
```

这个例子的复杂程度有点超标。文档中有一个table元素，它包含的一个tr元素（代表表格中的一行）设置了hidden属性。文档中还有一个button元素，按下它所代表的按钮将会调用定义在script元素中的JavaScript函数toggleHidden。这段脚本程序的作用是：如果那个tr元素的hidden属性存在就将其删除，否则就添加该属性。现在没必要寻思其中原委。第11章会介绍table、tr、th和td元素。script元素和事件的介绍分别安排在第7章和第30章。

这里将这些东西烩作一锅是为了演示hidden属性的作用。图3-11显示了按下Toggle按钮的结果。

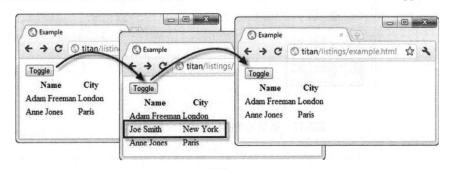

图3-11　删除和添加hidden属性的效果

把hidden属性应用到一个元素之后，浏览器干脆不去显示该元素，仿佛HTML文档中没有这个元素。所以上面的例子中所显示的表格的行数比实际的要少（应用了hidden属性时）。

3.5.9 id 属性

id属性用来给元素分配一个唯一的标识符。这种标识符通常用来将样式应用到元素上或在JavaScript程序中用来选择元素。代码清单3-21示范了如何根据id属性值应用样式。

代码清单3-21　使用id属性

```html
<!DOCTYPE HTML>
<html>
    <head>
        <title>Example</title>
    </head>
    <style>
        #w3clink {
            background:grey;
            color:white;
            padding:5px;
            border: thin solid  black;
        }
    </style>
    <body>
        <a href="http://apress.com">Apress web site</a>
        <p/>
        <a id="w3clink" href="http://w3c.org">W3C web site</a>
    </body>
</html>
```

为了根据id属性值应用样式，需要在定义样式时使用一个以#号开头后接id属性值的选择器（selector）。CSS选择器的详细说明见第17章和第18章。第19章到第24章介绍了各种可以使用的样式。上例中样式应用的效果如图3-12所示。

图3-12　根据元素的id属性值应用样式

提示　id属性还可以用来导航到文档中的特定位置。倘若有个名为example.html的文档中包含一个id属性值为myelement的元素，那么使用example.html#myelement这个URL即可直接导航至该元素。该URL的末尾部分（#加上元素id值）称为URL片段标识符（fragment identifier）。

3.5.10 lang 属性

lang属性用于说明元素内容使用的语言。代码清单3-22示范了其用法。

代码清单3-22　使用lang属性

```
<!DOCTYPE HTML>
<html>
    <head>
        <title>Example</title>
    </head>
    <body>
        <p lang="en">Hello - how are you?</p>
        <p lang="fr">Bonjour - comment êtes-vous?</p>
        <p lang="es">Hola - ¿cómo estás?</p>
    </body>
</html>
```

lang属性值必须使用有效的ISO语言代码。关于如何声明语言的全面说明可参阅这个网址：http://tools.ietf.org/html/bcp47。不过要注意，语言是个复杂的技术性问题。

使用lang属性的目的是让浏览器调整其表达元素内容的方式。比如说，改变使用的引号，在使用了文字朗读器（或别的残障辅助技术）的情况下正确发音。

lang属性还可以用来选择指定语言的内容，以便只显示用户所选语言的内容或对其应用样式。

3.5.11 spellcheck 属性

spellcheck属性用来表明浏览器是否应该对元素的内容进行拼写检查。这个属性只有用在用户可以编辑的元素上时才有意义。代码清单3-23就是一例，例中的textarea元素的介绍见第14章。

代码清单3-23　使用spellcheck属性

```
<!DOCTYPE HTML>
<html>
    <head>
        <title>Example</title>
    </head>
    <body>
        <textarea spellcheck="true">This is some mispelled text</textarea>
    </body>
</html>
```

spellcheck属性可以接受的值有两个：true（启用拼写检查）和false（禁用拼写检查）。至于拼写检查的实现方式则因浏览器而异。图3-13所示为谷歌的Chrome的处理方式，即键入时检查拼写。其他浏览器则需要用户发出检查拼写的指示。

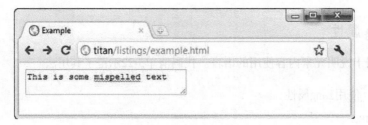

图3-13　Chrome中的拼写检查

警告　目前大多数流行浏览器中的拼写检查都会忽略前面介绍过的lang属性。它们的拼写检查基于用户所用操作系统中的语言设置或浏览器的语言设置。

3.5.12　style 属性

style属性用来直接在元素身上定义CSS样式（这是在style元素或外部样式表中定义样式之外的一种选择）。代码清单3-24示范了其用法。

代码清单3-24　使用style属性

```
<!DOCTYPE HTML>
<html>
    <head>
        <title>Example</title>
    </head>
    <body>
        <a href="http://apress.com" style="background: grey; color:white; padding:10px">
            Visit the Apress site
        </a>
    </body>
</html>
```

第4章会对CSS作更多说明。第19章到第24章将介绍各种可用的样式选项。

3.5.13　tabindex 属性

HTML页面上的键盘焦点可以通过按Tab键在各元素之间切换。用tabindex属性可以改变默认的转移顺序。代码清单3-25示范了其用法。

代码清单3-25　使用tabindex属性

```
<!DOCTYPE HTML>
<html>
    <head>
        <title>Example</title>
    </head>
```

```
<body>
    <form>
        <label>Name: <input type="text" name="name" tabindex="1"/></label>
        <p/>
        <label>City: <input type="text" name="city" tabindex="-1"/></label>
        </p>
        <label>Country: <input type="text" name="country" tabindex="2"/></label>
        </p>
        <input type="submit" tabindex="3"/>
    </form>
</body>
</html>
```

tabindex值为1的元素会第一个被选中。用户按一下Tab键后，tabindex值为2的那个元素会被选中，依次类推。tabindex设置为-1的元素不会在用户按下Tab键后被选中。上面示例中的tabindex设置的效果是：在按Tab键的过程中，键盘焦点从第一个input元素转到第三个，然后又转到Submit按钮，如图3-14所示。

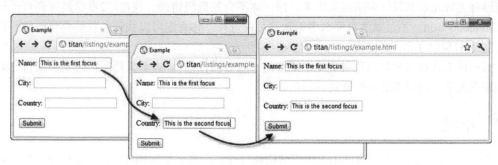

图3-14　用tabindex属性控制焦点转移顺序

3.5.14　title属性

title属性提供了元素的额外信息。浏览器通常用这些东西显示工具提示。代码清单3-26示范了该属性的用法。

代码清单3-26　使用title属性

```
<!DOCTYPE HTML>
<html>
    <head>
        <title>Example</title>
    </head>
    <body>
        <a title="Apress Publishing" href="http://apress.com">Visit the Apress site</a>
    </body>
</html>
```

图3-15显示了Chrome使用这个属性值的方式。

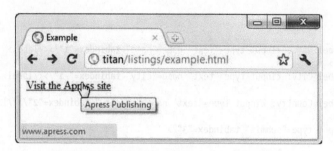

图3-15　显示为工具提示的title属性值

3.6　有用的 HTML 工具

跟HTML打交道时我认为有帮助的工具有两种。第一种是一款优秀的HTML编辑软件。它应该能够将无效元素和属性突出显示出来，保证你不会犯低级错误。我在第2章曾经提到自己比较喜欢Komodo Edit。不过既然有那么多编辑器可供选择，你肯定可以找到一款适合自己的（请确认它支持HTML5）。

另一种工具是大多数浏览器菜单中都有的"查看源代码"。查看文档源代码是验证自己的工作和跟别人学习新技术的重要方式。

3.7　小结

本章跑马观花地介绍了HTML文档的结构和特性，示范了如何用HTML元素标记内容以创建一个HTML文档。读者可以了解到如何使用属性配置浏览器处理元素的方式，以及局部和全局属性的差别。本章还逐一介绍了所有全局属性，并且简要说明了用以标记HTML文档的基本元素和结构。

第 4 章 初探CSS

CSS（层叠样式表）用来规定HTML文档的呈现形式（外观和格式编排）。本章将说明如何创建和应用CSS样式，解释层叠样式表这个名称的由来，为后续章节打下基础。表4-1概括了本章内容。

表4-1 本章内容概要

问 题	解决方案	代码清单
定义样式	使用属性/值声明	4-1
将样式直接应用于元素	用style属性①创建元素内嵌样式	4-2
创建可用于多个元素的样式	使用style元素，编写一个选择器和一组样式声明	4-3、4-4
创建可用于多个HTML文档的样式	创建一个外部样式表文件，并用link元素引用它	4-5 ~ 4-9
确定元素将使用什么样式属性	对样式来源适用层叠规则，同级样式发生冲突时计算并比较样式的具体程度	4-10 ~ 4-12、4-14 ~ 4-16
改变正常的样式层叠次序	使用重要样式	4-13
使用父元素的样式属性	使用属性继承	4-17、4-18
根据一条属性确定另一条属性的值	使用相对度量单位	4-19 ~ 4-23
动态计算属性值	使用calc函数	4-24

4.1 定义和应用样式

CSS样式由一条或多条以分号隔开的样式声明组成。每条声明包含着一个CSS属性和该属性的值，二者以冒号分隔。代码清单4-1所示为一条简单的CSS样式。

代码清单4-1 一条简单的CSS样式

```
background-color:grey; color:white
```

图4-1指出了这个样式中的样式声明、属性和值。

---

① 这个表中只有这一个"属性"指HTML中元素的属性，与此对应的英文单词为attribute。表中其他"属性"均指CSS属性，对应的英文单词为property。一般情况下二者不会混淆，故本书中文译法未作区分。——译者注

第 4 章 初探 CSS

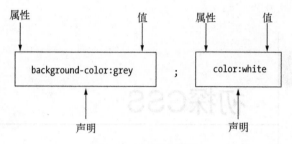

图4-1 CSS样式剖析

本例中的样式含有两条样式声明。第一条将background-color属性的值设置为grey，第二条将color属性的值设置为white。

CSS属性花样繁多，每种属性都控制着其应用元素某方面的外观。本书第19章到第24章将介绍可用的CSS属性并展示其效果。

4.1.1 了解本章所用的 CSS 属性

为了说明CSS的工作方式，本章需要用到一些后面章节中才会详细介绍的CSS属性。表4-2列出了这些属性及其简要说明，还有其详细介绍所在章的编号。

表4-2 CSS属性摘要

属　性	说　明	所在章
background-color	设置元素的背景颜色	19
border	设定围绕元素的边框	19
color	设置元素的前景颜色	24
font-size	设置元素文字的字号	22
height	设置元素高度	20
padding	设定元素内容与边框之间的间距	20
text-decoration	设置元素文字的装饰效果，如本章用到的下划线	22
width	设置元素宽度	20

4.1.2 使用元素内嵌样式

样式不是定义了就了事，它还需要被应用，也即告诉浏览器它要影响哪些元素。把样式应用到元素身上的各种方式中，最直接的是使用全局属性style，如代码清单4-2所示。

代码清单4-2 用全局属性style定义样式

```
<!DOCTYPE HTML>
<html>
    <head>
```

```
        <title>Example</title>
    </head>
    <body>
        <a href="http://apress.com" style="background-color:grey; color:white">
            Visit the Apress website
        </a>
        <p>I like <span>apples</span> and oranges.</p>
        <a href="http://w3c.org">Visit the W3C website</a>
    </body>
</html>
```

这个HTML文档中有4个内容元素：两个超链接（用a元素生成），一个p元素以及包含在其中的一个span元素（第8章和第9章会详细介绍a、p和span这三个元素。此处关注的只是如何应用样式）。例中用全局属性style将样式应用到第一个a元素（链接到Apress网站）。style属性只影响它所属的元素，如图4-2所示。

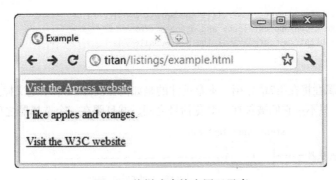

图4-2　将样式直接应用于元素

从图中可以看出上例所用两个CSS属性的作用。background-color属性和color属性分别设置元素的背景和前景颜色。HTML文档中的另外三个内容元素未受该样式的影响。

关于CSS教

CSS话题对狂热分子似乎很有吸引力。在网上随便看场关于如何用CSS实现某种效果的讨论，很快就会见到有人争执什么才是正确的方法。我可没工夫陪嚷嚷这些东西的人磨。对于任何问题，其唯一正确的解决方法就是利用已有知识和工具为尽可能多的用户提供支持。笨蛋才会为完美的CSS方案纠缠不休。我的建议是：别管这些争论，琢磨点适合自己的技术和招法（只要确有其效而且对自己口味就行）才是正事。

4.1.3　使用文档内嵌样式

直接对元素应用样式有它的用处，但是对于可能大量需要各种样式的复杂文档来说就显得缺乏效率。这样做不仅需要逐个元素设好样式，而且软件更新时还不得不逐个元素仔细搞好样式调整，很容易出错。我们可以换种方法，用style元素（而不是style属性）定义文档内嵌样式，通过CSS选择器指示浏览器应用样式。代码清单4-3示范了style元素的用法。该例中用了一个简单的CSS选择器。

代码清单4-3　使用style元素

```html
<!DOCTYPE HTML>
<html>
    <head>
        <title>Example</title>
        <style type="text/css">
            a {
                background-color:grey;
                color:white
            }
        </style>
    </head>
    <body>
        <a href="http://apress.com">Visit the Apress website</a>
        <p>I like <span>apples</span> and oranges.</p>
        <a href="http://w3c.org">Visit the W3C website</a>
    </body>
</html>
```

style元素及其属性将在第7章介绍。本章关注的是如何在style元素中定义样式。此例所示做法也要用到CSS声明，只不过它们被包在一对花括号之间，并且跟在一个选择器之后。如图4-3所示。

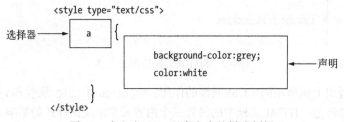

图4-3　定义在style元素之内的样式剖析

本例中的选择器为a，它指示浏览器将样式应用到文档中的每一个a元素。图4-4所示为浏览器的处理结果。

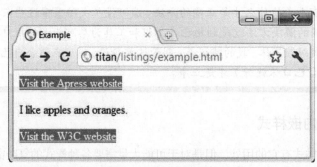

图4-4　选择器a的效果

一个style元素中可以定义多条样式，为此只消不断重复定义一个选择器和一套样式声明的过程即可。代码清单4-4所示为一个具有两条样式定义的style元素。

代码清单4-4　在一个style元素内定义多条样式

```
<!DOCTYPE HTML>
<html>
    <head>
        <title>Example</title>
        <style type="text/css">
            a {
                background-color:grey;
                color:white
            }
            span {
                border: thin black solid;
                padding: 10px;
            }
        </style>
    </head>
    <body>
        <a href="http://apress.com">Visit the Apress website</a>
        <p>I like <span>apples</span> and oranges.</p>
        <a href="http://w3.org">Visit the W3C website</a>
    </body>
</html>
```

本例新增样式的选择器为span（表示浏览器将把样式应用到文档中所有span元素上，实现其border和padding属性所规定的效果）。border属性设置的是围绕目标元素的边框，padding属性控制的则是目标元素与边框之间的间距，其效果如图4-5所示。这些例子中的选择器和样式属性都很简单。选择器和样式属性的全面介绍分别安排在第17章、第18章和第19章、第20章。

图4-5　应用多条样式

4.1.4　使用外部样式表

如果有一套样式要用于多个HTML文档，那么与其在每一个文档中重复定义相同的样式，不如另外创建一个独立的样式表文件。这种文件按惯例以.css为文件扩展名，其中包含着用户的样式定义。代码清单4-5所示为文件styles.css的内容。

代码清单4-5　文件styles.css

```css
a {
    background-color:grey;
    color:white
}
span {
    border: thin black solid;
    padding: 10px;
}
```

样式表中用不着style元素，需要什么样式，只需要为其设计好选择器，后面再跟上一套样式声明即可。然后HTML文档就可以用link元素将这些样式导入其中（link元素将在第7章详细介绍）。如代码清单4-6所示。

代码清单4-6　导入外部样式表

```html
<!DOCTYPE HTML>
<html>
    <head>
        <title>Example</title>
        <link rel="stylesheet" type="text/css" href="styles.css"></link>
    </head>
    <body>
        <a href="http://apress.com">Visit the Apress website</a>
        <p>I like <span>apples</span> and oranges.</p>
        <a href="http://w3c.org">Visit the W3C website</a>
    </body>
</html>
```

文档想要链接多少样式表都行，为每个样式表使用一个link元素即可。如果不同样式表中的样式使用了相同的选择器，那么这些样式表的导入顺序很重要，在此情况下得以应用的是后导入的样式。

1. 从其他样式表中导入样式

可以用@import语句将样式从一个样式表导入另一个样式表。代码清单4-7所示的样式表combined.css示范了这种用法。

代码清单4-7　文件combined.css

```css
@import "styles.css";
span {
    border: medium black dashed;
    padding: 10px;
}
```

一个样式表中想要导入多少别的样式表都行，为每个样式表使用一条@import语句即可。@import语句必须位于样式表顶端，样式表自己的样式定义不能出现在它之前。在combined.css这个样式表中，先导入了styles.css，然后再定义了一条针对span元素的新样式。代码清单4-8显示了

HTML文档链接combined.css样式表的情形。

代码清单4-8　链接到一个包含有导入语句的样式表

```
<!DOCTYPE HTML>
<html>
    <head>
        <title>Example</title>
        <link rel="stylesheet" type="text/css" href="combined.css"/>
    </head>
    <body>
        <a href="http://apress.com">Visit the Apress website</a>
        <p>I like <span>apples</span> and oranges.</p>
        <a href="http://w3c.org">Visit the W3C website</a>
    </body>
</html>
```

combined.css中的@import语句导入了styles.css中定义的两条样式，其中应用于span元素的那条样式又被combined.css中定义的具有相同选择器的样式盖过。其效果见图4-6。

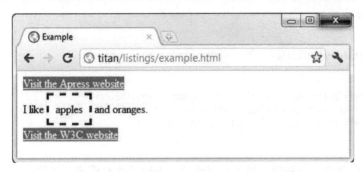

图4-6　从其他样式表中导入样式

@import语句用得并不广泛。其中一个原因是不少人并不知道有这个东西。另一个原因则是浏览器处理@import语句的效率往往不如处理多个link元素并靠样式层叠（下节就会介绍）解决问题。

2. 声明样式表的字符编码

在CSS样式表中可以出现在@import语句之前的只有@charset语句。后者用于声明样式表使用的字符编码。代码清单4-9示范了如何表示样式表使用的是UTF-8编码（这是最常见的编码）。

代码清单4-9　声明样式表使用的字符编码类型

```
@charset "UTF-8";
@import "styles.css";
span {
    border: medium black dashed;
    padding: 10px;
}
```

如果样式表中未声明所使用的字符编码，那么浏览器将使用载入该样式表的HTML文档声明的编码。要是HTML文档也没有声明其编码，那么默认情况下使用的将是UTF-8。

4.2 样式的层叠和继承

要想掌握样式表，弄清样式层叠和继承这两个概念是关键。浏览器根据层叠和继承规则确定显示一个元素时各种样式属性采用的值。每个元素都有一套浏览器呈现页面时要用到的CSS属性。对于每一个这种属性，浏览器都需要查看一下其所有的样式来源。前面已经讲过三种定义样式的方式（元素内嵌、文档内嵌和外部样式表），但是要知道，样式还有另外两个来源。

4.2.1 浏览器样式

浏览器样式（更恰当的名称是用户代理样式）是元素尚未设置样式时浏览器应用在它身上的默认样式。这些样式因浏览器而略有差异，不过大体一致。以a元素（超链接）为例，想想没有特别为它定义样式时浏览器会怎样显示。代码清单4-10所示为一个不含任何样式的简单HTML文档。

代码清单4-10　不含样式的HTML文档

```
<!DOCTYPE HTML>
<html>
    <head>
        <title>Example</title>
    </head>
    <body>
        <a href="http://apress.com">Visit the Apress website</a>
        <p>I like <span>apples</span> and oranges.</p>
        <a href="http://w3c.org">Visit the W3C website</a>
    </body>
</html>
```

该例只是在前面例子的基础上做了一点改动，去掉了所有样式。从图4-7中可以看到浏览器是如何显示a元素的。

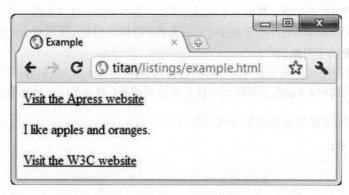

图4-7　超链接元素的默认样式

我们对浏览器应用于链接的样式早已习以为常，以至于不会留意到它的存在。但是只要驻目细看，样式的细节就会浮现出来。链接的文字内容被显示为蓝色，而且带有下划线。据此推测，浏览器相当于应用了类似代码清单4-11所示的样式。

代码清单4-11　推测出来的a元素的默认浏览器样式

```
a {
    color: blue;
    text-decoration: underline;
}
```

虽然不是每一个HTML元素都有默认的浏览器样式，但是多数元素都有。本书介绍HTML元素的各章都会介绍常见浏览器一般都会应用的典型默认样式。关于a元素的介绍参见第8章。

4.2.2　用户样式

大多数浏览器都允许用户定义自己的样式表。这类样式表中包含的样式称为用户样式。这个功能用的人不多，不过，那些要定义自己的样式表的人往往比较看重这一点，一个特别的原因是这可以让有生理不便的人更容易使用网页。

各种浏览器都有自己管理用户样式的方式。以谷歌的Chrome为例，它会在用户的个人配置信息目录中生成一个名为Default\User StyleSheets\Custom.css的文件。添加到这个文件中的任何样式都会被用于用户访问的所有网站，只不过要依下节所讲的层叠规则行事。代码清单4-12所示简例展示了我在自己的Custom.css文件中加入的一条样式。

代码清单4-12　在用户样式表中添加样式

```
a {
    color: white;
    background:grey;
    text-decoration: none;
    padding: 2px;
}
```

这条样式的作用对象是a元素，它盖过了默认的浏览器样式。图4-8显示了重新载入代码清单4-10中的HTML文档后上述用户样式的效果。

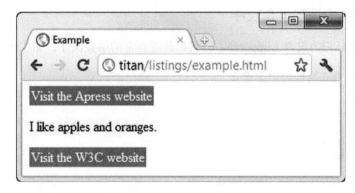

图4-8　定义用户样式

4.2.3 样式如何层叠

明白了浏览器所要查看的所有样式来源之后，现在可以看看浏览器要显示元素时求索一个CSS属性值的次序。这个次序很明确：

(1) 元素内嵌样式（用元素的全局属性style定义的样式）；
(2) 文档内嵌样式（定义在style元素中的样式）；
(3) 外部样式（用link元素导入的样式）；
(4) 用户样式（用户定义的样式）；
(5) 浏览器样式（浏览器应用的默认样式）。

设想用户需要显示一个a元素。浏览器需要知道的一件事情是其文字应显示为哪种颜色。为了解决这个问题，它需要为CSS属性color找到一个值。首先它会查看所要呈现的那个元素是否具有一条设定了color值的元素内嵌样式。比如下面这种：

```
<a style="color: red" href="http://apress.com">Visit the Apress website</a>
```

如果不存在元素内嵌样式，那么接下来浏览器会看看是否有一个style元素包含着作用于那个元素的样式。比如下面这种：

```
<style type="text/css">
    a {
        color: red;
    }
</style>
```

如果不存在这样的style元素，那么浏览器接下来会查看用link元素载入的样式表。依次类推，直到找到一个color属性值或查完用户定义样式。在后面一种情况下，最终使用的将是浏览器默认样式中的值。

前述次序表中的前三个属性来源（元素内嵌样式、文档内嵌样式和外部样式表）合称作者样式。定义在用户样式表中的样式称为用户样式。由浏览器定义的样式则称为浏览器样式。

4.2.4 用重要样式调整层叠次序

把样式属性值标记为重要（important），可以改变正常的层叠次序，如代码清单4-13所示。

代码清单4-13 将样式属性标记为重要

```
<!DOCTYPE HTML>
<html>
    <head>
        <title>Example</title>
        <style type="text/css">
            a {
                color: black !important;
            }
        </style>
```

```
        </head>
        <body>
            <a style="color:red" href="http://apress.com">Visit the Apress website</a>
            <p>I like <span>apples</span> and oranges.</p>
            <a href="http://w3c.org">Visit the W3C website</a>
        </body>
</html>
```

在样式声明后附上!important即可将对应属性值标记为重要。不管这种样式属性定义在什么地方,浏览器都会给予优先考虑。从图4-9中可以看到重要属性的效果(印刷页面上看起来可能不太清楚)。此例中文档内嵌样式的color属性值盖过了元素内嵌样式中的值。

图4-9 重要属性值盖过元素内嵌样式属性值

> 提示 能凌驾于作者定义的重要属性值之上的只有用户样式表中定义的重要属性值。对于普通属性,作者样式中的值优先于用户样式中的值,而对于重要属性情况正好相反。

4.2.5 根据具体程度和定义次序解决同级样式冲突

如果有两条定义于同一层次的样式都能应用于同一个元素,而且它们都包含着浏览器要查看的CSS属性值,这时就需要另加砝码助天平上持平的双方一决高下。为了判断该用哪个值,浏览器会评估两条样式的具体程度,然后选中较为特殊的那条。样式的具体程度通过统计三类特征得出:

(1) 样式的选择器中id值的数目;
(2) 选择器中其他属性和伪类的数目;
(3) 选择器中元素名和伪元素的数目。

第17章和第18章将会说明如何编写包含所有这些特征的选择器。浏览器将三类评估所得值结合起来,由此辨识出最特殊的样式并采用其属性值。代码清单4-14是有关具体程度的一个非常简单的例子。

代码清单4-14　样式的具体程度

```html
<!DOCTYPE HTML>
<html>
    <head>
        <title>Example</title>
        <style type="text/css">
            a {
                color: black;
            }
            a.myclass {
                color:white;
                background:grey;
            }
        </style>
    </head>
    <body>
        <a href="http://apress.com">Visit the Apress website</a>
        <p>I like <span>apples</span> and oranges.</p>
        <a class="myclass" href="http://w3c.org">Visit the W3C website</a>
    </body>
</html>
```

在评定具体程度时要按a-b-c的形式（其中每一个字母依次代表上述三类特征的统计结果）生成一个数字。它不是一个三位数。如果对某个样式算出的a值最大，那么它就是具体程度高的那个。只有a值相等时浏览器才会比较b值，此时b值较大的样式具体程度更高。只有a值和b值都分别相等时浏览器才会考虑c值。也就是说，1-0-0这个得分比0-5-5这个得分代表的具体程度更高。

本例中a.myclass这个选择器含有一个class属性，于是该样式的值为0-1-0（0个id值+1个其他属性+0个元素名）。另一条样式的具体程度值为0-0-0（因为它不包含id值、其他属性或元素名）。因此浏览器在呈现被归入myclass类的a元素时将使用a.myclass样式中设定的color属性值。对于所有其他a元素，使用的则是另一条样式中设定的值。从图4-10可以看出在本例中浏览器是如何选择和应用样式的。

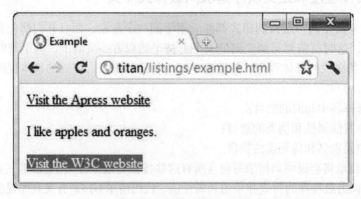

图4-10　根据具体程度选用样式属性值

如果同一个样式属性出现在具体程度相当的几条样式中，那么浏览器会根据其位置的先后选择所用的值，规则是后来者居上。代码清单4-15所示例子就包含了两条具体程度相同的样式。

代码清单4-15　具体程度相同的样式

```
<!DOCTYPE HTML>
<html>
    <head>
        <title>Example</title>
        <style type="text/css">
            a.myclass1 {
                color: black;
            }
            a.myclass2 {
                color:white;
                background:grey;
            }
        </style>
    </head>
    <body>
        <a href="http://apress.com">Visit the Apress website</a>
        <p>I like <span>apples</span> and oranges.</p>
        <a class="myclass1 myclass2" href="http://w3c.org">Visit the W3C website</a>
    </body>
</html>
```

此例style元素中定义的两条样式在具体程度上得分相同。浏览器在呈现页面上的第二个a元素时，为样式属性color选用的值是white，这是因为该值来自靠后的那条样式。其结果如图4-11所示。

图4-11　根据样式定义的先后选择属性值

为了证实浏览器是用这个方法选择所用的color属性值，代码清单4-16中的例子颠倒了两条样式的位置。

代码清单4-16　颠倒样式定义的次序

```
<!DOCTYPE HTML>
```

```
<html>
    <head>
        <title>Example</title>
        <style type="text/css">
            a.myclass2 {
                color:white;
                background:grey;
            }
            a.myclass1 {
                color: black;
            }
        </style>
    </head>
    <body>
        <a href="http://apress.com">Visit the Apress website</a>
        <p>I like <span>apples</span> and oranges.</p>
        <a class="myclass1 myclass2" href="http://w3c.org">Visit the W3C website</a>
    </body>
</html>
```

不出所料，现在浏览器为color属性选择的是black这个值，如图4-12所示。

图4-12　改变样式定义次序的效果

根据样式的具体程度和定义次序确定选用的样式属性值，应该把各个属性分开考虑。本节的几个例子还定义了背景颜色属性的值。因为该值并非两个样式中都有，所以不会发生冲突，也就没有必要查找其他值。

4.2.6　继承

如果浏览器在直接相关的样式中找不到某个属性的值，就会求助于继承机制，使用父元素的这个样式属性值。如代码清单4-17所示。

代码清单4-17　CSS属性继承

```
<!DOCTYPE HTML>
<html>
```

```
<head>
    <title>Example</title>
    <style type="text/css">
        p {
            color:white;
            background:grey;
            border: medium solid black;
        }
    </style>
</head>
<body>
    <a href="http://apress.com">Visit the Apress website</a>
    <p>I like <span>apples</span> and oranges.</p>
    <a class="myclass1 myclass2" href="http://w3c.org">Visit the W3C website</a>
</body>
</html>
```

本例关注的是浏览器应用于span元素（其父元素为p）的样式。图4-13是这个文档在浏览器中的显示效果。

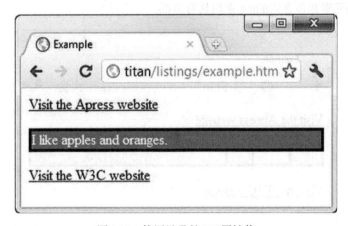

图4-13 使用继承的CSS属性值

这个文档并没有在针对span元素的样式中设定color属性值，但是浏览器显示该元素的文字内容时却使用了前景色white。这个值系由父元素p继承而来。

令人挠头的是，并非所有CSS属性均可继承。这方面有条经验可供参考：与元素外观（文字颜色、字体等）相关的样式会被继承；与元素在页面上的布局相关的样式不会被继承。在样式中使用inherit这个特别设立的值可以强行实施继承，明确指示浏览器在该属性上使用父元素样式中的值。代码清单4-18示范了inherit的用法。

代码清单4-18 使用inherit

```
<!DOCTYPE HTML>
<html>
    <head>
        <title>Example</title>
```

```
<style type="text/css">
    p {
        color:white;
        background:grey;
        border: medium solid black;
    }
    span {
        border: inherit;
    }
</style>
</head>
<body>
    <a href="http://apress.com">Visit the Apress website</a>
    <p>I like <span>apples</span> and oranges.</p>
    <a class="myclass1 myclass2" href="http://w3c.org">Visit the W3C website</a>
</body>
</html>
```

此例定义了一条用于span元素的样式，其border属性值继承自父元素。文档的显示效果见图4-14。现在span元素和包含它的p元素均具有边框。

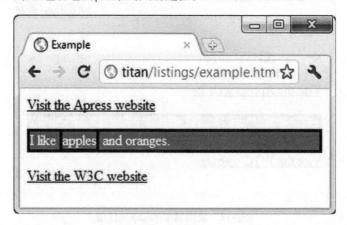

图4-14　使用inherit

4.3　CSS中的颜色

颜色在网页中的作用非常重要。在CSS中设置颜色有好几种方法。最简单的办法是使用规定的颜色名称，或者设置红、绿、蓝三种颜色成分的值（十进制或十六进制）。设置颜色成分值时，十进制值以逗号分隔，十六进制值前面通常要加上一个#符号（例如#ffffff，它代表白色）。表4-3罗列了一些规定的颜色名称及其十进制和十六进制表示。

表4-3所列为基本颜色名称。CSS还定义了一批扩展颜色名。这里不便列出那么多颜色名称，感兴趣的读者可在下面的网址找到一份完整的列表：www.w3.org/TR/css3-color。CSS扩展颜色包括许多新的色调系列，其中一些是基本颜色的细微变体。表4-4列出了一组可用的灰色派生色。

表4-3　CSS颜色选编

颜色名称	十六进制表示	十进制表示	颜色名称	十六进制表示	十进制表示
black	#000000	0,0,0	green	#008000	0,128,0
silver	#C0C0C0	192,192,192	lime	#00FF00	0,255,0
gray	#808080	128,128,128	olive	#808000	128,128,0
white	#FFFFFF	255,255,255	yellow	#FFFF00	255,255,0
maroon	#800000	128,0,0	navy	#000080	0,0,128
red	#FF0000	255,0,0	blue	#0000FF	0,0,255
purple	#800080	128,0,128	teal	#008080	0,128,128
fushia	#FF00FF	255,0,255	aqua	#00FFFF	0,255,255

表4-4　CSS颜色选编

颜色名称	十六进制表示	十进制表示
darkgray	#a9a9a9	169,169,169
darkslategray	#2f4f4f	47,79,79
dimgray	#696969	105,105,105
gray	#808080	128,128,128
lightgray	#d3d3d3	211,211,211
lightslategray	#778899	119,136,153
slategray	#708090	112,128,144

表示更复杂的颜色

颜色名称和简单的十六进制数不是表示颜色的唯一方式。CSS中还可以用一些函数选择颜色。表4-5逐一介绍了这些函数。

表4-5　CSS颜色函数

函数	说明	示例
rgb(r, g, b)	用RGB模型表示颜色	color: rgb(112, 128, 144)
rgba(r, g, b, a)	用RGB模型表示颜色，外加一个用于表示透明度的α值（0代表全透明，1代表完全不透明）	color: rgba(112, 128, 144, 0.4)
hsl(h, s, l)	用HSL模型（色相〔hue〕、饱和度〔saturation〕和明度〔lightness〕）表示颜色	color: hsl(120, 100%, 22%)
hsla(h, s, l, a)	与HSL模式类似，只不过增加了一个表示透明度的α值	color: hsla(120, 100%, 22%, 0.4)

4.4　CSS 中的长度

许多CSS属性要求为其设置长度值。width属性和font-size属性就是这方面的例子。前者用于设置元素的宽度，后者用于设置元素内容的字号。代码清单4-19所示样式用到了这两个属性。

代码清单4-19　为属性设置长度值

```html
<!DOCTYPE HTML>
<html>
    <head>
        <title>Example</title>
        <style type="text/css">
            p {
                background: grey;
                color:white;
                width: 5cm;
                font-size: 20pt;
            }
        </style>
    </head>
    <body>
        <a href="http://apress.com">Visit the Apress website</a>
        <p>I like <span>apples</span> and oranges.</p>
        <a class="myclass1 myclass2" href="http://w3c.org">Visit the W3C website</a>
    </body>
</html>
```

设置长度值时，应让数字和单位标识符连在一起，二者之间不加空格或其他字符。代码清单中将width属性值设置为5cm，这表示5个由标识符cm（厘米）代表的单位的长度。同样，将font-size属性值设置为20pt，表示20个由标识符pt（磅，稍后会有介绍）代表的单位的长度。CSS规定了两种类型的长度单位，一种是绝对单位，另一种是与其他属性挂钩的相对单位。下面介绍这两种单位。

4.4.1　绝对长度

上一个代码清单中使用的cm和pt这两个单位都属于绝对单位。这类单位是现实世界的度量单位。CSS支持五种绝对单位，如表4-6所示。

表4-6　CSS中的绝对单位

单位标识符	说　　明
in	英寸
cm	厘米
mm	毫米
pt	磅（1磅等于1/72英寸）
pc	pica（1pica等于12磅）

一条样式中可以混合使用多种单位，包括混合使用绝对单位和相对单位。如果能预先知道内容的呈现方式（例如为供打印的文档设计样式），那么绝对单位很有用处。我设计CSS样式不怎么使用绝对单位。个人认为相对单位更灵活、更容易管理，而且我也很少创作需要与现实世界度量挂钩的内容。

> **提示** 读者可能会奇怪表中怎么没有像素这个单位。实际上，CSS试图把像素作为相对度量单位处理，然而事与愿违。本章稍后会解释这个问题，详情参见4.2节中的"像素单位的问题"。

4.4.2 相对长度

相对长度的规定和实现都比绝对长度更复杂，需要以严密、精确的语言明确定义。相对单位的测量需要依托其他类型的单位。可惜CSS规范的语言还没那么精确（这个问题已经困扰CSS多年）。因此尽管CSS规定了许多既有趣又有用的相对单位，但是其中一些单位还没有得到浏览器广泛、一致的支持，用户还无法使用。表4-7列出了主流浏览器支持的一些CSS相对单位。

表4-7 CSS相对单位

单位标识符	说 明
em	与元素字号挂钩
ex	与元素字体的"x高度"挂钩
rem	与根元素的字号挂钩
px	CSS像素（假定显示设备的分辨率为96dpi）
%	另一属性的值的百分比

下面来看如何用这些单位表示长度。

1. 与字号挂钩的相对单位

使用相对单位时所设置的实际上是另一种度量值的倍数。先来看看与字号挂钩的相对单位。代码清单4-20即为一例。

代码清单4-20 使用相对单位

```
<!DOCTYPE HTML>
<html>
    <head>
        <title>Example</title>
        <style type="text/css">
            p {
                background: grey;
                color:white;
                font-size: 15pt;
                height: 2em;
            }
        </style>
    </head>
    <body>
        <a href="http://apress.com">Visit the Apress website</a>
        <p>I like <span>apples</span> and oranges.</p>
        <p style=" font-size:12pt">I also like mangos and cherries.</p>
        <a class="myclass1 myclass2" href="http://w3c.org">Visit the W3C website</a>
    </body>
</html>
```

本例将height属性值设置为2em，意思是p元素在屏幕上显示出来的高度应为字号的两倍。这个倍数是在显示每个元素的时候计算出来的。本例在style元素中为p元素的font-size设置了默认值15pt，然后又在文档中第二个p元素的内嵌样式里将该属性值设置为12pt。这些元素在浏览器中的显示结果见图4-15。

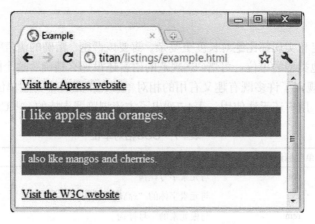

图4-15　使用相对单位的效果

相对单位还可以用来表示另一个相对单位的倍数。代码清单4-21所示例子中，height属性值使用的单位是em，这个单位是从font-size属性值推算而得，而font-size属性值在此使用的单位是rem。

代码清单4-21　使用从另一相对单位推算出来的相对单位

```
<!DOCTYPE HTML>
<html>
    <head>
        <title>Example</title>
        <style type="text/css">
            html {
                font-size: 0.2in;
            }
            p {
                background: grey;
                color:white;
                font-size: 2rem;
                height: 2em;
            }
        </style>
    </head>
    <body style="font-size: 14pt">
        <a href="http://apress.com">Visit the Apress website</a>
        <p>I like <span>apples</span> and oranges.</p>
        <a class="myclass1 myclass2" href="http://w3c.org">Visit the W3C website</a>
    </body>
</html>
```

rem单位根据html元素（文档的根元素）的字号而定。本例用一条文档内嵌样式（使用直接在html元素的style属性中定义的元素内嵌样式也行）将html元素的字号设置为0.2英寸（这是一个绝对单位）。在另一条样式中，font-size属性值被设置为2rem，这表示使用该值的所有元素的字号将是根元素字号的两倍——0.4英寸。这条样式中的height属性被设置为2em，这又翻了一番。于是p元素在浏览器中将以0.4英寸的字号显示，其高度则是0.8英寸。从图4-16中可以看到浏览器处理这些样式的方式。

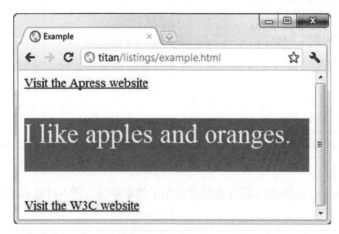

图4-16　根据其他相对单位定义的单位

第三个与字体相关的相对单位是ex。这个单位指的是当前字体的x高度，也即字体基线到中线之间的距离，一般与字母x的高度相当（所以得了这么一个名称），通常1ex大致等于0.5em。

2. 像素单位的问题

CSS中的像素恐怕不是你心里想的那样。像素这个术语一般是指显示设备上可寻址的最小单元——图像的基本元素。CSS却是另辟蹊径，其像素定义如下：

> 参考像素是距读者一臂之遥的像素密度为96dpi的设备上一个像素的视角（visual angle）。

这正是CSS中那种令人头疼的含糊定义。我无意数落谁，只不过要靠用户臂长来度量的规范未免有点离谱。好在主流浏览器都没有理会CSS定义的像素和显示设备的像素之间的差别，它们将1像素视为1英寸的1/96（这是Windows系统的标准像素密度。有些平台的显示设备具有不同的像素密度，它们的浏览器通常要做些转换工作，让1像素仍然大约等于1英寸的1/96）。

> 提示　CSS像素的完整定义参见www.w3.org/TR/CSS21/syndata.html#length-units。不过它恐怕派不上什么用场。

这样一来，尽管CSS像素原想定义为相对度量单位，结果却被浏览器当成绝对单位对待。代码清单4-22中的CSS样式使用的就是像素单位。

代码清单4-22　在样式中使用像素单位

```html
<!DOCTYPE HTML>
<html>
    <head>
        <title>Example</title>
        <style type="text/css">
            p {
                background: grey;
                color:white;
                font-size: 20px;
                width: 200px;
            }
        </style>
    </head>
    <body>
        <a href="http://apress.com">Visit the Apress website</a>
        <p>I like <span>apples</span> and oranges.</p>
        <a class="myclass1 myclass2" href="http://w3c.org">Visit the W3C website</a>
    </body>
</html>
```

这个例子中font-size和width属性的值都使用了像素单位。图4-17显示了浏览器应用这些样式的效果。

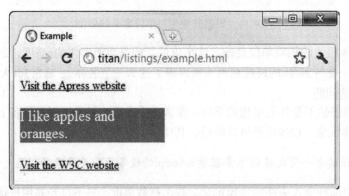

图4-17　使用像素单位

提示　我在CSS样式中也经常使用像素单位，但这只是一种积习而已。其实em单位更加灵活。如果采用em单位，那么需要修改样式设计时只消改一下字号即可，样式的其他部分一切如常。记住，CSS像素原本是个相对单位，但在实际使用中却变成了绝对单位，因此就没那么灵活了。

---

3. 百分比单位

可以把一个度量单位表示为其他属性值的百分比，这正是%单位的用途，如代码清单4-23所示。

代码清单4-23 以其他属性值的百分比为单位

```
<!DOCTYPE HTML>
<html>
    <head>
        <title>Example</title>
        <style type="text/css">
            p {
                background: grey;
                color:white;
                font-size: 200%;
                width: 50%;
            }
        </style>
    </head>
    <body>
        <a href="http://apress.com">Visit the Apress website</a>
        <p>I like <span>apples</span> and oranges.</p>
        <a class="myclass1 myclass2" href="http://w3c.org">Visit the W3C website</a>
    </body>
</html>
```

使用百分比单位会遇到两个麻烦。一是并非所有属性都能用这个单位。二是对于能用百分比单位的属性，那个百分比挂钩的其他属性各不相同。例如，对于font-size属性，挂钩的是元素继承到的font-size值；而对于width属性，挂钩的则是元素的包含块的宽度。

这些问题其实没那么复杂。包含块（这是一个反复出现的重要概念）留待第16章介绍。此外，后面（从第19章起）逐一介绍CSS属性时，将会说明哪些CSS属性支持百分比单位，以及百分比是根据什么属性值计算的。

4. 未获广泛支持的CSS属性

除了前面罗列的那些相对单位，CSS还定义了其他一些单位，但是它们还未获得广泛支持。这些新单位都列在表4-8中。假如得到广泛、一致的实现，这些单位会很有用，不过在此之前最好敬而远之。

表4-8 缺乏浏览器支持的CSS相对度量单位

单位标识符	说　　明
gd	与网格（grid）挂钩。它依赖于CSS规范中一些定义不太明确的属性，所以未获广泛支持
vw	与视口（viewport）宽度挂钩。1vw等于文档显示区域（如浏览器窗口）宽度的1%
vh	与视口高度挂钩。1vh等于文档显示区域高度的1%
vm[①]	1vm等于最短视口轴长（高度和宽度中较小的那个）的1%
ch	与用当前字体显示的字符的平均宽度挂钩。它在CSS规范中的定义很潦草，其实现也不一致

vw、vh、vm这三个单位应用前景广阔，但目前只在IE中得到了实现。而且，据我粗略观察，IE中的实现方式不太符合CSS规范。

---

① 这个单位已被重命名为vmin，同时还增加了另一个单位vmax。这两个单位分别等于vw和vh中较小和较大的那个。

——译者注

5. 用算式作值

允许将CSS属性值设置为算式是CSS3定义的一个引人关注的特性。这种灵活手段在控制能力和精确程度方面都给样式设计工作提供了帮助。代码清单4-24即是一例。

代码清单4-24　以算式为值

```html
<!DOCTYPE HTML>
<html>
    <head>
        <title>Example</title>
        <style type="text/css">
            p {
                background: grey;
                color:white;
                font-size: 20pt;
                width: calc(80% - 20px);
            }
        </style>
    </head>
    <body>
        <a href="http://apress.com">Visit the Apress website</a>
        <p>I like <span>apples</span> and oranges.</p>
        <a class="myclass1 myclass2" href="http://w3c.org">Visit the W3C website</a>
    </body>
</html>
```

算式包含在关键字calc之后的括号之中。在其中可以混合使用各种单位进行基本的算术运算。别高兴得太早，在撰写本书的时候，支持calc()这个特性的只有IE。未得到广泛支持的特性本书一般都避而不谈，不过我相信这个特性会得到大家认可，其采用情况值得持续关注。

4.5　其他 CSS 单位

CSS中的单位不止有长度这一项，而是种类繁多。但是其中只有一小部分得到了广泛应用。下面要介绍的是本书用到的那些单位。

4.5.1　使用 CSS 角度

第23章介绍变换的时候将会用到角度。角度的表示方式是一个数字后跟一个单位，如360deg。表4-9罗列了已得到支持的角度单位。

表4-9　CSS角度单位

单位标识符	说　　明
deg	度（取值范围：0deg ~ 360deg）
grad	百分度（取值范围：0grad ~ 400grad）
rad	弧度（取值范围：0rad ~ 6.28rad）
turn	圆周（1turn等于360deg）

4.5.2 使用 CSS 时间

可以用CSS时间单位度量时间间隔。时间的表示方式是一个数字后跟一个时间单位，如100ms。表4-10罗列了已得到支持的时间单位。

表4-10 CSS时间单位

单位标识符	说明
s	秒
ms	毫秒（1s等于1000ms）

4.6 测试 CSS 特性的支持情况

CSS规范的分散性及其在浏览器中参差不齐的实现，导致要搞清有哪些CSS特性可用并不轻松。下面给读者推荐几个用来检测对CSS的支持程度的有用工具。

第一个工具是这个网站：http://caniuse.com。它对各款浏览器的各种版本对HTML5和CSS3的支持情况进行了全面分析，所提供的详细信息覆盖了多种操作系统上为数众多的桌面版和手机版的浏览器。此外，它还提供了根据浏览器的流行程度和市场影响作出决策支持的简单工具。我觉得在启动一个新项目时，借助这个网站分析一下有哪些特性可以放心使用倒也相当不错。有了它的帮助，跟踪零零散散的CSS标准制定进程和浏览器的实现就变得相当轻松了。

第二个工具是可以用来动态测试各个特性的Modernizr（www.modernizr.com）。它是一个小小的JavaScript库，可以测试各种关键的HTML5和CSS特性是否到位，以便根据用户所用浏览器对这些特性的支持情况作出相应调整。这个工具还有一些不错的其他功能，例如在IE的较早版本中呈现新的HTML5语义元素（参见第10章）。

4.7 有用的 CSS 工具

有些工具本书后面不再提及，不过读者可能会发现在处理CSS相关事宜时它们很有用。下面将逐一介绍这类工具。所有这些工具要么可以免费获得，要么已经集成到了主流浏览器中。

4.7.1 浏览器样式报告

所有主流浏览器的开发人员工具都具有样式检查功能。其实现大同小异，基本路数都是在文档呈现结果或源代码中选择一个元素，然后查看浏览器应用在上面的样式。

这些样式检查工具能够显示样式层叠的次序和计算样式（computed style，指计入所有层叠和继承而来的样式后最终应用到元素上的样式）。用户甚至能用它们修改样式或加入新样式并查看其效果。图4-18所示为谷歌的Chrome浏览器中的样式检查工具。

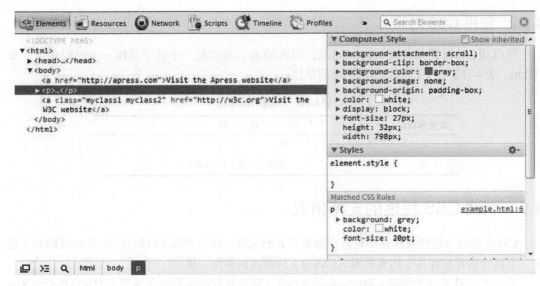

图4-18　在谷歌的Chrome中检查CSS样式

4.7.2　用SelectorGadget生成选择器

第17章和第18章将会介绍CSS支持的所有选择器。它们种类繁多，还能组合起来产生强大而又灵活的效果。要想掌握CSS选择器需要一段时间。有一些工具可以在这方面提供一些帮助。据我所知最有用的工具之一是SelectorGadget。这是一个JavaScript书签小程序（bookmarklet），可从www.selectorgadget.com获得。

这个工具有一段时间没有更新了，不过在最新的浏览器上依然能用。按说明安装即可。浏览器载入这个工具的脚本程序之后，用户点击页面元素就能生成相应的CSS选择器。图4-19所示为使用中的SelectorGadget。

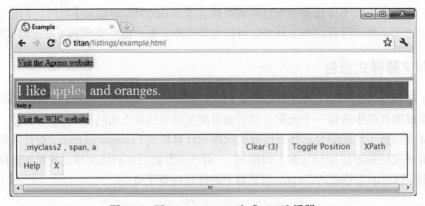

图4-19　用SelectorGadget生成CSS选择器

4.7.3 用 LESS 改进 CSS

接触过CSS的用户很快就会发现用它来描述样式比较啰嗦。大量重复性内容的存在导致样式的长期维护工作既费时间又容易出错。

有一个名为LESS的工具可以用来扩展CSS，它使用JavaScript对CSS予以改进。这个工具有一些不错的特性，包括变量、样式间的继承以及函数等。我最近经常使用LESS，其效果令人满意。读者可从以下网站详细了解并下载该JavaScript库：http://lesscss.org。

4.7.4 使用 CSS 框架

有很多高质量的CSS框架可作为开发者网站和Web应用系统的基石。它们内置多套样式，因此用户不必再干重复发明轮子的事。优秀的框架还可以化浏览器实现的差异于无形。

我推荐的CSS框架是Blueprint，它可以从这个网址下载：www.blueprintcss.org。这个框架用起来既方便又灵活，还有一套用于建立网格布局的出色功能。

4.8 小结

本章介绍了创建和应用样式的方法、样式层叠的机制以及CSS度量单位，也介绍了一些用来检测浏览器对特定CSS特性支持情况的有用工具，还推荐了一些对使用CSS很有帮助的资源。

第 5 章 初探JavaScript

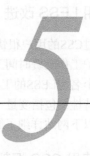

JavaScript过得挺不容易。出生不顺，青春期更满是苦涩。直到近年来，它才开始树立起一种实用的灵活语言的形象。JavaScript能做的事很多，尽管它还称不上完善，但也值得认真对待。本章的目的是为读者在JavaScript领域充一下电，同时介绍一些后面将要用到的函数和特性。

> 提示　要想充分利用本书，读者需要具有一些编程经验，懂得变量、函数和对象等概念。对于这方面的生手，lifehacker.com这个大众化网站上的系列文章是不错的启蒙读物。它没有预设编程知识门槛，所有例子都以JavaScript写就，非常方便。其使用说明参见：http://lifehacker.com/5744113/learn-to-code-the-full-beginners-guide。

本章关注的是Web编程所需的核心JavaScript特性。有意深入学习JavaScript的读者可以读一下我推荐的两本书。在语言的一般性知识方面，我推荐David Flanagan写的*JavaScript: The Definitive Guide*（O'Reilly出版）[①]。在高级概念和特性方面，我推荐Ross Harmes和Dustin Diaz写的*Pro JavaSript Design Patterns*（Apress出版）[②]。表5-1概括了本章内容。

表5-1　本章内容概要

问　题	解决方案	代码清单
定义文档内嵌脚本程序	使用script元素	5-1
立即执行一条程序语句	将语句直接放在script元素内	5-2
定义JavaScript函数	使用function关键字	5-3 ~ 5-5
定义基本类型的变量	使用var关键字，并以字面量表示其值	5-6 ~ 5-9
创建对象	使用new Object()或对象字面量语法	5-10、5-11
给对象添加方法	新建一个属性，然后将一个函数赋给它	5-12
获取或设置对象的属性值	使用圆点或数组索引符号表示法	5-13
枚举对象中的属性	使用for...in语句	5-14

---

① 本书中文版最新版《JavaScript权威指南（第6版）》已由机械工业出版社出版。——编者注
② 本书中文版《JavaScript设计模式》已由人民邮电出版社出版（谢廷晟译）。——译者注

（续）

问题	解决方案	代码清单
给对象添加属性或方法	将一个值赋给所需属性名	5-15、5-16
删除对象的一个属性	使用delete关键字	5-17
判断对象是否具有某个属性	使用in表达式	5-18
判断两个对象的值是否相等（不考虑类型差别）	使用相等运算符==	5-19、5-21
判断两个对象是否类型和值都相同	使用等同运算符===	5-20、5-22
显式类型转换	使用Number或String函数	5-23 ~ 5-25
创建数组	使用new Array()或数组字面量	5-26、5-27
读写数组内容	使用索引符号表示法获取数组中指定位置元素的值或将新值赋给它	5-28、5-29
枚举数组内容	使用for循环	5-30
处理错误	使用try...catch语句	5-31、5-32
比较null和undefined值	将值转换为boolean类型，或在需要同等对待null和undefined时使用相等运算符==，在要区别对待它们时使用恒等运算符===	5-33 ~ 5-36

5.1 准备使用 JavaScript

在HTML文档中定义脚本有几种方法可供选择。既可以定义内嵌脚本（脚本是HTML文档的一部分），也可以定义外部脚本（脚本包含在另一个文件中，通过一个URL引用）。这两种方法都要用到script元素（详见第7章）。简洁起见，本章使用的是内嵌脚本。代码清单5-1所示为这种脚本的一个例子。

代码清单5-1　一段简单的内嵌脚本

```
<!DOCTYPE HTML>
<html>
    <head>
        <title>Example</title>
    </head>
    <body>
        <script type="text/javascript">
            document.writeln("Hello");
        </script>
    </body>
</html>
```

这段小脚本的作用是在文档中加入单词Hello。script元素位于文档中其他内容之后，这样一来在脚本执行之前浏览器就已经对其他元素进行了解析。第7章会解释为什么这样做很重要（以及如何对脚本的执行加以控制）。

> 提示 出于简洁考虑,本书介绍JavaScript时使用的许多例子用document.writeln方法显示脚本的结果。这个方法的作用只是在HTML文档中加入一行文字。第26章对Document对象及其writeln方法有更多介绍。

图5-1显示了这个例子在浏览器中显示的结果。

图5-1　用JavaScript向HTML文档中添加内容

本章后面不再使用屏幕截图,只显示一些例子的结果。例如,代码清单5-1的输出结果会显示如下:

```
Hello
```

有些结果的格式会作一些处理,以便阅读。后面各节将要介绍JavaScript语言的核心特性。有现代语言编程经验的读者会发现JavaScript的语法和风格看起来很熟悉。

5.2　使用语句

JavaScript的基本元素是语句。一条语句代表着一条命令,通常以分号(;)结尾。实际上分号用不用都可以,不过加上分号可让代码更易阅读,并且可以在一行书写几条语句。代码清单5-2示范了脚本程序中的几条语句。

代码清单5-2　使用JavaScript语句

```
<!DOCTYPE HTML>
<html>
    <head>
        <title>Example</title>
    </head>
    <body>
        <script type="text/javascript">
            document.writeln("This is a statement");
            document.writeln("This is also a statement");
        </script>
    </body>
</html>
```

浏览器依次执行每条语句。本例做的只是输出两条信息。结果如下（读者看到的输出结果有可能都在一行）：

```
This is a statement

This is also a statement
```

5.3 定义和使用函数

如果像代码清单5-2中那样在script元素中直接定义语句，那么浏览器一遇到这些语句就会执行它们。也可以把几条语句包装在一个函数中，浏览器只有在遇到一条调用该函数的语句时才会执行它。如代码清单5-3所示。

代码清单5-3 定义JavaScript函数

```
<!DOCTYPE HTML>
<html>
    <head>
        <title>Example</title>
    </head>
    <body>
        <script type="text/javascript">

            function myFunc() {
                document.writeln("This is a statement");
            };

            myFunc();
        </script>
    </body>
</html>
```

函数所含语句被包围在一对大括号（{和}）之间，称为代码块。这个代码清单定义了一个名为myFunc的函数，其代码块中只含有一条语句。JavaScript是区分大小写的语言，因此function这个关键字必须小写。只有在浏览器遇到下面这样一条调用myFunc函数的语句时，该函数中的语句才会执行。

```
myFunc();
```

这个例子没什么特别的用处，因为在函数定义之后就立即调用了它。本章后面讲到事件的时候，所用例子中的函数要有用得多。

5.3.1 定义带参数的函数

与大多数语言一样，JavaScript中也可以为函数定义参数，如代码清单5-4所示。

代码清单5-4 定义带参数的函数

```
<!DOCTYPE HTML>
```

```
<html>
    <head>
        <title>Example</title>
    </head>
    <body>
        <script type="text/javascript">

            function myFunc(name, weather) {
                document.writeln("Hello " + name + ".");
                document.writeln("It is " + weather + " today");
            };

            myFunc("Adam", "sunny");
        </script>
    </body>
</html>
```

这里为myFunc函数添加了两个参数：name和weather。JavaScript是门弱类型语言，所以定义函数的时候不必声明参数的数据类型。本章稍后讲JavaScript变量的时候会回头解释弱类型的事情。调用带参数的函数时要像这样提供相应的值作为参数：

myFunc("Adam", "sunny");

这个代码清单的输出结果如下：

```
Hello Adam. It is sunny today
```

调用函数时提供的参数数目不必与函数定义中的参数数目相同。如果提供的参数值更少，那么所有未提供值的参数的值均为undefined。如果提供的参数值更多，那么多出的值会被忽略。其结果是，要想定义两个同名但参数数目不同的函数，然后让JavaScript根据调用函数时提供的参数值数目确定所调用的函数是不可能的。要是定义了两个同名的函数，那么第二个定义将会取代第一个。

5.3.2 定义会返回结果的函数

可以用return关键字从函数中返回结果，代码清单5-5示范了一个这样的函数。

代码清单5-5　从函数中返回结果

```
<!DOCTYPE HTML>
<html>
    <head>
        <title>Example</title>
    </head>
    <body>
        <script type="text/javascript">

            function myFunc(name) {
                return ("Hello " + name + ".");
```

```
        };
        document.writeln(myFunc("Adam"));
    </script>
    </body>
</html>
```

本例中的函数定义了一个参数并用它生成一个简单的结果。脚本中的最后一条语句调用了这个函数并将结果作为参数传递给document.writeln函数。如下所示：

```
document.writeln(myFunc("Adam"));
```

注意，定义这个函数时不用声明它会返回结果，也不用声明结果的数据类型。代码清单的输出结果如下所示：

```
Hello Adam.
```

5.4 使用变量和类型

定义变量要使用var关键字，在定义的同时还可以像在一条单独的语句中那样为其赋值。定义在函数中的变量称为局部变量，只能在该函数范围内使用。直接在script元素中定义的变量称为全局变量，可以在任何地方使用——包括在其他脚本中。代码清单5-6示范了局部变量和全局变量的用法。

代码清单5-6　使用局部变量和全局变量

```
<!DOCTYPE HTML>
<html>
    <head>
        <title>Example</title>
    </head>
    <body>
        <script type="text/javascript">
            var myGlobalVar = "apples";

            function myFunc(name) {
                var myLocalVar = "sunny";
                return ("Hello " + name + ". Today is " + myLocalVar + ".");
            };
            document.writeln(myFunc("Adam"));
        </script>
        <script type="text/javascript">
            document.writeln("I like " + myGlobalVar);
        </script>
    </body>
</html>
```

JavaScript是一种弱类型语言，但这不代表它没有类型，而是指不用明确声明变量的类型以及可随心所欲地用同一变量表示不同类型的值。JavaScript根据赋给变量的值确定其类型，还可以根

据使用场景在类型间自由转换。代码清单5-6的输出结果如下:

```
Hello Adam. Today is sunny. I like apples
```

5.4.1 使用基本类型

JavaScript定义了一小批基本类型(primitive type),它们包括字符串类型(string)、数值类型(number)和布尔类型(boolean)。这看起来可能有点少,但JavaScript的这三种类型具有很大的灵活性。

1. 字符串类型

string类型的值可以用夹在一对双引号或单引号之间的一串字符表示,如代码清单5-7所示。

代码清单5-7 定义字符串变量

```html
<!DOCTYPE HTML>
<html>
    <head>
        <title>Example</title>
    </head>
    <body>
        <script type="text/javascript">
            var firstString = "This is a string";
            var secondString = 'And so is this';
        </script>
    </body>
</html>
```

表示字符串时使用的引号要匹配。例如,字符串前端用单引号而后端用双引号是不行的。

2. 布尔类型

boolean类型有两个值:true和false。代码清单5-8中这两个值都用到了,这个类型最重要的使用场合是本章稍后将要讲到的条件语句。

代码清单5-8 定义布尔变量

```html
<!DOCTYPE HTML>
<html>
    <head>
        <title>Example</title>
    </head>
    <body>
        <script type="text/javascript">
            var firstBool = true;
            var secondBool = false;
        </script>
    </body>
</html>
```

3. 数值类型

整数和浮点数（也称实数）都用number类型表示，代码清单5-9示范了其用法。

代码清单5-9　定义数值变量

```html
<!DOCTYPE HTML>
<html>
    <head>
        <title>Example</title>
    </head>
    <body>
        <script type="text/javascript">
            var daysInWeek = 7;
            var pi = 3.14;
            var hexValue = 0xFFFF;
        </script>
    </body>
</html>
```

定义number类型变量时不必言明所用的是哪种数值，只消写出需要的值即可，JavaScript会酌情处理。上例先后使用了一个整数、一个浮点数和一个以0x开头的十六进制数。

5.4.2　创建对象

JavaScript支持对象的概念。有多种方法可以用来创建对象，代码清单5-10是一个简单的例子。

代码清单5-10　创建对象

```html
<!DOCTYPE HTML>
<html>
    <head>
        <title>Example</title>
    </head>
    <body>
        <script type="text/javascript">
            var myData = new Object();
            myData.name = "Adam";
            myData.weather = "sunny";

            document.writeln("Hello " + myData.name + ". ");
            document.writeln("Today is " + myData.weather + ".");
        </script>
    </body>
</html>
```

此例通过调用new Object()的方式创建了一个对象，然后将其赋给一个名为myData的变量。在此之后，即可像这样通过赋值的方式定义其属性：

```
myData.name = "Adam";
```

在这条语句之前，对象并没有一个名为name的属性。这条语句执行之后就有了这个属性，而且其值已被设置为Adam。像这样用变量名后加一句点再加属性名的方式就能获取该属性的值：

```
document.writeln("Hello " + myData.name + ". ");
```

1. 使用对象字面量

用对象字面量的方式可以一口气定义一个对象及其属性,代码清单5-11示范了其做法。

代码清单5-11　使用对象字面量

```
<!DOCTYPE HTML>
<html>
    <head>
        <title>Example</title>
    </head>
    <body>
        <script type="text/javascript">
            var myData = {
                name: "Adam",
                weather: "sunny"
            };

            document.writeln("Hello " + myData.name + ". ");
            document.writeln("Today is " + myData.weather + ".");
        </script>
    </body>
</html>
```

从代码清单中可以看到,属性的名称和值之间以冒号(:)分隔,而各个属性之间又以逗号(,)分隔。

2. 将函数用做方法

对象可以添加属性,也能添加函数。属于一个对象的函数称为其方法。这是我最喜欢的一大JavaScript特性。我也不知道为什么,反正就是觉得这个特性很优雅,总是那么招人喜爱。代码清单5-12示范了如何以这种方式添加方法。

代码清单5-12　为对象添加方法

```
<!DOCTYPE HTML>
<html>
    <head>
        <title>Example</title>
    </head>
    <body>
        <script type="text/javascript">
            var myData = {
                name: "Adam",
                weather: "sunny",
                printMessages: function() {
                    document.writeln("Hello " + this.name + ". ");
                    document.writeln("Today is " + this.weather + ".");
                }
            };

            myData.printMessages();
```

```
        </script>
    </body>
</html>
```

此例将一个函数变成了一个名为printMessages的方法。注意，在方法内部使用对象属性时要用到this关键字。函数作为方法使用时，其所属对象会以关键字this的形式作为一个参数被传给它。上述代码清单的输出结果如下所示：

```
Hello Adam. Today is sunny.
```

> **提示** 在创造和管理对象方面JavaScript还有许多招数可用，不过在讨论HTML5的时候还用不着这些特性。有意深入钻研这门语言的读者可以去读一下本章开头推荐的书。

5.4.3 使用对象

创建对象之后，可以用来做许多事。本节将介绍一些本书后面经常会用到的方法。

1. 读取和修改属性值

对象最显而易见的操作是读取或修改属性值。这些操作有两种不同的语法形式，如代码清单5-13所示。

代码清单5-13　读取和修改对象属性值

```
<!DOCTYPE HTML>
<html>
    <head>
        <title>Example</title>
    </head>
    <body>
        <script type="text/javascript">
            var myData = {
                name: "Adam",
                weather: "sunny",
            };

            myData.name = "Joe";
            myData["weather"] = "raining";

            document.writeln("Hello " + myData.name + ".");
            document.writeln("It is " + myData["weather"]);

        </script>
    </body>
</html>
```

第一种形式大多数程序员都很熟悉，前面的例子用的也是这种形式。其做法是像这样用句点将对象名和属性名连接在一起：

```
myData.name = "Joe";
```

第二种形式类似数组索引，如下所示：

```
myData["weather"] = "raining";
```

在这种形式中，属性名作为一个字符串放在一对方括号之间。这种存取属性值的办法非常方便，这是因为此法可用变量表示属性名。如下所示：

```
var myData = {
    name: "Adam",
    weather: "sunny",
};

var propName = "weather";
myData["propName"] = "raining";
```

在此基础上才能枚举对象属性，下面就来谈这个话题。

2. 枚举对象属性

要枚举对象属性可以使用for...in语句。代码清单5-14示范了其用法。

代码清单5-14　枚举对象属性

```html
<!DOCTYPE HTML>
<html>
    <head>
        <title>Example</title>
    </head>
    <body>
        <script type="text/javascript">
            var myData = {
                name: "Adam",
                weather: "sunny",
                printMessages: function() {
                    document.writeln("Hello " + this.name + ". ");
                    document.writeln("Today is " + this.weather + ".");
                }
            };

            for (var prop in myData) {
                document.writeln("Name: " + prop + " Value: " + myData[prop]);
            }
        </script>
    </body>
</html>
```

for...in循环代码块中的语句会对myData对象的每一个属性执行一次。在每一次迭代过程中，所要处理的属性名会被赋给prop变量。例中使用类数组索引语法（即使用方括号[和]）获取对象的属性值。代码清单的输出结果如下所示（格式上已做调整，以便阅读）：

```
Name: name Value: Adam

Name: weather Value: sunny

Name: printMessages Value: function () { document.writeln("Hello " + this.name + ". ");
document.writeln("Today is " + this.weather + "."); }
```

从中可以看到,作为方法定义的那个函数也被枚举出来了。JavaScript在处理函数方面非常灵活,方法本身也被视为对象的属性,这就是其结果。

3. 增删属性和方法

就算是用对象字面量生成的对象,也可以为其定义新属性。代码清单5-15即为一例。

代码清单5-15　为对象添加新属性

```
<!DOCTYPE HTML>
<html>
    <head>
        <title>Example</title>
    </head>
    <body>
        <script type="text/javascript">
            var myData = {
                name: "Adam",
                weather: "sunny",
            };

            myData.dayOfWeek = "Monday";
        </script>
    </body>
</html>
```

上例中为对象添加了一个名为dayOfWeek的新属性。这里使用的是圆点表示法(用句点将对象和属性的名称连接在一起),不过用类数组索引表示法也没什么不可以。

读者看到此处可能会猜到:通过将属性值设置为一个函数也能为对象添加新方法。代码清单5-16即是一例。

代码清单5-16　为对象添加新方法

```
<!DOCTYPE HTML>
<html>
    <head>
        <title>Example</title>
    </head>
    <body>
        <script type="text/javascript">
            var myData = {
                name: "Adam",
                weather: "sunny",
            };
```

```
            myData.sayHello = function() {
              document.writeln("Hello");
            };
        </script>
    </body>
</html>
```

对象的属性和方法可以用delete关键字删除，如代码清单5-17所示。

代码清单5-17 删除对象的属性

```
<!DOCTYPE HTML>
<html>
    <head>
        <title>Example</title>
    </head>
    <body>
        <script type="text/javascript">
            var myData = {
                name: "Adam",
                weather: "sunny",
            };

            myData.sayHello = function() {
              document.writeln("Hello");
            };

            delete myData.name;
            delete myData["weather"];
            delete myData.sayHello;
        </script>
    </body>
</html>
```

4. 判断对象是否具有某个属性

可以用in表达式判断对象是否具有某个属性，如代码清单5-18所示。

代码清单5-18 检查对象是否具有某个属性

```
<!DOCTYPE HTML>
<html>
    <head>
        <title>Example</title>
    </head>
    <body>
        <script type="text/javascript">
            var myData = {
                name: "Adam",
                weather: "sunny",
            };

            var hasName = "name" in myData;
            var hasDate = "date" in myData;
```

```
            document.writeln("HasName: " + hasName);
            document.writeln("HasDate: " + hasDate);
        </script>
    </body>
</html>
```

此例分别用一个已有的和一个没有的属性进行测试。hasName变量的值会是true，而hasDate变量的值会是false。

5.5 使用 JavaScript 运算符

JavaScript定义了大量标准运算符。表5-2罗列了最常用的一些运算符。

表5-2 常用的JavaScript运算符

运 算 符	说 明
++、--	前置或后置自增和自减
+、-、*、/、%	加、减、乘、除、求余
<、<=、>、>=	小于、小于等于、大于、大于等于
==、!=	相等和不相等
===、!==	等同和不等同
&&、||	逻辑与、逻辑或
=	赋值
+	字符串连接
?:	三元条件语句

5.5.1 相等和等同运算符

相等和等同运算符需要特别说明一下。相等运算符会尝试将操作数转换为同一类型以便判断是否相等。只要明白其工作方式，这就是一个很方便的特性。代码清单5-19示范了相等运算符的用法。

代码清单5-19 使用相等运算符

```
<!DOCTYPE HTML>
<html>
    <head>
        <title>Example</title>
    </head>
    <body>
        <script type="text/javascript">

            var firstVal = 5;
            var secondVal = "5";

            if (firstVal == secondVal) {
```

```
                document.writeln("They are the same");
            } else {
                document.writeln("They are NOT the same");
            }
        </script>
    </body>
</html>
```

这段脚本的输出结果如下：

```
They are the same
```

此例中JavaScript先将两个操作数转换为同一类型再对其进行比较——从本质上讲，相等运算符测试两个值是否相等，不管其类型。如果想判断值和类型是否都相同，那么应该使用的是等同运算符（===，由三个等号组成。相等运算符是由两个等号组成），如代码清单5-20所示。

代码清单5-20　使用等同运算符

```
<!DOCTYPE HTML>
<html>
    <head>
        <title>Example</title>
    </head>
    <body>
        <script type="text/javascript">

            var firstVal = 5;
            var secondVal = "5";

            if (firstVal === secondVal) {
                document.writeln("They are the same");
            } else {
                document.writeln("They are NOT the same");
            }
        </script>
    </body>
</html>
```

此例中等同运算符判定两个变量不一样。这个运算符不会进行类型转换，这段脚本的输出结果如下所示：

```
They are NOT the same
```

> **提示**　代码清单5-19和代码清单5-20使用了if条件语句。这个语句先对一个条件进行评估，要是结果为true，就执行代码块中的语句。if语句还可以加上一个else子句，子句所含代码块中的语句会在条件为false的情况下执行。

JavaScript基本类型（指字符串和数值等内置类型）的比较是值的比较，而JavaScript对象的比较则是引用的比较。代码清单5-21展示了JavaScript处理对象的相等和等同测试的方式。

代码清单5-21　对象的相等和等同测试

```html
<!DOCTYPE HTML>
<html>
    <head>
        <title>Example</title>
    </head>
    <body>
        <script type="text/javascript">
            var myData1 = {
                name: "Adam",
                weather: "sunny",
            };

            var myData2 = {
                name: "Adam",
                weather: "sunny",
            };

            var myData3 = myData2;

            var test1 = myData1 == myData2;
            var test2 = myData2 == myData3;
            var test3 = myData1 === myData2;
            var test4 = myData2 === myData3;
            document.writeln("Test 1: " + test1 + " Test 2: " + test2);
            document.writeln("Test 3: " + test3 + " Test 4: " + test4);
        </script>
    </body>
</html>
```

这段脚本的结果如下：

```
Test 1: false Test 2: true

Test 3: false Test 4: true
```

代码清单5-22对基本类型变量做了同样的测试。

代码清单5-22　基本类型的相等和等同测试

```html
<!DOCTYPE HTML>
<html>
    <head>
        <title>Example</title>
    </head>
    <body>
```

```
        <script type="text/javascript">
            var myData1 = 5;
            var myData2 = "5";
            var myData3 = myData2;

            var test1 = myData1 == myData2;
            var test2 = myData2 == myData3;
            var test3 = myData1 === myData2;
            var test4 = myData2 === myData3;

            document.writeln("Test 1: " + test1 + " Test 2: " + test2);
            document.writeln("Test 3: " + test3 + " Test 4: " + test4);
        </script>
    </body>
</html>
```

其结果如下：

```
Test 1: true Test 2: true

Test 3: false Test 4: true
```

5.5.2 显式类型转换

字符串连接运算符（+）比加法运算符（也是+）优先级更高。这可能会引起混乱，这是因为JavaScript在计算结果时会自动进行类型转换，其结果未必跟预期一样。代码清单5-23即是一例。

代码清单5-23 字符串连接运算符的优先权

```
<!DOCTYPE HTML>
<html>
    <head>
        <title>Example</title>
    </head>
    <body>
        <script type="text/javascript">

            var myData1 = 5 + 5;
            var myData2 = 5 + "5";

            document.writeln("Result 1: " + myData1);
            document.writeln("Result 2: " + myData2);

        </script>
    </body>
</html>
```

其结果如下：

```
Result 1: 10

Result 2: 55
```

第二个结果正是混乱所在。原想的可能是加法运算,而在运算符优先级别和过分热心的类型转换这两个因素的共同作用下,结果却被诠释成了字符串连接运算。为了避免这种局面,可以对值的类型进行显式转换,以确保执行的是正确的运算。表5-3列出了一些最常用的类型转换方法。

1. 将数值转换为字符串

如果想把多个数值类型变量作为字符串连接起来,可以用toString方法将数值转换为字符串,如代码清单5-24所示。

代码清单5-24 使用Number.toString方法

```
<!DOCTYPE HTML>
<html>
    <head>
        <title>Example</title>
    </head>
    <body>
        <script type="text/javascript">
            var myData1 = (5).toString() + String(5);
            document.writeln("Result: " + myData1);
        </script>
    </body>
</html>
```

注意此例中先把数值放在括号中然后才调用toString方法。这是因为要想调用number类型定义的toString方法,必须先让JavaScript将字面量转换为一个number类型的值。例中还示范了与调用toString方法等效的另一种做法,即调用String函数并将要转换的数值作为参数传递给它。这两种做法的作用都是将number类型的值转换为string类型,因此+这个运算符会被用来进行字符串连接而不是加法运算。这段脚本的输出结果如下所示:

```
Result: 55
```

将数值转换为字符串还有一些别的方法,它们可以对转换方式施加更多控制。所有这些方法在表5-3中都有简要说明,它们都是number类型定义的方法。

表5-3 数值到字符串的常用转换方法

方法	说明	返回
toString()	以十进制形式表示数值	字符串
toString(2) toString(8) toString(16)	以二进制、八进制和十六进制形式表示数值	字符串
toFixed(n)	以小数点后有n位数字的形式表示实数	字符串

第 5 章 初探 JavaScript

（续）

方　法	说　　明	返　回
toExponential(n)	以指数表示法表示数值。尾数的小数点前后分别有1位数字和n位数字	字符串
toPrecision(n)	用n位有效数字表示数值，在必要的情况下使用指数表示法	字符串

2. 将字符串转换为数值

与前述需求相反，有时需要把字符串转换为数值，以便进行加法运算而不是字符串连接。这可以用Number函数办到，如代码清单5-25所示。

代码清单5-25　将字符串转换为数值

```
<!DOCTYPE HTML>
<html>
    <head>
        <title>Example</title>
    </head>
    <body>
        <script type="text/javascript">

            var firstVal = "5";
            var secondVal = "5";

            var result = Number(firstVal) + Number(secondVal);

            document.writeln("Result: " + result);
        </script>
    </body>
</html>
```

其输出结果如下：

```
Result: 10
```

Number函数解析字符串值的方式很严格，在这方面parseInt和parseFloat函数更为灵活，后面这两个函数还会忽略数字字符后面的非数字字符。这三个函数的说明见表5-4。

表5-4　字符串到数值的常用转换函数

函　　数	说　　明
Number(<str>)	通过分析指定字符串，生成一个整数或实数值
parseInt(<str>)	通过分析指定字符串，生成一个整数值
parseFloat(<str>)	通过分析指定字符串，生成一个整数或实数值

5.6　使用数组

JavaScript数组的工作方式与大多数编程语言中的数组类似。代码清单5-26示范了如何创建和填充数组。

代码清单5-26　创建和填充数组

```html
<!DOCTYPE HTML>
<html>
    <head>
        <title>Example</title>
    </head>
    <body>
        <script type="text/javascript">

            var myArray = new Array();
            myArray[0] = 100;
            myArray[1] = "Adam";
            myArray[2] = true;

        </script>
    </body>
</html>
```

例中通过调用new Array()创建一个新的数组。这是一个空数组，它被赋给变量myArray。后面的语句给数组中的几个索引位置设置了值。

此例有几处需要说明一下。首先，创建数组的时候不需要声明数组中元素的个数。JavaScript数组会自动调整大小以便容纳所有元素。第二，不必声明数组所含数据的类型。JavaScript数组可以混合包含各种类型的数据。例中分别把一个数值、一个字符串和一个布尔值赋给了不同的数组元素。

5.6.1　使用数组字面量

使用数组字面量，可以在一条语句中创建和填充数组，如代码清单5-27所示。

代码清单5-27　使用数组字面量

```html
<!DOCTYPE HTML>
<html>
    <head>
        <title>Example</title>
    </head>
    <body>
        <script type="text/javascript">

            var myArray = [100, "Adam", true];

        </script>
    </body>
</html>
```

此例通过在一对方括号（[和]）之间指定所需数组元素的方式创建了一个新数组，并将其赋给变量myArray。

5.6.2 读取和修改数组内容

要读取指定索引位置的数组元素值，应使用一对方括号（[和]）并将索引值放在方括号间，如代码清单5-28所示。JavaScript数组的索引值从0开始。

代码清单5-28　读取指定索引位置的数组元素值

```
<!DOCTYPE HTML>
<html>
    <head>
        <title>Example</title>
    </head>
    <body>
        <script type="text/javascript">
            var myArray = [100, "Adam", true];
            document.writeln("Index 0: " + myArray[0]);
        </script>
    </body>
</html>
```

要修改JavaScript数组中指定位置的数据，只消将新值赋给该索引位置的数组元素即可。与普通变量一样，改变数组元素的数据类型没有任何问题。代码清单5-29示范了如何修改数组内容。

代码清单5-29　修改数组内容

```
<!DOCTYPE HTML>
<html>
    <head>
        <title>Example</title>
    </head>
    <body>
        <script type="text/javascript">
            var myArray = [100, "Adam", true];
            myArray[0] = "Tuesday";
            document.writeln("Index 0: " + myArray[0]);
        </script>
    </body>
</html>
```

此例将一个字符串赋给了数组第0位的元素，该元素原来保存的是一个数值。

5.6.3 枚举数组内容

可以用for循环枚举数组内容。代码清单5-30示范了如何使用循环语句显示一个简单数组的内容。

代码清单5-30　枚举数组内容

```
<!DOCTYPE HTML>
<html>
```

```
<head>
    <title>Example</title>
</head>
<body>
    <script type="text/javascript">
        var myArray = [100, "Adam", true];
        for (var i = 0; i < myArray.length; i++) {
            document.writeln("Index " + i + ": " + myArray[i]);
        }
    </script>
</body>
</html>
```

JavaScript中的循环语句的工作方式与大多数语言中的类似。要确定数组中的元素个数可以使用其`length`属性。代码清单的输出结果如下：

```
Index 0: 100 Index 1: Adam Index 2: true
```

5.6.4　使用内置的数组方法

JavaScript中的`Array`对象定义了许多方法。表5-5罗列了一些最常用的方法。

表5-5　常用数组方法

方　　法	说　　明	返　　回
concat(\<otherArray\>)	将数组和参数所指数组的内容合并为一个新数组。可指定多个数组	数组
join(\<separator\>)	将所有数组元素连接为一个字符串。各元素内容用参数指定的字符分隔	字符串
pop()	把数组当做栈使用，删除并返回数组的最后一个元素	对象
push(\<item\>)	把数组当做栈使用，将指定的数据添加到数组中	void
reverse()	就地反转数组元素的次序	数组
shift()	类似pop，但操作的是数组的第一个元素	对象
slice(\<start\>,\<end\>)	返回一个子数组	数组
sort()	就地对数组元素排序	数组
unshift(\<item\>)	类似push，但新元素被插到数组的开头位置	void

5.7　处理错误

JavaScript用`try...catch`语句处理错误。读者在阅读本书时一般不用操心错误处理方面的事，因为本书着重讲解的是HTML5特性而不是基础编程技能。代码清单5-31示范了这个语句的用法。

代码清单5-31　异常处理

```
<!DOCTYPE HTML>
```

```
<html>
    <head>
        <title>Example</title>
    </head>
    <body>
        <script type="text/javascript">
            try {
                var myArray;
                for (var i = 0; i < myArray.length; i++) {
                    document.writeln("Index " + i + ": " + myArray[i]);
                }
            } catch (e) {
                document.writeln("Error: " + e);
            }
        </script>
    </body>
</html>
```

这段脚本中的问题很常见：试图使用未恰当初始化的变量。可能会引发错误的代码被包装在try子句中。如果没有发生错误，那么这些语句会正常执行，catch子句会被忽略。

但是如果有错误发生，那么try子句中语句的执行将立即停止，控制权转移到catch子句中。发生的错误由一个Error对象描述，它会被传递给catch子句。表5-6显示了Error对象定义的属性。

表5-6　Error对象

属性	说明	返回
message	对错误条件的说明	字符串
name	错误的名称，默认为Error	字符串
number	该错误的错误代号（如果有的话）	数值

catch子句提供了一个从错误中恢复或在错误发生后进行一些清理工作的机会。如果不管是否发生错误都执行一些语句，那么可以加上一条finally子句并将它们置于其中，如代码清单5-32所示。

代码清单5-32　使用finally子句

```
<!DOCTYPE HTML>
<html>
    <head>
        <title>Example</title>
    </head>
    <body>
        <script type="text/javascript">
            try {
                var myArray;
                for (var i = 0; i < myArray.length; i++) {
                    document.writeln("Index " + i + ": " + myArray[i]);
                }
            } catch (e) {
```

```
            document.writeln("Error: " + e);
        } finally {
            document.writeln("Statements here are always executed");
        }
    </script>
    </body>
</html>
```

5.8 比较 undefined 和 null 值

JavaScript中有两个特殊值：undefined和null，在比较它们的时候需要留心。在读取未赋值的变量或试图读取对象没有的属性时得到的就是undefined值。代码清单5-33示范了JavaScript中undefined的用法。

代码清单5-33 特别的undefined值

```
<!DOCTYPE HTML>
<html>
    <head>
        <title>Example</title>
    </head>
    <body>
        <script type="text/javascript">
            var myData = {
                name: "Adam",
                weather: "sunny",
            };
            document.writeln("Prop: " + myData.doesntexist);
        </script>
    </body>
</html>
```

清单的输出如下：

```
Prop: undefined
```

JavaScript怪就怪在又定义了一个特殊值null，这个值与undefined略有不同。后者是在未定义值的情况下得到的值，而前者则用于表示已经赋了一个值但该值不是一个有效的object、string、number或boolean值（也就是说所定义的是一个无值〔no value〕）。为了澄清这个问题，代码清单5-34先后使用了undefined和null以展示其不同效果。

代码清单5-34 使用undefined和null

```
<!DOCTYPE HTML>
<html>
    <head>
        <title>Example</title>
    </head>
```

```html
<body>
    <script type="text/javascript">
        var myData = {
            name: "Adam",
        };

        document.writeln("Var: " + myData.weather);
        document.writeln("Prop: " + ("weather" in myData));

        myData.weather = "sunny";
        document.writeln("Var: " + myData.weather);
        document.writeln("Prop: " + ("weather" in myData));

        myData.weather = null;
        document.writeln("Var: " + myData.weather);
        document.writeln("Prop: " + ("weather" in myData));

    </script>
</body>
</html>
```

例中创建了一个对象，然后试图读取其weather属性，而该属性在这段代码的开头部分尚未定义：

```
document.writeln("Var: " + myData.weather);
document.writeln("Prop: " + ("weather" in myData));
```

此时weather属性还不存在，因此表达式myData.weather的值为undefined，而且用in关键字判断对象是否具有这个属性时得到的结果是false。这两条语句的输出如下：

```
Var: undefined

Prop: false
```

例中随后给weather属性赋了一个值，其效果是将该属性添加到对象中：

```
myData.weather = "sunny";
document.writeln("Var: " + myData.weather);
document.writeln("Prop: " + ("weather" in myData));
```

现在重新读取该属性的值并看看对象是否有了该属性。不出所料，对象的确定义了该属性且值为sunny：

```
Var: sunny

Prop: true
```

接下来，把该属性的值设置为null：

```
myData.weather = null;
```

其作用很明确：对象依然具有该属性，但程序员表示它没有值。重复前面的测试，结果如下：

```
Var: null

Prop: true
```

5.8.1 检查变量或属性是否为 undefined 或 null

如果想检查某属性是否为null或undefined（不管是哪一个），那么只要像代码清单5-35这样使用if语句和逻辑非运算符（!）即可：

代码清单5-35 检查属性是否为null或undefined

```
<!DOCTYPE HTML>
<html>
    <head>
        <title>Example</title>
    </head>
    <body>
        <script type="text/javascript">
            var myData = {
                name: "Adam",
                city: null
            };

            if (!myData.name) {
                document.writeln("name IS null or undefined");
            } else {
                document.writeln("name is NOT null or undefined");
            }

            if (!myData.city) {
                document.writeln("city IS null or undefined");
            } else {
                document.writeln("city is NOT null or undefined");
            }
        </script>
    </body>
</html>
```

这种办法借助了JavaScript执行的类型转换，有了这种转换，例中检查的值会被当做布尔值处理。如果变量或属性为null或undefined，则转换而得的布尔值为false。

5.8.2 区分 null 和 undefined

在比较两个值时，所用办法应视需要而定。如果想同等对待undefined值和null值，那么应该使用相等运算符（==），让JavaScript进行类型转换。此时值为undefined的变量会被认为与值为

null的变量相等。如果要区分null和undefined，则应使用等同运算符（===）。代码清单5-36包括了这两种比较。

代码清单5-36　null和undefined值的相等和等同比较

```
<!DOCTYPE HTML>
<html>
    <head>
        <title>Example</title>
    </head>
    <body>
        <script type="text/javascript">

            var firstVal = null;
            var secondVal;

            var equality = firstVal == secondVal;
            var identity = firstVal === secondVal;

            document.writeln("Equality: " + equality);
            document.writeln("Identity: " + identity);

        </script>
    </body>
</html>
```

这段脚本的输出如下：

```
Equality: true

Identity: false
```

5.9　常用的 JavaScript 工具

有很多工具可用来简化JavaScript编程工作，其中有两个特别值得一提。

5.9.1　使用 JavaScript 调试器

现代浏览器都配备了精良的JavaScript调试器（或以插件的方式支持这一功能，如Mozilla Firefox的插件Firebug）。它们可以用来设置断点、探查错误和逐句执行脚本。在遇到脚本方面的问题时首先应该想到的就是向调试器求助。我喜欢的浏览器是谷歌的Chrome，并能熟练应用其内置调试器。不过在碰到特别难缠的问题时，我会使用Firefox上的Firebug。这个调试器在对付复杂情况时显得更为强大。

5.9.2　使用 JavaScript 库

使用JavaScript最简便的方式是使用某种JavaScript工具包或库。这种工具包多如牛毛，其中有两种值得专门推荐一下。第一种，也是我最熟悉的一种，是jQuery。jQuery及其配套程序库jQuery UI非常流行，其开发非常活跃，具有许多很有用的特性。有了jQuery，JavaScript开发工作要轻松、惬意得多。

我推荐的另一种工具包，是jQuery的主要竞争对手Dojo。其功能堪比jQuery，支持完善，而且应用广泛。我对Dojo没有jQuery熟悉，不过它给我留下了很好的印象。jQuery和Dojo可以分别从jquery.com和http://dojotoolkit.org下载。请别说我王婆卖瓜，读者如果想详细了解jQuery，可以考虑读一下我在Apress出版的*Pro jQuery*。

5.10 小结

本章介绍了本书通篇都要用到的JavaScript核心特性。JavaScript是HTML5的有机组成部分。掌握一些这门语言的基础知识和用法非常必要。

Part 2

第二部分

HTML 元素

至此读者应该已经准备妥当,对相关领域的新情况已有所了解,可以正式开始学习 HTML5 了。本篇介绍的是 HTML 元素,包括 HTML5 新增或有所改动的元素。

第 6 章 HTML5元素背景知识

HTML5定义的各种元素将从下一章开始介绍。许多元素在HTML4中也存在，但是很多情况下元素的含义已经发生了变化，或者其使用方式已经有所不同。在介绍这些元素之前，我想先介绍一下它们的背景知识，为后续各章奠定基础。知道如何使用这些元素与理解其含义同等重要。

6.1 语义与呈现分离

HTML5中的一大主要变化是基本信念方面的：将元素的语义与元素对其内容呈现结果的影响分开。从原理上讲这的确合乎情理。HTML元素负责文档内容的结构和含义，内容的呈现则由应用于元素上的CSS样式控制。HTML文档的用户未必都需要显示它们，不掺合呈现方面的事有助于简化HTML的处理以及从中自动提炼含义。

HTML5中新增的大多数元素都有具体的含义。例如，article元素可以用来表示适于联合供稿的独立成篇的内容，而figure元素表示的自然是图片。

HTML4中的许多元素产生在呈现与含义分离观念形成之前。这造成了一种尴尬局面。以b元素为例，在HTML5之前的版本中，b元素会指示浏览器以粗体显示其开始和结束标签之间的内容。而HTML5不再提倡纯属呈现因素的元素，所以给b元素下了个新定义（以下内容摘自w3c.org的"HTML: The Markup Language"）：

> b元素表示一段文字（将这段文字从周围文字中凸现出来并不表示特别的强调或重要性），习惯上使用粗体呈现，其使用场合包括文章提要中的关键字或产品评论中的产品名称等。

这番裹脚布一般的辞令无非是说：b元素告诉浏览器用粗体显示文字。b元素没有任何语义，它只起呈现方面的作用。这个圆滑的定义透露了HTML5的一个重要信号：我们处在过渡时期。保留那些旧元素是因为它们用得实在太广泛了。让HTML5抛弃那些HTML4元素是不切实际的，那样做无疑会减缓其被采用的进程。这样一来，HTML5就成了一个"双速"标准。一部分元素（特别是那些新元素）只有语义方面的作用；而另一部分元素（特别是那些名字只有一个字母的）因为招牌如此之老，新标准在呈现与含义分离的原则上也只得向其屈服——尽管它不愿坦然承认这一点。

从下一章开始，在阅读元素说明的时候，对新思维和老路子之间的这种敏感关系最好要心里有数。它确实有助于解释读者碰到的一些琐碎的怪象。

我的建议是：在语义方面要求严格点不为过，只要有条件，尽量避用那些具有浓重呈现意味或纯粹起呈现作用的元素。定义一个自定义类然后借助它应用所需样式并不复杂。只要做到样式的采用是以内容类型为依据而不是随心所欲，你至少也保持了一颗向着语义的心。

6.2 元素选用原则

就算撇开呈现方面的事不论，HTML5规范仍然存在一些含混的地方。有些元素过于一般化，乍一看可能不招人喜欢。

那些元素固然一般化，但这是因为用HTML元素来标记的内容类型实在太多了。我写的大多数都是本书这样的东西，所以见到section、article、heading和figure这些术语的时候，想到的是Apress出版社在结构和样式方面对作者所提的要求。换了别的内容，同一批术语的含义却又不一样了。例如，技术规范、合同和博客文章都具有section，但这个术语在三种情况下的含义截然不同。我们没有为书籍、技术规范、合同和博客文章中的section各自定义一个术语，而是使用一个通用的术语，附加一定的解释。在选择用来标记内容的元素方面我给读者总结了几条原则，接下来我们就来逐一说明。

6.2.1 少亦可为多

开发者在使用元素的时候容易忘乎所以，把文档弄得标记密布。标记只应该应内容对语义的需要使用。不需要定义复杂标题也就不需要使用hgroup元素（介绍见第10章），只有那些引文比较重要的文档（如期刊文章）才需要用cite元素（介绍见第8章）标记的详细引文。

判断该用多少标记需要经验。有条经验法则是：问问自己打算如何发挥一个元素的语义作用，如果不能马上答出就不用这个元素。

6.2.2 别误用元素

每个元素针对的是一种特定类型的内容——即便像b元素这类纯属呈现用途的元素也是如此。对内容进行标记时，只宜将元素用于它们原定的用途，不要创造自有的语义。如果找不到适合自己所要含义的元素，可以考虑使用通用元素（如span或div），并且用全局属性class表明其含义。CSS样式不是类属性唯一的用途。

6.2.3 具体为佳，一以贯之

用来标记内容的元素应该选择最为具体的那个。如果已有元素能恰当表明内容的类型，就不要使用通用元素。HTML4中存在一种依赖div元素（见第9章）构建页面结构的倾向，其缺陷在于它们的语义并非显而易见。有些人或许会定义一个名为article的类，并且藉以应用各种样式，但是这样做所传达出的含义无法与使用article元素相提并论。

同样，同一个元素的使用在整个页面、网站或Web应用系统上要保持一致。对于作者来说，他们以后修改自己的HTML文档的工作可以因此更加轻松,对于要处理HTML文档的其他人亦然。

6.2.4 对用户不要想当然

有人可能觉得HTML文档的用户关心的只是它在浏览器中的呈现结果,所以不用为标记的语义准确性劳神。呈现与语义分离原则的目的完全是为了让HTML文档更易于程序化处理,所以随着HTML5的采用和实现愈加广泛,HTML内容的这种使用会日益增多。如果不关心标记的准确性和一致性,这样的HTML文档处理起来更为困难,用户能为其找到的用处也很有限。

6.3 元素说明体例

本书在介绍每一个元素时,都会列出一个摘要表,表中囊括了与该元素相关的要点,读者在制作HTML文档时可以回头参考一下。表6-1是这种摘要表的一个例子。它介绍的是用来表示有序列表的ol元素(HTML列表详见第9章)。

表6-1 ol元素

元素	ol
元素类型	流元素
允许具有的父元素	任何可以包含流元素的元素
局部属性	start、reversed和type
内容	0个或多个li元素
标签用法	开始和结束标签
是否为HTML5新增	否
在HTML5中的变化	reversed属性是HTML5中新增的。在HTML4中已不赞成使用的start和type属性在HTML5中又得以恢复,不过其含义变成了语义(而不是呈现)方面的。compact属性不再使用
习惯样式	ol { display: block; list-style-type: decimal; margin-before: 1em; margin-after: 1em; margin-start: 0; margin-end: 0; padding-start: 40px; }

摘要表中的信息包括:哪些元素可成为该元素的父元素,该元素可以包含什么类型的内容,标签应该怎样使用,默认呈现样式,该元素是否为HTML5新增或在HTML5中发生了什么变化。关于允许具有什么父元素和内容的信息,其依据是第3章介绍过的元素类型(主要是流元素和短语元素)。

6.4 元素速览

接下来的表可让读者跑马观花地认识一下后面各章将要介绍的所有HTML5元素。

6.4.1 文档和元数据元素

表6-2总结的是将在第7章详细介绍的文档和元数据元素。其用途包括创建HTML文档的上

层建筑，向浏览器说明文档的情况，定义脚本程序和CSS样式，提供浏览器禁用脚本时要显示的内容。

表6-2　文档和元数据元素

元素	说明	类型	新增或有无变化
base	设置相对URL的基础	元数据	无变化
body	表示HTML文档的内容	无	有变化
DOCTYPE	表示HTML文档的开始	无	有变化
head	包含文档的元数据	无	无变化
html	表示文档中HTML部分的开始	无	有变化
link	定义与外部资源（通常是样式表或网站图标）的关系	元数据	有变化
meta	提供关于文档的信息	元数据	有变化
noscript	包含浏览器禁用脚本或不支持脚本时显示的内容	元数据、短语	无变化
script	定义脚本程序，可以是文档内嵌的也可以是外部文件中的	元数据、短语	有变化
style	定义CSS样式	元数据	有变化
title	设置文档标题	元数据	无变化

6.4.2　文本元素

文本元素用来为内容提供基本的结构和含义。表6-3总结的这些元素将在第8章详细介绍。

表6-3　文本元素

元素	说明	类型	新增或有无变化
a	生成超链接	短语、流	有变化
abbr	缩略语	短语	无变化
b	不带强调或着重意味地标记一段文字	短语	有变化
br	表示换行	短语	无变化
cite	表示其他作品的标题	短语	有变化
code	表示计算机代码片段	短语	无变化
del	表示从文档中删除的文字	短语、流	新增
dfn	表示术语定义	短语	无变化
em	表示着重强调的一段文字	短语	无变化
i	表示与周边内容秉性不同的一段文字，例如来自另一种语言的词语	短语	有变化
ins	表示加入文档的文字	短语、流	无变化
kbd	表示用户输入内容	短语	无变化
mark	表示一段因为与上下文中另一词语相关而被突出显示的内容	短语	新增
q	表示引自他处的内容	短语	无变化

（续）

元素	说明	类型	新增或有无变化
rp	与ruby元素结合使用，标记括号	短语	新增
rt	与ruby元素结合使用，标记注音符号	短语	新增
ruby	表示位于表意文字上方或右方的注音符号	短语	新增
s	表示文字已不再准确	短语	有变化
samp	表示计算机程序的输出内容	短语	无变化
small	表示小号字体内容	短语	有变化
span	一个没有自己的语义的通用元素。可以用在希望应用一些全局属性却又不想引入额外语义的情况	短语	无变化
strong	表示重要内容	短语	无变化
sub	表示下标文字	短语	无变化
sup	表示上标文字	短语	无变化
time	表示时间或日期	短语	新增
u	不带强调或着重意味地标记一段文字	短语	有变化
var	表示程序或计算机系统中的变量	短语	无变化
wbr	表示可安全换行的地方	短语	新增

6.4.3 对内容分组

表6-4中的元素用来将相关内容分组，其详细介绍见第9章。

表6-4 用于分组的元素

元素	说明	类型	新增或有无变化
blockquote	表示引自他处的大段内容	流	无变化
dd	用在dl元素之中，表示定义	无	无变化
div	一个没有任何既定语义的通用元素，是span元素在流元素中的对应物	流	无变化
dl	表示包含一系列术语和定义的说明列表	流	无变化
dt	用在dl元素之中，表示术语	无	无变化
figcaption	表示figure元素的标题	无	新增
figure	表示图片	流	新增
hr	表示段落级别的主题转换	流	有变化
li	用在ul、ol和lmenu元素中，表示列表项	无	有变化
ol	表示有序列表	流	有变化
p	表示段落	流	有变化
pre	表示其格式应被保留的内容	流	无变化
ul	表示无序列表	流	有变化

6.4.4 划分内容

表6-5中的元素用于划分内容，让每个概念、观点或主题彼此分隔开。它们中有许多是新增的。这些元素为分离元素的含义和外观做了大量基础性工作。第10章详细介绍了这些元素。

表6-5 用于划分内容的元素

元 素	说 明	类 型	新增或有无变化
address	表示文档或article的联系信息	流	新增
article	表示一段独立的内容	流	新增
aside	表示与周边内容稍有牵涉的内容	流	新增
details	生成一个区域，用户将其展开可以获得更多细节知识	流	新增
footer	表示尾部	流	新增
h1~h6	表示标题	流	无变化
header	表示首部	流	新增
hgroup	将一组标题组织在一起，以便文档大纲只显示其中第一个标题	流	新增
nav	表示有意集中在一起的导航元素	流	新增
section	表示一个重要的概念或主题	流	新增
summary	用在details元素中，表示该元素内容的标题或说明	无	新增

6.4.5 制表

表6-6中的元素用于制作显示数据的表格。表格在HTML5中的主要变化是不能再用来控制页面布局，这项工作交给了将在第21章介绍的CSS布局特性。

表6-6 表格元素

元 素	说 明	类 型	新增或有无变化
caption	表示表格标题	无	有变化
col	表示一列	无	有变化
colgroup	表示一组列	无	有变化
table	表示表格	流	有变化
tbody	表示表格主体	无	有变化
td	表示单元格	无	有变化
tfoot	表示表脚	无	有变化
th	表示标题行单元格	无	有变化
thead	表示标题行	无	有变化
tr	表示一行单元格	无	有变化

6.4.6 创建表单

表6-7中的元素用于创建HTML表单，以便获取用户的输入数据。HTML5中对这方面关注较多，并且新增了不少元素和特性（包括在用户提交表单时在客户端验证输入数据的功能）。HTML表单元素的介绍见第12章、第13章和第14章。特别值得关注的是input元素的新类型，第12章对此先作简要介绍，然后在第13章继续深入说明。

表6-7 表单元素

元素	说明	类型	新增或有变化
button	表示可用来提交或重置表单的按钮（或一般按钮）	短语	有变化
datalist	定义一组提供给用户的建议值	流	有变化
fieldset	表示一组表单元素	流	有变化
form	表示HTML表单	流	有变化
input	表示用来收集用户输入数据的控件	短语	有变化
keygen	生成一对公钥和私钥	短语	新增
label	表示表单元素的说明标签	短语	有变化
legend	表示fieldset元素的说明性标签	无	无变化
optgroup	表示一组相关的option元素	无	无变化
option	表示供用户选择的一个选项	无	无变化
output	表示计算结果	短语	新增
select	给用户提供一组固定的选项	短语	有变化
textarea	用户可以用它输入多行文字	短语	有变化

6.4.7 嵌入内容

表6-8中的元素用于在HTML文档中嵌入内容。其中一些元素将在第15章介绍，其余元素的介绍分散在后面各章。

表6-8 嵌入元素

元素	说明	类型	新增或有无变化
area	表示一个用于客户端分区响应图的区域	短语	有变化
audio	表示一个音频资源	无	新增
canvas	生成一个动态的图形画布	短语、流	新增
embed	用插件在HTML文档中嵌入内容	短语	新增
iframe	通过创建一个浏览上下文在一个文档中嵌入另一个文档	短语	有变化
img	嵌入图像	短语	有变化
map	定义客户端分区响应图	短语、流	有变化

（续）

元素	说明	类型	新增或有无变化
meter	嵌入数值在许可值范围背景中的图形表示	短语	新增
object	在HTML文档中嵌入内容。也可用于生成浏览上下文和生成客户端分区响应图	短语、流	有变化
param	表示将通过object元素传递给插件的参数	无	无变化
progress	嵌入目标进展或任务完成情况的图形表示	短语	新增
source	表示媒体资源	无	新增
svg	表示结构化矢量内容	无	新增
track	表示媒体的附加轨道（例如字幕）	无	新增
video	表示视频资源	无	新增

6.5 未实现的元素

有两个元素目前还没有浏览器实现，而且在HTML5规范中也仅有含糊不清的说明。这两个元素是command和menu。它们的设计用途是让菜单和用户界面元素处理起来更简单一些，但本书无法提供详细说明。希望随后的各种浏览器版本能够着手在这些元素的含义上达成事实上的一致。

6.6 小结

本章为后面各章中HTML元素的详细介绍准备了一些背景知识，并且提供了一份元素的快速参考资料，以便读者将来温习时查阅。读者开始学习HTML元素和属性后，应该记住本章开头提出的核心建议：尽量使用最具体的元素，不要误用元素，在文档、网站和Web应用系统中元素的使用都要保持一致。

第 7 章 创建HTML文档

本章介绍的是最基础的HTML5元素：文档元素和元数据元素。它们是用来创建HTML文档和说明其内容的元素。

这些元素不那么有趣，但是非常重要。读者如果想跳过本章先学习后面的内容，等以后再回头阅读本章也可以，但务必要回头读一遍。每个HTML文档至少都要用到一些这类元素（用到所有这类元素是经常的事），懂得如何正确使用它们对于创建遵守标准的HTML5文档很关键。表7-1概括了本章内容。

表7-1 本章内容概要

问题	解决方案	代码清单
表示文档包含的是HTML5内容	使用DOCTYPE元素	7-1
表示文档中HTML标记的开始	使用html元素	7-2
表示HTML文档中元数据部分的开始	使用head元素	7-3
表示HTML文档中内容部分的开始	使用body元素	7-4
设置HTML文档的标题	使用title元素	7-5
设置用做HTML文档中的相对URL解析基础的URL	使用base元素	7-6
添加对于HTML文档所含数据的说明	使用meta元素	7-7
声明HTML文档的字符编码	使用带charset属性的meta元素	7-8
设置HTML文档的默认样式表或周期性地刷新页面内容	使用带http-equiv属性的meta元素	7-9
定义文档内嵌样式	使用style元素	7-10 ~ 7-12
载入包括样式表和网站标志在内的外部资源	使用link元素	7-13 ~ 7-15
预先载入预计马上就会用到的资源	使用link元素，并将其rel属性值设置为prefetch	7-16
定义文档内嵌脚本	使用script元素	7-17
载入外部脚本文件	使用带src属性的script元素	7-18、7-19
控制脚本的执行时机和执行方式	使用带async或defer属性的script元素	7-20 ~ 7-24
显示为浏览器不支持或禁用了JavaScript的情况准备的内容	使用noscript元素	7-25、7-26

7.1 构筑基本的文档结构

先从文档元素讲起。这些基础成分确定了HTML文档的轮廓以及浏览器的初始环境。文档元素只有4个,但是任何HTML文档都需要所有这些元素。

7.1.1 DOCTYPE 元素

DOCTYPE元素独一无二,而且自成一类。每一个HTML文档都必须以DOCTYPE元素开头。浏览器据此得知自己将要处理的是HTML内容。即使省略DOCTYPE元素,大多数浏览器仍能正确显示文档内容,只不过依赖浏览器的这种表现不是好习惯。表7-2概括了DOCTYPE元素。

表7-2 DOCTYPE元素

元素	DOCTYPE
元素类型	无
允许具有的父元素	无
局部属性	无
内容	无
标签用法	单个开始标签
是否为HTML5新增	否
在HTML5中的变化	HTML4中要求要有的DTD已不再使用
习惯样式	无

在HTML5中DOCTYPE元素只有一种用法,如代码清单7-1所示。随着本章的展开,每一个文档元素都会被添加进来,最终形成一个简单但却完整的HTML5文档。代码清单7-1所示为第一行。

代码清单7-1 使用DOCTYPE元素

```
<!DOCTYPE HTML>
```

这个元素告诉浏览器两件事情:第一,它处理的是HTML文档;第二,用来标记文档内容的HTML所属的版本。版本号用不着写。浏览器能自动探测出这里所用的是HTML5(这是因为这个元素的形式在HTML5中和在先前的HTML版本中略有差异)。该元素没有结束标签。只消在文档开头放上它唯一的标签就行。

7.1.2 html 元素

html元素更恰当的名称是根元素,它表示文档中HTML部分的开始。表7-3概括了html元素。

表7-3　html元素

元素	html
元素类型	无
允许具有的父元素	无
局部属性	manifest（详见第40章）
内容	head元素和body元素各一
标签用法	开始标签和结束标签，内含其他元素
是否为HTML5新增	否
在HTML5中的变化	manifest属性是HTML5中新增的。HTML4版本中的属性已不再使用
习惯样式	html { display: block; } html:focus { outline: none;}

代码清单7-2示范了html元素的用法。

代码清单7-2　使用html元素

```
<!DOCTYPE HTML>
<html>
    ……此处省略内容和元素……
</html>
```

7.1.3　head 元素

head元素包含着文档的元数据。在HTML中，元数据向浏览器提供了有关文档内容和标记的信息，此外还可以包含脚本和对外部资源（比如CSS样式表）的引用。本章稍后会介绍元数据元素。表7-4概括了head元素。

表7-4　head元素

元素	head
元素类型	无
允许具有的父元素	html
局部属性	无
内容	必须有一个title元素，其他元数据元素可有可无
标签用法	开始标签和结束标签。内含其他元素
是否为HTML5新增	否
在HTML5中的变化	无
习惯样式	无

代码清单7-3示范了head元素的用法。每个HTML文档都应该包含一个head元素，而后者必须包含一个title元素，如代码清单所示。本章稍后会详细介绍title元素。

代码清单7-3 使用head元素

```html
<!DOCTYPE HTML>
<html>
    <head>
        <title>Hello</title>
    </head>
</html>
```

7.1.4 body 元素

HTML文档的元数据和文档信息包装在head元素中，文档的内容则包装在body元素中。body元素总是紧跟在head元素之后，它是html元素的第二个子元素。表7-5概括了body元素。

表7-5 body元素

元素	body
元素类型	无
允许具有的父元素	html
局部属性	无
内容	所有短语元素和流元素
标签用法	开始标签和结束标签
是否为HTML5新增	否
在HTML5中的变化	alink、background、bgcolor、link、margintop、marginbottom、marginleft、marginright、marginwidth、text和lvlink属性已不再使用。这些属性的效果可用CSS实现
习惯样式	body { display: block; margin: 8px; } body:focus { outline: none; }

代码清单7-4示范了body元素的用法。

代码清单7-4 使用body元素

```html
<!DOCTYPE HTML>
<html>
    <head>
        <title>Example</title>
    </head>
    <body>
        <p>
            I like <code id="applecode">apples</code> and oranges.
        </p>
        <a href="http://apress.com">Visit Apress.com</a>
    </body>
</html>
```

此例在body元素中添加了一些简单内容。里面用到的p、code和a这些元素将在第8章和第9章介绍。至此呈现在读者面前的已经是一个简单却完整的HTML文档。图7-1为这个文档在浏览器中的显示结果。

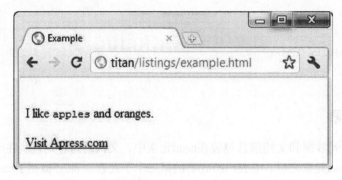

图7-1　显示在浏览器中的一个简单HTML文档

7.2 用元数据元素说明文档

元数据元素可以用来提供关于HTML文档的信息。它们本身不是文档内容，但提供了关于后面的文档内容的信息。元数据元素应放在head元素中。

7.2.1 设置文档标题

title元素的作用是设置文档的标题或名称。浏览器通常将该元素的内容显示在其窗口顶部或标签页的标签上。表7-6概括了title元素。

表7-6　title元素

元素	title
元素类型	元数据
允许具有的父元素	head
局部属性	无
内容	文档标题或对文档内容言简意赅的说明
标签用法	开始标签和结束标签。内含文字
是否为HTML5新增	否
在HTML5中的变化	无
习惯样式	title { display: none; }

每个HTML文档都应该有且只有一个title元素，其开始标签和结束标签之间的文字在用户眼里应有实际意义。至少用户应能据此区分各个浏览器窗口或浏览器的各个标签页，并且知道哪个显示的才是你的Web应用系统。代码清单7-5示范了title元素的用法。

代码清单7-5　使用title元素

```html
<!DOCTYPE HTML>
<html>
    <head>
        <title>Example</title>
    </head>
    <body>
        <p>
            I like <code id="applecode">apples</code> and oranges.
        </p>
        <a href="http://apress.com">Visit Apress.com</a>
    </body>
</html>
```

图7-2展示了浏览器处理title元素的方式。图中显示的是谷歌的Chrome浏览器，其他浏览器与此大同小异。

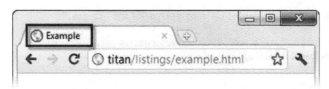

图7-2　title元素的效果

7.2.2　设置相对URL的解析基准

base元素可用来设置一个基准URL，让HTML文档中的相对链接在此基础上进行解析。相对链接省略了URL中的协议、主机和端口部分，需要根据别的URL（要么是base元素中指定的URL，要么是用以加载当前文档的URL）得出其完整形式。base元素还能设定链接在用户点击时的打开方式，以及提交表单时浏览器如何反应（HTML5表单的介绍见第12章）。表7-7概括了base元素。

表7-7　base元素

元素	base
元素类型	元数据
允许具有的父元素	head
局部属性	href、target
内容	无
标签用法	虚元素形式
是否为HTML5新增	否
在HTML5中的变化	无
惯样式	无

HTML文档至少应该包含一个base元素。它通常是head元素中位置最靠前的子元素之一，以便随后的元数据元素中的相对URL可以用上其设置的基准URL。

1. 使用href属性

href属性指定了解析文档此后部分中的相对URL要用到的基准URL。代码清单7-6示范了base元素的用法。

代码清单7-6 使用base元素中的href属性

```
<!DOCTYPE HTML>
<html>
    <head>
        <title>Example</title>
        <base href="http://titan/listings/"/>
    </head>
    <body>
        <p>
            I like <code id="applecode">apples</code> and oranges.
        </p>
        <a href="http://apress.com">Visit Apress.com</a>
        <a href="page2.html">Page 2</a>
    </body>
</html>
```

此例将基准URL设置为http://titan/listings/。其中titan是我的开发服务器的名称，而listings是服务器上包含本书示例文件的目录。

在文档的后面部分有一个用来生成超链接的a元素，它使用了page2.html这个相对URL（a元素的使用说明见第8章）。用户点击这个超链接时，浏览器就会把基准URL和相对URL拼接成完整的URL：http://titan/listings/page2.html。

> 提示 如果不用base元素，或不用其href属性设置一个基准URL，那么浏览器会将当前文档的URL认定为所有相对URL的解析基准。例如，假设浏览器从http://myserver.com/app/mypage.html这个URL载入了一个文档，该文档中有一个超链接使用了myotherpage.html这个相对URL，那么点击这个超链接时浏览器将尝试从http://myserver.com/app/myotherpage.html这个绝对URL加载第二个文档。

2. 使用target属性

target属性的作用是告诉浏览器该如何打开URL。这个属性的值代表着一个浏览上下文（browsing context）。第8章和第15章讲a和iframe元素的时候将会结合例子说明如何使用这些上下文。

7.2.3 用元数据说明文档

meta元素可以用来定义文档的各种元数据。它有多种不同用法，而且一个HTML文档中可以包含多个meta元素。表7-8概括了meta元素。

7.2 用元数据元素说明文档

表7-8 meta元素

元素	meta
元素类型	元数据
允许具有的父元素	head
局部属性	name、content、charset和http-equiv
内容	无
标签用法	虚元素形式
是否为HTML5新增	否
在HTML5中的变化	charset属性是HTML5中新增的。在HTML4中，http-equiv属性可以有任意多个不同值。而在HTML5中情况有所不同，只有本小节所说的值才能使用。HTML4中的scheme属性在HTML5中已不再使用。此外，现在已不再使用meta元素来指定网页所用的语言（本章稍后会介绍HTML5中的做法）。
习惯样式	无

下面介绍几种meta元素的用法。注意每个meta元素只能用于一种用途。如果在这些特性中想要使用的不止一个，那就应该在head元素中添加多个meta元素。

1. 指定名/值元数据对

meta元素的第一个用途是用名/值对定义元数据，为此需要用到其name和content属性。代码清单7-7即为一例。

代码清单7-7 在meta元素中用名/值对定义元数据

```
<!DOCTYPE HTML>
<html>
    <head>
        <title>Example</title>
        <base href="http://titan/listings/"/>
        <meta name="author" content="Adam Freeman"/>
        <meta name="description" content="A simple example"/>
    </head>
    <body>
        <p>
            I like <code id="applecode">apples</code> and oranges.
        </p>
        <a href="http://apress.com">Visit Apress.com</a>
        <a href="page2.html">Page 2</a>
    </body>
</html>
```

此处name属性用来表示元数据的类型，而content属性用来提供值。表7-9列出了meta元素可以使用的几种预定义元数据类型。

除了表中5个预定义的元数据名称，还可以使用元数据扩展。http://wiki.whatwg.org/wiki/MetaExtensions有这些扩展的一份时常更新的清单。有些扩展用得比较多，而另外一些扩展则是为非常窄的专门用途而设，几乎没有人用。robots元数据类型是前者的一个例子。HTML文档的作者可以用它告诉搜索引擎该如何对待该文档。例如：

```
<meta name="robots" content="noindex">
```

表7-9 供meta元素使用的预定义元数据类型

元数据名称	说 明
application name	当前页所属Web应用系统的名称
author	当前页的作者名
description	当前页的说明
generator	用来生成HTML的软件名称（通常用于以Ruby on Rails、ASP.NET等服务器端框架生成HTML页的情况下）
keywords	一批以逗号分开的字符串，用来描述页面的内容

这个元数据类型有三个大多数搜索引擎都认识的值：noindex（表示不要索引本页）、noarchive（表示不要将本页存档或缓存）和nofollow（表示不要顺着本页中的链接继续搜索下去）。可用的元数据扩展为数不少，读者最好读读那份网上清单，看看有哪些可用于自己的项目。

> 提示　要告诉搜索引擎如何对内容分类和分等级，过去最主要的手段就是使用keywords元数据。现在的搜索引擎对keywords元数据的重视程度远不如前，这是因为它可以被滥用来制造页面内容和相关性的假象。要想让内容在搜索引擎眼里有所改观，最好的办法是采纳它们自己提供的建议。大多数搜索引擎都提供了优化网页或整个网站的指南。谷歌的指南参见：http://google.com/support/webmasters/bin/topic.py?topic=15260。

2. 声明字符编码

meta元素的另一种用途是声明HTML文档内容所用的字符编码。代码清单7-8就是一个这方面的例子。

代码清单7-8　用meta元素声明字符编码

```
<!DOCTYPE HTML>
<html>
    <head>
        <title>Example</title>
        <base href="http://titan/listings/"/>
        <meta name="author" content="Adam Freeman"/>
        <meta name="description" content="A simple example"/>
        <meta charset="utf-8"/>
    </head>
    <body>
        <p>
            I like <code id="applecode">apples</code> and oranges.
        </p>
        <a href="http://apress.com">Visit Apress.com</a>
        <a href="page2.html">Page 2</a>
    </body>
</html>
```

例中声明了这个页面采用UTF-8编码。UTF-8编码能以最少的字节数表示所有Unicode字符，所以用得非常普遍。撰写本书的时候，所有网页中将近50%使用的是UTF-8编码。

3. 模拟HTTP标头字段

meta元素的最后一种用途是改写HTTP（超文本传输协议）标头字段的值。服务器和浏览器之间传输HTML数据时一般用的就是HTTP。本书不打算详细介绍HTTP，读者只要知道服务器的每条响应都包含着一组向浏览器说明其内容的字段即可。meta元素可以用来模拟或替换其中三种标头字段。代码清单7-9展示了meta元素的这种用法的一般形式。

代码清单7-9　用meta元素模拟HTTP标头字段

```html
<!DOCTYPE HTML>
<html>
    <head>
        <title>Example</title>
        <base href="http://titan/listings/"/>
        <meta name="author" content="Adam Freeman"/>
        <meta name="description" content="A simple example"/>
        <meta charset="utf-8"/>
        <meta http-equiv="refresh" content="5"/>
    </head>
    <body>
        <p>
            I like <code id="applecode">apples</code> and oranges.
        </p>
        <a href="http://apress.com">Visit Apress.com</a>
        <a href="page2.html">Page 2</a>
    </body>
</html>
```

http-equiv属性的用途是指定所要模拟的标头字段名称，字段值则由content属性指定。此例将标头字段refresh的值设置为5，其作用是让浏览器每隔5秒就再次载入页面。

> **提示**　如果在刷新间隔时间值后加上一个分号再加上一个URL，那么浏览器在指定时间之后将载入指定的URL。示例参见7.3.2节。

http-equiv属性有三个值可用，如表7-10所示。

表7-10　meta元素的http-equiv属性允许使用的值

属性值	说明
refresh	以秒为单位指定一个时间间隔，在此时间过去之后将从服务器重新载入当前页面。也可以另行指定一个URL让浏览器载入。如<meta http-equiv="refresh" content="5; http://www.apress.com"/>
default-style	指定页面优先使用的样式表。对应的content属性值应与同一文档中某个style元素或link元素的title属性值相同
content-type	这是另一种声明HTML页面所用字符编码的方法。如 <meta http-equiv="content-type" content="text/html charset=UTF-8"/>

7.2.4 定义 CSS 样式

style元素可用来定义HTML文档内嵌的CSS样式（link元素则是用来导入外部样式表中的样式）。表7-11概括了style元素。

表7-11 style元素

元素	style
元素类型	无
允许具有的父元素	任何可包含元数据元素的元素，包括head、div、noscript、section、article、aside
局部属性	type、media、scoped
内容	CSS样式
标签用法	开始标签和结束标签。内含文字
是否为HTML5新增	否
在HTML5中的变化	scoped属性为HTML5中新增
习惯样式	无

代码清单7-10示范了style元素的用法。

代码清单7-10 使用style元素

```html
<!DOCTYPE HTML>
<html>
    <head>
        <title>Example</title>
        <base href="http://titan/listings/"/>
        <meta name="author" content="Adam Freeman"/>
        <meta name="description" content="A simple example"/>
        <meta charset="utf-8"/>
        <style type="text/css">
            a {
                background-color: grey;
                color: white;
                padding: 0.5em;
            }
        </style>
    </head>
    <body>
        <p>
            I like <code id="applecode">apples</code> and oranges.
        </p>
        <a href="http://apress.com">Visit Apress.com</a>
        <a href="page2.html">Page 2</a>
    </body>
<html>
```

此例为a元素设计了一个新样式，让链接显示为灰色背景上的白色文字，周边留出少许内边距（没接触过CSS的读者可以在第4章学习一些入门知识。其全面介绍始于第16章）。样式的效果如图7-3所示。

图7-3 用style元素创建文档内嵌样式

style元素可以出现在HTML文档中的各个部分。一个文档可包含多个style元素，因此不必把所有样式定义都塞进head部分。在使用模板引擎生成页面的情况下这个特性很有帮助，因为这样一来就可以用页面特有的样式为模板定义的样式提供补充。

1. 指定样式类型

type属性可以用来将所定义的样式类型告诉浏览器。但是浏览器支持的样式机制只有CSS一种，所以这个属性的值总是text/css。

2. 指定样式作用范围

如果style元素中有scoped属性存在，那么其中定义的样式只作用于该元素的父元素及所有兄弟元素。要是不用scoped属性的话，在HTML文档中任何地方用style元素定义的样式都将作用于整个文档。

警告　在撰写本书时，尚无主流浏览器支持style元素的scoped属性。

---

3. 指定样式适用的媒体

media属性可用来表明文档在什么情况下应该使用该元素中定义的样式。代码清单7-11示范了这个属性的用法。

代码清单7-11　使用style元素的media属性

```
<!DOCTYPE HTML>
<html>
    <head>
        <title>Example</title>
        <base href="http://titan/listings/"/>
        <meta name="author" content="Adam Freeman"/>
        <meta name="description" content="A simple example"/>
        <meta charset="utf-8"/>
        <style media="screen" type="text/css">
```

```
            a {
                background-color: grey;
                color: white;
                padding: 0.5em;
            }
        </style>
        <style media="print">
            a{
                color:Red;
                font-weight:bold;
                font-style:italic
            }
        </style>
    </head>
    <body>
        <p>
            I like <code id="applecode">apples</code> and oranges.
        </p>
        <a href="http://apress.com">Visit Apress.com</a>
        <a href="page2.html">Page 2</a>
    </body>
</html>
```

代码中使用了两个style元素,它们有不同的media属性值。浏览器在屏幕上显示文档的时候用的是第一个style元素中的样式,在打印文档的时候用的是第二个中的样式。

样式的使用条件可以设计得非常细致。首先要确定的是所针对的设备类型。表7-12总结了所有符合规定的值。

表7-12 供style元素的media属性用的规定设备值

设 备	说 明
all	将样式用于所有设备(默认值)
aural	将样式用于语音合成器
braille	将样式用于盲文设备
handheld	将样式用于手持设备
projection	将样式用于投影机
print	将样式用于打印预览和打印页面时
screen	将样式用于计算机显示器屏幕
tty	将样式用于电传打字机之类的等宽设备
tv	将样式用于电视机

浏览器负责解释设备归类。有些设备类型(比如screen和print)在各种浏览器上的解释比较一致,但另一些设备(比如handheld设备类型)的解释可能就随意多了。因此核实一下所针对的浏览器对特定设备的解释与自己是否一致非常必要。media还有一些特性可以用来设计更具体的使用条件,代码清单7-12即为一例。

代码清单7-12 让style元素的对象更加具体

```html
<!DOCTYPE HTML>
<html>
    <head>
        <title>Example</title>
        <base href="http://titan/listings/"/>
        <meta name="author" content="Adam Freeman"/>
        <meta name="description" content="A simple example"/>
        <meta charset="utf-8"/>
        <style media="screen AND (max-width:500px)" type="text/css">
            a {
                background-color: grey;
                color: white;
                padding: 0.5em;
            }
        </style>
        <style media="screen AND (min-width:500px)" type="text/css">
            a {color:Red; font-style:italic}
        </style>
    </head>
    <body>
        <p>
            I like <code id="applecode">apples</code> and oranges.
        </p>
        <a href="http://apress.com">Visit Apress.com</a>
        <a href="page2.html">Page 2</a>
    </body>
</html>
```

代码中使用media的width特性区分两组样式。浏览器窗口宽度小于500像素时使用的是第一组样式,窗口宽度大于500像素时使用的是第二组。用浏览器打开代码清单7-12对应的HTML文档,然后拖拉窗口边缘以改变其大小,就能看到这个特性的效果,如图7-4所示。

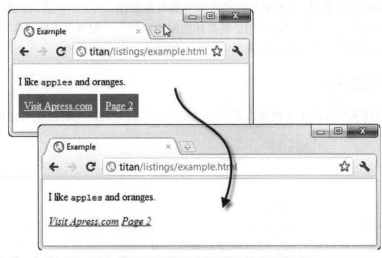

图7-4 根据浏览器窗口宽度选择使用的样式

注意此例中使用了AND来组合设备和特性条件。除了AND，还可以使用NOT和表示OR的逗号（,）。藉此可以为应用样式设计出复杂而又相当具体的条件。

width等特性通常会跟限定词min和max配合使用。不用这些限定词，让样式的使用取决于非常精确的窗口尺寸也行，但是加上限定词会让条件变得更加灵活。表7-13罗列并介绍了可用的各种特性。若非特别点明，这些特性都可以用min-或max-修饰，构成阈值而不是精确值。

表7-13　供style元素的media属性使用的特性

特性	说明	示例
width height	指定浏览器窗口的宽度和高度。单位为px，代表像素	width:200px
device-width device-height	指定整个设备（而不仅仅是浏览器窗口）的宽度和高度。单位为px，代表像素	min-device-height:200px
resolution	指定设备的像素密度。单位为dpi（点/英寸）或dpcm（点/厘米）	max-resolution:600dpi
orientation	指定设备的较长边朝向。支持的值有portrait和landscape。该特性没有限定词	orientation:portrait
aspect-ratio device-aspect-ratio	指定浏览器窗口或整个设备的像素宽高比。其值表示为像素宽度与像素高度的比值	min-aspect-ratio:16/9
color monochrome	指定彩色或黑白设备上每个像素占用的二进制位数	min-monochrome:2
color-index	指定设备所能显示的颜色数目	max-color-index:256
scan	指定电视的扫描模式。支持的值有progressive和interlace。该特性没有限定词	scan:interlace
grid	指定设备的类型。网格型设备使用固定的网格显示内容，例如基于字符的终端和单行显示的寻呼机。支持的值有0和1（1代表网格型设备）。该特性没有限定词	grid:0

与指定设备的情况类似，这些特性也是由浏览器负责解释。关于浏览器认识哪些特性以及认定这些特性什么时候存在并且可以使用，其具体情况纷纭繁杂。如果要根据这些特性应用样式，请务必进行全面的测试，并且准备好预期特性不可用时改用的备用样式。

7.2.5　指定外部资源

link元素可用来在HTML文档和外部资源（CSS样式表是最典型的情况）之间建立联系。表7-14概括了link元素。

表7-14　link元素

元素	link
元素类型	元数据
允许具有的父元素	head、noscript
局部属性	href、rel、hreflang、media、type、sizes

（续）

内容	无
标签用法	虚元素形式
是否为HTML5新增	否
在HTML5中的变化	新增了sizes属性。原来的charset、rev和target属性在HTML5中已不再使用
习惯样式	无

link元素定义了6个局部属性，其说明见表7-15。这些属性中最重要的是rel，它说明了HTML页与link元素所关联资源的关系类型。本章稍后会介绍一些最常见的关系类型。

表7-15　link元素的局部属性

属　　性	说　　明
href	指定link元素指向的资源的URL
hreflang	说明所关联资源使用的语言
media	说明所关联的内容用于哪种设备。该属性使用的设备和特性值与表7-10和表7-11中介绍的相同
rel	说明文档与所关联资源的关系类型
sizes	指定图标的大小。本章后面有一个用link元素载入网站标志的例子
type	指定所关联资源的MIME类型，如text/css、image/x-icon

为rel属性设定的值决定了浏览器对待link元素的方式。表7-16介绍了rel属性比较常用的一些值。除此之外rel属性还定义了一些其他值，但是它们目前仍然属于HTML5中有待确定的部分。rel属性值最全面的介绍参见http://iana.org/assignments/link-relations/link-relations.xml。

表7-16　link元素的rel属性值选编

值	说　　明
alternate	链接到文档的替代版本，比如另一种语言的译本
author	链接到文档的作者
help	链接到当前文档的说明文档
icon	指定图标资源，参见代码清单7-15示例
license	链接到当前文档的相关许可证
pingback	指定一个回探（pingback）服务器。从其他网站链接到博客的时候它能自动得到通知
prefetch	预先获取一个资源，参见代码清单7-15示例
stylesheet	载入外部样式表，参见代码清单7-14示例

1. 载入样式表

为演示link元素在这方面的用法，我创建了一个名为styles.css的样式表，其内容如代码清单7-13所示。

代码清单7-13　styles.css文件

```
a {
    background-color: grey;
    color: white;
    padding: 0.5em;
}
```

这条样式在先前的例子中定义在style元素里面，现在被放到了一个外部样式表文件中。要使用这个样式表，需要用到link元素，如代码清单7-14所示。

代码清单7-14　用link元素载入外部样式表

```
<!DOCTYPE HTML>
<html>
    <head>
        <title>Example</title>
        <base href="http://titan/listings/"/>
        <meta name="author" content="Adam Freeman"/>
        <meta name="description" content="A simple example"/>
        <meta charset="utf-8"/>
        <link rel="stylesheet" type="text/css" href="styles.css"/>
    </head>
    <body>
        <p>
            I like <code id="applecode">apples</code> and oranges.
        </p>
        <a href="http://apress.com">Visit Apress.com</a>
        <a href="page2.html">Page 2</a>
    </body>
</html>
```

可以使用多个link元素载入多个外部资源。使用外部样式表的好处在于可以让多个文档使用同一套样式而不必将这些样式复制到每一个文档中。浏览器会载入和应用其中的样式，仿佛它们是定义在style元素中一般，如图7-5所示。

图7-5　应用来自外部样式表中的样式

2. 为页面定义网站标志

除了CSS样式表，link元素最常见的用处要算定义与页面联系在一起的图标。各种浏览器处理这种图标的方式有所不同，常见的做法是将其显示在相应的标签页标签上或收藏夹中相应的项目前（如果用户收藏了这个页面的话）。为了演示这种用法，我找来了Apress在www.apress.com网站使用的网站标志。这是一个32像素×32像素的图像，格式为.ico。浏览器都支持这种图像格式，图像看起来如图7-6所示，该图像的文件名为favicon.ico。

图7-6　Apress的网站标志

要想使用这个网站标志，需要在页面中添加一个link元素，如代码清单7-15所示。

代码清单7-15　用link元素添加网站标志

```
<!DOCTYPE HTML>
<html>
    <head>
        <title>Example</title>
        <base href="http://titan/listings/"/>
        <meta name="author" content="Adam Freeman"/>
        <meta name="description" content="A simple example"/>
        <link rel="stylesheet" type="text/css" href="styles.css"/>
        <link rel="shortcut icon" href="favicon.ico" type="image/x-icon" />
    </head>
    <body>
        <p>
            I like <code id="applecode">apples</code> and oranges.
        </p>
        <a href="http://apress.com">Visit Apress.com</a>
        <a href="page2.html">Page 2</a>
    </body>
</html>
```

浏览器载入HTML页面的时候，也会载入并显示网站标志，如图7-7所示。图中显示的是谷歌的Chrome，它把网站标志显示在标签页的顶部。

图7-7　显示在标签页顶端的网站标志

116　第 7 章　创建 HTML 文档

> **提示**　如果网站标志文件位于/favicon.ico（即Web服务器的根目录），那就不必用到link元素。大多数浏览器在载入页面时都会自动请求这个文件，就算没有link元素也是如此。

3. 预先获取资源

可以要求浏览器预先获取预计很快就要用到的资源。代码清单7-16示范了link元素的这种用法。

代码清单7-16　预先获取关联的资源

```html
<!DOCTYPE HTML>
<html>
    <head>
        <title>Example</title>
        <base href="http://titan/listings/"/>
        <meta name="author" content="Adam Freeman"/>
        <meta name="description" content="A simple example"/>
        <link rel="stylesheet" type="text/css" href="styles.css"/>
        <link rel="shortcut icon" href="favicon.ico" type="image/x-icon" />
        <link rel="prefetch" href="/page2.html"/>
    </head>
    <body>
        <p>
            I like <code id="applecode">apples</code> and oranges.
        </p>
        <a href="http://apress.com">Visit Apress.com</a>
        <a href="page2.html">Page 2</a>
    </body>
</html>
```

此例将rel属性设置为prefetch，并且要求载入HTML页面page2.html，为用户点击某个链接以执行其他需要这个页面的操作做好准备。

> **注意**　在撰写本书时，只有Firefox支持link元素的预先获取功能。

7.3　使用脚本元素

与脚本相关的元素有两个。第一个是script，用于定义脚本并控制其执行过程。第二个是noscript，用于规定在浏览器不支持脚本或禁用了脚本的情况下的处理办法。

> **提示**　script元素一般放在head元素中，不过它也可以放在HTML文档中的任意位置。我建议把所有脚本元素都集中到文档的head部分，这有助于查看脚本，而且大家在查找脚本时一般想到的都是这个地方。

7.3.1 script 元素

script元素可以用来在页面中加入脚本,方式有在文档中定义脚本和引用外部文件中的脚本两种。最常用的脚本类型是JavaScript(这也是本书所用的脚本类型),不过浏览器也的确支持一些别的脚本语言,包括第1章所述浏览器之战的一些孑遗。表7-17概括了script元素。每定义或导入一段脚本需要使用一个script元素。

表7-17 script元素

元素	script
元素类型	元数据/短语
允许具有的父元素	可以包含元数据或短语元素的任何元素
局部属性	type、src、defer、async、charset
内容	脚本语言语句。用于导入外部JavaScript库时元素没有内容
标签用法	必须使用开始标签和结束标签。不能使用自闭合标签,就算引用外部JavaScript库也是如此
是否为HTML5新增	否
在HTML5中的变化	在HTML5中type属性可有可无,async属性是新增的,HTML4中的属性language在HTML5中已不再使用
习惯样式	无

这个元素所属类型因其用法而异。位于head元素中的script元素属于元数据元素,位于其他元素(如body或section)中的则属于短语元素。

接下来要介绍的是如何用script元素完成各种任务。表7-18介绍了script元素定义的属性。

表7-18 script元素的局部属性

属 性	说 明
type	表示所引用或定义的脚本的类型,对于JavaScript脚本这个属性可以省略
src	指定外部脚本文件的URL,参见后面的例子
defer async	设定脚本的执行方式,参见后面的例子。这两个属性只能与src属性一同使用
charset	说明外部脚本文件所用字符编码,该属性只能与src属性一同使用

1. 定义文档内嵌脚本

定义脚本最简单的方式是内嵌定义,也即将JavaScript语句内嵌在HTML页面中,代码清单7-17即是一例。

代码清单7-17 定义文档内嵌脚本

```
<!DOCTYPE HTML>
<html>
    <head>
```

```
            <title>Example</title>
            <base href="http://titan/listings/"/>
            <meta name="author" content="Adam Freeman"/>
            <meta name="description" content="A simple example"/>
            <link rel="stylesheet" type="text/css" href="styles.css"/>
            <link rel="shortcut icon" href="favicon.ico" type="image/x-icon" />
            <script>
                document.write("This is from the script");
            </script>
        </head>
        <body>
            <p>
                I like <code id="applecode">apples</code> and oranges.
            </p>
            <a href="http://apress.com">Visit Apress.com</a>
            <a href="page2.html">Page 2</a>
        </body>
</html>
```

不使用type属性时，浏览器会假定使用的是JavaScript。这段简单的脚本在HTML文档中加入了一些文字。默认情况下，浏览器在页面中一遇到脚本就会执行。图7-8显示了这个例子的结果，从中可以看到，脚本输出的文字在浏览器窗口中显示在body元素所含p元素之前。

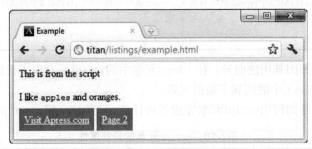

图7-8　一段简单脚本的效果

2．载入外部脚本库

可以把脚本放到单独的文件中，然后用script元素载入HTML文档。这些文件有小（如下面的例子）有大（如jQuery这种复杂的库）。simple.js是外部脚本文件的一个例子，其内容如代码清单7-18所示。

代码清单7-18　脚本文件simple.js的内容

```
document.write("This is from the external script");
```

这个文件只包含一条语句，与文档内嵌脚本那个例子一样。代码清单7-19示范了如何用script元素的src属性引用这个文件。

> 提示　设置了src属性的script元素不能含有任何内容。不能用同一个script元素既定义内嵌脚本又引用外部脚本。

代码清单7-19　用src属性载入外部脚本

```html
<!DOCTYPE HTML>
<html>
    <head>
        <title>Example</title>
        <base href="http://titan/listings/"/>
        <meta name="author" content="Adam Freeman"/>
        <meta name="description" content="A simple example"/>
        <link rel="stylesheet" type="text/css" href="styles.css"/>
        <link rel="shortcut icon" href="favicon.ico" type="image/x-icon" />
        <script src="simple.js"></script>
    </head>
    <body>
        <p>
            I like <code id="applecode">apples</code> and oranges.
        </p>
        <a href="http://apress.com">Visit Apress.com</a>
        <a href="page2.html">Page 2</a>
    </body>
</html>
```

src属性的值应为所要载入的脚本文件的URL。由于simple.js文件与这个HTML文件位于同一个目录，所以此例中可以使用一个相对URL。这段脚本的结果如图7-9所示。

图7-9　一段外部脚本的效果

> 提示　例中的script元素尽管没有任何内容，还是使用了结束标签。如果用自闭合标签引用外部脚本，浏览器将忽略这个元素，不会加载引用的文件。

3. 推迟脚本的执行

可以用async和defer属性对脚本的执行方式加以控制。defer属性告诉浏览器要等页面载入和解析完毕之后才能执行脚本。要明白defer属性的好处，需要认识它所要解决的问题。代码清单7-20显示了脚本文件simple2.js的内容，里面只有一条语句。

代码清单7-20　脚本文件simple2.js所含语句

```
document.getElementById("applecode").innerText = "cherries";
```

这条语句的各组成部分留待本书第四部分说明，现在只消知道它执行的时候会查找一个id属性值为applecode的元素并且将其内部内容改为cherries。代码清单7-21展示了一个用script元素引用这个脚本文件的HTML文档。

代码清单7-21　引用脚本文件

```html
<!DOCTYPE HTML>
<html>
    <head>
        <title>Example</title>
        <base href="http://titan/listings/"/>
        <meta name="author" content="Adam Freeman"/>
        <meta name="description" content="A simple example"/>
        <link rel="stylesheet" type="text/css" href="styles.css"/>
        <link rel="shortcut icon" href="favicon.ico" type="image/x-icon" />
        <script src="simple2.js"></script>
    </head>
    <body>
        <p>
            I like <code id="applecode">apples</code> and oranges.
        </p>
        <a href="http://apress.com">Visit Apress.com</a>
        <a href="page2.html">Page 2</a>
    </body>
</html>
```

载入这个HTML页面后，结果并不是原先想象的那样，如图7-10所示。

图7-10　脚本的时间安排问题

默认情况下，浏览器一遇到script元素就会暂停处理HTML文档，转而载入脚本文件并执行其中的脚本。在脚本执行完毕之后浏览器才会继续解析HTML。这个例子中浏览器载入和执行simple2.js中的语句时还没有解析其余的HTML文档内容。脚本找不到要找的那个元素，所以也就没有作出任何改变。脚本执行完毕之后，浏览器继续解析HTML，code元素也随之出现。然而对于脚本而言为时已晚，它不会再执行一遍。这个问题有个显而易见的解决办法是将script元素放到文档最后，如代码清单7-22所示。

代码清单7-22　通过改变script元素的位置解决脚本的时间安排问题

```html
<!DOCTYPE HTML>
```

```
<html>
    <head>
        <title>Example</title>
        <base href="http://titan/listings/"/>
        <meta name="author" content="Adam Freeman"/>
        <meta name="description" content="A simple example"/>
        <link rel="stylesheet" type="text/css" href="styles.css"/>
        <link rel="shortcut icon" href="favicon.ico" type="image/x-icon" />
    </head>
    <body>
        <p>
            I like <code id="applecode">apples</code> and oranges.
        </p>
        <a href="http://apress.com">Visit Apress.com</a>
        <a href="page2.html">Page 2</a>
        <script src="simple2.js"></script>
    </body>
</html>
```

这个办法考虑到了浏览器处理script元素的方式,确保了在脚本涉及的元素解析出来之后才载入和执行脚本。从图7-11中可以看到,脚本执行的结果已经符合需要。

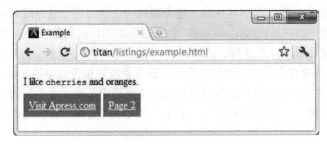

图7-11 脚本作用在一个a元素上的结果

这个办法的确管用,不过在HTML5中可以用defer属性达到同样的目的。浏览器在遇到带有defer属性的script元素时,会将脚本的加载和执行推迟到HTML文档中所有元素都已得到解析之后。代码清单7-23示范了带defer属性的script元素的用法。

代码清单7-23 使用带defer属性的script元素

```
<!DOCTYPE HTML>
<html>
    <head>
        <title>Example</title>
        <base href="http://titan/listings/"/>
        <meta name="author" content="Adam Freeman"/>
        <meta name="description" content="A simple example"/>
        <link rel="stylesheet" type="text/css" href="styles.css"/>
        <link rel="shortcut icon" href="favicon.ico" type="image/x-icon" />
        <script defer src="simple2.js"></script>
    </head>
    <body>
```

```
            <p>
                I like <code id="applecode">apples</code> and oranges.
            </p>
            <a href="http://apress.com">Visit Apress.com</a>
            <a href="page2.html">Page 2</a>
        </body>
</html>
```

在浏览器中载入这个页面所得结果与将script元素移到页面末尾那个办法的结果相同。现在脚本可以找到code元素并且改变其文字内容了,效果与图7-11所示相同。

提示 defer属性只能用于外部脚本文件,它对文档内嵌脚本不起作用。

4. 异步执行脚本

async属性解决的是另一类问题。前面说过,浏览器遇到script元素时的默认行为是在加载和执行脚本的同时暂停处理页面。各个script元素依次(即按其定义的次序)同步(即在脚本加载和执行进程中不再管别的事情)执行。

作为处理脚本的默认方式,同步顺序执行自有其意义所在。不过有些脚本并不需要这样处理,对这类脚本可以使用async属性提高其性能。这方面的一个典型例子是跟踪脚本(tracking script)。这种脚本可以汇报用户的网站访问记录以便广告公司根据用户的浏览习惯定制和投放广告,或者收集网站访问者的统计数据以供分析,诸如此类。这些脚本自成一体,一般不需要与HTML文档中的元素互相作用。为等待它们加载然后向自己的服务器发回报告而推迟显示页面没有任何意义。

使用了async属性后,浏览器将在继续解析HTML文档中其他元素(包括其他script元素)的同时异步加载和执行脚本。如果运用得当,这可以大大提高整体加载性能。代码清单7-24示范了async属性的用法。

代码清单7-24 使用async属性

```
<!DOCTYPE HTML>
<html>
    <head>
        <title>Example</title>
        <base href="http://titan/listings/"/>
        <meta name="author" content="Adam Freeman"/>
        <meta name="description" content="A simple example"/>
        <link rel="stylesheet" type="text/css" href="styles.css"/>
        <link rel="shortcut icon" href="favicon.ico" type="image/x-icon" />
        <script async src="simple2.js"></script>
    </head>
    <body>
        <p>
            I like <code id="applecode">apples</code> and oranges.
        </p>
        <a href="http://apress.com">Visit Apress.com</a>
        <a href="page2.html">Page 2</a>
    </body>
</html>
```

使用async属性的一个重要后果是页面中的脚本可能不再按定义它们的次序执行。因此如果脚本使用了其他脚本中定义的函数或值，那就不宜使用async属性。

7.3.2 noscript 元素

noscript元素可以用来向禁用了JavaScript或浏览器不支持JavaScript的用户显示一些内容。表7-19概括了noscript元素。

表7-19 noscript元素

元素	noscript
元素类型	元数据/短语/流
允许具有的父元素	任何可以包含元数据元素、短语元素或流元素的元素
局部属性	无
内容	短语元素或流元素
标签用法	开始标签和结束标签都需要
是否为HTML5新增	否
在HTML5中的变化	无
习惯样式	无

与script元素类似，noscript元素所属类型取决于它在文档中的位置。

尽管现在JavaScript已经得到了广泛支持，但是仍然有一些专门用途的浏览器不支持它。而且就算浏览器支持JavaScript，用户也可能会禁用它——许多大公司都有禁止员工启用JavaScript的规定。noscript元素可以用来应对这些用户，其办法是显示不需要JavaScript功能的内容，再不济也要告诉他们需要启用JavaScript才能使用此网站或页面。代码清单7-25是一个用noscript元素显示一条简短信息的例子。

代码清单7-25 使用noscript元素

```
<!DOCTYPE HTML>
<html>
    <head>
        <title>Example</title>
        <base href="http://titan/listings/"/>
        <meta name="author" content="Adam Freeman"/>
        <meta name="description" content="A simple example"/>
        <link rel="stylesheet" type="text/css" href="styles.css"/>
        <link rel="shortcut icon" href="favicon.ico" type="image/x-icon" />
        <script defer src="simple2.js"></script>
        <noscript>
            <h1>Javascript is required!</h1>
            <p>You cannot use this page without Javascript</p>
        </noscript>
    </head>
```

```
    <body>
        <p>
            I like <code id="applecode">apples</code> and oranges.
        </p>
        <a href="http://apress.com">Visit Apress.com</a>
        <a href="page2.html">Page 2</a>
    </body>
</html>
```

这个noscript元素的效果如图7-12所示。为了实现这个效果，我先在浏览器中禁用了JavaScript再载入代码清单中的HTML内容。

图7-12　noscript元素的效果

注意，此例中页面其余部分的处理一切如常，内容元素依然会显示出来。

提示　一个页面中可以加入多个noscript元素，以便与需要脚本控制的各个功能区域相对应。在提供不依赖于JavaScript的备用标记内容时这尤其有用。

除此之外还有一种选择是在浏览器不支持JavaScript时将其引至另一个URL。这需要在noscript元素中加入一个meta元素，如代码清单7-26所示。

代码清单7-26　用noscript元素重定向浏览器

```
<!DOCTYPE HTML>
<html>
    <head>
        <title>Example</title>
        <base href="http://titan/listings/"/>
        <meta name="author" content="Adam Freeman"/>
        <meta name="description" content="A simple example"/>
        <link rel="stylesheet" type="text/css" href="styles.css"/>
        <link rel="shortcut icon" href="favicon.ico" type="image/x-icon" />
        <script defer src="simple2.js"></script>
        <noscript>
```

```
        <meta http-equiv="refresh" content="0; http://www.apress.com"/>
    </noscript>
</head>
<body>
    <p>
        I like <code id="applecode">apples</code> and oranges.
    </p>
    <a href="http://apress.com">Visit Apress.com</a>
    <a href="page2.html">Page 2</a>
</body>
</html>
```

这段代码会在不支持JavaScript或禁用了JavaScript的浏览器试图载入页面时将用户引至www.apress.com网站。

7.4 小结

本章介绍了文档和元数据元素。在HTML5定义的元素中，它们不算最有生气、最引人注目的一类，但却极其重要。要想得到满意的结果，就必须懂得如何使用HTML文档的基础构造要素，尤其是在用script元素控制脚本执行以及用style和link元素管理样式等方面。

第8章 标记文字

现在将目光从大尺度的、结构性的文档元素转向细粒度层次：文本层面的元素（简称文本元素）。把这些元素加入文本当中，也就引入了结构和含义。在揣摩本章例子的过程中可以明显体会到这一点。

HTML5规范明确指出：使用元素应该完全从元素的语义出发。但是，为了让大家都过得轻松一点，规范也明确表示：对于某些元素，传统上与其联系在一起的样式也是语义的一部分。这有点敷衍了事的味道，但却有助于保持与旧版HTML的兼容。

这类元素中有些元素的含义非常明确。例如，cite元素专门用来引述另一部作品（比如书籍或电影）的标题。然而许多其他元素的含义却比较含糊，实际上与呈现方式颇有瓜葛，有悖HTML5标准的目标。

我的建议是务实一点。首先，如果存在符合需求的专用元素就用这种元素。其次，避开那些补了点语义脂粉的呈现性元素（如b元素），把呈现工作交给CSS打理。最后，不管选择使用什么元素，都要在HTML文档中贯彻始终。表8-1概括了本章内容。

表8-1　本章内容概要

问　题	解决方案	代码清单
生成到其他文档的超链接	使用a元素，将其href属性值设置为绝对或相对URL	8-1、8-2
生成到同一文档中的元素的超链接	使用a元素，将其href属性值设置为类似CSS中针对目标元素的ID选择器的形式	8-3
不附带任何重要性含义地表示一段文本	使用b或u元素	8-4、8-9
表示强调	使用em元素	8-5
表示科学术语或外文词语	使用i元素	8-6
表示不精确或不正确的内容	使用s元素	8-7
表示重要	使用strong元素	8-8
表示小号字体部分	使用small元素	8-10
表示上标或下标	使用sup或sub元素	8-11
表示换行或适合换行处	使用br或wbr元素	8-12、8-13
表示计算机代码、程序输出、变量或用户输入	使用code、var、samp或kbd元素	8-14

(续)

问题	解决方案	代码清单
表示缩写	使用abbr元素	8-15
表示术语定义	使用dfn元素	8-16
表示引用内容	使用q元素	8-17
引用其他作品的标题	使用cite元素	8-18
表示东亚语言中的注音符号	使用ruby、rt和rp元素	8-19
表示一段内容的文本方向	使用bdo元素	8-20
出于文本方向的考虑将文本与其他内容隔离开来	使用bdi元素	8-21、8-22
对一段内容应用全局属性	使用span元素	8-23
表示与另一段上下文有关的内容	使用mark元素	8-24
表示插入或删除的文本	使用ins或del元素	8-25
表示时间或日期	使用time元素	8-26

8.1 生成超链接

超链接是HTML中的关键特性，是用户赖以在内容中（在同一文档中和不同页面间）导航的基础。超链接用a元素生成。表8-2概括了这个元素。

表8-2　a元素

元素	a
元素类型	包含短语内容时被视为短语元素，包含流内容时被视为流元素
允许具有的父元素	可以包含短语元素的任何元素
局部属性	href、hreflang、media、rel、target、type
内容	短语内容和流元素
标签用法	开始标签和结束标签
是否为HTML5新增	否
在HTML5中的变化	该元素现在既能包含短语内容也能包含流内容。media属性是新增的。HTML4中已弃用的target属性现在又被恢复。在HTML5中，不含href值的a元素作为超链接的占位符使用。原有的id、coords、shape、urn、charset、methods、rev属性现已不再使用
习惯样式	```a:link, a:visited {
color: blue;
text-decoration:underline; cursor: auto;
}
a:link:active, a:visited:active {
color: blue;
}```

a元素定义了6个局部属性，其说明见表8-3。这些属性中最重要的是href，这一点随后就能看出来。

表8-3　a元素的局部属性

属　性	说　明
href	指定a元素所指资源的URL
hreflang	说明所链接资源使用的语言
media	说明所链接资源用于哪种设备。该属性使用的设备和特性值与第7章所说的相同
rel	说明文档与所链接资源的关系类型。该属性与第7章介绍过的link元素的rel属性使用相同的值
target	指定用以打开所链接资源的浏览环境
type	说明所链接资源的MIME类型（比如text/html）

8.1.1　生成指向外部的超链接

将a元素的href属性设置为以http://开头的URL即可生成到其他HTML文档的超链接。用户点击该超链接时，浏览器就会加载指定的页面。代码清单8-1示范了如何用a元素链接到外部内容。

代码清单8-1　使用a元素链接到外部资源

```
<!DOCTYPE HTML>
<html>
    <head>
        <title>Example</title>
        <base href="http://titan/listings/"/>
        <meta name="author" content="Adam Freeman"/>
        <meta name="description" content="A simple example"/>
        <link rel="shortcut icon" href="favicon.ico" type="image/x-icon" />
    </head>
    <body>
        I like <a href="http://en.wikipedia.org/wiki/Apples">apples</a> and
        <a href="http://en.wikipedia.org/wiki/Orange_(fruit)">oranges</a>.
    </body>
</html>
```

此例使用了两个a元素，都链接到维基百科上的文章。点击任何一个链接都会让浏览器载入相关文章供用户阅读。图8-1显示了超链接的默认样式。

图8-1　超链接的默认外观

URL不一定都要指向其他网页。尽管URL中用得最多的协议就是http，但浏览器也支持一些其他协议（比如https和ftp）。如果想引用一个电子邮箱地址，那么可以使用mailto协议，如mailto:adam@mydomain.com。

> 提示　a元素也可用来生成基于图像的超链接（用户打开超链接时点击的不是文字，而是图像）。这需要用到img元素。第15章有img元素的详细介绍和一个基于图像的超链接的示例。

8.1.2　使用相对URL

如果href属性值不是以类似http://这样的已知协议开头，那么浏览器会将该超链接视为相对引用。默认情况下，浏览器会假定目标资源与当前文档位于同一位置。代码清单8-2就是一个相对URL的例子。

代码清单8-2　在超链接中使用相对URL

```
<!DOCTYPE HTML>
<html>
    <head>
        <title>Example</title>
        <base href="http://titan/listings/"/>
        <meta name="author" content="Adam Freeman"/>
        <meta name="description" content="A simple example"/>
        <link rel="shortcut icon" href="favicon.ico" type="image/x-icon" />
    </head>
    <body>
        I like <a href="http://en.wikipedia.org/wiki/Apples">apples</a> and
        <a href="http://en.wikipedia.org/wiki/Orange_(fruit)">oranges</a>.
        You can see other fruits I like <a href="fruitlist.html">here</a>.
    </body>
</html>
```

此例将href属性的值设置为fruitlist.html。用户点击这个链接的时候，浏览器会用当前文档的URL来确定该如何加载所链接的页面。例如，假设当前文档来自http://www.mydomain.com/docs/example.html，那么浏览器将会从这个位置加载目标页：http://www.mydomain.com/doc.fruitlist.html。

> 提示　这种默认行为可以通过用base元素提供一个基础URL加以改变，参见第7章。

8.1.3　生成内部超链接

超链接也可用来将同一文档中的另一个元素移入视野。为此需要用到形如CSS中针对目标元素的ID选择器的表达式：#<id>，如代码清单8-3所示。

代码清单8-3　生成内部超链接

```
<!DOCTYPE HTML>
```

```html
<html>
    <head>
        <title>Example</title>
        <meta name="author" content="Adam Freeman"/>
        <meta name="description" content="A simple example"/>
        <link rel="shortcut icon" href="favicon.ico" type="image/x-icon" />
    </head>
    <body>
        I like <a href="http://en.wikipedia.org/wiki/Apples">apples</a> and
        <a href="http://en.wikipedia.org/wiki/Orange_(fruit)">oranges</a>.
        You can see other fruits I like <a href="#fruits">here</a>.

        <p id="fruits">
            I also like bananas, mangoes, cherries, apricots, plums, peaches and grapes.
        </p>
    </body>
</html>
```

此例将一个超链接的href属性值设置为#fruits。用户点击这个链接时,浏览器将在文档中查找一个id属性值为fruits的元素。如果该元素不在视野之中,那么浏览器会将文档滚动到能看见它的位置。

> 提示 如果浏览器找不到具有指定id属性值的元素,那么它会再进行一次查找,试图找到一个name属性值与其匹配的元素。

8.1.4 设定浏览环境

target属性的用途是告诉浏览器希望将所链接的资源显示在哪里。默认情况下,浏览器使用的是显示当前文档的窗口、标签页或窗框(frame),所以新文档将会取代现在显示的文档,不过还有其他选择。表8-4介绍了target属性可以使用的值。

表8-4 供a元素的target属性使用的值

属 性 值	说 明
_blank	在新窗口或标签页中打开文档
_parent	在父窗框组(frameset)中打开文档
_self	在当前窗口中打开文档(这是默认行为)
_top	在顶层窗口打开文档
<frame>	在指定窗框中打开文档

以上每一个值都代表一个浏览环境(browsing context)。_blank和_self这两个值不言而喻,其他值与窗框的使用有关,说明见第15章。

8.2 用基本的文字元素标记内容

本书要介绍的第一批文字元素出现在HTML中已经有很长时间了。其中有些元素过去的用途是设置文字格式，但是随着HTML的发展，为顺应语义与呈现分离的原则，它们现在的含义变得更为一般化了。

8.2.1 表示关键词和产品名称

b元素可以用来标记一段文字，但并不表示特别的强调或重要性。HTML5规范中给出的例子是文章提要中的关键词和产品评论中的产品名称。表8-5概括了b元素。

表8-5　b元素

元素	b
元素类型	短语
允许具有的父元素	可以包含短语内容的任何元素
局部属性	无
内容	短语内容
标签用法	开始标签和结束标签
是否为HTML5新增	否
在HTML5中的变化	在HTML4中b元素只具有呈现性质的含义。在HTML5中，其语义如前所述。其呈现性的一面已被降格为习惯样式
习惯样式	b { font-weight: bolder; }

b元素的作用非常简单：它的开始标签和结束标签之间的内容会从周围内容中凸现出来。这通常是将其内容加粗，不过也可以用CSS改变应用于b元素的样式。代码清单8-4示范了b元素的用法。

代码清单8-4　使用b元素

```
<!DOCTYPE HTML>
<html>
    <head>
        <title>Example</title>
        <base href="http://titan/listings/"/>
        <meta name="author" content="Adam Freeman"/>
        <meta name="description" content="A simple example"/>
        <link rel="stylesheet" type="text/css" href="styles.css"/>
        <link rel="shortcut icon" href="favicon.ico" type="image/x-icon" />
    </head>
    <body>
        I like <b>apples</b> and <b>oranges</b>.
    </body>
</html>
```

从图8-2中可以看到b元素的习惯样式。

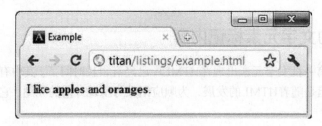

图8-2　使用b元素

8.2.2 加以强调

em元素表示对一段文字的强调。这可以用来向读者提供关于句子或段落含义的一种语境。本节稍后会对此作出解释。现在先来看看表8-6中em元素的概要说明。

表8-6　em元素

元素	em
元素类型	短语
允许具有的父元素	任何可以包含短语内容的元素
局部属性	无
内容	短语内容
标签用法	开始标签和结束标签
是否为HTML5新增	否
在HTML5中的变化	无
习惯样式	em { font-style: italic; }

代码清单8-5示范了em元素的用法。

代码清单8-5　使用em元素

```html
<!DOCTYPE HTML>
<html>
    <head>
        <title>Example</title>
        <base href="http://titan/listings/"/>
        <meta name="author" content="Adam Freeman"/>
        <meta name="description" content="A simple example"/>
        <link rel="stylesheet" type="text/css" href="styles.css"/>
        <link rel="shortcut icon" href="favicon.ico" type="image/x-icon" />
    </head>
    <body>
        <em>I</em> like <b>apples</b> and <b>oranges</b>.
    </body>
</html>
```

这个元素的习惯样式是斜体字，如图8-3所示。

8.2 用基本的文字元素标记内容

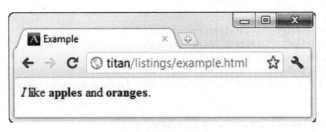

图8-3　使用em元素

此例对句子开头的I进行了强调。在考虑em元素的时候，一个行之有效的做法是：把句子大声读出来，并且虚拟一个提问，假想这就是答案。例如，假设有人在问："喜欢苹果和橙子的是谁？"你会这样回答："我喜欢苹果和橙子。"大声说出这句话并且在"我"字上加重语气，这就明确表示喜欢这些水果的人是你。

如果别人问的是："你喜欢苹果和什么水果？"你可能会回答："我喜欢苹果和橙子。"此时你会在最后一个词上加重语气，强调橙子是你喜欢的另一种水果，这体现在下面的HTML代码中：

```
I like apples and <em>oranges</em>.
```

8.2.3　表示外文词语或科技术语

i元素表示一段文字与周围内容有本质区别。这个定义比较含糊，不过这个元素常用的地方包括外文词语、科技术语甚至某人的想法（与言语相区别）。表8-7是i元素的说明。

表8-7　i元素

元素	i
元素类型	短语
允许具有的父元素	任何可以包含短语内容的元素
局部属性	无
内容	短语内容
标签用法	开始标签和结束标签
是否为HTML5新增	否
在HTML5中的变化	在HTML4中i元素只具有呈现性质的含义。在HTML5中，其语义如前所述。其呈现性的一面已被降格为习惯样式
习惯样式	i { font-style: italic; }

代码清单8-6示范了i元素的用法。

代码清单8-6　使用i元素

```
<!DOCTYPE HTML>
<html>
    <head>
```

```
        <title>Example</title>
        <base href="http://titan/listings/"/>
        <meta name="author" content="Adam Freeman"/>
        <meta name="description" content="A simple example"/>
        <link rel="stylesheet" type="text/css" href="styles.css"/>
        <link rel="shortcut icon" href="favicon.ico" type="image/x-icon" />
    </head>
    <body>
        <em>I</em> like <b>apples</b> and <b>oranges</b>.
        My favorite kind of orange is the mandarin, properly known
        as <i>citrus reticulata</i>.
    </body>
</html>
```

图8-4显示了i元素的效果。注意该元素的习惯样式与em元素相同。这是元素的含义有别于其呈现的好例子。

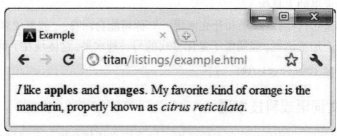

图8-4　使用i元素

8.2.4　表示不准确或校正

s元素用来表示一段文字不再正确或准确。其习惯样式是在文字上显示一条删除线。表8-8是s元素的说明。

表8-8　s元素

元素	s
元素类型	短语
允许具有的父元素	任何可以包含短语内容的元素
局部属性	无
内容	短语内容
标签用法	开始标签和结束标签
是否为HTML5新增	否
在HTML5中的变化	在HTML4中s元素只具有呈现性质的含义。在HTML5中，其语义如前所述。其呈现性的一面已被降格为习惯样式
习惯样式	s { text-decoration: line-through; }

代码清单8-7示范了s元素的用法。

代码清单8-7 使用s元素

```html
<!DOCTYPE HTML>
<html>
    <head>
        <title>Example</title>
        <base href="http://titan/listings/"/>
        <meta name="author" content="Adam Freeman"/>
        <meta name="description" content="A simple example"/>
        <link rel="stylesheet" type="text/css" href="styles.css"/>
        <link rel="shortcut icon" href="favicon.ico" type="image/x-icon" />
    </head>
    <body>
        <em>I</em> like <b>apples</b> and <b>oranges</b>.
        My favorite kind of orange is the mandarin, properly known
        as <i>citrus reticulata</i>.
        Oranges at my local store cost <s>$1 each</s> $2 for 3.
    </body>
</html>
```

s元素的习惯样式如图8-5所示。

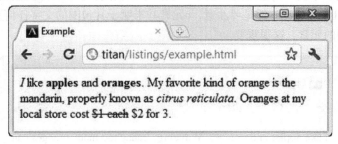

图8-5 使用s元素

8.2.5 表示重要的文字

strong元素表示一段重要文字。表8-9是该元素的说明。

表8-9 strong元素

元素	strong
元素类型	短语
允许具有的父元素	任何可以包含短语内容的元素
局部属性	无
内容	短语内容
标签用法	开始标签和结束标签
是否为HTML5新增	否
在HTML5中的变化	无
习惯样式	strong { font-weight: bolder; }

代码清单8-8示范了strong元素的用法。

代码清单8-8　使用strong元素

```
<!DOCTYPE HTML>
<html>
    <head>
        <title>Example</title>
        <base href="http://titan/listings/"/>
        <meta name="author" content="Adam Freeman"/>
        <meta name="description" content="A simple example"/>
        <link rel="stylesheet" type="text/css" href="styles.css"/>
        <link rel="shortcut icon" href="favicon.ico" type="image/x-icon" />
    </head>
    <body>
        I like apples and oranges.
        <strong>Warning:</strong> Eating too many oranges can give you heart burn.
    </body>
</html>
```

这个例子在前一个例子的基础上删去了一些文字以便阅读。strong元素的习惯样式如图8-6所示。这方面它与b元素相同。但是要注意，b元素并未赋予其包围的文字任何重要性。标记内容的时候要选择正确的元素，这很重要。

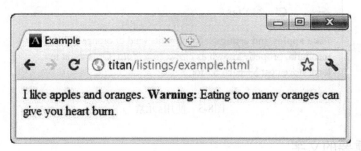

图8-6　使用strong元素

8.2.6　为文字添加下划线

　　u元素让一段文字从周围内容中凸现出来，但并不表示强调或其重要性有所增加。这个说明很含糊。u元素以前只具有呈现方面的作用（为文字加上下划线），没有实际的语义。实际上这仍是一个呈现性的元素，其效果是为文字添加下划线（尽管可以用CSS改变这种行为，但是我不赞成用这种方式改变元素的用途）。表8-10概括了u元素。

表8-10　u元素

元素	u
元素类型	短语
允许具有的父元素	任何可以包含短语内容的元素

(续)

局部属性	无
内容	短语内容
标签用法	开始标签和结束标签
是否为HTML5新增	否
在HTML5中的变化	在HTML4中u元素只具有呈现性的含义。在HTML5中，其语义如前所述。其呈现性的一面已被降格为习惯样式
习惯样式	u { text-decoration:underline; }

u元素的习惯样式与a元素类似。因此用户往往会把加下划线的文字误认为超链接。为了防止引起混淆，应该尽量避免使用u元素。代码清单8-9示范了u元素的用法。

代码清单8-9　使用u元素

```
<!DOCTYPE HTML>
<html>
    <head>
        <title>Example</title>
        <base href="http://titan/listings/"/>
        <meta name="author" content="Adam Freeman"/>
        <meta name="description" content="A simple example"/>
        <link rel="stylesheet" type="text/css" href="styles.css"/>
        <link rel="shortcut icon" href="favicon.ico" type="image/x-icon" />
    </head>
    <body>
        I like apples and oranges.
        <strong>Warning:</strong> Eating <u>too many</u> oranges can give you heart burn.
    </body>
</html>
```

从图8-7中可以看到该元素以习惯样式显示在浏览器中的样子。

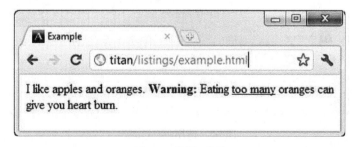

图8-7　使用u元素

8.2.7　添加小号字体内容

small元素表示小号字体内容（fine print），常用于免责声明和澄清声明。表8-11概括了small元素。

表8-11 small元素

元素	small
元素类型	短语
允许具有的父元素	任何可以包含短语内容的元素
局部属性	无
内容	短语内容
标签用法	开始标签和结束标签
是否为HTML5新增	否
在HTML5中的变化	在HTML4中small元素只具有呈现性的含义。在HTML5中，其语义如前所述。其呈现性的一面已被降格为习惯样式
习惯样式	small { font-size: smaller; }

代码清单8-10示范了small元素的用法。

代码清单8-10 使用small元素

```
<!DOCTYPE HTML>
<html>
    <head>
        <title>Example</title>
        <meta name="author" content="Adam Freeman"/>
        <meta name="description" content="A simple example"/>
        <link rel="shortcut icon" href="favicon.ico" type="image/x-icon" />
    </head>
    <body>
        Oranges at my local store are $1 each <small>(plus tax)</small>
    </body>
</html>
```

small元素的习惯样式如图8-8所示。

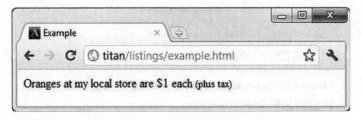

图8-8 使用small元素

8.2.8 添加上标和下标

sub和sup元素分别用于表示下标和上标。有些语言需要用到上标，而在数学中，一个简单的表达式也会用到上标和下标。表8-12概括了这两个元素。

表8-12 sub和sup元素

元素	sub和sup
元素类型	短语
允许具有的父元素	任何可以包含短语内容的元素
局部属性	无
内容	短语内容
标签用法	开始标签和结束标签
是否为HTML5新增	否
在HTML5中的变化	无
习惯样式	sub { vertical-align: sub;font-size: smaller; } sup { vertical-align: super;font-size: smaller;}

代码清单8-11示范了sub和sup元素的用法。

代码清单8-11 使用sub和sup元素

```
<!DOCTYPE HTML>
<html>
    <head>
        <title>Example</title>
        <meta name="author" content="Adam Freeman"/>
        <meta name="description" content="A simple example"/>
        <link rel="shortcut icon" href="favicon.ico" type="image/x-icon" />
    </head>
    <body>
        The point x<sub>10</sub> is the 10<sup>th</sup> point.
    </body>
</html>
```

这两个元素的习惯样式如图8-9所示。

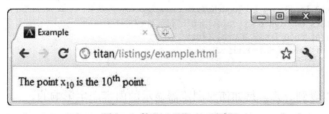

图8-9 使用sub和sup元素

8.3 换行

有两个元素可以用来控制内容换行：br和wbr元素。

8.3.1 强制换行

br元素会引起一次换行。其习惯样式是将后续内容转移到新行上。表8-13概括了br元素。

表8-13 br元素

元素	br
元素类型	短语
允许具有的父元素	任何可以包含短语内容的元素
局部属性	无
内容	无
标签用法	虚元素形式
是否为HTML5新增	否
在HTML5中的变化	无
习惯样式	让后续内容从新行开始显示（无法用CSS办到）

代码清单8-12示范了br元素的用法。

注意 br元素只宜用在换行也是内容的一部分的情况，如代码清单8-12。切勿用它创建段落或别的内容组。那是其他元素的任务。参见第9章和第10章。

代码清单8-12 使用br元素

```
<!DOCTYPE HTML>
<html>
    <head>
        <title>Example</title>
        <meta name="author" content="Adam Freeman"/>
        <meta name="description" content="A simple example"/>
        <link rel="shortcut icon" href="favicon.ico" type="image/x-icon" />
    </head>
    <body>
        I WANDERED lonely as a cloud<br/>
        That floats on high o'er vales and hills,<br/>
        When all at once I saw a crowd,<br>
        A host, of golden daffodils;
    </body>
</html>
```

从图8-10中可以看到br元素是如何对浏览器显示的内容产生影响的。

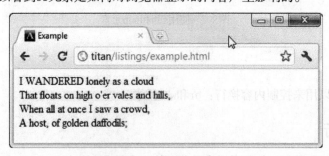

图8-10 使用br元素

8.3.2 指明可以安全换行的建议位置

wbr元素是HTML5中新增的，用来表示长度超过当前浏览器窗口的内容适合在此换行，究竟换不换行由浏览器决定。wbr元素只不过是对恰当的换行位置的建议而已。表8-14概括了wbr元素。

表8-14 wbr元素

元素	wbr
元素类型	短语
允许具有的父元素	任何可以包含短语内容的元素
局部属性	无
内容	无
标签用法	虚元素形式
是否为HTML5新增	是
在HTML5中的变化	无
习惯样式	如果需要换行，则从新行开始显示后续内容

代码清单8-13示范了如何用wbr元素帮助浏览器显示一个很长的单词。

代码清单8-13 使用wbr元素

```
<!DOCTYPE HTML>
<html>
    <head>
        <title>Example</title>
        <meta name="author" content="Adam Freeman"/>
        <meta name="description" content="A simple example"/>
        <link rel="shortcut icon" href="favicon.ico" type="image/x-icon" />
    </head>
    <body>
        This is a very long word: Super<wbr>califragilistic<wbr>expialidocious.
        We can help the browser display long words with the <code>wbr</code> element.
    </body>
</html>
```

要明白wbr元素的价值所在，就得比较一下，看看浏览器在使用和不使用该元素这两种情况下的表现有什么不同。图8-11展示了没有wbr元素时浏览器处理这段内容的方式。

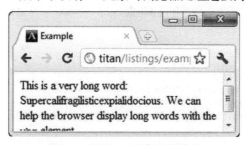

图8-11 没有wbr元素时的换行

不使用wbr元素时，浏览器会将长单词作为一个整体进行处理。这导致文字的第一行右端白白浪费了一大截空白区域。如果像代码清单8-13那样用上wbr元素，那么浏览器在此问题上会有更多选择，如图8-12所示。

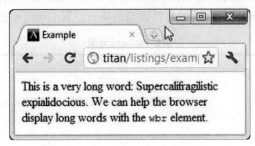

图8-12　使用了wbr元素时的换行

有了wbr元素，浏览器就能将一个长单词分为几小截，从而更加得体地换行。使用wbr元素，就是告诉浏览器一个单词最适合在什么地方拆分。

8.4　表示输入和输出

有四个元素暴露了HTML的极客起源。它们代表的是计算机的输入和输出。表8-15概括了这些元素。它们都没有定义局部属性，都不是HTML5中新增的，在HTML5中也没有任何改变。

表8-15　用于输入和输出的文字元素

元素	说明	习惯样式
code	表示计算机代码片段	code { font-family: monospace; }
var	在编程语境中表示变量。也可表示一个供读者在想象中插入一个指定值的占位符	var { font-style: italic; }
samp	表示程序或计算机系统的输出	samp { font-family: monospace; }
kbd	表示用户输入	kbd { font-family: monospace; }

代码清单8-14示范了如何在文档中使用这四个元素。

代码清单8-14　使用code、var、samp和kbd元素

```
<!DOCTYPE HTML>
<html>
    <head>
        <title>Example</title>
        <meta name="author" content="Adam Freeman" />
        <meta name="description" content="A simple example" />
        <link rel="shortcut icon" href="favicon.ico" type="image/x-icon" />
    </head>
    <body>
        <p>
```

```
        <code>var fruits = ["apples", "oranges", "mangoes", "cherries"];<br>
            document.writeln("I like " + fruits.length + " fruits");</code>
    </p>
    <p>The variable in this example is <var>fruits</var></p>
    <p>The output from the code is: <samp>I like 4 fruits</samp></p>
    <p>When prompted for my favorite fruit, I typed: <kbd>cherries</kbd>
</body>
</html>
```

这些元素的习惯样式如图8-13所示。其中有三个元素具有相同的习惯样式。例中用p元素组织了一下内容（p元素的介绍见第9章）。

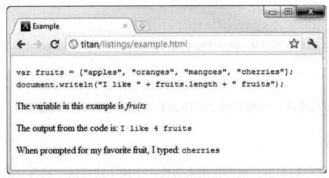

图8-13　使用code、var、samp和kbd元素

8.5　使用标题引用、引文、定义和缩写

下面要讲的四个元素可以用来表示标题引用、引文、定义及缩写。它们在科学和学术领域的文章中经常使用。

8.5.1　表示缩写

abbr元素用来表示缩写。其title属性表示的是该缩写代表的完整词语。表8-16概括了这个元素。

表8-16　abbr元素

元素	abbr
元素类型	短语
允许具有的父元素	任何可以包含短语内容的元素
局部属性	无。但全局属性title具有特殊含义
内容	短语内容
标签用法	开始标签和结束标签
是否为HTML5新增	否
在HTML5中的变化	无
习惯样式	无

代码清单8-15示范了abbr元素的用法。

代码清单8-15　使用abbr元素

```
<!DOCTYPE HTML>
<html>
    <head>
        <title>Example</title>
        <meta name="author" content="Adam Freeman"/>
        <meta name="description" content="A simple example"/>
        <link rel="shortcut icon" href="favicon.ico" type="image/x-icon" />
    </head>
    <body>
        I like apples and oranges.
        The <abbr title="Florida Department of Citrus">FDOC</abbr> regulates the Florida
        citrus industry.
    </body>
</html>
```

abbr元素没有习惯样式，因此它包含的内容看上去没有什么特别之处。

8.5.2　定义术语

dfn元素表示定义中的术语，也即在用来解释一个词（或短语）的含义的句子中的词（或短语）。表8-17概括了这个元素。

表8-17　dfn元素

元素	dfn
元素类型	短语
允许具有的父元素	任何可以包含短语内容的元素
局部属性	无。但全局属性title具有特殊含义
内容	文字或一个abbr元素
标签用法	开始标签和结束标签
是否为HTML5新增	否
在HTML5中的变化	无
习惯样式	无

dfn元素有一些使用规则。如果要为dfn元素设置title属性，那么必须将其设置为所定义的术语。代码清单8-16就是一个这样使用dfn元素的例子。

代码清单8-16　使用dfn元素

```
<!DOCTYPE HTML>
<html>
    <head>
        <title>Example</title>
```

8.5 使用标题引用、引文、定义和缩写

```
        <meta name="author" content="Adam Freeman"/>
        <meta name="description" content="A simple example"/>
        <link rel="shortcut icon" href="favicon.ico" type="image/x-icon" />
    </head>
    <body>
        I like apples and oranges.
        The <abbr title="Florida Department of Citrus">FDOC</abbr> regulates the Florida
        citrus industry.

        <p>
            The <dfn title="apple">apple</dfn> is the pomaceous fruit of the apple tree,
            species Malus domestica in the rose family.
        </p>
    </body>
</html>
```

如果dfn元素包含一个abbr元素，那么该缩写词就是要定义的术语。如果元素内容为文字并且没有title属性，那么其文字内容就是要定义的术语。该元素没有习惯样式，因此其内容看上去没有什么特别之处。

8.5.3 引用来自他处的内容

q元素表示引自他处的内容。表8-18概括了q元素。

表8-18 q元素

元素	q
元素类型	短语
允许具有的父元素	任何可以包含短语内容的元素
局部属性	cite
内容	短语内容
标签用法	开始标签和结束标签
是否为HTML5新增	否
在HTML5中的变化	无
习惯样式	q { display: inline; } q:before { content: open-quote; } q:after { content: close-quote; }

前一个例子中术语apple的定义来自维基百科，应该妥善注明出处。q元素的cite属性可以用来指定来源文章的URL，如代码清单8-17所示。

代码清单8-17 使用q元素

```
<!DOCTYPE HTML>
<html>
    <head>
        <title>Example</title>
        <meta name="author" content="Adam Freeman"/>
```

```
        <meta name="description" content="A simple example" />
        <link rel="shortcut icon" href="favicon.ico" type="image/x-icon" />
    </head>
    <body>
        I like apples and oranges.
        The <abbr title="Florida Department of Citrus">FDOC</abbr> regulates the Florida
        citrus industry.
        <p>
            <q cite="http://en.wikipedia.org/wiki/Apple">The
            <dfn title="apple">apple</dfn> is the pomaceous fruit of the apple tree,
            species Malus domestica in the rose family.</q>
        </p>
    </body>
</html>
```

q元素的习惯样式使用CSS中的:before和:after这两个伪元素选择器在引文前后生成引号，如图8-14所示。伪元素选择器的介绍见第17章和第18章。

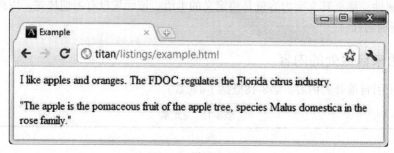

图8-14　使用q元素

8.5.4　引用其他作品的标题

cite元素表示所引用作品（如图书、文章、电影和诗歌）的标题。表8-19概括了cite元素。

表8-19　cite元素

元素	cite
元素类型	短语
允许具有的父元素	任何可以包含短语内容的元素
局部属性	无
内容	短语内容
标签用法	开始标签和结束标签
是否为HTML5新增	否
在HTML5中的变化	cite元素不能再用来引用人名，只能用于作品标题
习惯样式	cite { font-style: italic; }

代码单8-18示范了cite元素的用法。

代码清单8-18　使用cite元素

```
<!DOCTYPE HTML>
<html>
    <head>
        <title>Example</title>
        <meta name="author" content="Adam Freeman"/>
        <meta name="description" content="A simple example"/>
        <link rel="shortcut icon" href="favicon.ico" type="image/x-icon" />
    </head>
    <body>
        I like apples and oranges.
        The <abbr title="Florida Department of Citrus">FDOC</abbr> regulates the Florida
        citrus industry.
        <p>
            <q cite="http://en.wikipedia.org/wiki/Apple">The
            <dfn title="apple">apple</dfn> is the pomaceous fruit of the apple tree,
            species Malus domestica in the rose family.</q>
        </p>
        My favorite book on fruit is <cite>Fruit: Edible, Inedible, Incredible</cite>
        by Stuppy & Kesseler
    </body>
</html>
```

其习惯样式如图8-15所示。

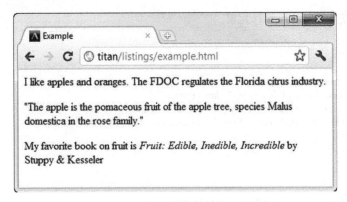

图8-15　使用cite元素

8.6　使用语言元素

有五个HTML元素（其中四个是HTML5中新增的）的用途是为使用非西方语言提供支持，接下来我们就来看看。

8.6.1　ruby、rt和rp元素

注音符号（ruby character）是用来帮助读者掌握表意语言（如汉语和日语）文字正确发音

的符号，位于这些文字上方或右方。ruby元素表示一段包含注音符号的文字。表8-20概括了该元素。

表8-20 ruby元素

元素	ruby
元素类型	短语
允许具有的父元素	任何可以包含短语内容的元素
局部属性	无
内容	短语内容及rt和rp元素
标签用法	开始标签和结束标签
是否为HTML5新增	是
在HTML5中的变化	无
习惯样式	ruby { text-indent: 0; }

ruby元素需要与rt元素和rp元素搭配使用。后面两个元素也是HTML5中新增的。rt元素用来标记注音符号，rp元素则用来标记供不支持注音符号特性的浏览器显示在注音符号前后的括号。代码清单8-19是一个包含注音符号的例子。①

代码清单8-19 使用ruby、rt和rp元素

```
<!DOCTYPE HTML>
<html>
    <head>
        <title>Example</title>
        <meta name="author" content="Adam Freeman"/>
        <meta name="description" content="A simple example"/>
        <link rel="shortcut icon" href="favicon.ico" type="image/x-icon" />
        <style>
            body { font-size: 4em; }
        </style>
    </head>
    <body>
        <ruby>魅<rp>(</rp><rt>chī</rt><rp>)</rp></ruby>
        <ruby>魅<rp>(</rp><rt>mèi</rt><rp>)</rp></ruby>
        <ruby>魍<rp>(</rp><rt>wǎng</rt><rp>)</rp></ruby>
        <ruby>魉<rp>(</rp><rt>liǎng</rt><rp>)</rp></ruby>
    </body>
</html>
```

这个文档显示在支持注音符号的浏览器中时，rp元素及其内容会被忽略，rt元素的内容则会作为注音符号显示，如图8-16所示。

---

① 原著中作者在此句之后言道："我一门表意语言都不会讲，所以没有条件设计一个使用表意文字的例子。在此我能做的只是用英语文字演示浏览器显示注音符号的方式。"为了方便读者，中文版改写了代码清单8-19中的例子，并相应地更换了图8-16和图8-17。——译者注

图8-16 使用ruby、rt和rp元素

如果用不支持注音符号的浏览器显示该文档，那么rp和rt元素的内容都会被显示出来。在撰写本章的时候，Firefox还不支持注音符号，用它显示该文档的结果如图8-17所示。

图8-17 在不支持注音符号的浏览器中的显示结果

8.6.2 bdo元素

bdo元素可以用来撇开默认的文字方向设置，明确地指定其内容中文字的方向。表8-21概括了bdo元素。

表8-21 bdo元素

元素	bdo
元素类型	短语
允许具有的父元素	任何可以包含短语内容的元素
局部属性	无。但是必须要有全局属性dir
内容	短语内容
标签用法	开始标签和结束标签
是否为HTML5新增	否
在HTML5中的变化	无
习惯样式	无

使用bdo元素必须加上dir属性。该属性允许使用的值有rtl（从右到左）和ltr（从左到右）。代码清单8-20示范了bdo元素的用法。

代码清单8-20 使用bdo元素

```
<!DOCTYPE HTML>
<html>
    <head>
        <title>Example</title>
        <meta name="author" content="Adam Freeman"/>
        <meta name="description" content="A simple example"/>
        <link rel="shortcut icon" href="favicon.ico" type="image/x-icon" />
    </head>
    <body>
        I like apples and oranges.
        The <abbr title="Florida Department of Citrus">FDOC</abbr> regulates the Florida
        citrus industry.
        <p>
            This is left-to-right: <bdo dir="ltr">I like oranges</bdo>
        </p>
        <p>
            This is right-to-left: <bdo dir="rtl">I like oranges</bdo>
        </p>
    </body>
</html>
```

该元素的内容在浏览器中的显示效果如图8-18所示。

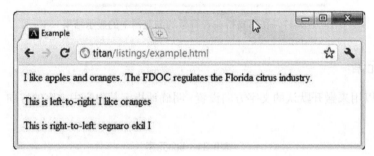

图8-18 使用bdo元素

8.6.3 bdi 元素

bdi元素表示一段出于文字方向考虑而与其他内容隔离开来的文字。表8-22概括了这个元素。

表8-22 bdi元素

元素	bdi
元素类型	短语
允许具有的父元素	任何可以包含短语内容的元素
局部属性	无

	(续)
内容	短语内容
标签用法	开始标签和结束标签
是否为HTML5新增	是
在HTML5中的变化	无
习惯样式	无

这个元素适用于欲显示内容的文字方向未知的情况。在这种情况下，浏览器会自动确定文字方向，这有可能搅乱页面布局。代码清单8-21中的例子展示了这个问题。

代码清单8-21 未使用bdi元素的情况

```
<!DOCTYPE HTML>
<html>
    <head>
        <title>Example</title>
        <meta name="author" content="Adam Freeman"/>
        <meta name="description" content="A simple example"/>
        <meta charset="utf-8"/>
        <link rel="shortcut icon" href="favicon.ico" type="image/x-icon" />
    </head>
    <body>
        I like apples and oranges.

        Here are some users and the fruit they purchased this week:

        <p>Adam: 3 applies and 2 oranges</p>
        <p>مبرك وبأ: 2 apples</p>
        <p>Joe: 6 apples</p>
    </body>
</html>
```

显示这个文档时，其中的阿拉伯名字会导致浏览器的文字方向算法将数字2显示在名字之前而不是之后，如图8-19所示。

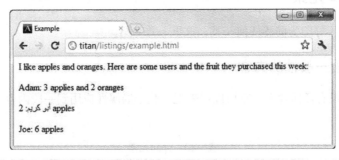

图8-19 多种语言文字混合时双向文字算法的效果

这个问题可以用bdi元素解决，如代码清单8-22所示。

代码清单8-22　使用bdi元素

```html
<!DOCTYPE HTML>
<html>
    <head>
        <title>Example</title>
        <meta name="author" content="Adam Freeman"/>
        <meta name="description" content="A simple example"/>
        <meta charset="utf-8"/>
        <link rel="shortcut icon" href="favicon.ico" type="image/x-icon" />
    </head>
    <body>
        I like apples and oranges.

        Here are some users and the fruit they purchased this week:

        <p><bdi>Adam</bdi>: 3 applies and 2 oranges</p>
        <p><bdi>ميرك وبأ</bdi> : 2 apples</p>
        <p><bdi>Joe</bdi>: 6 apples</p>
    </body>
</html>
```

这个元素的校正效果如图8-20所示。

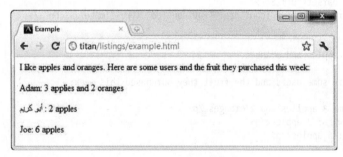

图8-20　使用bdi元素

8.7　其他文本元素

还有四个元素不好归为前述任何一类，这里一并介绍。

8.7.1　表示一段一般性的内容

span元素本身没有任何含义。它可以用来把一些全局属性应用到一段内容上。表8-23概括了span元素。

表8-23　span元素

元素	span
元素类型	短语

	（续）
允许具有的父元素	任何可以包含短语内容的元素
局部属性	无
内容	短语内容
标签用法	开始标签和结束标签
是否为HTML5新增	否
在HTML5中的变化	无
习惯样式	无

代码清单8-23中的例子使用了带class属性的span元素，以便将相关内容作为CSS样式的应用目标。

代码清单8-23　使用span元素

```
<!DOCTYPE HTML>
<html>
    <head>
        <title>Example</title>
        <meta name="author" content="Adam Freeman"/>
        <meta name="description" content="A simple example"/>
        <link rel="shortcut icon" href="favicon.ico" type="image/x-icon" />
        <style>
            .fruit {
                border: thin solid black;
                padding: 1px;
            }
        </style>
    </head>
    <body>
        I like <span class="fruit">apples</span> and <span class="fruit">oranges</span>.
    </body>
</html>
```

样式应用后的效果如图8-21所示。

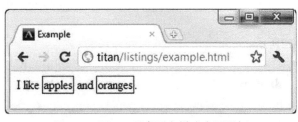

图8-21　用span元素圈定样式应用目标

8.7.2　突出显示文本

mark元素是HTML5中新增的，用来表示因为与某段上下文相关而被突出显示的一段文字。

表8-24概括了mark元素。

表8-24 mark元素

元素	mark
元素类型	短语
允许具有的父元素	任何可以包含短语内容的元素
局部属性	无
内容	短语内容
标签用法	开始标签和结束标签
是否为HTML5新增	是
在HTML5中的变化	无
习惯样式	mark { background-color: yellow; color: black; }

代码清单8-24示范了mark元素的用法。

代码清单8-24 使用mark元素

```
<!DOCTYPE HTML>
<html>
    <head>
        <title>Example</title>
        <meta name="author" content="Adam Freeman"/>
        <meta name="description" content="A simple example"/>
        <link rel="shortcut icon" href="favicon.ico" type="image/x-icon" />
    </head>
    <body>
        Homophones are words which are pronounced the same, but have different spellings
        and meanings. For example:
        <p>
            I would like a <mark>pair</mark> of <mark>pears</mark>
        </p>
    </body>
</html>
```

其习惯样式如图8-22所示。

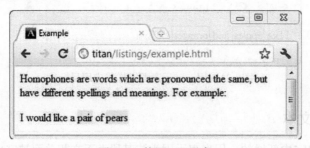

图8-22 使用mark元素

8.7.3 表示添加和删除的内容

ins元素和del元素可以分别用来表示文档中添加和删除的文字。表8-25概括了ins元素。

表8-25 ins元素

元素	ins
元素类型	身为短语元素的子元素时为短语元素，身为流元素的子元素时为流元素
允许具有的父元素	任何可以包含短语内容或流内容的元素
局部属性	cite、datetime
内容	短语内容或流内容，取决于父元素的类型
标签用法	开始标签和结束标签
是否为HTML5新增	否
在HTML5中的变化	无
习惯样式	ins { text-decoration: underline; }

表8-26概括了del元素。

表8-26 del元素

元素	del
元素类型	身为短语元素的子元素时为短语元素，身为流元素的子元素时为流元素
允许具有的父元素	任何可以包含短语内容或流内容的元素
局部属性	cite、datetime
内容	短语内容或流内容，取决于父元素的类型
标签用法	开始标签和结束标签
是否为HTML5新增	否
在HTML5中的变化	无
习惯样式	del { text-decoration: line-through; }

ins和del元素定义了相同的属性。cite属性用来指定解释添加或删除相关文字原因的文档的URL。datetime属性则用来设置修改时间。代码清单8-25示范了ins和del元素的用法。

代码清单8-25 使用del元素和ins元素

```
<!DOCTYPE HTML>
<html>
    <head>
        <title>Example</title>
        <meta name="author" content="Adam Freeman"/>
        <meta name="description" content="A simple example"/>
        <link rel="shortcut icon" href="favicon.ico" type="image/x-icon" />
```

```
</head>
<body>
    Homophones are words which are pronounced the same, but have different spellings
    and meanings. For example:
    <p>
        I would like a <mark>pair</mark> of <mark>pears</mark>
    </p>
    <p>
        <del>I can <mark>sea</mark> the <mark>see</mark></del>
        <ins>I can <mark>see</mark> the <mark>sea</mark></ins>
    </p>
</body>
</html>
```

这两个元素的习惯样式如图8-23所示。

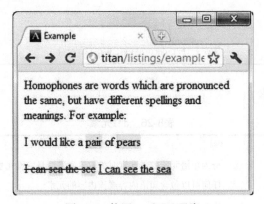

图8-23 使用ins和del元素

8.7.4 表示时间和日期

time元素可以用来表示时间或日期。表8-27概括了time元素。

表8-27 time元素

元素	time
元素类型	短语
允许具有的父元素	任何可以包含短语内容的元素
局部属性	datetime、pubdate
内容	短语内容
标签用法	开始标签和结束标签
是否为HTML5新增	是
在HTML5中的变化	无
习惯样式	无

如果布尔属性pubdate存在，那么time元素表示的是整个HTML文档或离该元素最近的article元素（见第10章）的发布日期。datetime属性以RFC3339规定的格式（参见http://tools.ietf.org/html/rfc3339）指定日期或时间。有了datetime，就能在元素中以便于阅读的形式设置日期或时间，同时又确保计算机能无歧义地解析指定的日期或时间。代码清单8-26示范了time元素的用法。

代码清单8-26　使用time元素

```
<!DOCTYPE HTML>
<html>
    <head>
        <title>Example</title>
        <meta name="author" content="Adam Freeman"/>
        <meta name="description" content="A simple example"/>
        <link rel="shortcut icon" href="favicon.ico" type="image/x-icon" />
    </head>
    <body>
        I still remember the best apple I ever tasted.
        I bought it at <time datetime="15:00">3 o'clock</time>
        on <time datetime="1984-12-7">December 7th</time>.
    </body>
</html>
```

8.8　小结

本章逐一介绍了用来给内容添加结构和含义的文本元素。它们有的简单有的复杂。读者可以看出：HTML5既想将含义和呈现方式分开，又想保持与HTML4的兼容，两种念头一直在较劲。

该使用什么文本元素要根据它们的含义而不是习惯样式来选择。如果文档内容标记得不正确或不一致，那么应用到内容上的CSS样式可能会出乎开发者的预料，用户见到的结果会很古怪。

第 9 章 组织内容

本章介绍的是用来组织相关内容的HTML元素,它们能够给予文档内容更多的结构和含义。本章中的元素大多数是流元素,只有一个例外:a元素。该元素独特之处在于其所属元素类型取决于其包含的内容。表9-1概括了本章内容。

表9-1 本章内容概要

问 题	解决方案	代码清单
表示段落	使用p元素	9-2
将全局属性应用到一片内容上,但不表示任何其他内容分组	使用div元素	9-3
保留HTML文档中的布局	使用pre元素	9-4
表示引自他处的内容	使用blockquote元素	9-5
表示段落级别的主题转变	使用hr元素	9-6
生成有序列表	使用ol元素和li元素	9-7
生成无序列表	使用ul元素和li元素	9-8
生成项目编号不连续的有序列表	使用ol元素和li元素,并设置li元素的value属性	9-9
生成术语及其定义的列表	使用dl、dt和dd元素	9-10
生成带自定义项目编号的列表	使用ul元素,并配合使用CSS的:before选择器和counter特性	9-11
表示插图(及可有可无的标题)	使用figure元素和figcaption元素	9-12

9.1 为什么要对内容分组

HTML要求浏览器将连在一起的几个空白字符折算为一个空格。一般而言,这种做法是有道理的,因为可以把HTML文档的布局与文档内容在浏览器窗口中的布局分开。代码清单9-1展示了一大段内容,这是到目前为止内容最多的例子。

代码清单9-1 HTML文档中的大段内容

```
<!DOCTYPE HTML>
<html>
```

```
<head>
    <title>Example</title>
    <meta name="author" content="Adam Freeman"/>
    <meta name="description" content="A simple example"/>
    <link rel="shortcut icon" href="favicon.ico" type="image/x-icon" />
</head>
<body>

    I like apples and oranges.

    I also like bananas, mangoes, cherries, apricots, plums, peaches and grapes.
    You can see other fruits I like <a href="fruitlist.html">here</a>.

    <strong>Warning:</strong> Eating too many oranges can give you heart burn.

    My favorite kind of orange is the mandarin, properly known
        as <i>citrus reticulata</i>.
    Oranges at my local store cost <s>$1 each</s> $2 for 3.

    The <abbr title="Florida Department of Citrus">FDOC</abbr> regulates the Florida
        citrus industry.

    I still remember the best apple I ever tasted.
    I bought it at <time datetime="15:00">3 o'clock</time>
        on <time datetime="1984-12-7">December 7th</time>.
</body>
</html>
```

此例body元素中的文字散布在许多行上。有些行设置了缩进，并且在行组之间还有换行。但浏览器会忽略所有这些结构，将内容全部显示在一行上，如图9-1所示。

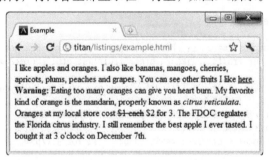

图9-1　浏览器合并HTML文档中的连续空白字符

本章接下来要讲的这些元素可以用来将相关内容组织在一起，为文档建立结构。从简单的段落到复杂的列表，内容的组织形式多种多样。

9.2　建立段落

p元素代表段落。段落包含着一个或多个相关句子，这些句子围绕的是一个观点或论点。组成一个段落的句子也可以涉及多个论点，但它们都有一些共同的主题。表9-2概括了p元素。

表9-2　p元素

元素	p
元素类型	流
允许具有的父元素	任何可以包含流元素的元素
局部属性	无
内容	短语内容
标签用法	开始标签和结束标签
是否为HTML5新增	否
在HTML5中的变化	align属性在HTML5中已不再使用（HTML4不赞成使用这个属性）
习惯样式	p { display: block; margin-before: 1em; margin-after: 1em; margin-start: 0; margin-end: 0; }

代码清单9-2用p元素对前例中的内容进行了组织。

代码清单9-2　使用p元素

```
<!DOCTYPE HTML>
<html>
    <head>
        <title>Example</title>
        <meta name="author" content="Adam Freeman"/>
        <meta name="description" content="A simple example"/>
        <link rel="shortcut icon" href="favicon.ico" type="image/x-icon" />
    </head>
    <body>
        <p>I like apples and oranges.

        I also like bananas, mangoes, cherries, apricots, plums, peaches and grapes.
        You can see other fruits I like <a href="fruitlist.html">here</a>.</p>

        <p><strong>Warning:</strong> Eating too many oranges can give you heart burn.</p>

        <p>My favorite kind of orange is the mandarin, properly known
            as <i>citrus reticulata</i>.
        Oranges at my local store cost <s>$1 each</s> $2 for 3.</p>

        <p>The <abbr title="Florida Department of Citrus">FDOC</abbr> regulates the
            Florida citrus industry.</p>

        <p>I still remember the best apple I ever tasted.
        I bought it at <time datetime="15:00">3 o'clock</time>
            on <time datetime="1984-12-7">December 7th</time>.</p>
    </body>
</html>
```

此例在body元素中加入了一些p元素，把相关句子组织在一起，为内容提供了一些结构。p元素内部的多个连续空白字符仍然会被合并为一个空格看，如图9-2所示。

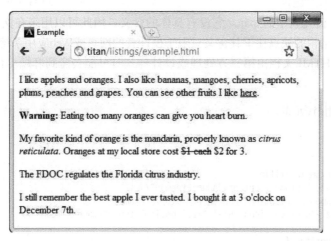

图9-2　p元素的效果

9.3　使用 div 元素

div元素没有具体的含义。找不到其他恰当的元素可用时可以使用这个元素为内容建立结构并赋予其含义。它的含义是由全局属性（见第3章）提供的，通常用的是class或id属性。表9-3概括了div元素。

> **警告**　不在万不得已的情况下最好不要使用div元素，你应该优先考虑那些具有语义重要性的元素。使用div元素之前，应该先想想HTML5中新增的那些元素，如article和section（在第10章讲解）。div本身没有任何问题，不过任何情况下，我们在编写HTML5文档时都要牢记语义问题。

表9-3　div元素

元素	div
元素类型	流
允许具有的父元素	任何可以包含流元素的元素
局部属性	无
内容	流内容
标签用法	开始标签和结束标签
是否为HTML5新增	否
在HTML5中的变化	无。不过在选择该元素之前应先考虑一下HTML5中新增的article和section等元素
习惯样式	div { display: block; }

div元素相当于流元素中的span。它没有具体的含义，因此可以用来在文档中添加自定义的结构。建立自定义结构的缺点在于其含义只限于设计者的网页或Web应用系统，别人并不了解。具有自定义结构的HTML文档由第三方处理或设计样式时可能会碰到麻烦。代码清单9-3示范了div元素的用法。

代码清单9-3 使用div元素

```html
<!DOCTYPE HTML>
<html>
    <head>
        <title>Example</title>
        <meta name="author" content="Adam Freeman"/>
        <meta name="description" content="A simple example"/>
        <link rel="shortcut icon" href="favicon.ico" type="image/x-icon" />
        <style>
            .favorites {
                background:grey;
                color:white;
                border: thin solid black;
                padding: 0.2em;
            }
        </style>
    </head>
    <body>

        <div class="favorites">

        <p>I like apples and oranges.

        I also like bananas, mangoes, cherries, apricots, plums, peaches and grapes.
        You can see other fruits I like <a href="fruitlist.html">here</a>.</p>

        <p>My favorite kind of orange is the mandarin, properly known
            as <i>citrus reticulata</i>.
        Oranges at my local store cost <s>$1 each</s> $2 for 3.</p>

        </div>

        <p><strong>Warning:</strong> Eating too many oranges can give you heart burn.</p>

        <p>The <abbr title="Florida Department of Citrus">FDOC</abbr> regulates the
            Florida citrus industry.</p>

        <p>I still remember the best apple I ever tasted.
        I bought it at <time datetime="15:00">3 o'clock</time>
            on <time datetime="1984-12-7">December 7th</time>. </p>
    </body>
</html>
```

本例中div元素的用法略有不同。它在这里的作用是将几个不同类型的元素组织在一起以便统一应用样式。本来给div元素中的两个p元素设置一个class属性也能达到同样的目的，但本例示范的做法更简单一点，它依靠样式继承机制（见第4章）发挥作用。

9.4 使用预先编排好格式的内容

pre元素可以改变浏览器处理内容的方式,阻止合并空白字符,让源文档中的格式得以保留。这在文档中有一部分内容的原始格式意义重大时可以排上用场。除此之外最好不要使用这个元素,这是因为它削弱了通过使用元素和样式来控制呈现结果这一机制的灵活性。表9-4概括了pre元素。

表9-4 pre元素

元素	pre
元素类型	流
允许具有的父元素	任何可以包含流元素的元素
局部属性	无
内容	短语内容
标签用法	开始标签和结束标签
是否为HTML5新增	否
在HTML5中的变化	无
习惯样式	pre { display: block; font-family: monospace; white-space: pre; margin: 1em 0; }

pre元素跟code元素搭配在一起的时候尤其有用。编程语言中的格式通常都很重要,不宜用元素重新编排其格式。代码清单9-4示范了pre元素的用法。

代码清单9-4 使用pre元素

```html
<!DOCTYPE HTML>
<html>
    <head>
        <title>Example</title>
        <meta name="author" content="Adam Freeman"/>
        <meta name="description" content="A simple example"/>
        <link rel="shortcut icon" href="favicon.ico" type="image/x-icon" />
        <style>
            .favorites {
                background:grey;
                color:white;
                border: thin solid black;
                padding: 0.2em;
            }
        </style>
    </head>
    <body>

        <pre><code>
var fruits = ["apples", "oranges", "mangoes", "cherries"];
```

```
        for (var i = 0; i < fruits.length; i++) {
            document.writeln("I like " + fruits[i]);
        }
    </code></pre>

    <div class="favorites">

        <p>I like apples and oranges.

        I also like bananas, mangoes, cherries, apricots, plums, peaches and grapes.
        You can see other fruits I like <a href="fruitlist.html">here</a>.</p>

        <p>My favorite kind of orange is the mandarin, properly known
            as <i>citrus reticulata</i>.
        Oranges at my local store cost <s>$1 each</s> $2 for 3.</p>

    </div>
</body>
</html>
```

代码清单9-4中用pre元素标记了一段JavaScript代码。由于并非位于一个script元素中，所以这段代码不会被执行，但是其格式会得到保留。浏览器不会重新编排pre元素中的内容的格式，所以每一行开头的那些空格或制表符都会显示在浏览器窗口中。正是因为这个原因，pre元素中的各条程序语句都没有与HTML文档保持一致的缩进结构。这些已设置好格式的内容在浏览器中的显示结果如图9-3所示。

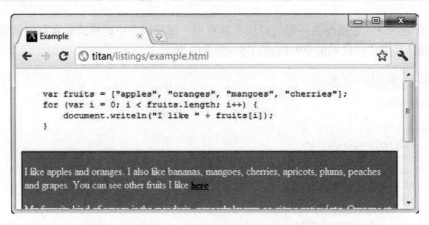

图9-3　显示用pre元素标记的已设置好格式的内容

9.5　引用他处内容

blockquote元素表示引自他处的一片内容。该元素的用途与第8章介绍的q元素类似，但是通常用在要引用的内容更多的情况下。表9-5概括了blockquote元素。

表9-5 blockquote元素

元素	blockquote
元素类型	流
允许具有的父元素	任何可以包含流元素的元素
局部属性	cite
内容	流内容
标签用法	开始标签和结束标签
是否为HTML5新增	否
在HTML5中的变化	无
习惯样式	blockquote { display: block; margin-before: 1em; margin-after: 1em; margin-start: 40px; margin-end: 40px; }

该元素的cite属性可以用来指定所引用的内容的来源，如代码清单9-5所示。

代码清单9-5 使用blockquote元素

```
<!DOCTYPE HTML>
<html>
    <head>
        <title>Example</title>
        <meta name="author" content="Adam Freeman"/>
        <meta name="description" content="A simple example"/>
        <link rel="shortcut icon" href="favicon.ico" type="image/x-icon" />
    </head>
    <body>

        <p>I like apples and oranges.

        I also like bananas, mangoes, cherries, apricots, plums, peaches and grapes.
        You can see other fruits I like <a href="fruitlist.html">here</a>.</p>

        <p>My favorite kind of orange is the mandarin, properly known
            as <i>citrus reticulata</i>.
        Oranges at my local store cost <s>$1 each</s> $2 for 3.</p>

        <blockquote cite="http://en.wikipedia.org/wiki/Apple">
        The apple forms a tree that is small and deciduous, reaching 3 to 12 metres
        (9.8 to 39 ft) tall, with a broad, often densely twiggy crown.
        The leaves are alternately arranged simple ovals 5 to 12 cm long and 3-6
        centimetres (1.2-2.4 in) broad on a 2 to 5 centimetres (0.79 to 2.0 in) petiole
        with anacute tip, serrated margin and a slightly downy underside. Blossoms are
        produced in spring simultaneously with the budding of the leaves.
        The flowers are white with a pink tinge that gradually fades, five petaled,
        and 2.5 to 3.5 centimetres (0.98 to 1.4 in) in diameter.
        The fruit matures in autumn, and is typically 5 to 9 centimetres (
        2.0 to 3.5 in) in diameter.
        The center of the fruit contains five carpels arranged in a five-point star,
```

```
        each carpel containing one to three seeds, called pips.</blockquote>

    <p><strong>Warning:</strong> Eating too many oranges can give you heart burn.</p>

    <p>The <abbr title="Florida Department of Citrus">FDOC</abbr> regulates the
        Florida citrus industry.</p>

    <p>I still remember the best apple I ever tasted.
    I bought it at <time datetime="15:00">3 o'clock</time>
        on <time datetime="1984-12-7">December 7th</time>. </p>
    </body>
</html>
```

其习惯样式如图9-4所示。

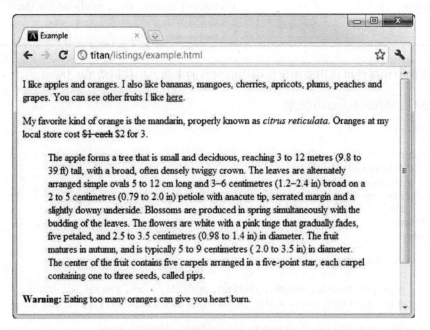

图9-4　使用blockquote元素

> 提示　从图9-4可以看到，浏览器会忽略blockquote元素中的内容的格式。要在引用的内容中建立结构，可以使用其他一些组织元素，如p或hr（见随后的例子）。

9.6　添加主题分隔

　　hr元素代表段落级别的主题分隔（paragraph-level thematic break），这又是一个在语义和呈现分离要求驱使下冒出来的奇特术语。在HTML4中，hr元素代表一条水平线（其实就是一条横贯页面的直线）。在HTML5中，hr元素代表着向另一个相关主题的转换，它在HTML5中的习惯样式是一条横贯页面的直线。表9-6概括了hr元素。

表9-6　hr元素

元素	hr
元素类型	流
允许具有的父元素	任何可以包含流元素的元素
局部属性	无
内容	无
标签用法	虚元素
是否为HTML5新增	否
在HTML5中的变化	在HTML4中hr元素只有呈现性质的含义。在HTML5中，其语义如前所述。其呈现性的一面已被降格为习惯样式。此外，align、width、noshade、size、color属性在HTML5中已不再使用
习惯样式	hr { display: block; margin-before: 0.5em; margin-after: 0.5em; margin-start: auto; margin-end: auto; border-style: inset; border-width: 1px; }

HTML5规范在如何才算hr元素的有效用法方面语焉不详。不过它举了两个例子，一个是故事中地点的改变，另一个是工具书某一部分中主题的改变。代码清单9-6示范了hr元素的用法。

代码清单9-6　使用hr元素

```
<!DOCTYPE HTML>
<html>
    <head>
        <title>Example</title>
        <meta name="author" content="Adam Freeman"/>
        <meta name="description" content="A simple example"/>
        <link rel="shortcut icon" href="favicon.ico" type="image/x-icon" />
    </head>
    <body>

        <p>I like apples and oranges.

        I also like bananas, mangoes, cherries, apricots, plums, peaches and grapes.
        You can see other fruits I like <a href="fruitlist.html">here</a>.</p>

        <p>My favorite kind of orange is the mandarin, properly known
            as <i>citrus reticulata</i>.
        Oranges at my local store cost <s>$1 each</s> $2 for 3.</p>

        <blockquote cite="http://en.wikipedia.org/wiki/Apple">
        The apple forms a tree that is small and deciduous, reaching 3 to 12 metres
```

```
            (9.8 to 39 ft) tall, with a broad, often densely twiggy crown.
            <hr>
            The leaves are alternately arranged simple ovals 5 to 12 cm long and 3-6
            centimetres (1.2-2.4 in) broad on a 2 to 5 centimetres (0.79 to 2.0 in) petiole
            with anacute tip, serrated margin and a slightly downy underside. Blossoms are
            produced in spring simultaneously with the budding of the leaves.
            <hr>
            The flowers are white with a pink tinge that gradually fades, five petaled,
            and 2.5 to 3.5 centimetres (0.98 to 1.4 in) in diameter.
            The fruit matures in autumn, and is typically 5 to 9 centimetres (
            2.0 to 3.5 in) in diameter.
            <hr>
            The center of the fruit contains five carpels arranged in a five-point star,
            each carpel containing one to three seeds, called pips.</blockquote>

        <p><strong>Warning:</strong> Eating too many oranges can give you heart burn.</p>

        <p>The <abbr title="Florida Department of Citrus">FDOC</abbr> regulates the
            Florida citrus industry.</p>

        <p>I still remember the best apple I ever tasted.
            I bought it at <time datetime="15:00">3 o'clock</time>
            on <time datetime="1984-12-7">December 7th</time>. </p>
    </body>
</html>
```

此例在blockquote元素中加入了一些hr元素，形成一定的结构。这个改变对HTML文档呈现结果的影响如图9-5所示。

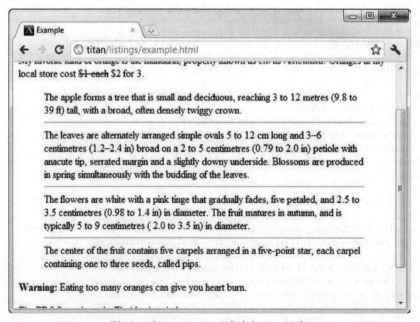

图9-5　在blockquote元素中加入hr元素

9.7 将内容组织为列表

HTML定义了几个用来生成内容项目列表的元素。列表的类型有有序列表、无序列表和说明列表，详见后述。

9.7.1 ol 元素

ol元素表示有序列表。列表项目用li元素表示（随后会有介绍）。表9-7概括了ol元素。

表9-7　ol元素

元素	ol
元素类型	流
允许具有的父元素	任何可以包含流元素的元素
局部属性	start、reversed、type
内容	零个或多个li元素
标签用法	开始标签和结束标签
是否为HTML5新增	否
在HTML5中的变化	reversed属性是HTML5中新增的。HTML4不赞成使用的start和type属性在HTML5中恢复，但却有了语义方面的（而不是呈现方面的）含义。compact属性不再使用
习惯样式	ol { display: block; list-style-type: decimal; 　　margin-before: 1em; margin-after: 1em; 　　margin-start: 0; margin-end: 0; 　　padding-start: 40px; }

代码清单9-7所示为用ol元素生成的一个简单的有序列表。

代码清单9-7　用ol元素生成一个简单的列表

```
<!DOCTYPE HTML>
<html>
    <head>
        <title>Example</title>
        <meta name="author" content="Adam Freeman"/>
        <meta name="description" content="A simple example"/>
        <link rel="shortcut icon" href="favicon.ico" type="image/x-icon" />
    </head>
    <body>
        I like apples and oranges.

        I also like:
        <ol>
            <li>bananas</li>
            <li>mangoes</li>
```

```
        <li>cherries</li>
        <li>plums</li>
        <li>peaches</li>
        <li>grapes</li>
    </ol>
    You can see other fruits I like <a href="fruitlist.html">here</a>.
    </body>
</html>
```

这个列表在浏览器中的显示结果见图9-6。

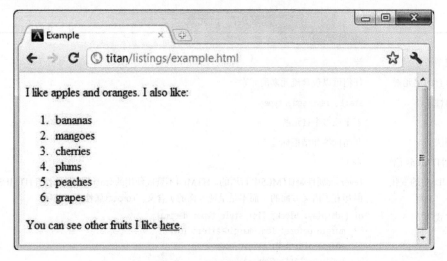

图9-6　一个简单的有序列表

列表项目可以通过ol元素定义的属性加以控制。start属性设定的是列表首项的编号值。如果不用这个属性，那么首项的编号为1。type属性用来设定显示在各列表项旁的编号的类型。表9-8罗列了该属性支持的值。

表9-8　ol元素的type属性支持的值

值	说　　明	示　　例
1	十进制数（默认）	1、2、3、4.
a	小写拉丁字母	a.、b.、c.、d.
A	大写拉丁字母	A.、B.、C.、D.
i	小写罗马数字	i.、ii.、iii.、iv.
I	大写罗马数字	I.、II.、III.、IV.

如果使用了reversed属性，那么列表编号采用降序。不过在撰写本书时，主流浏览器均不支持reversed属性。

9.7.2 ul元素

ul元素表示无序列表。与ol元素一样,ul元素中的列表项用li元素(后文将有介绍)表示。表9-9概括了ul元素。

表9-9 ul元素

元素	ul
元素类型	流
允许具有的父元素	任何可以包含流元素的元素
局部属性	无
内容	零个或多个li元素
标签用法	开始标签和结束标签
是否为HTML5新增	否
在HTML5中的变化	type和compact属性已不再使用
习惯样式	ul { display: block; list-style-type: disc; margin-before: 1em; margin-after: 1em; margin-start: 0; margin-end: 0; padding-start: 40px; }

ul元素包含着一批li元素,该元素没有定义任何局部属性,其呈现形式由CSS控制。代码清单9-8示范了ul元素的用法。

代码清单9-8　使用ul元素

```
<!DOCTYPE HTML>
<html>
    <head>
        <title>Example</title>
        <meta name="author" content="Adam Freeman"/>
        <meta name="description" content="A simple example"/>
        <link rel="shortcut icon" href="favicon.ico" type="image/x-icon" />
    </head>
    <body>
        I like apples and oranges.

        I also like:
        <ul>
            <li>bananas</li>
            <li>mangoes</li>
            <li>cherries</li>
            <li>plums</li>
            <li>peaches</li>
            <li>grapes</li>
        </ul>

        You can see other fruits I like <a href="fruitlist.html">here</a>.
```

```
    </body>
</html>
```

无序列表的每个项目前都会显示一个项目符号。这个符号的样式可以用CSS属性list-style-type（见第24章）控制。其习惯样式（对应于disc值）如图9-7所示。

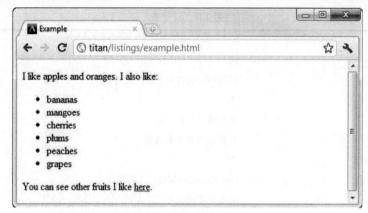

图9-7 ul元素的习惯样式

9.7.3 li元素

li元素表示列表中的项目。它可以与ul、ol和menu元素（目前还没有主流浏览器支持menu元素）搭配使用。表9-10概括了li元素。

表9-10 li元素

元素	li
元素类型	无
允许具有的父元素	ul、ol、menu
局部属性	value（仅用于父元素为ol元素时）
内容	流内容
标签用法	开始标签和结束标签
是否为HTML5新增	否
在HTML5中的变化	HTML4不赞成使用的value属性在HTML5中得以恢复
习惯样式	li { display: list-item; }

li元素非常简单，它表示父元素中的一个列表项。其value属性可以用来生成不连续的有序列表。如代码清单9-9所示。

代码清单9-9 生成不连续的有序列表

```
<!DOCTYPE HTML>
```

```
<html>
    <head>
        <title>Example</title>
        <meta name="author" content="Adam Freeman"/>
        <meta name="description" content="A simple example"/>
        <link rel="shortcut icon" href="favicon.ico" type="image/x-icon" />
    </head>
    <body>
        I like apples and oranges.

        I also like:
        <ol>
            <li>bananas</li>
            <li value="4">mangoes</li>
            <li>cherries</li>
            <li value="7">plums</li>
            <li>peaches</li>
            <li>grapes</li>
        </ol>

        You can see other fruits I like <a href="fruitlist.html">here</a>.

    </body>
</html>
```

浏览器遇到带value属性的li元素时，会把列表项计数器调为该属性的值，其效果如图9-8所示。

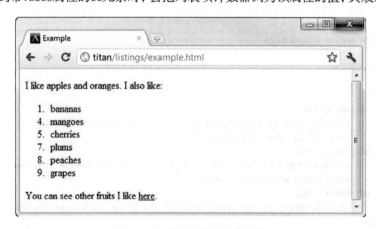

图9-8 生成不连续的有序列表

9.7.4 生成说明列表

说明列表包含着一系列术语/说明组合（也即一系列附带定义的术语）。定义说明列表要用到三个元素：dl、dt和dd元素。这些元素没有定义局部属性，在HTML5中也没有什么变化。表9-11概括了这些元素。

表9-11 说明列表中的元素

元素	说明	习惯样式
dl	表示说明列表	dl { display: block; margin-before: 1em; margin-after: 1em; margin-start: 0; margin-end: 0; }
dt	表示说明列表中的术语	dt { display: block; }
dd	表示说明列表中的定义	dd { display: block; margin-start: 40px; }

代码清单9-10示范了这些元素的用法。注意一个dt元素可以搭配多个dd元素，这样就能为一个术语提供多个定义。

代码清单9-10 生成说明列表

```
<!DOCTYPE HTML>
<html>
    <head>
        <title>Example</title>
        <meta name="author" content="Adam Freeman"/>
        <meta name="description" content="A simple example"/>
        <link rel="shortcut icon" href="favicon.ico" type="image/x-icon" />
    </head>
    <body>

        I like apples and oranges.

        I also like:

        <dl>
            <dt>Apple</dt>
                <dd>The apple is the pomaceous fruit of the apple tree</dd>
                <dd><i>Malus domestica</i></dd>
            <dt>Banana</dt>
                <dd>The banana is the parthenocarpic fruit of the banana tree</dd>
                <dd><i>Musa acuminata</i></dd>
            <dt>Cherry</dt>
                <dd>The cherry is the stone fruit of the genus <i>Prunus</i></dd>
        </dl>

        You can see other fruits I like <a href="fruitlist.html">here</a>.
    </body>
</html>
```

9.7.5 生成自定义列表

HTML对列表的支持不像看上去那么简单，实际上要灵活得多。结合CSS中的counter特性和:before选择器,可以用ul元素生成复杂的列表。counter特性和:before选择器将在第17章介绍。本章不打算过多涉及CSS,所以未对下面的范例详加讲解,读者读过本书后面介绍CSS的各章之后或者在迫切需要学习列表的高级用法时可以再回头温习一下。代码清单9-11中的列表中嵌套了两个子列表,这三个列表的序号均使用自定义值。

代码清单9-11　带自定义计数器的嵌套列表

```html
<!DOCTYPE HTML>
<html>
    <head>
        <title>Example</title>
        <meta name="author" content="Adam Freeman"/>
        <meta name="description" content="A simple example"/>
        <link rel="shortcut icon" href="favicon.ico" type="image/x-icon" />
        <style>
            body {
                counter-reset: OuterItemCount 5 InnerItemCount;
            }

            #outerlist > li:before {
                content: counter(OuterItemCount) ". ";
                counter-increment: OuterItemCount 2;
            }

            ul.innerlist > li:before {
                content: counter(InnerItemCount, lower-alpha) ". ";
                counter-increment: InnerItemCount;
            }
        </style>
    </head>
    <body>

        I like apples and oranges.

        I also like:

        <ul id="outerlist" style="list-style-type: none">
            <li>bananas</li>
            <li>mangoes, including: </li>
                <ul class="innerlist">
                    <li>Haden mangoes</li>
                    <li>Keitt mangoes</li>
                    <li>Kent mangoes</li>
                </ul>
            <li>cherries</li>
            <li>plums, including:
                <ul class="innerlist">
                    <li>Elephant Heart plums</li>
                    <li>Stanley plums</li>
                    <li>Seneca plums</li>
                </ul>
            </li>
```

```
            <li>peaches</li>
            <li>grapes</li>
        </ul>

        You can see other fruits I like <a href="fruitlist.html">here</a>.
    </body>
</html>
```

这些列表在浏览器中的显示结果如图9-9所示。

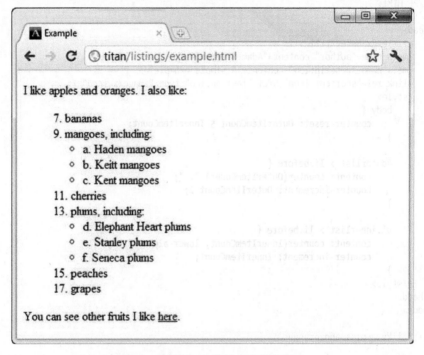

图9-9　使用了CSS特性的自定义列表

例中有些地方需要说明一下。这个HTML文档中的列表都是用ul元素生成的无序列表，因此才可以禁用标准的项目符号（使用list-style-type属性）并依靠用:before选择器生成的内容。

注意，外层列表的编号始于7，以2的步长递增。用标准的ol元素无法做到这一点。CSS的counter特性用起来有点别扭，但非常灵活。

最后要说的是，示例中的内层列表（各种芒果和李子）的编号是连续的。用li元素的value属性或ol元素的start属性也能实现同样的效果，但是这两种方法都需要事先知道列表项的数目，这个条件在Web应用系统中未必总能满足。

9.8　使用插图

最后要讲的组织元素与插图有关。HTML5是这样定义插图（figure）的："一个独立的内容单元,可带标题。通常作为一个整体被文档的主体引用,把它从文档主体中删除也不会影响文档的意思。"这个定义相当笼统,外延不限于传统意义上的插图——某种图表或图示。插图用figure元素定义,对它的概括见表9-12。

表9-12 figure元素

元素	figure
元素类型	流
允许具有的父元素	任何可以包含流元素的元素
局部属性	无
内容	流内容,还可包含一个figcaption元素
标签用法	开始标签和结束标签
是否为HTML5新增	是
在HTML5中的变化	无
习惯样式	figure { display: block; margin-before: 1em; margin-after: 1em; margin-start: 40px; margin-end: 40px; }

figure元素可以包含一个figcaption元素,后者表示插图的标题。表9-13概括了figcaption元素。

表9-13 figcaption元素

元素	figcaption
元素类型	无
允许具有的父元素	figure
局部属性	无
内容	流内容
标签用法	开始标签和结束标签
是否为HTML5新增	是
在HTML5中的变化	无
习惯样式	figcaption { display: block; }

代码清单9-12同时使用了figure和figcaption元素。

代码清单9-12 使用figure和figcaption元素

```
<!DOCTYPE HTML>
<html>
    <head>
        <title>Example</title>
        <meta name="author" content="Adam Freeman"/>
```

```html
            <meta name="description" content="A simple example"/>
            <link rel="shortcut icon" href="favicon.ico" type="image/x-icon" />
    </head>
    <body>
        I like apples and oranges.

        <figure>
            <figcaption>Listing 23. Using the code element</figcaption>
            <code>var fruits = ["apples", "oranges", "mangoes", "cherries"];<br>
                document.writeln("I like " + fruits.length + " fruits");
            </code>
        </figure>

        You can see other fruits I like <a href="fruitlist.html">here</a>.
    </body>
</html>
```

此例用figure元素生成了一个将code元素裹在其中的插图，还用figcaption元素为其添加了一个标题。注意，figcaption元素必须是figure元素的第一个或最后一个子元素。这些元素的习惯样式如图9-10所示。

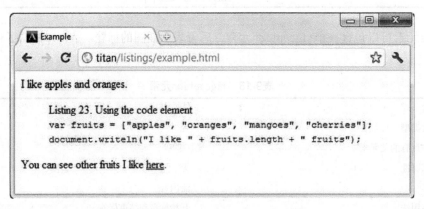

图9-10　使用figure和figcaption元素

9.9　小结

本章介绍的HTML元素可以用来将相关内容组织在一起，如段落、引自他处的大段引文、相关项目列表等。它们妙用无穷，而且简便易用——唯一的例外是某些复杂的列表选项需要一些练习才能运用纯熟。

第 10 章 文档分节

本章将要介绍用来表示内容的不同部分的元素，说明如何划分内容以便将各个主题和概念分隔开来。这些元素大都是新增的，它们构成了语义和呈现分离实践的重要基础。然而这也意味着这些元素有点难以演示，因为它们在外观上对内容的影响微乎其微，甚至根本没有影响。为此本章在许多例子中为这些元素应用了一些CSS样式，以强调其结构和带来的变化。

本章不会对用到的CSS样式进行解释。第4章已对CSS的关键特性做了简要介绍。至于各个CSS属性，且留到从第16章开始的几章中介绍。表10-1概括了本章内容。

表10-1 本章内容概要

问题	解决方案	代码清单
表示标题	使用元素h1~h3	10-1
表示一组标题，其中只有第一个可出现在文档大纲中	使用hgroup元素	10-2、10-3
表示一个重要的主题或概念	使用section元素	10-4
表示首部和尾部	使用header和footer元素	10-5
表示导航元素集合	使用nav元素	10-6
表示可独立发布的重要主题或概念	使用article元素	10-7
表示周边内容的一些沾边话题	使用aside元素	10-8
表示文档或文章的联系信息	使用address元素	10-9
生成一个区域，用户可将其展开以了解更多细节	使用details和summary元素	10-10

10.1 添加基本的标题

h1元素表示标题。HTML定义了一套标题元素体系，从h1一直到h6，h1级别最高。表10-2概括了这些元素。

表10-2 h1~h6标题元素

元素	h1 ~ h6
元素类型	流
允许具有的父元素	hgroup元素或其他任何可以包含流元素的元素。这些元素不能是address元素的后代元素

（续）

局部属性	无
内容	流内容
标签用法	开始标签和结束标签
是否为HTML5新增	否
在HTML5中的变化	无
习惯样式	参见表10-3

同级标题通常用来将内容分作几个部分，每个部分一个主题。而各级标题则通常用来表示同一主题的各个方面。这些元素还有一个额外的好处是它们构成了文档的大纲，因此用户只要随便浏览一下文档的各级标题即可初步了解其大意和结构，他们通过标题体系还能迅速导航到感兴趣的内容。代码清单10-1示范了从h1到h3的标题元素的用法。

代码清单10-1　使用元素h1、h2和h3

```html
<!DOCTYPE HTML>
<html>
    <head>
        <title>Example</title>
        <meta name="author" content="Adam Freeman"/>
        <meta name="description" content="A simple example"/>
        <link rel="shortcut icon" href="favicon.ico" type="image/x-icon" />
    </head>
    <body>
        <h1>Fruits I like</h1>
        I like apples and oranges.
        <h2>Additional fruits</h2>
        I also like bananas, mangoes, cherries, apricots, plums, peaches and grapes.
        <h3>More information</h3>
        You can see other fruits I like <a href="fruitlist.html">here</a>.

        <h1>Activities I like</h1>
        <p>I like to swim, cycle and run. I am in training for my first triathlon,
        but it is hard work.</p>
        <h2>Kinds of Triathlon</h2>
        There are different kinds of triathlon - sprint, Olympic and so on.
        <h3>The kind of triathlon I am aiming for</h3>
        I am aiming for Olympic, which consists of the following:
        <ol>
            <li>1.5km swim</li>
            <li>40km cycle</li>
            <li>10km run</li>
        </ol>
    </body>
</html>
```

此例只使用了h1、h2和h3这三级标题，这是因为除了合同和技术规范这类高度技术性和精确的文档外，很少有什么内容有必要用到更深层次的标题。大多数内容最多只需要用到两级或三级标题。例如，我在Apress出版的书都只使用三级标题。尽管Apress的模板定义了五级标题，但是如果我用到了第四、五级标题的话文字编辑会觉得不舒服。

这个代码清单中的h1、h2和h3元素在浏览器中的显示结果如图10-1所示。

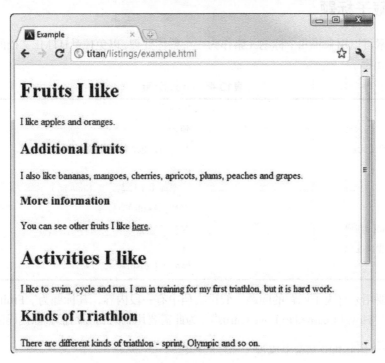

图10-1 用习惯样式显示元素h1、h2和h3

从图中可以看到，各级标题都有其不同的习惯样式。表10-3展示了各级标题的习惯样式。

表10-3 从h1到h6的各级标题的习惯样式

元素	习惯样式
h1	h1 { display: block; font-size: 2em; margin-before: 0.67em; margin-after: 0.67em; margin-start: 0; margin-end: 0; font-weight: bold; }
h2	h2 { display: block; font-size: 1.5em; margin-before: 0.83em; margin-after: 0.83em; margin-start: 0; margin-end: 0; font-weight: bold; }
h3	h3 { display: block; font-size: 1.17em; margin-before: 1em; margin-after: 1em; margin-start: 0; margin-end: 0; font-weight: bold; }
h4	h4 { display: block; margin-before: 1.33em; margin-after: 1.33em; margin-start: 0; margin-end: 0; font-weight: bold; }
h5	h5 { display: block; font-size: .83em; margin-before: 1.67em; margin-after: 1.67em; margin-start: 0; margin-end: 0; font-weight: bold; }
h6	h6 { display: block; font-size: .67em; margin-before: 2.33em; margin-after: 2.33em; margin-start: 0; margin-end: 0; font-weight: bold; }

作者可以不按h1到h6这个级别顺序使用标题元素，但是这样做会引起用户的误解。层次化的标题应用得如此普遍，以至于用户对其用法都有了固定的看法。

10.2 隐藏子标题

hgroup元素可以用来将几个标题元素作为一个整体处理，以免搅乱HTML文档的大纲。表10-4概括了hgroup元素。

表10-4　hgroup元素

元素	hgroup
元素类型	流
允许具有的父元素	任何可以包含流元素的元素
局部属性	无
内容	一个或多个标题元素（h1~h6）
标签用法	开始标签和结束标签
是否为HTML5新增	是
在HTML5中的变化	无
习惯样式	hgroup { display: block; }

hgroup主要用来解决子标题的问题。假设文档中有一段内容，其标题为"Fruits I Like"，还有一个子标题"How I Learned to Love Citrus"。为此需要用到h1和h2元素。如代码清单10-2所示。

代码清单10-2　用h1和h2元素生成带子标题的标题

```
<!DOCTYPE HTML>
<html>
    <head>
        <title>Example</title>
        <meta name="author" content="Adam Freeman"/>
        <meta name="description" content="A simple example"/>
        <link rel="shortcut icon" href="favicon.ico" type="image/x-icon" />
    </head>
    <body>
        <h1>Fruits I Like</h1>
        <h2>How I Learned to Love Citrus</h2>
        I like apples and oranges.
        <h2>Additional fruits</h2>
        I also like bananas, mangoes, cherries, apricots, plums, peaches and grapes.
        <h3>More information</h3>
        You can see other fruits I like <a href="fruitlist.html">here</a>.

        <h1>Activities I Like</h1>
        <p>I like to swim, cycle and run. I am in training for my first triathlon,
        but it is hard work.</p>
        <h2>Kinds of Triathlon</h2>
        There are different kinds of triathlon - sprint, Olympic and so on.
```

```
            <h3>The kind of triathlon I am aiming for</h3>
            I am aiming for Olympic, which consists of the following:
            <ol>
                <li>1.5km swim</li>
                <li>40km cycle</li>
                <li>10km run</li>
            </ol>
        </body>
</html>
```

这里遇到的问题是无法区分表示子标题的h2元素和表示下一级标题的h2元素。如果写个脚本程序把文档中从h1到h6的各级标题梳理出来做成一个大纲，得到的将是这样一个失真的结果：

```
Fruits I Like
    How I Learned to Love Citrus
    Additional fruits
        More information
Activities I Like
    Kinds of Triathlon
        The kind of triathlon I am aiming for
```

"How I Learned to Love Citrus" 在这里面看起来像是一个节标题而不是子标题。这个问题可以用hgroup元素解决，如代码清单10-3所示。

代码清单10-3　使用hgroup元素

```
<!DOCTYPE HTML>
<html>
    <head>
        <title>Example</title>
        <meta name="author" content="Adam Freeman"/>
        <meta name="description" content="A simple example"/>
        <link rel="shortcut icon" href="favicon.ico" type="image/x-icon" />
        <style>
            h1, h2, h3 { background: grey; color: white; }

            hgroup > h1 { margin-bottom: 0px; }

            hgroup > h2 { background: grey; color: white; font-size: 1em;
                          margin-top: 0px; }
        </style>
    </head>
    <body>
        <hgroup>
            <h1>Fruits I Like</h1>
            <h2>How I Learned to Love Citrus</h2>
        </hgroup>
        I like apples and oranges.
        <h2>Additional fruits</h2>
        I also like bananas, mangoes, cherries, apricots, plums, peaches and grapes.
        <h3>More information</h3>
        You can see other fruits I like <a href="fruitlist.html">here</a>.

        <h1>Activities I like</h1>
        <p>I like to swim, cycle and run. I am in training for my first triathlon,
```

```
            but it is hard work.</p>
            <h2>Kinds of Triathlon</h2>
            There are different kinds of triathlon - sprint, Olympic and so on.
            <h3>The kind of triathlon I am aiming for</h3>
            I am aiming for Olympic, which consists of the following:
            <ol>
                <li>1.5km swim</li>
                <li>40km cycle</li>
                <li>10km run</li>
            </ol>
    </body>
</html>
```

hgroup元素在从h1到h6的标题体系中的位置取决于其第一个标题子元素。例如，上述代码清单中h1元素是hgroup元素的第一个子元素，因此该hgroup元素的级别相当于h1元素。hgroup元素的子元素中，只有第一个标题子元素会被列入文档的大纲。这样得到的大纲如下所示：

```
Fruits I Like
    Additional fruits
        More information
Activities I Like
    Kinds of Triathlon
        The kind of triathlon I am aiming for
```

那个表示子标题的h2元素在这个例子中不会再引起混乱，这是因为hgroup元素表明了它应该被忽略。这里要处理的另一个事情是让子标题在外观上与普通的h2元素有所区别。代码清单中为此设计了一些样式（CSS选择器的介绍见第17章），其效果如图10-2所示。

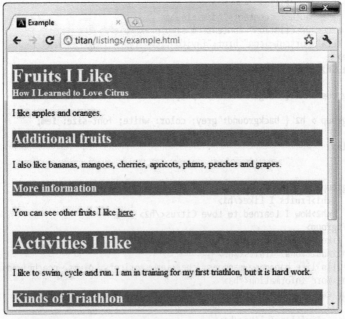

图10-2　在外观上明确体现出hgroup中的元素之间的关系

本例并不是要倡导这样一种黑乎乎的风格,而是想让读者看到:通过缩小hgroup元素中两个标题元素的间距将二者拉拢在一起,并且为二者设置同样的背景色,可以在外观上明确揭示二者的关系。

10.3 生成节

section元素是HTML5中新增的。顾名思义,它表示的是文档中的一节。使用标题元素的时候实际上也生成了隐含的节。用section元素则可以明确地生成节并且将其与标题分开。至于什么情况下应该使用section元素,并没有一个明确的规定。不过从经验上讲,section元素用来包含的是那种应该列入文档大纲或目录中的内容。 section元素通常包含一个或多个段落及一个标题,不过标题并不是必需的。表10-5概括了section元素。

表10-5 section元素

元素	section
元素类型	流
允许具有的父元素	任何可以包含流元素的元素,但section元素不能是address元素的后代元素
局部属性	无
内容	style元素和流内容
标签用法	开始标签和结束标签
是否为HTML5新增	是
在HTML5中的变化	无
习惯样式	section { display: block; }

代码清单10-4示范了section元素的用法。

代码清单10-4 使用section元素

```
<!DOCTYPE HTML>
<html>
    <head>
        <title>Example</title>
        <meta name="author" content="Adam Freeman"/>
        <meta name="description" content="A simple example"/>
        <link rel="shortcut icon" href="favicon.ico" type="image/x-icon" />
        <style>
            h1, h2, h3 { background: grey; color: white; }
            hgroup > h1 { margin-bottom: 0px; }
            hgroup > h2 { background: grey; color: white; font-size: 1em;
                          margin-top: 0px;}
        </style>
    </head>
    <body>
        <section>
```

```html
            <hgroup>
                <h1>Fruits I Like</h1>
                <h2>How I Learned to Love Citrus</h2>
            </hgroup>
            I like apples and oranges.
            <section>
                <h1>Additional fruits</h1>
                I also like bananas, mangoes, cherries, apricots, plums,
                peaches and grapes.
                <section>
                    <h1>More information</h1>
                    You can see other fruits I like <a href="fruitlist.html">here</a>.
                </section>
            </section>

            <h1>Activities I like</h1>
            <p>I like to swim, cycle and run. I am in training for my first triathlon,
                but it is hard work.</p>
            <h2>Kinds of Triathlon</h2>
            There are different kinds of triathlon - sprint, Olympic and so on.
            <h3>The kind of triathlon I am aiming for</h3>
            I am aiming for Olympic, which consists of the following:
            <ol>
                <li>1.5km swim</li>
                <li>40km cycle</li>
                <li>10km run</li>
            </ol>
    </body>
</html>
```

这个清单中定义了三个section元素，它们一个嵌一个。注意每个section中的标题元素都是一个h1。使用了section元素后，浏览器就会负责理顺标题元素的层次关系，让作者从确定和管理各个标题元素的正确次序的差事中解脱出来——至少理论上是这样。实际上浏览器的实现可能会有出入。Chrome、IE9和Firefox都能推断出隐含的层次关系，确定每个h1元素的相对级别，如图10-3所示。

这个效果不错。不过善于观察的读者会发现内容为"Fruits I Like"的h1元素的字号比同级的另一个h1元素（即内容为"Activities I like"的那个）小。这是因为包括Chrome和Firefox在内的一些浏览器对位于section、article、aside和nav元素（本章稍后会介绍后面三个元素）中的h1元素（以及从h2到h6的标题元素）应用的样式有所不同，它们给予这种情况下的h1元素的习惯样式与正常情况下的h2元素相同。IE9不会这样做，其显示结果如图10-4所示。这才是正确的行为。

此外，并非所有浏览器都能为内嵌在section元素中的同种标题元素建立正确的层次结构。图10-5是这些元素在Opera中的显示结果。Safari跟它是一个路子。两者都忽略了section元素建立起来的层次结构。

Chrome和Firefox应用的特殊样式带来的问题可以通过创建自定义样式（如第4章所述，其优先级高于浏览器定义的样式）克服。IE的处理方式倒还符合预期。但是对于Opera和Safari就没什么好办法了。在浏览器对这方面处理方式一致之前，要谨慎使用这个方便的元素。

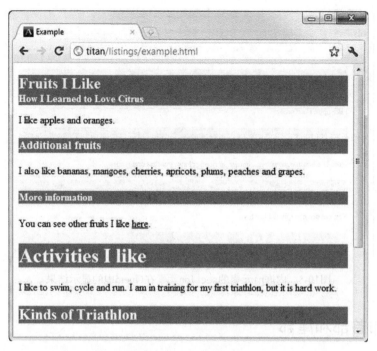

图10-3 内嵌h1元素的section元素在Chrome中的显示结果

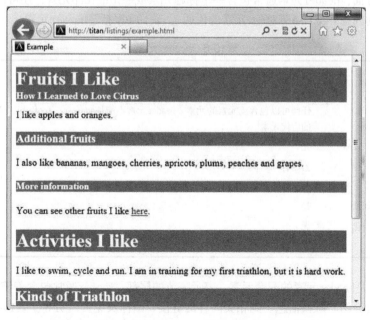

图10-4 内嵌h1元素的section元素在IE中的显示结果

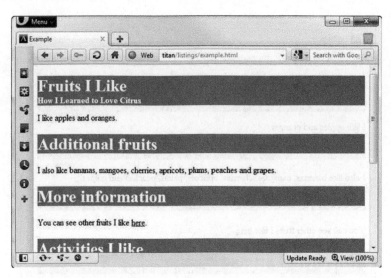

图10-5　内嵌h1元素的section元素在Opera中的显示结果

10.4　添加首部和尾部

header元素表示一节的首部。里面可以包含各种适合出现在首部的东西，包括刊头或徽标。在内嵌的元素方面，header元素通常包含一个标题元素或一个hgroup元素，还可以包含该节的导航元素（导航的问题详见10.5节对nav元素的说明）。表10-6概括了header元素。

表10-6　header元素

元素	header
元素类型	流
允许具有的父元素	任何可以包含流元素的元素。header元素不能是address、footer元素和其他header元素的后代元素
局部属性	无
内容	流内容
标签用法	开始标签和结束标签
是否为HTML5新增	是
在HTML5中的变化	无
习惯样式	header { display: block; }

footer元素是header元素的配套元素，表示一节的尾部。footer通常包含着该节的总结信息，还可以包含作者介绍、版权信息、到相关内容的链接、徽标及免责声明等。表10-7概括了footer元素。

10.4 添加首部和尾部

表10-7 footer元素

元素	footer
元素类型	流
允许具有的父元素	任何可以包含流元素的元素。footer元素不能是address、header元素和其他footer元素的后代元素
局部属性	无
内容	流内容
标签用法	开始标签和结束标签
是否为HTML5新增	是
在HTML5中的变化	无
习惯样式	footer { display: block; }

代码清单10-5示范了header元素和footer元素的用法。

代码清单10-5 使用header和footer元素

```
<!DOCTYPE HTML>
<html>
    <head>
        <title>Example</title>
        <meta name="author" content="Adam Freeman"/>
        <meta name="description" content="A simple example"/>
        <link rel="shortcut icon" href="favicon.ico" type="image/x-icon" />
        <style>
            h1, h2, h3 { background: grey; color: white; }
            hgroup > h1 { margin-bottom: 0; margin-top: 0}
            hgroup > h2 { background: grey; color: white; font-size: 1em;
                    margin-top: 0px; margin-bottom: 2px}

            body > header  *, footer > * { background:transparent; color:black;}
            body > section, body > section > section,
            body > section > section > section {margin-left: 10px;}

            body > header, body > footer {
                border: medium solid black; padding-left: 5px; margin: 10px 0 10px 0;
            }
        </style>
    </head>
    <body>
        <header>
            <hgroup>
                <h1>Things I like</h1>
                <h2>by Adam Freeman</h2>
            </hgroup>
        </header>
        <section>
            <header>
```

```html
            <hgroup>
                <h1>Fruits I Like</h1>
                <h2>How I Learned to Love Citrus</h2>
            </hgroup>
        </header>
        I like apples and oranges.
        <section>
            <h1>Additional fruits</h1>
            I also like bananas, mangoes, cherries, apricots, plums,
            peaches and grapes.
            <section>
                <h1>More information</h1>
                You can see other fruits I like <a href="fruitlist.html">here</a>.
            </section>
        </section>
    </section>
    <section>
        <header>
            <h1>Activities I like</h1>
        </header>
        <section>
            <p>I like to swim, cycle and run. I am in training for my first
            triathlon, but it is hard work.</p>
            <h1>Kinds of Triathlon</h1>
            There are different kinds of triathlon - sprint, Olympic and so on.
            <section>
                <h1>The kind of triathlon I am aiming for</h1>
                I am aiming for Olympic, which consists of the following:
                <ol>
                    <li>1.5km swim</li>
                    <li>40km cycle</li>
                    <li>10km run</li>
                </ol>
            </section>
        </section>
    </section>
    <footer id="mainFooter">
        &#169;2011, Adam Freeman. <a href="http://apress.com">Visit Apress</a>
    </footer>
</body>
</html>
```

本例定义了3个header元素。作为body元素子元素的header元素被视为整个文档的首部（注意，这与第7章介绍过的head元素不是一回事）。而作为某节（不管是隐含定义的还是用section元素明确定义的）组成部分的header元素只是该节的首部。例中定义了一些样式，以便看出各节和标题之间的层次关系。代码清单的显示结果如图10-6所示。

注意图中各部分的字号差别。Chrome和Firefox对位于section元素中的各级标题元素的习惯样式进行了调整，其原因可以想见，那是为了区别顶层header中的h1和内嵌在section中的h1。尽管这不足以构成无端调整样式的正当理由，但好歹算是顾及了这种需要。

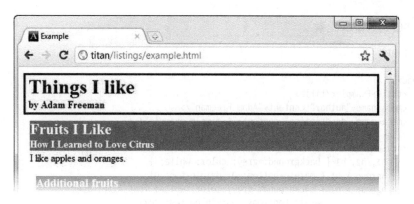

图10-6　使用header元素

footer的效果如图10-7所示。

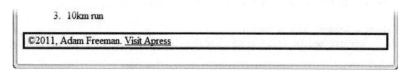

图10-7　添加footer元素

10.5　添加导航区域

nav元素表示文档中的一个区域,它包含着到其他页面或同一页面的其他部分的链接。显然,并非所有的超链接都要放到nav元素中。该元素的目的是规划出文档的主要导航区域。表10-8概括了nav元素。

表10-8　nav元素

元素	nav
元素类型	流
允许具有的父元素	任何可以包含流元素的元素。但是该元素不能是address元素的后代元素
局部属性	无
内容	流内容
标签用法	开始标签和结束标签
是否为HTML5新增	是
在HTML5中的变化	无
习惯样式	nav { display: block; }

代码清单10-6示范了nav元素的用法。

代码清单10-6 使用nav元素

```html
<!DOCTYPE HTML>
<html>
    <head>
        <title>Example</title>
        <meta name="author" content="Adam Freeman"/>
        <meta name="description" content="A simple example"/>
        <link rel="shortcut icon" href="favicon.ico" type="image/x-icon" />
        <style>
            h1, h2, h3 { background: grey; color: white; }
            hgroup > h1 { margin-bottom: 0; margin-top: 0}
            hgroup > h2 { background: grey; color: white; font-size: 1em;
                margin-top: 0px; margin-bottom: 2px}

            body > header  *, body > footer * { background:transparent; color:black;}
            body > section, body > section > section,
            body > section > section > section {margin-left: 10px;}

            body > header, body > footer {
                border: medium solid black; padding-left: 5px; margin: 10px 0 10px 0;
            }

            body > nav { text-align: center; padding: 2px; border : dashed thin black;}
            body > nav > a {padding: 2px; color: black}
        </style>
    </head>
    <body>
        <header>
            <hgroup>
                <h1>Things I like</h1>
                <h2>by Adam Freeman</h2>
            </hgroup>
            <nav>
                <h1>Contents</h1>
                <ul>
                    <li><a href="#fruitsilike">Fruits I Like</a></li>
                    <ul>
                        <li><a href="#morefruit">Additional Fruits</a></li>
                    </ul>
                    <li><a href="#activitiesilike">Activities I Like</a></li>
                    <ul>
                        <li><a href="#tritypes">Kinds of Triathlon</a></li>
                        <li><a href="#mytri">The kind of triathlon I am
                            aiming for</a></li>
                    </ul>
                </ul>
            </nav>
        </header>
        <section>
            <header>
                <hgroup>
                    <h1 id="fruitsilike">Fruits I Like</h1>
```

```html
                <h2>How I Learned to Love Citrus</h2>
            </hgroup>
        </header>
        I like apples and oranges.
        <section>
            <h1 id="morefruit">Additional fruits</h1>
            I also like bananas, mangoes, cherries, apricots, plums,
            peaches and grapes.
            <section>
                <h1>More information</h1>
                You can see other fruits I like <a href="fruitlist.html">here</a>.
            </section>
        </section>
    </section>

    <section>
        <header>
            <h1 id="activitiesilike">Activities I like</h1>
        </header>
        <section>
            <p>I like to swim, cycle and run. I am in training for my first
            triathlon, but it is hard work.</p>
            <h1 id="tritypes">Kinds of Triathlon</h1>
            There are different kinds of triathlon - sprint, Olympic and so on.
            <section>
                <h1 id="mytri">The kind of triathlon I am aiming for</h1>
                I am aiming for Olympic, which consists of the following:
                <ol>
                    <li>1.5km swim</li>
                    <li>40km cycle</li>
                    <li>10km run</li>
                </ol>
            </section>
        </section>
    </section>
    <nav>
        More Information:
        <a href="http://fruit.org">Learn More About Fruit</a>
        <a href="http://triathlon.org">Learn More About Triathlons</a>
    </nav>
    <footer id="mainFooter">
        &#169;2011, Adam Freeman. <a href="http://apress.com">Visit Apress</a>
    </footer>
</body>
</html>
```

为了显示nav元素的灵活性，此例在文档中使用了两个nav元素。第一个为用户提供了在文档中导航的途径。在这个元素内部用ul、li和a元素生成了一个相对链接的层次结构。其显示效果如图10-8所示。

这个nav元素被放在文档的主header元素中。这不是强制性的，只不过我喜欢这样安排以表示它是主nav元素。注意这个元素的内容中混杂着h1元素和其他内容。nav元素可以包含任何流内容，而不限于超链接。例中把第二个nav元素放在文档末尾，它为用户提供了一些链接，以便其获取更多信息。该元素在浏览器中的显示结果如图10-9所示。

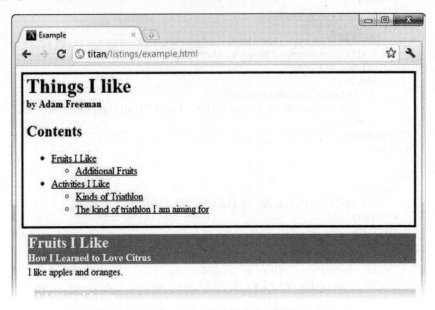

图10-8　用section元素生成内容导航区域

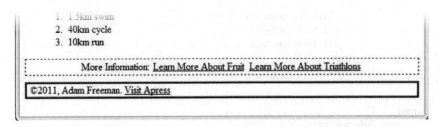

图10-9　用nav元素提供指向外部的导航途径

此例在文档的style元素中为两个nav元素设定了一些样式，让这些附加的部分在外观上区别于其他部分。nav元素的习惯样式并没有给予其内容与众不同的外观。

10.6　使用article

article元素代表HTML文档中一段独立成篇的内容，从理论上讲，可以独立于页面其余内容发布或使用（例如通过RSS）。这不是说作者必须单独发布它，而是说判断是否使用该元素时要以独立性为依据。一篇新文章和博文条目都是这方面的典型例子。表10-9概括了article元素。

表10-9 article元素

元素	article
元素类型	流
允许具有的父元素	任何可以包含流元素的元素,但该元素不能是address元素的后代元素
局部属性	无
内容	style元素和流内容
标签用法	开始标签和结束标签
是否为HTML5新增	是
在HTML5中的变化	无
习惯样式	article { display: block; }

代码清单10-7示范了article元素的用法。

代码清单10-7 使用article元素

```
<!DOCTYPE HTML>
<html>
    <head>
        <title>Example</title>
        <meta name="author" content="Adam Freeman"/>
        <meta name="description" content="A simple example"/>
        <link rel="shortcut icon" href="favicon.ico" type="image/x-icon" />
        <style>
            h1, h2, h3, article > footer { background: grey; color: white; }
            hgroup > h1 { margin-bottom: 0; margin-top: 0}
            hgroup > h2 { background: grey; color: white; font-size: 1em;
                    margin-top: 0px; margin-bottom: 2px}

            body > header  *, body > footer * { background:transparent; color:black;}

            article {border: thin black solid; padding: 10px; margin-bottom: 5px}
            article > footer {padding:5px; margin: 5px; text-align: center}
            article > footer > nav > a {color: white}

            body > article > section,
            body > article > section > section {margin-left: 10px;}

            body > header, body > footer {
                border: medium solid black; padding-left: 5px; margin: 10px 0 10px 0;
            }
            body > nav { text-align: center; padding: 2px; border : dashed thin black;}
            body > nav > a {padding: 2px; color: black}
        </style>
    </head>
    <body>
        <header>
            <hgroup>
                <h1>Things I like</h1>
```

```
            <h2>by Adam Freeman</h2>
        </hgroup>
        <nav>
            <h1>Contents</h1>
            <ul>
                <li><a href="#fruitsilike">Fruits I Like</a></li>
                <li><a href="#activitiesilike">Activities I Like</a></li>
            </ul>
        </nav>
    </header>

    <article>
        <header>
            <hgroup>
                <h1 id="fruitsilike">Fruits I Like</h1>
                <h2>How I Learned to Love Citrus</h2>
            </hgroup>
        </header>
        I like apples and oranges.
        <section>
            <h1 id="morefruit">Additional fruits</h1>
            I also like bananas, mangoes, cherries, apricots, plums,
            peaches and grapes.
            <section>
                <h1>More information</h1>
                You can see other fruits I like <a href="fruitlist.html">here</a>.
            </section>
        </section>
        <footer>
            <nav>
                More Information:
                <a href="http://fruit.org">Learn More About Fruit</a>
            </nav>
        </footer>
    </article>

    <article>
        <header>
            <hgroup>
                <h1 id="activitiesilike">Activities I like</h1>
                <h2>It hurts, but I keep doing it</h2>
            </hgroup>
        </header>
        <section>
            <p>I like to swim, cycle and run. I am in training for my first
            triathlon, but it is hard work.</p>
            <h1 id="tritypes">Kinds of Triathlon</h1>
            There are different kinds of triathlon - sprint, Olympic and so on.
            <section>
                <h1 id="mytri">The kind of triathlon I am aiming for</h1>
                I am aiming for Olympic, which consists of the following:
                <ol>
                    <li>1.5km swim</li>
                    <li>40km cycle</li>
```

```
                    <li>10km run</li>
                </ol>
            </section>
        </section>
        <footer>
            <nav>
                More Information:
                <a href="http://triathlon.org">Learn More About Triathlons</a>
            </nav>
        </footer>
    </article>

    <footer id="mainFooter">
        &#169;2011, Adam Freeman. <a href="http://apress.com">Visit Apress</a>
    </footer>
</body>
</html>
```

此例调整了文档的结构以向博客通常采用的格局看齐，不过这恐怕不能说是最精彩的博客。文档的主体分作三大部分。第一部分是一个header元素，它汇总了各条博文信息，为文档其他部分提供了一个锚点。第二部分是末尾那个footer元素，它与header相照应，提供了适合于其余内容的基本信息。新增加的东西在第三部分：article元素。例中的每个article描述了作者喜欢的一件事物。因为对作者喜欢的每件事物的描述都独立成篇，单独发表也说得过去，所以这些article元素的使用满足独立性方面的要求。这里照样设置了一些样式，以便突出显示article元素。效果如图10-10所示。

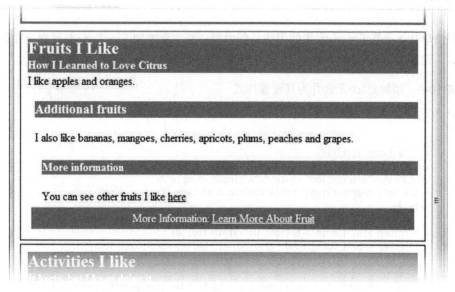

图10-10　使用article元素

article元素跟其他一些新增的语义元素一样可以灵活使用。例如，article元素可以嵌套使用：原文用一个，然后每次更新或得到的评论又用一个。与其他一些元素类似，article元素的值与上下文相关。它可能在某种内容中能够带来富有含义的结构，而换个地方就未必如此。这需要文档作者自行衡量（并且保持用法的一致）。

10.7 生成附注栏

aside元素用来表示跟周边内容稍沾一点边的内容，类似于书籍或杂志中的侧栏。其内容与页面其他内容、article或section有点关系，但并非主体内容的一部分。它可能是一些背景信息、到相关文章的链接，诸如此类。表10-10概括了aside元素。

表10-10 aside元素

元素	aside
元素类型	流
允许具有的父元素	任何可以包含流元素的元素，但该元素不能是address元素的后代元素
局部属性	无
内容	style元素和流内容
标签用法	开始标签和结束标签
是否为HTML5新增	是
在HTML5中的变化	无
习惯样式	aside { display: block; }

代码清单10-8示范了aside元素的用法。例中为一篇文章添加了一个aside元素，并为其设置一些样式，让它看起来就像是杂志上的简单侧栏。

代码清单10-8 添加aside元素并为其设置样式

```
<!DOCTYPE HTML>
<html>
    <head>
        <title>Example</title>
        <meta name="author" content="Adam Freeman"/>
        <meta name="description" content="A simple example"/>
        <link rel="shortcut icon" href="favicon.ico" type="image/x-icon" />
        <style>
            h1, h2, h3, article > footer { background: grey; color: white; }
            hgroup > h1 { margin-bottom: 0; margin-top: 0}
            hgroup > h2 { background: grey; color: white; font-size: 1em;
                margin-top: 0px; margin-bottom: 2px}

            body > header  *, body > footer * { background:transparent; color:black;}

            article {border: thin black solid; padding: 10px; margin-bottom: 5px}
            article > footer {padding:5px; margin: 5px; text-align: center}
            article > footer > nav > a {color: white}
```

```html
            body > article > section,
            body > article > section > section {margin-left: 10px;}
            body > header, body > footer {
                border: medium solid black; padding-left: 5px; margin: 10px 0 10px 0;
            }
            body > nav { text-align: center; padding: 2px; border : dashed thin black;}
            body > nav > a {padding: 2px; color: black}

            aside { width:40%; background:white; float:right; border: thick solid black;
                margin-left: 5px;}
            aside > section { padding: 5px;}
            aside > h1 {background: white; color: black; text-align:center}
        </style>
    </head>
    <body>
        <header>
            <hgroup>
                <h1>Things I like</h1>
                <h2>by Adam Freeman</h2>
            </hgroup>
            <nav>
                <h1>Contents</h1>
                <ul>
                    <li><a href="#fruitsilike">Fruits I Like</a></li>
                    <li><a href="#activitiesilike">Activities I Like</a></li>
                </ul>
            </nav>
        </header>

        <article>
            <header>
                <hgroup>
                    <h1 id="fruitsilike">Fruits I Like</h1>
                    <h2>How I Learned to Love Citrus</h2>
                </hgroup>
            </header>
            <aside>
                <h1>Why Fruit is Healthy</h1>
                <section>
                Here are three reasons why everyone should eat more fruit:
                <ol>
                    <li>Fruit contains lots of vitamins</li>
                    <li>Fruit is a source of fibre</li>
                    <li>Fruit contains few calories</li>
                </ol>
                </section>
            </aside>
            I like apples and oranges.
            <section>
                <h1 id="morefruit">Additional fruits</h1>
```

```html
            I also like bananas, mangoes, cherries, apricots, plums,
            peaches and grapes.
            <section>
                <h1>More information</h1>
                You can see other fruits I like <a href="fruitlist.html">here</a>
            </section>
        </section>
        <footer>
            <nav>
                More Information:
                <a href="http://fruit.org">Learn More About Fruit</a>
            </nav>
        </footer>
    </article>
    <article>
        <header>
            <hgroup>
                <h1 id="activitiesilike">Activities I like</h1>
                <h2>It hurts, but I keep doing it</h2>
            </hgroup>
        </header>
        <section>
            <p>I like to swim, cycle and run. I am in training for my first
            triathlon, but it is hard work.</p>
            <h1 id="tritypes">Kinds of Triathlon</h1>
            There are different kinds of triathlon - sprint, Olympic and so on.
            <section>
                <h1 id="mytri">The kind of triathlon I am aiming for</h1>
                I am aiming for Olympic, which consists of the following:
                <ol>
                    <li>1.5km swim</li>
                    <li>40km cycle</li>
                    <li>10km run</li>
                </ol>
            </section>
        </section>
        <footer>
            <nav>
                More Information:
                <a href="http://triathlon.org">Learn More About Triathlons</a>
            </nav>
        </footer>
    </article>
    <footer id="mainFooter">
        &#169;2011, Adam Freeman. <a href="http://apress.com">Visit Apress</a>
    </footer>
</body>
</html>
```

这个aside元素及其样式的效果如图10-11所示。图中显示的文档在清单所示文档的基础上添加了一些没有意义的填充文字，让内容的布局显得更加清楚。

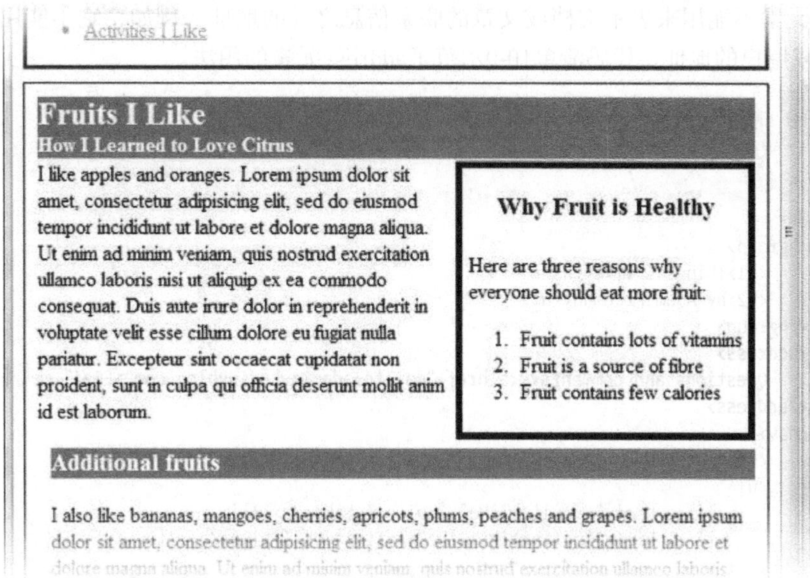

图10-11　添加aside元素并为其设置样式

10.8　提供联系信息

address元素用来表示文档或article元素的联系信息。表10-11概括了address元素。

表10-11　address元素

元素	address
元素类型	流
允许具有的父元素	任何可以包含流元素的元素
局部属性	无
内容	流内容。但是标题元素h1~h6、section、header、footer、nav、article和aside元素不能用做该元素的后代元素
标签用法	开始标签和结束标签
是否为HTML5新增	是
在HTML5中的变化	无
习惯样式	address { display: block; font-style: italic; }

address元素身为article元素的后代元素时，它提供的联系信息被视为该article的。否则，当address元素身为body元素的子元素时（在body元素和address元素之间没有隔着article元素），它提供的联系信息被视为整个文档的。

address元素不能用来表示文档或文章的联系信息之外的地址。例如，它不能用在文档内容中表示客户或用户的地址。代码清单10-9示范了address元素的用法。

代码清单10-9　使用address元素

```
...
<body>
    <header>
        <hgroup>
            <h1>Things I like</h1>
            <h2>by Adam Freeman</h2>
        </hgroup>
        <address>
            Questions and comments? <a href="mailto:adam@myboringblog.com">Email me</a>
        </address>
        <nav>
            <h1>Contents</h1>
            <ul>
                <li><a href="#fruitsilike">Fruits I Like</a></li>
                <li><a href="#activitiesilike">Activities I Like</a></li>
            </ul>
        </nav>
    </header>

    <article>
        <header>
            <hgroup>
...
```

此例在文档的header元素中添加了一个address元素，用它提供一个电子邮箱地址，以便用户（或读者）联系我。新增这部分的显示结果如图10-12所示。

图10-12　添加address元素

10.9　生成详情区域

details元素在文档中生成一个区域，用户可以展开它以了解关于某主题的更多详情。表10-12

概括了details元素。

表10-12 details元素

元素	details
元素类型	流
允许具有的父元素	任何可以包含流元素的元素
局部属性	open
内容	流内容及一个可有可无的summary元素
标签用法	开始标签和结束标签
是否为HTML5新增	是
在HTML5中的变化	无
习惯样式	details { display: block; }

details元素通常包含一个summary元素，后者的作用是为该详情区域生成一个说明标签或标题。表10-13概括了summary元素。

表10-13 summary元素

元素	summary
元素类型	无
允许具有的父元素	details元素
局部属性	无
内容	短语内容
标签用法	开始标签和结束标签
是否为HTML5新增	是
在HTML5中的变化	无
习惯样式	summary { display: block; }

代码清单10-10同时示范了details和summary元素的用法。

代码清单10-10 使用summary和details元素

```
<!DOCTYPE HTML>
<html>
    <head>
        <title>Example</title>
        <meta name="author" content="Adam Freeman"/>
        <meta name="description" content="A simple example"/>
        <link rel="shortcut icon" href="favicon.ico" type="image/x-icon" />
        <style>
            h1, h2, h3, article > footer { background: grey; color: white; }
            hgroup > h1 { margin-bottom: 0; margin-top: 0}
```

```
            hgroup > h2 { background: grey; color: white; font-size: 1em;
                    margin-top: 0px; margin-bottom: 2px}
            body > header  *, body > footer * { background:transparent; color:black;}
            body > article > section,
            body > article > section > section {margin-left: 10px;}
            body > header {
                border: medium solid black; padding-left: 5px; margin: 10px 0 10px 0;
            }
            article {border: thin black solid; padding: 10px; margin-bottom: 5px}
            details {border: solid thin black; padding: 5px}
            details > summary { font-weight: bold}
        </style>
    </head>
    <body>
        <header>
            <hgroup>
                <h1>Things I like</h1>
                <h2>by Adam Freeman</h2>
            </hgroup>
        </header>
        <article>
            <header>
                <hgroup>
                    <h1 id="activitiesilike">Activities I like</h1>
                    <h2>It hurts, but I keep doing it</h2>
                </hgroup>
            </header>
            <section>
                <p>I like to swim, cycle and run. I am in training for my first
                triathlon, but it is hard work.</p>
                <details>
                    <summary>Kinds of Triathlon</summary>
                    There are different kinds of triathlon - sprint, Olympic and so on.
                    I am aiming for Olympic, which consists of the following:
                    <ol>
                        <li>1.5km swim</li>
                        <li>40km cycle</li>
                        <li>10km run</li>
                    </ol>
                </details>
            </section>
        </article>
    </body>
</html>
```

这些元素在浏览器中的显示效果如图10-13所示。并非所有浏览器都能正确支持details元素。IE9就是一个表现不佳的例子。

从图中可以看到，浏览器提供了一个界面控件。它被激活时会展开并显示details元素的内容。details元素折拢时，只有其summary元素的内容可见。要让页面一显示details元素就呈展开状态，需要使用它的open属性。

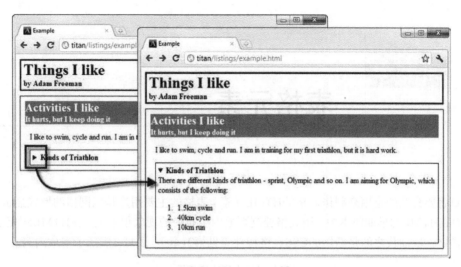

图10-13　使用details和summary元素

10.10　小结

本章介绍了用来在文档中创建节并且将不相关的内容隔开的元素，它们大都是HTML5中新增的。尽管制作符合规范的HTML5文档不是非用这些新元素不可，但是在为HTML带来语义的努力过程中，它们是最主要的成果之一。

第 11 章 表格元素

本章将要介绍的是用来制作表格的HTML元素。表格的主要用途是以网格的形式显示二维数据。然而在HTML的早期版本中,用表格控制页面内容布局的现象很常见。在HTML5中已经不再允许这样做,取而代之的是新增的CSS表格特性(见第21章)。表11-1概括了本章内容。

表11-1 本章内容概要

问 题	解决方案	代码清单
生成基本的表格	使用table、tr和td元素	11-1、11-2
为表格添加表头单元格	使用th元素	11-3
区分行表头和列表头	使用thead和tbody元素	11-4、11-5
为表格添加表脚	使用tfoot元素	11-6
生成不规则表格单元格	使用th和td元素定义的colspan和rowspan属性	11-7 ~ 11-9
将单元格与表头相关联以满足残障辅助技术的需要	使用th和td元素定义的headers属性	11-10
为表格添加标题	使用caption元素	11-11
对表格按列处理而不是按行处理	使用colgroup和col元素	11-12、11-13
表示表格不是用来控制页面布局的	使用table元素定义的border属性	11-14

11.1 生成基本的表格

有三个元素是每个表格都必须要有的:table、tr和td。制作表格的元素还有其他一些——稍后就会介绍,但是必须从本节所讲的三个元素学起。首先要讲的元素table,是HTML用以支持表格式内容的核心元素,它表示HTML文档中的表格。表11-2概括了table元素。

表11-2 table元素

元素	table
元素类型	流
允许具有的父元素	任何可以包含流元素的元素
局部属性	border

(续)

内容	caption、colgroup、thead、tbody、tfoot、tr、th和td元素
标签用法	开始标签和结束标签
是否为HTML5新增	否
在HTML5中的变化	summary、align、width、bgcolor、cellpadding、cellspacing、frame和rules属性已不再使用，其功能改用CSS实现。border属性的值必须设置为1。表格边框的粗细必须用CSS设置
习惯样式	table { display: table; border-collapse: separate; border-spacing: 2px; border-color: gray; }

下一个核心表格元素是tr，它表示表格中的行。HTML表格基于行而不是列，每个行必须分别标记。表11-3概括了tr元素。

表11-3 tr元素

元素	tr
元素类型	无
允许具有的父元素	table、thead、tfoot和tbody元素
局部属性	无
内容	一个或多个td或th元素
标签用法	开始标签和结束标签
是否为HTML5新增	否
在HTML5中的变化	align、char、charoff、valign和lbgcolor属性已不再使用，其功能改用CSS实现
习惯样式	tr { display: table-row; vertical-align: inherit; border-color: inherit;}

三个核心元素中的最后一个是td，它表示表格中的单元格。表11-4概括了td元素。

表11-4 td元素

元素	td
元素类型	无
允许具有的父元素	tr元素
局部属性	colspan、rowspan、headers
内容	流内容
标签用法	开始标签和结束标签
是否为HTML5新增	否
在HTML5中的变化	scope属性已不再使用。abbr、axis、align、width、char、charoff、valign、bgcolor、height和nowrap属性已不再使用，其功能改用CSS实现
习惯样式	td { display: table-cell; vertical-align: inherit; }

有了这三个元素,就可以用它们组装出表格,如代码清单11-1所示。

代码清单11-1 用table、tr和td元素制作表格

```
<!DOCTYPE HTML>
<html>
    <head>
        <title>Example</title>
        <meta name="author" content="Adam Freeman"/>
        <meta name="description" content="A simple example"/>
        <link rel="shortcut icon" href="favicon.ico" type="image/x-icon" />
    </head>
    <body>
        <table>
            <tr>
                <td>Apples</td>
                <td>Green</td>
                <td>Medium</td>
            </tr>
            <tr>
                <td>Oranges</td>
                <td>Orange</td>
                <td>Large</td>
            </tr>
        </table>
    </body>
</html>
```

此例定义了一个两行(分别由两个tr元素表示)的表格。每行有三列,一个td元素代表一列。td元素可以包含任何流内容,但本例只使用了文字。以习惯样式显示的这个表格如图11-1所示。

图11-1 显示简单表格

这个表格非常简单,不过足以显示出基本的结构。浏览器会调整行与列的尺寸以维持表格的形式。下面做个试验,给这个表格添加点更长的内容看看会有什么变化,如代码清单11-2所示。

代码清单11-2 添加一些内容更长的单元格

```
<!DOCTYPE HTML>
```

```html
<html>
    <head>
        <title>Example</title>
        <meta name="author" content="Adam Freeman"/>
        <meta name="description" content="A simple example"/>
        <link rel="shortcut icon" href="favicon.ico" type="image/x-icon" />
    </head>
    <body>
        <table>
            <tr>
                <td>Apples</td>
                <td>Green</td>
                <td>Medium</td>
            </tr>
            <tr>
                <td>Oranges</td>
                <td>Orange</td>
                <td>Large</td>
            </tr>
            <tr>
                <td>Pomegranate</td>
                <td>A kind of greeny-red</td>
                <td>Varies from medium to large</td>
            </tr>
        </table>
    </body>
</html>
```

每个新添加的td元素中的内容都比原有两行中的单元格的内容长。浏览器会调整其他单元格，让它们宽度一致，如图11-2所示。

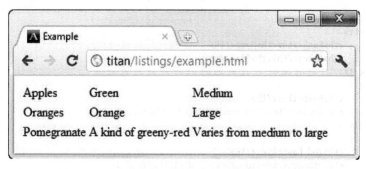

图11-2　重新调整单元格的大小以容纳更长的内容

table元素最棒的特性之一是作者不必操心尺寸的问题。浏览器会保证让列的宽度足以容纳最宽的内容，让行的高度足以容纳最高的单元格。

11.2　添加表头单元格

th元素表示表头的单元格，它可以用来区分数据和对数据的说明。表11-5概括了th元素。

表11-5 th元素

元素	th
元素类型	无
允许具有的父元素	tr元素
局部属性	colspan、rowspan、scope和headers
内容	短语内容
标签用法	开始标签和结束标签
是否为HTML5新增	否
在HTML5中的变化	scope 属性已不再使用；abbr、axis、align、width、char、charoff、valign、bgcolor、height 和nowrap属性已不再使用，其功能改用CSS实现
习惯样式	th { display: table-cell; vertical-align: inherit; font-weight: bold; text-align: center; }

代码清单11-3在表格中添加了一些th元素，用以说明td元素中包含的数据的含义。

代码清单11-3 为表格添加表头单元格

```
<!DOCTYPE HTML>
<html>
    <head>
        <title>Example</title>
        <meta name="author" content="Adam Freeman"/>
        <meta name="description" content="A simple example"/>
        <link rel="shortcut icon" href="favicon.ico" type="image/x-icon" />
    </head>
    <body>
        <table>
            <tr>
                <th>Rank</th><th>Name</th>
                <th>Color</th><th>Size</th>
            </tr>
            <tr>
                <th>Favorite:</th>
                <td>Apples</td><td>Green</td><td>Medium</td>
            </tr>
            <tr>
                <th>2nd Favorite:</th>
                <td>Oranges</td><td>Orange</td><td>Large</td>
            </tr>
            <tr>
                <th>3rd Favorite:</th>
                <td>Pomegranate</td><td>A kind of greeny-red</td>
                <td>Varies from medium to large</td>
            </tr>
        </table>
    </body>
</html>
```

从代码清单中可以看到：可以在一行中混合使用th和td元素，也可以让一行包含清一色的th

元素。这个文档在浏览器中的显示结果如图11-3所示。

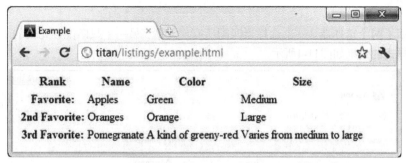

图11-3　为表格添加表头单元格

11.3　为表格添加结构

基本表格有了，但现在遇到一个问题。在设置表格样式的时候就会发现，要区别全是th元素的行中的th元素和与数据单元格混在一行中的th元素并不容易。只要用点心思，这是可以办到的。代码清单11-4展示了一种处理办法。

代码清单11-4　区分表格中的不同th元素

```html
<!DOCTYPE HTML>
<html>
    <head>
        <title>Example</title>
        <meta name="author" content="Adam Freeman"/>
        <meta name="description" content="A simple example"/>
        <link rel="shortcut icon" href="favicon.ico" type="image/x-icon" />
        <style>
            tr > th { text-align:left; background:grey; color:white}
            tr > th:only-of-type {text-align:right; background: lightgrey; color:grey}
        </style>
    </head>
    <body>
        <table>
            <tr>
                <th>Rank</th><th>Name</th><th>Color</th><th>Size</th>
            </tr>
            <tr>
                <th>Favorite:</th><td>Apples</td><td>Green</td><td>Medium</td>
            </tr>
            <tr>
                <th>2nd Favorite:</th><td>Oranges</td><td>Orange</td><td>Large</td>
            </tr>
            <tr>
                <th>3rd Favorite:</th><td>Pomegranate</td><td>A kind of greeny-red</td>
                <td>Varies from medium to large</td>
            </tr>
```

```
        </table>
    </body>
</html>
```

此例使用了两个选择器。一个选择器匹配所有th元素，另一个只匹配tr元素的子元素中唯一的th元素。样式的效果如图11-4所示。

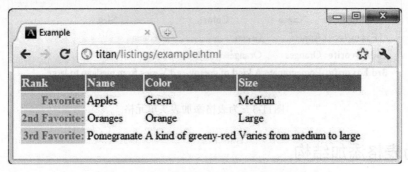

图11-4　为不同的th元素应用不同的样式

这个办法效果不错，却有失灵活。要是在数据行中再添加别的th元素，第二个选择器就不起作用了。我可不想每改一下表格就得调整一下CSS选择器。

要想灵活处理这个问题，可以使用thead、tbody和tfoot元素。这些元素可以用来为表格添加结构。表格有了结构之后的一大好处是区别处理不同部分更简单了，尤其是在涉及CSS选择器的时候。

11.3.1　表示表头和表格主题

tbody元素表示构成表格主体的全体行——不包括表头行和表脚行（它们分别由thead和tfoot元素表示，稍后就会介绍）。表11-6概括了tbody元素。

表11-6　tbody元素

元素	tbody
元素类型	（无）
允许具有的父元素	table元素
局部属性	无
内容	零个或多个tr元素
标签用法	开始标签和结束标签
是否为HTML5新增	否
在HTML5中的变化	align、char、charoff和valign属性已不再使用
习惯样式	tbody { display: table-row-group; vertical-align: middle; border-color: inherit; }

顺便提一句，即便在文档中表格没有用到tbody元素，大多数浏览器在处理table元素的时候都会自动插入tbody元素。因此完全根据文档中的表格结构来设计的CSS选择器有可能不管用。例

如，由于浏览器在table和tr元素之间插了一个tbody元素，所以table > tr这个选择器会失效。为了应对这种情况，需要使用table > tbody > tr或table tr（没有字符>）这样的选择器，或者干脆写成tbody > tr。

thead元素用来标记表格的标题行。表11-7概括了thead元素。

表11-7 thead元素

元素	thead
元素类型	无
允许具有的父元素	table元素
局部属性	无
内容	零个或多个tr元素
标签用法	开始标签和结束标签
是否为HTML5新增	否
在HTML5中的变化	align、char、charoff和valign属性已不再使用
习惯样式	thead { display: table-header-group; vertical-align: middle; border-color: inherit; }

如果没有thead元素的话，所有tr元素都会被视为表格主体的一部分。代码清单11-5在示例表格中添加了thead和tbody元素，并且相应地使用了更为灵活的CSS选择器。

代码清单11-5 为表格添加thead和tbody元素

```
<!DOCTYPE HTML>
<html>
    <head>
        <title>Example</title>
        <meta name="author" content="Adam Freeman"/>
        <meta name="description" content="A simple example"/>
        <link rel="shortcut icon" href="favicon.ico" type="image/x-icon" />
        <style>
            thead th { text-align:left; background:grey; color:white}
            tbody th { text-align:right; background: lightgrey; color:grey}
        </style>
    </head>
    <body>
        <table>
            <thead>
                <tr>
                    <th>Rank</th><th>Name</th><th>Color</th><th>Size</th>
                </tr>
            </thead>
            <tbody>
                <tr>
                    <th>Favorite:</th><td>Apples</td><td>Green</td><td>Medium</td>
                </tr>
                <tr>
```

```html
                <th>2nd Favorite:</th><td>Oranges</td><td>Orange</td><td>Large</td>
            </tr>
            <tr>
                <th>3rd Favorite:</th><td>Pomegranate</td>
                <td>A kind of greeny-red</td><td>Varies from medium to large</td>
            </tr>
        </tbody>
    </table>
    </body>
</html>
```

这个改变看似不大,但是表格增加了这些结构之后,区别处理不同类型的单元格就容易多了,也不再那么容易受表格设计改动的影响。

11.3.2 添加表脚

tfoot元素用来标记组成表脚的行。表11-8概括了tfoot元素。

表11-8 tfoot元素

元素	tfoot
元素类型	(无)
允许具有的父元素	table元素
局部属性	无
内容	零个或多个tr元素
标签用法	开始标签和结束标签
是否为HTML5新增	否
在HTML5中的变化	tfoot元素现在出现在tbody或tr元素前后都可以。在HTML4中,它只能出现在这些元素之前。align、char、charoff和valign属性已不再使用
习惯样式	tfoot { display: table-footer-group; vertical-align: middle; border-color: inherit; }

代码清单11-6示范了如何用tfoot元素为表格生成表脚。在HTML5之前,tfoot元素只能出现在tbody元素(如果省略tbody元素,则是第一个tr元素)之前。在HTML5中则可以把tfoot元素放在tbody元素之后或最后一个tr元素之后,这与浏览器显示表格的方式更为一致。代码清单11-6中的tfoot位于第一种位置——其实哪种位置都行。我觉得以编程方式用模板生成HTML代码时把tfoot放在tbody之前通常更方便一点,而手工编写HTML代码时把tfoot放在tbody之后要更自然一点。

代码清单11-6 使用tfoot元素

```html
<!DOCTYPE HTML>
<html>
    <head>
        <title>Example</title>
        <meta name="author" content="Adam Freeman"/>
        <meta name="description" content="A simple example"/>
```

```
                <link rel="shortcut icon" href="favicon.ico" type="image/x-icon" />
                <style>
                    thead th, tfoot th { text-align:left; background:grey; color:white }
                    tbody th { text-align:right; background: lightgrey; color:grey }
                </style>
            </head>
            <body>
                <table>
                    <thead>
                        <tr>
                            <th>Rank</th><th>Name</th><th>Color</th><th>Size</th>
                        </tr>
                    </thead>
                    <tfoot>
                        <tr>
                            <th>Rank</th><th>Name</th><th>Color</th><th>Size</th>
                        </tr>
                    </tfoot>
                    <tbody>
                        <tr>
                            <th>Favorite:</th><td>Apples</td><td>Green</td><td>Medium</td>
                        </tr>
                        <tr>
                            <th>2nd Favorite:</th><td>Oranges</td><td>Orange</td><td>Large</td>
                        </tr>
                        <tr>
                            <th>3rd Favorite:</th><td>Pomegranate</td>
                            <td>A kind of greeny-red</td><td>Varies from medium to large</td>
                        </tr>
                    </tbody>
                </table>
            </body>
        </html>
```

此例把表头中的行复制到了表脚中。本章后面还会回头把这个表脚改得有趣一点。文档中有个样式还添加了另一个选择器，以便thead和tfoot元素中的th元素使用同样的样式。图11-5显示了新添加的表脚。

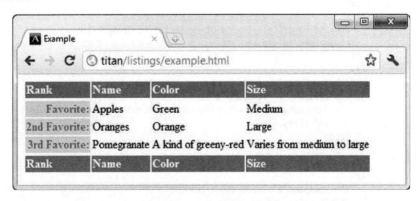

图11-5　为表格添加表脚

11.4 制作不规则表格

大多数表格都是简单的网格形式,每个单元格占据网格中的一个位置。但是为了表示更复杂的数据,有时需要制作不规则的表格,其中的单元格会跨越几行或几列。这种表格的制作要用到td和th元素的colspan和rowspan属性。代码清单11-7示范了如何用这些属性制作不规则表格。

代码清单11-7　制作不规则表格

```html
<!DOCTYPE HTML>
<html>
    <head>
        <title>Example</title>
        <meta name="author" content="Adam Freeman"/>
        <meta name="description" content="A simple example"/>
        <link rel="shortcut icon" href="favicon.ico" type="image/x-icon" />
        <style>
            thead th, tfoot th { text-align:left; background:grey; color:white}
            tbody th { text-align:right; background: lightgrey; color:grey}
            [colspan], [rowspan] {font-weight:bold; border: medium solid black}
            thead [colspan], tfoot [colspan] {text-align:center; }
        </style>
    </head>
    <body>
        <table>
            <thead>
                <tr>
                    <th>Rank</th><th>Name</th><th>Color</th>
                    <th colspan="2">Size & Votes</th>
                </tr>
            </thead>
            <tbody>
                <tr>
                    <th>Favorite:</th><td>Apples</td><td>Green</td>
                    <td>Medium</td><td>500</td>
                </tr>
                <tr>
                    <th>2nd Favorite:</th><td>Oranges</td><td>Orange</td>
                    <td>Large</td><td>450</td>
                </tr>
                <tr>
                    <th>3rd Favorite:</th><td>Pomegranate</td>
                    <td colspan="2" rowspan="2">
                        Pomegranates and cherries can both come in a range of colors
                        and sizes.
                    </td>
                    <td>203</td>
                </tr>
                <tr>
                    <th rowspan="2">Joint 4th:</th>
                    <td>Cherries</td>
```

```
                <td rowspan="2">75</td>
            </tr>
            <tr>
                <td>Pineapple</td>
                <td>Brown</td>
                <td>Very Large</td>
            </tr>
        </tbody>
        <tfoot>
            <tr>
                <th colspan="5"> &copy; 2011 Adam Freeman Fruit Data Enterprises</th>
            </tr>
        </tfoot>
    </table>
    </body>
</html>
```

想让一个单元格纵跨多行要用rowspan属性,为该属性设置的值就是所跨行数。同样,想让一个单元格横跨多列要用colspan属性。

提示 为rowspan和colspan设置的值必须是整数。有些浏览器会把100%这个值理解为表格中所有的行或列,但是这不是HTML5标准中的内容,没有得到一致实现。

例中还添加了一些样式,用来突出显示跨越多行或多列的单元格。如图11-6所示。相关单元格都具有粗线边框。

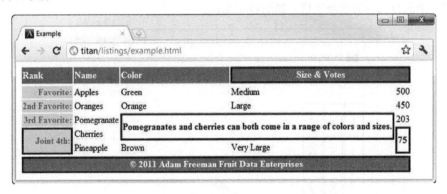

图11-6 跨越多行和多列

colspan和rowspan属性应该用在要占据的网格左上角那个单元格上。正常情况下位于它所跨越的位置上的td和th元素此时则被省略。下面来看一个例子,先看看代码清单11-8所示的表格。

代码清单11-8 一个简单的表格

```
<!DOCTYPE HTML>
<html>
    <head>
```

```
        <title>Example</title>
        <meta name="author" content="Adam Freeman"/>
        <meta name="description" content="A simple example"/>
        <link rel="shortcut icon" href="favicon.ico" type="image/x-icon" />
        <style>
            td {border: thin solid black; padding: 5px; font-size:x-large};
        </style>
    </head>
    <body>
        <table>
            <tr>
                <td>1</td>
                <td>2</td>
                <td>3</td>
            </tr>
            <tr>
                <td>4</td>
                <td>5</td>
                <td>6</td>
            </tr>
            <tr>
                <td>7</td>
                <td>8</td>
                <td>9</td>
            </tr>
        </table>
    </body>
</html>
```

这是一个三行三列的常规表格，如图11-7所示。

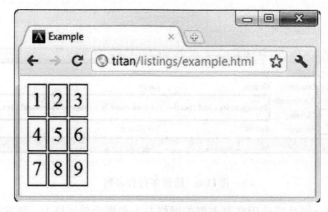

图11-7　一个常规表格

如果想让中间一列的一个单元格纵跨所有三行，则应设置2号单元格的rowspan属性，这是因为它是要覆盖的网格区域中最靠上的单元格（也是最靠左的，不过这在本例中无所谓）。此外，扩展后的单元格将覆盖的那些单元格元素应该删除（本例中为5号和8号）。代码清单11-9中实施了这些改变。

代码清单11-9　将一个单元格扩展到多行

```
<!DOCTYPE HTML>
<html>
    <head>
        <title>Example</title>
        <meta name="author" content="Adam Freeman"/>
        <meta name="description" content="A simple example"/>
        <link rel="shortcut icon" href="favicon.ico" type="image/x-icon" />
        <style>
            td {border: thin solid black; padding: 5px; font-size:x-large};
        </style>
    </head>
    <body>
        <table>
            <tr>
                <td>1</td>
                <td rowspan="3">2</td>
                <td>3</td>
            </tr>
            <tr>
                <td>4</td>
                <td>6</td>
            </tr>
            <tr>
                <td>7</td>
                <td>9</td>
            </tr>
        </table>
    </body>
</html>
```

这些改动的结果如图11-8所示。

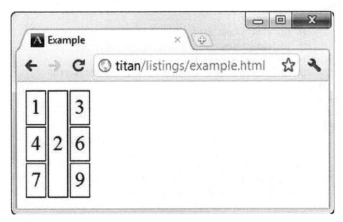

图11-8　将一个单元格扩展到三行上

浏览器会负责将所定义的其他单元格妥善安置在扩展后的单元格周围。

> **注意** 不要让两个单元格扩展到同一个区域从而形成重叠单元格。表格元素的用途是表示表格式数据。使用重叠单元格唯一的原因只能是用表格元素布置其他元素，而这个事情应该用CSS的表格特性来做（见第21章）。

11.5 把表头与单元格关联起来

td和th元素都定义了headers属性，它可以供屏幕阅读器和其他残障辅助技术用来简化对表格的处理。headers属性的值可被设置为一个或多个th单元格的id属性值。代码清单11-10示范了这个属性的用法。

代码清单11-10　使用headers属性

```html
<!DOCTYPE HTML>
<html>
    <head>
        <title>Example</title>
        <meta name="author" content="Adam Freeman"/>
        <meta name="description" content="A simple example"/>
        <link rel="shortcut icon" href="favicon.ico" type="image/x-icon" />
        <style>
            thead th, tfoot th { text-align:left; background:grey; color:white}
            tbody th { text-align:right; background: lightgrey; color:grey }
            thead [colspan], tfoot [colspan] {text-align:center; }
        </style>
    </head>
    <body>
        <table>
            <thead>
                <tr>
                    <th id="rank">Rank</th>
                    <th id="name">Name</th>
                    <th id="color">Color</th>
                    <th id="sizeAndVotes" colspan="2">Size & Votes</th>
                </tr>
            </thead>
            <tbody>
                <tr>
                    <th id="first" headers="rank">Favorite:</th>
                    <td headers="name first">Apples</td>
                    <td headers="color first">Green</td>
                    <td headers="sizeAndVote first">Medium</td>
                    <td headers="sizeAndVote first">500</td>
                </tr>
                <tr>
                    <th id="second" headers="rank">2nd Favorite:</th>
                    <td headers="name second">Oranges</td>
                    <td headers="color second">Orange</td>
                    <td headers="sizeAndVote second">Large</td>
```

```
                <td headers="sizeAndVote second">450</td>
            </tr>
        </tbody>
        <tfoot>
            <tr>
                <th colspan="5"> & copy; 2011 Adam Freeman Fruit Data Enterprises</th>
            </tr>
        </tfoot>
    </table>
</body>
</html>
```

此例为thead和tbody中的每一个th元素都设置了全局的id属性值。tbody中的每一个td和th元素都通过设置headers属性将相应单元格与列表头关联起来。其中td元素还指定了所关联的行表头（出现在第一列中的表头）。

11.6 为表格添加标题

caption元素可以用来为表格定义一个标题并将其与表格关联起来。表11-9概括了caption元素。

表11-9 caption元素

元素	caption
元素类型	无
允许具有的父元素	table元素
局部属性	无
内容	流内容（但不能是table元素）
标签用法	开始标签和结束标签
是否为HTML5新增	否
在HTML5中的变化	align属性已不再使用
习惯样式	caption { display: table-caption; text-align: center; }

代码清单11-11示范了caption元素的用法。

代码清单11-11 使用caption元素

```
<!DOCTYPE HTML>
<html>
    <head>
        <title>Example</title>
        <meta name="author" content="Adam Freeman"/>
        <meta name="description" content="A simple example"/>
        <link rel="shortcut icon" href="favicon.ico" type="image/x-icon" />
        <style>
            thead th, tfoot th { text-align:left; background:grey; color:white}
            tbody th { text-align:right; background: lightgrey; color:grey}
```

```html
                [colspan], [rowspan] {font-weight:bold; border: medium solid black}
                thead [colspan], tfoot [colspan] {text-align:center; }
                caption {font-weight: bold; font-size: large; margin-bottom:5px}
        </style>
    </head>
    <body>
        <table>
            <caption>Results of the 2011 Fruit Survey</caption>
            <thead>
                <tr>
                    <th>Rank</th><th>Name</th><th>Color</th>
                    <th colspan="2">Size & Votes</th>
                </tr>
            </thead>
            <tbody>
                <tr>
                    <th>Favorite:</th><td>Apples</td><td>Green</td>
                    <td>Medium</td><td>500</td>
                </tr>
                <tr>
                    <th>2nd Favorite:</th><td>Oranges</td><td>Orange</td>
                    <td>Large</td><td>450</td>
                </tr>
                <tr>
                    <th>3rd Favorite:</th><td>Pomegranate</td>
                    <td colspan="2" rowspan="2">
                        Pomegranates and cherries can both come in a range of colors
                        and sizes.
                    </td>
                    <td>203</td>
                </tr>
                <tr>
                    <th rowspan="2">Joint 4th:</th>
                    <td>Cherries</td>
                    <td rowspan="2">75</td>
                </tr>
                <tr>
                    <td>Pineapple</td>
                    <td>Brown</td>
                    <td>Very Large</td>
                </tr>
            </tbody>
            <tfoot>
                <tr>
                    <th colspan="5"> & copy; 2011 Adam Freeman Fruit Data Enterprises</th>
                </tr>
            </tfoot>
        </table>
    </body>
</html>
```

一个表格只能包含一个caption元素。它不必是表格的第一个子元素，但是无论定义在什么位置，它总会显示在表格上方。图11-9显示了表格标题（及所应用的样式）的效果。

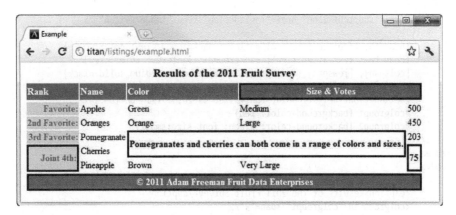

图11-9 为表格添加标题

11.7 处理列

HTML中的表格是基于行的。单元格的定义都要放在tr元素中，而表格则是一行一行地组建出来的。因此对列应用样式有点不方便，对于包含不规则单元格的表格更是如此。这个问题的解决办法是使用colgroup和col元素。colgroup代表一组列。表11-10概括了colgroup元素。

表11-10 colgroup元素

元素	colgroup
元素类型	无
允许具有的父元素	table元素
局部属性	span
内容	零个或多个col元素（只有未设置span属性时才能使用）
标签用法	开始标签和结束标签
是否为HTML5新增	否
在HTML5中的变化	width、char、charoff和valign属性已不再使用
习惯样式	colgroup { display: table-column-group; }

代码清单11-12示范了colgroup元素的用法。

代码清单11-12 使用colgroup元素

```
<!DOCTYPE HTML>
<html>
    <head>
        <title>Example</title>
        <meta name="author" content="Adam Freeman"/>
        <meta name="description" content="A simple example"/>
```

```
        <link rel="shortcut icon" href="favicon.ico" type="image/x-icon" />
        <style>
            thead th, tfoot th { text-align:left; background:grey; color:white}
            tbody th { text-align:right; background: lightgrey; color:grey}
            [colspan], [rowspan] {font-weight:bold; border: medium solid black}
            thead [colspan], tfoot [colspan] {text-align:center; }
            caption {font-weight: bold; font-size: large; margin-bottom:5px}
            #colgroup1 {background-color: red}
            #colgroup2 {background-color: green; font-size:small}
        </style>
    </head>
    <body>
        <table>
            <caption>Results of the 2011 Fruit Survey</caption>
            <colgroup id="colgroup1" span="3"/>
            <colgroup id="colgroup2" span="2"/>
            <thead>
                <tr>
                    <th>Rank</th><th>Name</th><th>Color</th>
                    <th colspan="2">Size & Votes</th>
                </tr>
            </thead>
            <tbody>
                <tr>
                    <th>Favorite:</th><td>Apples</td><td>Green</td>
                    <td>Medium</td><td>500</td>
                </tr>
                <tr>
                    <th>2nd Favorite:</th><td>Oranges</td><td>Orange</td>
                    <td>Large</td><td>450</td>
                </tr>
                <tr>
                    <th>3rd Favorite:</th><td>Pomegranate</td>
                    <td colspan="2" rowspan="2">
                        Pomegranates and cherries can both come in a range of colors
                            and sizes.
                    </td>
                    <td>203</td>
                </tr>
                <tr>
                    <th rowspan="2">Joint 4th:</th>
                    <td>Cherries</td>
                    <td rowspan="2">75</td>
                </tr>
                <tr>
                    <td>Pineapple</td>
                    <td>Brown</td>
                    <td>Very Large</td>
                </tr>
            </tbody>
            <tfoot>
                <tr>
                    <th colspan="5"> & copy; 2011 Adam Freeman Fruit Data Enterprises</th>
                </tr>
```

```
            </tfoot>
        </table>
    </body>
</html>
```

此例定义了两个colgroup元素。span属性指定了colgroup元素负责的列数。代码清单中的第一个colgroup负责表格中的前三列,另一个colgroup负责剩余两列。两个colgroup元素都设置了id属性值,并以其id值为选择器定义了相应的CSS样式。其效果如图11-10所示。

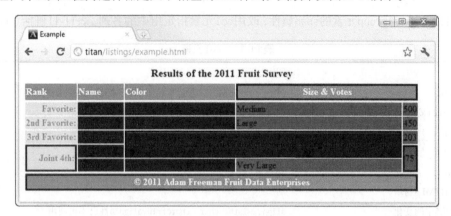

图11-10 使用colgroup元素

该图揭示了colgroup元素使用中的一些重要特点。首先,应用到colgroup上的CSS样式在具体程度上低于直接应用到tr、td和th元素上的样式。从应用到thead、tfoot和第一列th元素上的样式未受应用到colgroup元素上的样式的影响就能看出这一点。要是把针对colgroup元素的样式之外的样式都删除掉,那么所有单元格都会受到colgroup样式的影响,如图11-11所示。

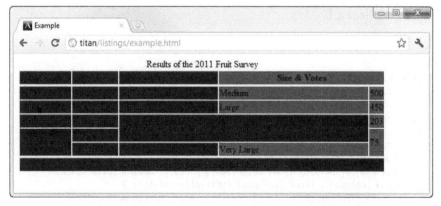

图11-11 删除了针对colgroup元素的样式之外的所有样式之后

第二,不规则单元格被计入其起始列。从表格的第三行可以看出这一点。在此行中有一个应用了第一种样式的单元格扩展到了由另一个colgroup元素负责的区域。

最后要说的是，colgroup元素的影响范围覆盖了列中所有的单元格，包括那些位于thead和tfoot元素中的单元格，不管它们是用th还是td元素定义的。colgroup元素的特别之处就在于它影响到的元素并未包含在其内部。因此该元素无法用做更具体的选择器的基础（如#colgroup1 > td这个选择器不会有任何匹配元素）。

表示个别的列

也可以不用colgroup元素的span属性，改用col元素指定组中的各列。表11-11概括了col元素。

表11-11 col元素

元素	col
元素类型	无
允许具有的父元素	colgroup元素
局部属性	span
内容	无
标签用法	虚元素形式
是否为HTML5新增	否
在HTML5中的变化	align、width、char、charoff和lvalign属性已不再使用
习惯样式	col { display: table-column; }

使用col元素的好处在于能够获得更多控制权。有了它，既能对一组列应用样式，也能对该组中个别的列应用样式。col元素位于colgroup元素之中，每个col元素代表列组中的一列（未使用span属性的情况），如代码清单11-13所示。

代码清单11-13　使用col元素

```
<!DOCTYPE HTML>
<html>
    <head>
        <title>Example</title>
        <meta name="author" content="Adam Freeman"/>
        <meta name="description" content="A simple example"/>
        <link rel="shortcut icon" href="favicon.ico" type="image/x-icon" />
        <style>
            thead th, tfoot th { text-align:left; background:grey; color:white}
            tbody th { text-align:right; background: lightgrey; color:grey}
            [colspan], [rowspan] {font-weight:bold; border: medium solid black}
            thead [colspan], tfoot [colspan] {text-align:center; }
            caption {font-weight: bold; font-size: large; margin-bottom:5px}
            #colgroup1 {background-color: red;}
            #col3 {background-color: green; font-size:small;}
        </style>
    </head>
    <body>
```

```html
<table>
    <caption>Results of the 2011 Fruit Survey</caption>
    <colgroup id="colgroup1">
        <col id="col1And2" span="2"/>
        <col id="col3"/>
    </colgroup>
    <colgroup id="colgroup2" span="2"/>
    <thead>
        <tr>
            <th>Rank</th><th>Name</th><th>Color</th>
            <th colspan="2">Size & Votes</th>
        </tr>
    </thead>
    <tbody>
        <tr>
            <th>Favorite:</th><td>Apples</td><td>Green</td>
            <td>Medium</td><td>500</td>
        </tr>
        <tr>
            <th>2nd Favorite:</th><td>Oranges</td><td>Orange</td>
            <td>Large</td><td>450</td>
        </tr>
        <tr>
            <th>3rd Favorite:</th><td>Pomegranate</td>
            <td colspan="2" rowspan="2">
                Pomegranates and cherries can both come in a range of colors
                and sizes.
            </td>
            <td>203</td>
        </tr>
        <tr>
            <th rowspan="2">Joint 4th:</th>
            <td>Cherries</td>
            <td rowspan="2">75</td>
        </tr>
        <tr>
            <td>Pineapple</td>
            <td>Brown</td>
            <td>Very Large</td>
        </tr>
    </tbody>
    <tfoot>
        <tr>
            <th colspan="5"> & copy; 2011 Adam Freeman Fruit Data Enterprises</th>
        </tr>
    </tfoot>
</table>
</body>
</html>
```

可以用col元素的span属性让一个col元素代表几列。不用span属性的col元素只代表一列。此例分别为一个colgroup元素和其中的一个col元素设定了样式。其效果如图11-12所示。

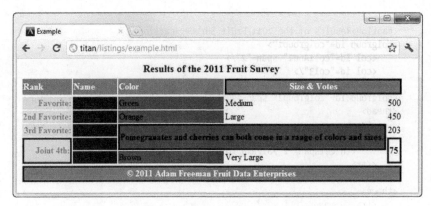

图11-12　用colgroup和col元素将样式应用到表格上

11.8 设置表格边框

table元素定义了border属性。使用这个属性就是告诉浏览器这个表格是用来表示表格式数据而不是用来布置其他元素的。大多数浏览器见到border属性后会在表格和每个单元格周围绘出边框。代码清单11-14示范了border属性的用法。

代码清单11-14　使用border属性

```
<!DOCTYPE HTML>
<html>
    <head>
        <title>Example</title>
        <meta name="author" content="Adam Freeman"/>
        <meta name="description" content="A simple example"/>
        <link rel="shortcut icon" href="favicon.ico" type="image/x-icon" />
    </head>
    <body>
        <table border="1">
            <caption>Results of the 2011 Fruit Survey</caption>
            <colgroup id="colgroup1">
                <col id="col1And2" span="2"/>
                <col id="col3"/>
            </colgroup>
            <colgroup id="colgroup2" span="2"/>
            <thead>
                <tr>
                    <th>Rank</th><th>Name</th><th>Color</th>
                    <th colspan="2">Size & Votes</th>
                </tr>
            </thead>
            <tbody>
                <tr>
                    <th>Favorite:</th><td>Apples</td><td>Green</td>
                    <td>Medium</td><td>500</td>
```

```html
            </tr>
            <tr>
                <th>2nd Favorite:</th><td>Oranges</td><td>Orange</td>
                <td>Large</td><td>450</td>
            </tr>
            <tr>
                <th>3rd Favorite:</th><td>Pomegranate</td>
                <td colspan="2" rowspan="2">
                    Pomegranates and cherries can both come in a range of colors
                    and sizes.
                </td>
                <td>203</td>
            </tr>
            <tr>
                <th rowspan="2">Joint 4th:</th>
                <td>Cherries</td>
                <td rowspan="2">75</td>
            </tr>
            <tr>
                <td>Pineapple</td>
                <td>Brown</td>
                <td>Very Large</td>
            </tr>
        </tbody>
        <tfoot>
            <tr>
                <th colspan="5"> & copy; 2011 Adam Freeman Fruit Data Enterprises</th>
            </tr>
        </tfoot>
    </table>
</body>
</html>
```

border属性的值必须设置为1或空字符串（""）。该属性并不控制边框的样式，那是CSS的工作。图11-13显示了带border属性的表格在Chrome中的显示结果（注意此例删除了style元素以便强调border属性的效果）。

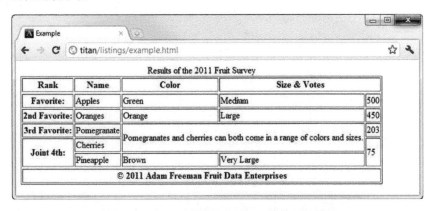

图11-13　table元素设置了border属性后的效果

浏览器显示的默认边框并不美观，所以使用border属性之后通常还要用到CSS。

> 提示　不设置表格的border属性也能用CSS为其定义边框。不过，如果没有border属性，那么浏览器可能会认为表格是用于处理布局事宜的，因此其显示表格的方式可能会跟预想的不一样。在撰写本书时，主流浏览器除了会显示默认边框之外对于border属性关注不多，但是以后可能会有一些改变。

尽管border属性会让浏览器为表格和每个单元格添加边框，作者还是需要用CSS选择器分别针对各种元素重设边框样式。在设计CSS选择器时可用的办法很多：表格的外边框可以通过table元素控制；表头、表格主体和表脚可以分别通过thead、tbody和tfoot元素控制；列可以通过colgroup和col元素控制；各个单元格可以通过th和td元素控制。而且，就算别的办法都不管用，至少还可以使用全局属性id和class确定目标。

11.9　小结

本章介绍了HTML5对表格的支持。HTML5在这方面最大的变化是表格再也不能用来处理页面布局了——这个事情必须依靠CSS的相关功能来做（见第21章）。除了这个限制，表格可以算得上相当灵活，其样式设置起来也很方便，用起来称心如意。

第 12 章 表单

表单是HTML中获取用户输入的手段。它对于Web应用系统极其重要,然而HTML定义的功能落后于表单的使用方式已有多年。在HTML5中,整个表单系统已经彻底改造过,面貌焕然一新,标准的步伐已经跟上了表单的应用实践。

本章介绍的是HTML表单的基础知识。从定义一个非常简单的表单开始,通过对它的扩充演示如何配置和控制表单工作的方式。我编写了一段Node.js脚本。读者可以用它测试表单,观察浏览器发送给服务器的数据。高级的表单特性将放在下一章介绍。其中包括从用户收集特定类型数据的新方法以及在浏览器中检查数据的能力这样一些最引人注目的HTML5新变化。除了这些重要改进外,还有许多其他变化也值得关注。本章和下一章都值得读者重视。

在撰写本书时,主流浏览器对HTML5表单的支持已经很不错,但是还算不上完美。要想使用某项表单特性,应该事先检查一下它是否已经得到广泛支持。表12-1概括了本章内容。

表12-1 本章内容概要

问　　题	解决方案	代码清单
制作基本的表单	使用form、input和button元素	12-1
指定表单数据发送到的URL	使用form元素的action属性(或button元素的formaction属性)	12-3(和12-15)
指定传送给服务器的表单数据采用的编码方式	使用form元素的enctype属性(或button元素的formenctype属性)	12-4(和12-15)
控制自动完成功能	使用form元素或input元素的autocomplete属性	12-5、12-6
为服务器的反馈信息指定显示位置	使用form元素的target属性(或button元素的formtarget属性)	12-7
指定表单的名字	使用form元素的name属性	12-8
为input元素添加说明标签	使用label元素	12-9
载入表单后自动聚焦于某input元素	使用input元素的autofocus属性	12-10
禁用单个input元素	使用input元素的disabled属性	12-11
对input元素编组	使用fieldset元素	12-12
为fieldset元素添加说明标签	使用legend元素	12-13
禁用一组input元素	使用fieldset元素的disabled属性	12-14

(续)

问　题	解决方案	代码清单
用button元素提交表单	将button元素的type属性值设置为submit	12-15
用button元素重置表单	将button元素的type属性值设置为reset	12-16
用button元素表示一般的按钮控件	将button元素的type属性值设置为button	12-17
将与表单相关的元素与并非其祖先元素的form元素挂钩	使用form属性	12-18

12.1　制作基本表单

制作一个基本的表单需要三个元素：form、input和button元素。代码清单12-1展示了一个含有简单表单的HTML文档。

代码清单12-1　一个简单的HTML表单

```
<!DOCTYPE HTML>
<html>
    <head>
        <title>Example</title>
        <meta name="author" content="Adam Freeman"/>
        <meta name="description" content="A simple example"/>
        <link rel="shortcut icon" href="favicon.ico" type="image/x-icon" />
    </head>
    <body>
        <form method="post" action="http://titan:8080/form">
            <input name="fave"/>
            <button>Submit Vote</button>
        </form>
    </body>
</html>
```

其显示效果如图12-1所示。

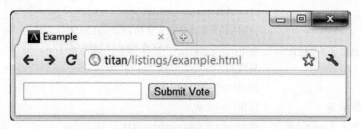

图12-1　显示在浏览器中的一个简单表单

这个表单实在太简单了，没有多少用处。不过在认识了那三个核心元素之后，读者就能够对表单进行扩充，让它变得更有意义、更有用处。

12.1.1 定义表单

先从form元素讲起，该元素表示HTML页面上的表单。表12-2概括了form元素。

表12-2 form元素

元素	form
元素类型	流元素
允许具有的父元素	任何可以包含流元素的元素。但form元素不能是其他form元素的后代元素
局部属性	action、method、enctype、name、accept-charset、novalidate、target和autocomplete
内容	流内容（但主要是label元素和input元素）
标签用法	开始标签和结束标签
是否为HTML5新增	否
在HTML5中的变化	novalidate和autocomplete属性是HTML5中新增的
习惯样式	form { display: block; margin-top: 0em; }

本章稍后会回头说明如何用属性对form元素进行配置。目前只要知道form元素告诉浏览器它处理的是HTML表单就行了。

第二种关键元素是input，其用途是收集用户输入数据。从图12-1可以看到，那个input元素在浏览器中显示为一个简单的文本框。用户就在这个文本框中输入内容。这是最基本的一种input元素。后面会介绍收集用户输入数据的多种选择（包括HTML5中新增的一些很棒的特性），这些东西放到第13章再讲。表12-3概括了input元素。

表12-3 input元素

元素	input
元素类型	短语元素
允许具有的父元素	任何可以包含短语元素的元素
局部属性	name、disabled、form、type，以及取决于type属性值的其他一些属性
内容	无
标签用法	虚元素形式
是否为HTML5新增	否，但是增加了一些新的input元素类型，它们由type属性确定（详见第13章）
在HTML5中的变化	在HTML5中type属性有一些新的值。此外还添加了一些新的属性，它们需要与type属性的特定值搭配使用
习惯样式	无。这种元素的外观取决于type属性

input元素的属性多达29个，具体有哪些可用取决于type属性的值。第13章说明收集用户输入数据的各种方法时将会介绍这些属性及其用法。

> 提示　除了input元素，还有其他一些元素可以用来收集用户输入的数据。详见第14章。

前面的例子中要讲的最后一个元素是button。用户需要有一种方法告诉浏览器：所有数据已经输入完毕，该把它们发给服务器了。这个事情多半是用button元素来做（不过还有一些其他办法可用，详见第13章）。表12-4概括了button元素。

表12-4　button元素

元素	button
元素类型	短语元素
允许具有的父元素	任何可以包含短语元素的元素
局部属性	name、disabled、form、type、value、autofocus，以及取决于type属性值的其他一些属性
内容	短语内容
标签用法	开始标签和结束标签
是否为HTML5新增	否
在HTML5中的变化	新增了一些属性，具体有哪些可用取决于type属性值，详见12.7节
习惯样式	无

button元素有多种用途，这方面的介绍见12.7节。该元素用在form元素中且没有设置任何属性时，其作用是告诉浏览器把用户输入的数据提交给服务器。

12.1.2　查看表单数据

本章的示例需要有一个接收浏览器发送的数据的服务器。为此我编写了一段简单的Node.js脚本程序（第2章介绍过如何获取和设置Node.js），它会生成一个HTML页面，其中包含表单从用户收集的数据。代码清单12-2展示了这个脚本的内容。第2章说过，本书不打算深入讲解服务器端脚本。不过，由于Node.js是基于JavaScript的，所以读者借助第5章中对JavaScript语言特性的说明和http://nodejs.org这个网站上的说明文档，要看懂脚本的用途很容易。

代码清单12-2　脚本文件formecho.js

```
var http = require('http');
var querystring = require('querystring');

http.createServer(function (req, res) {
  switch(req.url) {
    case '/form':
      if (req.method == 'POST') {
        console.log("[200] " + req.method + " to " + req.url);
        var fullBody = '';
        req.on('data', function(chunk) {
          fullBody += chunk.toString();
```

```
    });
    req.on('end', function() {
      res.writeHead(200, "OK", {'Content-Type': 'text/html'});
      res.write('<html><head><title>Post data</title></head><body>');
      res.write('<style>th, td {text-align:left; padding:5px; color:black}\n');
      res.write('th {background-color:grey; color:white; min-width:10em}\n');
      res.write('td {background-color:lightgrey}\n');
      res.write('caption {font-weight:bold}</style>');
      res.write('<table border="1"><caption>Form Data</caption>');
      res.write('<tr><th>Name</th><th>Value</th>');
      var dBody = querystring.parse(fullBody);
      for (var prop in dBody) {
        res.write("<tr><td>" + prop + "</td><td>" + dBody[prop] + "</td></tr>");
      }
      res.write('</table></body></html>');
      res.end();
    });
  } else {
    console.log("[405] " + req.method + " to " + req.url);
    res.writeHead(405, "Method not supported", {'Content-Type': 'text/html'});
    res.end('<html><head><title>405 - Method not supported</title></head><body>' +
        '<h1>Method not supported.</h1></body></html>');
  }
  break;
  default:
    res.writeHead(404, "Not found", {'Content-Type': 'text/html'});
    res.end('<html><head><title>404 - Not found</title></head><body>' +
        '<h1>Not found.</h1></body></html>');
    console.log("[404] " + req.method + " to " + req.url);
  };
}).listen(8080);
```

这个脚本将浏览器发来的数据汇总并返回一个简单的HTML文档，在文档中以HTML表格（见第11章）的形式将那些数据显示出来。它在8080端口监听浏览器的连接请求，并且只处理浏览器用HTTP POST方法发送到/form这个URL的表单数据。本章稍后介绍form元素支持的属性时会说明8080端口和/form这个URL的含义。这个脚本保存在一个名为formecho.js的文件中。要运行这个脚本程序，可在titan服务器上打开一个命令窗口并输入如下命令：

```
bin\node.exe formecho.js
```

titan服务器运行的操作系统是Windows Server 2008 R2。读者如果使用其他操作系统的话，用来启动Node.js的命令会有所不同。在示例表单的文本框中输入Apples然后按下Submit Vote按钮提交表单，服务器端脚本的输出内容在浏览器中显示的结果如图12-2所示。

结果中只有一项数据，这是因为在示例表单中只有一个input元素。表格的Name列中显示的值为fave，它正是为input元素的name属性设置的值。表格的Value列中显示的值为Apples，它正是按下Submit Vote按钮之前在文本框中输入的内容。后面制作更复杂的表单时，Node.js脚本的输出信息都将以表格形式显示。

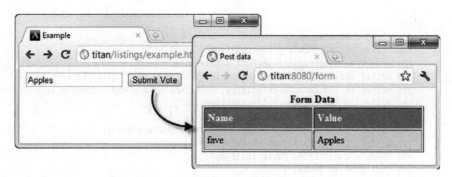

图12-2　用Node.js查看浏览器提交的表单数据

12.2 配置表单

前面已经制作过一个包含简单表单的HTML文档，并用Node.js显示了发送给服务器的数据。现在该介绍一下可用于表单及其内容的各种基本配置选项了。

12.2.1 配置表单的action属性

action属性说明了提交表单时浏览器应该把从用户收集的数据发送到什么地方。我想把数据提交给自己编写的Node.js脚本处理，所以要把表单发至开发服务器titan上位于8080端口的/form这个URL。代码清单12-1中的表单已经这样做了：

```
...
<form method="post" action="http://titan:8080/form">
...
```

如果不设置form元素的action属性，那么浏览器会将表单数据发到用以加载该HTML文档的URL。这看似毫无意义，其实不然，好几个流行的Web应用系统开发框架都依赖于这个特性。

如果为action属性指定的是一个相对URL，那么该值会被嫁接在当前页的URL（如果使用了第7章介绍过的base元素，则是该元素的href属性值）的后面。代码清单12-3示范了如何用base元素设置表单数据的发送目的地。

代码清单12-3　使用base元素设置表单数据的发送目的地

```
<!DOCTYPE HTML>
<html>
    <head>
        <title>Example</title>
        <meta name="author" content="Adam Freeman">
        <meta name="description" content="A simple example">
        <link rel="shortcut icon" href="favicon.ico" type="image/x-icon" />
        <base href="http://titan:8080/">
    </head>
    <body>
```

```
<form method="post" action="/form">
    <input name="fave"/>
    <button>Submit Vote</button>
</form>
</body>
</html>
```

> **警告** base元素将影响HTML文档中所有的相对URL，而不只是form元素。

12.2.2 配置HTTP方法属性

method属性指定了用来将表单数据发送到服务器的HTTP方法。允许的值有get和post这两个，它们分别对应于HTTP的GET和POST方法。未设置method属性时使用的默认值为get。这有点令人遗憾，因为大多数表单都需要用HTTP POST方法。前面的例子中为表单指定的正是post这个值：

```
...
<form method="post" action="http://titan:8080/form">
...
```

GET请求用于安全交互（safe interaction），同一个请求可以发起任意多次而不会产生额外作用。POST请求则用于不安全交互，提交数据的行为会导致一些状态的改变。对于Web应用程序多半采用后一种方式。这些规矩是W3C（World Wide Web Consortium，万维网联盟）定的，参www.w3.org/Provider/Style/URI。

一般而言，GET请求应该用于获取只读信息，而POST请求则应该用于会改变应用程序状态的各种操作。使用恰当的请求很重要。如果拿不准该用哪个，宁可谨慎一点，就用POST方法好了。

> **提示** 本章使用的Node.js脚本只响应POST请求。

12.2.3 配置数据编码

enctype属性指定了浏览器对发送给服务器的数据采用的编码方式。该属性可用的值有三个，如表12-5所示。

表12-5 enctype属性允许的值

值	说明
application/x-www-form-urlencoded	这是未设置enctype属性时使用的默认编码方式。它不能用来将文件上传到服务器
multipart/form-data	该编码方式用于将文件上传到服务器
text/plain	该编码方式因浏览器而异，详见下面的说明

为了搞清这些编码方式的工作机制，需要先在表单中再添加一个input元素，如代码清单12-4所示。

代码清单12-4 在表单中添加一个input元素

```html
<!DOCTYPE HTML>
<html>
    <head>
        <title>Example</title>
        <meta name="author" content="Adam Freeman"/>
        <meta name="description" content="A simple example"/>
        <link rel="shortcut icon" href="favicon.ico" type="image/x-icon" />
    </head>
    <body>
        <form method="post" action="http://titan:8080/form">
            <input name="fave"/>
            <input name="name"/>
            <button>Submit Vote</button>
        </form>
    </body>
</html>
```

添加第二个input元素是为了从用户那里收集两项数据。读者可能已经看出，这里要设计的表单是用来让用户为自己喜欢的水果投票的。新增的input元素用来获取用户的姓名。从代码清单中可以看到，该元素的name属性的值被设置成了name。为演示各种表单编码方式的效果，实验中将把表单的enctype属性分别设置为每一种可用的编码类型。每一次在文本框中输入的数据都是相同的。第一个文本框中输入的是Apples，第二个文本框中输入的是Adam Freeman（姓氏和名字之间有一个空格）。

1. application/x-www-form-urlencoded编码

这是默认的编码方式，除了不能用来上传文件到服务器外，它适用于各种类型的表单。每项数据的名称和值都与URL采用同样的编码方案（这是该编码方式名称中urlencoded这个部分的由来）。示例表单的数据采用这种编码后的结果如下：

```
fave=Apples&name=Adam+Freeman
```

其中的特殊字符已经替换成了对应的HTML实体。数据项的名称和值以等号（=）分开，各组数据项间则以符号&分开。

2. multipart/form-data编码

multipart/form-data编码走的是另一条路子。它更为冗长，处理起来更加复杂。这也是它一般只用于需要上传文件到服务器的表单的原因——这个任务用默认编码方式无法办到。示例表单的数据采用这种编码方式的结果如下：

```
------WebKitFormBoundary2qgCsuH4ohZ5eObF
Content-Disposition: form-data; name="fave"

Apples
```

```
------WebKitFormBoundary2qgCsuH4ohZ5eObF
Content-Disposition: form-data; name="name"

Adam Freeman
------WebKitFormBoundary2qgCsuH4ohZ5eObF--
fave=Apple
name=Adam Freeman
```

3. text/plain编码

这种编码要谨慎使用。对于在这种方案中数据应该如何编码并没有正式的规范,主流浏览器各有各的数据编码方法。例如,Chrome使用与application/x-www-form-urlencoded方案一样的数据编码方法,而Firefox则将数据编码成如下形式:

```
fave=Apple
name=Adam Freeman
```

在这个结果中,每个数据项占据一行,特殊字符并未进行编码。建议不要使用这种编码方案,各种浏览器实现它的方式各不相同,因此其结果难以预料。

12.2.4 控制表单的自动完成功能

浏览器可以记住用户输入表单的数据,并在再次遇到类似表单的时候自动使用这些数据帮用户填写。这种技术可以让用户免于反复输入同样的数据之苦。这方面的一个典型例子是用户在线购买商品或服务的时候输入的姓名和送货信息。每个网站都有自己的购物车和注册程序,但是浏览器可以使用用户在其他表单中输入过的数据加快结账过程。用以判断哪些数据可以重复使用的技术因浏览器而异,不过一种常用的方法是查看input元素的name属性。

一般来说,表单的自动完成功能有益于用户,对Web应用系统也有一点帮助。不过有时网页作者并不想让浏览器自动填写表单。代码清单12-5示范了如何使用form元素的autocomplete属性达到这个目的。

代码清单12-5 将form元素的autocomplete属性设置为禁用

```html
<!DOCTYPE HTML>
<html>
    <head>
        <title>Example</title>
        <meta name="author" content="Adam Freeman"/>
        <meta name="description" content="A simple example"/>
        <link rel="shortcut icon" href="favicon.ico" type="image/x-icon" />
    </head>
```

```html
<body>
    <form autocomplete="off" method="post" action="http://titan:8080/form">
        <input name="fave"/>
        <input name="name"/>
        <button>Submit Vote</button>
    </form>
</body>
</html>
```

autocomplete属性允许的值有两个：on和off。如果不设置这个属性的话，其默认值为on，表示允许浏览器填写表单。

input元素也有autocomplete属性，可以用于单个元素的自动完成功能，如代码清单12-6所示。

代码清单12-6　设置input元素的autocomplete属性

```html
<!DOCTYPE HTML>
<html>
    <head>
        <title>Example</title>
        <meta name="author" content="Adam Freeman"/>
        <meta name="description" content="A simple example"/>
        <link rel="shortcut icon" href="favicon.ico" type="image/x-icon" />
    </head>
    <body>
        <form autocomplete="off" method="post" action="http://titan:8080/form">
            <input autocomplete="on" name="fave"/>
            <input name="name"/>
            <button>Submit Vote</button>
        </form>
    </body>
</html>
```

form元素的autocomplete属性设置的是表单中的input元素默认的行为方式。而各个input元素在该属性上的设置可以覆盖这个默认行为方式。上面的代码清单正是这样做的。此例在form元素上禁用了自动完成功能，但在第一个input元素上——仅仅是在这个元素上，又重新开启了该功能。至于第二个input元素，因为没有设置autocomplete属性，所以采用的是form层面的设置。

一般来说，最好让自动完成功能保持开启状态。用户习惯让浏览器自动填写表单，而且在网上办理任何一种业务时往往都会用到好几个表单。关闭这个功能干涉了用户的偏好和工作习惯。根据我自己的体会，在禁用了自动完成功能的网站上购物有点折磨人，尤其是需要在表单中填写姓名和地址等非常基本的信息的时候。有些网站对信用卡数据禁用自动完成功能，这个更有意义一点。不过即便如此，这种做法也要谨慎使用，要充分考虑各种理由。

12.2.5　指定表单反馈信息的目标显示位置

默认情况下浏览器会用提交表单后服务器反馈的信息替换表单所在的原页面。这可以用form元素的target属性予以改变。该属性的工作机制与a元素的target属性一样。可供选择的目标如表12-6所示。

表12-6　form元素的target属性值

值	说　　明
_blank	将浏览器反馈信息显示在新窗口（或标签页）中
_parent	将浏览器反馈信息显示在父窗框组中
_self	将浏览器反馈信息显示在当前窗口中（这是默认行为）
_top	将浏览器反馈信息显示在顶层窗口中
<frame>	将浏览器反馈信息显示在指定窗框中

这些值每一个都代表着一种浏览环境。_blank和_self这两个值不言而喻。其他值则与窗框的使用相关，放在第15章讲。代码清单12-7示范了如何设置form元素的target属性。

代码清单12-7　使用target属性

```
<!DOCTYPE HTML>
<html>
    <head>
        <title>Example</title>
        <meta name="author" content="Adam Freeman"/>
        <meta name="description" content="A simple example"/>
        <link rel="shortcut icon" href="favicon.ico" type="image/x-icon" />
    </head>
    <body>
        <form target="_blank" method="post" action="http://titan:8080/form">
            <input autocomplete="on" name="fave"/>
            <input name="name"/>
            <button>Submit Vote</button>
        </form>
    </body>
</html>
```

此例将target设置为_blank，让浏览器将服务器的反馈信息显示在新窗口或标签页中。这个修改的效果如图12-3所示。

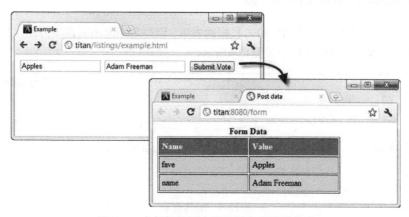

图12-3　在新标签页中显示服务器反馈信息

12.2.6 设置表单名称

name属性可以用来为表单设置一个独一无二的标识符,以便使用DOM(Document Object Model,文档对象模型)时区分各个表单(DOM放在第25章介绍)。name属性与全局属性id不是一回事。后者在HTML文档中多半用于CSS选择器。代码清单12-8展示的是一个设置了name属性和id属性的form元素。简单起见,例中这两个属性使用了同样的值。

代码清单12-8 使用form元素的name属性和id属性

```html
<!DOCTYPE HTML>
<html>
    <head>
        <title>Example</title>
        <meta name="author" content="Adam Freeman"/>
        <meta name="description" content="A simple example"/>
        <link rel="shortcut icon" href="favicon.ico" type="image/x-icon" />
    </head>
    <body>
        <form name="fruitvote" id="fruitvote"
              method="post" action="http://titan:8080/form">
            <input name="fave"/>
            <input name="name"/>
            <button>Submit Vote</button>
        </form>
    </body>
</html>
```

提交表单时其name属性值不会被发送给服务器,所以该属性的用处仅限于DOM中,不像input元素的同名属性那么重要。要是input元素不设置name属性,那么用户在其中输入的数据在提交表单时不会被发送给服务器。

12.3 在表单中添加说明标签

现在已经有了一个用来收集用户输入数据的表单,但是它用起来有点不方便。上一节中添加了第二个input元素之后表单的样子如图12-4所示。

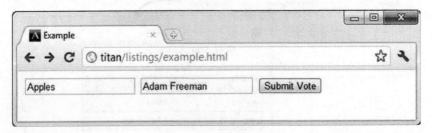

图12-4 示例表单

12.3 在表单中添加说明标签

这个表单明显缺乏给用户看的指示信息。谁会通过阅读HTML源代码来搞清每个文本框的用途呢？这个缺点可以用label元素弥补，该元素的用途是为表单中的每一个元素提供说明。表12-7概括了label元素。

表12-7 label元素

元素	label
元素类型	短语元素
允许具有的父元素	任何可以包含短语元素的元素
局部属性	for、form
内容	短语内容
标签用法	开始标签和结束标签
是否为HTML5新增	否
在HTML5中的变化	form属性是HTML5中新增的，详见12.8节
习惯样式	label { cursor: default; }

代码清单12-9示范了如何提供这种说明信息。

代码清单12-9 使用label元素

```
<!DOCTYPE HTML>
<html>
    <head>
        <title>Example</title>
        <meta name="author" content="Adam Freeman"/>
        <meta name="description" content="A simple example"/>
        <link rel="shortcut icon" href="favicon.ico" type="image/x-icon" />
    </head>
    <body>
        <form method="post" action="http://titan:8080/form">
            <p><label for="fave">Fruit: <input id="fave" name="fave"/></label></p>
            <p><label for="name">Name: <input id="name" name="name"/></label></p>
            <button>Submit Vote</button>
        </form>
    </body>
</html>
```

此例为每个input元素都配了一个label元素。注意，例中为input元素设置了id属性，并将相关label元素的for属性设置为这个id值。这样做即可将input元素和label元素关联起来，有助于屏幕阅读器和其他残障辅助技术对表单的处理。这些说明标签的显示结果如图12-5所示。

上面的代码清单把input元素作为label元素的内容放置在其中。这个不是强制性的要求，二者可以独立定义。在设计复杂表单的时候，label元素独立于input元素定义是很常见的事。

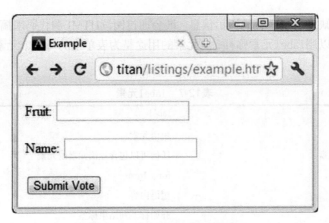

图12-5　为表单添加说明标签

> 提示　此例在表单中添加了一些p元素，以便简单地设置一下表单的布局。本章大多数例子都会如法炮制。这样做更方便读者观察在HTML文档中新添加的部分对呈现结果的影响。要想得到更美观的表单，需要用到CSS的表格特性（见第21章）。关于p元素，参见第9章。

12.4　自动聚焦到某个 input 元素

设计者可以让表单显示出来的时候即聚焦于某个input元素。这样用户就能直接在其中输入数据而不必先动手选择它。autofocus属性的用途就是指定这种元素，如代码清单12-10所示。

代码清单12-10　使用autofocus属性

```
<!DOCTYPE HTML>
<html>
    <head>
        <title>Example</title>
        <meta name="author" content="Adam Freeman"/>
        <meta name="description" content="A simple example"/>
        <link rel="shortcut icon" href="favicon.ico" type="image/x-icon" />
    </head>
    <body>
        <form method="post" action="http://titan:8080/form">
            <p>
                <label for="fave">Fruit: <input autofocus id="fave" name="fave"/></label>
            </p>
            <p><label for="name">Name: <input id="name" name="name"/></label></p>
            <button>Submit Vote</button>
        </form>
    </body>
</html>
```

浏览器将这个页面一显示出来就会聚焦于第一个输入元素。图12-6显示了Chrome用以标示位于焦点上的那个元素的视觉信号。

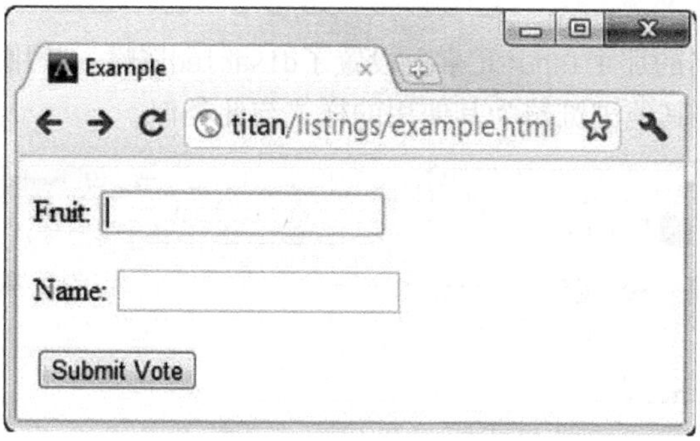

图12-6　自动聚焦于一个input元素

autofocus属性只能用在一个input元素上。要是有几个元素都设置了这个属性，那么浏览器将会自动聚焦于其中的最后一个元素。

12.5　禁用单个 input 元素

如果不想让用户在某个input元素中输入数据，可以禁用它。这看似奇怪，其实不然。设计者也许想要为几个相关任务提供一致的用户界面，但是其中有些元素并非总是用得上。此外有时也需要根据用户的操作用JavaScript启用某些元素。这方面的一个常见例子是：在用户选择将货物发到账单地址之外的地址时，启用一组用来收集新地址信息的input元素（通过DOM启用元素的说明参见第25章至第31章。选择框的使用参见第13章）。

要禁用input元素，需要设置其disabled属性，如代码清单12-11所示。

代码清单12-11　设置input元素的disabled属性

```
<!DOCTYPE HTML>
<html>
    <head>
        <title>Example</title>
        <meta name="author" content="Adam Freeman"/>
        <meta name="description" content="A simple example"/>
        <link rel="shortcut icon" href="favicon.ico" type="image/x-icon" />
    </head>
    <body>
        <form method="post" action="http://titan:8080/form">
            <p>
                <label for="fave">Fruit: <input autofocus id="fave" name="fave"/></label>
            </p>
            <p>
                <label for="name">Name: <input disabled id="name" name="name"/></label>
            </p>
```

```
            <button>Submit Vote</button>
        </form>
    </body>
</html>
```

此例在收集用户姓名的那个input元素上设置了disabled属性。禁用后的input元素在Chrome中的样子如图12-7所示。其他浏览器为其使用的样式与此类似。

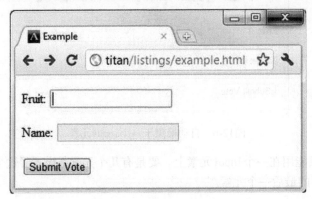

图12-7　禁用input元素

12.6　对表单元素编组

对于更复杂的表单，有时需要将一些元素组织在一起。为此可以使用fieldset元素。表12-8概括了这个元素。

表12-8　fieldset元素

元素	fieldset
元素类型	流元素
允许具有的父元素	任何可以包含流元素的元素，通常是form元素的后代元素
局部属性	name、form、disabled
内容	流内容。在开头位置可以包含一个legend元素
标签用法	开始标签和结束标签
是否为HTML5新增	否
在HTML5中的变化	form属性是HTML5中新增的，详见12.8节
习惯样式	fieldset { display: block; margin-start: 2px; margin-end: 2px; padding-before: 0.35em; padding-start: 0.75em; padding-end: 0.75em; padding-after: 0.625em; border: 2px groove; }

代码清单12-12示范了fieldset元素的用法。该例添加了一些input元素，以演示如何将fieldset用于form中的一部分元素。

代码清单12-12　使用fieldset元素

```html
<!DOCTYPE HTML>
<html>
    <head>
        <title>Example</title>
        <meta name="author" content="Adam Freeman"/>
        <meta name="description" content="A simple example"/>
        <link rel="shortcut icon" href="favicon.ico" type="image/x-icon" />
    </head>
    <body>
        <form method="post" action="http://titan:8080/form">
            <fieldset>
                <p><label for="name">Name: <input id="name" name="name"/></label></p>
                <p><label for="city">City: <input id="city" name="city"/></label></p>
            </fieldset>
            <fieldset>
                <p><label for="fave1">#1: <input id="fave1" name="fave1"/></label></p>
                <p><label for="fave2">#2: <input id="fave2" name="fave2"/></label></p>
                <p><label for="fave3">#3: <input id="fave3" name="fave3"/></label></p>
            </fieldset>
            <button>Submit Vote</button>
        </form>
    </body>
</html>
```

此例用一个fieldset元素将两个用来收集用户个人信息的input元素编为一组，又用另一个fieldset元素将三个用来让用户为其喜欢的水果投票的input元素编为一组。fieldset元素的习惯样式效果如图12-8所示。

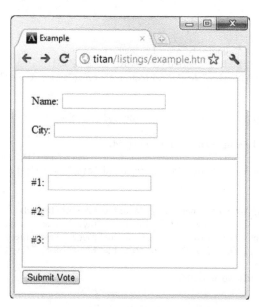

图12-8　用fieldset元素对input元素编组

12.6.1 为 fieldset 元素添加说明标签

上面的例子中已将input元素分别编组，但是未向用户提供相关说明。在每一个fieldset元素中添加一个legend元素即可弥补这个缺点，表12-9概括了这个元素。

表12-9 legend元素

元素	legend
元素类型	无
允许具有的父元素	fieldset元素
局部属性	无
内容	短语内容
标签用法	开始标签和结束标签
是否为HTML5新增	否
在HTML5中的变化	无
习惯样式	legend { display: block; padding-start: 2px; padding-end: 2px; border: none; }

legend元素必须是fieldset元素的第一个子元素，如代码清单12-13所示。

代码清单12-13 使用legend元素

```html
<!DOCTYPE HTML>
<html>
    <head>
        <title>Example</title>
        <meta name="author" content="Adam Freeman"/>
        <meta name="description" content="A simple example"/>
        <link rel="shortcut icon" href="favicon.ico" type="image/x-icon" />
    </head>
    <body>
        <form method="post" action="http://titan:8080/form">
            <fieldset>
                <legend>Enter Your Details</legend>
                <p><label for="name">Name: <input id="name" name="name"/></label></p>
                <p><label for="name">City: <input id="city" name="city"/></label></p>
            </fieldset>
            <fieldset>
                <legend>Vote For Your Three Favorite Fruits</legend>
                <p><label for="fave1">#1: <input id="fave1" name="fave1"/></label></p>
                <p><label for="fave2">#2: <input id="fave2" name="fave2"/></label></p>
                <p><label for="fave3">#3: <input id="fave3" name="fave3"/></label></p>
            </fieldset>
            <button>Submit Vote</button>
        </form>
    </body>
</html>
```

legend元素在浏览器中的显示结果如图12-9所示。

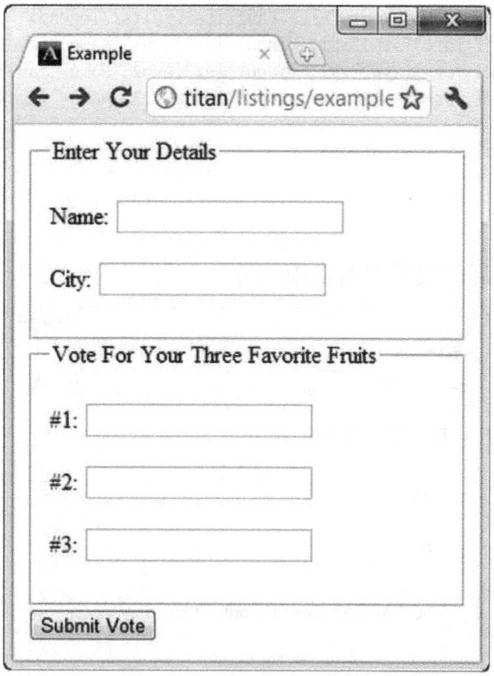

图12-9 使用legend元素

12.6.2 用 fieldset 禁用整组 input 元素

本章前面已经示范过如何禁用单个input元素。通过设置fieldset元素的disabled属性，可以一次性地禁用多个input元素。此时fieldset元素中包含的所有input元素都会被禁用，如代码清单12-14所示。

代码清单12-14 用fieldset元素禁用input元素

```
<!DOCTYPE HTML>
<html>
    <head>
        <title>Example</title>
        <meta name="author" content="Adam Freeman"/>
        <meta name="description" content="A simple example"/>
        <link rel="shortcut icon" href="favicon.ico" type="image/x-icon" />
    </head>
    <body>
        <form method="post" action="http://titan:8080/form">
            <fieldset>
                <legend>Enter Your Details</legend>
                <p><label for="name">Name: <input id="name" name="name"/></label></p>
                <p><label for="name">City: <input id="city" name="city"/></label></p>
```

```
            </fieldset>
            <fieldset disabled>
                <legend>Vote For Your Three Favorite Fruits</legend>
                <p><label for="fave1">#1: <input id="fave1" name="fave1"/></label></p>
                <p><label for="fave2">#2: <input id="fave2" name="fave2"/></label></p>
                <p><label for="fave3">#3: <input id="fave3" name="fave3"/></label></p>
            </fieldset>
            <button>Submit Vote</button>
        </form>
    </body>
</html>
```

这些input元素被禁用后的效果如图12-10所示。

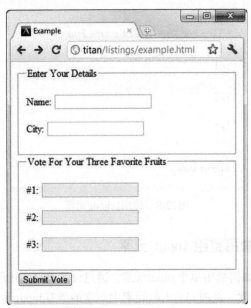

图12-10　通过fieldset元素禁用input元素

12.7　使用button元素

button元素其实比它的外表给人的感觉更灵活。该元素有三种用法，这些不同的操作模式通过具有三种值的type属性设定，其说明见表12-10。

表12-10　button元素的type属性的值

值	说　　明
submit	表示按钮的用途是提交表单
reset	表示按钮的用途是重置表单
button	表示按钮没有具体语义

下面我们来逐一说明上述三个属性值及其代表的功能。

12.7.1 用 button 元素提交表单

如果将 button 元素的 type 属性设置为 submit，那么按下该按钮会提交包含它的表单。这是未设置 type 属性的 button 元素的默认行为。采用这种方法使用该元素时，它还有额外的一些属性可用，如表 12-11 所述。

表 12-11　type 属性设置为 submit 时 button 元素的额外属性

属　　性	说　　明
form	指定按钮关联的表单，详见 12.8 节
formaction	覆盖 form 元素的 action 属性，另行指定表单将要提交到的 URL。关于 action 属性，详见 12.2.1 节
formenctype	覆盖 form 元素的 enctype 属性，另行指定表单的编码方式。关于 enctype 属性，详见 12.2.3 节
formmethod	覆盖 form 元素的 method 属性。关于 method 属性，详见 12.2.2 节
formtarget	覆盖 form 元素的 target 属性。关于 target 属性，详见 12.2.5 节
formnovalidate	覆盖 form 元素的 novalidate 属性，表明是否应执行客户端数据有效性检查。关于对输入数据的检查，详见第 14 章

这些属性主要是用来覆盖或补充 form 元素上的设置，指定表单提交的 URL、使用的 HTTP 方法、编码方式、表单反馈信息的显示地点，以及控制客户端数据检查。它们是 HTML5 中新增的属性。代码清单 12-15 示范了这些元素的用法。

代码清单 12-15　使用 button 元素的属性

```
<!DOCTYPE HTML>
<html>
    <head>
        <title>Example</title>
        <meta name="author" content="Adam Freeman"/>
        <meta name="description" content="A simple example"/>
        <link rel="shortcut icon" href="favicon.ico" type="image/x-icon" />
    </head>
    <body>
        <form>
            <p>
                <label for="fave">Fruit: <input autofocus id="fave" name="fave"/></label>
            </p>
            <p>
                <label for="name">Name: <input id="name" name="name"/></label>
            </p>
            <button type="submit" formaction="http://titan:8080/form"
                    formmethod="post">Submit Vote</button>
        </form>
    </body>
</html>
```

此例未设置form元素的action和method属性，转而通过设置button元素的formaction和formmethod属性来达到同样的目的。

12.7.2 用button元素重置表单

如果将button元素的type属性设置为reset，那么按下按钮会将表单中所有input元素重置为初始状态。这样使用该元素时，没有额外的属性可用。代码清单12-16中的例子在HTML文档中添加了一个重置按钮。

代码清单12-16　用button元素重置表单

```
<!DOCTYPE HTML>
<html>
    <head>
        <title>Example</title>
        <meta name="author" content="Adam Freeman"/>
        <meta name="description" content="A simple example"/>
        <link rel="shortcut icon" href="favicon.ico" type="image/x-icon" />
    </head>
    <body>
        <form method="post" action="http://titan:8080/form">
            <p>
                <label for="fave">Fruit: <input autofocus id="fave" name="fave"/></label>
            </p>
            <p>
                <label for="name">Name: <input id="name" name="name"/></label>
            </p>
            <button type="submit">Submit Vote</button>
            <button type="reset">Reset</button>
        </form>
    </body>
</html>
```

表单的重置效果如图12-11所示。

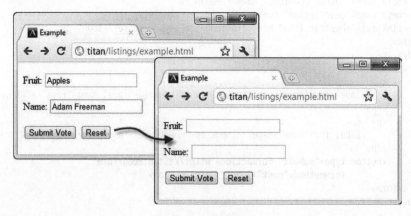

图12-11　重置表单

12.7.3 把 button 作为一般元素使用

如果将button元素的type属性设置为button，那么该button元素就仅仅是一个按钮。它没有特别的含义，在按下时也不会做任何事情。代码清单12-17的例子在HTML文档中添加了这样一个按钮。

代码清单12-17 使用一般性的button

```html
<!DOCTYPE HTML>
<html>
    <head>
        <title>Example</title>
        <meta name="author" content="Adam Freeman"/>
        <meta name="description" content="A simple example"/>
        <link rel="shortcut icon" href="favicon.ico" type="image/x-icon" />
    </head>
    <body>
        <form method="post" action="http://titan:8080/form">
            <p>
                <label for="fave">Fruit: <input autofocus id="fave" name="fave"/></label>
            </p>
            <p>
                <label for="name">Name: <input id="name" name="name"/></label>
            </p>
            <button type="submit">Submit Vote</button>
            <button type="reset">Reset</button>
            <button type="button">Do <strong>NOT</strong> press this button</button>
        </form>
    </body>
</html>
```

这样使用该元素看起来似乎没有什么意义。但在第30章将会讲到，在按下按钮时可以用JavaScript执行一些操作。通过这种方法即可用button元素实现自定义的行为。

注意，此例对button元素包含的文字设置了一些格式。该元素中的文字可以用各种短语元素进行标记。该例中此处所作标记的效果如图12-12所示。

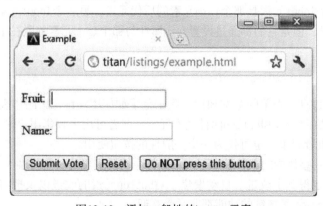

图12-12 添加一般性的button元素

12.8 使用表单外的元素

在HTML4中，input、button和其他与表单相关的元素必须放在form元素中。本章前面所有例子都是这样做的。在HTML5中，这条限制不复存在。现在可以将这类元素与文档中任何地方的表单挂钩。input、button元素以及第14章将要介绍的其他与表单相关的元素都定义了一个form属性，该属性正是用于这个目的。要将某个这类元素与并非其祖先元素的form元素挂钩，只消将其form属性设置为相关form元素的id属性值即可。代码清单12-18即为一例。

代码清单12-18 使用form属性

```
<!DOCTYPE HTML>
<html>
    <head>
        <title>Example</title>
        <meta name="author" content="Adam Freeman"/>
        <meta name="description" content="A simple example"/>
        <link rel="shortcut icon" href="favicon.ico" type="image/x-icon" />
    </head>
    <body>
        <form id="voteform" method="post" action="http://titan:8080/form">
            <p>
                <label for="fave">Fruit: <input autofocus id="fave" name="fave"/></label>
            </p>
        </form>
        <p>
            <label for="name">Name: <input form="voteform" id="name" name="name"/>
            </label>
        </p>
        <button form="voteform" type="submit">Submit Vote</button>
        <button form="voteform" type="reset">Reset</button>
    </body>
</html>
```

此例中只有一个input元素是那个form元素的后代元素。另一个input元素和两个button元素都位于form元素之外，但是它们都通过设置form属性与那个form元素关联在了一起。

12.9 小结

本章讲述的是HTML5表单的基本知识。我示范了如何用form元素制作表单以及如何配置表单的工作方式，介绍了input和button两种基本元素。前者可用来收集用户输入的简单文字数据；后者可用来提交或重置表单，也可作为一个一般性的按钮使用。

HTML5表单有一些很棒的新特性（下一章即将介绍最重要的一些特性），就连那些基本的表单操作在HTML5中也得到了改进。自动聚焦、对button元素的改进以及把与表单相关的元素与并非其祖先元素的form元素挂钩的功能都非常受欢迎。

第 13 章 定制 input 元素

上一章介绍了 input 元素的基本用法，该元素可以用来生成一个供用户输入数据的简单文本框。其缺点在于用户在其中输入什么值都可以。有时这还不错，但是有时设计者可能希望让用户输入特定类型的数据。在后一种情况下，可以对 input 元素进行配置，改变其收集用户数据的方式。要配置 input 元素需要用到其 type 属性。在 HTML5 中该属性有 23 个不同的值。在将 type 属性设置为想要的值之后，input 元素又有一些额外的属性可供使用。该元素一共有 30 个属性，其中许多属性只能与特定的 type 属性值搭配使用。本章将全面介绍 type 属性的各种值及相关的元素属性。表 13-1 概括了本章内容。

表13-1　本章内容概要

问题	解决方案	代码清单
设置 input 元素的大小和容量	使用 size 和 Imaxlength 属性	13-1
为 input 元素设置初始值或关于所需数据类型的提示	使用 value 或 placeholder 属性	13-2
提供一批建议值供用户选择	使用 input 元素的 list 属性和 Idatalist 元素	13-3
生成只读或被禁用的 input 元素	使用 readonly 或 disabled 属性	13-4
隐藏用户输入的字符	使用 password 型 input 元素[①]	13-5
用 input 元素生成按钮	使用 submit、reset 或 button 型 input 元素	13-6
将输入内容限制为数值	使用 number 型 input 元素	13-7
将输入内容限制在一个数值范围	使用 range 型 input 元素	13-8
限制用户只能选择是或否	使用 checkbox 型 input 元素	13-9
限制用户在有限几个选项中进行选择	使用 radio 型 input 元素	13-10
将输入内容限制为特定格式的字符串	使用 email、tel 或 url 型 input 元素	13-11
将输入内容限制为时间或日期	使用 datetime、datetime-local、date、month、time 或 week 型 input 元素	13-12
让用户选择一种颜色	使用 color 型 input 元素	13-13
让用户输入一个搜索用词	使用 search 型 input 元素	13-14

---

① 指 type 属性设置为 password 的 input 元素。后面还有大量类似说法，不再赘述。——译者注

（续）

问题	解决方案	代码清单
生成隐藏的input元素	使用hidden型input元素	13-15
生成用来提交表单的图像按钮	使用image型input元素	13-16
上传文件到服务器	使用file型input元素，并将form元素的enctype属性设置为multipart/form-data	13-17

13.1 用input元素输入文字

type属性设置为text的input元素在浏览器中显示为一个单行文本框。上一章用到的input元素就是这个样子，这是未设置type属性情况下的默认形式。表13-2罗列了可用于这种类型的input元素的各种属性（上一章中已讲过的不再赘述）。

表13-2　text型input元素可用的额外属性

属　　性	说　　明	是否为HTML5新增
dirname	指定元素内容文字方向的名称，参见13.1.5节	是
list	指定为文本框提供建议值的datalist元素，其值为datalist元素的id值，详见13.1.3节	是
maxlength	设定用户可以在文本框中输入的字符的最大数目，详见13.1.1节	否
pattern	指定一个用于输入验证的正则表达式，详见第14章	是
placeholder	指定关于所需数据类型的提示，详见13.1.2节	是
readonly	用来将文本框设为只读以阻止用户编辑其内容，详见13.1.4节	否
required	表明用户必须输入一个值，否则无法通过输入验证，详见第14章	是
size	通过指定文本框中可见的字符数目设定其宽度，详见13.1.1节	否
value	设置文本框的初始值，详见13.1.2节	否

下面逐一说明这些属性。

提示　如果要使用多行文本框，请使用textarea元素，具体参见第14章。

13.1.1 设定元素大小

有两个属性能够对文本框的大小产生影响。maxlength属性设定了用户能够输入的字符的最大数目，size属性则设定了文本框能够显示的字符数目。二者的字符数目均以正整数表示。代码清单13-1示范了这两个属性的用法。

代码清单13-1　使用maxlength和size属性

```
<!DOCTYPE HTML>
<html>
```

```html
<head>
    <title>Example</title>
    <meta name="author" content="Adam Freeman"/>
    <meta name="description" content="A simple example"/>
    <link rel="shortcut icon" href="favicon.ico" type="image/x-icon" />
</head>
<body>
    <form method="post" action="http://titan:8080/form">
        <p>
            <label for="name">
                Name: <input maxlength="10" id="name" name="name"/>
            </label>
        </p>
        <p>
            <label for="city">
                City: <input size="10" id="city" name="city"/>
            </label>
        </p>
        <p>
            <label for="fave">
                Fruit: <input size="10" maxlength="10" id="fave" name="fave"/>
            </label>
        </p>
        <button type="submit">Submit Vote</button>
    </form>
</body>
</html>
```

此例中第一个input元素的maxlength属性被设置为10。浏览器可以自行确定该文本框在屏幕上占据的宽度，但用户最多只能在其中输入10个字符。如果用户试图输入更多的字符，那么浏览器会忽略多出的这些输入内容。

第二个input元素的size属性被设置为10。浏览器必须确保该文本框的宽度足以显示10个字符。该属性对用户能够输入的字符数目未作限制。

第三个input元素同时设置了这两个属性，既确定了文本框在屏幕上的大小，又限制了用户能够输入的字符数目。图13-1显示了这些属性对显示效果和发送给服务器的数据项的影响。

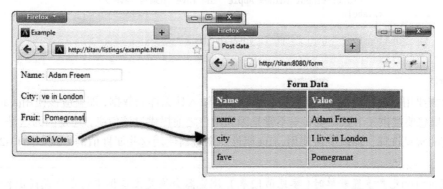

图13-1　使用maxlength和size属性

上图中使用的浏览器是Firefox，这是因为我最爱用的Chrome没有正确实现size属性。细看发送到服务器的数据，会发现city这项数据所含字符比屏幕上显示的多。这是因为size属性不会限制用户能够输入的字符数，只会限制浏览器所能显示的字符数。

13.1.2　设置初始值和占位式提示

先前的例子中的文本框在文档刚载入时都是空的，不过它们不是非这样不可。设计者可以用value属性设置一个默认值，还可以用placeholder属性设置一段提示文字，告诉用户应该输入什么类型的数据。代码清单13-2示范了这些属性的用法。

代码清单13-2　使用value和placeholder属性

```html
<!DOCTYPE HTML>
<html>
    <head>
        <title>Example</title>
        <meta name="author" content="Adam Freeman"/>
        <meta name="description" content="A simple example"/>
        <link rel="shortcut icon" href="favicon.ico" type="image/x-icon" />
    </head>
    <body>
        <form method="post" action="http://titan:8080/form">
            <p>
                <label for="name">
                    Name: <input placeholder="Your name" id="name" name="name"/>
                </label>
            </p>
            <p>
                <label for="city">
                    City: <input placeholder="Where you live" id="city" name="city"/>
                </label>
            </p>
            <p>
                <label for="fave">
                    Fruit: <input value="Apple" id="fave" name="fave"/>
                </label>
            </p>
            <button type="submit">Submit Vote</button>
        </form>
    </body>
</html>
```

如果需要用户输入数据，而且想提示用户应该输入什么样的数据，那就应该使用placeholder属性。如果想要提供一个默认值——不管是因为用户之前提供过该信息，还是因为这是一个可能会被接受的常见选择，那就应该使用value属性。浏览器使用这些属性值的方式如图13-2所示。

提示　用button元素重置表单时（参见第12章），浏览器会恢复文本框中的占位式提示和默认值。

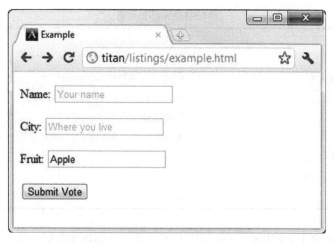

图13-2　提供默认值和占位式提示

13.1.3　使用数据列表

可以将input元素的list属性设置为一个datalist元素的id属性值,这样用户在文本框中输入数据时只需从后一元素提供的一批选项中进行选择就行了。表13-3概括了datalist元素。

表13-3　datalist元素

元素	datalist
元素类型	短语
允许具有的父元素	任何可以包含短语元素的元素
局部属性	无
内容	option元素和短语内容
标签用法	开始标签和结束标签
是否为HTML5新增	是
在HTML5中的变化	无
习惯样式	无

datalist元素是HTML5中新增的,它可以用来提供一批值,以便帮助用户输入需要的数据。不同类型的input元素使用datalist元素的方式略有差异。对于text型input元素,datalist元素提供的值以自动补全建议值的方式呈现。提供给用户选择的值各用一个option元素指定。表13-4概括了option元素。

提示　第14章讲到select和optgroup元素时还会再次提到option元素。

表13-4 option元素

元素	option
元素类型	无
允许具有的父元素	datalist、select、optgroup
局部属性	disabled、selected、label和lvalue
内容	字符数据
标签用法	虚元素形式，或开始标签与结束标签一起使用
是否为HTML5新增	否
在HTML5中的变化	无
习惯样式	无

代码清单13-3示范了如何用datalist和option元素为文本框准备好一批值。

代码清单13-3 使用datalist元素

```
<!DOCTYPE HTML>
<html>
    <head>
        <title>Example</title>
        <meta name="author" content="Adam Freeman"/>
        <meta name="description" content="A simple example"/>
        <link rel="shortcut icon" href="favicon.ico" type="image/x-icon" />
    </head>
    <body>
        <form method="post" action="http://titan:8080/form">
            <p>
                <label for="name">
                    Name: <input placeholder="Your name" id="name" name="name"/>
                </label>
            </p>
            <p>
                <label for="city">
                    City: <input placeholder="Where you live" id="city" name="city"/>
                </label>
            </p>
            <p>
                <label for="fave">
                    Fruit: <input list="fruitlist" id="fave" name="fave"/>
                </label>
            </p>
            <button type="submit">Submit Vote</button>
        </form>

        <datalist id="fruitlist">
            <option value="Apples" label="Lovely Apples"/>
            <option value="Oranges">Refreshing Oranges</option>
            <option value="Cherries"/>
        </datalist>
```

```
</body>
</html>
```

包含在datalist元素中的每一个option元素都代表一个供用户选择的值。其value属性值在该元素代表的选项被选中时就是input元素所用的数据值。显示在选择列表中的未必是option元素的value属性值，还可以是另行设定的一条说明信息。它可以用label属性设置，也可以作为option元素的内容设置 。在代码清单13-3中值为Apples和Oranges的两个option元素就是这样做的。图13-3显示了浏览器处理定义在datalist中的option元素的方式。

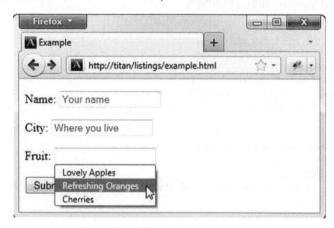

图13-3　搭配使用input和datalist元素

使用这种text型input元素时要注意：如果某个option元素的内容或label值与其value值不同，那么用户可能会搞不懂为什么点击Lovely Apples结果却是在文本框中输入Apples。有些浏览器（如Opera）对这种情况采用的处理方式略有不同，如图13-4所示。

图13-4　value和label属性值不同时Opera会将它们都显示出来

这种处理方式略有进步（注意：它只检查了option元素的label属性，没管其内容），不过还是难免让人糊涂。

13.1.4　生成只读或被禁用的文本框

readonly和disabled属性都可以用来生成用户不能编辑的文本框，其结果的外观不同。代码清单13-4示范了这两个属性的用法。

代码清单13-4　使用readonly和disabled属性

```
<!DOCTYPE HTML>
<html>
    <head>
        <title>Example</title>
        <meta name="author" content="Adam Freeman"/>
        <meta name="description" content="A simple example"/>
        <link rel="shortcut icon" href="favicon.ico" type="image/x-icon" />
    </head>
    <body>
        <form method="post" action="http://titan:8080/form">
            <p>
                <label for="name">
                    Name: <input value="Adam" disabled id="name" name="name"/>
                </label>
            </p>
            <p>
                <label for="city">
                    City: <input value="Boston" readonly id="city" name="city"/>
                </label>
            </p>
            <p>
                <label for="fave">
                    Fruit: <input id="fave" name="fave"/>
                </label>
            </p>
            <button type="submit">Submit Vote</button>
        </form>
    </body>
</html>
```

其结果如图13-5所示。

代码清单13-4中的第一个input元素设置了disabled属性，结果该文本框显示为灰色，而且用户不能编辑其中的文字。第二个input元素设置了readonly属性，这也会阻止用户编辑文本框中的文字，但不会影响其外观。提交表单后，看看发送给服务器的数据有什么不同，结果如图13-6所示。

注意，设置了disabled属性的input元素的数据没有被提交到服务器。如果既要用这个属性又想把数据发到服务器，那么应该考虑使用hidden型input元素（参见13.6节）。

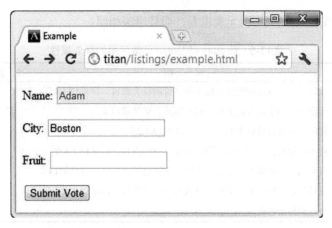

图13-5　使用disabled和readonly属性

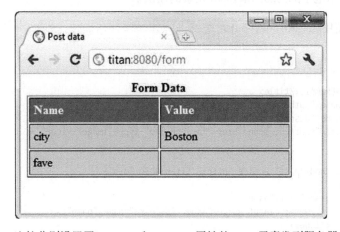

图13-6　比较分别设置了readonly和disabled属性的input元素发到服务器的数据

readonly属性要谨慎使用。虽然使用这个属性的input元素的数据能够发给服务器,但是没有什么视觉信号告诉用户该文本框已禁止编辑。浏览器不会理会用户的输入操作,这会让用户困惑。

13.1.5　指定文字方向数据的名称

通过设置dirname属性,可以将用户输入文字的方向数据发送给服务器,该属性的值就是方向数据项的名称。在撰写本书时,还没有主流浏览器支持这个属性。

13.2　用 input 元素输入密码

type属性值设置为password的input元素用于输入密码。用户输入的字符在这种文本框中显示为星号(*)之类的掩饰字符。表13-5罗列了input元素在type属性被设置为password时可用的一些额外属性。这些属性text型input元素也有，而且用法相同。

表13-5 password型input元素可用的额外属性

属 性	说 明	是否为HTML5新增
maxlength	设定用户可以在密码框中输入的字符的最大数目，详见13.1.1节	否
pattern	指定一个用于输入验证的正则表达式，详见第14章	是
palceholder	指定关于所需数据类型的提示，详见13.1.2节	是
readonly	将密码框设为只读以阻止用户编辑其中的内容，详见13.1.4节	否
required	表明用户必须输入一个值，否则无法通过输入验证，详见第14章	是
size	通过指定密码框中可见的字符数目设定其宽度，详见13.1.1节	否
value	设置初始密码值	否

代码清单13-5示范了password型input元素的用法。

代码清单13-5 使用password型input元素

```html
<!DOCTYPE HTML>
<html>
    <head>
        <title>Example</title>
        <meta name="author" content="Adam Freeman"/>
        <meta name="description" content="A simple example"/>
        <link rel="shortcut icon" href="favicon.ico" type="image/x-icon" />
    </head>
    <body>
        <form method="post" action="http://titan:8080/form">
            <p>
                <label for="name">
                    Name: <input value="Adam" id="name" name="name"/>
                </label>
            </p>
            <p>
                <label for="password">
                    Password: <input type="password" placeholder="Min 6 characters"
                        id="password" name="password"/>
                </label>
            </p>
            <p>
                <label for="fave">
                    Fruit: <input value="Apples" id="fave" name="fave"/>
                </label>
            </p>
            <button type="submit">Submit Vote</button>
        </form>
    </body>
</html>
```

在上面的代码清单中，那个password型input元素还设置了placeholder属性，用以提示用户所需的是什么样的密码。用户输入密码的时候，浏览器会清除文本框中的占位式提示并将每一个密码字符显示为圆点（具体使用的掩饰字符因浏览器而异）。其效果如图13-7所示。

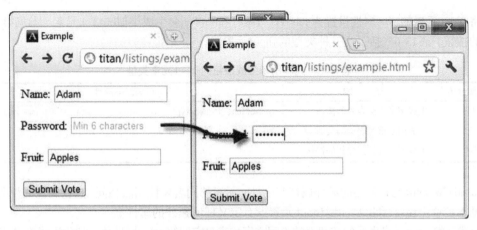

图13-7　使用password型input元素

有一件事读者想必都明白，不过我还是要提一句：在此过程中用户输入的内容只是显示为掩饰字符，而不是被替换为掩饰字符。提交表单时，服务器收到的是明文密码。图13-8显示了来自Node.js脚本的反馈信息。

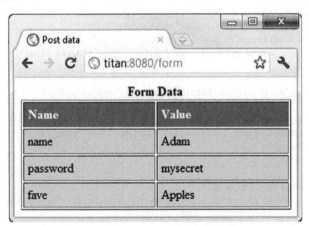

图13-8　提交包含密码字段的表单

警告　在提交表单时password型input元素不会对密码加以保护，用户输入的值以明文传输。对于安全至关重要（理应如此）的网站和应用系统，应该考虑使用SSL/HTTPS对浏览器和服务器之间的通信内容加密。

13.3 用input元素生成按钮

将input元素的type属性设置为submit、reset和button会生成类似button元素（参见第12章）那样的按钮。表13-6概括了这三种类型的input元素。

表13-6　几种用来生成按钮的input元素类型

type属性值	说　　明	可用的额外属性
submit	生成用来提交表单的按钮	formaction、formenctype、formmethod、formtarget和formnovalidate
reset	生成用来重置表单的按钮	无
button	生成不执行任何操作的按钮	无

submit型input元素可用的额外属性与button元素的同名属性用法相同。这些属性的说明和演示参见第12章。reset和button型input元素没有定义任何额外的属性。

上述三类input元素生成的按钮上的说明文字均来自它们的value属性值，如代码清单13-6所示。

代码清单13-6　用input元素生成按钮

```html
<!DOCTYPE HTML>
<html>
    <head>
        <title>Example</title>
        <meta name="author" content="Adam Freeman"/>
        <meta name="description" content="A simple example"/>
        <link rel="shortcut icon" href="favicon.ico" type="image/x-icon" />
    </head>
    <body>
        <form method="post" action="http://titan:8080/form">
            <p>
                <label for="name">
                    Name: <input value="Adam" id="name" name="name"/>
                </label>
            </p>
            <p>
                <label for="password">
                    Password: <input type="password" placeholder="Min 6 characters"
                        id="password" name="password"/>
                </label>
            </p>
            <p>
                <label for="fave">
                    Fruit: <input value="Apples" id="fave" name="fave"/>
                </label>
            </p>
            <input type="submit" value="Submit Vote"/>
            <input type="reset" value="Reset Form"/>
            <input type="button" value="My Button"/>
        </form>
```

```
    </body>
</html>
```

这些按钮的显示结果如图13-9所示。从图中可以看到,它们与用button元素生成的按钮外观上并无二致。

图13-9　用input元素生成按钮

用input元素生成按钮与用button元素的不同之处在于后者可以用来显示含标记的文字(第12章中有一个例子)。有些较陈旧的浏览器(比如IE6)不能正确处理button元素,所以很多网站都更倾向于用input元素生成按钮——各浏览器对这个元素的处理方式向来都比较一致。

13.4　用 input 元素为输入数据把关

input元素的type属性在HTML5中新增的一些值可以对用户输入的数据类型提出更具体的要求。随后的各节将分别介绍一个这类type属性值并演示其用法。表13-7概括了这些type属性值。

表13-7　用于输入受限数据的input元素的type属性值

属　　性	说　　明	是否为HTML5新增
checkbox	将输入限制为在一个"是/否"二态复选框中进行选择	否
color	只能输入颜色信息	是
date	只能输入日期	是
datetime	只能输入带时区信息的世界时(包括日期和时间)	是
datetime-local	只能输入不带时区信息的世界时(包括日期和时间)	是
email	只能输入规范的电子邮箱地址	是
month	只能输入年和月	是
number	只能输入整数或浮点数	是
radiobutton	将输入限制为在一组固定选项中进行选择	否

（续）

属　　性	说　　明	是否为HTML5新增
range	只能输入指定范围内的数值	是
tel	只能输入规范的电话号码	是
time	只能输入时间信息	是
week	只能输入年及星期信息	是
url	只能输入完全限定的URL	是

这一系列类型的input元素中有些能用明显的视觉信号告诉用户对输入或选择的数据有什么限制（例如checkbox型和radiobutton型input元素）；而像email型和url型等其他类型input元素则只能依靠输入检查功能（参见第14章）。

13.4.1　用input元素获取数值

type属性设置为number的input元素生成的输入框只接受数值。有些浏览器（如Chrome）还会在旁边显示用来上调和下调数值的箭头形小按钮。表13-8介绍了这种类型的input元素可用的额外属性。

表13-8　number型input元素可用的额外属性

属　　性	说　　明	是否为HTML5新增
list	指定为文本框提供建议值的datalist元素。其值为datalist元素的id值。datalist元素的介绍详见13.1.3节	是
min	设定可接受的最小值（也是下调按钮〔如果有的话〕的下限）以便进行输入验证。输入验证的介绍详见第14章	是
max	设定可接受的最大值（也是上调按钮〔如果有的话〕的上限）以便进行输入验证。输入验证的介绍详见第14章	是
readonly	用来将文本框设置为只读以阻止用户编辑其内容。详见13.1.4节	否
required	表明用户必须输入一个值，否则无法通过输入验证。详见第14章	是
step	指定上下调节数值的步长	是
value	指定元素的初始值	否

min、max、step和value属性值可以是整数或小数，如3和3.14都是有效值。代码清单13-7示范了number型input元素的用法。

代码清单13-7　使用number型input元素

```
<!DOCTYPE HTML>
<html>
    <head>
        <title>Example</title>
```

```html
        <meta name="author" content="Adam Freeman"/>
        <meta name="description" content="A simple example"/>
        <link rel="shortcut icon" href="favicon.ico" type="image/x-icon" />
    </head>
    <body>
        <form method="post" action="http://titan:8080/form">
            <p>
                <label for="name">
                    Name: <input value="Adam" id="name" name="name"/>
                </label>
            </p>
            <p>
                <label for="password">
                    Password: <input type="password" placeholder="Min 6 characters"
                        id="password" name="password"/>
                </label>
            </p>
            <p>
                <label for="fave">
                    Fruit: <input value="Apples" id="fave" name="fave"/>
                </label>
            </p>

            <p>
                <label for="price">
                    $ per unit in your area:
                    <input type="number" step="1" min="0" max="100"
                        value="1" id="price" name="price"/>
                </label>
            </p>
            <input type="submit" value="Submit Vote"/>
        </form>
    </body>
</html>
```

代码清单13-7中添加了一个number型input元素，要求用户提供其爱吃的水果在当地的价格。该元素的最小值、最大值、步长和初始值分别设置为1、100、1和1，其显示效果如图13-10所示。图中既有Firefox的截图又有Chrome的截图。注意Chrome还显示了用来调节数值的箭头形小按钮，而Firefox中没有这个东西。

图13-10　Chrome和Firefox中的number型input元素

13.4.2 用input元素获取指定范围内的数值

获取数值的另一种办法是使用range型input元素。用户只能用它从事先规定的范围内选择一个数值。range型input元素支持的属性与number型相同（参见表13-8），但二者在浏览器中的显示结果不同。代码清单13-8示范了range型input元素的用法。

代码清单13-8 使用range型input元素

```html
<!DOCTYPE HTML>
<html>
    <head>
        <title>Example</title>
        <meta name="author" content="Adam Freeman"/>
        <meta name="description" content="A simple example"/>
        <link rel="shortcut icon" href="favicon.ico" type="image/x-icon" />
    </head>
    <body>
        <form method="post" action="http://titan:8080/form">
            <p>
                <label for="name">
                    Name: <input value="Adam" id="name" name="name"/>
                </label>
            </p>
            <p>
                <label for="password">
                    Password: <input type="password" placeholder="Min 6 characters"
                        id="password" name="password"/>
                </label>
            </p>
            <p>
                <label for="fave">
                    Fruit: <input value="Apples" id="fave" name="fave"/>
                </label>
            </p>
            <p>
                <label for="price">
                    $ per unit in your area: 1
                    <input type="**range**" step="1" min="0" max="100"
                        value="1" id="price" name="price"/>**100**
                </label>
            </p>
            <input type="submit" value="Submit Vote"/>
        </form>
    </body>
</html>
```

其显示结果见图13-11。

13.4 用input元素为输入数据把关

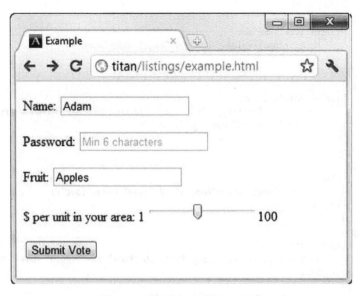

图13-11　使用range型input元素

13.4.3　用input元素获取布尔型输入

checkbox型input元素会生成供用户选择是或否的复选框。这种类型的input元素支持的额外属性如表13-9所述。

表13-9　checkbox型input元素可用的额外属性

属　　性	说　　明	是否为HTML5新增
checked	设置了该属性的复选框刚显示出来时或重置表单后呈勾选状态	否
required	表示用户必须勾选该复选框，否则无法通过输入验证。详见第14章	是
value	设定在复选框呈勾选状态时提交给服务器的数据值。默认为on	否

代码清单13-9示范了checkbox型input元素的用法。

代码清单13-9　用input元素生成复选框

```
<!DOCTYPE HTML>
<html>
    <head>
        <title>Example</title>
        <meta name="author" content="Adam Freeman"/>
        <meta name="description" content="A simple example"/>
        <link rel="shortcut icon" href="favicon.ico" type="image/x-icon" />
    </head>
    <body>
        <form method="post" action="http://titan:8080/form">
```

```html
        <p>
            <label for="name">
                Name: <input value="Adam" id="name" name="name"/>
            </label>
        </p>
        <p>
            <label for="password">
                Password: <input type="password" placeholder="Min 6 characters"
                    id="password" name="password"/>
            </label>
        </p>
        <p>
            <label for="fave">
                Fruit: <input value="Apples" id="fave" name="fave"/>
            </label>
        </p>
        <p>
            <label for="veggie">
                Are you vegetarian: <input type="checkbox" id="veggie" name="veggie"/>
            </label>
        </p>
        <input type="submit" value="Submit Vote"/>
    </form>
</body>
</html>
```

其显示结果如图13-12所示。

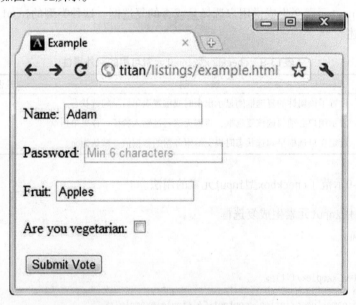

图13-12 用input元素生成复选框

checkbox型input元素的不足之处在于：提交表单时，只有处于勾选状态的复选框的数据值会发送给服务器。因此，要是表单状态在如图13-12时提交它，那么从Node.js脚本得到的反馈结果会是图13-13中的样子。

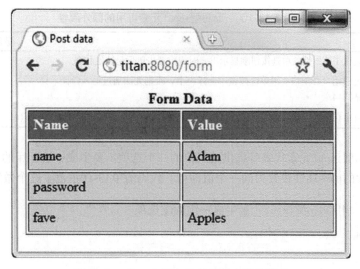

图13-13　前一个图中的表单提交的数据项

注意，图中能看到密码框的值，但找不到复选框的值。checkbox型input元素的数据项如果不存在，那就表明用户没有勾选这个复选框；反之，该数据项如果存在，那就表明用户勾选了这个复选框，如图13-14所示。

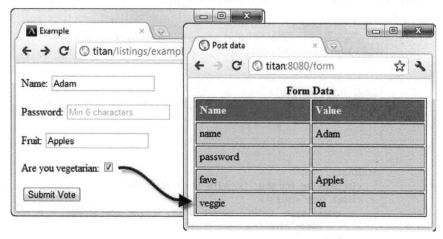

图13-14　在勾选复选框的情况下提交表单

13.4.4　用 input 元素生成一组固定选项

radio型input元素可以用来生成一组单选按钮，供用户从一批固定的选项中作出选择。它适合于可用有效数据不多的情况。表13-10介绍了这种类型的input元素支持的额外属性。

表13-10 radio型input元素可用的额外属性

属 性	说 明	是否为HTML5新增
checked	设置了该属性的单选按钮刚显示出来时或重置表单后呈选定状态	否
required	表示用户必须在一组单选按钮中选择一个，否则无法通过输入验证。详见第14章	是
value	设定在单选按钮呈选定状态时提交给服务器的数据值	否

每一个radio型input元素代表着提供给用户的一个选项。要生成一组互斥的选项，只消将所有相关input元素的name属性设置为同一个值即可。代码清单13-10示范了这个做法。

代码清单13-10 用radio型input元素生成一组固定选项

```html
<!DOCTYPE HTML>
<html>
    <head>
        <title>Example</title>
        <meta name="author" content="Adam Freeman"/>
        <meta name="description" content="A simple example"/>
        <link rel="shortcut icon" href="favicon.ico" type="image/x-icon" />
    </head>
    <body>
        <form method="post" action="http://titan:8080/form">
            <p>
                <label for="name">
                    Name: <input value="Adam" id="name" name="name"/>
                </label>
            </p>
            <p>
                <label for="password">
                    Password: <input type="password" placeholder="Min 6 characters"
                        id="password" name="password"/>
                </label>
            </p>
            <p>
                <fieldset>
                    <legend>Vote for your favorite fruit</legend>
                    <label for="apples">
                        <input type="radio" checked value="Apples" id="apples"
                            name="fave"/>
                        Apples
                    </label>
                    <label for="oranges">
                        <input type="radio" value="Oranges" id="oranges" name="fave"/>
                        Oranges
                    </label>
                    <label for="cherries">
                        <input type="radio" value="Cherries" id="cherries" name="fave"/>
```

```
                    Cherries
                </label>
            </fieldset>
        </p>
        <input type="submit" value="Submit Vote"/>
    </form>
</body>
</html>
```

此例使用了三个radio型input元素。它们的name属性都设置为fave，以便浏览器把它们关联起来。这样一来，选择其中任何一个按钮都会取消对另外两个按钮的选择。这三个元素还设置了value属性值，提交表单时选定按钮的这个值会被发送给服务器。例中使用的fieldset和legend元素可以在视觉上把三个按钮关联在一起（这一步做不做都可以，fieldset和legend元素的介绍见第12章）。第一个radio型input元素设置了checked属性，这样这组选项中就总有一个被选中。这些input元素在浏览器中的显示结果如图13-15所示。

图13-15　用input元素生成一组单选按钮

此例中总有一个单选按钮会被选中。要是没有设置checked属性而用户又没有作出任何选择的话，就不会有哪个按钮被选中。与checkbox型input元素类似：未选中的单选按钮的值不会被发给服务器。因此整组单选按钮中如果没有一个被选中的话，服务器就不会收到与其相关的数据项。

13.4.5　用input元素获取有规定格式的字符串

type属性设置为email、tel和url的input元素能接受的输入数据分别为有效的电子邮箱地址、电话号码和URL。这三种input元素均支持表13-11所示的额外属性。

表13-11 email型、tel型和url型input元素可用的额外属性

属 性	说 明	是否为HTML新增
list	指定为文本框提供建议值的datalist元素，其值为datalist元素的id值，详见13.1.3节	是
maxlength	设定用户能够在文本框中输入的字符的最大数目，详见13.1.1节	否
pattern	指定一个用于输入验证的正则表达式，详见第14章	是
placeholder	指定关于所需数据类型的提示，详见13.1.2节	是
readonly	用来将文本框设为只读以阻止用户编辑其内容	否
required	表示用户必须提供一个值，否则无法通过输入验证，详见第14章	是
size	通过指定文本框中可见的字符数目设定其宽度，详见13.1.1节	否
value	指定元素的初始值，详见13.1.2节。对于email型input元素，其值可能是单个邮箱地址，也可能是以逗号分隔的多个邮箱地址	否

email型input元素还支持一个名为multiple的属性。设置了该属性的input元素可以接受多个电子邮箱地址。代码清单13-11示范了这三种类型的input元素的用法。

代码清单13-11　使用email型、tel型和url型input元素

```
<!DOCTYPE HTML>
<html>
    <head>
        <title>Example</title>
        <meta name="author" content="Adam Freeman"/>
        <meta name="description" content="A simple example"/>
        <link rel="shortcut icon" href="favicon.ico" type="image/x-icon" />
    </head>
    <body>
        <form method="post" action="http://titan:8080/form">
            <p>
                <label for="name">
                    Name: <input value="Adam" id="name" name="name"/>
                </label>
            </p>
            <p>
                <label for="password">
                    Password: <input type="password" placeholder="Min 6 characters"
                        id="password" name="password"/>
                </label>
            </p>
            <p>
                <label for="email">
                    Email: <input type="email" placeholder="user@domain.com"
                        id="email" name="email"/>
                </label>
            </p>
```

```
            <p>
                <label for="tel">
                    Tel: <input type="tel" placeholder="(XXX)-XXX-XXXX"
                        id="tel" name="tel"/>
                </label>
            </p>
            <p>
                <label for="url">
                    Your homepage: <input type="url" id="url" name="url"/>
                </label>
            </p>
            <input type="submit" value="Submit Vote"/>
        </form>
    </body>
</html>
```

这三种input元素都显示为普通文本框的样子，它们只有在提交表单的时候才会检查用户输入的数据。这是HTML5中新增的输入数据检查功能之一（该功能的全面介绍见第14章），至于检查的效果则各有不同。所有主流浏览器都支持email型input元素，并能正确识别有效的电子邮箱地址。而url型input元素则时灵时不灵。有些浏览器会在用户输入的值前加上一个http://了事；有些浏览器会要求用户输入一个以http://开头的值，但不会检查后面的部分；还有一些浏览器干脆来者不拒，把用户输入的任何值都拿去提交。浏览器对tel型input元素的支持是最差的。在撰写本书时，还没有哪种主流浏览器会对电话号码格式进行检查。

13.4.6　用input元素获取时间和日期

HTML5中增加了一些input元素的新类型，供用户输入日期和时间。表13-12介绍了这些类型的input元素。

表13-12　用来获取时间和日期的input元素类型

type属性值	说　　明	示　　例
datetime	获取世界时日期和时间，包括时区信息	2011-07-19T16:49:39.491Z
datetime-local	获取本地日期和时间（不含时区信息）	2011-07-19T16:49:39.491
date	获取本地日期（不含时间和时区信息）	2011-07-20
month	获取年月信息（不含日、时间和时区信息）	2011-08
time	获取时间	17:49:44.746
week	获取当前星期	2011-W30

日期和时间是出了名的难缠的问题。很遗憾，有关这些新input元素类型的规范离理想状态还有十万八千里。规范中的日期格式来自时间戳格式规定得非常严格的RFC 3339（参见http://tools.ietf.org/html/rfc3339）。这与实际使用中的（也是用户料想的）许多地方性日期格式大相径庭。例如，很少有人会知道datetime格式中的T表示时间段的开始，以及其中的Z表示Zulu时区。表13-12介绍的所有input元素类型都支持表13-13中的额外属性。

表13-13 用于输入日期和时间的input元素可用的额外属性

属性	说明	是否为HTML5新增
list	指定为文本框提供建议值的datalist元素,其值为datalist元素的id值,详见13.1.3节	是
min	设定可接受的最小值(也是下调按钮〔如果有的话〕的下限)以便进行输入验证,输入验证的介绍详见第14章	是
max	设定可接受的最大值(也是上调按钮〔如果有的话〕的上限)以便进行输入验证。输入验证的介绍详见第14章	是
readonly	用来将文本框设为只读以阻止用户编辑其内容	否
required	表示用户必须提供一个值,否则无法通过输入验证。详见第14章	是
step	指定上下调节值的步长	是
value	指定元素的初始值	否

代码清单13-12示范了date型input元素的用法。

代码清单13-12 使用date型input元素

```
<!DOCTYPE HTML>
<html>
    <head>
        <title>Example</title>
        <meta name="author" content="Adam Freeman"/>
        <meta name="description" content="A simple example"/>
        <link rel="shortcut icon" href="favicon.ico" type="image/x-icon" />
    </head>
    <body>
        <form method="post" action="http://titan:8080/form">
            <p>
                <label for="name">
                    Name: <input value="Adam" id="name" name="name"/>
                </label>
            </p>
            <p>
                <label for="password">
                    Password: <input type="password" placeholder="Min 6 characters"
                        id="password" name="password"/>
                </label>
            </p>
            <p>
                <label for="fave">
                    Fruit: <input value="Apples" id="fave" name="fave"/>
                </label>
            </p>
            <p>
                <label for="lastbuy">
                    When did you last buy: <input type="date"
                        id="lastbuy" name="lastbuy"/>
                </label>
            </p>
            <input type="submit" value="Submit Vote"/>
```

```
            </form>
        </body>
</html>
```

支持这种新型input元素的浏览器曲指可数。在撰写本书时,在这方面表现最出色的是Opera,它提供了一个日期选择工具,如图13-16所示。

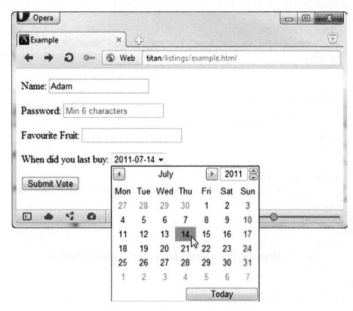

图13-16 在Opera中选择日期

对这类input元素的支持接下来就算Chrome做得较好了。它会生成一个与number型input元素一样的文本框。这种文本框带有向上和向下的箭头形的小按钮,分别用来往后和往前调整时间。至于其他的浏览器,它们只是显示一个单行文本框了事,让用户自己去琢磨该输入些什么。这样的局面以后肯定会得到改观,不过,在此之前最好还是求助于jQuery之类的主流JavaScript库提供的日历选择工具。

13.4.7 用input元素获取颜色值

color型input元素只能用来选择颜色。这种类型的input元素还支持13.1.3节讲过的list属性。

这种input元素中的颜色值以7个字符的格式表示:以#开头,接下来是三个两位十六进制数,它们分别代表红、绿、蓝三种原色的值(如#FF1234)。CSS中的颜色名(如red和black)不能用在这里。代码清单13-13示范了这种input元素的用法。

代码清单13-13 使用color型input元素

```
<!DOCTYPE HTML>
<html>
    <head>
```

```html
        <title>Example</title>
        <meta name="author" content="Adam Freeman"/>
        <meta name="description" content="A simple example"/>
        <link rel="shortcut icon" href="favicon.ico" type="image/x-icon" />
    </head>
    <body>
        <form method="post" action="http://titan:8080/form">
            <p>
                <label for="name">
                    Name: <input value="Adam" id="name" name="name"/>
                </label>
            </p>
            <p>
                <label for="password">
                    Password: <input type="password" placeholder="Min 6 characters"
                        id="password" name="password"/>
                </label>
            </p>
            <p>
                <label for="fave">
                    Favorite Fruit: <input type="text" id="fave" name="fave"/>
                </label>
            </p>
            <p>
                <label for="color">
                    Color: <input type="color" id="color" name="color"/>
                </label>
            </p>
            <input type="submit" value="Submit Vote"/>
        </form>
    </body>
</html>
```

大多数浏览器都没有为这种input元素提供特别的支持。Chrome会让用户输入一个值,并在执行输入验证(见第14章)时报告发现的格式错误。这方面表现最出色的是Opera,它会显示一个简单的颜色选择工具,该工具还能展开成一个完备的颜色选择对话框,如图13-17所示。

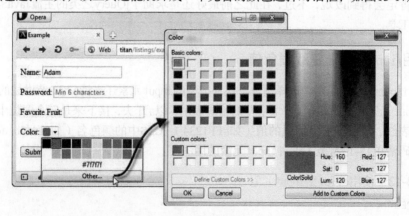

图13-17　Opera中的颜色选择工具

13.5 用 input 元素获取搜索用词

search型input元素会生成一个单行文本框,供用户输入搜索用词。这种input元素有点与众不同,它实际上什么事都不做。它既不会对用户输入的数据作出限制,也没有诸如搜索本页或借助用户的默认搜索引擎进行搜索这样的功能。这类input元素支持的额外属性与text型input元素相同,代码清单13-14示范了其用法。

代码清单13-14　使用search型input元素

```html
<!DOCTYPE HTML>
<html>
    <head>
        <title>Example</title>
        <meta name="author" content="Adam Freeman"/>
        <meta name="description" content="A simple example"/>
        <link rel="shortcut icon" href="favicon.ico" type="image/x-icon" />
    </head>
    <body>
        <form method="post" action="http://titan:8080/form">
            <p>
                <label for="name">
                    Name: <input value="Adam" id="name" name="name"/>
                </label>
            </p>
            <p>
                <label for="password">
                    Password: <input type="password" placeholder="Min 6 characters"
                        id="password" name="password"/>
                </label>
            </p>
            <p>
                <label for="fave">
                    Favorite Fruit: <input type="text" id="fave" name="fave"/>
                </label>
            </p>
            <p>
                <label for="search">
                    Search: <input type="search" id="search" name="search"/>
                </label>
            </p>
            <input type="submit" value="Submit Vote"/>
        </form>
    </body>
</html>
```

浏览器可以设法用这种文本框的外观表明它是用来获取搜索用词的。Chrome的做法是先显示一个标准的文本框,一旦用户在其中输入了内容,就再显示一个取消图标,如图13-18所示。在撰写本书时,其他浏览器都将这种input元素作为常规的text型input元素处理。

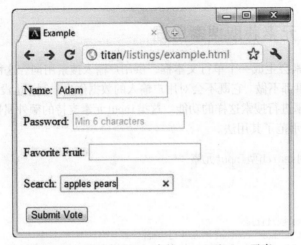

图13-18　显示在Chrome中的search型input元素

13.6　用 input 元素生成隐藏的数据项

有时设计者会希望使用一些用户看不到或不能编辑的数据项,但又要求提交表单时也能将其发送给服务器。下面举个常见的例子。Web应用程序让用户查看并编辑一些数据库记录时,往往需要用一种简便易行的方法将主键保存在网页上以便知道用户编辑的是哪条记录,但是又不想让用户看到它。hidden型input元素可以用来达到这个目的。代码清单13-15示范了这种input元素的用法。

代码清单13-15　生成hidden型input元素

```
<!DOCTYPE HTML>
<html>
    <head>
        <title>Example</title>
        <meta name="author" content="Adam Freeman"/>
        <meta name="description" content="A simple example"/>
        <link rel="shortcut icon" href="favicon.ico" type="image/x-icon" />
    </head>
    <body>
        <form method="post" action="http://titan:8080/form">
            <input type="hidden" name="recordID" value="1234"/>
            <p>
                <label for="name">
                    Name: <input value="Adam" id="name" name="name"/>
                </label>
            </p>
            <p>
                <label for="password">
                    Password: <input type="password" placeholder="Min 6 characters"
                        id="password" name="password"/>
                </label>
            </p>
```

```
            <p>
                <label for="fave">
                    Favorite Fruit: <input type="text" id="fave" name="fave"/>
                </label>
            </p>
            <input type="submit" value="Submit Vote"/>
        </form>
    </body>
</html>
```

此例中使用了一个hidden型input元素。其name和value属性的值分别设置为recordID和1234。浏览器显示这个页面时不会显示该元素，如图13-19所示。

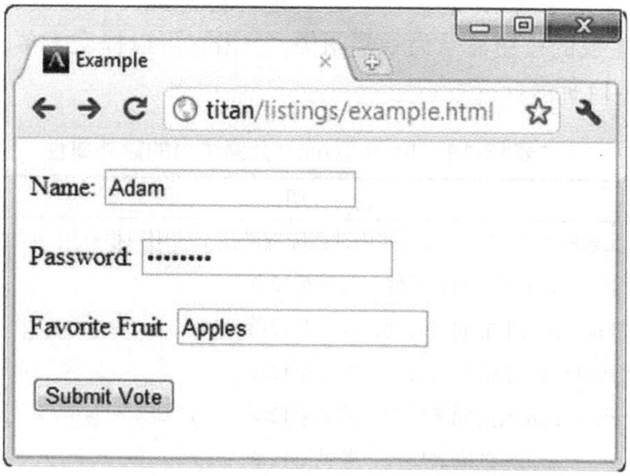

图13-19　含有一个hidden型input元素的网页

用户提交表单时，浏览器会将那个hidden型input元素的name和value属性值作为一个数据项纳入发送内容。上图中的表单提交后来自Node.js脚本的反馈信息如图13-20所示。

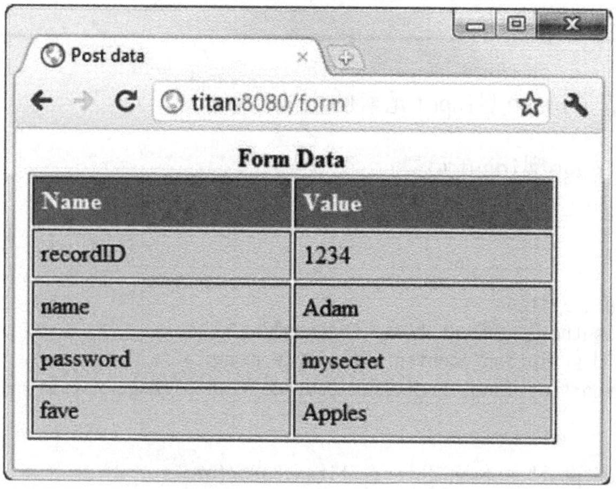

图13-20　来自服务器的反馈信息显示了隐藏的数据值

警告 只有那些出于方便或易用性考虑而不是因为机密或涉及安全原因需要隐藏的数据才适合使用这种input元素。用户只要查看页面的HTML源代码就能看到隐藏的input元素，而且该元素的值是以明文形式从浏览器发到服务器的。大多数Web应用程序框架都能将机密数据安全地存放在服务器上，然后根据会话标识符（一般使用cookie）将请求与它关联起来。

13.7 用 input 元素生成图像按钮和分区响应图

image型input元素生成的按钮显示为一幅图像，点击它可以提交表单。这种类型的input元素支持的额外属性如表13-14所示。

表13-14 image型input元素可用的额外属性

属 性	说 明	是否为HTML5新增
alt	提供元素的说明文字。对需要借助残障辅助技术的用户很有用	否
formaction	等价于button元素的同名属性，参见第12章	是
formenctype	等价于button元素的同名属性，参见第12章	是
formmethod	等价于button元素的同名属性，参见第12章	是
formtarget	等价于button元素的同名属性，参见第12章	是
formnovalidate	等价于button元素的同名属性，参见第12章	是
height	以像素为单位设置图像的高度（不设置这个属性的话图像将以其本身的高度显示）	否
src	指定要显示的图像的URL	否
width	以像素为单位设置图像的宽度（不设置这个属性的话图像将以其本身的宽度显示）	否

代码清单13-16示范了image型input元素的用法。

代码清单13-16　使用image型input元素

```
<!DOCTYPE HTML>
<html>
    <head>
        <title>Example</title>
        <meta name="author" content="Adam Freeman"/>
        <meta name="description" content="A simple example"/>
        <link rel="shortcut icon" href="favicon.ico" type="image/x-icon" />
    </head>
    <body>
        <form method="post" action="http://titan:8080/form">
            <input type="hidden" name="recordID" value="1234"/>
            <p>
```

```
                <label for="name">
                    Name: <input value="Adam" id="name" name="name"/>
                </label>
            </p>
            <p>
                <label for="password">
                    Password: <input type="password" placeholder="Min 6 characters"
                        id="password" name="password"/>
                </label>
            </p>
            <p>
                <label for="fave">
                    Favorite Fruit: <input type="text" id="fave" name="fave"/>
                </label>
            </p>
            <input type="image" src="accept.png" name="submit"/>
        </form>
    </body>
</html>
```

其显示结果见图13-21。

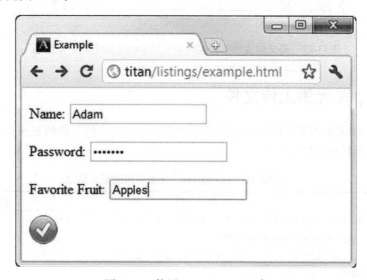

图13-21　使用image型input元素

　　点击图像按钮会导致浏览器提交表单。在发送的数据中包括来自那个image型input元素的两个数据项，它们分别代表用户点击位置相对于图像左上角的x坐标和y坐标。提交上图中的表单后Node.js脚本的反馈信息如图13-22所示。从中可以看到浏览器发送了一些什么样的数据值。

　　由于在这个过程中可以得到点击位置的坐标信息，所以可以让图像中的不同区域代表不同的操作，然后根据用户在图像上的点击位置作出相应的反应。

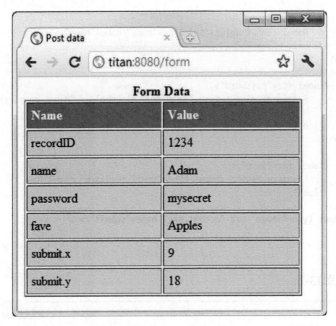

图13-22　提交包含图像按钮的表单后Node.js脚本的反馈信息

13.8　用 input 元素上传文件

最后一种input元素类型是file型，它可以在提交表单时将文件上传到服务器。该类型的input元素支持的额外属性如表13-15所示。

表13-15　file型input元素可用的额外属性

属　性	说　明	是否为HTML5新增
accept	指定接受的MIME类型。关于MIME类型的定义，参见RFC 2046（http://tools.ietf.org/html/rfc2046）	否
multiple	设置这个属性的input元素可一次上传多个文件。在撰写本书时，尚无主流浏览器支持这个属性	是
required	表明用户必须为其提供一个值，否则无法通过输入验证。详见第14章	是

代码清单13-17示范了file型input元素的用法。

代码清单13-17　用file型input元素上传文件

```
<!DOCTYPE HTML>
<html>
    <head>
        <title>Example</title>
        <meta name="author" content="Adam Freeman"/>
```

```html
            <meta name="description" content="A simple example"/>
            <link rel="shortcut icon" href="favicon.ico" type="image/x-icon" />
        </head>
        <body>
            <form method="post" action="http://titan:8080/form"
                enctype="multipart/form-data">
                <input type="hidden" name="recordID" value="1234"/>
                <p>
                    <label for="name">
                        Name: <input value="Adam" id="name" name="name"/>
                    </label>
                </p>
                <p>
                    <label for="password">
                        Password: <input type="password" placeholder="Min 6 characters"
                            id="password" name="password"/>
                    </label>
                </p>
                <p>
                    <label for="fave">
                        Favorite Fruit: <input type="text" id="fave" name="fave"/>
                    </label>
                </p>
                <p>
                    <input type="file" name="filedata"/>
                </p>
                <input type="submit" value="Submit"/>
            </form>
        </body>
    </html>
```

表单编码类型为multipart/form-data的时候才能上传文件。上面的代码清单中已将form元素的enctype属性设置为该值。这种input元素的显示结果如图13-23所示。

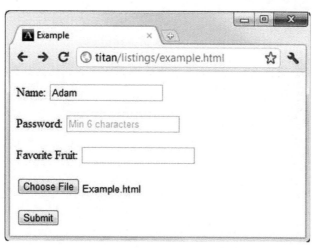

图13-23　file型input元素

点击Choose File按钮，就会打开一个用来选择文件的对话框。提交表单时，所选文件的内容会被发送给服务器。

13.9 小结

本章介绍了多种类型的input元素的用法，其他HTML元素没有哪个有如此之多的功能。任何需要跟用户互动的网页或Web应用系统都会大量用到input元素。

下一章将要介绍的是其他一些用在表单中的元素。HTML5中新增的输入验证功能也放到这章讲述，这种功能可以在提交表单之前检查用户输入的数据类型是否符合要求。

第 14 章 其他表单元素及输入验证

本章是讲述HTML表单的最后一章。用于HTML表单的元素还有五个没有讲过，本章将逐一介绍。HTML5中增加的输入验证特性也放在本章介绍。这个新特性可以用来约束用户输入的数据，并在约束条件未得到满足时阻止提交表单。表14-1概括了本章内容。

表14-1 本章内容概要

问 题	解决方案	代码清单
生成一系列选项供用户选择	使用select元素	14-1、14-2
对select元素中的选项编组	使用optgroup元素	14-3
获取用户输入的多行文字	使用textarea元素	14-4
表示计算结果	使用output元素	14-5
生成公开/私有密钥对	使用keygen元素	—
确保用户为表单元素提供了一个值	使用required属性	14-6
确保输入值处于一个范围内	使用min和max属性	14-7
确保输入值匹配一个正则表达式	使用pattern属性	14-8、14-9
禁用输入验证	使用novalidate或formnovalidate属性	14-10

14.1 使用其他表单元素

以下五个表单元素前面还没有介绍：select、optgroup、textarea、output和keygen，下面逐一说明。

14.1.1 生成选项列表

select元素可以用来生成一个选项列表供用户选择。它比第13章介绍过的radiobutton型input元素更紧凑，更适合于选项较多的情形。表14-2概括了select元素。

该元素的name、disabled、form、autofocus和required属性与input元素的同名属性类似。size属性用来设定要显示给用户的选项数目。元素如果设置了multiple属性的话，那么用户就能一次选择多个选项。

表14-2 select元素

元素	select
元素类型	短语元素
允许具有的父元素	任何可以包含短语元素的元素
局部属性	name、disabled、form、size、multiple、autofocus和required
内容	option和optgroup元素
标签用法	开始标签和结束标签
是否为HTML5新增	否
在HTML5中的变化	form、autofocus和required属性是HTML5新增的
习惯样式	无，该元素的外观因平台和浏览器而异

提供给用户的选项由option元素定义。它就是在第13章中与datalist元素搭配使用的那种option元素。代码清单14-1示范了select和option元素的用法。

代码清单14-1 使用select和option元素

```
<!DOCTYPE HTML>
<html>
    <head>
        <title>Example</title>
        <meta name="author" content="Adam Freeman"/>
        <meta name="description" content="A simple example"/>
        <link rel="shortcut icon" href="favicon.ico" type="image/x-icon" />
    </head>
    <body>
        <form method="post" action="http://titan:8080/form">
            <input type="hidden" name="recordID" value="1234"/>
            <p>
                <label for="name">
                    Name: <input value="Adam" id="name" name="name"/>
                </label>
            </p>
            <p>
                <label for="password">
                    Password: <input type="password" placeholder="Min 6 characters"
                        id="password" name="password"/>
                </label>
            </p>
            <p>
                <label for="fave">
                    Favorite Fruit:
                    <select id="fave" name="fave">
                        <option value="apples" selected label="Apples">Apples</option>
                        <option value="oranges" label="Oranges">Oranges</option>
                        <option value="cherries" label="Cherries">Cherries</option>
                        <option value="pears" label="Pears">Pears</option>
                    </select>
```

```
            </label>
        </p>
        <input type="submit" value="Submit"/>
    </form>
</body>
</html>
```

代码清单14-1在select元素中用四个option元素定义了提供给用户的选项。其中第一个option元素设置了selected属性以便在页面显示出来时被自动选中。例中的select元素的初始外观和option元素的显示方式如图14-1所示。

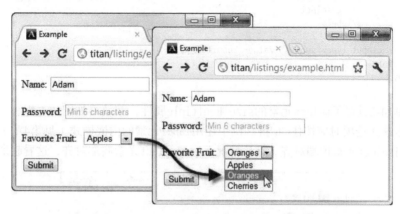

图14-1　用select元素向用户提供一系列选项

通过设置size属性可让select元素显示多个选项，设置multiple属性则可让用户一次选择多个选项，如代码清单14-2所示。

代码清单14-2　使用select元素的size和multiple属性

```
<!DOCTYPE HTML>
<html>
    <head>
        <title>Example</title>
        <meta name="author" content="Adam Freeman"/>
        <meta name="description" content="A simple example"/>
        <link rel="shortcut icon" href="favicon.ico" type="image/x-icon" />
    </head>
    <body>
        <form method="post" action="http://titan:8080/form">
            <input type="hidden" name="recordID" value="1234"/>
            <p>
                <label for="name">
                    Name: <input value="Adam" id="name" name="name"/>
                </label>
            </p>
            <p>
                <label for="password">
                    Password: <input type="password" placeholder="Min 6 characters"
```

```
                id="password" name="password"/>
        </label>
    </p>
    <p>
        <label for="fave" style="vertical-align:top">
            Favorite Fruit:
            <select id="fave" name="fave" size="5" multiple>
                <option value="apples" selected label="Apples">Apples</option>
                <option value="oranges" label="Oranges">Oranges</option>
                <option value="cherries" label="Cherries">Cherries</option>
                <option value="pears" label="Pears">Pears</option>
            </select>
        </label>
    </p>
    <input type="submit" value="Submit"/>
</form>
</body>
</html>
```

代码清单14-2设置了select元素的size和multiple属性,其效果如图14-2所示。要选择多个选项,在点击这些选项时应按住Ctrl键。例中还用label元素的内嵌样式(见第4章)将其纵向对齐方式改为与select元素顶端对齐(默认情况下它与select元素底端对齐,这看起来有点古怪)。

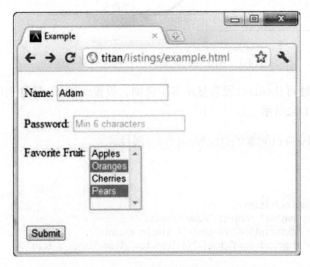

图14-2 在select元素中显示和选择多个选项

在select元素中建立结构

optgroup元素可以用来在select元素的内容中建立一定的结构。表14-3概括了这个元素。

表14-3 optgroup元素

元素	optgroup
元素类型	无

（续）

允许具有的父元素	select元素
局部属性	label、disabled
内容	option元素
标签用法	开始标签和结束标签
是否为HTML5新增	否
在HTML5中的变化	无
习惯样式	无

该元素的用途是对option元素进行编组。其label属性可用来为整组选项提供一个小标题，而disabled属性则可用来阻止选择组内的任何选项。代码清单14-3示范了optgroup元素的用法。

代码清单14-3　使用optgroup元素

```html
<!DOCTYPE HTML>
<html>
    <head>
        <title>Example</title>
        <meta name="author" content="Adam Freeman"/>
        <meta name="description" content="A simple example"/>
        <link rel="shortcut icon" href="favicon.ico" type="image/x-icon" />
    </head>
    <body>
        <form method="post" action="http://titan:8080/form">
            <input type="hidden" name="recordID" value="1234"/>
            <p>
                <label for="name">
                    Name: <input value="Adam" id="name" name="name"/>
                </label>
            </p>
            <p>
                <label for="password">
                    Password: <input type="password" placeholder="Min 6 characters"
                        id="password" name="password"/>
                </label>
            </p>
            <p>
                <label for="fave" style="vertical-align:top">
                    Favorite Fruit:
                    <select id="fave" name="fave">
                        <optgroup label="Top Choices">
                            <option value="apples" label="Apples">Apples</option>
                            <option value="oranges" label="Oranges">Oranges</option>
                        </optgroup>
                        <optgroup label="Others">
                            <option value="cherries" label="Cherries">Cherries</option>
                            <option value="pears" label="Pears">Pears</option>
                        </optgroup>
```

```
            </select>
        </label>
    </p>
    <input type="submit" value="Submit"/>
</form>
</body>
</html>
```

图14-3显示了用optgroup元素对选项列表进行组织的结果。该元素加入的选项组标题只起组织作用，用户无法将其作为选项选中。

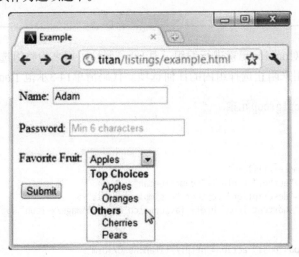

图14-3 使用optgroup元素

14.1.2 输入多行文字

textarea元素生成的是多行文本框，用户可以在里面输入多行文字。表14-4概括了textarea元素。

表14-4 textarea元素

元素	textarea
元素类型	短语元素
允许具有的父元素	任何可以包含短语元素的元素，但通常是form元素
局部属性	name、disabled、form、readonly、maxlength、autofocus、required、placeholder、dirname、rows、wrap和cols
内容	文本，也即该元素的内容
标签用法	开始标签和结束标签
是否为HTML5新增	否
在HTML5中的变化	form、autofocus、required、placeholder和wrap属性是HTML5新增的
习惯样式	无

textarea元素的rows和cols属性可用来设置其大小。wrap属性有两个值：hard和soft，可用来控制在用户输入的文字中插入换行符的方式。其他属性与input元素的同名属性（见第12章、第13章）用法相同。代码清单14-4示范了textarea元素的用法。

代码清单14-4　使用textarea元素

```html
<!DOCTYPE HTML>
<html>
    <head>
        <title>Example</title>
        <meta name="author" content="Adam Freeman"/>
        <meta name="description" content="A simple example"/>
        <link rel="shortcut icon" href="favicon.ico" type="image/x-icon" />
    </head>
    <body>
        <form method="post" action="http://titan:8080/form">
            <input type="hidden" name="recordID" value="1234"/>
            <p>
                <label for="name">
                    Name: <input value="Adam" id="name" name="name"/>
                </label>
            </p>
            <p>
                <label for="password">
                    Password: <input type="password" placeholder="Min 6 characters"
                        id="password" name="password"/>
                </label>
            </p>
            <p>
                <label for="fave" style="vertical-align:top">
                    Favorite Fruit:
                    <select id="fave" name="fave">
                        <optgroup label="Top Choices">
                            <option value="apples" label="Apples">Apples</option>
                            <option value="oranges" label="Oranges">Oranges</option>
                        </optgroup>
                        <optgroup label="Others">
                            <option value="cherries" label="Cherries">Cherries</option>
                            <option value="pears" label="Pears">Pears</option>
                        </optgroup>
                    </select>
                </label>
            </p>
            <p>
                <textarea cols="20" rows="5" wrap="hard" id="story"
                    name="story">Tell us why this is your favorite fruit</textarea>
            </p>
            <input type="submit" value="Submit"/>
        </form>
    </body>
</html>
```

这个代码清单中的textarea的宽和高分别为20列和5行，其显示结果如图14-4所示。

第 14 章 其他表单元素及输入验证

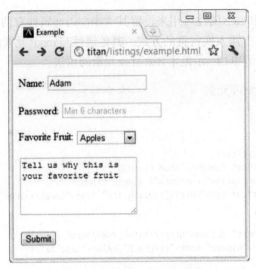

图14-4　使用textarea元素

wrap属性控制着提交表单时在文字中插入换行符的方式。其值设置为hard时将会插入换行符，结果是所提交的文字中每一行的字符数都不超过cols属性的规定。

14.1.3　表示计算结果

output元素表示计算的结果。表14-5概括了这个元素。

表14-5　output元素

元素	output
元素类型	短语元素
允许具有的父元素	任何可以包含短语元素的元素
局部属性	name、form、for
内容	短语内容
标签用法	开始标签和结束标签
是否为HTML5新增	是
在HTML5中的变化	无
习惯样式	output { display: inline; }

代码清单14-5示范了output元素的用法。

代码清单14-5　使用output元素

```
<!DOCTYPE HTML>
<html
    <head>
```

```
            <title>Example</title>
            <meta name="author" content="Adam Freeman"/>
            <meta name="description" content="A simple example"/>
            <link rel="shortcut icon" href="favicon.ico" type="image/x-icon" />
        </head>
        <body>
            <form onsubmit="return false"
                  oninput="res.value = quant.valueAsNumber * price.valueAsNumber">
                <fieldset>
                    <legend>Price Calculator</legend>
                    <input type="number" placeholder="Quantity" id="quant" name="quant"/> x
                    <input type="number" placeholder="Price" id="price" name="price"/> =
                    <output for="quant name" name="res"/>
                </fieldset>
            </form>
        </body>
</html>
```

代码清单14-5用JavaScript事件系统生成了一个简单的计算器（关于事件的介绍详见第30章）。例中使用了两个number型input元素。用户在其中输入数值后，两个input元素的值相乘的结果会显示在output元素中。其显示结果如图14-5所示。

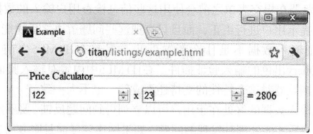

图14-5　使用output元素

14.1.4　生成公开/私有密钥对

keygen元素的用途是生成公开/私有密钥对。这是公开密钥加密技术中的一个重要功能，公开密钥是包括客户端证书和SSL在内的众多Web安全技术的基础。提交表单时，该元素会生成一对新的密钥。公钥被发给服务器，而私钥则由浏览器保留并存入用户的密钥仓库。表14-6概括了keygen元素。

表14-6　keygen元素

元素	keygen
元素类型	短语元素
允许具有的父元素	任何可以包含短语元素的元素
局部属性	challenge、keytype、autofocus、name、disabled和form
内容	无
标签用法	虚元素形式
是否为HTML5新增	是

在HTML5中的变化	无
习惯样式	无

name、disabled、form和autofocus这四个属性的用法与input元素的同名属性（见第12章）相同。keytype属性的用途是指定用来生成密钥对的算法，不过它支持的值只有RSA一种。challenge属性用来指定一条与公钥一起发送给服务器的密钥管理口令（challenge phrase）。

浏览器对这个元素的支持参差不齐。那些支持这个元素的浏览器将其提供给用户的方式也各不相同。在这种情况得到改善之前最好不要使用这个元素。

14.2 使用输入验证

在获取用户输入数据的时候，得到的有可能是一些不堪敷用的东西。其原因可能是用户输入出错，也可能是设计者没有把自己想要的数据类型说清楚。

HTML5引入了对输入验证（input validation）的支持。设计者可以告诉浏览器自己需要什么类型的数据，然后浏览器在提交表单之前会使用这些信息检查用户输入的数据是否有效。要是数据有问题，浏览器会提示用户进行更正，而且只有把这些问题解决之后才能提交表单。

在浏览器中验证输入数据不是什么新鲜事儿，但是在HTML5之前要这样做只能使用JavaScript库，比如jQuery出色的输入验证插件。在HTML5中内置对输入验证的支持固然方便，不过应该看到，目前浏览器对这个特性的支持还不成熟，也不太一致。

在浏览器中验证输入数据的好处在于用户可以立刻得到问题反馈。要不然用户就得先提交表单，等到服务器回应之后才能处理其发现的问题。如果网速较慢而且服务器比较繁忙，这个过程会慢得让人心烦。

> **警告** 浏览器所做的输入验证只是对服务器所做验证的补充，不能替代后者。首先，用户使用的浏览器未必能正确支持输入验证。第二，对恶意用户来说，设计一个脚本程序绕过验证过程直接把输入数据发给服务器只是小菜一碟。

输入验证是通过表单元素的一些属性控制的。表14-7罗列了表单元素（及input元素的各种类型）对各种验证属性的支持情况。

表14-7 对输入验证的支持

验证属性	元 素
required	textarea、select、input（text、password、checkbox、radio、file、datetime、datetime-local、date、month、time、week、number、email、url、search及tel型）
min、max	input（datetime、datetime-local、date、month、time、week、number及range型）
pattern	input（text、password、email、url、search及tel型）

14.2.1 确保用户提供了一个值

最简单的输入验证是检查用户是否提供了一个值，这正是required属性的用途。对某个元素设置这个属性后，除非用户已经为其提供了一个值，否则无法提交表单，不过对于这个值本身并没有什么限制。代码清单14-6示范了required属性的用法。

代码清单14-6　使用required属性

```html
<!DOCTYPE HTML>
<html>
    <head>
        <title>Example</title>
        <meta name="author" content="Adam Freeman"/>
        <meta name="description" content="A simple example"/>
        <link rel="shortcut icon" href="favicon.ico" type="image/x-icon" />
    </head>
    <body>
        <form method="post" action="http://titan:8080/form">
            <input type="hidden" name="recordID" value="1234"/>
            <p>
                <label for="name">
                    Name:
                    <input type="text" required id="name" name="name"/>
                </label>
            </p>
            <p>
                <label for="password">
                    Password: <input type="password" required
                        placeholder="Min 6 characters" id="password" name="password"/>
                </label>
            </p>
            <p>
                <label for="accept">
                    <input type="checkbox" required id="accept" name="accept"/>
                    Accept Terms & Conditions
                </label>
            </p>
            <input type="submit" value="Submit"/>
        </form>
    </body>
</html>
```

代码清单14-6中分别在三个不同类型的input元素上设置了required属性。除非为这三个元素都提供输入值，否则用户无法提交表单。对于text和password型input元素，用户必须在文本框中输入文字；对于checkbox型input元素，用户必须勾选对应的复选框。

> 提示　用value属性提供的初始值可以满足required验证属性的要求。如果想强迫用户输入一个值，应该考虑使用placeholder属性。关于value和placeholder属性的介绍参见第13章。

支持输入验证的浏览器在这方面采用的具体做法略有差异，不过其结果大体一致：用户点击按钮提交表单时,第一个设置了required属性却没有获得输入值的元素会被突出显示,以引起用户的注意;然后用户可以补上遗漏的数据再提交表单。如果还有其他数据遗漏未填,那么下一个被漏掉的元素又会被突出显示。这个过程一直持续到用户为所有设置了required属性的元素都提供了输入值才结束。Chrome吸引用户注意有问题的元素的方式如图14-6所示。

图14-6　Chrome提醒用户注意一个必须填写的数据项

HTML5对输入验证的支持还很简陋,在习惯了jQuery等JavaScript库提供的丰富功能的人看来更是如此。例如,使用HTML5的输入验证功能时,存在的问题是依次向用户提示的,所以如果表单中存在多处问题,那么用户就不得不每提交一次表单才能发现并改正一个错误,像剥洋葱一样一层一层地做下去。浏览器不能把所有验证错误一次性地告知用户,而且错误提示的外观也不受设计者控制。

14.2.2　确保输入值位于某个范围内

min和max属性可以用来确保输入的数值和日期数据处于指定的范围内。代码清单14-7示范了如何在number型input元素中使用这些属性。

代码清单14-7　使用min和max属性

```
<!DOCTYPE HTML>
<html>
    <head>
        <title>Example</title>
        <meta name="author" content="Adam Freeman"/>
        <meta name="description" content="A simple example"/>
        <link rel="shortcut icon" href="favicon.ico" type="image/x-icon" />
    </head>
    <body>
        <form method="post" action="http://titan:8080/form">
            <input type="hidden" name="recordID" value="1234"/>
            <p>
                <label for="name">
                    Name:
                    <input type="text" id="name" name="name"/>
```

```
            </label>
        </p>
        <p>
            <label for="password">
                Password: <input type="password"
                    placeholder="Min 6 characters" id="password" name="password"/>
            </label>
        </p>
        <p>
            <label for="price">
                $ per unit in your area:
                <input type="number" min="0" max="100"
                    value="1" id="price" name="price"/>
            </label>
        </p>
        <input type="submit" value="Submit"/>
    </form>
</body>
</html>
```

这两个属性不要求同时使用。只设置max属性表示输入值有一个上限，只设置min属性表示输入值有一个下限。要是两个属性同时使用，则对两头都施加了限制，从而设定了一个输入值范围。min和max值包含在范围之内。如果把max设置为100，那么小于等于100的输入值都符合要求。

浏览器报告范围验证错误的方式如图14-7所示。

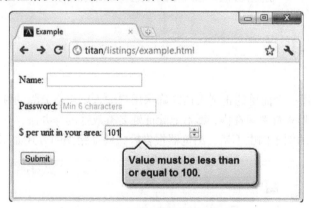

图14-7　输入值范围验证错误提示

> 提示　只有用户输入一个值后min和max属性控制的输入验证才会起作用。设置这两个属性的文本框空着的时候浏览器也允许用户提交表单。因此min和max属性常常与上一节介绍的required属性搭配使用。

14.2.3　确保输入值与指定模式匹配

pattern属性可以用来确保输入值与一个正则表达式匹配。代码清单14-8示范了pattern属性的用法。

代码清单14-8　使用pattern属性

```html
<!DOCTYPE HTML>
<html>
    <head>
        <title>Example</title>
        <meta name="author" content="Adam Freeman"/>
        <meta name="description" content="A simple example"/>
        <link rel="shortcut icon" href="favicon.ico" type="image/x-icon" />
    </head>
    <body>
        <form method="post" action="http://titan:8080/form">
            <input type="hidden" name="recordID" value="1234"/>
            <p>
                <label for="name">
                    Name:
                    <input type="text" id="name" name="name" pattern="^.* .*$"/>
                </label>
            </p>
            <p>
                <label for="password">
                    Password: <input type="password"
                        placeholder="Min 6 characters" id="password" name="password"/>
                </label>
            </p>
            <input type="submit" value="Submit"/>
        </form>
    </body>
</html>
```

代码清单14-8中用一个简单的正则表达式确保用户输入以空格分隔的姓氏和名字。这个方法未将世界各地的姓名形式都考虑在内，算不上验证姓名有效性的好办法，不过作为演示浏览器对这种输入验证的支持的例子倒也不错。浏览器报告模式验证错误的方式如图14-8所示。

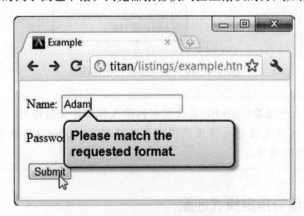

图14-8　输入值模式检验错误提示

> 提示　只有用户输入一个值后pattern属性控制的输入检验才会起作用。设置该属性的文本框空着的时候浏览器也允许用户提交表单。因此该属性常常与本章前面介绍的required属性搭配使用。

14.2.4　确保输入值是电子邮箱地址或URL

第13章介绍的email和url型input元素可以分别用来确保用户输入的值是有效的电子邮箱地址和完全限定的URL——其实也不尽然，目前浏览器对email型input元素的支持还算差强人意，但对url型的支持就有点草率了。

把pattern属性与这些类型的input元素结合使用可以进一步限制用户输入的值（例如，只限输入某个域的电子邮箱地址）。代码清单14-9示范了这种用法。

代码清单14-9　将pattern属性与email型input元素结合使用

```html
<!DOCTYPE HTML>
<html>
    <head>
        <title>Example</title>
        <meta name="author" content="Adam Freeman"/>
        <meta name="description" content="A simple example"/>
        <link rel="shortcut icon" href="favicon.ico" type="image/x-icon" />
    </head>
    <body>
        <form method="post" action="http://titan:8080/form">
            <input type="hidden" name="recordID" value="1234"/>
            <p>
                <label for="name">
                    Name:
                    <input type="text" id="name" name="name" pattern="^.* .*$"/>
                </label>
            </p>
            <p>
                <label for="password">
                    Password: <input type="password"
                        placeholder="Min 6 characters" id="password" name="password"/>
                </label>
            </p>
            <p>
                <label for="email">
                    Email: <input type="email" placeholder="user@mydomain.com" required
                        pattern=".*@mydomain.com$" id="email" name="email"/>
                </label>
            </p>
            <input type="submit" value="Submit"/>
        </form>
    </body>
</html>
```

代码清单14-9中使用了三种输入验证特性。email型input元素确保用户输入的是一个有效电子邮箱地址。required属性确保用户提供一个输入值。pattern属性则确保用户输入的电子邮箱属于指定的域（mydomain.com）。这样使用email型input元素和该pattern属性看似功能有些冗余，实际上该input元素还保证了输入值中@符号之前的所有内容符合电子邮箱地址的要求。

14.3 禁用输入验证

有时候，设计者也想让用户不经过输入内容验证就能提交表单，如用户需要在中途保存进度这种情况。此时设计者会希望他们能够将已经输入的东西一古脑儿保存下来，等以后有空再继续后续工作。要是保存个进度还得先纠一通错，那也未免太令人郁闷了。

要想不经输入验证就能提交表单，可以设置form元素的novalidate属性，也可以设置用来提交表单的button或input元素的formnovalidate属性。代码清单14-10示范了如何禁用表单的输入验证。

代码清单14-10　禁用输入验证

```
<!DOCTYPE HTML>
<html>
    <head>
        <title>Example</title>
        <meta name="author" content="Adam Freeman"/>
        <meta name="description" content="A simple example"/>
        <link rel="shortcut icon" href="favicon.ico" type="image/x-icon" />
    </head>
    <body>
        <form method="post" action="http://titan:8080/form">
            <input type="hidden" name="recordID" value="1234"/>
            <p>
                <label for="name">
                    Name:
                    <input type="text" id="name" name="name" pattern="^.* .*$"/>
                </label>
            </p>
            <p>
                <label for="password">
                    Password: <input type="password"
                        placeholder="Min 6 characters" id="password" name="password"/>
                </label>
            </p>
            <p>
                <label for="email">
                    Email: <input type="email" placeholder="user@mydomain.com" required
                        pattern=".*@mydomain.com$" id="email" name="email"/>
                </label>
            </p>
            <input type="submit" value="Submit"/>
```

```
            <input type="submit" value="Save" formnovalidate/>
        </form>
    </body>
</html>
```

此例在HTML文档中添加了一个不经输入验证就能提交表单的input元素，用户可以用它保存进度（当然，这得假定在服务器端有相应的安排，不再对来自浏览器的这些输入值进行验证）。

14.4 小结

本章介绍了先前剩下未讲的几个用于表单中的元素，并且演示了HTML5中新增的输入验证特性。

第 15 章 嵌入内容

在这一章里,我会介绍一些元素,你可以用它们来给HTML文档嵌入内容。到目前为止,我的重点主要是放在用HTML元素给文档创建结构和意义上。这一章里的元素让你可以丰富这些文档。

注意　某些用于嵌入内容的HTML5元素会在本书别的位置进行介绍,详情请参见15.6节。

表15-1提供了本章概要。

表15-1　本章内容概要

问　题	解决方案	代码清单
在HTML文档里嵌入图像	使用img或object元素	15-1、15-9
创建基于图像的超链接	在a元素里使用img元素	15-2
创建客户端分区响应图	将img或object元素与map和area元素结合使用	15-3、15-4、15-10
嵌入另一张HTML文档	使用iframe元素	15-5
通过插件嵌入内容	使用embed或object元素	15-6 ~ 15-8
创建浏览上下文[①]	使用object元素,用它的name属性定义浏览上下文的名称	15-11
不通过插件嵌入音频和视频	使用audio、video、source和track元素,参见第34章	—
在HTML文档里嵌入图形	使用canvas元素,参见第35章和第36章	—

15.1　嵌入图像

img元素允许我们在HTML文档里嵌入图像。表15-2概述了这个元素,它是使用最为广泛的HTML元素之一。

[①] 浏览上下文主要针对的是Web浏览器之类的用户代理,它们在此上下文中呈现一个或多个Document对象。

——译者注

表15-2 img元素

元素	img
元素类型	短语元素
允许具有的父元素	任何可能包含短语内容的元素
局部属性	src、alt、height、width、usemap、ismap
内容	无
标签用法	虚元素形式
是否为HTML5新增	否
在HTML5中的变化	border、longdesc、name、align、hspace和lvspace属性在HTML5已被废弃
习惯样式	无

要嵌入一张图像需要使用src和alt属性，如代码清单15-1所示。

代码清单15-1　嵌入一张图像

```
<!DOCTYPE HTML>
<html>
    <head>
        <title>Example</title>
        <meta name="author" content="Adam Freeman"/>
        <meta name="description" content="A simple example"/>
        <link rel="shortcut icon" href="favicon.ico" type="image/x-icon" />
    </head>
    <body>
        Here is a common form for representing the three activities in a triathlon.
        <p>
            <img src="triathlon.png" alt="Triathlon Image" width="200" height="67"/>
        </p>
        The first icon represents swimming, the second represents cycling and the third
        represents running.
    </body>
</html>
```

src属性指定了欲嵌入图像的URL。在这个案例里，我给triathlon.png这个图像文件指定了一个相对URL。alt属性定义了img元素的备用内容。此内容会在图像无法显示时呈现（原因也许是图像无法找到，图像格式不被浏览器支持，或者用户所用的浏览器或设备无法显示图像）。从图15-1可以看到这张图像。

可以使用width和height属性来指定img元素所代表图像的尺寸（单位是像素）。图像在HTML标记处理完毕后才会加载，这就意味着如果你省略了width和height属性，浏览器就不知道该为图像留出多大的屏幕空间。造成的结果是，浏览器必须依赖图像文件本身来确定它的尺寸，然后重定位屏幕上的内容来容纳它。这可能会让用户感觉到晃动，因为他们可能已经开始阅读HTML里直接包含的内容了。指定width和height属性让浏览器能够在图像尚未载入时正确摆放网页里的各个元素。

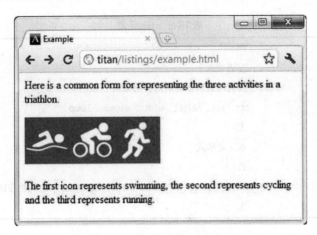

图15-1　用img元素嵌入一张图像

> **警告**　width和height属性告诉浏览器图像的尺寸有多大，而不是你希望它有多大。不应该使用这些属性来动态缩放图像。

15.1.1　在超链接里嵌入图像

img元素的一个常见用法是结合a元素（第8章已介绍过）创建一个基于图像的超链接。它类似表单里基于图像的提交按钮（在第12章介绍过）。代码清单15-2展示了如何结合使用img和a元素。

代码清单15-2　使用img和a元素创建服务器端的分区响应图

```
<!DOCTYPE HTML>
<html>
    <head>
        <title>Example</title>
        <meta name="author" content="Adam Freeman"/>
        <meta name="description" content="A simple example"/>
        <link rel="shortcut icon" href="favicon.ico" type="image/x-icon" />
    </head>
    <body>
        Here is a common form for representing the three activities in a triathlon.
        <p>
            <a href="otherpage.html">
                <img src="triathlon.png" ismap alt="Triathlon Image"
                    width="200" height="67"/>
            </a>
        </p>
        The first icon represents swimming, the second represents cycling and the third
        represents running.
    </body>
</html>
```

浏览器显示这张图像的方式没有什么不同，正如图15-2所示。因此，重要的一点是要向用户提供视觉提示，表明特定图像所代表的是超链接。具体的做法可以是利用CSS，能在图像内容里表达则更好。

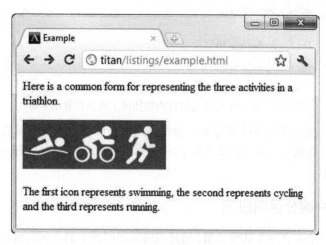

图15-2　在超链接里嵌入一张图像

如果点击这张图像，浏览器会导航至父元素a的href属性所指定的URL上。给img元素应用ismap属性就创建了一个服务器端分区响应图，意思是在图像上点击的位置会附加到URL上。举个例子，如果点击的位置是距图像顶部4像素，左边缘10像素，浏览器就会导航到下面的地址：

http://titan/listings/otherpage.html?10,4

（很明显，这个URL基于我从自己的开发服务器titan上载入了最初的HTML文档，而a元素上的href属性是一个相对URL。）代码清单15-3展示了otherpage.html中的内容，它包含了一个简单的脚本，用来显示点击位置的坐标。

代码清单15-3　otherpage.html中的内容

```
<!DOCTYPE HTML>
<html>
    <head>
        <title>Other Page</title>
    </head>
    <body>
        <p>The X-coordinate is <b><span id="xco">??</span></b></p>
        <p>The Y-coordinate is <b><span id="yco">??</span></b></p>
        <script>
            var coords = window.location.href.split('?')[1].split(',');
            document.getElementById('xco').innerHTML = coords[0];
            document.getElementById('yco').innerHTML = coords[1];
        </script>
    </body>
</html>
```

从图15-3可以看到鼠标点击产生的效果。

图15-3 显示鼠标在超链接内嵌图像上所点位置的坐标

服务器端分区响应图通常意味着服务器会根据用户在图像上点击区域的不同做出有差别的反应，比如返回不同的响应信息。如果省略了img元素上的ismap属性，鼠标点击的坐标就不会被包含在请求URL之中。

15.1.2 创建客户端分区响应图

我们可以创建一个客户端分区响应图，通过点击某张图像上的不同区域让浏览器导航到不同的URL上。这一过程不需要通过服务器引导，因此需要使用元素来定义图像上的各个区域以及它们所代表的行为。客户端分区响应图的关键元素是map，表15-3概括了这个元素。

表15-3　map元素

元素	map
元素类型	map元素在包含短语内容时被视为短语元素，包含流内容时则被视为流元素
允许具有的父元素	任何可以包含短语或流内容的元素
局部属性	name
内容	一个或多个area元素
标签用法	开始标签和结束标签
是否为HTML5新增	否
在HTML5中的变化	如果使用了id属性，它的值必须与name属性相同
习惯样式	无

map元素包含一个或多个area元素，它们各自代表了图像上可被点击的一块区域。表15-4概述了area元素。

表15-4　area元素

元素	area
元素类型	短语
允许具有的父元素	map元素
局部属性	alt、href、target、rel、media、hreflang、type、shape、coords

(续)

内容	无
标签用法	虚元素形式
是否为HTML5新增	否
在HTML5中的变化	rel、media和hreflang属性是HTML5中新增的。nohref属性现已被废弃
习惯样式	area { display: none; }

area元素的属性可以被分为两类，第一类处理的是area所代表的图像区域被用户点击后浏览器会导航到的URL。表15-5介绍了这一类属性，它们类似于你在其他元素上见到过的对应属性。

表15-5 与目标地址相关的area元素属性

属　　性	说　　明
href	此区域被点击时浏览器应该加载的URL
alt	替代内容，参见img元素的对应属性
target	应该用来显示URL的浏览上下文，参见第7章base元素的对应属性
rel	描述了当前文档和目标文档之间的关系，参见第7章link元素的对应属性
media	此区域适用的媒介，参见第7章style元素的对应属性
hreflang	目标文档的语言
type	目标文档的MIME类型

第二类则包含了更有意思的属性：shape和coords属性。可以用这些属性来标明用户可以点击的各个图像区域。shape和coords属性是共同起作用的。coords属性的意思根据shape属性的值而定，正如表15-6所介绍的。

表15-6 shape和coords属性的值

shape值	coords值的性质和意思
rect	这个值代表了一个矩形区域。coords属性必须由四个用逗号分隔的整数组成，它们代表了下列位置之间的距离：
	❑ 图像的左边缘与矩形的左侧
	❑ 图像的上边缘与矩形的上侧
	❑ 图像的左边缘与矩形的右侧
	❑ 图像的上边缘与矩形的下侧
circle	这个值代表了一个圆形区域。coords属性必须由三个用逗号分隔的整数组成，它们代表了下列参数：
	❑ 从图像左边缘到圆心的距离
	❑ 从图像上边缘到圆心的距离
	❑ 圆的半径
poly	这个值代表了一个多边形。coords属性必须至少包含六个用逗号分隔的整数，每一对数字各代表多边形的一个顶点
default	这个值的意思是默认区域，即覆盖整张图片。shape属性使用这个值时不需要提供coords值

介绍完这些元素后，我们现在来看一个例子。演示分区响应图的一大难点是area元素在浏览器屏幕上不可见。出于这个目的，图15-4展示了两个我想在这个例子里定义的区域，使用的是前一节里的triathlon.png图像。简单起见，我把这两个区域做成矩形。

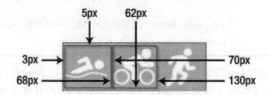

图15-4　规划分区响应图中的各个区域

根据这张示意图可以创建map和area元素，如代码清单15-4所示。

代码清单15-4　创建分区响应图

```html
<!DOCTYPE HTML>
<html>
    <head>
        <title>Example</title>
        <meta name="author" content="Adam Freeman"/>
        <meta name="description" content="A simple example"/>
        <link rel="shortcut icon" href="favicon.ico" type="image/x-icon" />
    </head>
    <body>
        Here is a common form for representing the three activities in a triathlon.
        <p>
            <img src="triathlon.png" usemap="#mymap" alt="Triathlon Image"/>
        </p>
        The first icon represents swimming, the second represents cycling and the third
        represents running.

        <map name="mymap">
            <area href="swimpage.html" shape="rect" coords="3,5,68,62" alt="Swimming"/>
            <area href="cyclepage.html" shape="rect" coords="70,5,130,62" alt="Running"/>
            <area href="otherpage.html" shape="default" alt="default"/>
        </map>
    </body>
</html>
```

请注意我给img元素添加的usemap属性。这个属性的值必须是一个井号串名称引用（hash-name reference），意思是一个由#字符开头的字符串。这样你就能把map元素与图像关联起来。

如果用户点击了图像上的游泳部分，浏览器就会导航至swimpage.html。如果用户点击的是图像上的骑车部分，浏览器则会导航至cyclepage.html。点击图像上的其他位置会让浏览器导航至otherpage.html。

提示　请注意，在制作客户端分区响应图时，无需使用a元素来显式创建超链接。

15.2 嵌入另一张 HTML 文档

iframe元素允许我们在现有的HTML文档中嵌入另一张文档。表15-7概括了这个元素。

表15-7 iframe元素

元素	iframe
元素类型	短语
允许具有的父元素	任何可包含短语内容的元素
局部属性	src、srcdoc、name、width、height、sandbox、seamless
内容	字符数据
标签用法	开始标签和结束标签
是否为HTML5新增	否
在HTML5中的变化	sandbox和seamless属性是HTML5新增的。longdesc、align、allowtransparency、frameborder、marginheight、marginwidth和scrolling属性已被废弃
习惯样式	iframe { border: 2px inset; }

代码清单15-5展示了iframe元素的用法。

代码清单15-5 使用iframe元素

```
<!DOCTYPE HTML>
<html>
    <head>
        <title>Example</title>
        <meta name="author" content="Adam Freeman"/>
        <meta name="description" content="A simple example"/>
        <link rel="shortcut icon" href="favicon.ico" type="image/x-icon" />
    </head>
    <body>
        <header>
            <h1>Things I like</h1>
            <nav>
                <ul>
                    <li>
                        <a href="fruits.html" target="myframe">Fruits I Like</a>
                    </li>
                    <li>
                        <a href="activities.html" target="myframe">Activities I Like</a>
                    </li>
                </ul>
            </nav>
        </header>

        <iframe name="myframe" width="300" height="100">
        </iframe>
    </body>
</html>
```

在这个例子里，我创建了一个name属性为myframe的iframe。这样就创建了一个名为myframe的浏览上下文。然后我就可以把这个浏览上下文与其他元素（具体是指a、form、button、input和base）的target属性结合使用。我用a元素创建了一对超链接，它们会把href属性中指定的URL载入iframe。从图15-5可以看到这一过程。

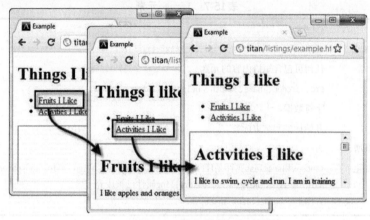

图15-5　用iframe嵌入外部HTML文档

width和height属性指定了像素尺寸。src属性指定了iframe一开始应该载入并显示的URL，而srcdoc属性让你可以定义一张用于内嵌显示的HTML文档。

HTML5引入了两个新的iframe元素属性。第一个是seamless，它指示浏览器把iframe的内容显示得像主HTML文档的一个整体组成部分。从图中可以看出，默认情况下会有一个边框，如果内容比width和height属性所指定的尺寸要大，还会出现一个滚动条。

第二个属性是sandbox，它对HTML文档进行限制。应用这个属性时如果不附带任何值，就像这样：

```
...
<iframe sandbox name="myframe" width="300" height="100">
</iframe>
...
```

下面这些元素就会被禁用：

- 脚本
- 表单
- 插件
- 指向其他浏览上下文的链接

另外，iframe的内容被视为与HTML文档的其余部分来源不同，这样会引发额外的安全措施。可以通过定义sandbox属性的值来独立启用各种功能，就像这样：

```
...
<iframe sandbox="allow-forms" name="myframe" width="300" height="100">
</iframe>
...
```

表15-8介绍了可以使用的值。不幸的是，在我创作这本书时还没有哪一种主流浏览器支持sandbox和seamless属性[①]，因此我无法演示这两种属性。

表15-8　iframe的sandbox属性所接受的allow值

值	说　明
allow-forms	启用表单
allow-scripts	启用脚本
allow-top-navigation	允许链接指向顶层的浏览上下文，这样就能用另一个文档替换当前整个文档，或者创建新的标签和窗口
allow-same-origin	允许iframe里的内容被视为与文档其余部分拥有同一个来源位置

15.3　通过插件嵌入内容

object和embed元素最初都是作为扩展浏览器能力的一种方式，用于添加插件支持，而插件能够处理浏览器不直接支持的内容。这些元素是在第1章里提到的浏览器战争时期被引入的，分别来自于不同的阵营。

之后，object元素成了HTML4规范的一部分，而embed元素却没有（尽管embed元素已经被广泛使用）。为了公平对待这两种元素，HTML5添加了对embed元素的支持。这样，出于兼容性的缘故，你就有了两个非常相似的元素。

虽然object和embed元素通常用于插件，但它们也可以用来嵌入浏览器能直接处理的内容，比如图像。我会在本节的后面部分向你演示这么做可能会带来什么益处。

15.3.1　使用 embed 元素

我将从embed元素开始，表15-9概述了这个元素。

表15-9　embed元素

元素	embed
元素类型	短语
允许具有的父元素	任何可以包含短语内容的元素
局部属性	src、type、height、width
内容	无
标签用法	虚许元素形式
是否为HTML5新增	是，不过多年来已经作为非正式元素被广泛使用
在HTML5中的变化	无
习惯样式	无

[①] 到目前为止，sandbox属性已被Internet Explorer 10、Firefox、Chrome和Safari支持，seamless属性仍然只有Chrome和Safari 6支持。——译者注

代码清单15-6展示了embed元素的用法。在这个例子里，我嵌入一个来自www.youtube.com的视频，里面是一些谷歌工程师关于HTML5的谈话。

代码清单15-6　使用embed元素

```html
<!DOCTYPE HTML>
<html>
    <head>
        <title>Example</title>
        <meta name="author" content="Adam Freeman"/>
        <meta name="description" content="A simple example"/>
        <link rel="shortcut icon" href="favicon.ico" type="image/x-icon" />
    </head>
    <body>
        <embed src="http://www.youtube.com/v/qzA6OhHca9s?version=3"
            type="application/x-shockwave-flash" width="560" height="349"
            allowfullscreen="true">
    </body>
</html>
```

src属性指定了内容的地址，type属性则指定了内容的MIME类型，这样浏览器就知道该如何处理它。width和height属性决定嵌入内容将在屏幕上占据的空间大小。你应用的其他任何属性都会被当做是插件或内容的参数。在这个例子中，我应用了一个名为allowfullscreen的属性，YouTube的视频播放器通过它来启用全屏观看功能。从图15-6中可以看到浏览器是如何渲染这一内容的。

图15-6　嵌入一个YouTube视频

15.3.2 使用object和param元素

object元素实现的效果和embed元素一样，但它的工作方式稍有不同，并带有一些额外的功能。表15-10概述了object元素。

表15-10 object元素

元素	object
元素类型	这个元素在包含短语内容时被视为短语元素，包含流内容时则被视为流元素
允许具有的父元素	任何可以包含短语或流内容的元素
局部属性	data、type、height、width、usemap、name、form
内容	空白或任意数量的param元素，并可选择添加短语或流内容作为备用内容，参见本节后面的示例
标签用法	开始标签和结束标签
是否为HTML5新增	否
在HTML5中的变化	form属性是HTML5里新增的
	archive、classid、code、codebase、codetype、declare、standby、align、hspace、vspace和border属性已被废弃
习惯样式	无

代码清单15-7展示了如何用object元素嵌入前面例子中的YouTube视频。

代码清单15-7 使用object和param元素的属性

```
<!DOCTYPE HTML>
<html>
    <head>
        <title>Example</title>
        <meta name="author" content="Adam Freeman"/>
        <meta name="description" content="A simple example"/>
        <link rel="shortcut icon" href="favicon.ico" type="image/x-icon" />
    </head>
    <body>
        <object width="560" height="349"
            data="http://www.youtube.com/v/qzA6OhHca9s?version=3"
            type="application/x-shockwave-flash">
            <param name="allowFullScreen" value="true"/>
        </object>
    </body>
</html>
```

data属性提供了内容的地址，type、width和height属性和在embed元素里的意思一致。使用param元素来定义将要传递给插件的参数，每个需要定义的参数都各自使用一个param元素。表15-11概述了这个元素。你可能已经猜到了，name和value属性定义了参数的name和value。

表15-11 param元素

元素	param
元素类型	无
允许具有的父元素	object元素
局部属性	name、value
内容	无
标签用法	虚元素形式
是否为HTML5新增	否
在HTML5中的变化	无
习惯样式	param { display: none; }

指定备用内容

object元素的一大优点是可以包含备用内容，在指定内容不可用时显示出来。代码清单15-8提供了一个简单的演示。

代码清单15-8 使用object元素的备用内容功能

```
<!DOCTYPE HTML>
<html>
    <head>
        <title>Example</title>
        <meta name="author" content="Adam Freeman"/>
        <meta name="description" content="A simple example"/>
        <link rel="shortcut icon" href="favicon.ico" type="image/x-icon" />
    </head>
    <body>
        <object width="560" height="349" data="http://titan/myimaginaryfile">
            <param name="allowFullScreen" value="true"/>
            <b>Sorry!</b> We can't display this content
        </object>
    </body>
</html>
```

在这个例子里，我让data属性引用了一个不存在的文件。浏览器会尝试载入这个不存在的内容，如果失败了，就会转而显示object元素中的内容。param元素会被忽略，只剩下短语和流内容会被显示出来，正如图15-7所示。

图15-7 依靠object元素里的备用内容

请注意我在代码清单里去掉了type属性。当type属性不存在时,浏览器会尝试从数据本身判断其内容类型。对于某些浏览器上的特定插件而言,即使数据不存在,插件也会被加载。这就意味着屏幕上显示的是一片空白区域,而不是备用内容。

15.4　object 元素的其他用途

虽然object元素主要用于嵌入插件内容,但它最初是作为一种更具通用性的元素来取代某些元素,其中包括img。在下面几节里,我会介绍其他一些object元素的使用方式。虽然这些功能在HTML规范里已经存在一段时间了,但不是所有浏览器都能支持全部的功能。本书出于完整性的原因加入了这些章节,但是建议你还是应该坚持使用具体程度更高的元素,比如s。

> 提示　form属性让object元素可以关联HTML表单(也就是第12章的主题),这是HTML5新增的。当前没有任何浏览器支持这个属性,HTML5规范对这一功能如何运作也语焉不详。

15.4.1　使用 object 元素嵌入图像

我之前提到过,object本打算取代的一种元素是img,因此可以用object元素在HTML文档里嵌入图像。代码清单15-9提供了一个演示。

代码清单15-9　用object元素嵌入一张图像

```
<!DOCTYPE HTML>
<html>
    <head>
        <title>Example</title>
        <meta name="author" content="Adam Freeman"/>
        <meta name="description" content="A simple example"/>
        <link rel="shortcut icon" href="favicon.ico" type="image/x-icon" />
    </head>
    <body>
        <object data="triathlon.png" type="image/png">
        </object>
    </body>
</html>
```

在这个例子里,我让data属性引用了本章之前所使用的那张图像。浏览器嵌入和显示了图像,就跟使用img元素一样,如图15-8所示。

图15-8　用object元素嵌入一张图像

15.4.2 使用object元素创建分区响应图

同样可以用object元素来创建客户端分区响应图。usemap属性可以用于关联map元素和object元素,如代码清单15-10所示。我使用的map和area元素跟之前在img上所用到的一样。

代码清单15-10 用object元素创建一张客户端分区响应图

```
<!DOCTYPE HTML>
<html>
    <head>
        <title>Example</title>
        <meta name="author" content="Adam Freeman"/>
        <meta name="description" content="A simple example"/>
        <link rel="shortcut icon" href="favicon.ico" type="image/x-icon" />
    </head>
    <body>
        <map name="mymap">
            <area href="swimpage.html" shape="rect" coords="3,5,68,62" alt="Swimming"/>
            <area href="cyclepage.html" shape="rect" coords="70,5,130,62" alt="Running"/>
            <area href="otherpage.html" shape="default" alt="default"/>
        </map>

        <object data="triathlon.png" type="image/png" usemap="#mymap">
        </object>
    </body>
</html>
```

警告 不是所有的浏览器都支持用object元素创建客户端分区响应图。在本书撰写过程中,谷歌的Chrome和苹果的Safari浏览器都不支持这一功能。

15.4.3 将object元素作为浏览上下文环境

可以用object元素来将一张HTML文档嵌入到另一张文档之中,就像用iframe元素一样。如果应用name属性,就会创建一个浏览上下文,可以结合一些元素(比如a和form)的target属性使用。代码清单15-11展示了具体做法。

代码清单15-11 用object元素创建浏览上下文

```
<!DOCTYPE HTML>
<html>
    <head>
        <title>Example</title>
        <meta name="author" content="Adam Freeman"/>
        <meta name="description" content="A simple example"/>
        <link rel="shortcut icon" href="favicon.ico" type="image/x-icon" />
    </head>
```

```html
<body>
    <header>
        <h1>Things I like</h1>
        <nav>
            <ul>
                <li>
                    <a href="fruits.html" target="frame">Fruits I Like</a>
                </li>
                <li>
                    <a href="activities.html" target="frame">Activities I Like</a>
                </li>
            </ul>
        </nav>
    </header>
    <object type="text/html" name="frame" width="300" height="100">
    </object>
</body>
</html>
```

这个功能仅仅在你把type属性设置为text/html时可用，但即便如此，浏览器也不是普遍都支持。谷歌的Chrome和苹果的Safari是支持这一功能的主流浏览器。

15.5 嵌入数字表现形式

HTML5有两个新元素允许我们在文档中嵌入数值的表现形式。

15.5.1 显示进度

progress元素可以用来表现某项任务逐渐完成的过程。表15-12概述了progress元素。

表15-12　progress元素

元素	progress
元素类型	短语
允许具有的父元素	任何可以包含短语内容的元素
局部属性	value、max、form
内容	短语内容
标签用法	开始标签和结束标签
是否为HTML5新增	是
在HTML5中的变化	无
习惯样式	无

value属性定义了当前的进度，它位于0和max属性的值所构成的范围之间。当max属性被省略时，范围是0至1。用浮点数来表示进度，比如0.3代表30%。

代码清单15-12展示了progress元素和一些按钮。按下某个按钮会更新progress元素所显示的值。我用一些简单的JavaScript关联了按钮和progress元素。本书会在第四部分介绍这些技巧。

代码清单15-12　使用progress元素

```
<!DOCTYPE HTML>
<html>
    <head>
        <title>Example</title>
        <meta name="author" content="Adam Freeman"/>
        <meta name="description" content="A simple example"/>
        <link rel="shortcut icon" href="favicon.ico" type="image/x-icon" />
    </head>
    <body>
        <progress id="myprogress" value="10" max="100"></progress>
        <p>
            <button type="button" value="30">30%</button>
            <button type="button" value="60">60%</button>
            <button type="button" value="90">90%</button>
        </p>

        <script>
            var buttons = document.getElementsByTagName('BUTTON');
            var progress = document.getElementById('myprogress');
            for (var i = 0; i < buttons.length; i++) {
                buttons[i].onclick = function(e) {
                    progress.value = e.target.value;
                };
            }
        </script>
    </body>
</html>
```

从图15-9可以看到如何让progress元素显示不同的值。

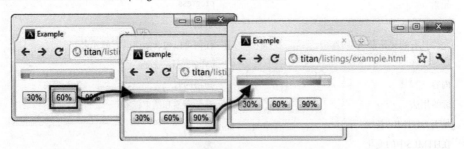

图15-9　使用progress元素

15.5.2　显示范围里的值

meter元素显示了某个范围内所有可能值中的一个。表15-13概述了这个元素。

表15-13 meter元素

元素	meter
元素类型	短语
允许具有的父元素	任何可以包含短语内容的元素
局部属性	value、min、max、low、high、optimum、form
内容	短语内容
标签用法	开始标签和结束标签
是否为HTML5新增	是
在HTML5中的变化	无
习惯样式	无

min和max属性设定了可能值所处范围的边界，它们可以用浮点数来表示。meter元素的显示可以分为三个部分：过低、过高和最佳。low属性设置了一个值，在它之下的所有值都被认为是过低；high属性设置了一个值，在它之上的所有值都被认为是过高；optimum属性则指定了"最佳"的值。代码清单15-13展示了将这些属性应用到meter元素。

代码清单15-13　使用meter元素

```
<!DOCTYPE HTML>
<html>
    <head>
        <title>Example</title>
        <meta name="author" content="Adam Freeman"/>
        <meta name="description" content="A simple example"/>
        <link rel="shortcut icon" href="favicon.ico" type="image/x-icon" />
    </head>
    <body>
        <meter id="mymeter" value="90"
            min="10" max="100" low="40" high="80" optimum="60"></meter>

        <p>
            <button type="button" value="30">30</button>
            <button type="button" value="60">60</button>
            <button type="button" value="90">90</button>
        </p>

        <script>
            var buttons = document.getElementsByTagName('BUTTON');
            var meter = document.getElementById('mymeter');
            for (var i = 0; i < buttons.length; i++) {
                buttons[i].onclick = function(e) {
                    meter.value = e.target.value;
                };
            }
        </script>
    </body>
</html>
```

在这个例子里，几个button元素将meter元素的value属性设置成过低和过高范围内的值，以及最佳值。图15-10显示了浏览器如何呈现它们。

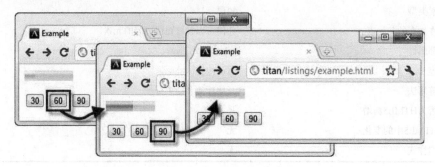

图15-10　使用meter元素

在当前实现下，optimum属性不会对meter元素的外观产生任何可视效果。支持meter元素的浏览器仅在低于low值和高于high值（如上图所示）的值方面有区别。

15.6　其他嵌入元素

还有一些元素可以用来在HTML文档里嵌入内容。之后几章会对它们进行深入讨论，但是出于完整性考虑，这里也会稍微提及。

15.6.1　嵌入音频和视频

HTML5定义了一些新元素，它们支持在不借助插件的情况下给HTML文档嵌入音频和视频。这些元素（audio、video、source和track）会在第34章深入讨论。

15.6.2　嵌入图形

canvas元素是HTML5引入的另一大功能领域，我们可以用它来给HTML文档添加动态图形。canvas元素在第35章和第36章都有涉及。

15.7　小结

本章介绍了一些元素，它们允许你通过嵌入内容丰富自己的HTML文档。这些元素从简单的添加物开始（比如图像），直至那些通过插件实现的丰富且可扩展的技术。

Part 3　第三部分

CSS

这一部分我会向读者展示如何使用 CSS 控制网页内容在用户浏览器中的呈现方式。CSS 极其精巧且富有表达力，开发者可以用最为高效的方式高度掌控网页内容的表示。

第 16 章 理解CSS

接下来的几章我们来看看CSS（Cascading Style Sheet，层叠样式表）定义的属性。第4章简单回顾了CSS的基础知识，在深入研究细节之前，我们先通过本章来了解一些其他的背景知识。

16.1 CSS 标准化

CSS有一段不堪回首的历史。那时候浏览器被看做划分市场的工具，浏览器厂商将CSS作为创建自己软件特有功能的利器。当时的情况可谓一团糟：具有相同名称的属性采用不同的方式处理，只能用浏览器特定的属性访问浏览器特定的功能。结果是Web开发人员不得不创建只在一种浏览器上运行的站点或应用程序。

好的一面是，不同浏览器通常会因速度、易用性以及与CSS等标准的兼容性而呈现差别（最后一点发挥的作用正越来越大）；不好的一面是CSS标准化过程并不理想。

在接下来的几章你会看到，CSS包含大量功能。W3C（CSS和HTML的标准组织）并不想创建一个单一标准，而是将CSS3分割为多个模块（module），并允许每个模块根据自身需要进行更新。这个想法非常了不起，它明显优于单一方法——当然，这也代表不存在CSS3兼容性的整体标准了，开发人员需要仔细考量每一个模块，并判断是否已获得足够广泛的支持来使用该模块。

还有一个比较棘手的问题：目前还没有CSS3模块达到标准化过程的最后阶段（成为W3C推荐标准）。有些模块，特别是那些引入CSS新功能的模块，还只处于标准化过程的早期阶段（工作草案），随时都有可能变化。可能添加、修改或删除属性；可能出现新模块，也可能毙掉旧模块；不同模块之间的关系可能发生变化（某些模块往往依赖于其他模块中定义的属性或单位）。因此，当你阅读本书时，某些比较新的属性可能已经跟我撰写本书时有所不同了。

接下来的几章我会介绍一些比较稳定的模块的属性，没什么特殊情况的话，主流浏览器很快就会实现这些属性。这些特性基本已经稳定了，新版本的浏览器都会支持。有时候开发人员并不确定某个属性是否适合自己的项目，为了帮助你更好地判断，本章后面的16.4节"属性简明参考"中给出了增加这些新属性的CSS版本号。

在模块定义还不太稳定的阶段，浏览器会采用厂商前缀实现某个特性。这种做法不同以往，它允许早期采纳者试用浏览器实现的这些新属性。本书尽量避开这些试验性属性，但如果某些CSS3特性实在非常重要，我会在示例中加上厂商前缀。无论如何，带厂商前缀的实现都非常接近规范。不同浏览器的厂商前缀不同,表16-1列出了几个常见浏览器厂商前缀。

表16-1 浏览器特定厂商前缀

浏 览 器	厂商前缀
Chrome、Safari	-webkit-
Opera	-o-
Firefox	-moz-
Internet Explorer	-ms-

16.2 盒模型

CSS中的一个基本概念是盒模型（box model）。可见元素会在页面中占据一个矩形区域,该区域就是元素的盒子（box）,由四部分组成,如图16-1所示。

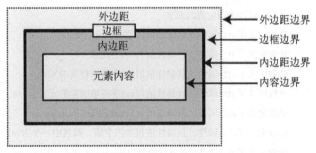

图16-1 CSS盒模型

元素盒子有两个部分是可见的：内容和边框。内边距是内容和边框之间的空间,外边距是边框和页面上其他元素之间的空间。理解这四部分之间的相互关系对于高效利用CSS至关重要。在接下来的章节中,我们会学习控制外边距、内边距、边框的属性,以及控制内容整体外观的属性。

元素还可以包含其他元素。这种情况下,父元素的内容盒子称为子元素的块容器（container block）,通常称为容器。这种关系如图16-2所示。

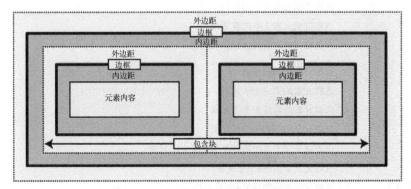

图16-2 父元素和子元素盒模型的关系

可以使用包含块的特征限定元素的外观。这不光适用于层叠属性和继承属性，还适用于显式定义的属性，我们在第21章学习元素的布局时会看到这一点。

16.3 选择器简明参考

第17章和第18章会详细讲解CSS选择器，不过，为方便你快速查询，我们将选择器及添加它们的CSS版本总结在表16-2中。

表16-2　CSS选择器

选 择 器	说　　明	CSS版本
*	选取所有元素	2
<type>	选取指定类型的元素	1
.<class>	选取指定类的元素	1
#<id>	选取id属性为指定值的元素	1
[attr]	选取定义了attr属性，且属性值任意的元素	2
[attr="val"]	选取定义了attr属性，且属性值为val的元素	2
[attr^="val"]	选取定义了attr属性，且属性值以val字符串打头的元素	3
[attr$="val"]	选取定义了attr属性，且属性值以val字符串结尾的元素	3
[attr*="val"]	选取定义了attr属性，且属性值包含val字符串的元素	3
[attr~="val"]	选取定义了attr属性，且属性值包含多个值，而其中一个为val的元素	2
[attr|="val"]	选取定义了attr属性，且属性值是以连字符分割的一串值，而第一个为val的元素	2
<选择器>, <选择器>	选取同时匹配所有选择器的元素	1
<选择器> <选择器>	目标元素为匹配第一个选择器的元素的后代，且匹配第二个选择器	1
<选择器> > <选择器>	目标元素为匹配第一个选择器的元素的直接后代，且匹配第二个选择器	2
<选择器> + <选择器>	目标元素紧跟在匹配第一个选择器的元素之后，且匹配第二个选择器	2
<选择器> ~ <选择器>	目标元素跟在匹配第一个选择器的元素之后，且匹配第二个选择器	3
::first-line	选取块级元素文本的首行	1
::first-letter	选取块级元素文本的首字母	1
:before :after	在选取元素之前或之后插入内容	2
:root	选取文档中的根元素	3
:first-child	选取元素的第一个子元素	2
:last-child	选取元素的最后一个子元素	3
:only-child	选取元素的唯一一个子元素	3
:only-of-type	选取属于父元素的特定类型的唯一子元素	3
:nth-child(n)	选取父元素的第n个子元素	3
:nth-last-child(n)	选取父元素的倒数第n个子元素	3

(续)

选择器	说明	CSS版本
:nth-of-type(n)	选取属于父元素的特定类型的第n个子元素	3
:nth-last-of-type(n)	选取属于父元素的特定类型的倒数第n个子元素	3
:enabled	选取已启用的元素	3
:disabled	选取被禁用的元素	3
:checked	选取所有选中的复选框和单选按钮	3
:default	选取默认元素	3
:valid :invalid	选取基于输入验证判定的有效或者无效的input元素	3
:in-range :out-of-range	选取被限定在指定范围之内或者之外的input元素	3
:required :optional	根据是否允许使用required属性选取input元素	3
:link	选取未访问的链接元素	1
:visited	选取用户已访问的链接元素	1
:hover	选取鼠标指针悬停在其上面的元素	2
:active	选取当前被用户激活的元素，这通常意味着用户即将点击该元素	2
:focus	选取获得焦点的元素	2
:not(<选择器>)	否定选择（如选取所有不匹配<选择器>的元素）	3
:empty	选取不包含任何子元素或文本的元素	3
:lang(<语言>)	选取lang属性为指定值的元素	2
:target	选取URL片段标识符指向的元素	3

16.4 属性简明参考

第19~24章会讲述CSS属性，为方便查阅，接下来的几节先总结一下CSS属性及添加相应属性的CSS版本。

16.4.1 边框和背景属性

表16-3总结了可能应用于元素的边框和背景的属性，这些属性会在第19章详细介绍。

表16-3 边框和背景属性

属性	说明	CSS版本
background	设置所有背景值的简写属性	1
background-attachment	设置元素的背景附着属性，决定背景图片是否随页面一起滚动	1
background-clip	设置元素背景颜色和图像的裁剪区域	3
background-color	设置背景颜色	1
background-image	设置元素背景图像	1

（续）

属　性	说　明	CSS版本
background-origin	设置背景图像绘制的起始位置	3
background-position	设置背景图像在元素盒子中的位置	1
background-repeat	设置背景图像的重复方式	1
background-size	设置背景图像的绘制尺寸	3
border	为所有边界设置所有边框宽度的简写属性	1
border-bottom	为所有下边框设置宽度的简写属性	1
border-bottom-color	为所有下边框设置颜色	1
border-bottom-left-radius	将边框左下角设置为圆角	3
border-bottom-right-radius	将边框右下角设置为圆角	3
border-bottom-style	设置元素下边框的样式	1
border-bottom-width	设置元素下边框的宽度	1
border-color	设置四条边框的颜色	1
border-image	使用图像作为边框的简写属性	3
border-image-outset	指定图像向边框盒外部扩展的区域	3
border-image-repeat	指定边框图像的缩放和重复方式	3
border-image-slice	指定边框图像的切割方式	3
border-image-source	设置边框图像的来源路径	3
border-image-width	设置边框图像的宽度	3
border-left	设置元素左边框的简写属性	1
border-left-color	设置左边框的颜色	1
border-left-style	设置左边框的样式	1
border-left-width	设置左边框的宽度	1
border-radius	指定圆角边框的简写属性	3
border-right	设置元素右边框的简写属性	1
border-right-color	设置右边框的颜色	1
border-right-style	设置右边框的样式	1
border-right-width	设置右边框的宽度	1
border-style	设置所有边框样式的简写属性	1
border-top	设置上边框的简写属性	1
border-top-color	设置上边框的颜色	1
border-top-left-radius	将边框左上角设置为圆角	3
border-top-right-radius	将边框右上角设置为圆角	3
border-top-style	设置上边框的样式	1
border-top-width	设置上边框的宽度	1

（续）

属　　性	说　　明	CSS版本
border-width	设置四个边框的宽度	1
box-shadow	设置元素的一个或者多个阴影效果	3
outline-color	设置元素边框外围轮廓线的颜色	2
outline-offset	设置轮廓距离元素边框边缘的偏移量	2
outline-style	设置轮廓的样式	2
outline-width	设置轮廓的宽度	2
outline	在一条声明中设置轮廓的简写属性	2

16.4.2 盒模型属性

表16-4总结了配置元素盒子可能用到的属性。这些属性会在第20章详细介绍。

表16-4　基本的盒子属性

选 择 器	说　　明	CSS版本
box-sizing	设置要应用盒子尺寸相关属性的元素	3
clear	设置盒子的左边界、右边界或左右两个边界不允许出现浮动元素	1
display	设置元素盒子的类型	1
float	将元素移动到其包含块的左边界或者右边界，或者另一个浮动元素的边界	1
height	设置元素盒子的高度	1
margin	设置元素盒子四个外边距宽度的简写属性	1
margin-bottom	设置盒子下外边距的宽度	1
margin-left	设置盒子左外边距的宽度	1
margin-right	设置盒子右外边距的宽度	1
margin-top	设置盒子上外边距的宽度	1
max-height	设置元素的最大高度	2
max-width	设置元素的最大宽度	2
min-height	设置元素的最小高度	2
min-width	设置元素的最小宽度	2
overflow	设置内容横向和竖向溢出盒子时处理方式的简写属性	2
overflow-x	设置内容横向溢出盒子时的处理方式	3
overflow-y	设置内容竖向溢出盒子时的处理方式	3
padding	设置元素盒子四个内边距宽度的简写属性	1
padding-bottom	设置盒子下内边距的宽度	1
padding-left	设置盒子左内边距的宽度	1

（续）

选　择　器	说　　明	CSS版本
padding-right	设置盒子右内边距的宽度	1
padding-top	设置盒子上内边距的宽度	1
visibility	设置元素的可见性	2
width	设置元素的宽度	1

16.4.3　布局属性

表16-5总结了创建元素布局可能用到的属性，这些属性会在第21章详细描述。

表16-5　布局属性

选　择　器	说　　明	CSS版本
bottom	设置元素下外边距边界与包含块下边界之间的偏移	2
column-count	指定多列布局的列数	3
column-fill	多列布局中列与列之间的内容如何分布	3
column-gap	指定多列布局中列与列之间的间隔	3
column-rule	多列布局中定义列与列之间的规则的简写属性	3
column-rule-color	设置多列布局中的颜色规则	3
column-rule-style	设置多列布局中的样式规则	3
column-rule-width	设置多列布局中的宽度规则	3
columns	在多列布局中设置列数和列宽度的简写属性	3
column-span	指定多列布局中元素能跨多少列	3
column-width	指定多列布局中列的宽度	3
display	指定元素在页面上的显示方式	1
flex-align flex-direction flex-order flex-pack	它们都是由弹性盒子布局定义的，目前还没有实现	3
left	设置元素左外边距边界与包含块左边界之间的偏移	2
position	设置元素的定位方法	2
right	设置元素右外边距边界与包含块右边界之间的偏移	2
top	设置元素上外边距边界与包含块上边界之间的偏移	2
z-index	设置定位元素的堆叠顺序	2

16.4.4　文本属性

表16-6总结了设置文本样式可能用到的属性。这些属性会在第22章详细介绍。

表16-6 文本属性

属性	说明	CSS版本
@font-face	指定网页使用的字体	3
direction	指定文本方向	2
font	在一条声明中设置文本字体、大小和颜色的简写属性	1
font-family	指定文本所用的字体系列，排在前面的优先使用	1
font-size	指定字体大小	1
font-style	指定采用正常字体、斜体还是倾斜字体	1
font-variant	指定字体是否以小型大写字母显示	1
font-weight	设置文本粗细	1
letter-spacing	设置字母间距	1
line-height	设置行高	1
text-align	设置文本对齐方式	1
text-decoration	规定添加到文本的修饰（如下划线）	1
text-indent	规定文本块中首行文本的缩进	1
text-justify	设置文本对齐方式	3
text-shadow	指定文本块的阴影效果	3
text-transform	控制文本块字母大小写	1
word-spacing	指定单词间距	1

16.4.5 过渡、动画和变换属性

表16-7总结了改变元素外观可能用到的一些属性（通常需要一段时间来展示效果），这些属性会在第23章详细介绍。

表16-7 过渡、动画和变换属性

属性	说明	CSS版本
@keyframes	为动画指定一个以上的关键帧	3
animation	设置动画的简写属性	3
animation-delay	指定动画开始前的延迟时间	3
animation-direction	指定动画重复播放时的播放方向	3
animation-duration	指定动画持续时间	3
animation-iteration-count	指定动画的循环次数	3
animation-name	指定用于动画的关键帧集合的名称	3
animation-play-state	指定动画状态（播放或暂停）	3
animation-timing-function	指定关键帧之间计算属性值的函数	3

(续)

属性	说明	CSS版本
transform	指定应用于元素的变换	3
transform-origin	指定元素变换的起点	3
transition	指定CSS属性过渡效果的简写属性	3
transition-delay	指定触发过渡的延迟时间	3
transition-duration	指定过渡的持续时间	3
transition-property	指定带有过渡效果的属性	3
transition-timing-function	指定过渡期间计算中间属性值的函数	3

16.4.6 其他属性

表16-8总结了一些属性,这些属性放到前面提到的专门讲解某些属性的章节不太合适,我们会单独在第24章详细介绍。

表16-8 其他属性

属性	说明	CSS版本
border-collapse	指定表格相邻单元格的边框的显示样式	2
border-spacing	指定相邻单元格的边框的距离	2
caption-side	指定表格标题的位置	2
color	设置元素的前景色	1
cursor	指定光标的形状	2
empty-cells	指定是否显示表格中的空单元格	2
list-style	设置列表样式的简写属性	1
list-style-image	指定列表项标记使用的图像	1
list-style-position	指定列表项标记相对于列表项内容的位置	1
list-style-type	指定列表项标记的类型	1
opacity	设置元素的透明度	3
table-layout	指定表格单元格、行和列的算法规则	2

16.5 小结

本章相当于后续几章内容的背景知识介绍,到时候我会详细讲解这些CSS属性。本章也给出了几个简明参考,你在实际项目中用到CSS的时候随时都可以从中找到各种属性的用法。如果你想在自己的项目中使用CSS特性,那么考虑定义该属性的CSS规范的版本非常重要。我在这一章的开头已经解释过了,有些CSS3模块还不稳定,而有些CSS3模块的实现并没有我们想象的那么广泛。

第 17 章　使用CSS选择器（第Ⅰ部分）

第4章讲过，CSS选择器的作用是找出某类元素，以便我们使用style元素或者外部样式表对这类元素设置样式。

本章和第18章将介绍和演示核心的CSS3选择器。你会看到，选择方法非常简单，你也会学会如何根据一般情况和特殊情况调整选择方法。这些选择器引入CSS的时间不同，因而适用的CSS版本也不同。本书介绍的所有选择器都可以得到主流浏览器的良好支持，但跟某些小众浏览器的兼容性可能稍差。为了给你提供靠谱的参考，前一章已经将所有选择器引入的CSS版本标清楚了。表17-1是本章内容的一个简单总结。

表17-1　本章内容概要

问　题	解决方案	代码清单
选择所有元素	使用通用选择器	17-1
根据类型选择元素	使用类型选择器	17-2
根据全局属性class的值选择元素	使用类选择器	17-3、17-4
根据全局属性id的值选择元素	使用id选择器	17-5
基于属性选择元素	使用属性选择器	17-6 ~ 17-8
同时匹配多个选择器	选择器之间用逗号隔开	17-9
选择元素的后代元素	选择器之间用空格隔开	17-10、17-11
选择元素的子元素	使用>选择器	17-12
选择兄弟元素	使用+或~选择器	17-13、17-14
选择文本块的首行文本	使用::first-line选择器	17-15
选择文本块的首字母	使用::first-letter选择器	17-16
在元素之前或之后插入内容	使用:before和:after选择器	17-17
向元素插入数值内容	使用counter函数	17-18

17.1　使用 CSS 基本选择器

有些选择器使用起来非常简单，我们把这部分选择器称为基本选择器（basic selector）。开发人员可使用这类选择器在文档中进行比较宽泛的选择，也可以将其看做结合多种选择器进行特殊选择的基础（本章后面会介绍复合选择器）。接下来每节介绍一种基本选择器的用法。

17.1.1 选择所有元素

通用选择器匹配文档中的所有元素。它是最基本的选择器，不过使用很少，因为匹配过于广泛。表17-2是通用选择器的一个简单概括。

表17-2 通用选择器

选择器	*
匹配	所有元素
最低支持CSS版本	2

代码清单17-1是一个使用通用选择器的样式示例。

代码清单17-1 使用通用选择器

```
<!DOCTYPE HTML>
<html>
    <head>
        <title>Example</title>
        <style type="text/css">
            * {
                border: thin black solid;
                padding: 4px;
            }
        </style>
    </head>
    <body>
        <a href="http://apress.com">Visit the Apress website</a>
        <p>I like <span>apples</span> and oranges.</p>
        <a href="http://w3c.org">Visit the W3C website</a>
    </body>
</html>
```

代码清单17-1定义的样式将选中的元素以细黑框包起，这是本章展示匹配选择器的一种样式。该选择器的显示效果如图17-1所示。

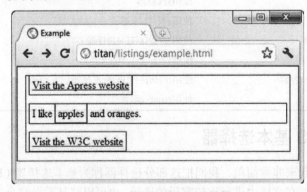

图17-1 使用通用CSS选择器

图17-1看起来有点奇怪,因为通用选择器会匹配文档中的所有元素,包括html和body元素。通用选择器非常给力,但很容易用过头儿,因此使用之前请三思。

17.1.2　根据类型选择元素

指定元素类型为选择器可以选取一个文档中该元素的所有实例(例如,如果你想选中所有的a元素就可以使用a作为选择器)。表17-3是元素类型选择器的一个简单总结。

表17-3　元素类型选择器

选择器	<元素类型>
匹配	所有指定类型的元素
开始支持的CSS版本	1

代码清单17-2是个例子。

代码清单17-2　使用元素类型选择器

```
<!DOCTYPE HTML>
<html>
    <head>
        <title>Example</title>
        <style type="text/css">
            a {
                border: thin black solid;
                padding: 4px;
            }
        </style>
    </head>
    <body>
        <a href="http://apress.com">Visit the Apress website</a>
        <p>I like <span>apples</span> and oranges.</p>
        <a href="http://w3c.org">Visit the W3C website</a>
    </body>
</html>
```

图17-2是使用该选择器的效果。

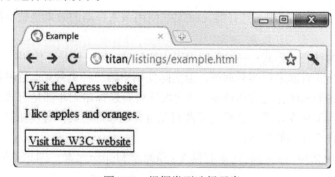

图17-2　根据类型选择元素

> 提示 只需将元素类型用逗号分开即可将某个样式应用到多个元素类型。参见17.2节查看示例。

17.1.3 根据类选择元素

类选择器采用全局属性class匹配指定类的元素。表17-4描述了类选择器。要回顾class，请查阅第3章。

表17-4 元素类选择器

选择器	<类名>（或 *.<类名>）
	<元素类型>.<类名>
匹配	属于指定类的元素；当跟元素类型一起使用时，匹配属于指定类的特定类型的元素
最低支持CSS版本	1

代码清单17-3演示了一个类选择器。

代码清单17-3 根据类选择元素

```
<!DOCTYPE HTML>
<html>
    <head>
        <title>Example</title>
        <style type="text/css">
            .class2 {
                border: thin black solid;
                padding: 4px;
            }
        </style>
    </head>
    <body>
        <a class="class1 class2" href="http://apress.com">Visit the Apress website</a>
        <p>I like <span class="class2">apples</span> and oranges.</p>
        <a href="http://w3c.org">Visit the W3C website</a>
    </body>
</html>
```

在代码清单17-3中，我使用了选择器.class2。使用该选择器的效果是选中指定class2的所有类型的元素。

这个选择器有两种表示形式：一种是使用通用选择器，另一种是不使用。*.class2和.class2是等价的。第一种形式看起来更容易理解，但实际使用中第二种更常见。这种模式在CSS选择器中很常见。如果你逐个添加合适的选择器，你会发现所有选择器无非都是有效的过滤器：缩小前面选择器的范围，匹配更少元素。这些选择器相互组合能够产生具体程度更高的匹配。17.2节会告诉你组合使用各种选择器的技巧。

代码清单17-3中指定class2的元素有两个：a元素和span元素。图17-3是应用这个样式的效果。

17.1 使用 CSS 基本选择器　　339

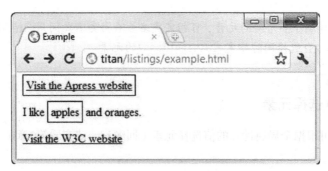

图17-3　使用类选择器

此处类选择器的具体程度还可以更高，将与指定类匹配的元素限定为一种类型。要实现这个效果，将通用选择器替换为元素类型就可以了，如代码清单17-4所示。

代码清单17-4　使用类选择器匹配单一元素类型

```
<!DOCTYPE HTML>
<html>
    <head>
        <title>Example</title>
        <style type="text/css">
            span.class2 {
                border: thin black solid;
                padding: 4px;
            }
        </style>
    </head>
    <body>
        <a class="class1 class2" href="http://apress.com">Visit the Apress website</a>
        <p>I like <span class="class2">apples</span> and oranges.</p>
        <a href="http://w3c.org">Visit the W3C website</a>
    </body>
</html>
```

我们在这个例子中进一步缩小了选择器的范围，使它只匹配指定class2的span元素。缩小范围之后的效果如图17-4所示。

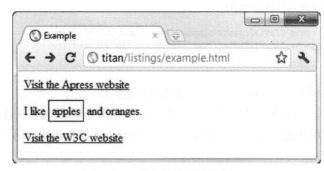

图17-4　缩小类选择器的范围

提示　如果你想选择属于多个类的元素,可指定类名(不同类名之间用句点隔开)。例如,span.class1.class2会选择同时指定class1和class2的元素。

17.1.4　根据ID选择元素

使用ID选择器可根据全局属性id的值选择元素(回顾id,请查看第3章)。表17-5简单总结了id选择器。

表17-5　元素id选择器

选择器	#<id值>
	<元素类型>.#<id值>
匹配	具有指定全局属性id值的元素
最低支持CSS版本	1

第3章解释过,HTML文档中元素id属性的值必须唯一。这意味着只要使用ID选择器,查找的必定是单个元素。代码清单17-5展示了一个id选择器的示例。

代码清单17-5　使用id选择器

```html
<!DOCTYPE HTML>
<html>
    <head>
        <title>Example</title>
        <style type="text/css">
            #w3canchor {
                border: thin black solid;
                padding: 4px;
            }
        </style>
    </head>
    <body>
        <a id="apressanchor" class="class1 class2" href="http://apress.com">
            Visit the Apress website
        </a>
        <p>I like <span class="class2">apples</span> and oranges.</p>
        <a id="w3canchor" href="http://w3c.org">Visit the W3C website</a>
    </body>
</html>
```

这个例子选中了id为w3canchor的元素,最终效果如图17-5所示。

从这个示例看来,如果你想为单个元素应用样式,使用元素的style属性可以达到同样的效果。确实,不过只有跟其他选择器组合使用,后一个选择器才能真正排上用场,本章后面会详细介绍这种方法。

图17-5　根据ID选择元素

17.1.5　根据属性选择元素

使用属性选择器能基于属性的不同方面匹配属性，具体信息如表17-6所示。

表17-6　元素属性选择器

选择器	[<条件>]或<元素类型>[<条件>]
匹配	具有匹配指定条件的属性的元素（此处支持的条件类型请见表17-7）
最低支持CSS版本	视条件而异

此处使用通用选择器可以匹配具有符合指定条件属性的所有元素（或指定类型的所有元素），不过，更常见的用法是不用通用选择器，而将选择条件放到[和]字符之间。代码清单17-6展示了一个常用的属性选择器。

代码清单17-6　使用元素属性选择器

```
<!DOCTYPE HTML>
<html>
    <head>
        <title>Example</title>
        <style type="text/css">
            [href] {
                border: thin black solid;
                padding: 4px;
            }
        </style>
    </head>
    <body>
        <a id="apressanchor" class="class1 class2" href="http://apress.com">
            Visit the Apress website
        </a>
        <p>I like <span class="class2">apples</span> and oranges.</p>
        <a id="w3canchor" href="http://w3c.org">Visit the W3C website</a>
    </body>
</html>
```

上述代码使用了最简单的属性选择器,它匹配的是所有具有href属性的元素,而不管属性的具体值是什么。在示例HTML文档中,该选择器的效果是选中两个a元素,如图17-6所示。

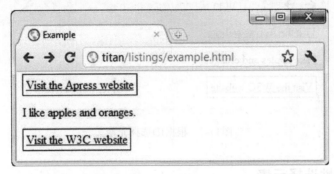

图17-6 基于属性是否存在选择元素(忽略属性值)

可以为待匹配的属性限定更多复杂的条件,表17-7列出了属性选择器支持的条件。这些条件是分两批添加到CSS中的,因此表中同时给出了相应的CSS版本。

表17-7 元素属性选择器的条件

条件	说明	CSS版本
[attr]	选择定义attr属性的元素,忽略属性值(代码清单17-6就是这种情况)	2
[attr="val"]	选择定义attr属性,且属性值为val的元素	2
[attr^="val"]	选择定义attr属性,且属性值以字符串val打头的元素	3
[attr$="val"]	选择定义attr属性,且属性值以字符串val结尾的元素	3
[attr*="val"]	选择定义attr属性,且属性值包含字符串val的元素	3
[attr~="val"]	选择定义attr属性,且属性值具有多个值,其中一个为字符串val的元素。代码清单17-7是使用该选择器的一个示例	2
[attr|="val"]	选择定义attr属性,且属性值为连字符分割的多个值,其中第一个为字符串val的元素。代码清单17-8是使用该选择器的一个示例	2

这里补充说明一下最后两个条件。处理支持多个值且不同的值用空格分割的属性会用到~=条件,如全局属性class。代码清单17-7是个例子。

代码清单17-7 基于多个属性值中的一个选择元素

```
<!DOCTYPE HTML>
<html>
    <head>
        <title>Example</title>
        <style type="text/css">
            [class~="class2"] {
                border: thin black solid;
                padding: 4px;
```

```
        }
    </style>
</head>
<body>
    <a id="apressanchor" class="class1 class2" href="http://apress.com">
        Visit the Apress website
    </a>
    <p>I like <span class="class2">apples</span> and oranges.</p>
    <a id="w3canchor" href="http://w3c.org">Visit the W3C website</a>
</body>
</html>
```

代码清单17-7中使用了class全局属性,因为这是目前为止我们介绍的唯一一个可以接受多个值的属性。不过,要匹配class值无需使用属性选择器,类选择器会自动处理多个类成员。

上面这个选择器使用的条件是:匹配定义class属性,且class的值包括class2的元素。我对符合条件的内容元素的类属性进行了加粗显示,这个选择器的效果如图17-7所示。

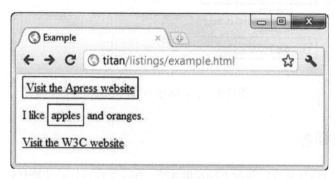

图17-7　基于多个属性值选择元素

若是一个属性值中包括多条用连字符分割的信息,这时就要用到|=条件,lang全局属性就是一个很好的例子。lang属性可以跟包括区域子标记的语言说明符一起使用,例如,en-us代表美国英语,en-gb代表英国英语。代码清单17-8展示了如何选中所有标记为en的元素,而无需枚举不同的区域(实际上还挺多)。

代码清单17-8　使用|=属性条件

```
<!DOCTYPE HTML>
<html>
    <head>
        <title>Example</title>
        <style type="text/css">
            [lang|="en"] {
                border: thin black solid;
                padding: 4px;
            }
        </style>
    </head>
    <body>
```

```
        <a lang="en-us" id="apressanchor" class="class1 class2" href="http://apress.com">
            Visit the Apress website
        </a>
        <p>I like <span lang="en-gb" class="class2">apples</span> and oranges.</p>
        <a lang="en" id="w3canchor" href="http://w3c.org">Visit the W3C website</a>
    </body>
</html>
```

该选择器的效果如图17-8所示。注意选择器除了匹配带有子标记的元素，也匹配了第二个a元素，这个a元素并没有区域子标记（也就是lang元素的值是en，而不是en-us或en-gb）。

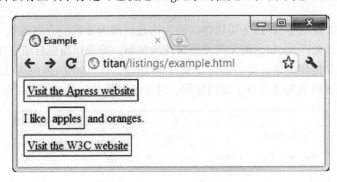

图17-8　基于lang属性选择元素

17.2　复合选择器

组合使用不同的选择器可以匹配更特定的元素。有的复合选择器能将目标样式应用到更多元素，有的复合选择器则会锁定更少元素，总之会让你的选择非常具体。在接下来的几节中，我会为你展示组合使用选择器的各种方法。

17.2.1　并集选择器

创建由逗号分隔的多个选择器可以将样式应用到单个选择器匹配的所有元素。表17-8是并集选择器的简单概述。

表17-8　并集选择器

选择器	<选择器>,<选择器>,<选择器>
匹配	单个选择器匹配的所有元素的并集
最低支持CSS版本	1

代码清单17-9是一个包含并集选择器的例子。

代码清单17-9　创建并集选择器

```
<!DOCTYPE HTML>
```

```html
<html>
    <head>
        <title>Example</title>
        <style type="text/css">
            a, [lang|="en"] {
                border: thin black solid;
                padding: 4px;
            }
        </style>
    </head>
    <body>
        <a id="apressanchor" class="class1 class2" href="http://apress.com">
            Visit the Apress website
        </a>
        <p>I like <span lang="en-uk" class="class2">apples</span> and oranges.</p>
        <a id="w3canchor" href="http://w3c.org">Visit the W3C website</a>
    </body>
</html>
```

在代码清单17-9中，我指定了一个类型选择器（a）和一个属性选择器（[lang|="en"]），两者之间用逗号隔开（a, [lang|="en"]）。浏览器会依次求每个选择器的值，然后将样式应用到匹配元素。你可以任意混搭不同类型的选择器，不要求它们匹配的元素有什么共性。从图17-9可以看到代码清单17-9中的选择器的效果。

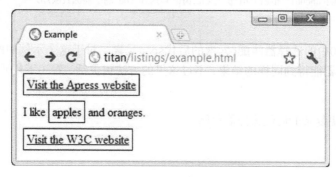

图17-9　创建并集选择器

可以根据自己的需要组合任意多个选择器，只需将不同的选择器之间用逗号隔开即可。

17.2.2　后代选择器

后代选择器用于选择包含在其他元素中的元素。表17-9是关于后代选择器的简单概述。

表17-9　后代选择器

选择器	<第一个选择器> <第二个选择器>
匹配	目标元素为匹配第一个选择器的元素的后代，且匹配第二个选择器
最低支持CSS版本	1

先应用第一个选择器，再从匹配元素的后代中找出匹配第二个选择器的元素。后代选择器会匹配任意包含在匹配第一个选择器的元素中的元素，而不仅是直接子元素。代码清单17-10展示了一个例子。

代码清单17-10　选择后代

```
<!DOCTYPE HTML>
<html>
    <head>
        <title>Example</title>
        <style type="text/css">
            p span {
                border: thin black solid;
                padding: 4px;
            }
        </style>
    </head>
    <body>
        <a id="apressanchor" class="class1 class2" href="http://apress.com">
            Visit the Apress website
        </a>
        <p>I like <span lang="en-uk" class="class2">apples</span> and oranges.</p>
        <a id="w3canchor" href="http://w3c.org">Visit the W3C website</a>
    </body>
</html>
```

代码清单17-10中的选择器匹配p元素的后代span元素。对于这个示例中的HTML文档，直接用span元素选择器能得到同样的结果，不过这里的方法更灵活，看一下代码清单17-11你就会明白。

代码清单17-11　更复杂的后代选择器示例

```
<!DOCTYPE HTML>
<html>
    <head>
        <title>Example</title>
        <style type="text/css">
            #mytable td {
                border: thin black solid;
                padding: 4px;
            }
        </style>
    </head>
    <body>
        <table id="mytable">
            <tr><th>Name</th><th>City</th></tr>
            <tr><td>Adam Freeman</td><td>London</td></tr>
            <tr><td>Joe Smith</td><td>New York</td></tr>
            <tr><td>Anne Jones</td><td>Paris</td></tr>
        </table>
```

```
        <p>I like <span lang="en-uk" class="class2">apples</span> and oranges.</p>
        <table id="othertable">
            <tr><th>Name</th><th>City</th></tr>
            <tr><td>Peter Pererson</td><td>Boston</td></tr>
            <tr><td>Chuck Fellows</td><td>Paris</td></tr>
            <tr><td>Jane Firth</td><td>Paris</td></tr>
        </table>
    </body>
</html>
```

在代码清单17-11中，我定义了两个简单的表格，每个表格定义一个id属性。使用ID选择器选中id值为mytable的表格，然后选中表格包含的td元素。这个选择器的效果如图17-10所示。

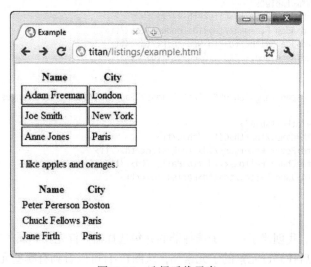

图17-10　选择后代元素

注意，这个例子中选择的不是直接后代，我跳过了tr元素，直接匹配td元素。

17.2.3　选择子元素

子代选择器跟后代选择器很像，不过只选择匹配元素中的直接后代。表17-10是子代选择器的一个简单概述。

表17-10　子代选择器

选择器	<第一个选择器> > <第二个选择器>
匹配	目标元素为匹配第一个选择器的元素的直接后代，且匹配第二个选择器
最低支持CSS版本	2

代码清单17-12演示了如何选择子元素。

代码清单17-12 选择子元素

```html
<!DOCTYPE HTML>
<html>
    <head>
        <title>Example</title>
        <style type="text/css">
            body > * > span, tr > th {
                border: thin black solid;
                padding: 4px;
            }
        </style>
    </head>
    <body>
        <table id="mytable">
            <tr><th>Name</th><th>City</th></tr>
            <tr><td>Adam Freeman</td><td>London</td></tr>
            <tr><td>Joe Smith</td><td>New York</td></tr>
            <tr><td>Anne Jones</td><td>Paris</td></tr>
        </table>

        <p>I like <span lang="en-uk" class="class2">apples</span> and oranges.</p>

        <table id="othertable">
            <tr><th>Name</th><th>City</th></tr>
            <tr><td>Peter Pererson</td><td>Boston</td></tr>
            <tr><td>Chuck Fellows</td><td>Paris</td></tr>
            <tr><td>Jane Firth</td><td>Paris</td></tr>
        </table>
    </body>
</html>
```

在这个选择器中，我创建了一个子选择器的并集选择器。首先找到属于body元素任意子元素的子元素的span，然后找到tr元素的子元素th，从图17-11可以看到有哪些元素匹配这个选择器。

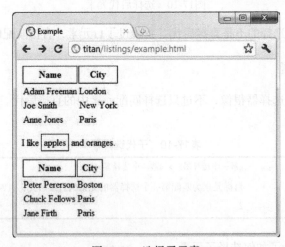

图17-11 选择子元素

17.2.4 选择兄弟元素

使用相邻兄弟选择器可以选择紧跟在某元素之后的元素。表17-11是这种选择器的一个简单概述。

表17-11 相邻兄弟选择器

选择器	<第一个选择器> + <第二个选择器>
匹配	目标元素紧跟匹配第一个选择器的元素，且匹配第二个选择器
最低支持CSS版本	2

代码清单17-13展示了如何选择相邻兄弟元素。

代码清单17-13 使用相邻兄弟选择器

```
<!DOCTYPE HTML>
<html>
    <head>
        <title>Example</title>
        <style type="text/css">
            p + a {
                border: thin black solid;
                padding: 4px;
            }
        </style>
    </head>
    <body>
        <a href="http://apress.com">Visit the Apress website</a>
        <p>I like <span lang="en-uk" class="class2">apples</span> and oranges.</p>
        <a href="http://w3c.org">Visit the W3C website</a>
        <a href="http://google.com">Visit Google</a>
    </body>
</html>
```

代码清单17-13中的选择器会匹配紧跟在p元素之后的a元素。从图17-12中可以看到，文档中只有一个a元素符合要求，即指向W3C网站的超链接。

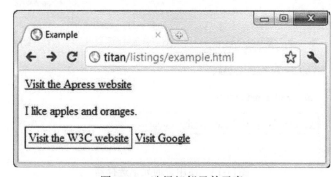

图17-12 选择相邻兄弟元素

使用普通兄弟选择器选择范围会稍微宽松一些，它匹配的元素在指定元素之后，但不一定相邻。表17-12是这种选择器的一个简单概述。

表17-12　普通兄弟选择器

选择器	<第一个选择器> ~ <第二个选择器>
匹配	目标元素位于匹配第一个选择器的元素之后，且匹配第二个选择器
最低支持CSS版本	3

代码清单17-14展示了如何使用普通兄弟选择器。

代码清单17-14　使用普通兄弟选择器

```
<!DOCTYPE HTML>
<html>
    <head>
        <title>Example</title>
        <style type="text/css">
            p ~ a {
                border: thin black solid;
                padding: 4px;
            }
        </style>
    </head>
    <body>
        <a href="http://apress.com">Visit the Apress website</a>
        <p>I like <span lang="en-uk" class="class2">apples</span> and oranges.</p>
        <a href="http://w3c.org">Visit the W3C website</a>
        <a href="http://google.com">Visit Google</a>
    </body>
</html>
```

这个选择器匹配的元素不仅限于匹配第一个选择器的元素的相邻兄弟元素，那么示例中就有两个a符合条件。还有一个a元素（链接到http://apress.com）没被选中，因为它在p元素前面，我们只能选择p元素之后的元素。该选择器的效果如图17-13所示。

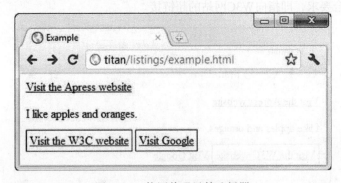

图17-13　使用普通兄弟选择器

17.3 使用伪元素选择器

目前为止,我们已经学习了如何使用HTML文档中定义的元素选择文档内容。CSS中还定义了伪选择器(pseudo-selector),它们提供了更复杂的功能,但并非直接对应HTML文档定义的元素。伪选择器分两种:伪元素和伪类。本节将介绍和演示伪元素选择器。顾名思义,伪元素实际上并不存在,它们是CSS提供的额外"福利",为了方便你选中文档内容。

17.3.1 使用::first-line选择器

::first-line选择器匹配文本块的首行。表17-13是::first-line选择器的一个简单概述。

表17-13 ::first-line伪元素选择器

选择器	::first-line
匹配	文本内容的首行
最低支持CSS版本	1

代码清单17-15展示了一个使用::first-line选择器的例子。

代码清单17-15 使用::first-line伪元素选择器

```
<!DOCTYPE HTML>
<html>
    <head>
        <title>Example</title>
        <style type="text/css">
            ::first-line {
                background-color:grey;
                color:white;
            }
        </style>
    </head>
    <body>
        <p>Fourscore and seven years ago our fathers brought forth
          on this continent a new nation, conceived in liberty, and
          dedicated to the proposition that all men are created equal.</p>

        <p>I like <span lang="en-uk" class="class2">apples</span> and oranges.</p>

        <a href="http://w3c.org">Visit the W3C website</a>
    </body>
</html>
```

这个示例中只使用了这一个选择器,不过伪元素选择器也可以作为修饰符跟其他选择器一块儿使用。例如,假设我想选中p元素的首行,就可以指定p::first-line作为选择器。

> **提示** 伪元素选择器的前缀是两个冒号字符（::），但浏览器认为选择器只有一个冒号（也就说将::first-line看做:first-line）。这样它的格式就跟伪类选择器的格式一致了，本章前面讲过，这是为了向后兼容。

如果浏览器窗口调整大小，浏览器会重新评估哪些内容属于文档的首行。这就意味着首行样式总是可以成功应用，如图17-14所示。

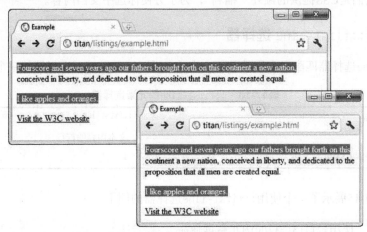

图17-14　不论窗口如何调整，浏览器都会确保样式成功应用到首行

17.3.2　使用::first-letter选择器

大家一眼就能猜到::first-letter选择器的作用：选择文本块的首字母。表17-14是这个伪元素选择器的简单概述。

表17-14　::first-letter伪元素选择器

选择器	::first-letter
匹配	文本内容的首字母
最低支持CSS版本	1

代码清单17-16展示了这个选择器的一个例子。

代码清单17-16　使用::first-letter伪元素选择器

```
<!DOCTYPE HTML>
<html>
    <head>
        <title>Example</title>
        <style type="text/css">
            ::first-letter {
```

```
                    background-color:grey;
                    color:white;
                    border: thin black solid;
                    padding: 4px;
                }
            </style>
        </head>
        <body>
            <p>Fourscore and seven years ago our fathers brought forth
                on this continent a new nation, conceived in liberty, and
                dedicated to the proposition that all men are created equal.</p>

            <p>I like <span lang="en-uk" class="class2">apples</span> and oranges.</p>
            <a href="http://w3c.org">Visit the W3C website</a>
        </body>
    </html>
```

这个选择器的效果如图17-15所示。

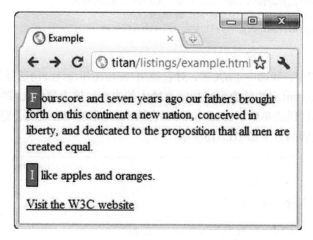

图17-15　使用::first-letter选择器

17.3.3　使用:before 和:after 选择器

这两个选择器跟之前的选择器都不太一样，因为它们会生成内容，并将其插入文档。第9章介绍过:before选择器，当时我们学习了如何使用它来创建自定义列表。:after选择器跟:before类似，只不过是将内容添加到元素后面，而不是前面。表17-15是这两个选择器的简单概述。

表17-15　:before和:after选择器

选　择　器	说　　明	CSS版本
:before	在选中元素的内容之前插入内容	2
:after	在选中元素的内容之后插入内容	2

代码清单17-17是使用这两个选择器的实例。

代码清单17-17 使用:before和:after选择器

```
<!DOCTYPE HTML>
<html>
    <head>
        <title>Example</title>
        <style type="text/css">
            a:before {
                content: "Click here to "
            }
            a:after {
                content: "!"
            }
        </style>
    </head>
    <body>
        <a href="http://apress.com">Visit the Apress website</a>
        <p>I like <span>apples</span> and oranges.</p>
        <a href="http://w3c.org">Visit the W3C website</a>
    </body>
</html>
```

在代码清单17-17中，我选中了a元素，对它使用:before和:after伪选择器。使用这类选择器的时候，通过设置content属性的值可以指定要插入的内容。这个属性比较特别，只能跟伪选择器一起使用。在上述代码清单中，Click here to会插入a元素的内容之前，感叹号会插入a元素的内容之后。添加样式后的效果如图17-16所示。

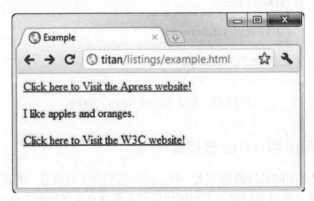

图17-16 使用:before和:after选择器

17.3.4 使用 CSS 计数器

:before和:after选择器经常跟CSS计数器特性一起使用，结合两者可生成数值内容。在第9章我们列举过一个使用计数器创建自定义列表的例子。代码清单17-18演示了一遍。

代码清单17-18　使用CSS计数器特性

```html
<!DOCTYPE HTML>
<html>
    <head>
        <title>Example</title>
        <style type="text/css">
            body {
                counter-reset: paracount;
            }
            p:before {
                content: counter(paracount) ". ";
                counter-increment: paracount;
            }
        </style>
    </head>
    <body>
        <a href="http://apress.com">Visit the Apress website</a>
        <p>I like <span>apples</span> and oranges.</p>
        <p>I also like <span>mangos</span> and cherries.</p>
        <a class="myclass1 myclass2" href="http://w3c.org">Visit the W3C website</a>
    </body>
</html>
```

要创建计数器，需要使用专门的counter-reset属性为计数器设置名称，如下所示：

counter-reset: paracount;

这一行代码会初始化名为paracount的计数器，将它的值设置为1。你也可以指定其他初始值，只需要在计数器名称后面添加一个数字即可，像这样：

counter-reset: paracount 10;

如果你想多定义几个计数器，只需在同一条counter-reset声明中添加计数器名称就可以了（也可以带上初始值），像这样：

counter-reset: paracount 10 othercounter;

这条声明创建了两个计数器：一个名为paracount，初始值为10；另一个名为othercounter，初始值为1。计数器初始化后就能够作为content属性的值，跟:before和:after选择器一起使用来指定样式了，像这样：

content: counter(paracount) ". ";

这条声明用在包括:before的选择器中，其效果是将当前计数器的值呈现在选择器匹配的所有元素之前，此处，还要在相应的值后面追加一个句点和空格。计数器的值默认表示为十进制整数（1、2、3等），不过，也可以指定其他数值格式，像这样：

content: counter(paracount, lower-alpha) ". ";

此处对计数器添加了参数lower-alpha，其功能是指定数值样式。这个参数可以是list-style-type属性支持的任意值，我会在第24章详细介绍。

counter-increment属性专门用来设置计数器增量，该属性的值是要增加计数的计数器的名

称,像这样:

counter-increment: paracount;

计数器默认增量为1,当然也可以自行指定其他增量,像这样:

counter-increment: paracount 2;

在代码清单17-18中设定计数器之后的效果如图17-17所示。

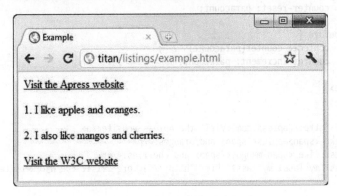

图17-17 对指定内容使用计数器

17.4 小结

本章描述了CSS选择器和伪元素,通过两者可以指定应用样式的目标元素。使用选择器可以匹配大量元素,组合多种选择器也能将目标元素锁定为HTML文档的特定部分。对于匹配文档中实际不存在的内容,伪元素相当实用。下一章讲的伪类跟伪元素的工作原理相同。

学好选择器是高效使用CSS的关键。下一章我们会介绍大量选择器实例,我建议你借这个机会好好练练手,自己熟悉这些选择器才是王道。

第 18 章 使用CSS选择器（第Ⅱ部分）

本章我们继续学习CSS选择器，来看一下伪类。伪类跟伪元素一样，并不是直接针对文档元素的，而是为你基于某些共同特征选择元素提供方便。表18-1是本章内容的概述。

表18-1 本章内容概要

问题	解决方案	代码清单
选择文档中的根元素	使用:root选择器	18-1
选择子元素	使用:first-child、:last-child、:only-child或:only-of-type选择器	18-2 ~ 18-6
选择指定索引处的子元素	使用:nth-child、:nth-last-child、:nth-of-type或:nth-last-of-type选择器	18-7
选择启用或禁用的元素	使用:enabled或者:disabled选择器	18-8
选择被勾选的单选按钮或复选框元素	使用:checked选择器	18-9
选择默认元素	使用:default选择器	18-10
根据输入验证选择元素	使用:valid或:invalid选择器	18-11
选择指定范围的输入元素	使用:in-range或:out-of-range选择器	18-12
根据是否允许使用必需属性选择输入元素	使用:required或:optional选择器	18-13
选择超级链接	使用:linked或:visited选择器	18-14
选择鼠标当前悬停在其上的元素	使用:hover选择器	18-15
选择当前被用户激活的元素	使用:active选择器	18-16
选择获得焦点的元素	使用:focus选择器	18-17
选择不匹配某个选择器的元素	使用否定选择器	18-18
选择内容为空的元素	使用:empty选择器	—
根据语言选择元素	使用:lang选择器	18-19
选择URL片段指向的元素	使用:target选择器	18-20

18.1 使用结构性伪类选择器

使用结构性伪类选择器能够根据元素在文档中的位置选择元素。这类选择器都有一个冒号字符前缀（:），例如:empty。它们可以单独使用，也可以跟其他选择器组合使用，如p:empty。

18.1.1 使用根元素选择器

:root选择器匹配文档中的根元素。它可能是用得最少的一个伪类选择器，因为总是返回html元素。表18-2简单总结了:root选择器。

表18-2 :root选择器

选择器	:root
匹配	选择文档中的根元素，总是返回html
最低支持CSS版本	3

代码清单18-1演示了一个:root选择器用例。

代码清单18-1 使用:root选择器

```
<!DOCTYPE HTML>
<html>
    <head>
        <title>Example</title>
        <style type="text/css">
            :root {
              border: thin black solid;
              padding: 4px;
            }
        </style>
    </head>
    <body>
        <a href="http://apress.com">Visit the Apress website</a>
        <p>I like <span lang="en-uk" class="class2">apples</span> and oranges.</p>
        <a href="http://w3c.org">Visit the W3C website</a>
    </body>
</html>
```

该选择器的效果如图18-1所示，看起来有点不好分辨，边框包着整个儿文档。

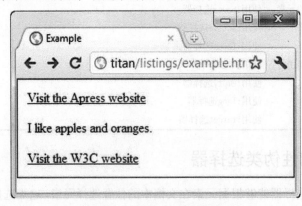

图18-1 使用:root选择器

18.1.2 使用子元素选择器

使用子元素选择器匹配直接包含在其他元素中的单个元素。表18-3简单总结了这类选择器。

表18-3 子元素选择器

选 择 器	说 明	CSS版本
:first-child	选择元素的第一个子元素	2
:last-child	选择元素的最后一个子元素	3
:only-child	选择元素的唯一子元素	3
:only-of-type	选择元素指定类型的唯一子元素	3

1. 使用:first-child选择器

:first-child选择器匹配由包含它们的元素（即父元素）定义的第一个子元素。代码清单18-2演示了:first-child选择器选择器的用法。

代码清单18-2 使用:first-child选择器

```
<!DOCTYPE HTML>
<html>
    <head>
        <title>Example</title>
        <style type="text/css">
            :first-child {
                border: thin black solid;
                padding: 4px;
            }
        </style>
    </head>
    <body>
        <a href="http://apress.com">Visit the Apress website</a>
        <p>I like <span>apples</span> and <span>oranges</span>.</p>
        <a href="http://w3.org">Visit the W3C website</a>
    </body>
</html>
```

在代码清单18-2中，我只使用了:first-child选择器，这意味着它会匹配任意元素的第一个子元素。从图18-2可以看到哪些元素被选中了。

将:first-child选择器用做修饰符，或者跟其他选择器组合使用可以缩小选中元素的范围。代码清单18-3演示了怎么做。

代码清单18-3 组合使用:first-child选择器和其他选择器

```
<!DOCTYPE HTML>
<html>
    <head>
        <title>Example</title>
```

```
            <style type="text/css">
                p > span:first-child {
                    border: thin black solid;
                    padding: 4px;
                }
            </style>
        </head>
        <body>
            <a href="http://apress.com">Visit the Apress website</a>
            <p>I like <span>apples</span> and <span>oranges</span>.</p>
            <a href="http://w3c.org">Visit the W3C website</a>
        </body>
</html>
```

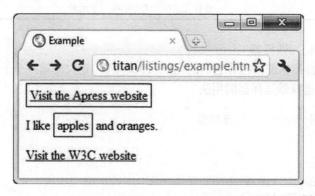

图18-2 使用:first-child选择器

这个选择器会匹配作为p元素第一个子元素的任意span元素,本例的HTML文档中只有一个这样的元素。这个选择器的匹配结果如图18-3所示。

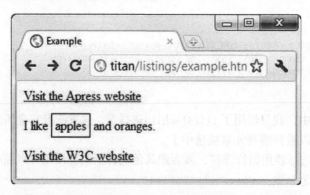

图18-3 组合使用:first-child选择器和另一个选择器

2. 使用:last-child选择器

:last-child选择器匹配由包含它们的元素定义的最后一个元素。代码清单18-4演示了:last-child选择的用法。

18.1 使用结构性伪类选择器

代码清单18-4 使用:last-child选择器

```
<!DOCTYPE HTML>
<html>
    <head>
        <title>Example</title>
        <style type="text/css">
            :last-child {
              border: thin black solid;
              padding: 4px;
            }
        </style>
    </head>
    <body>
        <a href="http://apress.com">Visit the Apress website</a>
        <p>I like <span>apples</span> and <span>oranges</span>.</p>
        <a href="http://w3c.org">Visit the W3C website</a>
    </body>
</html>
```

该选择器匹配的元素如图18-4所示。注意，整个内容区域包了一个边框，原因是body元素是html的最后一个子元素，body中的内容会匹配这个选择器。

图18-4 使用:last-child选择器

3. 使用:only-child选择器

:only-child选择器匹配父元素包含的唯一子元素。代码清单18-5展示了这个选择器的用法。

代码清单18-5 使用:only-child选择器

```
<!DOCTYPE HTML>
<html>
    <head>
        <title>Example</title>
        <style type="text/css">
            :only-child {
              border: thin black solid;
              padding: 4px;
            }
```

```
        </style>
    </head>
    <body>
        <a href="http://apress.com">Visit the Apress website</a>
        <p>I like <span>apples</span> and oranges.</p>
        <a href="http://w3c.org">Visit the W3C website</a>
    </body>
</html>
```

只有一个子元素的元素就p元素一个，它的唯一子元素是span元素，图18-5可以看到这个选择器匹配的元素。

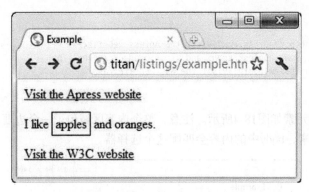

图18-5　使用:only-child选择器

4. 使用:only-of-type选择器

:only-of-type选择器匹配父元素定义类型的唯一子元素。代码清单18-6展示了一个例子。

代码清单18-6　使用:only-of-type选择器

```
<!DOCTYPE HTML>
<html>
    <head>
        <title>Example</title>
        <style type="text/css">
            :only-of-type {
                border: thin black solid;
                padding: 4px;
            }
        </style>
    </head>
    <body>
        <a href="http://apress.com">Visit the Apress website</a>
        <p>I like <span>apples</span> and oranges.</p>
        <a href="http://w3c.org">Visit the W3C website</a>
    </body>
</html>
```

该选择器匹配的元素如图18-6所示。看来这个选择器单独使用匹配范围比较广。通常，任意文档都存在不少父元素定义类型的唯一子元素。当然，将这个选择器跟其他选择器组合使用可以缩小匹配范围。

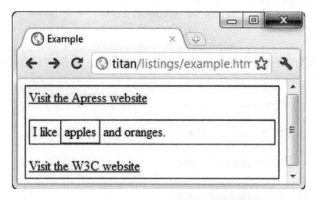

图18-6 使用:only-of-type选择器

18.1.3 使用:nth-child选择器

:nth-child选择器跟上一节讲的子元素选择器类似，但使用这类选择器可以指定一个索引以匹配特定位置的元素。表18-4简单总结了:nth-child选择器。

表18-4 :nth-child选择器

选择器	说明	CSS版本
:nth-child(n)	选择父元素的第n个子元素	3
:nth-last-child(n)	选择父元素的倒数第n个子元素	3
:nth-of-type(n)	选择父元素定义类型的第n个子元素	3
:nth-last-of-type(n)	选择父元素定义类型的倒数第n个子元素	3

这类选择器都带有一个参数，是你感兴趣的元素的索引，索引从1开始。代码清单18-7展示了:nth-child选择器的用法。

代码清单18-7 使用:nth-child选择器

```
<!DOCTYPE HTML>
<html>
    <head>
        <title>Example</title>
        <style type="text/css">
            body > :nth-child(2) {
                border: thin black solid;
                padding: 4px;
            }
        </style>
    </head>
    <body>
```

```
        <a href="http://apress.com">Visit the Apress website</a>
        <p>I like <span>apples</span> and oranges.</p>
        <a href="http://w3c.org">Visit the W3C website</a>
    </body>
</html>
```

在代码清单18-7中,我选择了body元素的第二个子元素,本例中只有一个,如图18-7所示。

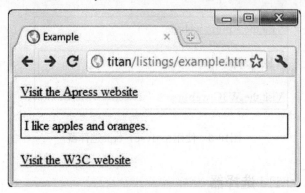

图18-7 使用:nth-child选择器

这里我不打算再演示其他:nth-child选择器了,因为它们跟相应的常规子选择器的作用一样,只是加了个索引值。

18.2 使用UI伪类选择器

使用UI伪类选择器可以根据元素的状态匹配元素。表18-5概括了UI选择器。

表18-5 UI选择器

选择器	说明	CSS版本
:enabled	选择启用状态的元素	3
:disabled	选择禁用状态的元素	3
:checked	选择被选中的input元素(只用于单选按钮和复选框)	3
:default	选择默认元素	3
:valid :invalid	根据输入验证选择有效或者无效的input元素	3
:in-range :out-of-range	选择在指定范围之内或者之外受限的input元素	3
:required :optional	根据是否允许:required属性选择input元素	3

18.2.1 选择启用或禁用元素

有些元素有启用或者禁用状态,这些元素一般是用来收集用户输入的。:enabled和:disabled

选择器不会匹配没有禁用状态的元素。代码清单18-8给出了一个使用:enabled选择器的例子。

代码清单18-8   使用:enabled选择器

```
<!DOCTYPE HTML>
<html>
    <head>
        <title>Example</title>
        <style type="text/css">
            :enabled {
              border: thin black solid;
              padding: 4px;
            }
        </style>
    </head>
    <body>
        <textarea> This is an enabled textarea</textarea>
        <textarea disabled> This is a disabled textarea</textarea>
    </body>
</html>
```

代码清单18-8中的HTML包含两个textarea元素，一个定义了enabled属性，一个定义了disabled属性。:enabled选择器会匹配第一个textarea元素，如图18-8所示。

图18-8　使用:enabled选择器

18.2.2　选择已勾选的元素

使用:checked选择器可以选中由checked属性或者用户勾选的单选按钮或者复选框。演示这个选择器的问题是应用到单选按钮和复选框的样式不多。代码清单18-9展示了:checked选择器的一个用例。

代码清单18-9   使用:checked选择器

```
<!DOCTYPE HTML>
<html>
```

```html
<head>
    <title>Example</title>
    <meta name="author" content="Adam Freeman"/>
    <meta name="description" content="A simple example"/>
    <link rel="shortcut icon" href="favicon.ico" type="image/x-icon" />
    <style>
        :checked + span {
            background-color: red;
            color: white;
            padding: 5px;
            border: medium solid black;
        }
    </style>
</head>
<body>
    <form method="post" action="http://titan:8080/form">
        <p>
            <label for="apples">Do you like apples:</label>
            <input type="checkbox" id="apples" name="apples"/>
            <span>This will go red when checked</span>
        </p>
        <input type="submit" value="Submit"/>
    </form>
</body>
</html>
```

为解决样式限制问题，我使用了兄弟选择器（第17章介绍过）来改变复选框旁边的span元素的外观，复选框未勾选和勾选之后的效果如图18-9所示。

图18-9　选择已勾选的元素

没有专门用来匹配未勾选元素的选择器，但我们可以组合使用:checked选择器和否定选择器，我会在18.4.1节介绍。

18.2.3 选择默认元素

:default选择器从一组类似的元素中选择默认元素。例如，提交按钮总是表单的默认按钮。

代码清单18-10展示了:default选择器的用法。

代码清单18-10　使用:default元素选择器

```
<!DOCTYPE HTML>
<html>
    <head>
        <title>Example</title>
        <meta name="author" content="Adam Freeman"/>
        <meta name="description" content="A simple example"/>
        <link rel="shortcut icon" href="favicon.ico" type="image/x-icon" />
        <style>
            :default {
                outline: medium solid red;
            }
        </style>
    </head>
    <body>
        <form method="post" action="http://titan:8080/form">
            <p>
                <label for="name">Name: <input id="name" name="name"/></label>
            </p>
            <button type="submit">Submit Vote</button>
            <button type="reset">Reset</button>
        </form>
    </body>
</html>
```

这个选择器通常跟outline属性一块使用，第19章会讲述outline属性。这个选择器的效果如图18-10所示。

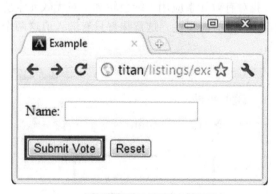

图18-10　使用:default选择器

18.2.4　选择有效和无效的input元素

:valid和:invalid选择器分别匹配符合和不符合它们的输入验证要求的input元素。有关更多输入验证的信息可查阅第14章。代码清单18-11展示了这两个选择器的用法。

代码清单18-11　:valid和:invalid选择器

```html
<!DOCTYPE HTML>
<html>
    <head>
        <title>Example</title>
        <meta name="author" content="Adam Freeman"/>
        <meta name="description" content="A simple example"/>
        <link rel="shortcut icon" href="favicon.ico" type="image/x-icon" />
        <style>
            :invalid {
                outline: medium solid red;
            }
            :valid {
                outline: medium solid green;
            }
        </style>
    </head>
    <body>
        <form method="post" action="http://titan:8080/form">
            <p>
                <label for="name">Name: <input required id="name" name="name"/></label>
            </p>
            <p>
                <label for="name">City: <input required id="city" name="city"/></label>
            </p>
            <button type="submit">Submit</button>
        </form>
    </body>
</html>
```

在代码清单18-11中，我对有效元素应用了绿色轮廓，对无效元素应用了红色轮廓。文档中有两个input元素，它们都有required属性，这意味着只有输入值这两个元素才有效。这两个选择器的效果如图18-11所示。

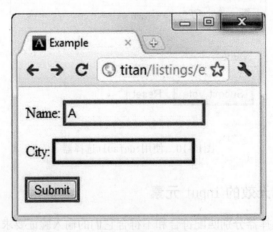

图18-11　选择有效和无效的input元素

> **提示** 注意提交按钮也被选中了，起码在Chrome浏览器中是这样。出现这种情况的原因是:valid选择器背后的逻辑非常简单：选中所有并非无效的input元素。要过滤掉某些input元素，可以使用第17章介绍的属性选择器，或者具体程度更高的选择器，如接下来要介绍的选择器。

18.2.5 选择限定范围的 input 元素

关于输入验证的一种具体程度更高的变体是选择值限于指定范围的input元素。:in-range选择器匹配位于指定范围内的input元素，:out-of-range选择器匹配位于指定范围之外的input元素。代码清单18-12展示了这些属性的用法。

代码清单18-12　使用:in-range和:out-of-range选择器

```html
<!DOCTYPE HTML>
<html>
    <head>
        <title>Example</title>
        <meta name="author" content="Adam Freeman"/>
        <meta name="description" content="A simple example"/>
        <link rel="shortcut icon" href="favicon.ico" type="image/x-icon" />
        <style>
            :in-range {
                outline: medium solid green;
            }
            :out-of-range: {
                outline: medium solid red;
            }
        </style>
    </head>
    <body>
        <form method="post" action="http://titan:8080/form">
            <p>
                <label for="price">
                    $ per unit in your area:
                    <input type="number" min="0" max="100"
                        value="1" id="price" name="price"/>
                </label>
            </p>
            <input type="submit" value="Submit"/>
        </form>
    </body>
</html>
```

之前我说过，主流浏览器还都没有实现:out-of-range选择器，只有Chrome和Opera支持:in-range选择器。希望这一点能尽快有所改变，因为这个功能跟新的HTML5支持是绑定的，很可能会得到广泛应用。:in-range选择器的效果如图18-12所示。

图18-12 :in-range选择器的效果

18.2.6 选择必需和可选的input元素

:required选择器匹配具有required属性的input元素，这能够确保用户必需输入与input元素相关的值才能提交表单（阅读第14章可了解与required属性相关的更多信息）。:optional选择器匹配没有required属性的input元素。这两个属性都能在代码清单18-13中看到。

代码清单18-13 选择必需和可选的input元素

```
<!DOCTYPE HTML>
<html>
    <head>
        <title>Example</title>
        <meta name="author" content="Adam Freeman"/>
        <meta name="description" content="A simple example"/>
        <link rel="shortcut icon" href="favicon.ico" type="image/x-icon" />
        <style>
            :required {
                outline: medium solid green;
            }
            :optional {
                outline: medium solid red;
            }
        </style>
    </head>
    <body>
        <form method="post" action="http://titan:8080/form">
            <p>
                <label for="price1">
                    $ per unit in your area:
                    <input type="number" min="0" max="100" required
                        value="1" id="price1" name="price1"/>
                </label>
                <label for="price2">
                    $ per unit in your area:
                    <input type="number" min="0" max="100"
                        value="1" id="price2" name="price2"/>
                </label>
            </p>
```

```
            <input type="submit" value="Submit"/>
        </form>
    </body>
</html>
```

在代码清单18-13中,我定义了两个数值类型的input元素,一个具有required属性,另一个没有,除此之外两者完全相同。从图18-13可以看到这个选择器的效果和相应的样式。注意,submit类型的input元素也被选中了,因为:optional选择器不会分辨不同类型的input元素。

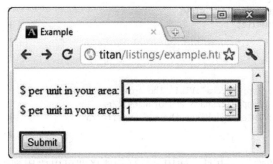

图18-13　选择必需和可选的input元素

18.3　使用动态伪类选择器

之所以称为动态伪类选择器,是因为它们根据条件的改变匹配元素,是相对于文档的固定状态来说的。随着JavaScript广泛用于修改文档内容和元素状态,动态选择器和静态选择器之间的界限线越来越模糊,不过,动态伪类选择器仍然是一类比较特别的选择器。

18.3.1　使用:link 和:visited 选择器

:link选择器匹配超级链接,:visited选择器匹配用户已访问的超级链接。表18-6总结了这两个选择器。

表18-6　:link和:visited选择器

属　　性	说　　明	CSS版本
:link	选择链接元素	1
:visited	选择用户已访问的链接元素	1

对于用户访问过的链接,可在浏览器中设置保留已访问状态的时间。当用户清除浏览器历史记录,或者历史记录自然超时,链接会返回未访问状态。代码清单18-14展示了这两个选择器的用法。

代码清单18-14　使用:link和:visited选择器

```
<!DOCTYPE HTML>
<html>
    <head>
```

```
            <title>Example</title>
            <style type="text/css">
                :link {
                    border: thin black solid;
                    background-color: lightgrey;
                    padding: 4px;
                    color:red;
                }
                :visited {
                    background-color: grey;
                    color:white;
                }
            </style>
        </head>
        <body>
            <a href="http://apress.com">Visit the Apress website</a>
            <p>I like <span>apples</span> and oranges.</p>
            <a href="http://w3c.org">Visit the W3C website</a>
        </body>
    </html>
```

这个示例需要注意的唯一一点是：使用:visited选择器可以应用到链接元素的属性不多。你可以改变颜色和字体，不过仅此而已。从图18-14可以看到链接被访问之后的状态变化。一开始示例中有两个未访问的链接，我点击其中一个跳转到http://apress.com网站，然后返回HTML文档，已访问的链接样式跟以前不同了。

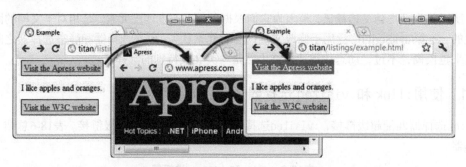

图18-14　使用:link和:visited选择器

> 提示　:visited选择器匹配用户在所有页面访问过的href属性为URL的任意链接，而不只是你的页面。:visited最常见的用法就是针对已访问的链接应用某种样式，从而让它们跟未访问的链接有所区别。

18.3.2　使用:hover选择器

:hover选择器匹配用户鼠标悬停在其上的任意元素。鼠标在HTML页面内移动时，选中的元素样式会发生改变。表18-7描述了这个选择器。

18.3 使用动态伪类选择器

表18-7 :hover选择器

选择器	:hover
匹配	鼠标悬停在其上的元素
最低支持CSS版本	2

浏览器可以随意采用某种方式阐释:hover选择器，只要对于它所使用的显示行得通即可，不过多数浏览器只有鼠标在窗口内移动的时候才用得上它。代码清单18-15展示了这个选择器的用法。

代码清单18-15 使用:hover选择器

```
<!DOCTYPE HTML>
<html>
    <head>
        <title>Example</title>
        <style type="text/css">
            :hover {
                border: thin black solid;
                padding: 4px;
            }
        </style>
    </head>
    <body>
        <a href="http://apress.com">Visit the Apress website</a>
        <p>I like <span>apples</span> and oranges.</p>
        <a href="http://w3c.org">Visit the W3C website</a>
    </body>
</html>
```

该选择器会匹配多个嵌套元素，如图18-15所示。

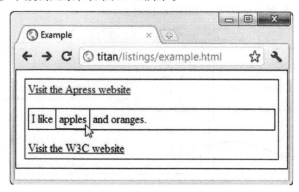

图18-15 使用:hover选择器

18.3.3 使用:active选择器

:active选择器匹配当前被用户激活的元素。浏览器依然可以自行决定如何诠释激活，但多数浏览器会在鼠标点击（在触摸屏上是手指按压）的情况下使用这个选择器。表18-8简单总结了:active选择器。

表18-8 :active选择器

选择器	:active
匹配	当前被用户激活的元素，通常意味着用户即将点击（或者按压）该元素
最低支持CSS版本	2

代码清单18-16给出了一个使用:active选择器的例子。

代码清单18-16 使用:active选择器

```
<!DOCTYPE HTML>
<html>
    <head>
        <title>Example</title>
        <style type="text/css">
            :active {
                border: thin black solid;
                padding: 4px;
            }
        </style>
    </head>
    <body>
        <a href="http://apress.com">Visit the Apress website</a>
        <p>I like <span>apples</span> and oranges.</p>
        <button>Hello</button>
    </body>
</html>
```

我在代码清单中添加了一个按钮，不过:active选择器不仅限于用户可以与之交互的元素。鼠标按在上面的任意元素都会被选中，如图18-16所示。

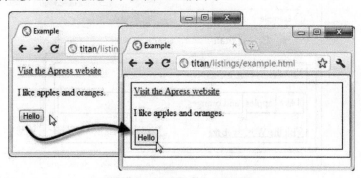

图18-16 使用:active选择器

18.3.4 使用:focus选择器

最后一个动态伪类选择器是:focus选择器，它匹配当前获得焦点的元素。表18-9总结了这个选择器。

表18-9 :focus选择器

选择器	:focus
匹配	当前获得焦点的元素
最低支持CSS版本	2

代码清单18-17演示了:focus选择器的用法。

代码清单18-17　使用:focus选择器

```html
<!DOCTYPE HTML>
<html>
    <head>
        <title>Example</title>
        <style type="text/css">
            :focus{
                border: thin black solid;
                padding: 4px;
            }
        </style>
    </head>
    <body>
        <form>
            Name: <input type="text" name="name"/>
            <p/>
            City: <input type="text" name="city"/>
            <p/>
            <input type="submit"/>
        </form>
    </body>
</html>
```

如果挨个点击页面中的input元素，样式会应用到每个元素。图18-17展示了依次点击三个input元素的结果。

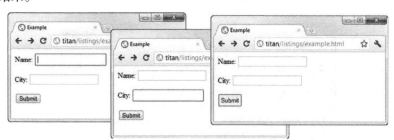

图18-17　:focus选择器的效果

18.4　其他伪类选择器

还有几个选择器，它们不适合放入我在本章划分的任何一个选择器分组，下面几节我们就来挨个看看这些选择器。

18.4.1 使用否定选择器

否定选择器可以对任意选择取反。这个选择器可谓相当实用,不过却常常被忽略。表18-10总结了这个选择器。

表18-10 否定选择器

选择器	:not(<选择器>)
匹配	对括号内选择器的选择取反
最低支持CSS版本	3

代码清单18-18展示了否定选择器的一种用法。

代码清单18-18 使用否定选择器

```
<!DOCTYPE HTML>
<html>
    <head>
        <title>Example</title>
        <style type="text/css">
            a:not([href*="apress"]) {
                border: thin black solid;
                padding: 4px;
            }
        </style>
    </head>
    <body>
        <a href="http://apress.com">Visit the Apress website</a>
        <p>I like <span>apples</span> and oranges.</p>
        <a href="http://w3c.org">Visit the W3C website</a>
    </body>
</html>
```

这个选择器匹配子元素没有包含apress字符串的href元素的所有元素,该选择器的效果如图18-18所示。

图18-18 使用否定选择器

18.4.2 使用:empty选择器

:empty选择器匹配没有定义任何子元素的元素。表18-11简单总结了这个选择器。这个选择器不好演示，因为它匹配的元素没有任何内容。

表18-11 :empty选择器

选择器	:empty
匹配	没有子元素的元素
最低支持CSS版本	3

18.4.3 使用:lang选择器

:lang选择器匹配基于lang全局属性值的元素（第3章介绍过）。表18-12总结了这个选择器。

表18-12 :lang选择器

选择器	:lang(<目标语言>)
匹配	选择基于lang全局属性值的元素
最低支持CSS版本	1

代码清单18-19展示了:lang选择器的用法。

代码清单18-19 使用:lang选择器

```
<!DOCTYPE HTML>
<html>
    <head>
        <title>Example</title>
        <style type="text/css">
            :lang(en) {
                border: thin black solid;
                padding: 4px;
            }
        </style>
    </head>
    <body>
        <a lang="en-us" id="apressanchor" class="class1 class2" href="http://apress.com">
            Visit the Apress website
        </a>
        <p>I like <span lang="en-uk" class="class2">apples</span> and oranges.</p>
        <a lang="en" id="w3canchor" href="http://w3c.org">Visit the W3C website</a>
    </body>
</html>
```

该选择器匹配具有lang属性代表其内容采用英语表达的元素。该选择器的效果跟第17章代码清单17-8中的|=属性选择器的匹配结果一样。

18.4.4 使用:target选择器

在第3章我曾经讲过，你可以为URL附加一个片段标识符，以便直接导航到基于id全局属性值的元素。例如，如果HTML文档example.html中包含一个id值为myelement的元素，那么你就可以直接通过请求example.html#myelement导航到该元素。:target选择器匹配URL片段标识符指向的元素。表18-13简单总结了这个选择器。

表18-13 :target选择器

选择器	:target
匹配	URL片段标识符指向的元素
最低支持CSS版本	3

代码清单18-20展示了:target选择器的用法。

代码清单18-20 使用:target选择器

```
<!DOCTYPE HTML>
<html>
    <head>
        <title>Example</title>
        <style type="text/css">
            :target {
                border: thin black solid;
                padding: 4px;
                color:red;
            }
        </style>
    </head>
    <body>
        <a href="http://apress.com">Visit the Apress website</a>
        <p id="mytarget">I like <span>apples</span> and oranges.</p>
        <a id="w3clink" href="http://w3c.org">Visit the W3C website</a>
    </body>
</html>
```

从图18-19可以看到被请求的URL是如何改变了:target选择器匹配的元素。

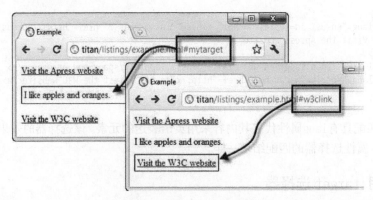

图18-19 使用:target选择器

18.5 小结

本章描述了CSS选择器，我们可以使用选择器指定应用样式的目标元素。使用选择器可以匹配大量元素，组合多种选择器也能将目标元素锁定为HTML文档的特定部分。学好选择器是高效使用CSS的关键。

第 19 章 使用边框和背景

本章介绍对元素应用边框和背景样式所用到的属性。这些属性都是使用相当普遍的特性，在CSS3中进一步得到了增强。例如，可以创建圆角边框，使用图像边框，为元素创建阴影。或许这些东西看起来很简单，可是如果CSS中没有它们，要通过其他方式提供这些特性，那开发人员得付出不懈的努力，只是最终还不一定会成功。表19-1是本章内容的一个简单概述。

表19-1 本章内容概要

问 题	解决方案	代码清单
为元素应用边框	使用boder-width、boder-style和lboder-color属性	19-1
为元素盒子的某一条边应用边框	使用特定边属性，如boder-top-width、border-top-style和border-top-color属性	19-2
在一条声明中指定边框的样式、颜色和宽度	使用border属性设置所有边的边框，或者使用border-top、border-bottom、border-left和border-right属性设置一条边的边框	19-3
创建圆角边框	使用border-radius简写属性或某个特定边属性	19-4、19-5
使用图像创建边框	使用border-image简写属性或特定的相关属性设置个别特征	19-6、19-7
定义背景颜色或图像	使用background-color或background-image属性	19-8
指定背景图像的位置	使用background-position属性	19-9
指定背景和元素滚动区域之间的关系	使用background-attachment属性	19-10
指定背景绘制区域和可见裁剪区域	使用background-origin和lbackground-clip属性	19-11、19-12
在一条声明中设置所有的背景相关属性	使用background简写属性	19-13
设置元素的盒子阴影	使用box-shadow属性	19-14、19-15

19.1 应用边框样式

先从控制边框样式的属性开始。这些属性使用相当普遍，有了它们，要学习第20章的margin和padding属性就在视觉上方便多了。简单边框有三个关键属性：border-width、border-style和

border-color。表19-2描述了这三个属性。

表19-2 基本边框属性

属性	说明	值
border-width	设置边框的宽度	参见表19-3
border-style	设置绘制边框使用的样式	参见表19-4
border-color	设置边框的颜色	<颜色>

代码清单19-1展示了这些属性的用法。

代码清单19-1 定义简单的边框

```
<!DOCTYPE HTML>
<html>
    <head>
        <title>Example</title>
        <meta name="author" content="Adam Freeman"/>
        <meta name="description" content="A simple example"/>
        <link rel="shortcut icon" href="favicon.ico" type="image/x-icon" />
        <style type="text/css">
            p {
                border-width: 5px;
                border-style: solid;
                border-color: black;
            }
        </style>
    </head>
    <body>
    <p>
        There are lots of different kinds of fruit - there are over 500 varieties
        of banana alone. By the time we add the countless types of apples, oranges,
        and other well-known fruit, we are faced with thousands of choices.
    </p>
    </body>
</html>
```

在代码清单19-1中,我使用p元素定义了一个段落,使用style元素为这个段落应用边框样式,边框样式是通过设置border-width、border-style和border-color属性来定义的。

19.1.1 定义边框宽度

border-width属性的取值可能是常规CSS长度值,可能是边框绘制区域宽度的百分数,也可能是三个快捷值中的任意一个。表19-3描述了边框宽度的可能取值。边框宽度默认值是medium。

表19-3 border-width属性的取值

值	说明
<长度值>	将边框宽度值设为以CSS度量单位(如em、px、cm)表达的长度值

（续）

值	说明
<百分数>	将边框宽度值设为边框绘制区域的宽度的百分数
Thin medium thick	将边框宽度设为预设宽度，这三个值的具体意义是由浏览器定义的，不过，所有浏览器中这三个值代表的宽度依次增大

19.1.2 定义边框样式

border-style属性的值可以是表19-4中的任意一个。默认值是none，即没有边框。

表19-4　border-style属性的取值

值	说明
none	没有边框
dashed	破折线式边框
dotted	圆点线式边框
double	双线式边框
groove	槽线式边框
inset	使元素内容具有内嵌效果的边框
outset	使元素内容具有外凸效果的边框
ridge	脊线边框
solid	实线边框

这些边框的外观效果如图19-1所示。

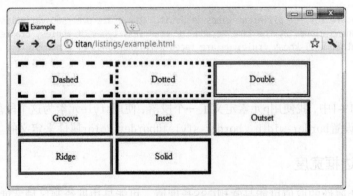

图19-1　border-style属性不同取值的呈现效果

如果border-color属性值设为black，一些浏览器在应用双色边框样式（如inset和outset）的时候会出现问题。这些浏览器中就有谷歌Chrome，两种颜色都会使用黑色，最终的呈现效果相当于实线边框。聪明一点儿的浏览器知道使用灰度，比如Firefox。为了实现图19-1中的效果（用的是Chrome），我将groove、inset、outset和ridge样式的border-color属性值设为了gray。

19.1.3 为一条边应用边框样式

元素的四条边可以应用不同的边框样式,这就要用到特定属性,如表19-5所示。

表19-5 特定边的边框属性

属 性	说 明	值
border-top-width border-top-style border-top-color	定义顶边	跟通用属性的值一样
border-bottom-width border-bottom-style border-bottom-color	定义底边	跟通用属性的值一样
border-left-width border-left-style border-left-color	定义左边	跟通用属性的值一样
border-right-width border-right-style border-right-color	定义右边	跟通用属性的值一样

可以使用这些属性为元素的边应用边框样式,也可以将它们与更为通用的属性结合使用来覆盖特定边的边框样式。代码清单19-2展示了后一种用法。

代码清单19-2 使用特定边边框属性

```
<!DOCTYPE HTML>
<html>
    <head>
        <title>Example</title>
        <meta name="author" content="Adam Freeman"/>
        <meta name="description" content="A simple example"/>
        <link rel="shortcut icon" href="favicon.ico" type="image/x-icon" />
        <style type="text/css">
            p {
                border-width: 5px;
                border-style: solid;
                border-color: black;
                border-left-width: 10px;
                border-left-style: dotted;
                border-top-width: 10px;
                border-top-style: dotted;
            }
        </style>
    </head>
    <body>
        <p>
            There are lots of different kinds of fruit - there are over 500 varieties
            of banana alone. By the time we add the countless types of apples, oranges,
            and other well-known fruit, we are faced with thousands of choices.
        </p>
    </body>
</html>
```

这些属性设置的效果如图19-2所示。

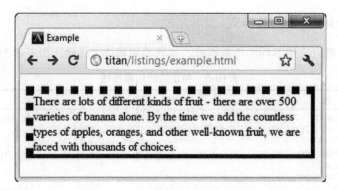

图19-2 对个别边应用边框样式

19.1.4 使用border简写属性

我们也可以不用分开设置样式、宽度和颜色，而使用简写属性一次搞定。表19-6描述了这些属性。

表19-6 border简写属性

属 性	说 明	值
border	设置所有边的边框	<宽度> <样式> <颜色>
border-top border-bottom border-left bottom-right	设置一条边的边框	<宽度> <样式> <颜色>

可以在一行中指定宽度、样式、颜色的值从而为这些属性设置值，也可以用空格隔开，如代码清单19-3所示。

代码清单19-3 使用border简写属性

```
<!DOCTYPE HTML>
<html>
    <head>
        <title>Example</title>
        <meta name="author" content="Adam Freeman"/>
        <meta name="description" content="A simple example"/>
        <link rel="shortcut icon" href="favicon.ico" type="image/x-icon" />
        <style type="text/css">
            p {
                border: medium solid black;
                border-top: solid 10px;
            }
        </style>
    </head>
    <body>
```

```
<p>
    There are lots of different kinds of fruit - there are over 500 varieties
    of banana alone. By the time we add the countless types of apples, oranges,
    and other well-known fruit, we are faced with thousands of choices.
</p>
</body>
</html>
```

注意，我没有为border-top属性指定颜色值。如果你忘了设置某些值，浏览器会使用以前定义的值，这里使用的是border简写属性定义的颜色。设置这些属性的效果如图19-3所示。

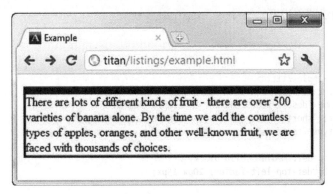

图19-3　使用border简写属性

19.1.5　创建圆角边框

可以使用边框的radius特性创建圆角边框。与该功能相关的属性有5个，表19-7是个总结。

表19-7　圆角边框属性

属　性	说　明	值
border-top-left-radius border-top-right-radius border-bottom-left-radius border-bottom-right-radius	设置一个圆角	一对长度值或百分数值，百分数跟边框盒子的宽度和高度相关
border-radius	一次设置四个角的简写属性	一对或四对长度值或百分数值，由/字符分割

指定两个半径值即可定义一个圆角，采用长度值和百分数值均可。第一个值指定水平曲线半径，第二个值指定垂直曲线半径。百分数值是相对于元素盒子的宽度和高度来说的。图19-4展示了两个半径值如何确定一个圆角。

从图中可以看出，半径值用来确定一个位于元素盒子内部，与元素盒子相交的椭圆，并决定了圆角边框的形状。代码清单19-4中的样式声明中使用了这两个值来定义左上角的圆角边框。

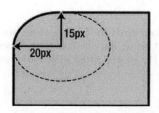

图19-4 使用半径指定圆角

代码清单19-4 创建圆角边框

```html
<!DOCTYPE HTML>
<html>
    <head>
        <title>Example</title>
        <meta name="author" content="Adam Freeman"/>
        <meta name="description" content="A simple example"/>
        <link rel="shortcut icon" href="favicon.ico" type="image/x-icon" />
        <style type="text/css">
            p {
                border: medium solid black;
                border-top-left-radius: 20px 15px;
            }
        </style>
    </head>
    <body>
        <p>
            There are lots of different kinds of fruit - there are over 500 varieties
            of banana alone. By the time we add the countless types of apples, oranges,
            and other well-known fruit, we are faced with thousands of choices.
        </p>
    </body>
</html>
```

如果只提供一个值,那么水平半径和垂直半径都是这个值。图19-5是浏览器中呈现的样式设置的效果。为了让你看得更清楚,我在旁边对左上角的圆角边框进行了放大处理。

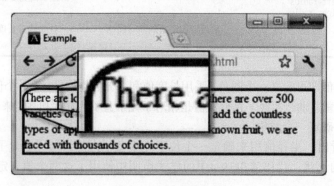

图19-5 创建圆角边框

> **提示** 注意图中的圆角接触到了文本。要让元素的内容和边框之间有一定的距离，我们可以为元素盒子添加padding属性，这会在第20章介绍。

使用border-radius简写属性可以为边框的四个角指定一个值，或者在一个值中包含四个值，做法如代码清单19-5所示。

代码清单19-5　使用border-radius简写属性

```
<!DOCTYPE HTML>
<html>
    <head>
        <title>Example</title>
        <meta name="author" content="Adam Freeman"/>
        <meta name="description" content="A simple example"/>
        <link rel="shortcut icon" href="favicon.ico" type="image/x-icon" />
        <style type="text/css">
            p {
                border: medium solid black;
            }
            #first {
                border-radius: 20px / 15px;
            }
            #second {
                border-radius: 50% 20px 25% 5em / 25% 15px 40px 55%;
            }
        </style>
    </head>
    <body>
        <p id="first">
            There are lots of different kinds of fruit - there are over 500 varieties
            of banana alone. By the time we add the countless types of apples, oranges,
            and other well-known fruit, we are faced with thousands of choices.
        </p>

        <p id="second">
            There are lots of different kinds of fruit - there are over 500 varieties
            of banana alone. By the time we add the countless types of apples, oranges,
            and other well-known fruit, we are faced with thousands of choices.
        </p>
    </body>
</html>
```

代码清单19-5中定义了两个段落，每个段落分别有一个圆角边框声明。第一条声明只指定了两个值，这一对值会应用到边框的四个角上。注意，要用/字符将水平半径和垂直半径隔开。第二条声明指定了8个值。第一组的四个值分别是四个角的水平半径，第二组的四个值是相应的垂直半径。两组值之间也用/字符分开了。这两条声明的效果如图19-6所示。第二条声明的显示结果看起来有点怪异，不过起码你能了解如何在一条声明中为边框定义四个不一样的圆角，顺带感受一下随意混用百分数和各种长度值。

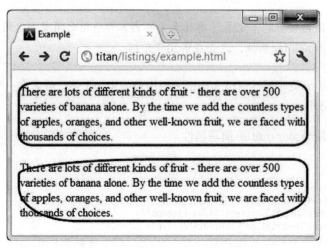

图19-6 使用border-radius简写属性

19.1.6 将图像用做边框

边框不仅限于用border-style属性定义的样式，我们可以使用图像为元素创建真正的自定义边框。配置图像边框各个方面的属性有5个，外加一个可以在一条声明中配置所有特征的简写属性。表19-8简单总结了这6个属性。

表19-8 border-image属性

属　　性	说　　明	值
border-image-source	设置图像来源	none或者url(<图像>)
border-image-slice	设置切分图像的偏移	1～4个长度值或者百分数，受图像的宽度和高度影响
border-image-width	设置图像边框的宽度	auto或1～4个长度值或者百分数
border-image-outset	指定边框图像向外扩展的部分	1～4个长度值或者百分数
border-image-repeat	设置图像填充边框区域的模式	stretch、repeat和round中的一个或两个值
border-image	在一条声明中设置所有值的简写属性	跟单个属性的值一样，请参考下面的示例

问题是，就在我编写这本书的时候，主流浏览器还都不支持这些属性。你可以将图像用做边框，但只能使用简写属性，并且必须使用我们在第16章讲过的浏览器厂商特定前缀（IE完全不支持这个特性）。因此，这里我可以演示一下基本特性，不过单独的属性就不行了。浏览器特定的简写属性跟border-image属性的用法一样，因此，如果浏览器支持相应的属性，你完全可以将本节的示例移植到标准属性中。

1. 切分图像

将图像用做边框的关键是切分图像。开发人员指定图像边框向内偏移的值，浏览器会使用这些值来将图像切分为9块。为了演示切分效果，我创建了一个图像，它能简单明了地表达浏览器如何进行切分以及使用每块切分图（tile），如图19-7所示。

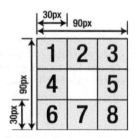

图19-7　为演示图像边框特性设计的图像

该图像大小为90px×90px，每个切分图是30px×30px。中间的切分图是透明的。要切分图像，应该提供图像边框在四个方向上向内偏移的值，用长度值或者相对图像尺寸的百分数表示均可。可以提供四个不同的值，也可以只提供两个值（分别代表水平方向和垂直方向的偏移量），当然只有一个值也可以（四个偏移量一样）。对于这个图像，我使用了一个值：30px，创建了需要的切分，如图19-8所示。

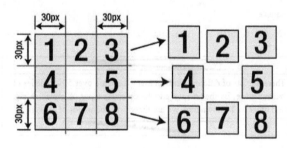

图19-8　切分边框图像

切分图像后生成8个切分图，标记为1、3、6、8的切分图分别用于绘制边框的四个角，标记为2、4、5、7的切分图分别用来绘制边框的四条边。代码清单19-6展示了浏览器特定属性如何切分图像并将切分图用于边框样式。

代码清单19-6　切分图像并将其用做边框

```
<!DOCTYPE HTML>
<html>
    <head>
        <title>Example</title>
        <meta name="author" content="Adam Freeman"/>
        <meta name="description" content="A simple example"/>
        <link rel="shortcut icon" href="favicon.ico" type="image/x-icon" />
        <style type="text/css">
            p {
                -webkit-border-image: url(bordergrid.png) 30 / 50px;
                -moz-border-image: url(bordergrid.png) 30 / 50px;
                -o-border-image: url(bordergrid.png) 30 / 50px;
```

```
        }
    </style>
</head>
<body>
<p>
    There are lots of different kinds of fruit - there are over 500 varieties
    of banana alone. By the time we add the countless types of apples, oranges,
    and other well-known fruit, we are faced with thousands of choices.
</p>
</body>
</html>
```

每个属性声明的参数都一样。必须使用url功能指定图像来源（因为CSS规范保留了实现获取图像其他方式的权利）。每条声明中，我只提供了一个切分值30，跟示例图像中的切分图尺寸一样。注意：指定切分尺寸不需要单位，默认使用px。

切分值和边框宽度值之间使用了/字符进行分割。可以为元素的每条边指定不同的宽度，不过此处只提供了一个值(50px)，即四条边都会使用这个值。图19-9展示了Chrome中的效果，Firefox和Opera看起来基本一样。

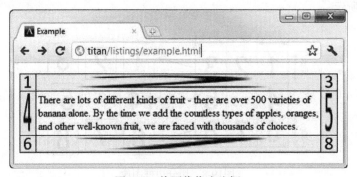

图19-9 将图像作为边框

可以从图中看到浏览器是如何使用每块切分图的。标记为2和7的切分图有点不好辨认，它们分别用到了顶边和底边上。

2. 控制切分图重复方式

在图19-9中，为了填满边框的整个空间，切分图被拉伸了。我们可以改变图像重复方式，得到不同的呈现效果。border-image-repeat属性就能实现这个功能，不过，使用简写属性也能指定重复样式。表19-9描述了定义重复样式的值。

表19-9 border-image-repeat样式的值

值	说明
stretch	拉伸切分图填满整个空间，默认值
repeat	平铺切分图填满整个空间（可能导致图片被截断）
round	在不截断切分图的情况下，平铺切分图并拉伸以填满整个空间
space	在不截断切分图的情况下，平铺切分图并在图片之间保留一定的间距以填满整个空间

在撰写本书过程中，浏览器对重复样式值的支持还参差不齐。所有的浏览器都不支持space值，Chrome不支持round值。代码清单19-7展示的是在Firefox中使用repeat和round值改变边框的重复样式。

代码清单19-7　控制切分图的重复样式

```
<!DOCTYPE HTML>
<html>
    <head>
        <title>Example</title>
        <meta name="author" content="Adam Freeman"/>
        <meta name="description" content="A simple example"/>
        <link rel="shortcut icon" href="favicon.ico" type="image/x-icon" />
        <style type="text/css">
            p {
                -moz-border-image: url(bordergrid.png) 30 / 50px round repeat;
            }
        </style>
    </head>
    <body>
        <p>
            There are lots of different kinds of fruit - there are over 500 varieties
            of banana alone. By the time we add the countless types of apples, oranges,
            and other well-known fruit, we are faced with thousands of choices.
        </p>
    </body>
</html>
```

在代码清单19-7中，第一个值指定了切分图的水平重复样式，第二个值指定了垂直重复样式。如果只提供一个值，那么水平和垂直重复样式一样。从图19-10中可以看出这两个值的区别。

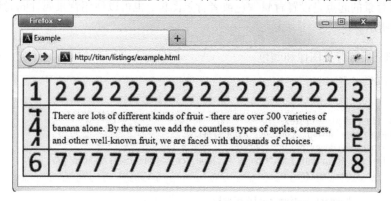

图19-10　指定边框切分图片重复方式的round和repeat值

注意：顶边和底边不包含任何截断的切分图。数字2和7先被稍微拉伸了一下，然后再平铺，因此没有截断的情况。相反，左边和右边仅使用了repeat样式，为了填满整个空间就有被截断的图。

19.2 设置元素的背景

盒模型的另一个可见区域是元素的内容。本节我们就来学习一下定义内容区域的背景样式需要用到的属性。（如何为内容本身应用样式，请参阅第22章。）表19-10列出了本节即将介绍的属性。

表19-10 背景属性

属性	说明	值
background-color	设置元素的背景颜色，总是显示在背景图像下面	<颜色>
background-image	设置元素的背景图像，如果指定一个以上的图像，则后面的图像绘制在前面的图像下面	none或url(图像)
background-repeat	设置图像的重复样式	参见表19-11
background-size	设置背景图像的尺寸	参见表19-12
background-position	设置背景图像的位置	参见表19-13
background-attachment	设置元素中的图像是否固定或随页面一起滚动	参见表19-14
background-clip	设置背景图像裁剪方式	参见表19-15
background-origin	设置背景图像绘制的起始位置	参见表19-15
background	简写属性	参见下文

19.2.1 设置背景颜色和图像

设置元素背景的起点是设置背景颜色或者背景图像，也可以使用背景属性同时设置两者，如代码清单19-8所示。

代码清单19-8 设置背景图像和颜色

```
<!DOCTYPE HTML>
<html>
    <head>
        <title>Example</title>
        <meta name="author" content="Adam Freeman" />
        <meta name="description" content="A simple example" />
        <link rel="shortcut icon" href="favicon.ico" type="image/x-icon" />
        <style type="text/css">
            p {
                border: medium solid black;
                background-color: lightgray;
                background-image: url(banana.png);
                background-size: 40px 40px;
                background-repeat: repeat-x;
            }
        </style>
    </head>
```

```
<body>
   <p>
       There are lots of different kinds of fruit - there are over 500 varieties
       of banana alone. By the time we add the countless types of apples, oranges,
       and other well-known fruit, we are faced with thousands of choices.
   </p>
   </body>
</html>
```

在上面这个例子中,我将背景颜色设置为浅灰色,并使用url加载了一张名为banana.png的图像,将其作为background-image属性的值。从图19-11可以看到这张图像的效果。背景图像总是显示在背景颜色之上。

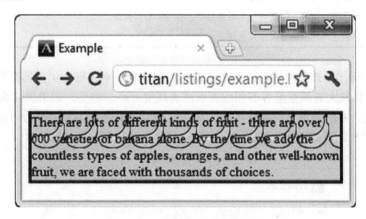

图19-11 使用背景颜色和图像

这个背景图像多少有些遮盖了元素中的文本,除非非常小心,添加背景图像通常都会出现这种情况。你应该注意到了图19-11中的香蕉图像水平重复穿过了元素。使用background-repeat属性可以实现这种效果,表19-11列出了该属性的可能取值。

表19-11 background-repeat属性的值

值	说 明
repeat-x	水平方向平铺图像,图像可能被截断
repeat-y	垂直方向平铺图像,图像可能被截断
repeat	水平和垂直方向同时平铺图像,图像可能被截断
space	水平或者垂直方向平铺图像,但在图像与图像之间设置统一间距,确保图像不被截断
round	水平或者垂直方向平铺图像,但调整图像大小,确保图像不被截断
no-repeat	禁止平铺图像

我们可以单独指定水平方向和垂直方向的重复样式,要是只有一个值的话,两个方向均会使用同种重复样式。repeat-x和repeat-y是例外,浏览器对于后者使用no-repeat样式。

19.2.2 设置背景图像的尺寸

在上一节中，我指定的图像对于元素来说太大了，因此代码中使用了background-size属性将图像调整为40像素×40像素。除了使用长度值，属性值还可以是百分数（跟图像的宽度和高度相关）、预定义值（如表19-12所示）。

表19-12 background-size属性的值

值	说明
contain	等比例缩放图像，使其宽度、高度中较大者与容器横向或纵向重合，背景图像始终包含在容器内
cover	等比例缩放图像，使图像至少覆盖容器，有可能超出容器
auto	默认值，图像以本身尺寸完全显示

contain值确保图像调整尺寸后，整个图像始终包含在元素内部。浏览器判断图像长度和高度哪个更大，并将较大者调整至容器相应宽度或者高度大小。相反，如果属性取cover值，浏览器选中较小的值，并沿着该方向调整图像大小。这就意味着图像的某一部分可能不会显示，从图19-12中可以看出两者的不同之处。

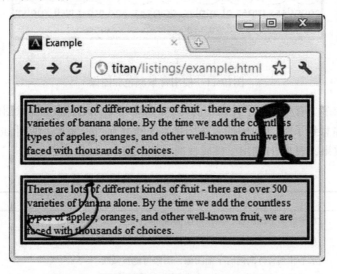

图19-12 背景图像尺寸样式之contain与cover

香蕉图像的高度要比宽度大，这就是说你在使用cover值的时候，应该调整图像尺寸，使得宽度方向上能被完全显示，即使这会导致高度方向上显示不完整。这个呈现效果可以从图19-12上面的元素背景图像设置看出来。要是使用contain值，就必须确保高度方向能在元素盒子中完整呈现，也就是说能显示完整的图像，即使最终图像不能覆盖整个背景区域。这个取值的呈现效果可以从图19-12下面的元素背景图像设置看出来。

19.2.3 设置背景图像位置

浏览器使用background-position属性设置背景图像的位置。图像不平铺的时候这个属性用得最多。该属性的使用方法如代码清单19-9所示。

代码清单19-9 设置背景图像位置

```
<!DOCTYPE HTML>
<html>
    <head>
        <title>Example</title>
        <meta name="author" content="Adam Freeman"/>
        <meta name="description" content="A simple example"/>
        <link rel="shortcut icon" href="favicon.ico" type="image/x-icon" />
        <style type="text/css">
            p {
                border: 10px double black;
                background-color: lightgray;
                background-image: url(banana.png);
                background-size: 40px 40px;
                background-repeat: no-repeat;
                background-position: 30px 10px;
            }
        </style>
    </head>
    <body>
        <p>
            There are lots of different kinds of fruit - there are over 500 varieties
            of banana alone. By the time we add the countless types of apples, oranges,
            and other well-known fruit, we are faced with thousands of choices.
        </p>
    </body>
</html>
```

这条声明告诉浏览器将背景图像设置为距离左边界30像素，距离顶部边界10像素。这里使用了长度单位指定位置，你也可以使用表19-13中列出的预定义值。

表19-13 background-position属性的值

值	说 明
top	将背景图像定位到盒子顶部边界
left	将背景图像定位到盒子左边界
right	将背景图像定位到盒子右边界
bottom	将背景图像定位到盒子底部边界
center	将背景图像定位到中间位置

第一个值控制垂直位置，可以是top、bottom和center，第二个值控制水平位置，可以是left、right和center。从图19-13中可以看出设置图像位置的效果。

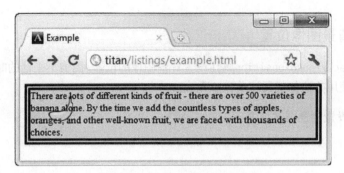

图19-13　设置背景图像的位置

19.2.4　设置元素的背景附着方式

为具有视窗的元素应用背景时，可以指定背景附着内容的方式。textarea是常见的具有视窗的元素（详情请参阅第14章），可以自动添加滚动条以显示内容。另一个例子是body元素，如果其中的内容比浏览器的窗口长，可以为其设置滚动条（有关body元素的详细内容请见第7章）。使用background-attachment属性可以控制背景的附着方式。表19-14列出了该属性的可能取值。

表19-14　background-attachment属性的值

值	说　明
fixed	背景固定到视窗上，即内容滚动时背景不动
local	背景附着到内容上，即背景随内容一起滚动
scroll	背景固定到元素上，不会随内容一起滚动

代码清单19-10展示了对textarea元素使用background-attachment属性。

代码清单19-10　使用background-attachment属性

```
<!DOCTYPE HTML>
<html>
    <head>
        <title>Example</title>
        <meta name="author" content="Adam Freeman"/>
        <meta name="description" content="A simple example"/>
        <link rel="shortcut icon" href="favicon.ico" type="image/x-icon" />
        <style type="text/css">
            textarea {
                border: medium solid black;
                background-color: lightgray;
                background-image: url(banana.png);
                background-size: 60px 60px;
                background-repeat: repeat;
                background-attachment: scroll;
            }
```

```
        </style>
    </head>
    <body>
    <p>
        <textarea rows="8" cols="30">
        There are lots of different kinds of fruit - there are over 500 varieties
        of banana alone. By the time we add the countless types of apples, oranges,
        and other well-known fruit, we are faced with thousands of choices.
        </textarea>
    </p>
    </body>
</html>
```

这里无法在图中演示各种附着模式的不同之处了,效果只有在自己的浏览器中才能看到。想看看fixed和scroll模式的区别,可以使用示例中的HTML文档,将浏览器窗口调整到无法完整显示文本区域,scroll模式会启用浏览器的滚动条(而不是文本区域的滚动条)。

19.2.5 设置背景图像的开始位置和裁剪样式

背景的起始点(origin)指定背景颜色和背景图像应用的位置。裁剪样式决定了背景颜色和图像在元素盒子中绘制的区域。background-origin和background-clip属性控制着这些特性,两者都可以取以下三个值,如表19-15所示。

表19-15 background-origin和background-clip属性的值

值	说明
border-box	在边框盒子内部绘制背景颜色和背景图像
padding-box	在内边距盒子内部绘制背景颜色和背景图像
content-box	在内容盒子内部绘制背景颜色和背景图像

代码清单19-11展示了background-origin属性的用法。

代码清单19-11 使用background-origin属性

```
<!DOCTYPE HTML>
<html>
    <head>
        <title>Example</title>
        <meta name="author" content="Adam Freeman"/>
        <meta name="description" content="A simple example"/>
        <link rel="shortcut icon" href="favicon.ico" type="image/x-icon" />
        <style type="text/css">
            p {
                border: 10px double black;
                background-color: lightgray;
                background-image: url(banana.png);
                background-size: 40px 40px;
                background-repeat: repeat;
                background-origin: border-box;
```

```
        }
        </style>
    </head>
    <body>
        <p>
            There are lots of different kinds of fruit - there are over 500 varieties
            of banana alone. By the time we add the countless types of apples, oranges,
            and other well-known fruit, we are faced with thousands of choices.
        </p>
    </body>
</html>
```

在代码清单19-11中,我使用了border-box值,也就是说浏览器会在边框下面绘制背景颜色和背景图像。之所以说"下面",是因为边框肯定会绘制在背景上。从图19-14可以看出background-origin属性值为border-box的效果。

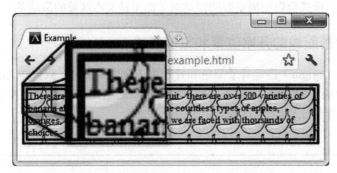

图19-14　使用background-origin属性

通过应用裁剪盒子,background-clip属性决定了背景的哪一部分是可见的。裁剪盒子之外的部分一律被丢弃,不会显示。background-clip属性的三个可能的取值跟background-origin属性一样,代码清单19-12展示了如何组合使用这些属性。

代码清单19-12　使用background-clip属性

```
<!DOCTYPE HTML>
<html>
    <head>
        <title>Example</title>
        <meta name="author" content="Adam Freeman"/>
        <meta name="description" content="A simple example"/>
        <link rel="shortcut icon" href="favicon.ico" type="image/x-icon" />
        <style type="text/css">
            p {
                border: 10px double black;
                background-color: lightgray;
                background-image: url(banana.png);
                background-size: 40px 40px;
                background-repeat: repeat;
                background-origin: border-box;
```

```
        background-clip: content-box;
    }
    </style>
</head>
<body>
    <p>
        There are lots of different kinds of fruit - there are over 500 varieties
        of banana alone. By the time we add the countless types of apples, oranges,
        and other well-known fruit, we are faced with thousands of choices.
    </p>
</body>
</html>
```

两者一起使用，告诉浏览器在边框盒子内部绘制背景，但是丢弃内容盒子之外的部分。最终的呈现效果跟图19-14相比只有细微的差别，如图19-15所示。

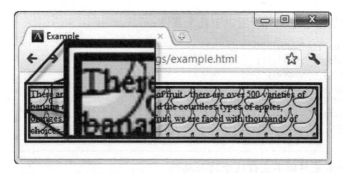

图19-15　一起使用background-origin和background-clip属性

19.2.6　使用 background 简写属性

使用background简写属性可以在一条声明中设置所有的背景值。以下是background属性值的格式，其中包括多个单独的属性：

```
background: <background-color> <background-position> <background-size>
    <background-repeat> <background-origin> <background-clip> <background-attachment>
    <background-image>
```

这条声明真够长的，不过其中有些值可以省略。对于省略的值，浏览器会用默认值替代。代码清单19-13展示了background简写属性的用法。

代码清单19-13　使用background简写属性

```
<!DOCTYPE HTML>
<html>
    <head>
        <title>Example</title>
        <meta name="author" content="Adam Freeman"/>
        <meta name="description" content="A simple example"/>
        <link rel="shortcut icon" href="favicon.ico" type="image/x-icon" />
```

```html
<style type="text/css">
    p {
        border: 10px double black;
        background: lightgray top right no-repeat border-box content-box
            local url(banana.png);
    }
</style>
</head>
<body>
    <p>
    There are lots of different kinds of fruit - there are over 500 varieties
    of banana alone. By the time we add the countless types of apples, oranges,
    and other well-known fruit, we are faced with thousands of choices.
    </p>
</body>
</html>
```

这一条属性设置等价于同时设置以下几个属性：

```
background-color: lightgray;
background-position: top right;
background-repeat: no-repeat;
background-origin: border-box;
background-clip: content-box;
background-attachment: local;
background-image: url(banana.png);
```

提示 当前，有的浏览器还不支持这个简写属性。

19.3 创建盒子阴影

备受开发人员热切期待的一个CSS3特性是为元素的盒子添加阴影效果。这要通过box-shadow属性来实现，表19-16描述了这个属性的使用情况。

表19-16 box-shadow属性

属　性	说　明	值
box-shadow	为元素指定阴影	参见表19-17

box-shadow元素的值组成如下：

box-shadow: hoffset voffset blur spread color inset

每个值代表的意思如表19-17所示。

表19-17 box-shadow属性的值

值	说　明
hoffset	阴影的水平偏移量，是一个长度值，正值代表阴影向右偏移，负值代表阴影向左偏移

(续)

值	说　　明
voffset	阴影的垂直偏移量，是一个长度值，正值代表阴影位于元素盒子下方，负值代表阴影位于元素盒子上方
blur	（可选）指定模糊值，是一个长度值，值越大盒子的边界越模糊。默认值为0，边界清晰
spread	（可选）指定阴影的延伸半径，是一个长度值，正值代表阴影向盒子各个方向延伸扩大，负值代表阴影沿相反方向缩小
color	（可选）设置阴影的颜色，如果省略，浏览器会自行选择一个颜色
inset	（可选）将外部阴影设置为内部阴影（内嵌到盒子中），参见代码清单19-15中的示例

警告　省略color值的时候应该留意。color值可选，浏览器可以自行应用标准颜色，可能是某种适合用户的操作系统或浏览器的颜色。不过，在本书撰写过程中，基于webkit的浏览器在不指定color值的情况下不会绘制边框。出于这个原因，最好在box-shadow属性中明确指定color值。

代码清单19-14展示了box-shadow属性的用法。

代码清单19-14　创建盒子阴影效果

```
<!DOCTYPE HTML>
<html>
    <head>
        <title>Example</title>
        <meta name="author" content="Adam Freeman"/>
        <meta name="description" content="A simple example"/>
        <link rel="shortcut icon" href="favicon.ico" type="image/x-icon" />
        <style type="text/css">
            p {
                border: 10px double black;

                box-shadow: 5px 4px 10px 2px gray;
            }
        </style>
    </head>
    <body>
        <p>
            There are lots of different kinds of fruit - there are over 500 varieties
            of banana alone. By the time we add the countless types of apples, oranges,
            and other well-known fruit, we are faced with thousands of choices.
        </p>
    </body>
</html>
```

box-shadow属性设置的效果如图19-16所示。

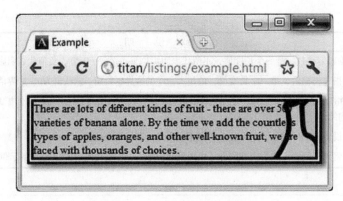

图19-16　为元素设置盒子阴影

我们可以在一条box-shadow声明中定义多个阴影，只需要用逗号分隔每条声明即可，如代码清单19-15所示。

代码清单19-15　为一个元素应用多个阴影

```
<!DOCTYPE HTML>
<html>
    <head>
        <title>Example</title>
        <meta name="author" content="Adam Freeman"/>
        <meta name="description" content="A simple example"/>
        <link rel="shortcut icon" href="favicon.ico" type="image/x-icon" />
        <style type="text/css">
            p {
                border: 10px double black;

                box-shadow: 5px 4px 10px 2px gray, 4px 4px 6px gray inset;
            }
        </style>
    </head>
    <body>
        <p>
            There are lots of different kinds of fruit - there are over 500 varieties
            of banana alone. By the time we add the countless types of apples, oranges,
            and other well-known fruit, we are faced with thousands of choices.
        </p>
    </body>
</html>
```

上面的代码中定义了两个阴影，其中一个是内部阴影，效果如图19-17所示。

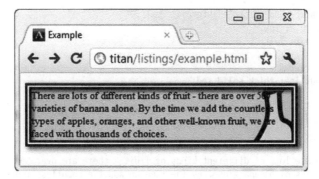

图19-17　为一个元素定义多个阴影

19.4 应用轮廓

轮廓对于边框来说是可选的。轮廓最有用的地方在于短时间抓住用户对某个元素的注意力，如必须按压的按钮或者数据输入中的错误。轮廓绘制在盒子边框的外面。边框和轮廓最大的区别是：轮廓不属于页面，因此应用轮廓不需要调整页面布局。表19-18列出了与轮廓相关的属性。

表19-18　轮廓属性

属　　性	说　　明	值
outline-color	设置外围轮廓的颜色	<颜色>
outline-offset	设置轮廓距离元素边框边缘的偏移量	<长度>
outline-style	设置轮廓样式	跟border-style属性的值一样，参见表19-4
outline-width	设置轮廓的宽度	thin、medium、thick、<长度>
outline	在一条声明中设置轮廓的简写属性	<颜色> <样式> <宽度>

代码清单19-16展示了对元素应用轮廓。为了说明如何在不重新设置页面布局的情况下绘制轮廓，这个示例中包含了一个简单的脚本。

代码清单19-16　应用轮廓

```
<!DOCTYPE HTML>
<html>
    <head>
        <title>Example</title>
        <meta name="author" content="Adam Freeman"/>
        <meta name="description" content="A simple example"/>
        <link rel="shortcut icon" href="favicon.ico" type="image/x-icon" />
        <style>
            p {
                width: 30%;
                padding: 5px;
                border: medium double black;
```

```
            background-color: lightgray;
            margin: 2px;
            float: left;
        }
        #fruittext {
            outline: thick solid red;
        }
    </style>
</head>
<body>
    <p>
        There are lots of different kinds of fruit - there are over 500
        varieties of banana alone. By the time we add the countless types of
        apples, oranges, and other well-known fruit, we are faced with
        thousands of choices.
    </p>
    <p id="fruittext">
        There are lots of different kinds of fruit - there are over 500
        varieties of banana alone. By the time we add the countless types of
        apples, oranges, and other well-known fruit, we are faced with
        thousands of choices.
    </p>
    <p>
        There are lots of different kinds of fruit - there are over 500
        varieties of banana alone. By the time we add the countless types of
        apples, oranges, and other well-known fruit, we are faced with
        thousands of choices.
    </p>
    <button>Outline Off</button>
    <button>Outline On</button>
    <script>
        var buttons = document.getElementsByTagName("BUTTON");
        for (var i = 0; i < buttons.length; i++) {
            buttons[i].onclick = function(e) {
                var elem = document.getElementById("fruittext");
                if (e.target.innerHTML == "Outline Off") {
                    elem.style.outline = "none";
                } else {
                    elem.style.outlineColor = "red";
                    elem.style.outlineStyle = "solid";
                    elem.style.outlineWidth = "thick";
                }
            };
        }
    </script>
</body>
</html>
```

图19-18显示了应用轮廓的效果。注意一下元素为何没有改变位置，这是因为在页面布局中没有为轮廓分配空间。

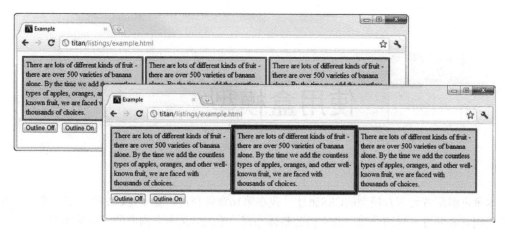

图19-18 为元素应用轮廓

19.5 小结

本章我们学习了为元素盒子添加边框、背景和轮廓用到的属性。

你可以从一组简单的样式中选择某种边框,也可以使用图像完全自定义边框。对于设置图像边框来说,最关键的是切分图像,即将一个图像分为几部分,然后将它们用来绘制边框。

我们可以进一步为边框设置背景。前面讲解了如何创建背景颜色和图像,如何配置以便它们与元素盒子的其余部分协调。本章最后演示了如何为元素添加阴影效果。阴影效果和圆角边框是CSS3中有关边框和背景设置最主要的新特性。

第 20 章 使用盒模型

本章讲解配置元素盒模型的CSS属性。我在第16章解释过,盒子是CSS中的基础概念,我们需要使用它来配置元素的外观以及文档的整体布局。表20-1是本章内容的一个简单概述。

表20-1 本章内容概要

问 题	解决方案	代码清单
设置盒子内边距区域的尺寸	使用padding简写元素,或padding-top、padding-bottom、padding-left、padding-right属性	20-1、20-2
设置盒子外边距区域的尺寸	使用margin简写元素,或margin-top、margin-bottom、margin-left、margin-right属性	20-3
设置元素的尺寸	使用width和height属性	20-4
设置尺寸应用到盒子的哪一部分	使用box-sizing属性	20-4
为元素大小设置范围	使用max-width、min-width、max-height、min-height属性	20-5
设置元素溢出内容的处理方式	使用overflow、overflow-x、overflow-y属性	20-6、20-7
设置元素的可见性	使用visibility属性(也可以使用display属性取none值)	20-8
设置元素盒子的类型	使用display属性	—
设置元素盒子的类型,使元素在垂直方向上区别于周围元素	使用display属性的block值	20-9
设置盒子类型,使元素显示为段落中的一个字	使用display属性的inline值	20-10
设置盒子的类型,使元素对外具有行内元素的属性,对内具有块元素的属性	使用display属性的inline-block值	20-11
设置盒子的类型,使元素的显示方式依赖其周围的元素	使用display属性的run-in值	20-12、20-13
隐藏元素及其内容	使用display属性的none值	20-14
将元素移动到其包含块的左边界或右边界,或者另一个浮动元素的边界	使用float属性	20-15
设置盒子的左边界、右边界或左右两个边界不允许出现浮动元素	使用clear属性	20-16

20.1 为元素应用内边距

应用内边距会在元素内容和边框之间添加空白。我们可以为内容盒的每个边界单独设置内边距，或者使用padding简写属性在一条声明中设置所有的值。表20-2列出了padding相关属性。

表20-2 内边距属性

属　　性	说　　明	值
padding-top	为顶边设置内边距	长度值或者百分数
padding-right	为右边设置内边距	长度值或百分数
padding-bottom	为底边设置内边距	长度值或百分数
padding-left	为左边设置内边距	长度值或百分数
padding	简写属性，在一条声明中设置所有边的内边距	1~4个长度值或百分数

如果使用百分数值指定内边距，百分数总是跟包含块的宽度相关，高度不考虑在内。代码清单20-1展示了如何为元素应用内边距。

代码清单20-1　为元素应用内边距

```
<!DOCTYPE HTML>
<html>
    <head>
        <title>Example</title>
        <meta name="author" content="Adam Freeman"/>
        <meta name="description" content="A simple example"/>
        <link rel="shortcut icon" href="favicon.ico" type="image/x-icon" />
        <style type="text/css">
            p {
                border: 10px double black;
                background-color: lightgray;
                background-clip: content-box;
                padding-top: 0.5em;
                padding-bottom: 0.3em;
                padding-right: 0.8em;
                padding-left: 0.6em;
            }
        </style>
    </head>
    <body>
        <p>
            There are lots of different kinds of fruit - there are over 500 varieties
            of banana alone. By the time we add the countless types of apples, oranges,
            and other well-known fruit, we are faced with thousands of choices.
        </p>
    </body>
</html>
```

在代码清单20-1中，我为盒子的每条边应用了不同的内边距，从图20-1中可以看出效果。此外,我设置了background-clip属性(参见第19章),因此内边距区域不会显示背景颜色,这样可以突出内边距的效果。

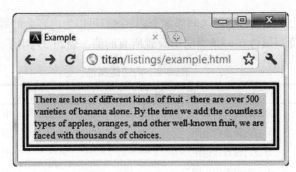

图20-1 为元素应用内边距

我们也可以使用padding简写属性在一条声明中为四条边设置内边距。可以为这个属性指定1~4值。如果指定4个值,那么它们分别代表顶边、右边、底边和左边的内边距。如果省略一个值,则最佳搭配方案如下:省略左边的值,默认使用右边的值;省略底边的值,默认使用顶边的值。如果只给一个值,则四条边的内边距都是这个值。

代码清单20-2展示了如何使用padding简写属性。这个示例中还添加了圆角边框,告诉你如何使用padding以确保边框不会在元素内容之上。

代码清单20-2　使用padding简写属性

```
<!DOCTYPE HTML>
<html>
    <head>
        <title>Example</title>
        <meta name="author" content="Adam Freeman"/>
        <meta name="description" content="A simple example"/>
        <link rel="shortcut icon" href="favicon.ico" type="image/x-icon" />
        <style type="text/css">
            p {
                border: 10px solid black;
                background: lightgray;
                border-radius: 1em 4em 1em 4em;
                padding: 5px 25px 5px 40px;
            }
        </style>
    </head>
    <body>
        <p>
            There are lots of different kinds of fruit - there are over 500 varieties
            of banana alone. By the time we add the countless types of apples, oranges,
            and other well-known fruit, we are faced with thousands of choices.
        </p>
    </body>
</html>
```

图20-2显示了浏览器如何显示代码中指定的圆角边框和内边距。

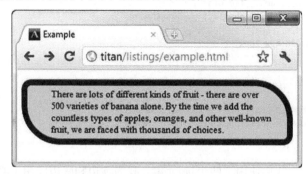

图20-2 使用padding简写属性

如果不设置内边距，边框就会绘制在文本上，第19章的图就是这个效果。设置内边距就能确保内容和边框之间留出足够的空间，不会出现这种情况。

20.2 为元素应用外边距

外边距是元素边框和页面上围绕在它周围的所有东西之间的空白区域。围绕在它周围的东西包括其他元素和它的父元素。表20-3总结了控制外边距的属性。

表20-3 外边距属性

属性	说明	值
margin-top	为顶边设置外边距	长度值或者百分数
margin-right	为右边设置外边距	长度值或百分数
margin-bottom	为底边设置外边距	长度值或百分数
margin-left	为左边设置外边距	长度值或百分数
margin	简写属性，在一条声明中设置所有边的外边距	1～4个长度值或百分数

跟内边距属性相似，即使是为顶边和底边应用内边距，百分数值是和包含块的宽度相关的。代码清单20-3展示了如何为元素添加外边距。

代码清单20-3 为元素添加外边距

```
<!DOCTYPE HTML>
<html>
    <head>
        <title>Example</title>
        <meta name="author" content="Adam Freeman"/>
        <meta name="description" content="A simple example"/>
        <link rel="shortcut icon" href="favicon.ico" type="image/x-icon" />
        <style type="text/css">
```

```
        img {
            border: 4px solid black;
            background: lightgray;
            padding: 4px;
            margin:4px 20px;
        }
    </style>
</head>
<body>
    <img src="banana-small.png" alt="small banana">
    <img src="banana-small.png" alt="small banana">
</body>
</html>
```

在代码清单20-3中，我们使用了两个img元素。我为顶边和底边应用了4像素的外边距，为左边和右边应用了20像素的外边距。你可以从图20-3看到外边距围绕元素制造的空白区域，两个图分别显示的是设置外边距前后的img元素。

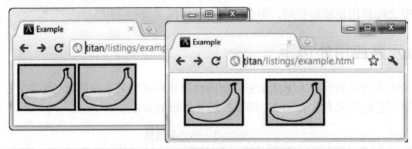

图20-3　为元素应用外边距的效果

外边距有时候不显示，即使你设置了某个外边距属性的值。例如，为dispaly属性的值设置为inline的元素应用外边距的时候，顶边和底边的外边距就不会显示。本章后面的20.6节会详细介绍display属性。

20.3　控制元素的尺寸

浏览器会基于页面上内容的流设置元素的尺寸。有几条比较恐怖的详细规则是浏览器在分配尺寸的时候必须遵循的。使用尺寸相关的属性可以覆盖这些行为，表20-4总结了相关属性。

表20-4　尺寸属性

属性	说明	值
Width Height	设置元素的宽度和高度	auto、长度值或者百分数
min-width min-height	为元素设置最小可接受宽度和高度	auto、长度值或百分数
max-width max-height	为元素设置最大可接受宽度和高度	auto、长度值或百分数
box-sizing	设置尺寸调整应用到元素盒子的哪一部分	content-box、padding-box、border-box、margin-box

前三个属性的默认值都是 auto，意思是浏览器会为我们设置好元素的宽度和高度。你也可以使用长度值和百分数值显式指定尺寸。百分数值是根据包含块的宽度来计算的（处理元素的高度也是根据这个宽度来）。代码清单20-4展示了如何为元素设置尺寸。

代码清单20-4　为元素设置尺寸

```
<!DOCTYPE HTML>
<html>
    <head>
        <title>Example</title>
        <meta name="author" content="Adam Freeman"/>
        <meta name="description" content="A simple example"/>
        <link rel="shortcut icon" href="favicon.ico" type="image/x-icon" />
        <style type="text/css">
            div {
                width: 75%;
                height: 100px;
                border: thin solid black;
            }
            img {
                background: lightgray;
                border: 4px solid black;
                margin: 2px;
                height: 50%;
            }
            #first {
                box-sizing: border-box;
                width: 50%;
            }
            #second {
                box-sizing: content-box;
            }
        </style>
    </head>
    <body>
        <div>
            <img id="first" src="banana-small.png" alt="small banana">
            <img id="second" src="banana-small.png" alt="small banana">
        </div>
    </body>
</html>
```

上述示例代码中有三个关键元素，一个div元素包含了两个img元素。图20-4展示了浏览器如何显示这些元素。

　　div元素是body元素的子元素。当我将div元素的宽度表示为75%的时候，我的意思是告诉浏览器将div的宽度设置为包含块（此处就是body内容盒）宽度的75%，而不论其具体值是多少。如果用户调整了浏览器窗口，body元素也会相应被调整，以确保div元素的宽度总是body内容盒宽度的75%。调整浏览器窗口前后的效果如图20-5所示。我为div元素添加了一个边框，这样就能看清楚它的尺寸了。

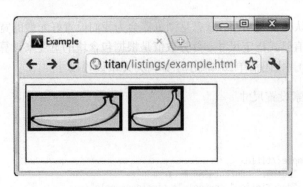

图20-4　设置元素的尺寸

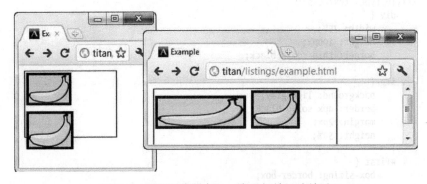

图20-5　调整浏览器窗口，演示相关尺寸关系

可以看到div总是body元素宽度的75%，而body元素填充了整个浏览器窗口。我将div元素的高度指定为100px，这是个绝对值，不会因为包含块调整而改变。你可以看看我将浏览器窗口横向拉长和缩短时，div元素的一部分是如何隐藏的。

代码中对img元素也进行了相似的设置。第一个img元素的宽度值表示为包含块宽度的50%，即图像总是调整为div元素宽度的50%，不管图像的高宽比是否被保留。我没有设置第二个img元素的宽度值，浏览器会自行解决这个问题。默认情况下，宽度值会根据高度值调整，因此会保留图像原先的高宽比。

提示　注意图20-5中的图像是如何超出div元素边界的，这被称为溢出。本章后面会介绍如何控制溢出。

20.3.1　设置一定尺寸的盒子

上一节示例中两个img元素设置了相同的高度值（50%），但两个图片的高度在屏幕上看起来不一样。这是因为我使用box-sizing属性改变了其中一个元素应用尺寸属性的区域。

默认情况下，宽度和高度是需要计算的，之后才能应用到元素的内容盒。这里说的是如果你设置了元素的高度属性是100px，那么屏幕上的真实高度就是100px，这也算上了顶边和底边的内边距、边框和外边距的值。box-sizing属性允许你指定尺寸样式应用到元素盒子的具体区域，也就是说你不需要自己计算某些值了。表20-4列出了box-sizing属性的取值。

> 提示　尺寸属性的常见用法是创建网格布局，它确实有这个功能，不过更常见的做法是使用表格布局特性，关于表格布局的详细内容，我们会在第21章介绍。

20.3.2　设置最小和最大尺寸

可以使用最小和最大相关属性为浏览器调整元素尺寸设置一定的限制。这让浏览器对于如何应用尺寸调整属性有了一定的自主权。代码清单20-5给出了一个例子。

代码清单20-5　设置尺寸的最小和最大范围

```
<!DOCTYPE HTML>
<html>
    <head>
        <title>Example</title>
        <meta name="author" content="Adam Freeman"/>
        <meta name="description" content="A simple example"/>
        <link rel="shortcut icon" href="favicon.ico" type="image/x-icon" />
        <style type="text/css">
            img {
                background: lightgray;
                border: 4px solid black;
                margin: 2px;
                box-sizing: border-box;
                min-width: 100px;
                width:50%;
                max-width: 200px;
            }
        </style>
    </head>
    <body>
        <img src="banana-small.png" alt="small banana">
    </body>
</html>
```

在代码清单20-5中，我为一个img元素应用了min-width和max-width属性，并将其初始宽度设置为包含块的50%。这样浏览器就有了一定的灵活性来调整图像尺寸，使其在代码中定义的最大尺寸和最小尺寸范围内保持50%的关系。浏览器会利用这种灵活性保留图像的高宽比，如图20-6所示。

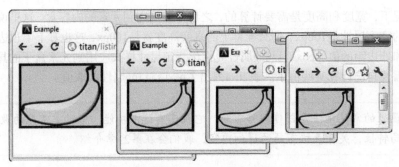

图20-6 使用min-width和max-width属性为元素大小设置范围

图20-6展示的是在我不断缩小浏览器窗口的情况下，图像的调整情况。随着窗口不断变小，浏览器同时会调整图像的大小，维持img元素和body元素之间的百分数关系。如果图像达到最小宽度，浏览器就无法再调整图像的尺寸了。从这一系列图片的最后一帧可以看出，图像不能再变小，图像的一部分被浏览器窗口的底部裁剪掉了。

注意 浏览器对box-sizing属性的支持情况各不相同。

20.4 处理溢出内容

如果你尝试改变元素的尺寸，很快就会到达某一个点：内容太大，已经无法完全显示在元素的内容盒中。这时的默认处理方式是内容溢出，并继续显示。代码清单20-6创建了一个固定尺寸的元素，由于尺寸太小，无法显示其中的内容。

代码清单20-6 创建一个无法完全显示其中内容的小尺寸元素

```
<!DOCTYPE HTML>
<html>
    <head>
        <title>Example</title>
        <meta name="author" content="Adam Freeman"/>
        <meta name="description" content="A simple example"/>
        <link rel="shortcut icon" href="favicon.ico" type="image/x-icon" />
        <style type="text/css">
            p {
                width: 200px;
                height: 100px;
                border: medium double black;
            }
        </style>
    </head>
    <body>
        <p>
            There are lots of different kinds of fruit - there are over 500 varieties
            of banana alone. By the time we add the countless types of apples, oranges,
```

```
              and other well-known fruit, we are faced with thousands of choices.
       </p>
    </body>
</html>
```

代码中为p元素的width和height属性指定了绝对值，最终在浏览器中的显示效果如图20-7所示。

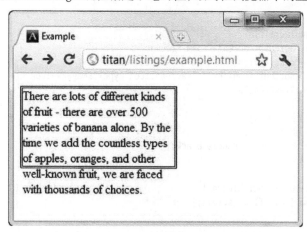

图20-7　元素尺寸太小，无法显示其中内容时的默认外观

我们可以使用overflow属性改变这种行为，表20-5列出了相关的overflow属性及值。

表20-5　overflow属性

属　　性	说　　明	值
overflow-x overflow-y	设置水平方向和垂直方向的溢出方式	参见表20-6
overflow	简写属性	overflow overflow-x overflow-y

overflow-x和overflow-y属性分别设置水平方向和垂直方向的溢出方式，overflow简写属性可在一条声明中声明两个方向的溢出方式。表20-6展示了这三个属性可能的取值。

表20-6　溢出属性的值

值	说　　明
auto	浏览器自行处理溢出内容。通常，如果内容被剪掉就显示滚动条，否则就不显示（这是相较scroll值来说，设置该值后，无论内容是否溢出都有滚动条）
hidden	多余的部分直接剪掉，只显示内容盒里面的内容。如果用户想看看剪掉的这部分内容，对不起，做不到
no-content	如果内容无法全部显示，就直接移除。主流浏览器都不支持这个值
no-display	如果内容无法全部显示，就隐藏所有内容。主流浏览器都不支持这个值
scroll	为了让用户看到所有内容，浏览器会添加滚动机制。通常是滚动条，不过这个值跟具体的平台和浏览器相关。即使内容没有溢出也能看到滚动条
visible	默认值，不管是否溢出内容盒，都显示元素内容

代码清单20-7展示了溢出属性的用法。

代码清单20-7　控制内容溢出

```
<!DOCTYPE HTML>
<html>
    <head>
        <title>Example</title>
        <meta name="author" content="Adam Freeman"/>
        <meta name="description" content="A simple example"/>
        <link rel="shortcut icon" href="favicon.ico" type="image/x-icon" />
        <style type="text/css">
            p {
                width: 200px;
                height: 100px;
                border: medium double black;
            }

            #first {overflow: hidden;}
            #second { overflow: scroll;}
        </style>
    </head>
    <body>
        <p id="first">
            There are lots of different kinds of fruit - there are over 500 varieties
            of banana alone. By the time we add the countless types of apples, oranges,
            and other well-known fruit, we are faced with thousands of choices.
        </p>

        <p id="second">
            There are lots of different kinds of fruit - there are over 500 varieties
            of banana alone. By the time we add the countless types of apples, oranges,
            and other well-known fruit, we are faced with thousands of choices.
        </p>
    </body>
</html>
```

在代码清单20-7中，我们为id为first段落的overflow属性使用了hidden值，为id为second段落的overflow属性使用了scroll值，两者的呈现效果如图20-8所示。

> **提示**　这部分是CSS模块还没有解决的一块。已经有了扩展溢出相关属性从而支持滚动字幕（其中的元素内容会持续在显示器中显示，因此经过一段时间所有内容都会可见）的提案。下面的属性是CSS3定义的，不过主流浏览器都还没有实现：overflow-style、marquee-direction、marquee-loop、marquee-play-count、marquee-speed和marquee-style。

20.5 控制元素的可见性

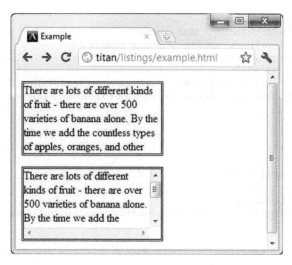

图20-8 为overflow属性使用hidden和scroll值

我们可以使用visibility属性控制元素的可见性，表20-7简单描述了这个属性。虽然这种做法有点奇怪，不过这个属性跟JavaScript一起使用能创建一些比较复杂的效果。

表20-7 visibility属性

属　　性	说　　明	值
visibility	设置元素的可见性	collapse hidden visible

表20-8给出了visibility属性取值的简单情况。

表20-8 visibility属性的值

值	说　　明
collapse	元素不可见，且在页面布局中不占据空间
hidden	元素不可见，但在页面布局中占据空间
visible	默认值，元素在页面上可见

代码清单20-8展示了如何使用JavaScript和几个按钮元素（已在第12章做过介绍）改变元素的可见性。

代码清单20-8　使用visibility属性

```
<!DOCTYPE HTML>
<html>
    <head>
```

```html
<title>Example</title>
    <meta name="author" content="Adam Freeman"/>
    <meta name="description" content="A simple example"/>
    <link rel="shortcut icon" href="favicon.ico" type="image/x-icon" />
    <style type="text/css">
        tr > th { text-align:left; background:gray; color:white}
        tr > th:only-of-type {text-align:right; background: lightgray; color:gray}
    </style>
</head>
<body>
    <table>
        <tr>
            <th>Rank</th><th>Name</th><th>Color</th><th>Size</th>
        </tr>
        <tr id="firstchoice">
            <th>Favorite:</th><td>Apples</td><td>Green</td><td>Medium</td>
        </tr>
        <tr>
            <th>2nd Favorite:</th><td>Oranges</td><td>Orange</td><td>Large</td>
        </tr>
    </table>
    <p>
        <button>Visible</button>
        <button>Collapse</button>
        <button>Hidden</button>
    </p>
    <script>
        var buttons = document.getElementsByTagName("BUTTON");
        for (var i = 0; i < buttons.length; i++) {
            buttons[i].onclick = function(e) {
                document.getElementById("firstchoice").style.visibility =
                    e.target.innerHTML;
            };
        }
    </script>
</body>
</html>
```

本例中的脚本找出id值为firstchoice的元素，并基于操作中被按下的button元素来设置visibility属性的值。通过这种方式，你就可以在visible、hidden和collapse值之间切换。这三个值的效果显示在图20-9中。

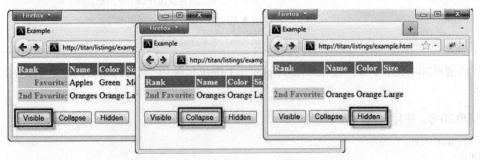

图20-9　visibility属性的三个值的呈现效果

collapse值只能应用到表相关元素，如tr和td，要想了解关于这些元素的详细内容，可参阅第11章。某些浏览器，如Chrome，根本不支持collapse值（这也是我使用Firefox生成图20-9的原因）。

> 提示 对于非表格元素或者不支持这个特性的元素，为display属性应用none值可以达到相同的效果。下一节就会讲到display属性。

20.6 设置元素的盒类型

display属性提供了一种改变元素盒类型的方式，这相应会改变元素在页面上的布局方式。在本书第二部分，你会注意到许多元素的样式约定中都包括display属性指定某个值。有些元素使用默认值inline，不过也有些会指定其他值。表20-9列出了display属性允许的取值。

表20-9 display属性的值

值	说明
inline	盒子显示为文本行中的字
block	盒子显示为段落
inline-block	盒子显示为文本行
list-item	盒子显示为列表项，通常具有项目符号或者其他标记符（如索引号）
run-in	盒子类型取决于周围的元素，参见代码清单20-12、20-13
compact	盒子的类型为块或者标记盒（跟list-item类型产生的类似）。本书撰写时主流浏览器都不支持这个值
flexbox	这个值跟弹性盒布局相关，会在第21章介绍
table inline-table table-row-group table-header-group table-footer-group table-row table-column-group table-column table-cell table-caption	这些值跟表格中的元素布局相关，详细信息参见第21章
ruby ruby-base ruby-text ruby-base-group ruby-text-group	这些值跟带ruby注释的文本布局相关
none	元素不可见，且在页面布局中不占空间

这些值让人很困惑，而它们对页面布局影响深远。下面会逐节介绍每种盒类型。

20.6.1 认识块级元素

将display属性设置为block值会创建一个块级元素。块级元素会在垂直方向上跟周围元素有所区别。通常在元素前后放置换行符也能达到这种效果，在元素和周围元素之间制造分割的感觉，就像文本中的段落。p元素表示段落，其默认样式约定中就包括display属性取block值。不过block值可应用到所有元素，其用法如代码清单20-9所示。

代码清单20-9 将display属性设置为block值

```html
<!DOCTYPE HTML>
<html>
    <head>
        <title>Example</title>
        <meta name="author" content="Adam Freeman"/>
        <meta name="description" content="A simple example"/>
        <link rel="shortcut icon" href="favicon.ico" type="image/x-icon" />
        <style type="text/css">
            p {border: medium solid black}
            span {
                display: block;
                border: medium double black;
                margin: 2px;
            }
        </style>
    </head>
    <body>
        <p>
            There are lots of different kinds of fruit - there are over 500 varieties
            of banana alone. By the time we add the countless types of apples, oranges,
            and other well-known fruit, we are faced with thousands of choices.
        </p>
        <p>
            One of the most interesting aspects of fruit is the variety available in
            each country. <span>I live near London</span>, in an area which is known for
            its apples. When travelling in Asia, I was struck by how many different
            kinds of banana were available - many of which had unique flavours and
            which were only avaiable within a small region.
        </p>
    </body>
</html>
```

通过两类元素我们可以看到块级元素在页面上的布局效果。第一个是p元素，我前面提到过，它的默认样式约定中就为display属性使用了block值（要想了解p元素的更多内容，请参阅第9章）。当然，我也希望跟你解释清楚display属性的block值可以应用到任意元素，因此代码中为span元素显式设置了display属性为block值，设置代码写在了style元素中。元素盒的实际效果如图20-10所示。

p元素的一般显示效果你以前都见过，这个例子中，我为p元素添加了边框，目的是让垂直方向上的分割更为明显。注意一下应用了blcok值的span元素：在包含p元素的盒子中，在视觉效果上跟周围元素明显不同。

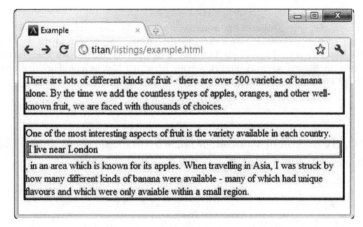

图20-10　将元素display属性的值设为block

20.6.2　认识行内元素

将display属性设置为inline值会创建一个行内元素，它在视觉上跟周围内容的显示没有区别。代码清单20-10展示了如何应用这个值，它也可以用到p这种默认块级元素上。

代码清单20-10　将display属性设置为inline

```
<!DOCTYPE HTML>
<html>
    <head>
        <title>Example</title>
        <meta name="author" content="Adam Freeman"/>
        <meta name="description" content="A simple example"/>
        <link rel="shortcut icon" href="favicon.ico" type="image/x-icon" />
        <style type="text/css">
            p {
                display: inline;
            }
            span {
                display: inline;
                border: medium double black;
                margin: 2em;
                width: 10em;
                height: 2em;
            }
        </style>
    </head>
    <body>
        <p>
            There are lots of different kinds of fruit - there are over 500 varieties
            of banana alone. By the time we add the countless types of apples, oranges,
            and other well-known fruit, we are faced with thousands of choices.
        </p>
```

```
        <p>
            One of the most interesting aspects of fruit is the variety available in
            each country. <span>I live near London</span>, in an area which is known for
            its apples. When travelling in Asia, I was struck by how many different
            kinds of banana were available - many of which had unique flavours and
            which were only avaiable within a small region.
        </p>
    </body>
</html>
```

在上述代码中,我为p元素和span元素同时使用了inline值,从图20-11可以看出应用样式后的效果:p元素和span元素中的文本跟剩余文本没有分开,都显示在一起。

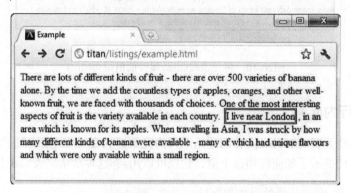

图20-11　将元素的display属性设置为inline值

使用inline值的时候,浏览器会忽略某些属性,如width、height和margin。上面的示例代码中,我为span元素定义了这三个属性的值,但没有一个应用到页面布局中。

20.6.3　认识行内-块级元素

将display属性设置为inline-block值会创建一个其盒子混合了块和行内特征的元素。盒子整体上作为行内元素显示,这意味着垂直方向上该元素和周围的内容并排显示,没有区别。但盒子内部作为块元素显示,这样,width、height和margin属性都能应用到盒子上。代码清单20-11展示了该值的用法。

代码清单20-11　使用inline-block值

```
<!DOCTYPE HTML>
<html>
    <head>
        <title>Example</title>
        <meta name="author" content="Adam Freeman"/>
        <meta name="description" content="A simple example"/>
        <link rel="shortcut icon" href="favicon.ico" type="image/x-icon" />
        <style type="text/css">
            p {
                display: inline;
```

```
            }
            span {
                display: inline-block;
                border: medium double black;
                margin: 2em;
                width: 10em;
                height: 2em;
            }
        </style>
    </head>
    <body>
        <p>
            There are lots of different kinds of fruit - there are over 500 varieties
            of banana alone. By the time we add the countless types of apples, oranges,
            and other well-known fruit, we are faced with thousands of choices.
        </p>
        <p>
            One of the most interesting aspects of fruit is the variety available in
            each country. <span>I live near London</span>, in an area which is known for
            its apples. When travelling in Asia, I was struck by how many different
            kinds of banana were available - many of which had unique flavours and
            which were only avaiable within a small region.
        </p>
    </body>
</html>
```

代码清单20-11跟代码清单20-10的唯一区别是：为span元素的display属性应用了新值——inline-block，但视觉变化非常明显，因为之前应用inline值的时候被忽略的三个属性现在都可以体现到样式中了。上述代码的呈现效果如图20-12所示。

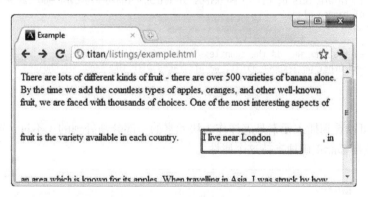

图20-12　为display属性应用inline-block值

20.6.4　认识插入元素

display属性设置为run-in值会创建一个这样的元素：其盒子类型取决于周围元素。通常，浏览器必须评估以下三种情况，以确定插入框的特性。

(1) 如果插入元素包含一个display属性值为block的元素，那么插入元素就是块级元素。

(2) 如果插入元素的相邻兄弟元素是块级元素,那么插入元素就是兄弟元素中的第一个行内元素。我会在代码清单20-12中演示这种情况。

(3) 其他情况下,插入元素均作为块级元素对待。

在这三种情况中,第二种情况需要稍微解释一下。代码清单那20-12展示了一个相邻兄弟元素为块级元素的插入元素。

代码清单20-12　相邻兄弟元素为块级元素的插入元素

```
<!DOCTYPE HTML>
<html>
    <head>
        <title>Example</title>
        <meta name="author" content="Adam Freeman"/>
        <meta name="description" content="A simple example"/>
        <link rel="shortcut icon" href="favicon.ico" type="image/x-icon" />
        <style type="text/css">
            p {
                display: block;
            }
            span {
                display: run-in;
                border: medium double black;
            }
        </style>
    </head>
    <body>
        <span>
            There are lots of different kinds of fruit - there are over 500 varieties
            of banana alone.
        </span>
        <p>
            By the time we add the countless types of apples, oranges,
            and other well-known fruit, we are faced with thousands of choices.
        </p>
    </body>
</html>
```

从图20-13可以看到插入元素是怎样作为块元素的一部分来处理的(不过,需要注意的是:并不是所有浏览器都能正确地支持这个属性)。

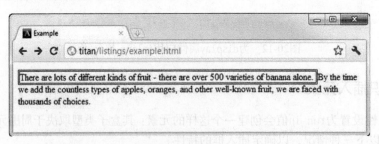

图20-13　具有块级相邻兄弟元素的插入元素

如果相邻兄弟元素不是块级元素，那么插入元素作为块级元素处理。代码清单20-13是这方面的一个例子。

代码清单20-13　相邻兄弟元素为行内元素的插入元素

```
<!DOCTYPE HTML>
<html>
    <head>
        <title>Example</title>
        <meta name="author" content="Adam Freeman"/>
        <meta name="description" content="A simple example"/>
        <link rel="shortcut icon" href="favicon.ico" type="image/x-icon" />
        <style type="text/css">
            p {
                display: inline;
            }
            span {
                display: run-in;
                border: medium double black;
            }
        </style>
    </head>
    <body>
        <span>
            There are lots of different kinds of fruit - there are over 500 varieties
            of banana alone.
        </span>
        <p>
            By the time we add the countless types of apples, oranges,
            and other well-known fruit, we are faced with thousands of choices.
        </p>
    </body>
</html>
```

在这个例子中，插入元素显示为块级元素，如图20-14所示。

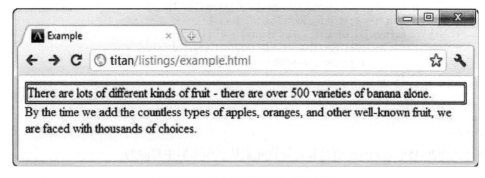

图20-14　插入元素显示为块级元素

20.6.5 隐藏元素

将display属性设置为none值就是告诉浏览器不要为元素创建任何类型的盒子，也就是说元素没有后代元素。这时元素在页面布局中不占据任何空间。代码清单20-14展示了一个带有简单脚本的HTML文档，这个脚本可以将p元素的display属性在block和none之间切换。

代码清单20-14 将display属性设置为none

```
<!DOCTYPE HTML>
<html>
    <head>
        <title>Example</title>
        <meta name="author" content="Adam Freeman"/>
        <meta name="description" content="A simple example"/>
        <link rel="shortcut icon" href="favicon.ico" type="image/x-icon" />
    </head>
    <body>
        <p id="toggle">
            There are lots of different kinds of fruit - there are over 500 varieties
            of banana alone. By the time we add the countless types of apples, oranges,
            and other well-known fruit, we are faced with thousands of choices.
        </p>
        <p>
            One of the most interesting aspects of fruit is the variety available in
            each country. <span>I live near London</span>, in an area which is known for
            its apples. When travelling in Asia, I was struck by how many different
            kinds of banana were available - many of which had unique flavours and
            which were only avaiable within a small region.
        </p>
        <p>
            <button>Block</button>
            <button>None</button>
        </p>

        <script>
            var buttons = document.getElementsByTagName("BUTTON");
            for (var i = 0; i < buttons.length; i++) {
                buttons[i].onclick = function(e) {
                    document.getElementById("toggle").style.display=
                        e.target.innerHTML;
                };
            }
        </script>
    </body>
</html>
```

可以从图20-15中看到none值是如何导致元素从页面布局中移除的。

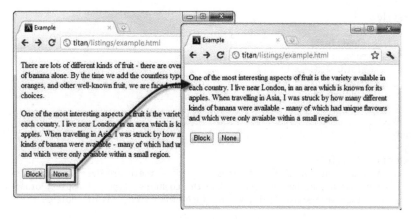

图20-15　将display属性设置为none值的效果

20.7　创建浮动盒

可以使用float属性创建浮动盒，浮动盒会将元素的左边界或者右边界移动到包含块或另一个浮动盒的边界。表20-10总结了这个属性。

表20-10　float属性

属　　性	说　　明	值
float	设置元素的浮动样式	left right none

表20-11描述了float属性的值。

表20-11　float属性的值

值	说　　明
left	移动元素，使其左边界挨着包含块的左边界，或者另一个浮动元素的右边界
right	移动元素，使其右边界挨着包含块的右边界，或者另一个浮动元素的左边界
none	元素位置固定

代码清单20-15展示了float属性的用法。

代码清单20-15　使用float属性

```
<!DOCTYPE HTML>
<html>
    <head>
        <title>Example</title>
        <meta name="author" content="Adam Freeman"/>
        <meta name="description" content="A simple example"/>
        <link rel="shortcut icon" href="favicon.ico" type="image/x-icon" />
```

```html
<style>
    p.toggle {
        float:left;
        border: medium double black;
        width: 40%;
        margin: 2px;
        padding: 2px;
    }
</style>
</head>
<body>
    <p class="toggle">
        There are lots of different kinds of fruit - there are over 500 varieties
        of banana alone. By the time we add the countless types of apples, oranges,
        and other well-known fruit, we are faced with thousands of choices.
    </p>
    <p class="toggle">
        One of the most interesting aspects of fruit is the variety available in
        each country. I live near London, in an area which is known for
        its apples.
    </p>
    <p>
        When travelling in Asia, I was struck by how many different
        kinds of banana were available - many of which had unique flavours and
        which were only available within a small region.
    </p>
    <p>
        <button>Left</button>
        <button>Right</button>
        <button>None</button>
    </p>
    <script>
        var buttons = document.getElementsByTagName("BUTTON");
        for (var i = 0; i < buttons.length; i++) {
            buttons[i].onclick = function(e) {
                var elements = document.getElementsByClassName("toggle");
                for (var j = 0; j < elements.length; j++) {
                    elements[j].style.cssFloat = e.target.innerHTML;
                }
            };
        }
    </script>
</body>
</html>
```

上面的代码示例中定义了四个p元素，其中前两个元素的float属性设置为了left。这意味着这两个p元素要被移动到包含块的左边界，或者另一个浮动元素的右边界。因为要移动两个元素，第一个会被移动到包含块的左边界，而第二个会紧靠第一个。它们在浏览器中的呈现效果如图20-16所示。

> **提示** 注意在JavaScript中提到float属性必须使用cssFloat。学习第29章的时候，你会习惯使用JavaScript为元素应用样式。

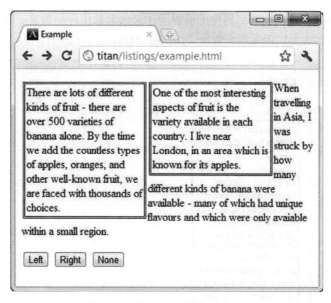

图20-16　使用float属性的left值

注意元素内容的剩余部分流式环绕在浮动元素周围。在这个例子中，我还添加了三个button元素，以及一个简单的脚本（基于被按下的按钮改变两个p元素的float值）。如果按下Right按钮，元素会移动到包含块的右边界，如图20-17所示。注意元素呈现的顺序：文档中定义的第一个p元素会在最右边。

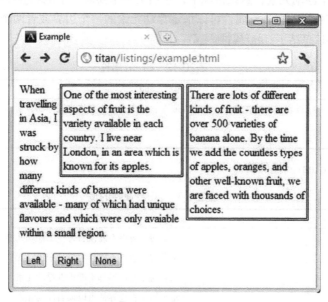

图20-17　使用float属性的right值

最后一个按钮None通过将float属性的值设置为none来禁用浮动效果。这恢复了元素盒的默认呈现效果。p元素默认为块级元素，效果如图20-18所示。

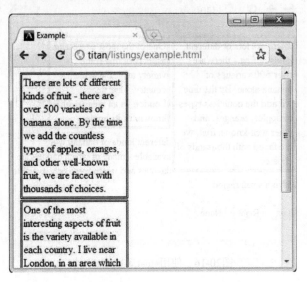

图20-18　使用float属性的none值

阻止浮动元素堆叠

如果设置了多个浮动元素，默认情况下，它们会一个挨着一个地堆叠在一起。使用clear属性可以阻止出现这种情况。clear属性可以指定浮动元素的一个边界或者两个边界不能挨着另一个浮动元素。表20-12总结了clear属性。

表20-12　clear属性

属　　性	说　　明	值
clear	设置元素的左边界、右边界或左右两个边界不允许出现浮动元素	left right both none

表20-13描述了clear属性的值。

表20-13　clear属性的值

值	说明
left	元素的左边界不能挨着另一个浮动元素
right	元素的右边界不能挨着另一个浮动元素
both	元素的左右边界都不能挨着浮动元素
none	元素的左右边界都可以挨着浮动元素

代码清单20-16展示了clear属性的用法。

代码清单20-16　使用clear属性

```
<!DOCTYPE HTML>
<html>
    <head>
        <title>Example</title>
        <meta name="author" content="Adam Freeman"/>
        <meta name="description" content="A simple example"/>
        <link rel="shortcut icon" href="favicon.ico" type="image/x-icon" />
        <style>
            p.toggle {
                float:left;
                border: medium double black;
                width: 40%;
                margin: 2px;
                padding: 2px;
            }

            p.cleared {
                clear:left;
            }

        </style>
    </head>
    <body>
        <p class="toggle">
            There are lots of different kinds of fruit - there are over 500 varieties
            of banana alone. By the time we add the countless types of apples, oranges,
            and other well-known fruit, we are faced with thousands of choices.
        </p>
        <p class="toggle cleared">
            One of the most interesting aspects of fruit is the variety available in
            each country. I live near London, in an area which is known for
            its apples.
        </p>
        <p>
            When travelling in Asia, I was struck by how many different
            kinds of banana were available - many of which had unique flavours and
            which were only avaiable within a small region.
        </p>

        <p>
            <button>Left</button>
            <button>Right</button>
            <button>None</button>
        </p>
```

```
        <script>
            var buttons = document.getElementsByTagName("BUTTON");
            for (var i = 0; i < buttons.length; i++) {
                buttons[i].onclick = function(e) {
                    var elements = document.getElementsByClassName("toggle");
                    for (var j = 0; j < elements.length; j++) {
                        elements[j].style.cssFloat = e.target.innerHTML;
                    }
                };
            }
        </script>
    </body>
</html>
```

这里的代码示例是对前一个例子的简单扩展，只是添加了一个新的样式，为第二个p元素清除了左边界的浮动元素。从图20-19可以看出这个设置引起了页面布局的改变（现在两个元素都浮动在包含块的左边界）。

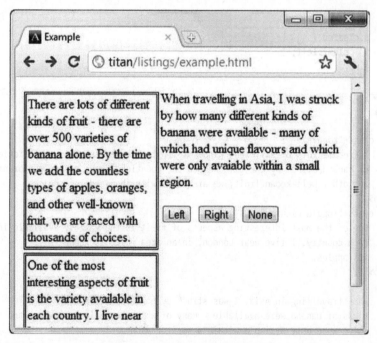

图20-19　清除浮动元素的左边界

第二个p元素的左边界不允许挨着另一个浮动元素，因此浏览器将这个元素移到了页面下方。元素的右边界没有清除，也就是说如果你将两个p元素的float属性设置为right，它们在页面上还是会挨着，如图20-20所示。

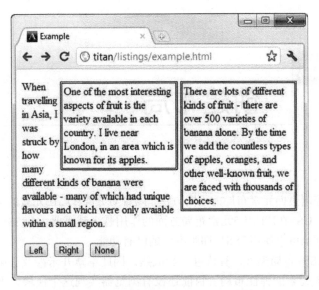

图20-20 没有清除右边界的右边浮动元素

20.8 小结

本章学习了如何进行元素盒模型的基本配置，从而改变其在页面中的布局。我们一开始先学习了基本属性，如padding、margin，之后探讨了更复杂的概念，如宽度和高度的范围，溢出内容。

本章最重要的概念是我们可以为元素创建的不同盒类型的呈现效果。理解块级元素和行内元素的关系对于掌握HTML5布局至关重要，浮动元素和清除边界在创建弹性网页过程中应用非常广泛。

下一章，我会向你展示一些CSS支持的更复杂的创建元素布局的模型。

第 21 章 创建布局

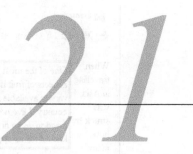

本章为你介绍控制页面元素布局的不同方法。随着对分离HTML元素的语义重要性与其表现的影响的不断强调，CSS在HTML5元素布局方面的作用越来越重要。CSS3中有一些非常实用的布局特性，当然，你也可以使用CSS早期版本中的已有功能。

有两个推荐的CSS3布局模型，有待进一步成熟，因此本章并未涉及。第一个是模板布局，允许我们创建可包含元素的弹性布局。目前还没有浏览器实现这个模块，不过你可以通过一个jQuery插件（http://a.deveria.com/?p=236）对这个功能进行实验。另一个新模块可以为布局创建弹性网格。不过，在撰写本书过程中，这个规范还没完成，也就说还没有实现可用。

CSS3中的布局这一整块内容仍然不太稳定。本章肯定会讲到的一种布局样式是弹性布局盒，它能提供非常出色的特性。但是标准还在不断变化中，它们只是对早期工作草案阶段标准的实现，因此只能使用浏览器厂商特定属性来演示这种布局方法。

鉴于这些新特性"过于超前"，我建议考虑使用CSS框架创建复杂的页面布局。个人推荐使用Blueprint（可从www.blueprintcss.org下载）。CSS框架会在CSS3布局特性成熟后为你提供需要的功能。表21-1是本章内容的一个总结。

表21-1 本章内容概要

问题	解决方案	代码清单
改变元素在容器块中的定位方式	使用position属性	21-1
设置定位元素相对于容器边界的偏移量	使用top、bottom、left、right属性	21-1
设置元素的层叠顺序	使用z-index属性	21-2
创建跟报纸页面类似的布局	使用多列布局	21-3、21-4
将空间流式分配到容器中的元素	使用弹性盒布局	21-5 ~ 21-9
为元素创建表格样式布局	使用CSS表布局	21-10

21.1 定位内容

控制内容最简单的方式就是通过定位，这允许你使用浏览器改变元素的布局方式。表21-2描述了定位属性。

表21-2 定位属性

属 性	说 明	值
position	设置定位方法	参见表21-3
left right top bottom	为定位元素设置偏移量	<长度> <百分数> auto
z-index	设置定位元素的层叠顺序	数字

21.1.1 设置定位类型

position属性设置了元素的定位方法。这个属性的可能取值列在了表21-3中。

表21-3 position属性的值

值	说 明
static	元素为普通布局，默认值
relative	元素位置相对于普通位置定位
absolute	元素相对于position值不为static的第一位祖先元素来定位
fixed	元素相对于浏览器窗口来定位

position属性的不同值指定了元素定位所针对的不同元素。使用top、bottom、left和right属性设置元素的偏移量的时候，指的是相对于position属性指定的元素的偏移量。代码清单21-1演示了不同取值的效果。

代码清单21-1 使用position属性

```
<!DOCTYPE HTML>
<html>
    <head>
        <title>Example</title>
        <meta name="author" content="Adam Freeman"/>
        <meta name="description" content="A simple example"/>
        <link rel="shortcut icon" href="favicon.ico" type="image/x-icon" />
        <style>
            img {
                top: 5px;
                left:150px;
                border: medium double black;
            }
        </style>
    </head>
    <body>
        <p>
            There are lots of different kinds of fruit - there are over 500 varieties
            of banana alone. By the time we add the countless types of apples, oranges,
            and other well-known fruit, we are faced with thousands of choices.
        </p>
        <p>
```

```
        One of the most interesting aspects of fruit is the variety available in
        each country. I live near London, in an area which is known for
        its apples.
    </p>
    <img id="banana" src="banana-small.png" alt="small banana"/>
    <p>
        When travelling in Asia, I was struck by how many different
        kinds of banana were available - many of which had unique flavours and
        which were only avaiable within a small region.
    </p>
    <p>
        <button>Static</button>
        <button>Relative</button>
        <button>Absolute</button>
        <button>Fixed</button>
    </p>
    <script>
        var buttons = document.getElementsByTagName("BUTTON");
        for (var i = 0; i < buttons.length; i++) {
            buttons[i].onclick = function(e) {
                document.getElementById("banana").style.position =
                    e.target.innerHTML;
            };
        }
    </script>
</body>
</html>
```

在上面的代码示例中，我为页面添加了一个小脚本，它可以基于被按下的按钮改变img元素的position属性的值。注意我将left属性设置为150px，将top属性设置为5px，意思是只要position值不设为static，img元素就将沿水平轴偏移150像素，沿垂直轴偏移5像素。图21-1展示了postion值从static到relative的变化。

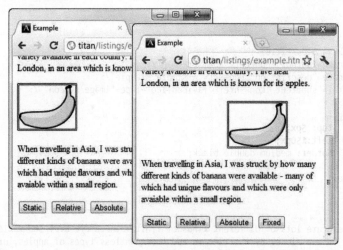

图21-1　postion属性取static和relative值

relative值为元素应用top、bottom、left和right属性，相对于static值确定的位置重新定位元素。从图中我们可以看到，left属性和top属性的取值引起img元素向右、向下移动。

absolute值会根据position值不是static的最近的祖先元素的位置来定位元素。在这个示例中不存在这样的元素，也就是说元素是相对于body元素定位的，如图21-2所示。

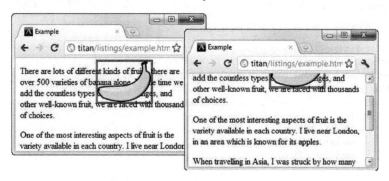

图21-2　position属性取absolute值

注意一下，如果我滚动浏览器页面，img元素会跟剩余的内容一起移动。可以将这个情况跟fixed值比较一下，如图21-3所示。

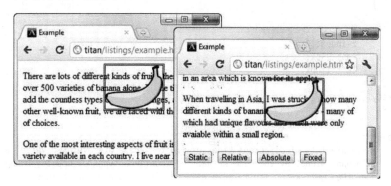

图21-3　position属性取fixed值

使用fixed值，元素是相对于浏览器窗口定位的。也就是说元素始终占据同样的位置，无论剩余内容是否向上向下滚动。

21.1.2　设置元素的层叠顺序

z-index属性指定元素显示的层叠顺序。表21-4总结了这个属性。

表21-4　z-index属性

属　　性	说　　明	值
z-index	设置元素的相对层叠顺序	<数值>

z-index属性的值是数值，且允许取负值。值越小，在层叠顺序中就越靠后。这个属性只有在元素重叠的情况下才会排上用场，如代码清单21-2所示。

代码清单21-2　使用z-index属性

```html
<!DOCTYPE HTML>
<html>
    <head>
        <title>Example</title>
        <meta name="author" content="Adam Freeman"/>
        <meta name="description" content="A simple example"/>
        <link rel="shortcut icon" href="favicon.ico" type="image/x-icon" />
        <style>
            img {
                border: medium double black;;
                background-color: lightgreay;
                position: fixed;
            }

            #banana {
                z-index: 1;
                top: 15px;
                left:150px;
            }

            #apple {
                z-index: 2;
                top: 25px;
                left:120px;
            }
        </style>
    </head>
    <body>
        <p>
            There are lots of different kinds of fruit - there are over 500 varieties
            of banana alone. By the time we add the countless types of apples, oranges,
            and other well-known fruit, we are faced with thousands of choices.
        </p>
        <p>
            One of the most interesting aspects of fruit is the variety available in
            each country. I live near London, in an area which is known for
            its apples.
        </p>
        <img id="banana" src="banana-small.png" alt="small banana"/>
        <img id="apple" src="apple.png" alt="small banana"/>
        <p>
            When travelling in Asia, I was struck by how many different
            kinds of banana were available - many of which had unique flavours and
            which were only avaiable within a small region.
        </p>
    </body>
</html>
```

在这个例子中,我创建了两个固定位置的img元素,设置了它们top和left值使两者部分图像重叠。id值为apple的img元素的z-index值(2)比id值为banana的img元素的z-index值(1)要大,因此苹果图像显示在香蕉图像上面,如图21-4所示。

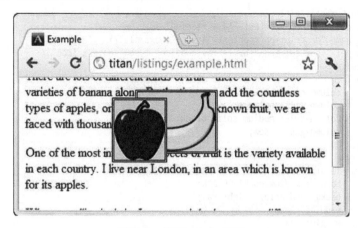

图21-4 使用z-index属性

z-index属性的默认值是0,因此浏览器默认将图像显示在p元素上面。

21.2 创建多列布局

多列特性允许在多个垂直列中布局内容,跟报纸的排版方式类似。表21-5描述了多列属性。

表21-5 多列属性

属 性	说 明	值
column-count	指定列数	<数值>
column-fill	指定内容在列与列之间的分布方式,balance指浏览器确保不同列之间的长度差异尽可能小。如果取auto值,则按照顺序填充列	balance auto
column-gap	指定列之间的距离	<长度值>
column-rule	在一条声明中设置column-rule-*的简写属性	<宽度值><样式><颜色>
column-rule-color	设置列之间的颜色规则	<颜色>
column-rule-style	设置列之间的样式规则	跟border-style属性的值相同
column-rule-width	设置列之间的宽度	<长度值>
columns	设置column-span和column-width的简写属性	<长度值><数值>
column-span	指定元素横向能跨多少列	None all
column-width	指定列宽	<长度值>

代码清单21-3展示了应用于HTML文档的多列布局。

代码清单21-3 使用多列布局

```html
<!DOCTYPE HTML>
<html>
    <head>
        <title>Example</title>
        <meta name="author" content="Adam Freeman"/>
        <meta name="description" content="A simple example"/>
        <link rel="shortcut icon" href="favicon.ico" type="image/x-icon" />
        <style>
            p {
                column-count: 3;
                column-fill: balance;
                column-rule: medium solid black;
                column-gap: 1.5em;
            }
            img {
                float: left;
                border: medium double black;
                background-color: lightgray;
                padding: 2px;
                margin: 2px;
            }
        </style>
    </head>
    <body>
        <p>
            There are lots of different kinds of fruit - there are over 500 varieties
            of banana alone. By the time we add the countless types of apples, oranges,
            and other well-known fruit, we are faced with thousands of choices.
            <img src="apple.png" alt="apple"/>
            One of the most interesting aspects of fruit is the variety available in
            each country. I live near London, in an area which is known for
            its apples.
            <img src="banana-small.png" alt="banana"/>
            When travelling in Asia, I was struck by how many different
            kinds of banana were available - many of which had unique flavours and
            which were only avaiable within a small region.

            And, of course, there are fruits which are truely unique - I am put in mind
            of the durian, which is widely consumed in SE Asia and is known as the
            "king of fruits". The durian is largely unknown in Europe and the USA - if
            it is known at all, it is for the overwhelming smell, which is compared
            to a combination of almonds, rotten onions and gym socks.
        </p>
    </body>
</html>
```

在上述示例代码中，我为p元素应用了几个多列属性。p元素中混合了text元素和img元素，设置列布局之后的效果如图21-5所示。

注意 上面的图是用Opera浏览器显示的，是在本书写作过程中唯一支持多列布局的浏览器。多列布局中的一些属性还没有实现，不过呈现基本功能不存在问题。

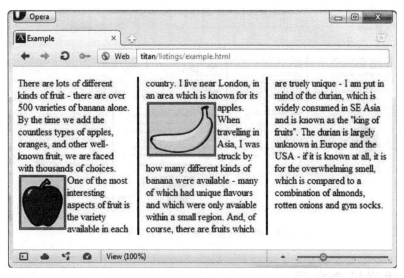

图21-5 多列布局

从图21-5可以看出，p元素中的内容从一列流向另一列，跟报纸中的排版很像。在这个例子中，我为img元素应用了float属性，这样p元素中的文本内容就可以流畅地环绕在图像周围。float属性的详细内容请见第20章。

上面的示例中使用了column-count属性将页面布局分为三列。如果窗口大小调整，浏览器会自行调整列宽度，从而保留布局中的列数。另一种方法是指定列宽度，如代码清单21-4所示。

代码清单21-4 设置列宽度

```
...
<style>
    p {
        column-width: 10em;
        column-fill: balance;
        column-rule: medium solid black;
        column-gap: 1.5em;
    }

    img {
        float:left;
        border: medium double black;
        background-color: lightgray;
        padding: 2px;
        margin: 2px;
    }
</style>
...
```

如果应用column-width属性，浏览器会通过添加或者删除列数维持指定列宽，如图21-6所示。

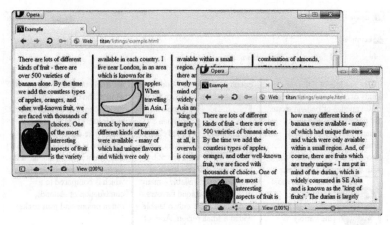

图21-6　使用列宽（而不是列数）定义列

21.3　创建弹性盒布局

弹性盒布局（也称为伸缩盒）在CSS3中得到了进一步增强，为display属性添加了一个新值（flexbox），并定义了其他几个属性。使用弹性布局可以创建对浏览器窗口调整响应良好的流动界面。这是通过在包含元素之间分配容器块中未使用的空间来实现的。规范为弹性布局定义了如下新属性：

- flex-align;
- flex-direction;
- flex-order;
- flex-pack。

就在我写下这些内容的时候，弹性盒布局的标准仍然处于变化之中。属性的名称和值最近刚变过，主流浏览器使用浏览器厂商特定前缀属性和值实现了这个特性的核心功能，不过是基于已有的属性名。

弹性盒布局非常实用，是CSS中新增的重要特性。接下来我会基于标准的早期草案以及使用-webkit前缀属性展示其功能。这种解决方案并不理想，不过会让你对弹性盒的功能有个大致了解。真诚地希望弹性盒布局广泛实现和可用之后，这里的内容能让你轻松过渡到完善的标准。鉴于规范和实现之间还有差异，先让我们定义一下弹性盒要解决的问题。代码清单21-5展示了一个有问题的简单布局。

代码清单21-5　有问题的简单布局

```
<!DOCTYPE HTML>
<html>
    <head>
        <title>Example</title>
        <meta name="author" content="Adam Freeman"/>
```

```
                <meta name="description" content="A simple example"/>
                <link rel="shortcut icon" href="favicon.ico" type="image/x-icon" />
                <style>
                    p {
                        float:left;
                        width: 150px;
                        border: medium double black;
                        background-color: lightgray;
                    }
                </style>
            </head>
            <body>
                <div id="container">
                    <p id="first">
                        There are lots of different kinds of fruit - there are over 500 varieties
                        of banana alone. By the time we add the countless types of apples,
                        oranges, and other well-known fruit, we are faced with thousands
                        of choices.
                    </p>
                    <p id="second">
                        One of the most interesting aspects of fruit is the variety available in
                        each country. I live near London, in an area which is known for
                        its apples.
                    </p>
                    <p id="third">
                        When travelling in Asia, I was struck by how many different kinds of
                        banana were available - many of which had unique flavours and which
                        were only avaiable within a small region.
                    </p>
                </div>
            </body>
        </html>
```

在上述示例代码中，div元素包含了三个p元素。我想将p元素显示在水平行中，用float属性很容易就能做到这一点（关于float属性请参阅第20章）。图21-7显示了浏览器如何显示这个HTML文档。

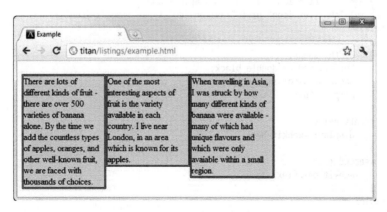

图21-7 具有未分布的空空间的元素

这里我们能使用弹性盒解决的问题是处理页面上p元素右边的空空间块。解决这个问题有多种方式。在这个例子中，可以使用百分比宽度，但弹性盒解决方案要更优雅，页面看起来流动性也会好很多。表21-6列出了实现弹性盒核心功能的三个-webkit属性（简单起见，表中省略了-webkit前缀）。

表21-6　-webkit弹性盒属性

属性	说明	值
box-align	如果内容元素的高度小于容器的高度，告诉浏览器如何处理多余的空间	start end center baseline stretch
box-flex	指定元素的可伸缩性，应用于弹性盒容器内的元素	<数值>
box-pack	如果可伸缩元素达到最大尺寸，告诉浏览器如何分配空间	start end center justify

21.3.1　创建简单的弹性盒

可以使用display属性创建弹性盒。标准值是flexbox，不过在标准完成和实现之前，必须使用-webkit-box。使用box-flex属性告诉浏览器如何分配元素之间的未使用空间。display属性的新值和box-flex属性如代码清单21-6所示。

代码清单21-6　创建简单的弹性盒

```
<!DOCTYPE HTML>
<html>
    <head>
        <title>Example</title>
        <meta name="author" content="Adam Freeman"/>
        <meta name="description" content="A simple example"/>
        <link rel="shortcut icon" href="favicon.ico" type="image/x-icon" />
        <style>
            p {
                width: 150px;
                border: medium double black;
                background-color: lightgray;
                margin: 2px;
            }
            #container {
                display: -webkit-box;
            }
            #second {
                -webkit-box-flex: 1;
            }
        </style>
    </head>
    <body>
```

```
<div id="container">
    <p id="first">
        There are lots of different kinds of fruit - there are over 500 varieties
        of banana alone. By the time we add the countless types of apples,
        oranges, and other well-known fruit, we are faced with thousands
        of choices.
    </p>
    <p id="second">
        One of the most interesting aspects of fruit is the variety available in
        each country. I live near London, in an area which is known for
        its apples.
    </p>
    <p id="third">
        When travelling in Asia, I was struck by how many different kinds of
        banana were available - many of which had unique flavours and which
        were only avaiable within a small region.
    </p>
</div>
</body>
</html>
```

display属性会应用到弹性盒容器。弹性盒容器是具有多余空间，且我们想对其中的内容应用弹性布局的元素。box-flex属性会应用到弹性盒容器内的元素，告诉浏览器当容器大小改变时哪些元素的尺寸是弹性的。在这个例子中，我选择了id值为second的p元素。

提示　我从p元素的样式声明中删除了float属性。可伸缩元素不能包含浮动元素。

可以从图21-8看出浏览器如何伸缩选中元素的尺寸。

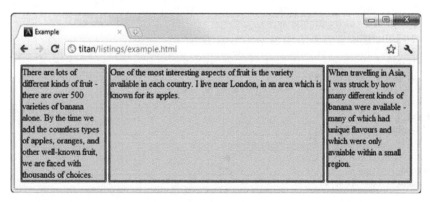

图21-8　可伸缩元素

我放大了图21-8中的浏览器窗口，这导致div容器扩大以及第二个段落伸长，从而占据多余空间。伸缩不仅是对多余空间来说的，如果缩小浏览器窗口，可伸缩元素同样会被调整尺寸以适应空间损失，如图21-9所示。

446　第 21 章　创建布局

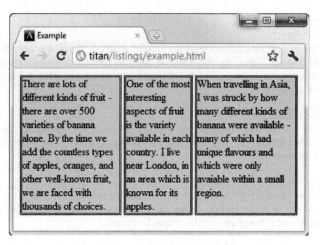

图21-9　调整可伸缩元素适应空间损失

21.3.2　伸缩多个元素

应用box-flex属性可以告诉浏览器伸缩多个元素的尺寸。你设置的值决定了浏览器分配空间的比例。代码清单21-7展示了前一个例子中元素样式的改变。

代码清单21-7　创建多个可伸缩元素

```
...
<style>
    p {
        width: 150px;
        border: medium double black;
        background-color: lightgray;
        margin: 2px;
    }
    #container {
        display: -webkit-box;
    }

    #first {
        -webkit-box-flex: 3;
    }

    #second {
        -webkit-box-flex: 1;
    }
</style>
...
```

这里将box-flex属性应用到了id值为first的p元素。此处box-flex属性的值是3，意思是浏览器为其分配的多余空间是为id值为second的p元素的三倍。当你创建此类比例时，你指的是元素的可伸缩性。你只是使用这个比例来分配多余的空间，或者减小元素的尺寸，而不是改变它的首选尺寸。从图21-10可以看到这个比例是怎么应用到元素的。

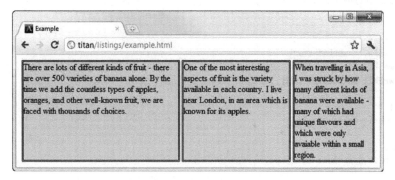

图21-10 创建伸缩比例

21.3.3 处理垂直空间

box-align属性告诉浏览器如何处理多余的垂直空间。这个元素总结在表21-7中。

表21-7 box-align属性

属性	说明	值
box-align	指定浏览器如何处理多余的垂直空间	start end strech center

默认情况下垂直拉伸元素以填充多余的空间。图21-10就是这种情况，前两个p元素的尺寸是调整过的，内容下面多出了空的空间。表21-8展示了box-align属性的可能取值。

表21-8 box-align属性的值

值	说明
start	元素沿容器的顶边放置，任何空间都在其下方显示
end	元素沿容器的底边放置，任何空间都在其上方显示
center	多余的空间被平分为两部分，分别显示在元素的上方和下方
strech	调整元素的高度，以填充可用空间

代码清单21-8展示了元素样式变为应用box-align属性。注意这个属性应用到可伸缩容器上，而不是内容元素。

代码清单21-8 应用box-align属性

```
...
<style>
    p {
        width: 150px;
```

```
        border: medium double black;
        background-color: lightgray;
        margin: 2px;
    }
    #container {
        display: -webkit-box;
        -webkit-box-direction: reverse;
        -webkit-box-align: end;
    }
    #first {
        -webkit-box-flex: 3;
    }
    #second {
        -webkit-box-flex: 1;
    }
</style>
...
```

在这个例子中，我使用了end值，这代表内容元素会沿着容器元素的底边放置，垂直方向任何多余的空间都会显示到内容元素上方。这个值的呈现效果如图21-11所示。

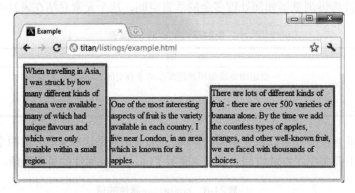

图21-11　应用box-align属性

21.3.4　处理最大尺寸

弹性盒模型伸缩时不会超过内容元素的最大尺寸值。如果存在多余空间，浏览器会伸展元素，直到达到最大允许尺寸。box-pack属性定义了在所有的可伸缩元素均达到最大尺寸的情况下，多余空间仍未分配完毕时应该如何处理。这个属性总结在表21-9中。

表21-9　box-pack属性

属性	说明	值
box-pack	在不能将多余空间分配给可伸缩元素的情况下，如何处理	start end justify center

表21-10描述了这个属性的可能值。

表21-10 box-pack属性的值

值	说明
start	元素从左边界开始放置,任何未分配的空间显示到最后一个元素的右边
end	元素从右边界开始放置,任何未分配的空间显示到第一个元素的左边
center	多余空间平均分配到第一个元素的左边和最后一个元素的右边
justify	多余空间均匀分配到各个元素之间

代码清单21-9展示了box-pack属性的用法。注意,我为p元素定义了max-width值(要了解max-width的更多信息,请参考第20章)。

代码清单21-9   使用box-pack属性

```
<!DOCTYPE HTML>
<html>
    <head>
        <title>Example</title>
        <meta name="author" content="Adam Freeman"/>
        <meta name="description" content="A simple example"/>
        <link rel="shortcut icon" href="favicon.ico" type="image/x-icon" />
<style>
    p {
        width: 150px;
        max-width: 250px;
        border: medium double black;
        background-color: lightgray;
        margin: 2px;
    }
    #container {
        display: -webkit-box;
        -webkit-box-direction: reverse;
        -webkit-box-align: end;
        -webkit-box-pack: justify;
    }
    #first {
        -webkit-box-flex: 3;
    }
    #second {
        -webkit-box-flex: 1;
    }
</style>
    </head>
    <body>
        <div id="container">
            <p id="first">
                There are lots of different kinds of fruit - there are over 500 varieties
                of banana alone. By the time we add the countless types of apples,
```

```
                oranges, and other well-known fruit, we are faced with thousands
                of choices.
            </p>
            <p id="second">
                One of the most interesting aspects of fruit is the variety available in
                each country. I live near London, in an area which is known for
                its apples.
            </p>
            <p id="third">
                When travelling in Asia, I was struck by how many different kinds of
                banana were available - many of which had unique flavours and which
                were only avaiable within a small region.
            </p>
        </div>
    </body>
</html>
```

这个属性的效果如图21-12所示。在可伸缩p元素达到最大宽度后，浏览器开始在元素之间分配多余空间。注意，多余空间只是分配到元素与元素之间，第一个元素之前或者最后一个元素之后都没有分配。

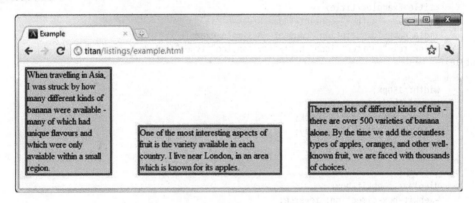

图21-12　使用box-pack属性

21.4　创建表格布局

　　table元素广泛用于布局Web页面已有多年历史，但随着对HTML元素语义重要性的不断强调，table元素今非昔比。如果只是在HTML5中使用table元素来呈现列表数据，那么你必须慎之又慎（具体细节请参阅第11章）。

　　当然，使用table元素如此普遍的原因是它解决了一种常见的布局问题：创建承载内容的简单网格。幸好，我们可以使用CSS表格布局特性来设置页面布局，这很像使用table元素，但不会破坏语义重要性。创建CSS表格布局使用display属性。表21-11列出了跟这个特性相关的值。表中的每个值都与一个HTML元素对应。

表21-11 跟表格布局相关的display属性的值

值	说 明
table	类似table元素
inline-table	类似table元素，但是创建一个行内元素（关于块级元素和行内元素的详细信息请参考第20章）
table-caption	类似caption元素
table-column	类似col元素
table-column-group	类似colgroup元素
table-header-group	类似thead元素
table-row-group	类似tbody元素
table-footer-group	类似tfoot元素
table-row	类似tr元素
table-cell	类似td元素

其中几个值的用法如代码清单21-10所示。

代码清单21-10　创建CSS表格布局

```html
<!DOCTYPE HTML>
<html>
    <head>
        <title>Example</title>
        <meta name="author" content="Adam Freeman"/>
        <meta name="description" content="A simple example"/>
        <link rel="shortcut icon" href="favicon.ico" type="image/x-icon" />
        <style>
            #table {
                display: table;
            }
            div.row {
                display: table-row;
                background-color: lightgray;
            }

            p {
                display: table-cell;
                border: thin solid black;
                padding: 15px;
                margin: 15px;
            }

            img {
                float:left;
            }
        </style>
    </head>
    <body>
```

```
            <div id="table">
                <div class="row">
                    <p>
                        There are lots of different kinds of fruit - there are over 500
                        varieties of banana alone. By the time we add the countless types of
                        apples, oranges, and other well-known fruit, we are faced with
                        thousands of choices.
                    </p>
                    <p>
                        One of the most interesting aspects of fruit is the variety available
                        in each country. I live near London, in an area which is known for
                        its apples.
                    </p>
                    <p>
                        When travelling in Asia, I was struck by how many different kinds of
                        banana were available - many of which had unique flavours and which
                        were only avaiable within a small region.
                    </p>
                </div>
                <div class="row">
                    <p>
                        This is an apple. <img src="apple.png" alt="apple"/>
                    </p>
                    <p>
                        This is a banana. <img src="banana-small.png" alt="banana"/>
                    </p>
                    <p>
                        No picture here
                    </p>
                </div>
            </div>
        </body>
</html>
```

这些取值的效果如图21-13所示。

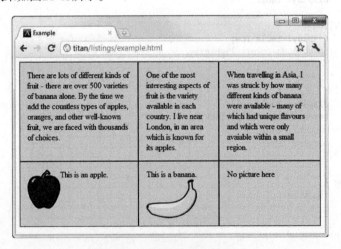

图21-13　简单的CSS表格布局

CSS表格布局的一个优点是自动调整单元格大小，因此，行是由该行中内容最高的单元格决定的，列是由该列中内容最宽的单元格决定的，这从图21-13中也能看出来。

21.5 小结

本章学习了用于创建布局的CSS特性，从简单的元素定位，到弹性盒布局的流动性。我还为你展示了如何创建CSS表格布局，从而不再滥用HTML元素。

布局在各个CSS3模块中都引起了极大关注，但目前它仍处于早期发展阶段，很多特性设置还没有被恰当地定义或者由浏览器实现。暂时还有大量工作要做（尤其是采用CSS布局框架的情况），我建议你密切关注受欢迎的新的CSS布局模块。

第 22 章 设置文本样式

本章介绍用于设置文本样式的CSS属性。这块内容在CSS3中也不稳定。已经有几个被广泛采用的非常实用的新特性了（我会在接下来的几节介绍）。也有几个相当投机性的提案（其前途未卜），它们一般用来处理非常技术的字体排版细节，还不确定是否存在足够的需求推动这些提案成为标准。也就是说，已经被主流浏览器接纳的特性会让处理文本样式更为灵活和愉悦。表22-1是本章内容的一个总结。

表22-1 本章内容概要

问 题	解决方案	代码清单
文本块对齐	使用text-align和text-justify属性	22-1
定义如何处理空白	使用white-space属性	22-2、22-3
指定文本方向	使用direction属性	22-4
指定单词之间、字母之间、文本行之间的间隔	使用letter-spacing、word-spacing和line-height属性	22-5
指定溢出文本如何断行	使用word-wrap属性	22-6
指定文本缩进	使用text-indent属性	22-7
装饰文本或者转换文本大小写	使用text-decoration或者text-transform属性	22-8
为文本块应用阴影效果	使用text-shadow属性	22-9
设置字体	使用font、font-family、font-size、font-style、font-variant和font-weight属性	22-10 ~ 22-12
使用自定义字体	使用@font-face	22-13

提示　color属性可以用来设置文本的颜色，这个属性在第24章介绍。

22.1 应用基本文本样式

在接下来的各节中，我们来学习如何使用应用基本文本样式的属性。

22.1.1 对齐文本

有好几个属性可以用来设计文本内容的对齐方式,如表22-2所示。

表22-2 对齐属性

属性	说明	值
text-align	指定文本块的对齐方式	start end left right center justify
text-justify	如果text-align属性使用了justify值,则该值会用来指定对齐文本的规则	参见表22-3

text-align属性相当简单,不过,需要注意的重要一点是:可以将文本对齐到显式命名的某个边界(使用left或者right值),或者对齐到语言本来使用的边界(使用start和end值)。在处理从右到左的语言时,这是一个非常重要的区别。代码清单22-1展示了应用到文本块的text-align属性。

代码清单22-1 对齐文本

```html
<!DOCTYPE HTML>
<html>
    <head>
        <title>Example</title>
        <meta name="author" content="Adam Freeman"/>
        <meta name="description" content="A simple example"/>
        <link rel="shortcut icon" href="favicon.ico" type="image/x-icon" />
        <style>
            #fruittext {
                width: 400px;
                margin: 5px;
                padding: 5px;
                border: medium double black;
                background-color: lightgrey;
            }
        </style>
    </head>
    <body>
        <p id="fruittext">
            There are lots of different kinds of fruit - there are over 500
            varieties of banana alone. By the time we add the countless types of
            apples, oranges, and other well-known fruit, we are faced with
            thousands of choices.
            One of the most interesting aspects of fruit is the
            variety available in each country. I live near London, in an area which is
            known for its apples.
        </p>
        <p>
```

```
                <button>Start</button>
                <button>End</button>
                <button>Left</button>
                <button>Right</button>
                <button>Justify</button>
                <button>Center</button>
            </p>
            <script>
                var buttons = document.getElementsByTagName("BUTTON");
                for (var i = 0; i < buttons.length; i++) {
                    buttons[i].onclick = function(e) {
                        document.getElementById("fruittext").style.textAlign =
                            e.target.innerHTML;
                    };
                }
            </script>
        </body>
</html>
```

在这个例子中,我添加了一个简单的脚本,可以基于被按下的按钮改变p元素的text-align属性的值。图22-1展示了text-align属性取其中两个值时文本对齐的效果。

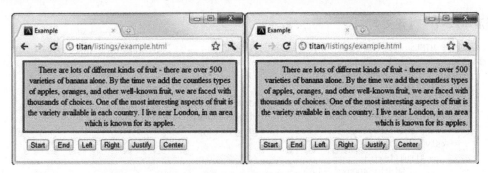

图22-1　text-align属性取center和right值的效果

如果使用justify值,可以使用text-justify属性指定文本添加空白的方式。这个属性允许的值如表22-3所示。

表22-3　text-justify属性的值

值	说明
auto	浏览器选择对齐规则,这是最简单的方法,不过,不同浏览器之间的呈现方式会有微小差别
none	禁用文本对齐
inter-word	空白分布在单词之间,适用于英语等词间有空的语言
inter-ideograph	空白分布在单词、表意字之间,且文本两端对齐,适用于汉语、日文和韩文等语言
inter-cluster	空白分布在单词、字形集的边界,适用于泰文等无词间空格的语言
distribute	空白分布在单词、字形集的边界,但连续文本或者草体除外
kashida	通过拉长选定字符调整对齐方式(仅适用于草体)

22.1.2 处理空白

空白在HTML文档中通常是被压缩或者直接忽略掉。这允许你将HTML文档的布局跟页面的外观分离。代码清单22-2展示了一个HTML文档，其中的文本块包含了空白。

代码清单22-2 带有空白的HTML文档

```html
<!DOCTYPE HTML>
<html>
    <head>
        <title>Example</title>
        <meta name="author" content="Adam Freeman"/>
        <meta name="description" content="A simple example"/>
        <link rel="shortcut icon" href="favicon.ico" type="image/x-icon" />
        <style>
            #fruittext {
                width: 400px;
                margin: 5px;
                padding: 5px;
                border: medium double black;
                background-color: lightgrey;
            }
        </style>
    </head>
    <body>
        <p id="fruittext">
            There are lots of different kinds of fruit - there are over 500 varieties

            of banana alone. By the time we add the countless types of
            apples, oranges, and other well-known fruit, we are faced with
            thousands of choices.

            One     of the      most interesting aspects of fruit is the
            variety available   in each country. I live near London,

            in an area which is
            known for its apples.

        </p>
    </body>
</html>
```

在上面的代码中，文本包含了一些空格、制表符和换行符。浏览器遇到多个空格时，会将它们压缩为一个空格，而换行符等其他空白符则会直接被忽略。浏览器会自动处理文本换行，以便各行都能适应元素边界。浏览器如何显示示例中的文本呢？请看图22-2。

浏览器的这种处理方式并不总是我们想要的，有时候我们就想在HTML源文档中保留文本中的空白。这时，可以使用whitespace属性控制浏览器对空白字符的处理方式。这个属性总结在表22-4中。

第22章 设置文本样式

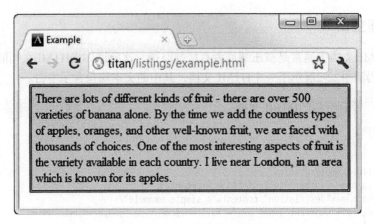

图22-2 HTML文档中空白字符的默认处理方式

表22-4 whitespace属性

属 性	说 明	值
whitespace	指定空白字符的处理方式	参见表22-5

whitespace属性允许的取值列在了表22-5中。

表22-5 whitespace属性的值

值	说 明
normal	默认值，空白符被压缩，文本行自动换行
nowrap	空白符被压缩，文本行不换行
pre	空白符被保留，文本只在遇到换行符的时候换行，这跟pre元素（参见第8章）的效果一样
pre-line	空白符被压缩，文本会在一行排满或遇到换行符时换行
pre-wrap	空白符被保留，文本会在一行排满或遇到换行符时换行

代码清单22-3演示了whitespace属性的应用。

代码清单22-3 使用whitespace属性

```
<!DOCTYPE HTML>
<html>
    <head>
        <title>Example</title>
        <meta name="author" content="Adam Freeman"/>
        <meta name="description" content="A simple example"/>
        <link rel="shortcut icon" href="favicon.ico" type="image/x-icon" />
        <style>
            #fruittext {
                width: 400px;
                margin: 5px;
```

```
            padding: 5px;
            border: medium double black;
            background-color: lightgrey;
            white-space: pre-line;
        }
    </style>
</head>
<body>
    <p id="fruittext">
        There are lots of different kinds of fruit - there are over 500
        varieties

        of banana alone. By the time we add the countless types of
        apples, oranges, and other well-known fruit, we are faced with
        thousands of choices.

        One     of the     most interesting aspects of fruit is the
        variety available   in each country. I live near London,

        in an area which is
        known for its apples.

    </p>
</body>
</html>
```

pre-line值的效果如图22-3所示。为了让内容适应元素，浏览器对文本进行了换行，但是保留了换行符（即断行）。

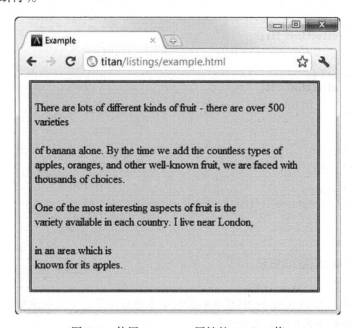

图22-3　使用whitespace属性的pre-line值

提示 CSS3文本模块将whitespace定义为另外两个属性的简写属性：bikeshedding和text-wrap。这两个属性都还没有实现，bikeshedding属性的定义还不完备（其中的一大问题是应该给它取个更直观的名字）。

22.1.3 指定文本方向

direction属性告诉浏览器文本块的排列方向，如表22-6所示。

表22-6 direction属性

属 性	说 明	值
direction	设置文本方向	ltr rtl

代码清单22-4列出了direction属性的一个简单应用。

代码清单22-4 使用direction属性

```
<!DOCTYPE HTML>
<html>
    <head>
        <title>Example</title>
        <meta name="author" content="Adam Freeman"/>
        <meta name="description" content="A simple example"/>
        <link rel="shortcut icon" href="favicon.ico" type="image/x-icon" />
        <style>
            #first {
                direction: ltr;
            }
            #second {
                direction: rtl;
            }
        </style>
    </head>
    <body>
        <p id="first">
            This is left-to-right text
        </p>
        <p id="second">
            This is right-to-lefttext
        </p>
    </body>
</html>
```

这个属性的效果如图22-4所示。

警告 direction属性已经从相关CSS模块的最新草案中移除了，不过也没给出具体的原因，说不定在模块最终完善之前还能恢复。

图22-4 使用direction属性

22.1.4 指定单词、字母、行之间的间距

可以告诉浏览器单词与单词、字母与字母、行与行之间的间距。相关属性列在了表22-7中。

表22-7 间距属性

属　　性	说　　明	值
letter-spacing	设置字母之间的间距	normal 〈长度值〉
word-spacing	设置单词之间的间距	Normal 〈长度值〉
line-height	设置行高	Normal 〈数值〉 〈长度值〉 〈%〉

代码清单22-5展示了将这三个属性应用到一个文本块上。

代码清单22-5　使用letter-spacing、word-spacing和line-height属性

```
<!DOCTYPE HTML>
<html>
    <head>
        <title>Example</title>
        <meta name="author" content="Adam Freeman"/>
        <meta name="description" content="A simple example"/>
        <link rel="shortcut icon" href="favicon.ico" type="image/x-icon" />
        <style>
            #fruittext {
                margin: 5px;
                padding: 5px;
                border: medium double black;
                background-color: lightgrey;
                word-spacing: 10px;
                letter-spacing: 2px;
                line-height: 3em;
            }
```

```
        </style>
    </head>
    <body>
        <p id="fruittext">
            There are lots of different kinds of fruit - there are over 500
            varieties of banana alone. By the time we add the countless types of
            apples, oranges, and other well-known fruit, we are faced with
            thousands of choices.
        </p>
    </body>
</html>
```

这三个属性的效果如图22-5所示。

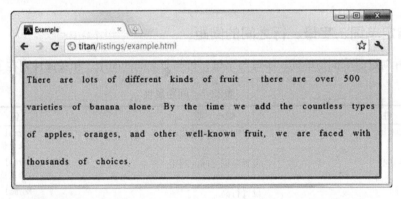

图22-5 应用letter-spacing、word-spacing和line-height属性

22.1.5 控制断词

word-wrap属性告诉浏览器当一个单词的长度超出包含块的宽度时如何处理。这个属性允许的值列在了表22-8中。

表22-8 word-wrap属性的值

值	说明
normal	单词不断开，即使无法完全放入包含块元素
break-word	断开单词，使其放入包含块元素

代码清单22-6展示了word-wrap属性的应用。

代码清单22-6 使用word-wrap属性

```
<!DOCTYPE HTML>
<html>
    <head>
        <title>Example</title>
        <meta name="author" content="Adam Freeman"/>
```

```
<meta name="description" content="A simple example"/>
<link rel="shortcut icon" href="favicon.ico" type="image/x-icon" />
<style>
    p {
        width:150px;
        margin: 15px;
        padding: 5px;
        border: medium double black;
        background-color: lightgrey;
        float:left;
    }

    #first {
        word-wrap: break-word;
    }

    #second {
        word-wrap: normal;
    }
</style>
</head>
<body>
    <p id="first">
        There are lots of different kinds of fruit - there are over 500
        varieties of madeupfruitwithaverylongname alone.
    </p>
    <p id="second">
        There are lots of different kinds of fruit - there are over 500
        varieties of madeupfruitwithaverylongname alone.
    </p>
</body>
</html>
```

上面的代码中有两个p元素，我分别为两个p元素应用了word-wrap属性的break-word和normal值。应用这两个值后的效果如图22-6所示。

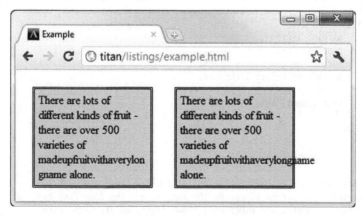

图22-6　使用word-wrap属性

图中左边的p元素使用了break-word值，因而文本中的长单词被浏览器在合适的位置断开，能够完全显示在p元素中。右边的p元素使用了normal值，意思是浏览器不会断开长单词，即使长单词溢出p元素。

> **提示** 可以使用overflow属性（参见第20章）禁止浏览器显示溢出的文本，不过这样导致的结果就是直接不显示超出包含元素的部分。

22.1.6 首行缩进

text-indent属性用于指定文本块首行缩进，值可以是长度值，也可以是相对于元素宽度的百分数值。表22-9总结了这个属性。

表22-9 text-indent属性

属　性	说　明	值
text-indent	设置文本首行的缩进	<长度值> <%>

代码清单22-7展示了这个属性的用法。

代码清单22-7 使用text-indent属性

```html
<!DOCTYPE HTML>
<html>
    <head>
        <title>Example</title>
        <meta name="author" content="Adam Freeman"/>
        <meta name="description" content="A simple example"/>
        <link rel="shortcut icon" href="favicon.ico" type="image/x-icon" />
        <style>
            p {
                margin: 15px;
                padding: 5px;
                border: medium double black;
                background-color: lightgrey;
                float:left;
                text-indent: 15%;
            }
        </style>
    </head>
    <body>
        <p>
            There are lots of different kinds of fruit - there are over 500
            varieties of banana alone. By the time we add the countless types of
            apples, oranges, and other well-known fruit, we are faced with
            thousands of choices.
            One of the most interesting aspects of fruit is the
```

```
            variety available in each country. I live near London, in an area which is
            known for its apples.
        </p>
    </body>
</html>
```

缩进设置的显示效果如图22-7所示。

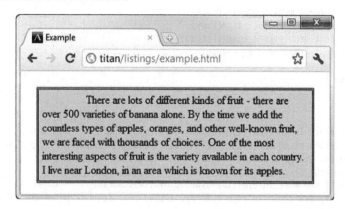

图22-7 文本块中的首行缩进

22.2 文本装饰与大小写转换

text-decoration和text-transform两个属性分别允许我们装饰文本和转换文本大小写。这两个属性如表22-10所述。

表22-10 文本装饰和大小写转换属性

属　　性	说　　明	值
text-decoration	为文本块应用装饰效果	none underline overline line-through blink
text-transform	为文本块转换大小写	none capitalize uppercase lowercase

text-decoration属性为文本块应用某种效果，如下划线，默认值是none（意思是不应用任何装饰）。text-transform属性改变文本块的大小写，默认值也是none。下面看一下应用这两个属性的示例，如代码清单22-8所示。

代码清单22-8　使用text-decoration和text-transform属性

```
<!DOCTYPE HTML>
<html>
```

```html
<head>
    <title>Example</title>
    <meta name="author" content="Adam Freeman"/>
    <meta name="description" content="A simple example"/>
    <link rel="shortcut icon" href="favicon.ico" type="image/x-icon" />
    <style>
        p {
            border: medium double black;
            background-color: lightgrey;
            text-decoration: line-through;
            text-transform: uppercase;
        }
    </style>
</head>
<body>
    <p>
        There are lots of different kinds of fruit - there are over 500
        varieties of banana alone. By the time we add the countless types of
        apples, oranges, and other well-known fruit, we are faced with
        thousands of choices.
        One of the most interesting aspects of fruit is the
        variety available in each country. I live near London, in an area which is
        known for its apples.
    </p>
</body>
</html>
```

text-decoration属性使用了line-through值，text-transform属性使用了uppercase值，效果如图22-8所示。

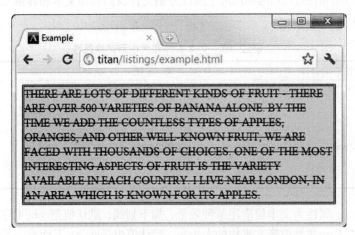

图22-8　装饰文本和转换文本大小写

> 提示　应该谨慎使用text-decoration属性的blick值。它产生的效果一般比较恼人，尤其是用户长时间使用页面的情况。如果想抓住用户的注意力，建议你找一下其他刺激性较小的方式。

22.3 创建文本阴影

第19章曾经介绍过为元素创建阴影，我们也可以使用text-shadow属性为文本创建阴影效果。这个属性总结在表22-11中。

表22-11 text-shadow属性

属 性	说 明	值
text-shadow	为文本块应用阴影	\<h-shadow\> \<v-shadow\> \<blur\> \<color\>

h-shadow和v-shadow值分别指定阴影的水平偏移和垂直偏移。它们的值用长度值表示，允许负值。blur值也是一个长度值，定义了阴影的模糊程度，该值可选。color值指定阴影的颜色。代码清单22-9展示了text-shadow属性的用法。

代码清单22-9 使用text-shadow属性

```
<!DOCTYPE HTML>
<html>
    <head>
        <title>Example</title>
        <meta name="author" content="Adam Freeman"/>
        <meta name="description" content="A simple example"/>
        <link rel="shortcut icon" href="favicon.ico" type="image/x-icon" />
        <style>
            h1 {
                text-shadow: 0.1em .1em 1px lightgrey;
            }
            p {
                text-shadow: 5px 5px 20px black;
            }
        </style>
    </head>
    <body>
        <h1>Thoughts about Fruit</h1>
        <p>
            There are lots of different kinds of fruit - there are over 500
            varieties of banana alone. By the time we add the countless types of
            apples, oranges, and other well-known fruit, we are faced with
            thousands of choices.
        </p>
    </body>
</html>
```

我为本例中的文本应用了两种不同的阴影，效果如图22-9所示。注意阴影的形状跟文本字符的形状相似，而不是跟包含元素的形状相似。

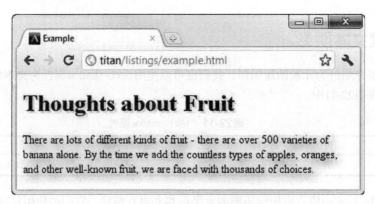

图22-9 为文本应用阴影

22.4 使用字体

我们可以对文本进行许多改变,其中最基本的一项就是改变用来显示字符的字体。表22-12描述了字体相关属性。很难实现字体排版方面的平衡,一方面,高级用户想控制字体排版的方方面面(这样的人为数不少);另一方面,普通设计师和程序员想简便快捷地用上一些字体排版特性,同时又不必理会细节。遗憾的是,CSS字体的实现无法满足任何一方的要求。深入的技术方面基本上还没有被揭示,而众所周知的那些东西对主流的设计师和程序员用处又不大。有几个建议的CSS3模块能够增强字体功能,不过它们还只是处于早期阶段,没有吸引任何主流实现。

表22-12 字体属性

属　性	说　明	值
font-family	指定文本块采用的字体名称	参见表22-13
font-size	指定文本块的字体大小	参见表22-14
font-style	指定字体样式	Normal italic oblique
font-variant	指定字体是否以小型大写字母显示	Normal smallcaps
font-weight	设置字体粗细	Normal bold bolder lighter 100～900之间的数字
font	在一条声明中设置字体的简写属性	参见22.5节

font属性值的格式如下:

font: \<font-style\> \<font-variant\> \<font-weight\> \<font-size\> \<font-family\>

22.4.1 选择字体

font-family属性指定使用的字体，按照优先顺序排列。浏览器从字体列表中的第一种开始尝试，直到发现合适的字体为止。这种方法很有必要，因为你可以使用用户安装在电脑上的字体，而由于操作系统和偏好不同，不同用户安装的字体会有所不同。

当然还有最后的保障：CSS定义了几种任何情况下都可以使用的通用字体。有几大类字体，称为通用字体系列，浏览器在呈现这些字体时可能有差异。表22-13总结了通用字体系列。

表22-13 通用字体系列

通用字体系列	实现字体示例
serif	Times
sans-serif	Helvetica
cursive	Zapf-Chancery
fantasy	Western
monospace	Courier

代码清单22-10展示了为文本块应用font-family属性。

代码清单22-10 使用font-family属性

```html
<!DOCTYPE HTML>
<html>
    <head>
        <title>Example</title>
        <meta name="author" content="Adam Freeman"/>
        <meta name="description" content="A simple example"/>
        <link rel="shortcut icon" href="favicon.ico" type="image/x-icon" />
        <style>
            p {
                padding: 5px;
                border: medium double black;
                background-color: lightgrey;
                margin: 2px;
                float: left;
                font-family: "HelveticaNeue Condensed", monospace;
            }
        </style>
    </head>
    <body>
        <p>
            There are lots of different kinds of fruit - there are over 500
            varieties of banana alone. By the time we add the countless types of
            apples, oranges, and other well-known fruit, we are faced with
            thousands of choices.
        </p>
    </body>
</html>
```

在这个例子中，我为font-family属性指定了HelveticaNeue Condensed值，这是Apress出版社

使用的字体，并非在所有系统上均可用。另外，我指定通用字体monospace作为后备字体，万一HelveticaNeue Condensed不可用，就可以用monospace。该设置的效果如图22-10所示。

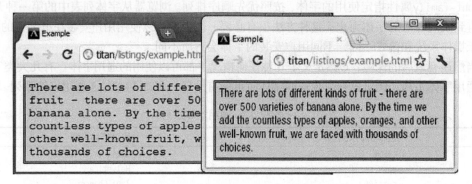

图22-10　使用font-family属性

图22-10中右边的浏览器运行在我用来撰写本书的电脑上，这台电脑安装了Apress的字体，因此浏览器可以找到HelveticaNeue Condensed字体并使用。左边的浏览器运行在我的测试机上，它并没有安装HelveticaNeue Condensed字体，因此它使用了备用monospace字体。

> **提示**　使用后备字体可能发生的一种情况是屏幕上显示的字体大小不一样。我们从上面的图中也可以看到这一点，后备字体要比首选字体大。font-size-adjust可用来计算调整比例，不过当前只有Firefox支持这一属性。

22.4.2　设置字体大小

font-size属性用来指定字体大小。这个属性允许的值列在了表22-14中。

表22-14　font-size属性的值

值	说明
xx-small x-small small medium large x-large xx-large	设置字体大小。浏览器会决定每个值代表具体大小。不过，从上到下逐渐增大是有保证的
smaller larger	设置字体相对于父元素字体的大小
\<length\>	使用CSS长度值精确设置字体大小
\<%\>	将字体大小表示为父元素字体大小的百分数

代码清单22-11展示了font-size属性的用法。

代码清单22-11　使用font-size属性

```html
<!DOCTYPE HTML>
<html>
    <head>
        <title>Example</title>
        <meta name="author" content="Adam Freeman"/>
        <meta name="description" content="A simple example"/>
        <link rel="shortcut icon" href="favicon.ico" type="image/x-icon" />
        <style>
            p {
                padding: 5px;
                border: medium double black;
                background-color: lightgrey;
                margin: 2px;
                float: left;
                font-family: sans-serif;
                font-size: medium;
            }
            #first {
                font-size: xx-large;
            }
            #second {
                font-size: larger;
            }
        </style>
    </head>
    <body>
        <p>
            There are lots of different kinds of fruit - there are over 500
            varieties of <span id="first">banana</span> alone. By the time we add the
            countless types of <span id="second">apples, oranges, and other
            well-known fruit, we are faced with thousands of choices</span>.
        </p>
    </body>
</html>
```

在这个例子中，我应用了三种字体大小声明。它们在浏览器中的呈现效果如图22-11所示。

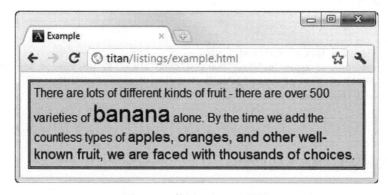

图22-11　使用font-size属性

22.4.3　设置字体样式和粗细

可以使用font-weight属性设置字体粗细——增加字体"重量"会使文本更粗。font-style属性允许我们在正常字体、斜体和假斜体（倾斜字体）三种字体之间选择。斜体和假斜体有明显区别，但这是技术上的，通常从文本外观看来差别很小。代码清单22-12展示了这两个属性。

代码清单22-12　使用font-weight和font-style属性

```html
<!DOCTYPE HTML>
<html>
    <head>
        <title>Example</title>
        <meta name="author" content="Adam Freeman"/>
        <meta name="description" content="A simple example"/>
        <link rel="shortcut icon" href="favicon.ico" type="image/x-icon" />
        <style>
            p {
                padding: 5px;
                border: medium double black;
                background-color: lightgrey;
                margin: 2px;
                float: left;
                font-family: sans-serif;
                font-size: medium;
            }
            #first {
                font-weight: bold;
            }
            #second {
                font-style: italic;
            }
        </style>
    </head>
    <body>
        <p>
            There are lots of different kinds of fruit - there are over 500
            varieties of <span id="first">banana</span> alone. By the time we add the
            countless types of <span id="second">apples, oranges, and other
            well-known fruit, we are faced with thousands of choices</span>.
        </p>
    </body>
</html>
```

这两个属性的呈现效果如图22-12所示。

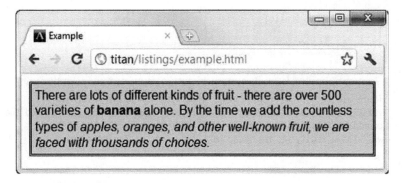

图22-12　使用font-weight和font-style属性

22.5　使用 Web 字体

我之前提到过CSS字体的一大问题：不能指望用户的机器上一定安装了你想使用的字体。解决这个问题的方法是使用Web字体，我们可以直接下载Web字体并使用在自己的页面上，而不需要用户做什么。使用@font-face指定Web字体，如代码清单22-13所示。

代码清单22-13　使用Web字体

```
<!DOCTYPE HTML>
<html>
    <head>
        <title>Example</title>
        <meta name="author" content="Adam Freeman"/>
        <meta name="description" content="A simple example"/>
        <link rel="shortcut icon" href="favicon.ico" type="image/x-icon" />
        <style>
            @font-face {
                font-family: 'MyFont';
                font-style: normal;
                font-weight: normal;
                src: url('http://titan/listings/MyFont.woff');
            }
            p {
                padding: 5px;
                border: medium double black;
                background-color: lightgrey;
                margin: 2px;
                float: left;
                font-size: medium;
                font-family: MyFont, cursive;
            }
            #first {
                font-weight: bold;
            }
            #second {
```

```
            font-style: italic;
        }
    </style>
</head>
<body>
    <p>
        There are lots of different kinds of fruit - there are over 500
        varieties of <span id="first">banana</span> alone. By the time we add the
        countless types of <span id="second">apples, oranges, and other
        well-known fruit, we are faced with thousands of choices</span>.
    </p>
</body>
</html>
```

使用@font-face的时候，需要使用标准字体属性来描述正在使用的字体。font-family属性定义字体名称，用来引用要下载的字体；font-style和font-weight属性告诉浏览器如何设置Web字体的样式和粗细，也就是说你可以创建斜体和粗体字符；src属性用来指定字体文件的位置。Web字体有多种格式，但WOFF格式得到了最为广泛的支持和应用。

> **提示** 一些Web服务器默认情况下不向浏览器发送字体文件。你可能需要为服务器配置添加文件类型或者MIME类型。

上述代码中的Web字体设置效果如图22-13所示。

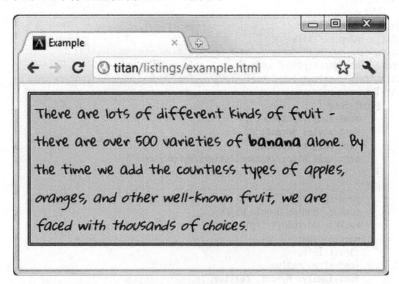

图22-13　使用Web字体

有大量Web字体资源可用。我的最爱是谷歌的字体网站，www.google.com/webfonts上列出了他们出售的字体，也有如何在你的HTML文档中使用这些字体的操作指南。

22.6 小结

本章我们学习了设置文本样式的CSS属性：从最简单的文本对齐到复杂的自定义字体和创建文本阴影。这一块是CSS中另一个多变的部分。很多提案给出了非常有趣的属性建议，都是为了更好地控制文本的外观。但尚不清楚人们是否有足够的兴趣采纳这些提案，它们无法成为标准也是完全有可能的。

第 23 章 过渡、动画和变换

本章介绍三种为HTML文档应用简单特殊效果的方式：过渡、动画和变换。本章稍后会逐一解释并演示这三种方式。这三种特性都是在CSS3中新添加的，在本书撰写之时，还只能使用带厂商前缀的属性。我预料这种情况很快就会改变，因为Web设计师和开发人员肯定会非常喜欢这些特性。

为HTML元素应用某种效果的想法并不新鲜，大多数比较完善的JavaScript库至少包含几种目前已经融入CSS3的效果。通过JavaScript操作CSS3的优势是性能。许多新功能涉及随着时间改变CSS属性的值，这类操作可以直接由浏览器引擎处理，还能节省开销。尽管如此，这些效果（即使是最基本的效果）会耗费大量处理能力，尤其是在一些复杂的Web页面上。出于这个原因，应当谨慎使用本章介绍的效果。把用户的电脑搞得越来越慢、最后死机，可不是什么受欢迎的事儿，尤其是你只是想炫耀一下自己的动画技巧，整出一些绣花枕头式的功能就更不可取。

不能频繁使用这些效果的另外一个原因是它们会严重分散注意力，且非常恼人。使用这些效果去增强用户要在页面上执行的任务，不管具体任务是什么，而不要把这些效果应用到不属于任务核心的元素上。表23-1是本章内容的一个总结。

表23-1　本章内容概要

问题	解决方案	代码清单
创建简单的过渡	使用transition-delay、transition-property、transition-duration属性，或者transition简写属性	23-1、23-2
创建反向过渡	在基本样式中为元素定义反向过渡	23-3
指定过渡期间如何计算中间属性值	使用transition-timing-function属性	23-4
创建简单的动画	使用animation-delay、animation-duration、animation-iteration-count和animation-name属性，animation-name的值必须与@keyframes定义的一组关键帧对应	23-5
设置动画的初始状态	为@keyframes声明添加from子句	23-6
为动画指定中间关键帧	为@keyframes声明添加子句，使用子句的名称指定关键帧从属的动画的百分点	23-7
指定动画重复播放时的播放方向	使用animation-direction属性	23-8
维持动画的最终状态	动画结束时会返回初始状态，考虑使用变换替代	23-9

(续)

问　　题	解决方案	代码清单
在初始页面布局中应用动画	在应用到元素的基本状态的样式设置中包含动画属性	23-10
重用关键帧	创建包含animation-name属性的多个样式,属性的值为同一个@keyframes声明	23-11
为一个元素应用多个动画	指定多个@keyframes声明作为animation-name属性的值	23-12、23-13
暂停和重新开始动画	使用animation-play-state属性	23-14
为元素应用变换	使用transform属性	23-15
指定变换的起点	使用transform-origin属性	23-16
设置变换的动画或过渡	在@keyframes声明或过渡样式中包含transform属性	23-17

23.1　使用过渡

过渡效果一般是由浏览器直接改变元素的CSS属性实现的。例如,如果使用:hover选择器,一旦用户将鼠标悬停在元素之上,浏览器就会应用跟选择器关联的属性。代码清单23-1给出了一个示例。

代码清单23-1　直接应用新的属性值

```
<!DOCTYPE HTML>
<html>
    <head>
        <title>Example</title>
        <meta name="author" content="Adam Freeman"/>
        <meta name="description" content="A simple example"/>
        <link rel="shortcut icon" href="favicon.ico" type="image/x-icon" />
        <style>
            p {
                padding: 5px;
                border: medium double black;
                background-color: lightgray;
                font-family: sans-serif;
            }
            #banana {
                font-size: large;
                border: medium solid black;
            }
            #banana:hover {
                font-size: x-large;
                border: medium solid white;
                background-color: green;
                color: white;
                padding: 4px;
            }
        </style>
    </head>
```

```
<body>
    <p>
        There are lots of different kinds of fruit - there are over 500
        varieties of <span id="banana">banana</span> alone. By the time we add the
        countless types of apples, oranges, and other
        well-known fruit, we are faced with thousands of choices.
    </p>
</body>
</html>
```

在这个例子中,我为一个span元素定义了两种样式。一种通用样式(选择器#banana),一种样式只有在用户将鼠标悬停到元素上的时候才应用(#banana:hover选择器)。

提示 这个例子中使用了color属性,关于color属性的更多信息请参见第24章。

当用户将鼠标悬停在span元素上的时候,浏览器就会响应,直接应用新的属性值。变化如图23-1所示。

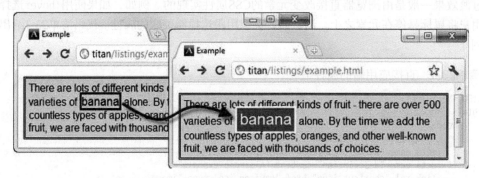

图23-1 改变CSS属性值的直接应用

CSS过渡特性允许我们控制应用新属性值的速度。比如你可以选择逐渐改变示例中span元素的外观,让鼠标移到单词banana上的效果更和谐。表23-2列出了能实现类似效果的属性。

表23-2 过渡属性

属性	说明	值
transition-delay	指定过渡开始之前的延迟时间	<时间>
transition-duration	指定过渡的持续时间	<时间>
transition-property	指定应用过渡的属性	<字符串>
transition-timing-function	指定过渡期间计算中间值的方式	参见代码清单23-4
transition	在一条声明中指定所有过渡细节的简写属性	参见代码清单23-2

transition-delay和transition-duration属性指定为CSS时间,是一个数字,单位为ms(毫秒)或s(秒)。

transition简写属性的格式如下：

transition: <transition-property> <transition-duration> <transition-timing-function> <transition-delay>

代码清单23-2展示了如何为示例HTML文档应用过渡。在本书撰写过程中，主流浏览器还都不能直接支持过渡属性，不过，除了IE，所有浏览器都可以使用厂商前缀实现这些属性。在下面的代码清单中我使用了-webkit前缀。

> **注意** 主流浏览器也都没有使用标准属性实现动画特性。跟过渡一样，除了IE，各大浏览器也都使用厂商前缀实现了动画属性。在代码清单23-2中，我使用了-webkit前缀，也就是说这个例子是针对Safari和Chrome的。如果你想用Firefox和Opera尝试这个例子，很简单，用-moz或者-o替换-webkit即可。这是CSS3新增的另一块内容，希望它能赶紧完全实现。

代码清单23-2　使用过渡

```
<!DOCTYPE HTML>
<html>
    <head>
        <title>Example</title>
        <meta name="author" content="Adam Freeman"/>
        <meta name="description" content="A simple example"/>
        <link rel="shortcut icon" href="favicon.ico" type="image/x-icon" />
        <style>
            p {
                padding: 5px;
                border: medium double black;
                background-color: lightgray;
                font-family: sans-serif;
            }
            #banana {
                font-size: large;
                border: medium solid black;
            }
            #banana:hover {
                font-size: x-large;
                border: medium solid white;
                background-color: green;
                color: white;
                padding: 4px;
                -webkit-transition-delay: 100ms;
                -webkit-transition-property: background-color, color, padding,
                    font-size, border;
                -webkit-transition-duration: 500ms;
            }
        </style>
    </head>
```

```
<body>
    <p>
        There are lots of different kinds of fruit - there are over 500
        varieties of <span id="banana">banana</span> alone. By the time we add the
        countless types of apples, oranges, and other
        well-known fruit, we are faced with thousands of choices.
    </p>
</body>
</html>
```

在这个例子中,我为样式添加了过渡,是通过#banana:hover选择器应用的。过渡会在用户将鼠标悬停在span元素上100ms之后开始,持续时间为500ms,过渡应用到background-color、color、padding、font-size和border属性。图23-2展示了这个过渡的渐进过程。

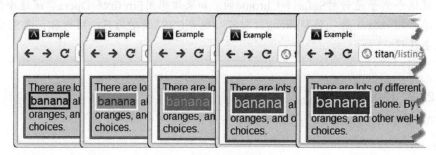

图23-2　过渡的渐进应用

注意这个示例中指定多个属性的方式。过渡属性的值用逗号隔开,这样过渡效果才会同时出现。可以为延迟时间和持续时间指定多个值,它代表的意思是不同的属性在不同的时间点开始过渡,且持续时间也不同。

23.1.1　创建反向过渡

过渡只有在应用与其关联的样式时才会生效。示例样式中使用了:hover选择器,这意味着只有用户将鼠标悬停在span元素上才会应用样式。用户一旦将鼠标从span元素上移开,只剩下#banana样式,默认情况下,元素的外观会立刻回到初始状态。

因为这个原因,大多数过渡成对出现:暂时状态的过渡和方向相反的反向过渡。代码清单23-3展示了如何通过应用另一种过渡样式平滑地返回初始样式。

代码清单23-3　创建另一种过渡

```
<!DOCTYPE HTML>
<html>
    <head>
        <title>Example</title>
        <meta name="author" content="Adam Freeman"/>
        <meta name="description" content="A simple example"/>
        <link rel="shortcut icon" href="favicon.ico" type="image/x-icon" />
        <style>
```

```
p {
    padding: 5px;
    border: medium double black;
    background-color: lightgray;
    font-family: sans-serif;
}
#banana {
    font-size: large;
    border: medium solid black;
    -webkit-transition-delay: 10ms;
    -webkit-transition-duration: 250ms;
}
#banana:hover {
    font-size: x-large;
    border: medium solid white;
    background-color: green;
    color: white;
    padding: 4px;
    -webkit-transition-delay: 100ms;
    -webkit-transition-property: background-color, color, padding,
        font-size, border;
    -webkit-transition-duration: 500ms;
}
    </style>
</head>
<body>
    <p>
        There are lots of different kinds of fruit - there are over 500
        varieties of <span id="banana">banana</span> alone. By the time we add the
        countless types of apples, oranges, and other
        well-known fruit, we are faced with thousands of choices.
    </p>
</body>
</html>
```

这个例子中我省略了transition-property属性，这样所有的属性都会在整个持续时间内逐渐应用过渡。我还指定了初始10ms的延迟，以及250ms的持续时间。添加一个反向过渡后，返回初始状态看上去就没那么突兀了。

> 提示　刚开始布局页面时浏览器不会应用过渡。这意味着HTML文档一开始显示时就会直接应用#banana样式，之后才会通过过渡来应用新样式。

23.1.2　选择中间值的计算方式

使用过渡时，浏览器需要为每个属性计算初始值和最终值之间的中间值。使用transition-timing-function属性指定计算中间值的方式，表示为四个点控制的三次贝塞尔曲线。有五种预设曲线可以选择，由下面的值表示：

- ease（默认值）
- linear
- ease-in
- ease-out
- ease-in-out

从图23-3可以看到这五种曲线，它们展示了中间值随着时间的推移变为最终值的速率。

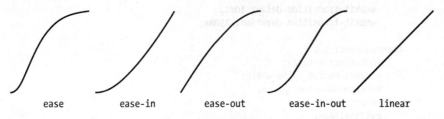

图23-3 调速函数曲线

搞清楚这些值最简单的办法就是在自己的HTML文档中试验。还有另外一个值cubic-bezier，可用来指定自定义曲线。不过，我的体会是过渡没那么平滑，缺乏粒度破坏了大多数值，这同时也导致指定自定义曲线基本上毫无意义。希望实现能在最终的标准中得以集中改善。代码清单23-4展示了transition-timing-function属性的应用。

代码清单23-4 使用transition-timing-function属性

```
<!DOCTYPE HTML>
<html>
    <head>
        <title>Example</title>
        <meta name="author" content="Adam Freeman"/>
        <meta name="description" content="A simple example"/>
        <link rel="shortcut icon" href="favicon.ico" type="image/x-icon" />
        <style>
            p {
                padding: 5px;
                border: medium double black;
                background-color: lightgray;
                font-family: sans-serif;
            }
            #banana {
                font-size: large;
                border: medium solid black;
                -webkit-transition-delay: 10ms;
                -webkit-transition-duration: 250ms;
            }
            #banana:hover {
                font-size: x-large;
                border: medium solid white;
                background-color: green;
                color: white;
```

```
                padding: 4px;
                -webkit-transition-delay: 100ms;
                -webkit-transition-property: background-color, color, padding,
                    font-size, border;
                -webkit-transition-duration: 500ms;
                -webkit-transition-timing-function: linear;
            }
        </style>
    </head>
    <body>
        <p>
            There are lots of different kinds of fruit - there are over 500
            varieties of <span id="banana">banana</span> alone. By the time we add the
            countless types of apples, oranges, and other
            well-known fruit, we are faced with thousands of choices.
        </p>
    </body>
</html>
```

这里我选择了linear,个人感觉它是过渡效果最为流畅的一个值。

23.2 使用动画

CSS动画本质上是增强的过渡。在如何从一种CSS样式过渡到另一种样式的过程中,你具有了更多选择、更多控制,以及更多灵活性。表23-3列出了动画属性。

表23-3 动画属性

属性	说明	值
animation-delay	设置动画开始前的延迟	<时间>
animation-direction	设置动画循环播放的时候是否反向播放	normal alternate
animation-duration	设置动画播放的持续时间	<时间>
animation-iteration-count	设置动画的播放次数	infinite <数值>
animation-name	指定动画名称	none <字符串>
animation-play-state	允许动画暂停和重新播放	running paused
animation-timing-function	指定如何计算中间动画值,关于这个值的细节参见23.1节	ease linear ease-in ease-out ease-in-out cubic-bezier
animation	简写属性	参见下面的解释

animation简写属性的格式如下:

animation: <animation-name> <animation-duration> <animation-timing-function>
    <animation-delay> <animation-iteration-count>

注意，这些属性都不是用来指定要作为动画的CSS属性的。这是因为动画是在两部分定义的。第一部分包含在样式声明中，使用表23-3列出的属性。它们定义了动画的样式，但并没有定义哪些属性是动画。第二部分使用@key-frames规则创建，用来定义应用动画的属性。从代码清单23-5中可以看到定义动画的这两部分。

代码清单23-5　创建动画

```html
<!DOCTYPE HTML>
<html>
    <head>
        <title>Example</title>
        <meta name="author" content="Adam Freeman"/>
        <meta name="description" content="A simple example"/>
        <link rel="shortcut icon" href="favicon.ico" type="image/x-icon" />
        <style>
            p {
                padding: 5px;
                border: medium double black;
                background-color: lightgray;
                font-family: sans-serif;
            }
            #banana {
                font-size: large;
                border: medium solid black;
            }

            #banana:hover {
                -webkit-animation-delay: 100ms;
                -webkit-animation-duration: 500ms;
                -webkit-animation-iteration-count: infinite;
                -webkit-animation-timing-function: linear;
                -webkit-animation-name: 'GrowShrink';
            }

            @-webkit-keyframes GrowShrink {
                to {
                    font-size: x-large;
                    border: medium solid white;
                    background-color: green;
                    color: white;
                    padding: 4px;
                }
            }
        </style>
    </head>
    <body>
        <p>
            There are lots of different kinds of fruit - there are over 500
            varieties of <span id="banana">banana</span> alone. By the time we add the
            countless types of apples, oranges, and other
            well-known fruit, we are faced with thousands of choices.
        </p>
```

```
        </body>
</html>
```

要明白我们在这个示例中做了什么，你应该仔细研究一下动画的两部分。第一部分是在样式中定义动画属性，是跟#banana:hover选择器一起的。我们先看看基本属性：选择器样式应用100ms后开始播放动画，持续时间500ms，无限重复播放，中间值使用linear函数计算。除了重复播放动画，这些属性在过渡中都有对应属性。

这些基本的属性并没有指出为哪些CSS属性应用动画。为此，要使用animation-name属性给动画属性起个名字，这里叫GrowShrink。这样，就相当于告诉浏览器找一组名为GrowShrink的关键帧，然后将这些基本属性的值应用到@keyframes指定的动画属性上。下面是代码清单中关键帧的声明（我省略了-webkit前缀）：

```
@keyframes GrowShrink {
    to {
        font-size: x-large;
        border: medium solid white;
        background-color: green;
        color: white;
        padding: 4px;
    }
}
```

声明的开始是@keyframes，接着指定了这组关键帧的名字GrowShrink。声明内部指定了一组要应用动画效果的属性。这里在一个to声明中指定了五个属性及其值。这是关键帧设置最简单的类型。to声明定义了一组设置动画样式的属性，同时也定义了动画结束时这些属性的最终值。（稍后会向你展示更复杂的关键帧。）动画的初始值来自进行动画处理的元素在应用样式之前的属性值。

代码清单中的动画跟本章之前为过渡应用的示例相同，在浏览器中查看HTML文档并且将鼠标悬停在span元素上后，效果甚至也看起来差不多。最起码刚开始看起来是完全一样的，然后动画不断重复，这是第一点不同。span元素变大，达到最大值，然后返回初始值，这时动画重新开始，效果如图23-4所示。

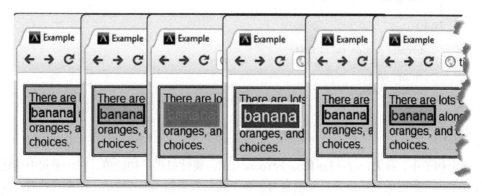

图23-4　动画中的重复状态

23.2.1 使用关键帧

CSS动画的关键帧极其灵活，非常值得研究。在接下来的几节中，为创建更复杂的效果，我会介绍几种表示关键帧的方法。

1. 设置初始状态

在前面的示例中，要处理为动画的属性的初始值来自元素自身。你可以使用from子句指定另一组初始值，如代码清单23-6所示。

代码清单23-6　指定另一组初始值

```
...
<style>
    p {
        padding: 5px;
        border: medium double black;
        background-color: lightgray;
        font-family: sans-serif;
    }
    #banana {
        font-size: large;
        border: medium solid black;
    }
    #banana:hover {
        -webkit-animation-delay: 100ms;
        -webkit-animation-duration: 250ms;
        -webkit-animation-iteration-count: infinite;
        -webkit-animation-timing-function: linear;
        -webkit-animation-name: 'GrowShrink';
    }
    @-webkit-keyframes GrowShrink {
        from {
            font-size: xx-small;
            background-color: red;
        }
        to {
            font-size: x-large;
            border: medium solid white;
            background-color: green;
            color: white;
            padding: 4px;
        }
    }
</style>
...
```

在这个例子中，我为font-size和background-color属性提供了初始值，在to子句中指定的其他属性在动画开始时的初始值来自元素自身。新子句的效果如图23-5所示。动画开始时，文本大小和span元素的背景颜色变为from子句中指定的初始值。

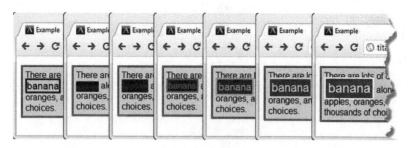

图23-5 在from子句中设置初始状态

2. 指定中间关键帧

也可以添加其他关键帧定义动画的中间阶段。这是通过添加百分数子句实现的，如代码清单23-7所示。

代码清单23-7 添加中间关键帧

```
...
<style>
    p {
        padding: 5px;
        border: medium double black;
        background-color: lightgray;
        font-family: sans-serif;
    }
    #banana {
        font-size: large;
        border: medium solid black;
    }

    #banana:hover {
        -webkit-animation-delay: 100ms;
        -webkit-animation-duration: 2500ms;
        -webkit-animation-iteration-count: infinite;
        -webkit-animation-timing-function: linear;
        -webkit-animation-name: 'GrowShrink';
    }

    @-webkit-keyframes GrowShrink {
        from {
            font-size: xx-small;
            background-color: red;
        }

        50% {
            background-color: yellow;
            padding: 1px;
        }

        75% {
            color: white;
```

```
        padding: 2px;
    }
    to {
        font-size: x-large;
        border: medium solid white;
        background-color: green;
        padding: 4px;
    }
}
</style>
...
```

对于每一个百分数子句，你在动画中定义了一个点，这时子句中指定的属性和值会完全应用到样式上。在这个例子中，我定义了50%和75%子句。

中间关键帧有两个用途。一是为属性定义新的变化速率。padding属性的设置就是从这个角度出发的。在中间点（由50%子句定义），动画元素的内边距是1px；在75%处，内边距是2px；而在动画结束的时候，内边距被设置为4px。浏览器会使用animation-timing-function属性指定的调速函数计算由一个关键帧移动到下一个关键帧需要的中间值，以确保关键帧与关键帧之间流畅地播放。

提示　如果你自己有所偏好，也可以分别使用0%和100%代替from和to子句定义开始关键帧和结束关键帧。

中间关键帧的另一个用途是定义属性值，以便创建更为复杂的动画。background-color属性的设置就是从这个角度出发的。初始值（red）在from子句中定义，在50%处，这个值会变成yellow，而在动画结束时，它又会成为green。通过添加非序列化的中间值，我在一个动画中创建了两个颜色过渡：由红色到黄色，由黄色到绿色。注意，我没有在75%子句中设置颜色的中间值，因为不必给每个关键帧都设置值。新关键帧的效果如图23-6所示。

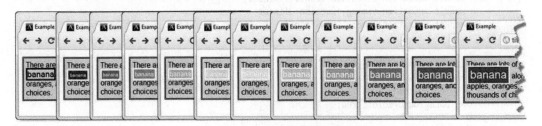

图23-6　添加中间关键帧

23.2.2　设置重复方向

动画结束后浏览器可以选择接下来动画以何种方式重复。使用animation-direction属性指定首选方式，表23-4列出了这个属性允许的值。

表23-4 animation-direction属性的值

值	说明
normal	每次重复都向前播放,如果可重复播放多次,每次动画都恢复初始状态,从头开始播放
alternate	动画先向前播放,然后反方向播放,相当于animation-iteration-count属性的值为2

代码清单23-8展示了animation-direction属性的用法。

代码清单23-8　使用animation-direction属性

```
<style>
    p {
        padding: 5px;
        border: medium double black;
        background-color: lightgray;
        font-family: sans-serif;
    }
    #banana {
        font-size: large;
        border: medium solid black;
    }

    #banana:hover {
        -webkit-animation-delay: 100ms;
        -webkit-animation-duration: 250ms;
        -webkit-animation-iteration-count: 2;
        -webkit-animation-timing-function: linear;
        -webkit-animation-name: 'GrowShrink';
        -webkit-animation-direction: alternate;
    }

    @-webkit-keyframes GrowShrink {
        to {
            font-size: x-large;
            border: medium solid white;
            background-color: green;
            padding: 4px;
        }
    }
</style>
```

在这个例子中,我使用了animation-iteration-count属性指定动画重复播放两次。第二次迭代结束后,动画元素就回到初始状态。我为animation-direction属性使用了alternate值,动画就会首先向前播放,之后反方向播放。效果如图23-7所示。

如果将animation-iteration-count属性的值设为infinite,那么只要鼠标悬停在span元素上,动画就无休止地向前和向后交替播放。

normal值则会让动画回到初始状态,每次重复播放都是向前播放。效果如图23-8所示。

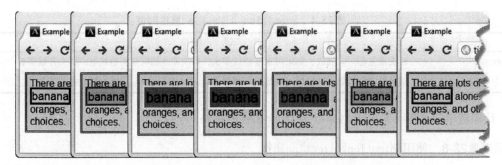

图23-7 将动画的animation-direction属性设为alternate

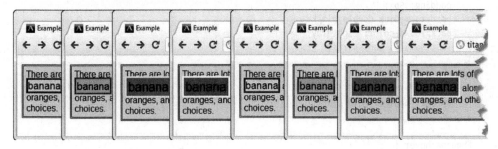

图23-8 将动画的animation-direction属性设为normal

23.2.3 理解结束状态

CSS动画的一个局限是关键帧为属性定义的值只能在动画中应用。动画结束后,动画元素的外观回到初始状态。代码清单23-9给出了一个例子。

代码清单23-9 动画结束后动画状态丢失

```
...
<style>
    p {
        padding: 5px;
        border: medium double black;
        background-color: lightgray;
        font-family: sans-serif;
    }
    #banana {
        font-size: large;
        border: medium solid black;
    }

    #banana:hover {
        -webkit-animation-delay: 100ms;
        -webkit-animation-duration: 250ms;
        -webkit-animation-iteration-count: 1;
```

```
            -webkit-animation-timing-function: linear;
            -webkit-animation-name: 'GrowShrink';
        }
        @-webkit-keyframes GrowShrink {
            to {
                font-size: x-large;
                border: medium solid white;
                background-color: green;
                padding: 4px;
            }
        }
    </style>
...
```

这段代码制造的效果如图23-9所示。即使鼠标仍然悬停在span元素上，元素的外观在动画结束后就回到了初始状态——动画状态完全消失。

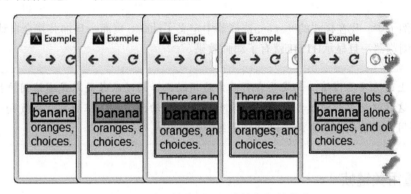

图23-9　动画结束后，元素恢复初始状态

出现这种情况的原因是CSS动画只是驱动新样式的应用，并没有让自身出现任何持久变化。如果你想让元素的外观保留动画结束时的状态，必须使用本章前面介绍的过渡。

23.2.4　初始布局时应用动画

跟过渡相比，动画的一个优势是你可以将其应用到页面的初始布局。代码清单23-10给出了一个例子。

代码清单23-10　在页面初始布局时为元素应用动画

```
...
<style>
    p {
        padding: 5px;
        border: medium double black;
        background-color: lightgray;
        font-family: sans-serif;
    }
```

```
#banana {
    font-size: large;
    border: medium solid black;
    -webkit-animation-duration: 2500ms;
    -webkit-animation-iteration-count: infinite;
    -webkit-animation-direction: alternate;
    -webkit-animation-timing-function: linear;
    -webkit-animation-name: 'ColorSwap';
}

@-webkit-keyframes ColorSwap {
    to {
        border: medium solid white;
        background-color: green;
    }
}
</style>
...
```

在这个例子中,我在样式的#banana选择器中定义了动画。页面一旦加载就会自动应用样式,这就意味着浏览器一旦显示HTML就有了动画效果。

提示 使用上述方法要谨慎。如果要在页面中使用动画,而动画效果不是邀请用户执行某一动作,这种情况更应该慎之又慎。如果确实要使用动画,要保证动画效果缓和一些,不要妨碍用户阅读或者与页面其他部分交互。

23.2.5 重用关键帧

我们可以对同一组关键帧应用多个动画,从而为动画属性配置不同的值。代码清单23-11给出了一个示例。

代码清单23-11 在多个动画之间重用关键帧

```
<!DOCTYPE HTML>
<html>
    <head>
        <title>Example</title>
        <meta name="author" content="Adam Freeman"/>
        <meta name="description" content="A simple example"/>
        <link rel="shortcut icon" href="favicon.ico" type="image/x-icon" />
        <style>
            p {
                padding: 5px;
                border: medium double black;
                background-color: lightgray;
                font-family: sans-serif;
            }

            span {
```

```
            font-size: large;
            border: medium solid black;
        }

        #banana {
            -webkit-animation-duration: 2500ms;
            -webkit-animation-iteration-count: infinite;
            -webkit-animation-direction: alternate;
            -webkit-animation-timing-function: linear;
            -webkit-animation-name: 'ColorSwap';
        }

        #apple {
            -webkit-animation-duration: 500ms;
            -webkit-animation-iteration-count: infinite;
            -webkit-animation-direction: normal;
            -webkit-animation-timing-function: ease-in-out;
            -webkit-animation-name: 'ColorSwap';
        }

        @-webkit-keyframes ColorSwap {
            to {
                border: medium solid white;
                background-color: green;
            }
        }
    </style>
</head>
<body>
    <p>
        There are lots of different kinds of fruit - there are over 500
        varieties of <span id="banana">banana</span> alone. By the time we add the
        countless types of <span id="apple">apples</span>, oranges, and other
        well-known fruit, we are faced with thousands of choices.
    </p>
</body>
</html>
```

代码清单23-11展示了两个样式，它们都使用了ColorSwap关键帧。跟#apple选择器关联的动画会执行一小段时间，且跟#banana选择器关联的动画使用的计时函数不同，不过两者都是向前播放。

23.2.6 为多个元素应用多个动画

前面例子的一个变体是为多个元素应用同一个动画。在包含动画细节的样式中，扩展选择器的范围即可实现这一点，如代码清单23-12所示。

代码清单23-12 为多个元素应用一个动画

```
...
<style>
    p {
        padding: 5px;
```

```
            border: medium double black;
            background-color: lightgray;
            font-family: sans-serif;
        }

        span {
            font-size: large;
            border: medium solid black;
        }

        #banana, #apple {
            -webkit-animation-duration: 2500ms;
            -webkit-animation-iteration-count: infinite;
            -webkit-animation-direction: alternate;
            -webkit-animation-timing-function: linear;
            -webkit-animation-name: 'ColorSwap';
        }

        @-webkit-keyframes ColorSwap {
            to {
                border: medium solid white;
                background-color: green;
            }
        }
    </style>
    ...
```

在这个例子中，文档中的两个span元素都跟选择器匹配，因此都会使用关键帧和相同的配置应用动画，效果如图23-10所示。

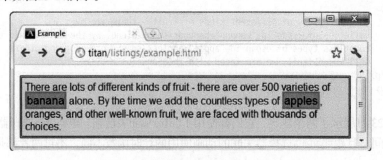

图23-10　为多个元素应用同一个动画

我们还可以为一个元素应用多个动画，只需用逗号将动画属性的不同值隔开即可。代码清单23-13展示了如何为一个元素应用多个关键帧。

代码清单23-13　为一个元素应用多个关键帧

```
    ...
    <style>
        p {
            padding: 5px;
            border: medium double black;
```

```
            background-color: lightgray;
            font-family: sans-serif;
        }

        span {
            font-size: large;
            border: medium solid black;
        }

        #banana, #apple {
            -webkit-animation-duration: 1500ms;
            -webkit-animation-iteration-count: infinite;
            -webkit-animation-direction: alternate;
            -webkit-animation-timing-function: linear;
            -webkit-animation-name: 'ColorSwap', 'GrowShrink';
        }

        @-webkit-keyframes ColorSwap {
            to {
                border: medium solid white;
                background-color: green;
            }
        }

        @-webkit-keyframes GrowShrink {
            to {
                font-size: x-large;
                padding: 4px;
            }
        }
    </style>
    ...
```

在这个例子中,我为#banana和#apple选择器应用了ColorSwap和GrowShrink关键帧,浏览器会同时应用两个关键帧。

23.2.7 停止和启动动画

animation-play-state属性可以用来停止和启动动画。如果这个属性的值为paused,动画就会停止。如果换成playing,动画就会开始播放。代码清单23-14展示了如何使用JavaScript改变这个属性的值。稍后在本书第四部分,我们还会更详细地解释如何在类似情况下使用JavaScript。

代码清单23-14　停止和启动动画

```
<!DOCTYPE HTML>
<html>
    <head>
        <title>Example</title>
        <meta name="author" content="Adam Freeman"/>
        <meta name="description" content="A simple example"/>
        <link rel="shortcut icon" href="favicon.ico" type="image/x-icon" />
```

```html
<style>
    #fruittext {
        padding: 5px;
        border: medium double black;
        background-color: lightgray;
        font-family: sans-serif;
    }

    #banana {
        -webkit-animation-duration: 2500ms;
        -webkit-animation-iteration-count: infinite;
        -webkit-animation-direction: alternate;
        -webkit-animation-timing-function: linear;
        -webkit-animation-name: 'GrowShrink';
    }

    @-webkit-keyframes GrowShrink {
        from {
            font-size: large;
            border: medium solid black;
        }
        to {
            font-size: x-large;
            border: medium solid white;
            background-color: green;
            color: white;
            padding: 4px;
        }
    }
</style>
</head>
<body>
    <p id="fruittext">
        There are lots of different kinds of fruit - there are over 500
        varieties of <span id="banana">banana</span> alone. By the time we add the
        countless types of apples, oranges, and other
        well-known fruit, we are faced with thousands of choices.
    </p>
    <p>
        <button>Running</button>
        <button>Paused</button>
    </p>
    <script>
        var buttons = document.getElementsByTagName("BUTTON");
        for (var i = 0; i < buttons.length; i++) {
            buttons[i].onclick = function(e) {
                document.getElementById("banana").style.webkitAnimationPlayState =
                    e.target.innerHTML;
            };
        }
    </script>
</body>
</html>
```

23.3 使用变换

我们可以使用CSS变换为元素应用线性变换，也就是说你可以旋转、缩放、倾斜和平移某个元素。表23-5列出了应用变换使用的属性。

表23-5 transform属性

属性	说明	值
transform	指定应用的变换功能	参见表23-6
transform-origin	指定变换的起点	参见表23-7

23.3.1 应用变换

我们通过transform属性为元素应用变换。这个属性允许的值是一组预定义的函数，如表23-6所示。

表23-6 transform属性的值

值	说明
translate(<长度值或百分数值>)	在水平方向、垂直方向或者两个方向上平移元素
translateX(<长度值或百分数值>)	
translateY(<长度值或百分数值>)	
scale(<数值>)	在水平方向、垂直方向或者两个方向上缩放元素
scaleX(<数值>)	
scaleY(<数值>)	
rotate(<角度>)	旋转元素
skew(<角度>)	在水平方向、垂直方向或者两个方向上使元素倾斜一定的角度
skewX(<角度>)	
skewY(<角度>)	
matrix(4~6个数值，逗号隔开)	指定自定义变换。大多数浏览器还没有实现z轴缩放，因此最后两个数字可以忽略（有些情况必须要省略）

代码清单23-15是一个变换的例子。跟本章其他CSS特性一样，主流浏览器还没有直接实现变换。代码清单中使用了-moz前缀，因为Firefox浏览器算是实现最完整的。

代码清单23-15 为元素应用变换

```
<!DOCTYPE HTML>
<html>
    <head>
        <title>Example</title>
        <meta name="author" content="Adam Freeman"/>
        <meta name="description" content="A simple example"/>
```

```
        <link rel="shortcut icon" href="favicon.ico" type="image/x-icon" />
        <style>
            p {
                padding: 5px;
                border: medium double black;
                background-color: lightgray;
                font-family: sans-serif;
            }
            #banana {
                font-size: x-large;
                border: medium solid white;
                background-color: green;
                color: white;
                padding: 4px;
                -moz-transform: rotate(-45deg) scaleX(1.2);
            }
        </style>
    </head>
    <body>
        <p id="fruittext">
            There are lots of different kinds of fruit - there are over 500
            varieties of <span id="banana">banana</span> alone. By the time we add the
            countless types of apples, oranges, and other
            well-known fruit, we are faced with thousands of choices.
        </p>
    </body>
</html>
```

在这个例子中，我为#banana选择器添加了一个transform属性声明，指定了两个变换。第一个是旋转 – 45°（即逆时针旋转45°）；第二个是沿x轴进行因子为1.2的缩放。这些变换的效果如图23-11所示。

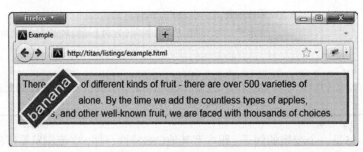

图23-11　旋转和缩放元素

从图中可以看到，元素按照指定方式进行了旋转和放大。注意页面的布局并没有因此改变。元素变换后覆盖了周围的一些内容。

23.3.2　指定元素变换的起点

transform-origin属性允许我们指定应用变换的起点。默认情况下，使用元素的中心作为起点，不过，你可以使用表23-7中的值选择其他起点。

表23-7 transform-origin属性的值

值	说明
<%>	指定元素x轴或者y轴的起点
<长度值>	指定距离
left center Right	指定x轴上的位置
top center bottom	指定y轴上的位置

要定义起点，需要为x轴和y轴各定义一个值。如果只提供一个值，另一个值会被认为是中心位置。代码清单23-16展示了transform-origin属性的用法。

代码清单23-16 使用transform-origin属性

```
<!DOCTYPE HTML>
<html>
    <head>
        <title>Example</title>
        <meta name="author" content="Adam Freeman"/>
        <meta name="description" content="A simple example"/>
        <link rel="shortcut icon" href="favicon.ico" type="image/x-icon" />
        <style>
            p {
                padding: 5px;
                border: medium double black;
                background-color: lightgray;
                font-family: sans-serif;
            }
            #banana {
                font-size: x-large;
                border: medium solid white;
                background-color: green;
                color: white;
                padding: 4px;
                -moz-transform: rotate(-45deg) scaleX(1.2);
                -moz-transform-origin: right top;
            }
        </style>
    </head>
    <body>
        <p id="fruittext">
            There are lots of different kinds of fruit - there are over 500
            varieties of <span id="banana">banana</span> alone. By the time we add the
            countless types of apples, oranges, and other
            well-known fruit, we are faced with thousands of choices.
        </p>
    </body>
</html>
```

在这个例子中，我将变换的起点移到了元素的右上角，从图23-12中可以看到效果。

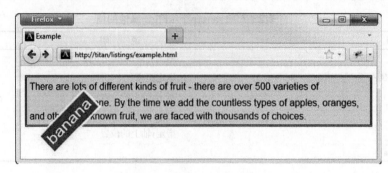

图23-12　指定变换的起点

23.3.3　将变换作为动画和过渡处理

我们可以为变换应用动画和过渡，就跟其他CSS属性一样。代码清单23-17展示了一个例子。

代码清单23-17　为变换应用过渡

```html
<!DOCTYPE HTML>
<html>
    <head>
        <title>Example</title>
        <meta name="author" content="Adam Freeman"/>
        <meta name="description" content="A simple example"/>
        <link rel="shortcut icon" href="favicon.ico" type="image/x-icon" />
        <style>
            p {
                padding: 5px;
                border: medium double black;
                background-color: lightgray;
                font-family: sans-serif;
            }
            #banana {
                font-size: x-large;
                border: medium solid white;
                background-color: green;
                color: white;
                padding: 4px;
            }

            #banana:hover {
                -moz-transition-duration: 1.5s;
                -moz-transform: rotate(360deg);
            }
        </style>
    </head>
    <body>
```

```
            <p id="fruittext">
                There are lots of different kinds of fruit - there are over 500
                varieties of <span id="banana">banana</span> alone. By the time we add the
                countless types of apples, oranges, and other
                well-known fruit, we are faced with thousands of choices.
            </p>
        </body>
</html>
```

在这个例子中,我定义了一个过渡,它会经过1.5秒钟完成一次360°旋转变换。当用户将鼠标悬停在span元素上,就会应用过渡,效果如图23-13所示。

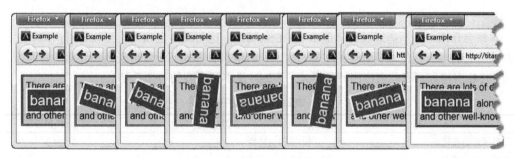

图23-13　结合使用过渡和变换

23.4　小结

本章介绍了CSS3的三个新特性,使用这些特性可以对元素外观进行各种各样的设置。过渡、变换和动画用起来很简单,能够恰当地提升体验和增加灵活性。我建议大家有节制地使用这些特性,用得好确实能改进元素的外观,并能从整体上提升网页和应用的用户体验。本章所有的示例都使用了浏览器特定厂商前缀的属性,不过这些属性的实现已经相当接近标准。希望浏览器很快就能支持标准属性。

第 24 章 其他CSS属性和特性

本章会介绍一下不适宜放到其他章节的CSS属性。这些属性也相当重要和实用,只不过,我没办法将它们融入其他章节讲述的主题。本章我们就来看看如何设置前景色和元素的透明度,如何为HTML表格和列表元素应用特殊样式。表24-1是本章内容的一个总结。

表24-1 本章内容概要

问题	解决方案	代码清单
设置元素的前景色	使用color属性	24-1
设置元素的透明度	使用opacity属性	24-2
指定如何绘制相邻表格单元的边框	使用border-collapse和border-spacing属性	24-3 ~ 24-5
指定表格标题的位置	使用caption-side属性	24-6
指定如何确定表格尺寸	使用table-layout属性	24-7
指定列表标记的类型	使用list-style-type属性	24-8
将图像作为列表标记	使用list-style-image属性	24-9
指定列表标记的位置	使用list-style-position属性	24-10
指定光标的形状	使用cursor属性	24-11

24.1 设置元素的颜色和透明度

在本书的这一部分,我们看到了CSS颜色的各种用法,如background-color属性、border-color属性等。还有另外两个与颜色有关的属性。表24-2列出了这些属性。

表24-2 颜色相关属性

属性	说明	值
color	设置元素的前景色	<颜色>
opacity	设置颜色的透明度	<数值>

24.1.1 设置前景色

color属性设置元素的前景色。一般而言,元素对color属性之于它的意义可以有不同的解读,不过实际上,color属性一般用来设置文本的颜色。代码清单24-1展示了color属性的用法。

代码清单24-1 使用color属性

```html
<!DOCTYPE HTML>
<html>
    <head>
        <title>Example</title>
        <meta name="author" content="Adam Freeman"/>
        <meta name="description" content="A simple example"/>
        <link rel="shortcut icon" href="favicon.ico" type="image/x-icon" />
        <style>
            p {
                padding: 5px;
                border: medium double black;
                background-color: lightgray;
                font-family: sans-serif;
            }
            #banana {
                font-size: x-large;
                border: medium solid white;
                background-color: green;
                color: rgba(255, 255, 255, 0.7);
            }
            a:hover {
                color: red;
            }
        </style>
    </head>
    <body>
        <p id="fruittext">
            There are lots of different kinds of fruit - there are over 500
            varieties of <span id="banana">banana</span> alone. By the time we add the
            countless types of apples, oranges, and other well-known fruit, we are faced
            with thousands of choices.
            <a href="http://en.wikipedia.org/wiki/Banana">Learn more about Bananas</a>
        </p>
    </body>
</html>
```

在这个例子中，我用了两次color属性：一次为span元素设置前景色和透明度，一次设置鼠标悬停在a元素上时链接的前景色。效果如图24-1所示。在印刷页面上可能不好辨认效果，要想看清楚可以在浏览器中显示示例HTML文档。

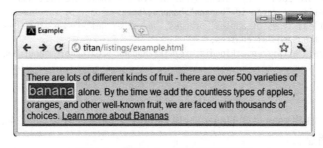

图24-1 使用color属性设置前景色

24.1.2 设置元素的透明度

请注意，我在前面的例子中使用了rgba函数设置span元素的颜色。通过提供一个小于1的alpha值可以让文本变透明。从图24-1中可能看不出来，但实际上透明意味着文本允许一小部分背景色透过。可以使用opacity属性让整个元素和文本内容透明。这个属性的取值范围是0到1，前者代表完全透明，后者代表完全不透明。代码清单24-2展示了opacity属性的用法。

代码清单24-2　使用opacity属性

```
<!DOCTYPE HTML>
<html>
    <head>
        <title>Example</title>
        <meta name="author" content="Adam Freeman"/>
        <meta name="description" content="A simple example"/>
        <link rel="shortcut icon" href="favicon.ico" type="image/x-icon" />
        <style>
            p {
                padding: 5px;
                border: medium double black;
                background-color: lightgray;
                font-family: sans-serif;
            }
            #banana {
                font-size: x-large;
                border: medium solid white;
                background-color: green;
                color: white;
                opacity: 0.4;
            }
            a:hover {
                color: red;
            }
        </style>
    </head>
    <body>
        <p id="fruittext">
            There are lots of different kinds of fruit - there are over 500
            varieties of <span id="banana">banana</span> alone. By the time we add the
            countless types of apples, oranges, and other well-known fruit, we are faced
            with thousands of choices.
            <a href="http://en.wikipedia.org/wiki/Banana">Learn more about Bananas</a>
        </p>
    </body>
</html>
```

在这个例子中，我将span元素的opacity属性的值设为0.4。效果如图24-2所示，不过印在纸上效果可能不是太明显。

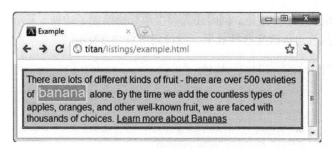

图24-2　设置元素的透明度

24.2　设置表格样式

我在第11章介绍过，有不少属性可用来为table元素设置独特样式，表24-3总结了这些属性。

表24-3　表格相关属性

属　　性	说　　明	值
border-collapse	设置相邻单元格的边框处理样式	collapse separate
border-spacing	设置相邻单元格边框的间距	1～2个长度值
caption-side	设置表格标题的位置	top bottom
empty-cells	设置空单元格是否显示边框	hide show
table-layout	指定表格的布局样式	auto fixed

24.2.1　合并表格边框

border-collapse用来控制table元素相邻单元格边框的样式，图24-3显示的是默认处理样式。

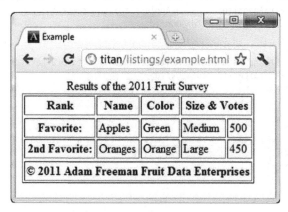

图24-3　表格边框的默认外观

浏览器为表格绘制了一个边框，同时还为每个单元格绘制了边框，显示出来就是双边框。使用border-collapse属性可以改变这种效果，如代码清单24-3所示。

代码清单24-3　使用border-collapse属性

```html
<!DOCTYPE HTML>
<html>
    <head>
        <title>Example</title>
        <meta name="author" content="Adam Freeman"/>
        <meta name="description" content="A simple example"/>
        <link rel="shortcut icon" href="favicon.ico" type="image/x-icon" />
        <style>
            table {
                border-collapse: collapse;
            }
            th, td {
                padding: 2px;
            }
        </style>
    </head>
    <body>
        <table border="1">
            <caption>Results of the 2011 Fruit Survey</caption>
            <colgroup id="colgroup1">
                <col id="col1And2" span="2"/>
                <col id="col3"/>
            </colgroup>
            <colgroup id="colgroup2" span="2"/>
            <thead>
                <tr>
                    <th>Rank</th><th>Name</th><th>Color</th>
                    <th colspan="2">Size & Votes</th>
                </tr>
            </thead>
            <tbody>
                <tr>
                    <th>Favorite:</th><td>Apples</td><td>Green</td>
                    <td>Medium</td><td>500</td>
                </tr>
                <tr>
                    <th>2nd Favorite:</th><td>Oranges</td><td>Orange</td>
                    <td>Large</td><td>450</td>
                </tr>
            </tbody>
            <tfoot>
                <tr>
                    <th colspan="5">&copy; 2011 Adam Freeman Fruit Data Enterprises</th>
                </tr>
            </tfoot>
        </table>
    </body>
</html>
```

collapse值告诉浏览器不要为相邻元素绘制两个边框，效果如图24-4所示。

24.2 设置表格样式 507

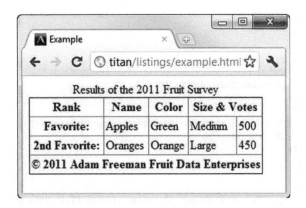

图24-4 合并表格中的边框

24.2.2 配置独立边框

如果你一定要为border-collapse属性使用默认值separate, 再加几个其他属性同样可以改善表格的外观。border-spacing属性定义相邻元素边框的间距, 如代码清单24-4所示。

代码清单24-4 使用border-spacing属性

```html
<!DOCTYPE HTML>
<html>
    <head>
        <title>Example</title>
        <meta name="author" content="Adam Freeman"/>
        <meta name="description" content="A simple example"/>
        <link rel="shortcut icon" href="favicon.ico" type="image/x-icon" />
        <style>
            table {
                border-collapse: separate;
                border-spacing: 10px;
            }
            th, td {
                padding: 2px;
            }
        </style>
    </head>
    <body>
        <table border="1">
            <caption>Results of the 2011 Fruit Survey</caption>
            <colgroup id="colgroup1">
                <col id="col1And2" span="2"/>
                <col id="col3"/>
            </colgroup>
            <colgroup id="colgroup2" span="2"/>
            <thead>
                <tr>
                    <th>Rank</th><th>Name</th><th>Color</th>
                    <th colspan="2">Size & Votes</th>
```

```
            </tr>
        </thead>
        <tbody>
            <tr>
                <th>Favorite:</th><td>Apples</td><td>Green</td>
                <td>Medium</td><td>500</td>
            </tr>
            <tr>
                <th>2nd Favorite:</th><td>Oranges</td><td>Orange</td>
                <td></td><td></td>
            </tr>
        </tbody>
        <tfoot>
            <tr>
                <th colspan="5">&copy; 2011 Adam Freeman Fruit Data Enterprises</th>
            </tr>
        </tfoot>
    </table>
</body>
</html>
```

在这个例子中，我在边框之间指定了10像素的空白，效果如图24-5所示。

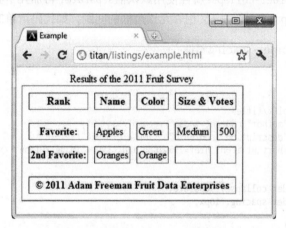

图24-5　使用border-spacing属性

24.2.3　处理空单元格

我们也可以告诉浏览器如何处理空单元格。默认情况下，即使单元格为空，浏览器也会为单元格设置独立的边框，就像图24-5中显示的那样。可以使用empty-cells属性控制这种行为。empty-cells的默认值为show，创建的效果请回头看一下图24-3。如果将该属性设置为hide，浏览器就不会绘制边框。代码清单24-5展示的是在前一个例子的style元素中添加empty-cells属性。

代码清单24-5　使用empty-cells属性

```
<style>
    table {
```

```
        border-collapse: separate;
        border-spacing: 10px;
        empty-cells: hide;
    }
    th, td {
        padding: 2px;
    }
</style>
```

加上这个属性后的改变如图24-6所示。

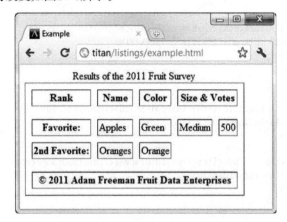

图24-6　使用empty-cells属性

24.2.4　设置标题的位置

我在第11章解释过，如果为table元素添加caption，标题会显示在表格的顶部。不过，我们可以使用caption-side属性改变这种默认行为。这个属性有两个值：top（默认值）和bottom。代码清单24-6展示了这个属性的用法。

代码清单24-6　使用caption-side属性

```
<!DOCTYPE HTML>
<html>
    <head>
        <title>Example</title>
        <meta name="author" content="Adam Freeman"/>
        <meta name="description" content="A simple example"/>
        <link rel="shortcut icon" href="favicon.ico" type="image/x-icon" />
        <style>
            table {
                border-collapse: collapse;
                caption-side: bottom;
            }
            th, td {
                padding: 5px;
            }
        </style>
```

```html
</head>
<body>
    <table border="1">
        <caption>Results of the 2011 Fruit Survey</caption>
        <colgroup id="colgroup1">
            <col id="col1And2" span="2"/>
            <col id="col3"/>
        </colgroup>
        <colgroup id="colgroup2" span="2"/>
        <thead>
            <tr>
                <th>Rank</th><th>Name</th><th>Color</th>
                <th colspan="2">Size & Votes</th>
            </tr>
        </thead>
        <tbody>
            <tr>
                <th>Favorite:</th><td>Apples</td><td>Green</td>
                <td>Medium</td><td>500</td>
            </tr>
            <tr>
                <th>2nd Favorite:</th><td>Oranges</td><td>Orange</td>
                <td></td><td></td>
            </tr>
        </tbody>
        <tfoot>
            <tr>
                <th colspan="5">&copy; 2011 Adam Freeman Fruit Data Enterprises</th>
            </tr>
        </tfoot>
    </table>
</body>
</html>
```

设置caption-side属性的效果如图24-7所示。

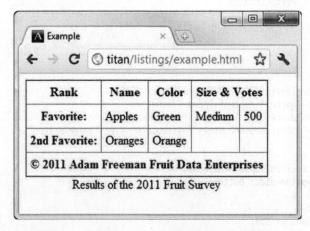

图24-7　设置caption-side属性改变标题的位置

24.2.5 指定表格布局

默认情况下，浏览器会根据表格每一列中最宽的单元格设置整列单元格的宽度。这意味着你不需要担心还要亲自解决单元格大小的问题，不过，这同时意味着在能够确定页面布局之前，浏览器必须获取所有的表格内容。

浏览器显示表格采用的方法是由table-layout属性决定的，之前说过，它的默认值是auto。使用另一个值fixed可以禁用自动布局。在fixed模式中，表格的大小是由表格自身和单独每列的width值设定的。如果没有列宽值可用，浏览器会设置等距离的列宽。

因此，只要获取了一行的表格数据，浏览器就可以确定列宽。其他行内的数据会自动换行以适应列宽（可能导致行高比auto模式下略高）。

代码清单24-7展示了table-layout属性的用法。

代码清单24-7 使用table-layout属性

```
<!DOCTYPE HTML>
<html>
    <head>
        <title>Example</title>
        <meta name="author" content="Adam Freeman"/>
        <meta name="description" content="A simple example"/>
        <link rel="shortcut icon" href="favicon.ico" type="image/x-icon" />
        <style>
            table {
                border-collapse: collapse;
                caption-side: bottom;
                table-layout: fixed;
                width: 100%;
            }
            th, td {
                padding: 5px;
            }
        </style>
    </head>
    <body>
        <table border="1">
            <caption>Results of the 2011 Fruit Survey</caption>
            <colgroup id="colgroup1">
                <col id="col1And2" span="2"/>
                <col id="col3"/>
            </colgroup>
            <colgroup id="colgroup2" span="2"/>
            <thead>
                <tr>
                    <th>Rank</th><th>Name</th><th>Color</th>
                    <th colspan="2">Size & Votes</th>
                </tr>
            </thead>
            <tbody>
                <tr>
                    <th>Really Really Really Long Title:</th>
```

```html
            <td>Apples</td><td>Green</td>
            <td>Medium</td><td>500</td>
        </tr>
        <tr>
            <th>2nd Favorite:</th><td>Oranges</td><td>Orange</td>
            <td></td><td></td>
        </tr>
    </tbody>
    <tfoot>
        <tr>
            <th colspan="5">&copy; 2011 Adam Freeman Fruit Data Enterprises</th>
        </tr>
    </tfoot>
</table>
</body>
</html>
```

在这个例子中，我设置了table元素的width属性占据100%的可用空间，将表格的布局样式设为fixed。我还改变了第二行中一个单元格的内容，以展示布局效果，如图24-8所示。

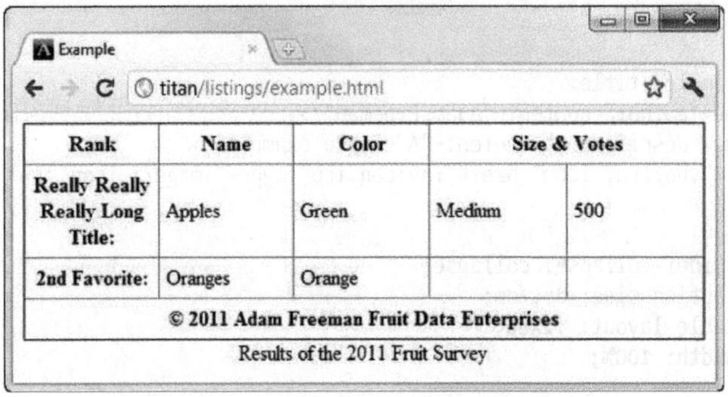

图24-8　使用table-layout属性

注意页面可用空间是如何在表格的五列之间均匀分配，以及第二行中的长标题如何断行来适应列宽的，断行导致了第二行比其他行高。

24.3　设置列表样式

有许多属性是专门用来设置列表样式的，表24-4总结了这些属性。

表24-4　列表相关属性

属　　性	说　　明	值
list-style-type	指定列表中使用的标记的类型	参见表24-5
list-style-image	指定图像作为列表标记	<图像>
list-style-position	指定标记相对于列表项目盒子的位置	inside outside
list-style	设置所有列表特征的简写属性	参见下面的解释

list-style简写属性的格式如下所示：

list-style: <list-style-type> <list-style-position> <list-style-image>

24.3.1 设置列表标记类型

list-style-type属性用来设置标记（有时候也称为项目符号）的样式，这个属性允许的值如表24-5所示。

表24-5 list-style-type属性的值

值	说 明
none	没有标记
box check circle diamond disc dash square	使用指定形状的标记，注意并不是所有的浏览器都支持每一种形状
decimal	使用十进制数字作为标记
binary	使用二进制数作为标记
lower-alpha	使用小写字母字符作为标记
upper-alpha	使用大写字母字符作为标记

表24-5只是展示了一部分可用的样式。除了这里列出的，列表标记还有很多样式，比如不同的字母字符、不同的符号样式，以及数字约定。www.w3.org/TR/css3-lists列出了完整的列表样式。代码清单24-8展示了list-style-type属性的用法。

代码清单24-8 使用list-style-type属性

```
<!DOCTYPE HTML>
<html>
    <head>
        <title>Example</title>
        <meta name="author" content="Adam Freeman"/>
        <meta name="description" content="A simple example"/>
        <link rel="shortcut icon" href="favicon.ico" type="image/x-icon" />
        <style>
            ol {
                list-style-type: lower-alpha;
            }
        </style>
    </head>
    <body>
        I like apples and oranges.

        I also like:
        <ol>
```

```
            <li>bananas</li>
            <li>mangoes</li>
            <li style="list-style-type: decimal">cherries</li>
            <li>plums</li>
            <li>peaches</li>
            <li>grapes</li>
        </ol>
    </body>
</html>
```

可以将这个属性应用到整个列表或者单独的列表项。这个例子中两种方法我都用上了（不过，最终的结果可能让读者有点迷糊），效果请见图24-9。

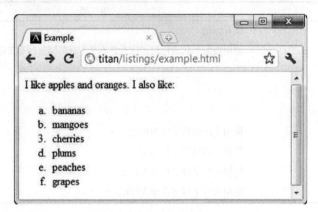

图24-9　设置列表标记的样式

24.3.2　使用图像作为列表标记

list-style-image属性可以将图像用做列表标记。代码清单24-9展示了这个属性的用法。

代码清单24-9　使用图像作为列表标记

```
<!DOCTYPE HTML>
<html>
    <head>
        <title>Example</title>
        <meta name="author" content="Adam Freeman"/>
        <meta name="description" content="A simple example"/>
        <link rel="shortcut icon" href="favicon.ico" type="image/x-icon" />
        <style>
            ul {
                list-style-image: url('banana-vsmall.png');
            }
        </style>
    </head>
    <body>
        I like apples and oranges.
```

```
        I also like:
        <ul>
            <li>bananas</li>
            <li>mangoes</li>
            <li>cherries</li>
            <li>plums</li>
            <li>peaches</li>
            <li>grapes</li>
        </ul>
    </body>
</html>
```

应用这个属性后的效果如图24-10所示。

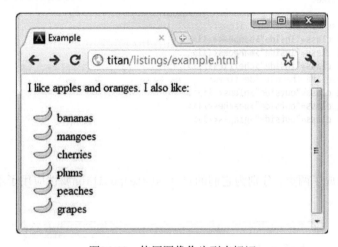

图24-10 使用图像作为列表标记

24.3.3 设置列表标记的位置

可以使用list-style-position属性指定标记相对于li元素内容框的位置。这个属性有两个值：inside和outside，前者定义标记位于内容框内部，后者定义标记位于内容框外部。代码清单24-10展示了list-style-position属性和它的值的用法。

代码清单24-10 指定标记的位置

```
<!DOCTYPE HTML>
<html>
    <head>
        <title>Example</title>
        <meta name="author" content="Adam Freeman"/>
        <meta name="description" content="A simple example"/>
        <link rel="shortcut icon" href="favicon.ico" type="image/x-icon" />
        <style>
            li.inside {
                list-style-position: inside;
```

```html
        }
        li.outside {
            list-style-position: outside;
        }
        li {
            background-color: lightgray;
        }
    </style>
</head>
<body>
    I like apples and oranges.

    I also like:
    <ul>
        These are the inside items:
        <li class="inside">bananas</li>
        <li class="inside">mangoes</li>
        <li class="inside">cherries</li>
        These are the outside items:
        <li class="outside">plums</li>
        <li class="outside">peaches</li>
        <li class="outside">grapes</li>
    </ul>
</body>
</html>
```

我将li的项分成了两类，分别为它们的list-style-position属性应用了不同的值，效果如图24-11所示。

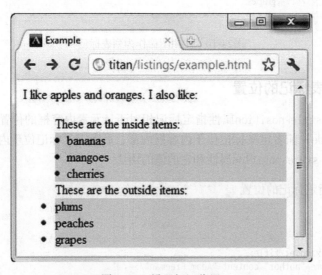

图24-11 设置标记位置

在上图中，我为所有的li元素设置了background-color属性，这样方便大家看清楚list-style-position属性不同值的效果。

24.4 设置光标样式

cursor属性用来改变光标的外形。表24-6总结了该属性的值。

表24-6 cursor属性的值

属 性	说 明	值
cursor	设置光标的样式	auto、crosshair、default、help、move、pointer、progress、text、wait、n-resize、s-resize、e-resize、w-resize、ne-resize、nw-resize、se-resize、sw-resize

当鼠标划过被设置样式的元素时，cursor属性的不同取值告诉浏览器显示不同的光标形状。cursor属性的用法如代码清单24-11所示。

代码清单24-11　使用cursor属性

```html
<!DOCTYPE HTML>
<html>
    <head>
        <title>Example</title>
        <meta name="author" content="Adam Freeman"/>
        <meta name="description" content="A simple example"/>
        <link rel="shortcut icon" href="favicon.ico" type="image/x-icon" />
        <style>
            p {
                padding: 5px;
                border: medium double black;
                background-color: lightgray;
                font-family: sans-serif;
            }
            #banana {
                font-size: x-large;
                border: medium solid white;
                background-color: green;
                color: rgba(255, 255, 255, 0.7);
                cursor: progress;
            }
        </style>
    </head>
    <body>
        <p id="fruittext">
            There are lots of different kinds of fruit - there are over 500
            varieties of <span id="banana">banana</span> alone. By the time we add the
            countless types of apples, oranges, and other well-known fruit, we are faced
            with thousands of choices.
        </p>
    </body>
</html>
```

设置效果如图24-12所示。当我将鼠标移过span元素时，光标变成了Windows 7的等待光标，为了让你看清楚，我把等待光标放大了。

图24-12　设置光标样式

24.5　小结

本章讲解了一些不适合放到其他章的CSS属性。这并不是说这些属性不重要，只是它们跟那些章的主题不太相符。本章介绍的属性可以设置所有元素的颜色和透明度，为列表和表格应用特定样式，它们本身都是至关重要的HTML特性。

Part 4

第四部分

使用 DOM

　　DOM（Document Object Model，文档对象模型）允许我们用 JavaScript 来探查和操作 HTML 文档里的内容。它对于创建丰富性内容而言是必不可少的一组功能。在接下来的几章里，我会向你展示如何进入 DOM，如何找到并修改代表文档元素的 JavaScript 对象，以及如何使用事件来响应用户的交互操作。

第25章 理解DOM

在这一部分，你将开始探索文档对象模型（DOM）。通过使用目前为止本书向你展示的元素和CSS属性，你可以实现某些复杂的效果。但是，如果想完全控制你的HTML文档，就需要使用JavaScript。DOM把JavaScript和HTML文档的内容联系起来。通过使用DOM，你能够添加、移除和操作各种元素。还可以使用事件（event）来响应用户的交互操作，以及完全控制CSS。

从这里开始，你就处于HTML5的程序设计部分了。在此之前，你已经用元素和CSS声明创建了内容，现在是时候以程序员的身份开始使用JavaScript了。如果你需要复习一下，请参阅第5章提供的JavaScript基础知识概览。

25.1 理解文档对象模型

DOM是一组对象的集合，这些对象代表了HTML文档里的各个元素。顾名思义，DOM就像一个模型，它由代表文档的众多对象组成。DOM是Web开发的关键工具之一，它是HTML文档的结构和内容与JavaScript之间的桥梁。作为示例，代码清单25-1展示了一个简单的HTML文档。

代码清单25-1 一个简单的HTML文档

```
<!DOCTYPE HTML>
<html>
    <head>
        <title>Example</title>
        <meta name="author" content="Adam Freeman"/>
        <meta name="description" content="A simple example"/>
    </head>
    <body>
        <p id="fruittext">
            There are lots of different kinds of fruit - there are over 500
            varieties of <span id="banana">banana</span> alone. By the time we add the
            countless types of apples, oranges, and other well-known fruit, we are faced
            with thousands of choices.
        </p>
        <p id="apples">
            One of the most interesting aspects of fruit is the
            variety available in each country. I live near London, in an area which is

            known for its apples.
```

```
            </p>
        </body>
</html>
```

从图25-1可以看到浏览器是如何显示上述示例HTML文档的。

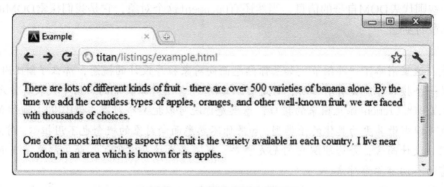

图25-1　显示基本HTML文档

作为显示HTML文档过程中的一个步骤，浏览器会解析HTML并创建一个模型。这个模型保存了各个HTML元素之间的层级关系（如图25-2所示），每个元素都由一个JavaScript对象表示。

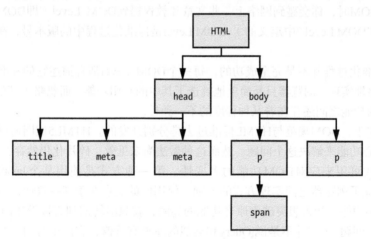

图25-2　HTML文档里的元素层级关系

正如后面几章所示，你可以用DOM来获取文档信息，也可以对其进行修改。这是现代Web应用程序的基础。

模型里的每一个对象都有若干属性和方法。当你用它们来修改对象的状态时，浏览器会让这些改动反映到对应的HTML元素上，并更新你的文档。

所有代表元素的DOM对象都支持同一组基本功能：HTMLElement对象和其定义的核心功能始终是可用的，无论对象代表何种元素都是如此。另外，某些对象会定义一些额外的功能，这些操作反映了特定HTML元素独一无二的特性。我会在第31章介绍这些额外的功能。记住下面的一点很重要：文档模型里任何代表某个元素的对象都至少能支持HTMLElement功能，其中一些还支持额外的功能。

不是所有可供使用的对象都代表了HTML元素。正如你即将看到的，一些对象代表元素的集合，另一些则代表DOM自身的信息，当然还有Document这个对象，它是我们探索DOM的入口，也是第26章的主题。

> **注意** 我在这里省略了一些细节。如果你熟悉面向对象程序设计的概念，那么了解HTMLElement是一个接口可能会有所帮助，它是由DOM所包含的对象实现的。用于代表具体元素的对象是HTMLElement派生出来的接口，意思是你既可以把某个对象当做HTMLElement的实现，也可以当做其更为具体的子类型。如果你不熟悉面向对象的概念也不用担心。对主流Web程序设计而言，是否理解它们无关紧要。我不会再谈及它们了，简单起见，下面将把所有的一切都称为对象。

25.2 理解 DOM Level 和兼容性

开始使用DOM时，你会碰到网络上一些文章和教程提到DOM Level（即DOM等级，比如某个特定功能是在DOM Level 3中定义的）。DOM Level是标准化过程中的版本号，在大多数情况下应该忽略它们。

DOM的标准化过程并不是完全成功的，每一个DOM Level都有描述它的标准和文档，但它们并没有被完整地实现，浏览器只是简单地挑选了其中的有用功能，而忽略了其他的。更糟糕的是，已经实现的功能之间还存在着某种程度的不一致性。

部分问题在于，DOM规范与HTML标准过去是分别开发的。HTML5试图通过包含一组必须实现的DOM核心功能来解决这个问题。然而这种做法尚未见效，碎片化仍然存在。

有多种方式可用来应对DOM功能的多变性。第一种方式是使用某个JavaScript库（比如jQuery），它消除了浏览器之间实现方式的差别。使用库的优点在于其一致性，但缺点是只能使用库支持的那些功能。如果想突破库原有功能的局限，就只能转回到直接操作DOM上，并重新面对之前的那些问题。（这并不是说jQuery和类似的库没有价值，它们很有用，非常值得去了解一下。）

第二种是保守方式：只使用你所知的被广泛支持的那些功能。这种方式一般来说是最为明智的，不过它需要仔细而全面的测试。不仅如此，你还必须仔细测试新版的浏览器，确保对这些功能的支持没有发生变化或者被移除。

测试 DOM 功能

第三种方式是测试与某一功能相关的DOM对象属性或方法是否存在。代码清单25-2包含了一个简单的例子。

> 提示　不必介意代码清单25-2中脚本的细节。我会在接下来的几章里解释它使用的所有对象和功能。

代码清单25-2　测试某个功能

```html
<!DOCTYPE HTML>
<html>
    <head>
        <title>Example</title>
    </head>
    <body>
        <p id="paratext">
            There are lots of different kinds of fruit - there are over 500 varieties
            of banana alone. By the time we add the countless types of apples, oranges,
            and other well-known fruit, we are faced with thousands of choices.
            <img src="apple.png" alt="apple"/>
        </p>
        <script>
            var images;
            if (document.querySelectorAll) {
                images = document.querySelectorAll("#paratext > img");
            } else {
                images = document.getElementById("paratext").getElementsByTagName("img");
            }

            for (var i = 0; i < images.length; i++) {
                images[i].style.border = "thick solid black";
                images[i].style.padding = "4px";
            }
        </script>
    </body>
</html>
```

在这个例子里，脚本使用一条if语句来判断document对象是否定义了一个名为querySelectorAll的方法。如果这条语句的计算结果是true，那么浏览器是支持这一功能的，我就可以开始使用它。如果该语句的计算结果是false，那么我可以换一种方式来达到同样的目的。

谈到DOM时，你经常看到的就是刚才这种建议，但它过于草率，没有指出其中的缺陷，而这些缺陷有可能很严重。

第一个缺陷在于，并不总是存在另一种方式能实现某个给定功能的效果。代码清单25-2能顺利工作是因为我测试的功能是其他函数的一种便利性加强形式，但情况并不总是如此。

第二个缺陷是我只测试了该功能是否存在，而不是它的实现质量和一致性。许多功能（特别是新的功能）需要多个版本的浏览器才能稳定下来并实现一致性。虽然这个问题不像以前那样严重，但你也许很容易就会遇到意料之外的结果，因为你依赖的浏览器功能实现方式存在差别。

第三个缺陷是必须测试每一种你所依赖的功能。这么做需要耗费大量的精力，而且产生的代码充斥着无穷无尽的测试。我并不是说它不是一种有用的技巧,而是它存在缺陷,不应该取代恰当的测试。

25.3 DOM 快速查询

以下部分提供了我在后面几章介绍的对象、方法、属性和事件的快速查询。

25.3.1 Document 的成员

第26章介绍了Document对象,它代表当前的文档,也是你探索DOM的入口。表25-1概述了此对象所定义的成员。

表25-1 Document对象

名称	说明	返回
activeElement	返回代表文档中当前获得焦点元素的对象	HTMLElement
body	返回代表文档中body元素的对象	HTMLElement
characterSet	返回文档的字符集编码。这是一个只读属性	字符串
charset	获取或设置文档的字符集编码	字符串
childNodes	返回子元素的集合	HTMLElement[]
compatMode	获取文档的兼容性模式	字符串
cookie	获取或设置当前文档的cookie	字符串
defaultCharset	获取浏览器所使用的默认字符编码	字符串
defaultView	返回当前文档的Window对象。关于这个对象的详情请参见第26章	Window
dir	获取或设置文档的文本方向	字符串
domain	获取或设置当前文档的域名	字符串
embeds plugins	返回所有代表文档中embed元素的对象	HTMLCollection
firstChild	返回某个元素的第一个子元素	HTMLElement
forms	返回所有代表文档中form元素的对象	HTMLCollection
getElementById(<id>)	返回带有指定id值的元素	HTMLElement
getElementsByClassName(<class>)	返回带有指定class值的元素	HTMLElement[]
getElementsByName(<name>)	返回带有指定name值的元素	HTMLElement[]
getElementsByTagName(<tag>)	返回带有指定类型的元素	HTMLElement[]
hasChildNodes()	如果当前元素有子元素则返回true	布尔值
head	返回代表head元素的对象	HTMLHeadElement
images	返回所有代表img元素的对象	HTMLCollection
implementation	提供关于DOM可用功能的信息	DOMImplementation
lastChild	返回最后一个子元素	HTMLElement

（续）

名　称	说　明	返　回
lastModified	返回文档的最后修改时间	字符串
links	返回所有代表文档中具备href属性的a和area元素的对象	HTMLCollection
location	提供关于当前文档URL的信息	Location
nextSibling	返回位于当前元素之后的兄弟元素	HTMLElement
parentNode	返回父元素	HTMLElement
previousSibling	返回位于当前元素之前的兄弟元素	HTMLElement
querySelector(<selector>)	返回匹配特定CSS选择器的第一个元素	HTMLElement
querySelectorAll(<selector>)	返回匹配特定CSS选择器的所有元素	HTMLElement[]
readyState	返回当前文档的状态	字符串
referrer	返回链接到当前文档的文档URL（它是对应HTTP标头的值）	字符串
scripts	返回所有代表script元素的对象	HTMLCollection
title	获取或设置当前文档的标题	字符串

第26章还介绍了Location对象，表25-2概述了这个对象。

表25-2 Location对象

名　称	说　明	返　回
assign(<URL>)	导航到指定的URL上	void
hash	获取或设置文档URL的锚（井号串）部分	字符串
host	获取或设置文档URL的主机名和端口号部分	字符串
hostname	获取或设置文档URL的主机名部分	字符串
href	获取或设置当前文档的地址	字符串
pathname	获取或设置文档URL的路径部分	字符串
port	获取或设置文档URL的端口号部分	字符串
protocol	获取或设置文档URL的协议部分	字符串
reload()	重新加载当前文档	void
replace(<URL>)	清除当前文档并导航至URL所指定的新文档	void
resolveURL(<URL>)	将指定的相对URL解析为绝对URL	字符串
search	获取或设置文档URL的查询（问号串）部分	字符串

25.3.2　Window的成员

第27章介绍了Window对象，它定义了众多的功能。表25-3概述了此对象所定义的成员。

表25-3 Window对象

名称	说明	返回
alert(<msg>)	向用户显示一个对话框窗口并等候其被关闭	void
blur()	让窗口失去键盘焦点	void
clearInterval(<id>)	撤销某个时间间隔计时器	void
clearTimeout(<id>)	撤销某个超时计时器	void
close()	关闭窗口	void
confirm(<msg>)	显示一个带有确认和取消提示的对话框窗口	布尔值
defaultView	返回活动文档的Window	Window
document	返回与此窗口关联的Document对象	Document
focus()	让窗口获得键盘焦点	void
frames	返回文档内嵌iframe元素的Window对象数组	Window[]
history	提供对浏览器历史的访问	History
innerHeight	获取窗口内容区域的高度	数值
innerWidth	获取窗口内容区域的宽度	数值
length	返回文档内嵌的iframe元素数量	数值
location	提供当前文档地址的详细信息	Location
opener	返回打开当前浏览器上下文环境Window	Window
outerHeight	获取窗口的高度,包括边框和菜单栏等	数值
outerWidth	获取窗口的宽度,包括边框和菜单栏等	数值
pageXOffset	获取窗口从左上角算起水平滚动过的像素数	数值
pageYOffset	获取窗口从左上角算起垂直滚动过的像素数	数值
parent	返回当前Window的父Window	Window
postMessage(<msg>, <origin>)	给另一个文档发送消息	void
print()	提示用户打印页面	void
prompt(<msg>, <val>)	显示对话框提示用户输入一个值	字符串
screen	返回一个描述屏幕的Screen对象	Screen
screenLeft screenX	获取从窗口左边缘到屏幕左边缘的像素数	数值
screenTop screenY	获取从窗口上边缘到屏幕上边缘的像素数	数值
scrollBy(<x>, <y>)	让文档相对其当前位置进行滚动	void
scrollTo(<x>, <y>)	滚动到指定的位置	void
self	返回当前文档的Window	Window
setInterval(<function>, <time>)	创建一个计时器,每隔time毫秒调用指定的函数	整数
setTimeout(<function>, <time>)	创建一个计时器,等待time毫秒后调用指定的函数	整数
showModalDialog(<url>)	弹出一个窗口,显示指定的URL	void
stop()	停止载入文档	void
top	返回最上层的Window	Window

第27章还介绍了History对象，表25-4概述了此对象的成员。

表25-4 History对象

名 称	说 明	返 回
back()	在浏览历史里后退一步	void
forward()	在浏览历史里前进一步	void
go(<index>)	转到相对于当前文档的某个浏览历史位置。正值是前进，负值是后退	void
length	返回浏览历史里的项目数量	数值
pushState(<state>, <title>, <url>)	向浏览器历史添加一个条目	void
replaceState(<state>, <title>, <url>)	替换浏览器历史中的当前条目	void
state	返回浏览器历史里关联当前文档的状态数据	对象

第27章还介绍了Screen对象，表25-5概述了此对象的成员。

表25-5 Screen对象

名 称	说 明	返 回
availHeight	返回屏幕上可供显示窗口部分的高度（排除工具栏之类）	数值
availWidth	返回屏幕上可供显示窗口部分的宽度（排除工具栏之类）	数值
colorDepth	返回屏幕的颜色深度	数值
height	返回屏幕的高度	数值
width	返回屏幕的宽度	数值

25.3.3 HTMLElement 的成员

第28章介绍了HTMLElement对象，它代表了文档里的各种HTML元素。表25-6概述了此对象定义的成员。

表25-6 HTMLElement对象

名 称	说 明	返 回
checked	获取或设置checked属性的存在状态	布尔值
classList	获取或设置元素所属类的列表	DOMTokenList
className	获取或设置元素所属类的列表	字符串
dir	获取或设置dir属性的值	字符串
disabled	获取或设置disabled属性的存在状态	布尔值
hidden	获取或设置hidden属性的存在状态	布尔值
id	获取或设置id属性的值	字符串
lang	获取或设置lang属性的值	字符串

(续)

名称	说明	返回
spellcheck	获取或设置spellcheck属性的存在状态	布尔值
tabIndex	获取或设置tabindex属性的值	数值
tagName	返回标签名(象征元素的类型)	字符串
title	获取或设置title属性的值	字符串
add(<class>)	给元素添加指定的类	void
contains(<class>)	如果元素属于指定的类则返回true	布尔值
length	返回元素所属类的数量	数值
remove(<class>)	从元素上移除指定的类	void
toggle(<class>)	如果类不存在就添加它,如果存在则移除它	布尔值
attributes	返回应用到元素上的属性	Attr[]
dataset	返回以data-开头的属性	字符串数组[<name>]
getAttribute(<name>)	返回指定属性的值	字符串
hasAttribute(<name>)	如果元素带有指定属性则返回true	布尔值
removeAttribute(<name>)	从元素上移除指定属性	void
setAttribute(<name>, <value>)	应用一个指定名称和值的属性	void
appendChild(HTMLElement)	将指定元素附加为当前元素的子元素	HTMLElement
cloneNode(boolean)	复制某个元素	HTMLElement
compareDocumentPosition(HTMLElement)	判断某个元素的相对位置	数值
innerHTML	获取或设置元素的内容	字符串
insertAdjacentHTML(<pos>, <text>)	相对于元素的位置插入HTML	void
insertBefore(<newelem>, <childElem>)	将第一个元素插入到第二个(子)元素之前	HTMLElement
isEqualNode(<HTMLElement>)	判断指定元素是否与当前元素等同	布尔值
isSameNode(HTMLElement)	判断指定元素是否就是当前元素	布尔值
outerHTML	获取或设置某个元素的HTML和内容	字符串
removeChild(HTMLElement)	从当前元素上移除指定的子元素	HTMLElement
replaceChild(HTMLElement, HTMLElement)	替换当前元素的某个子元素	HTMLElement
createElement(<tag>)	用指定标签类型创建一个新的HTMLElement对象	HTMLElement
createTextNode(<text>)	用指定内容创建一个新的Text对象	Text

第28章还介绍了Text对象,它用于代表文档中的文本内容。表25-7描述了Text对象的成员。

表25-7 Text对象

名 称	说 明	返 回
appendData(<string>)	在文本块的末尾附加指定字符串	void
data	获取或设置文本	字符串
deleteData(<offset>, <count>)	移除字符串中的文本。第一个数字是偏移量，第二个数字是要移除的字符数量	void
insertData(<offset>, <string>)	在指定的偏移量位置插入指定字符串	void
length	返回字符数量	数值
replaceData(<offset>, <count>, <string>)	用指定字符串替换一部分文本	void
replaceWholeText(<string>)	替换全部文本	Text
splitText(<number>)	将现有的Text元素在指定的偏移量处一分为二。这一方法的演示请参见28.3.6节	Text
substringData(<offset>, <count>)	返回文本的子串	字符串
wholeText	获取文本	字符串

25.3.4 DOM 里的 CSS 属性

第29章介绍了如何使用DOM来处理文档中的CSS样式。表25-8列出了CSSStyleDeclaration对象的属性和它们所对应的样式（以及介绍它们的具体章节）。

表25-8 CSSStyleDeclaration对象的成员

成 员	对 应 于	所 在 章
background	background	19
backgroundAttachment	background-attachment	19
backgroundColor	background-color	19
backgroundImage	background-image	19
backgroundPosition	background-position	19
backgroundRepeat	background-repeat	19
border	border	19
borderBottom	border-bottom	19
borderBottomColor	border-bottom-color	19
borderBottomStyle	border-bottom-style	19
borderBottomWidth	border-bottom-width	19
borderCollapse	border-collapse	24
borderColor	border-color	19
borderLeft	border-left	19
borderLeftColor	border-left-color	19
borderLeftStyle	border-left-style	19
borderLeftWidth	border-left-width	19
borderRight	border-right	19

（续）

成　员	对　应　于	所　在　章
borderRightColor	border-right-color	19
borderRightStyle	border-right-style	19
borderRightWidth	border-right-width	19
borderSpacing	border-spacing	24
borderStyle	border-style	19
borderTop	border-top	19
borderTopColor	border-top-color	19
borderTopStyle	border-top-style	19
borderTopWidth	border-top-width	19
borderWidth	border-width	19
captionSide	caption-side	24
clear	clear	20
color	color	24
cssFloat	float	20
cursor	cursor	24
direction	direction	22
display	display	20
emptyCells	empty-cells	24
font	font	22
fontFamily	font-family	22
fontSize	font-size	22
fontStyle	font-style	22
fontVariant	font-variant	22
fontWeight	font-weight	22
height	height	20
letterSpacing	letter-spacing	22
lineHeight	line-height	22
listStyle	list-style	24
listStyleImage	list-style-image	24
listStylePosition	list-style-position	24
listStyleType	list-style-type	24
margin	margin	20
marginBottom	margin-bottom	20
marginLeft	margin-left	20
marginRight	margin-right	20
marginTop	margin-top	20
maxHeight	max-height	20
maxWIdth	max-width	20
minHeight	min-height	20
minWidth	min-width	20
outline	outline	19

（续）

成员	对应于	所在章
outlineColor	outline-color	19
outlineStyle	outline-style	19
outlineWidth	outline-width	19
overflow	overflow	20
padding	padding	20
paddingBottom	padding-bottom	20
paddingLeft	padding-left	20
paddingRight	padding-right	20
paddingTop	padding-top	20
tableLayout	table-layout	24
textAlign	text-align	22
textDecoration	text-decoration	22
textIndent	text-indent	22
textShadow	text-shadow	22
textTransform	text-transform	22
visibility	visibility	20
whitespace	whitespace	22
width	width	20
wordSpacing	word-spacing	22
zIndex	z-index	21

25.3.5 DOM 中的事件

第30章解释了DOM的事件系统。有许多不同的事件可供使用，如表25-9所示。

表25-9 DOM的事件

名称	说明
blur	在元素失去键盘焦点时触发
click	在按下鼠标按钮后释放时触发
dblclick	在两次按下鼠标按钮并释放时触发
focus	在元素获得键盘焦点时触发
focusin	在元素即将获得键盘焦点时触发
focusout	在元素即将失去键盘焦点时触发
keydown	在用户按下某个键时触发
keypress	在用户按下某个键并释放时触发
keyup	在用户释放某个键时触发
mousedown	在鼠标按钮被按下时触发
mouseenter	在光标移入元素或其下属元素所占据的屏幕区域时触发

(续)

名称	说明
mouseleave	在光标移出元素及其所有下属元素所占据的屏幕区域时触发
mousemove	在光标位于元素上方并移动时触发
mouseout	与mouseleave相似，区别是当光标还在下属元素上方时此事件也会被触发
mouseover	与mouseenter相似，区别是当光标还在下属元素上方时此事件也会被触发
mouseup	在鼠标按钮被释放时触发
onabort	在文档或资源的加载过程被中止时触发
onafterprint	在用户打印文档后触发
onbeforeprint	在调用Window.print()方法之后，向用户呈现打印选项之前触发
onerror	在文档或资源载入出错时触发
onhashchange	在地址的锚（井号串）部分变动时触发
onload	在文档或资源载入完成时触发
onpopstate	触发时会提供一个关联浏览器历史的状态对象。此事件的演示请参见第26章
onresize	在窗口大小改变时触发
onunload	在文档从窗口或浏览器中卸载时触发
readystatechange	在readyState属性的值改变时触发
reset	在某张表单被重置时触发
submit	在某张表单被提交时触发

25.4 小结

在这一章里，我提供了一些DOM的上下文背景信息，以及它在HTML文档中所扮演的角色。我还解释了DOM规范的等级为什么和主流浏览器实现的功能关系不大，以及你可以采取哪些不同的方式来确保自己依赖的DOM功能在目标浏览器上可用。但是，必须指出，这些方式都不能代替仔细和全面的测试。

这一章还列出了一些快速查询表，它们是我在接下来的几章要介绍的对象、成员和事件。

第 26 章 使用Document对象

在这一章里，我将向你介绍DOM的一个关键组成部分：Document对象。Document对象是通往DOM功能的入口，它向你提供了当前文档的信息，以及一组可供探索、导航、搜索或操作结构与内容的功能。表26-1列出了本章内容概要。

表26-1 本章内容概要

问 题	解决方案	代码清单
执行基本DOM任务	使用基本的DOM API功能	26-1
获取文档信息	使用document元数据属性	26-2
获取文档位置信息	使用document.location属性	26-3
导航至某个新文档	修改Location对象的某个属性值	26-4、26-5
读取和写入cookie	使用document.cookie属性	26-6
判断浏览器处理文档的进展情况	使用document.readystate属性	26-7
获取浏览器已实现的DOM功能详情	使用document.implementation属性	26-8
获取代表特定元素类型的对象	使用document属性，如images、links和scripts	26-9、26-10
在文档中搜索元素	使用以document.getElement开头的各种方法	26-11
用CSS选择器在文档中搜索元素	使用document.querySelector或document.querySelectorAll方法	26-12
合并进行链式搜索以寻找元素	对之前搜索的结果调用搜索方法	26-13
在DOM树中导航	使用文档/元素的方法与属性，如hasChildNodes()、firstChild和lastChild	26-14

我们通过全局变量document访问Document对象，它是浏览器为我们创建的关键对象之一。Document对象向你提供文档的整体信息，并让你能够访问模型里的各个对象。要了解DOM，最好的方法是从一个例子开始。代码清单26-1展示的是前一章的示例文档，添加了一段脚本以演示某些基本的DOM功能。

代码清单26-1 使用Document对象

```
<!DOCTYPE HTML>
<html>
    <head>
        <title>Example</title>
        <meta name="author" content="Adam Freeman"/>
```

```html
            <meta name="description" content="A simple example"/>
        </head>
        <body>
            <p id="fruittext">
                There are lots of different kinds of fruit - there are over 500
                varieties of <span id="banana">banana</span> alone. By the time we add the
                countless types of apples, oranges, and other well-known fruit, we are faced
                with thousands of choices.
            </p>
            <p id="apples">
                One of the most interesting aspects of fruit is the
                variety available in each country. I live near London, in an area which is
                known for its apples.
            </p>
            <script>
                document.writeln("<pre>URL: " + document.URL);
                var elems = document.getElementsByTagName("p");
                for (var i = 0; i < elems.length; i++) {
                    document.writeln("Element ID: " + elems[i].id);
                    elems[i].style.border = "medium double black";
                    elems[i].style.padding = "4px";
                }
                document.write("</pre>");
            </script>
        </body>
</html>
```

这段脚本简短,但它漂亮地集中了DOM的许多不同用途。下面我将把这段脚本分解成一个个片段并解释它们的作用。我们能对Document对象做的最基本操作之一是获取当前正在处理的HTML文档信息。这就是脚本的第一行所做的:

document.writeln("<pre>URL: " + **document.URL**);

在这个例子中,我读取了document.URL属性的值,它返回的是当前文档的URL。浏览器就是用这个URL载入此脚本所属文档的。我会在本章后面的26.1.1节展示你能从Document对象获取的各种不同的信息片段。

这条语句还调用了writeln方法:

document.writeln("<pre>URL: " + document.URL);

此方法会将内容附加到HTML文档的末尾。在这个例子中,我写入了pre元素的开始标签和URL属性的值。这就是一个非常简单的修改DOM范例,意思是我已经改变了文档的结构。第28章会更详细地介绍如何操作DOM。

接下来,从文档中选择了一些元素:

var elems = document.**getElementsByTagName**("p");

有许多方法可以用于选择元素,我会在26.2节加以解释。getElementsByTagName选择属于某一给定类型的所有元素,在这个示例中是p元素。任何包含在文档里的p元素都会被该方法返回,并被存放在一个名为elems的变量里。正如之前解释的,所有元素都是由HTMLElement对象代表的,它提供了基本的功能以代表HTML元素。getElementsByTagName方法返回的结果是HTMLElement对象所组成的一个集合。

有了可以处理的HTMLElement对象集合之后，我使用了一个for循环来列举集合里的内容，处理浏览器从HTML文档里找出的各个p元素：

```
for (var i = 0; i < elems.length; i++) {
    document.writeln("Element ID: " + elems[i].id);
    elems[i].style.border = "medium double black";
    elems[i].style.padding = "4px";
}
```

对集合里的每个HTMLElement，我会读取它的id属性来获得id值，然后使用document.writeln方法把结果附加到之前生成的pre元素的内容上：

```
for (var i = 0; i < elems.length; i++) {
    document.writeln("Element ID: " + elems[i].id);
    elems[i].style.border = "medium double black";
    elems[i].style.padding = "4px";
}
```

id属性是HTMLElement定义的众多属性之一。我会在第28章向你展示其他的属性。你可以使用这些属性来获取某个元素的信息，也可以对其进行修改（改动会同时应用到它所代表的HTML元素上）。在这个例子中，我使用了style属性来改变CSS border和padding属性的值：

```
for (var i = 0; i < elems.length; i++) {
    document.writeln("Element ID: " + elems[i].id);
    elems[i].style.border = "medium double black";
    elems[i].style.padding = "4px";
}
```

这些改动为每个元素都创建了一个内嵌样式（第4章介绍了内嵌样式），这些元素是你之前用getElementsByTagName方法找到的。当你修改某个对象时，浏览器会立即把改动应用到对应的元素上，在这个例子中是给这些p元素添加内边距和边框。

脚本的最后一行写入了pre元素的结束标签，就是我在脚本开头初始化的那个元素。我用的是write方法，它类似于writeln，但不会给添加到文档里的字符串附上行结束字符。这两种方法区别不大，除非你编写的内容是预格式化的，或者使用非标准的空白处理方式（详情请参见第22章）。

使用pre元素就意味着writeln方法所添加的行结束字符会被用来构建内容。从图26-1中可以看到文档排列的效果。

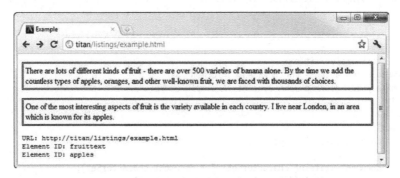

图26-1　脚本在基本HTML文档里的效果

26.1 使用 Document 元数据

正如我在前面一节里解释的，Document对象的用途之一是向你提供关于文档的信息。表26-2介绍了你可以用来获取文档元数据的属性。

表26-2　Document元数据属性

属　　性	说　　明	返　　回
characterSet	返回文档的字符集编码。这是一个只读属性	字符串
charset	获取或设置文档的字符集编码	字符串
compatMode	获取文档的兼容性模式	字符串
cookie	获取或设置当前文档的cookie	字符串
defaultCharset	获取浏览器所使用的默认字符编码	字符串
defaultView	返回当前文档的Window对象，此对象的详细信息请参见第27章	Window
dir	获取或设置文档的文本方向	字符串
domain	获取或设置当前文档的域名	字符串
implementation	提供可用DOM功能的信息	DOMImplementation
lastModified	返回文档的最后修改时间（如果修改时间不可用则返回当前时间）	字符串
location	提供当前文档的URL信息	Location
readyState	返回当前文档的状态。这是一个只读属性	字符串
referrer	返回链接到当前文档的文档URL（就是对应HTTP标头的值）	字符串
title	获取或设置当前文档的标题（即title元素的内容，参见第7章）	字符串

26.1.1　获取文档信息

你可以通过使用元数据属性来获得一些有用的文档信息，如代码清单26-2所示。

代码清单26-2　使用Document元素来获取元数据

```
<!DOCTYPE HTML>
<html>
    <head>
        <title>Example</title>
        <meta name="author" content="Adam Freeman"/>
        <meta name="description" content="A simple example"/>
    </head>
    <body>
        <script>
            document.writeln("<pre>");

            document.writeln("characterSet: " + document.characterSet);
            document.writeln("charset: " + document.charset);
```

```
            document.writeln("compatMode: " + document.compatMode);
            document.writeln("defaultCharset: " + document.defaultCharset);
            document.writeln("dir: " + document.dir);
            document.writeln("domain: " + document.domain);
            document.writeln("lastModified: " + document.lastModified);
            document.writeln("referrer: " + document.referrer);
            document.writeln("title: " + document.title);

            document.write("</pre>");
        </script>
    </body>
</html>
```

这些属性能帮助你加深对当前所处理文档的理解。你可以从图26-2看到这些在浏览器中显示的属性值。

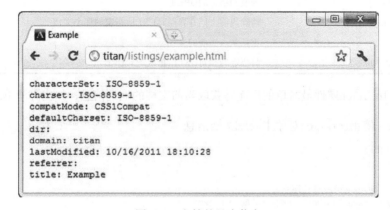

图26-2 文档的基本信息

理解怪异模式

compatMode属性告诉你浏览器是如何处理文档内容的。现如今存在着大量的非标准HTML，浏览器则试图显示出这类网页，哪怕它们并不遵循HTML规范。一些这样的内容依赖于浏览器的独特功能，而这些功能来源于浏览器依靠自身特点（而非遵循标准）进行竞争的年代。compatMode属性会返回两个值中的一个，如表26-3所示。

表26-3 compatMode属性的值

值	说明
CSS1Compat	此文档遵循某个有效的HTML规范（但不必是HTML5，有效的HTML4文档也会返回这个值）
BackCompat	此文档含有非标准的功能，已触发怪异模式

26.1.2 使用 Location 对象

document.location属性返回一个Location对象，这个对象给你提供了细粒度的文档地址信息，也允许你导航到其他文档上。表26-4介绍了Location对象里的函数和属性。

表26-4 Location对象的方法和属性

属 性	说 明	返 回
protocol	获取或设置文档URL的协议部分	字符串
host	获取或设置文档URL的主机和端口部分	字符串
href	获取或设置当前文档的地址	字符串
hostname	获取或设置文档URL的主机名部分	字符串
port	获取或设置文档URL的端口部分	字符串
pathname	获取或设置文档URL的路径部分	字符串
search	获取或设置文档URL的查询（问号串）部分	字符串
hash	获取或设置文档URL的锚（井号串）部分	字符串
assign(\<URL>)	导航到指定的URL上	void
replace(\<URL>)	清除当前文档并导航到URL所指定的那个文档	void
reload()	重新载入当前的文档	void
resolveURL(\<URL>)	将指定的相对URL解析成绝对URL	字符串

document.location属性最简单的用途是获取当前文档的地址信息，如代码清单26-3所示。

代码清单26-3 使用Location对象来获取文档信息

```
<!DOCTYPE HTML>
<html>
    <head>
        <title>Example</title>
        <meta name="author" content="Adam Freeman"/>
        <meta name="description" content="A simple example"/>
    </head>
    <body>
        <script>
            document.writeln("<pre>");

            document.writeln("protocol: " + document.location.protocol);
            document.writeln("host: " + document.location.host);
            document.writeln("hostname: " + document.location.hostname);
            document.writeln("port: " + document.location.port);
            document.writeln("pathname: " + document.location.pathname);
            document.writeln("search: " + document.location.search);
            document.writeln("hash: " + document.location.hash);

            document.write("</pre>");
        </script>
    </body>
</html>
```

search属性会返回URL的查询字符串部分，hash属性返回的则是URL片段。图26-3展示了各个Location属性就http://titan/listings/example.html?query=apples#apples这个URL所返回的值。

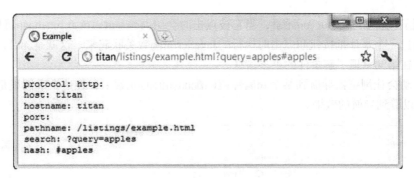

图26-3　用Location对象来获取信息

提示　请注意当端口号为HTTP默认的80时，属性不会返回值。

使用Location对象导航到其他地方

你还可以使用Location对象（通过document.location属性）来导航到其他地方。具体的实现方式有好几种。首先，可以为之前示例用到的某个属性指派新值，如代码清单26-4所示。

代码清单26-4　通过给某个Location属性指派新值来导航到另一个文档上

```
<!DOCTYPE HTML>
<html>
    <head>
        <title>Example</title>
        <meta name="author" content="Adam Freeman"/>
        <meta name="description" content="A simple example"/>
    </head>
    <body>
        <p>
            There are lots of different kinds of fruit - there are over 500 varieties
            of banana alone. By the time we add the countless types of apples, oranges,
            and other well-known fruit, we are faced with thousands of choices.
        </p>
        <button id="pressme">Press Me</button>
        <p>
            One of the most interesting aspects of fruit is the variety available in
            each country. I live near London, in an area which is known for
            its apples.
        </p>
        <img id="banana" src="banana-small.png" alt="small banana"/>
        <script>
            document.getElementById("pressme").onclick = function() {
                document.location.hash = "banana";
            }
        </script>
    </body>
</html>
```

这个例子包含了一个button元素，当它被点击时会给document.location.hash属性指派一个新值。我通过一个事件把按钮和点击时执行的JavaScript函数关联起来。这就是onclick属性的作用，你可以在第30章里了解事件的更多信息。

这一改动会让浏览器导航到某个id属性值匹配hash值的元素上，在这个案例里是img元素。从图26-4可以看到导航的效果。

图26-4　使用Location对象进行导航

虽然我只是导航到了相同文档的不同位置，但也可以用Location对象的属性来导航到其他文档。不过，这种做法通常是用href属性实现的，因为你可以设置完整的URL。也可以使用Location对象定义的一些方法。

assign和replace方法的区别在于，replace会把当前文档从浏览器历史中移除，这就意味着如果用户点击了后退按钮，浏览器就会跳过当前文档，就像它从未访问过该文档一样。代码清单26-5展示了如何使用assign方法。

代码清单26-5　使用Location对象的assign方法进行导航

```html
<!DOCTYPE HTML>
<html>
    <head>
        <title>Example</title>
        <meta name="author" content="Adam Freeman"/>
        <meta name="description" content="A simple example"/>
    </head>
    <body>
        <button id="pressme">Press Me</button>
        <script>
            document.getElementById("pressme").onclick = function() {
                document.location.assign("http://apress.com");
            }
        </script>
    </body>
</html>
```

当用户点击button元素时，浏览器会导航到指定的URL上，在这个示例中是http://apress.com。

26.1.3 读取和写入 cookie

cookie属性让你可以读取、添加和更新文档所关联的cookie。代码清单26-6对此进行了演示。

代码清单26-6　读取和创建cookie

```html
<!DOCTYPE HTML>
<html>
    <head>
        <title>Example</title>
        <meta name="author" content="Adam Freeman"/>
        <meta name="description" content="A simple example"/>
    </head>
    <body>
        <p id="cookiedata">

        </p>
        <button id="write">Add Cookie</button>
        <button id="update">Update Cookie</button>
        <script>
            var cookieCount = 0;
            document.getElementById("update").onclick = updateCookie;
            document.getElementById("write").onclick = createCookie;
            readCookies();

            function readCookies() {
                document.getElementById("cookiedata").innerHTML = document.cookie;
            }

            function createCookie() {
                cookieCount++;
                document.cookie = "Cookie_" + cookieCount + "=Value_" + cookieCount;
                readCookies();
            }

            function updateCookie() {
                document.cookie = "Cookie_" + cookieCount + "=Updated_" + cookieCount;
                readCookies();
            }
        </script>
    </body>
</html>
```

cookie属性的工作方式稍微有点古怪。当你读取该属性的值时，会得到与文档相关联的所有cookie。cookie是形式为name=value的名称/值对。如果存在多个cookie，那么cookie属性会把它们一起作为结果返回，之间以分号相隔，如name1=value1;name2=value2。

与之相对，当你想要创建新的cookie时，要指派一个新的名称/值对作为cookie属性的值，它将会被添加到文档的cookie集合。一次只能设置一个cookie。如果设置的值和现有的某个cookie具备相同的名称部分，那么就会用值部分更新那个cookie。

为了演示这一点，代码清单包含了一段脚本来读取、创建和更新cookie。readCookies函数读取document.cookie属性的值，并将结果设置为某个段落（p）元素的内容。

这个文档里有两个button元素。当Add Cookie按钮被点击时，createCookie函数会给cookie属性指派一个新值，这个值会被添加到cookie集合中。Update Cookie按钮会调用updateCookie函数。这个函数给某个现有的cookie提供一个新值。从图26-5可以看到这段脚本的效果，不过为了对所发生的一切有亲身感受，建议你加载这个文档实际操作一下。

图26-5　添加和更新cookie

在这个示例中，我添加了三个cookie，其中一个已经被更新为某个新值。虽然添加cookie的默认形式是name=value，但你可以额外应用一些数据来改变cookie的处理方式。表26-5介绍了这些额外数据。

表26-5　可以添加到cookie的额外字段

额外项	说明
path=\<path\>	设置cookie关联的路径，如果没有指定则默认使用当前文档的路径
domain=\<domain\>	设置cookie关联的域名，如果没有指定则默认使用当前文档的域名
max-age=\<seconds\>	设置cookie的有效期，以秒的形式从它创建之时起开始计算
expires=\<date\>	设置cookie的有效期，用的是GMT格式的日期
secure	只有在安全（HTTPS）连接时才会发送cookie

这些额外的项目可以被附加到名称/值对的后面，以分号分隔，就像这样：

document.cookie = "MyCookie=MyValue;max-age=10";

26.1.4　理解就绪状态

document.readyState属性向你提供了加载和解析HTML文档过程中当前处于哪个阶段的信息。请记住，在默认情况下浏览器会在遇到文档里的script元素时立即开始执行脚本，但你可以使用defer属性（在第7章介绍过）推迟脚本的执行。正如我们在一些例子中所见到的（以及将在第30章详细介绍的），可以使用JavaScript的事件系统来独立执行各个函数，作为对文档变化或用户操作的反馈。

在所有这些情况下，了解浏览器加载和处理HTML到了哪个阶段可能会很有用。readyState属性会返回三个不同的值，如表26-6所示。

表26-6 readyState属性返回的值

值	说明
loading	浏览器正在加载和处理此文档
interactive	文档已被解析，但浏览器还在加载其中链接的资源（图像和媒体文件等）
complete	文档已被解析，所有的资源也已加载完毕

随着浏览器逐步加载和处理文档，readyState属性的值从loading转为interactive，再转为complete。这个属性和readystatechange事件结合使用时用处最大，该事件会在每次readyState属性的值发生变化时触发。我会在第30章解释事件，但代码清单26-7向你展示了如何同时使用这两个事件和属性来完成一项常见任务。

代码清单26-7 使用文档就绪状态来推迟脚本的执行

```
<!DOCTYPE HTML>
<html>
    <head>
        <title>Example</title>
        <meta name="author" content="Adam Freeman"/>
        <meta name="description" content="A simple example"/>
        <script>
            document.onreadystatechange = function() {
                if (document.readyState == "interactive") {
                    document.getElementById("pressme").onclick = function() {
                        document.getElementById("results").innerHTML = "Button Pressed";
                    }
                }
            }
        </script>
    </head>
    <body>
        <button id="pressme">Press Me</button>
        <pre id="results"></pre>
    </body>
</html>
```

这段脚本使用文档就绪状态来推迟一个函数的执行，直到文档进入interactive阶段。脚本代码要求能够找到在脚本执行时尚未被浏览器载入的文档元素。通过推迟脚本执行直至文档加载完成，我就能够确定这些元素是可以找到的。这种方式可以作为把script元素放到文档末尾的替代。我会在26.2节解释如何寻找元素，在第30章解释如何使用事件。

26.1.5 获取DOM的实现情况

document.implementation属性向你提供了浏览器对DOM功能的实现信息。这个属性返回一个

DOMImplementation对象，它包含一个你会感兴趣的方法：hasFeature方法。可以使用这个方法来判断哪些DOM功能已实现，如代码清单26-8所示。

代码清单26-8　使用document.implementation.hasFeature方法

```
<!DOCTYPE HTML>
<html>
    <head>
        <title>Example</title>
        <meta name="author" content="Adam Freeman"/>
        <meta name="description" content="A simple example"/>
    </head>
    <body>
        <script>
            var features = ["Core", "HTML", "CSS", "Selectors-API"];
            var levels = ["1.0", "2.0", "3.0"];

            document.writeln("<pre>");
            for (var i = 0; i < features.length; i++) {
                document.writeln("Checking for feature: " + features[i]);
                for (var j = 0; j < levels.length; j++) {
                    document.write(features[i] + " Level " + levels[j] + ": ");
                    document.writeln(document.implementation.hasFeature(features[i],
                        levels[j]));
                }
            }
            document.write("</pre>")
        </script>
    </body>
</html>
```

这段脚本检测了若干不同的DOM功能，以及所定义的功能等级。它并不像看上去那么有用。首先，浏览器并不总是能正确报告它们实现的功能。某些功能实现并不会通过hasFeature方法进行报告，而另一些报告了却根本没有实现。其次，浏览器报告了某项功能并不意味着它的实现方式是有用的。虽然这个问题不如以前严重，但DOM的实现是存在一些差别的。

如果你打算编写能在所有主流浏览器上工作的代码（你也应该这么想），那么hasFeature方法的用处不大。你应该选择在测试阶段全面检查代码，在需要的时候测试支持情况和备用措施，同时也可以考虑使用某个JavaScript库（例如jQuery），它可以帮助消除不同DOM实现之间的差别。

26.2　获取HTML元素对象

Document对象的一大关键功能是作为一个入口，让你能访问代表文档里各个元素的对象。可以用几种不同的方法来执行这个任务。有些属性会返回代表特定文档元素类型的对象，有些方法能让你很方便地运用条件搜索来找到匹配的元素，还可以将DOM视为一棵树并沿着它的结构进行导航。在下面的几节里，我会介绍这些技巧。

> **提示** 显而易见，获取这些对象的目的是对它们做一些有趣的事。我会在第38章介绍如何使用这些对象，其中会介绍HTMLElement对象的功能。

26.2.1 使用属性获取元素对象

Document对象为你提供了一组属性，它们会返回代表文档中特定元素或元素类型的对象。表26-7概述了这些属性。

表26-7　Document对象的元素属性

属　　性	说　　明	返　　回
activeElement	返回一个代表当前带有键盘焦点元素的对象	HTMLElement
body	返回一个代表body元素的对象	HTMLElement
Embeds plugins	返回所有代表embed元素的对象	HTMLCollection
forms	返回所有代表form元素的对象	HTMLCollection
head	返回一个代表head元素的对象	HTMLHeadElement
images	返回所有代表img元素的对象	HTMLCollection
links	返回所有代表文档里具备href属性的a和area元素的对象	HTMLCollection
scripts	返回所有代表script元素的对象	HTMLCollection

表26-7里描述的大多数属性都返回一个HTMLCollection对象。DOM就是用这种方式来表示一组代表元素的对象集合。代码清单26-9演示了访问集合内对象的两种方法。

代码清单26-9　使用HTMLCollection对象

```
<!DOCTYPE HTML>
<html>
    <head>
        <title>Example</title>
        <meta name="author" content="Adam Freeman"/>
        <meta name="description" content="A simple example"/>
        <link rel="shortcut icon" href="favicon.ico" type="image/x-icon" />
        <style>
            pre {border: medium double black;}
        </style>
    </head>
    <body>
        <pre id="results"></pre>
        <img id="lemon" src="lemon.png" alt="lemon"/>
        <p>
            There are lots of different kinds of fruit - there are over 500 varieties
            of banana alone. By the time we add the countless types of apples, oranges,
            and other well-known fruit, we are faced with thousands of choices.
        </p>
```

```
        <img id="apple" src="apple.png" alt="apple"/>
        <p>
            One of the most interesting aspects of fruit is the variety available in
            each country. I live near London, in an area which is known for
            its apples.
        </p>
        <img id="banana" src="banana-small.png" alt="small banana"/>
        <script>
            var resultsElement = document.getElementById("results");

            var elems = document.images;

            for (var i = 0; i < elems.length; i++) {
                resultsElement.innerHTML += "Image Element: " + elems[i].id + "\n";
            }

            var srcValue = elems.namedItem("apple").src;
            resultsElement.innerHTML += "Src for apple element is: " + srcValue + "\n";
        </script>
    </body>
</html>
```

第一种使用HTMLCollection对象的方法是将它视为一个数组。它的length属性会返回集合里的项目数量，它还支持使用标准的JavaScript数组索引标记（element[i]这种表示法）来直接访问集合里的各个对象。这就是我在示例里用的第一种方法，在此之前我已经用document.images属性获得了一个HTMLCollection，它包含了所有代表文档里img元素的对象。

> 提示　请注意我使用了innerHTML属性来设置pre元素的内容。我会在第38章更为详细地解释这个属性。

第二种方法是使用namedItem方法，它会返回集合里带有指定id或name属性值（如果有的话）的项目。这就是我在示例中用的第二种方法，我使用了namedItem方法来获取代表某个特定img元素的对象，该元素的id属性值为apple。

> 提示　请注意我读取了其中一个对象的src属性值。这个属性由HTMLImageElement对象实现，后者被用于代表img元素。我会在第31章里更为详细地解释这种类型的对象。我使用的另一个属性（id）是HTMLElement的一部分，因此对所有类型的元素都可用。

26.2.2　使用数组标记获取已命名元素

还可以使用数组风格的标记来获取代表某个已命名元素（named element）的对象。它指的是带有id或name属性值的元素。代码清单26-10提供了一个例子。

代码清单26-10　获取已命名元素的对象

```html
<!DOCTYPE HTML>
<html>
    <head>
        <title>Example</title>
        <meta name="author" content="Adam Freeman"/>
        <meta name="description" content="A simple example"/>
        <link rel="shortcut icon" href="favicon.ico" type="image/x-icon" />
        <style>
            pre {border: medium double black;}
        </style>
    </head>
    <body>
        <pre id="results"></pre>
        <img id="lemon" name="image" src="lemon.png" alt="lemon"/>
        <p>
            There are lots of different kinds of fruit - there are over 500 varieties
            of banana alone. By the time we add the countless types of apples, oranges,
            and other well-known fruit, we are faced with thousands of choices.
        </p>
        <img id="apple" name="image" src="apple.png" alt="apple"/>
        <p>
            One of the most interesting aspects of fruit is the variety available in
            each country. I live near London, in an area which is known for
            its apples.
        </p>
        <img id="banana" src="banana-small.png" alt="small banana"/>
        <script>
            var resultsElement = document.getElementById("results");
            var elems = document["apple"];

            if (elems.namedItem) {
                for (var i = 0; i < elems.length; i++) {
                    resultsElement.innerHTML += "Image Element: " + elems[i].id + "\n";
                }
            } else {
                resultsElement.innerHTML += "Src for element is: " + elems.src + "\n";
            }
        </script>
    </body>
</html>
```

可以看到，我使用了数组风格的索引标记来获取代表某个id值为apple元素的对象。用这种方法获取元素的特别之处在于，根据文档内容或元素排列顺序的不同，可能会得到不同种类的结果。

浏览器以深度优先[①]（depth-first）的顺序看待文档里的所有元素，尝试将id或name属性与指定的值进行匹配。如果第一次匹配到的是一个id属性，那么浏览器就会停止搜索（因为id值在文

---

① 深度优先是一种遍历或搜索树形结构的算法。它从"根部"开始，沿着各个分支走得尽可能远，然后才会进行回溯。——译者注

档里必须是唯一的）并返回一个代表匹配元素的HTMLElement对象。

如果第一次匹配到的是一个name属性值，那么你将得到的或者是一个HTMLElement（如果只有一个匹配的元素），或者是一个HTMLCollection（如果有不止一个匹配的元素）。浏览器开始匹配name值后就不会再匹配id值了。

可以看到，我把namedItem属性当做一项测试来判断得到的是哪一种结果。在这个例子里得到的是一个HTMLElement，因为我指定的值匹配了一个id值。

提示 也可以将已命名元素视为属性。举个例子，document[apple]和document.apple的意思是一样的。笔者偏爱使用点表达式，因为它能更清楚地表现出我正在尝试获取元素对象，不过这只是个人喜好问题。

26.2.3 搜索元素

Document对象定义了许多方法，可以用它们搜索文档里的元素。表26-8介绍了这些方法。

表26-8 寻找元素的Document方法

属 性	说 明	返 回
getElementById(<id>)	返回带有指定id值的元素	HTMLElement
getElementsByClassName(<class>)	返回带有指定class值的元素	HTMLElement[]
getElementsByName(<name>)	返回带有指定name值的元素	HTMLElement[]
getElementsByTagName(<tag>)	返回指定类型的元素	HTMLElement[]
querySelector(<selector>)	返回匹配指定CSS选择器的第一个元素	HTMLElement
querySelectorAll(<selector>)	返回匹配指定CSS选择器的所有元素	HTMLElement[]

正如你可能预计的那样，这些方法中的一些会返回多个元素。我在表里将它们展现为返回一个HTMLElement对象数组，但严格来说并非如此。事实上，这些方法返回一个NodeList，它是底层DOM规范的一部分，处理的是通用结构文档格式，而不仅仅是HTML。但是，对这些用途而言，你可以将它们视为数组，把注意力集中在HTML5上。

这些搜索方法可以被分成两类。代码清单26-11演示了其中的第一类，即名称由getElement开头的那些方法。

代码清单26-11 使用document.getElement开头的方法

```
<!DOCTYPE HTML>
<html>
    <head>
        <title>Example</title>
        <meta name="author" content="Adam Freeman"/>
        <meta name="description" content="A simple example"/>
        <link rel="shortcut icon" href="favicon.ico" type="image/x-icon" />
```

```html
    <style>
        pre {border: medium double black;}
    </style>
</head>
<body>
    <pre id="results"></pre>
    <img id="lemon" class="fruits" name="apple" src="lemon.png" alt="lemon"/>
    <p>
        There are lots of different kinds of fruit - there are over 500 varieties
        of banana alone. By the time we add the countless types of apples, oranges,
        and other well-known fruit, we are faced with thousands of choices.
    </p>
    <img id="apple" class="fruits images" name="apple"  src="apple.png" alt="apple"/>
    <p>
        One of the most interesting aspects of fruit is the variety available in
        each country. I live near London, in an area which is known for
        its apples.
    </p>
    <img id="banana" src="banana-small.png" alt="small banana"/>
    <script>
        var resultsElement = document.getElementById("results");

        var pElems = document.getElementsByTagName("p");
        resultsElement.innerHTML += "There are " + pElems.length + " p elements\n";

        var fruitsElems = document.getElementsByClassName("fruits");
        resultsElement.innerHTML += "There are " + fruitsElems.length
            + " elements in the fruits class\n";

        var nameElems = document.getElementsByName("apple");
        resultsElement.innerHTML += "There are " + nameElems.length
            + " elements with the name 'apple'";
    </script>
</body>
</html>
```

这些方法的功能跟你预料得差不多，而且你只需记住一种行为。在使用getElementById方法时，如果找不到带有指定id值的元素，浏览器就会返回null。与之相对，其他的方法总是会返回一个HTMLElement对象数组，但如果找不到匹配，length属性就会返回0。

用CSS选择器进行搜索

使用CSS选择器是一种有用的替代性搜索方式。选择器让你可以在文档里找到范围更广的元素。我在第17章和第18章介绍了CSS选择器。代码清单26-12演示了用这种方式获取元素对象。

代码清单26-12 使用CSS选择器获取元素对象

```html
<!DOCTYPE HTML>
<html>
    <head>
        <title>Example</title>
        <meta name="author" content="Adam Freeman"/>
        <meta name="description" content="A simple example"/>
```

```
            <link rel="shortcut icon" href="favicon.ico" type="image/x-icon" />
            <style>
                pre {border: medium double black;}
            </style>
        </head>
        <body>
            <pre id="results"></pre>
            <img id="lemon" class="fruits" name="apple" src="lemon.png" alt="lemon"/>
            <p>
                There are lots of different kinds of fruit - there are over 500 varieties
                of banana alone. By the time we add the countless types of apples, oranges,
                and other well-known fruit, we are faced with thousands of choices.
            </p>
            <img id="apple" class="fruits images" name="apple"  src="apple.png" alt="apple"/>
            <p>
                One of the most interesting aspects of fruit is the variety available in
                each country. I live near London, in an area which is known for
                its apples.

            </p>
            <img id="banana" src="banana-small.png" alt="small banana"/>
            <script>
                var resultsElement = document.getElementById("results");

                var elems = document.querySelectorAll("p, img#apple")
                resultsElement.innerHTML += "The selector matched " + elems.length
                    + " elements\n";
            </script>
        </body>
    </html>
```

我在这个例子里使用了一个选择器,它会匹配所有的p元素和id值为apple的img元素。用其他document方法很难达到同样的效果,而且我发现自己使用选择器的比例要高于使用getElement方法。

26.2.4 合并进行链式搜索

DOM的一个实用功能是几乎所有Document对象实现的搜索方法同时也能被HTMLElement对象实现(一个例外),这让你可以合并进行链式搜索。唯一的例外是getElementById方法,只有Document对象才能使用它。代码清单26-13演示了链式搜索。

代码清单26-13　合并进行链式搜索

```
<!DOCTYPE HTML>
<html>
    <head>
        <title>Example</title>
        <meta name="author" content="Adam Freeman"/>
        <meta name="description" content="A simple example"/>
        <link rel="shortcut icon" href="favicon.ico" type="image/x-icon" />
        <style>
            pre {border: medium double black;}
        </style>
```

```
</head>
<body>
    <pre id="results"></pre>
    <p id="tblock">
        There are lots of different kinds of fruit - there are over 500 varieties
        of <span id="banana">banana</span> alone. By the time we add the countless
        types of <span id="apple">apples</span>,
        <span="orange">oranges</span="orange">, and other well-known fruit, we are
        faced with thousands of choices.
    </p>
    <script>
        var resultsElement = document.getElementById("results");

        var elems = document.getElementById("tblock").getElementsByTagName("span");
        resultsElement.innerHTML += "There are " + elems.length + " span elements\n";

        var elems2 = document.getElementById("tblock").querySelectorAll("span");
        resultsElement.innerHTML += "There are " + elems2.length
            + " span elements (Mix)\n";

        var selElems = document.querySelectorAll("#tblock > span");
        resultsElement.innerHTML += "There are " + selElems.length
            + " span elements (CSS)\n";

    </script>
</body>
</html>
```

这个例子里有两次链式搜索,这两次都从getElementById方法开始(它会返回之后进行处理的单个对象)。在第一个例子中,我用getElementsByTagName方法链接了一个搜索,在第二个例子中则通过querySelectorAll方法使用了一个非常简单的CSS选择器。这些例子都返回了一个span元素的集合,它们都位于id为tblock的p元素之内。

当然,也可以通过单独给Document对象应用CSS选择器方法来实现同样的效果(正如我在示例的第三部分所展示的),但是这一功能在某些情况下会很方便,比如处理由脚本中的其他函数(或第三方脚本)所生成的HTMLElement对象。从图26-6可以看到这些搜索的结果。

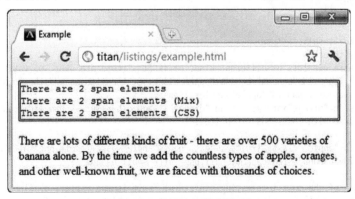

图26-6 合并进行链式搜索

26.3 在 DOM 树里导航

另一种搜索元素的方法是将DOM视为一棵树，然后在它的层级结构里导航。所有的DOM对象都支持一组属性和方法来让我们做到这一点，表26-9对它们进行了介绍。

表26-9 navigation属性和方法

属　性	说　　明	返　　回
childNodes	返回子元素组	HTMLElement[]
firstChild	返回第一个子元素	HTMLElement
hasChildNodes()	如果当前元素有子元素就返回true	布尔值
lastChild	返回倒数第一个子元素	HTMLElement
nextSibling	返回定义在当前元素之后的兄弟元素	HTMLElement
parentNode	返回父元素	HTMLElement
previousSibling	返回定义在当前元素之前的兄弟元素	HTMLElement

代码清单26-14展示了一段脚本，它能让你导航到文档各处，并在一个pre元素里显示当前所选元素的信息。

代码清单26-14　在DOM树里导航

```
<!DOCTYPE HTML>
<html>
    <head>
        <title>Example</title>
        <meta name="author" content="Adam Freeman"/>
        <meta name="description" content="A simple example"/>
        <link rel="shortcut icon" href="favicon.ico" type="image/x-icon" />
        <style>
            pre {border: medium double black;}
        </style>
    </head>
    <body>
        <pre id="results"></pre>
        <p id="tblock">
            There are lots of different kinds of fruit - there are over 500 varieties
            of <span id="banana">banana</span> alone. By the time we add the countless
            types of <span id="apple">apples</span>,
            <span="orange">oranges</span="orange">, and other well-known fruit, we are
            faced with thousands of choices.
        </p>
        <img id="apple" class="fruits images" name="apple"  src="apple.png" alt="apple"/>
        <img id="banana" src="banana-small.png" alt="small banana"/>
        <p>
            One of the most interesting aspects of fruit is the variety available in
            each country. I live near London, in an area which is known for
```

```html
        its apples.
</p>
<p>
    <button id="parent">Parent</button>
    <button id="child">First Child</button>
    <button id="prev">Prev Sibling</button>
    <button id="next">Next Sibling</button>
</p>

<script>
    var resultsElem = document.getElementById("results");
    var element = document.body;

    var buttons = document.getElementsByTagName("button");
    for (var i = 0; i < buttons.length; i++) {
        buttons[i].onclick = handleButtonClick;
    }

    processNewElement(element);

    function handleButtonClick(e) {
        if (element.style) {
            element.style.backgroundColor = "white";
        }

        if (e.target.id == "parent" && element != document.body) {
            element = element.parentNode;
        } else if (e.target.id == "child" && element.hasChildNodes()) {
            element = element.firstChild;
        } else if (e.target.id == "prev" && element.previousSibling) {
            element = element.previousSibling;
        } else if (e.target.id == "next" && element.nextSibling) {
            element = element.nextSibling;
        }
        processNewElement(element);
        if (element.style) {
            element.style.backgroundColor = "lightgrey";
        }
    }

    function processNewElement(elem) {
        resultsElem.innerHTML = "Element type: " + elem + "\n";
        resultsElem.innerHTML += "Element id: " + elem.id + "\n";
        resultsElem.innerHTML += "Has child nodes: "
            + elem.hasChildNodes() + "\n";
        if (elem.previousSibling) {
            resultsElem.innerHTML += ("Prev sibling is: "
                + elem.previousSibling + "\n");
        } else {
            resultsElem.innerHTML += "No prev sibling\n";
        }
        if (elem.nextSibling) {
            resultsElem.innerHTML += "Next sibling is: "
                + elem.nextSibling + "\n";
```

```
            } else {
                resultsElem.innerHTML += "No next sibling\n";
            }
        }
    </script>
    </body>
</html>
```

这段脚本的重要之处用粗体进行显示,它们是实际进行导航操作的部分。脚本的其余部分则是在做准备工作,处理按钮点击以及显示当前所选元素的信息。从图26-7可以看到这段脚本的效果。

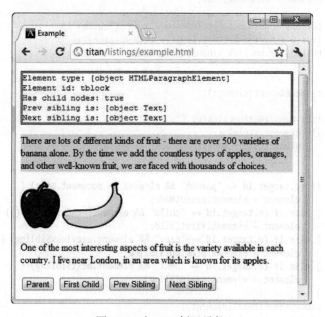

图26-7　在DOM树里导航

26.4　小结

本章向你介绍了Document对象,它是由浏览器替你创建的,并充当文档对象模型(DOM)的入口。我解释了你可以如何获取文档信息,如何找到并获取代表文档元素的对象,以及如何将DOM作为一个树形结构进行导航。

第 27 章　使用 Window 对象

Window对象已经作为HTML5的一部分被添加到HTML规范之中。在此之前，它已经是一种非正式的标准了。各种浏览器都已实现了一组基本相同的功能，并且通常是一致的。在HTML5规范中，Window对象囊括了已是事实标准的功能，并加入了一些增强。对这个对象的实现情况并不统一，不同的浏览器遵循程度不同。这一章把焦点放在那些已经获得相当程度支持的功能上。

> 注意　这一章所介绍的某些高级功能依赖于DOM事件，而后者是第30章的主题。如果你不太熟悉事件，也许应该先去阅读那一章，然后再回来查看本章的范例。

Window对象已经成为一个类似倾卸场的地方，堆积了许多不适合放在其他地方的功能。随着我们遍历这个对象的功能，你就会明白我的意思。表27-1是本章内容概要。

表27-1　本章内容概要

问题	解决方案	代码清单
获取一个Window对象	使用document.defaultView或全局变量window	27-1
获取某个窗口的信息	使用Window的信息性属性	27-2
与窗口进行交互	使用Window对象定义的方法	27-3
用模式对话框窗口提示用户	在某个Window对象上使用alert、confirm、prompt和showModalDialog方法	27-4
对浏览器历史执行简单的操作	对Window.history属性返回的History对象使用back、forward和go方法	27-5
操控浏览器历史	对Window.history属性返回的History对象使用pushState和replaceState方法	27-6 ~ 27-11
向运行在另一个文档中的脚本发送消息	使用跨文档消息传递功能	27-12 ~ 27-15
设置一次性或重复性计时器	在Window对象上使用setInterval、setTimeout、clearInterval和clearTimeout方法	27-16

27.1　获取 Window 对象

可以用两种方式获得Window对象。正规的HTML5方式是在Document对象上使用defaultView

属性。另一种则是使用所有浏览器都支持的全局变量window。代码清单27-1演示了这两种方式。

代码清单27-1　获取Window对象

```html
<!DOCTYPE HTML>
<html>
    <head>
        <title>Example</title>
    </head>
    <body id="bod">
        <table>
            <tr><th>outerWidth:</th><td id="owidth"></td></tr>
            <tr><th>outerHeight:</th><td id="oheight"></td></tr>
        </table>
        <script type="text/javascript">
            document.getElementById("owidth").innerHTML = window.outerWidth;
            document.getElementById("oheight").innerHTML
                = document.defaultView.outerHeight;
        </script>
    </body>
</html>
```

我在脚本里使用Window对象来读取一对属性的值,分别是outerWidth和outerHeight,下一节会解释它们。

27.2　获取窗口信息

顾名思义,Window对象的基本功能涉及当前文档所显示的窗口。表27-2列出了运作这些功能的属性和方法。就HTML而言,浏览器窗口里的标签页被视为窗口本身。

表27-2　窗口相关的成员

名　称	说　明	返　回
innerHeight	获取窗口内容区域的高度	数值
innerWidth	获取窗口内容区域的宽度	数值
outerHeight	获取窗口的高度,包括边框和菜单栏等	数值
outerWidth	获取窗口的宽度,包括边框和菜单栏等	数值
pageXOffset	获取窗口从左上角算起水平滚动过的像素数	数值
pageYOffset	获取窗口从左上角算起垂直滚动过的像素数	数值
screen	返回一个描述屏幕的Screen对象	Screen
screenLeft screenX	获取从窗口左边缘到屏幕左边缘的像素数(不是所有浏览器都同时实现了这两个属性,或是以同样的方法计算这个值)	数值
screenTop screenY	获取从窗口上边缘到屏幕上边缘的像素数(不是所有浏览器都同时实现了这两个属性,或是以同样的方法计算这个值)	数值

代码清单27-2展示了如何使用这些属性来获取窗口信息

代码清单27-2　获取窗口信息

```html
<!DOCTYPE HTML>
<html>
    <head>
        <title>Example</title>
        <style>
            table { border-collapse: collapse; border: thin solid black;}
            th, td { padding: 4px; }
        </style>
    </head>
    <body>
        <table border="1">
            <tr>
                <th>outerWidth:</th><td id="ow"></td><th>outerHeight:</th><td id="oh">
            </tr>
            <tr>
                <th>innerWidth:</th><td id="iw"></td><th>innerHeight:</th><td id="ih">
            </tr>
            <tr>
                <th>screen.width:</th><td id="sw"></td>
                <th>screen.height:</th><td id="sh">
            </tr>
        </table>

        <script type="text/javascript">
            document.getElementById("ow").innerHTML = window.outerWidth;
            document.getElementById("oh").innerHTML = window.outerHeight;
            document.getElementById("iw").innerHTML = window.innerHeight;
            document.getElementById("ih").innerHTML = window.innerHeight;
            document.getElementById("sw").innerHTML = window.screen.width;
            document.getElementById("sh").innerHTML = window.screen.height;
        </script>
    </body>
</html>
```

上例中的脚本在一个表格里显示各种Window属性的值。请注意我使用了screen属性来获取一个Screen对象。这个对象提供了显示此窗口的屏幕信息，并定义了表27-3里展示的这些属性。

表27-3　Screen对象的属性

名　　称	说　　　　明	返　　回
availHeight	屏幕上可供显示窗口部分的高度（排除工具栏和菜单栏之类）	数值
availWidth	屏幕上可供显示窗口部分的宽度（排除工具栏和菜单栏之类）	数值
colorDepth	屏幕的颜色深度	数值
height	屏幕的高度	数值
width	屏幕的宽度	数值

从图27-1可以看到这段脚本的效果。

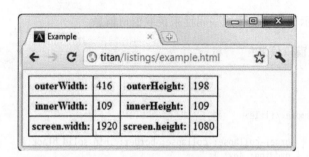

图27-1　显示窗口和屏幕的信息

27.3　与窗口进行交互

Window对象提供了一组方法，可以用它们与包含文档的窗口进行交互。表27-4介绍了这些方法。

表27-4　Window的交互功能

名　　称	说　　明	返　　回
blur()	让窗口失去键盘焦点	void
close()	关闭窗口（不是所有浏览器都允许某个脚本关闭窗口）	void
focus()	让窗口获得键盘焦点	void
print()	提示用户打印页面	void
scrollBy(<x>, <y>)	让文档相对于当前位置进行滚动	void
scrollTo(<x>, <y>)	滚动到指定的位置	void
stop()	停止载入文档	void

所有这些方法都应该谨慎使用，因为它们会让用户失去对浏览器窗口的控制。用户对应用程序应该具有什么行为有着相当固定的预期，而那些会滚动、打印和关闭自己的窗口一般来说是不受欢迎的。如果你不得不使用这些方法，请把控制权交给用户，并提供非常清晰的视觉线索来告诉他们即将发生什么。

代码清单27-3展示了一些窗口交互方法的使用。

代码清单27-3　与窗口进行交互

```
<!DOCTYPE HTML>
<html>
    <head>
        <title>Example</title>
    </head>
    <body>
        <p>
            <button id="scroll">Scroll</button>
            <button id="print">Print</button>
            <button id="close">Close</button>
```

```
            </p>
            <p>
                There are lots of different kinds of fruit - there are over 500 varieties
                of banana alone. By the time we add the countless types of apples, oranges,
                and other well-known fruit, we are faced with thousands of choices.
                <img src="apple.png" alt="apple"/>
                One of the most interesting aspects of fruit is the variety available in
                each country. I live near London, in an area which is known for
                its apples.
                <img src="banana-small.png" alt="banana"/>
                When traveling in Asia, I was struck by how many different
                kinds of banana were available - many of which had unique flavors and
                which were only available within a small region.

                And, of course, there are fruits which are truly unique - I am put in mind
                of the durian, which is widely consumed in SE Asia and is known as the
                "king of fruits." The durian is largely unknown in Europe and the USA - if
                it is known at all, it is for the overwhelming smell, which is compared
                to a combination of almonds, rotten onions and gym socks.
            </p>
            <script>
                var buttons = document.getElementsByTagName("button");
                for (var i = 0; i < buttons.length; i++) {
                    buttons[i].onclick = handleButtonPress;
                }

                function handleButtonPress(e) {
                    if (e.target.id == "print") {
                        window.print();
                    } else if (e.target.id == "close") {
                        window.close();
                    } else {
                        window.scrollTo(0, 400);
                    }
                }
            </script>
        </body>
</html>
```

这个例子里的脚本会打印、关闭和滚动窗口,作为对用户按下按钮的反馈。

27.4 对用户进行提示

Window对象包含一组方法,能以不同的方式对用户进行提示,如表27-5所示。

表27-5 提示功能

名 称	说 明	返 回
alert(\<msg\>)	向用户显示一个对话框窗口并等候其被关闭	void
confirm(\<msg\>)	显示一个带有确认和取消提示的对话框窗口	布尔值
prompt(\<msg\>, \<val\>)	显示对话框提示用户输入一个值	字符串
showModalDialog(\<url\>)	弹出一个窗口,显示指定的URL	void

这些方法里的每一种都会呈现出不同的提示类型。代码清单27-4演示了如何使用它们。

代码清单27-4　对用户进行提示

```html
<!DOCTYPE HTML>
<html>
    <head>
        <title>Example</title>
        <style>
            table { border-collapse: collapse; border: thin solid black;}
            th, td { padding: 4px; }
        </style>
    </head>
    <body>
        <button id="alert">Alert</button>
        <button id="confirm">Confirm</button>
        <button id="prompt">Prompt</button>
        <button id="modal">Modal Dialog</button>

        <script type="text/javascript">

            var buttons = document.getElementsByTagName("button");
            for (var i = 0 ; i < buttons.length; i++) {
                buttons[i].onclick = handleButtonPress;
            }

            function handleButtonPress(e) {
                if (e.target.id == "alert") {
                    window.alert("This is an alert");
                } else if (e.target.id == "confirm") {
                    var confirmed
                        = window.confirm("This is a confirm - do you want to proceed?");
                    alert("Confirmed? " + confirmed);
                } else if (e.target.id == "prompt") {
                    var response = window.prompt("Enter a word", "hello");
                    alert("The word was " + response);
                } else if (e.target.id == "modal") {
                    window.showModalDialog("http://apress.com");
                }
            }
        </script>
    </body>
</html>
```

这些功能应该谨慎使用。浏览器处理提示的方式各有不同，会给用户带来不同的体验。

请考虑图27-2中的例子，它展示了Chrome和Firefox浏览器对alert提示所使用的不同的显示方式。这两种提示也许看上去很相似，但效果却有着很大的区别。Chrome按照字面意思遵循了规范，它创建出一个模式对话框。这就意味着浏览器除了等待用户点击OK按钮关闭窗口外不会做任何其他的事情。用户不能切换标签页，关闭当前标签，或者在浏览器上做任何别的事情。Firefox浏览器则采取了更宽松的方式，将提示的作用范围限制在当前标签页中。这是一种更为合理的做法，但却是一种不同的做法，而不一致性是为Web应用程序选择功能时需要仔细考虑的一点。

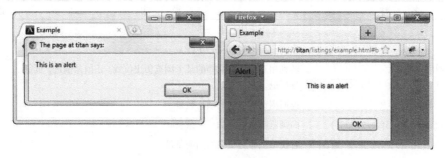

图27-2　Chrome和Firefox浏览器展示alert提示

showModalDialog方法创建了一个弹出窗口（这个功能已经被广告商们严重滥用了）。事实上，它的滥用程度是如此严重，以至于所有的浏览器都对这个功能加以限制，仅允许用户事先许可的网站使用。如果你依赖弹出窗口向用户提供关键信息，则会面临他们根本看不到的风险。

> 提示　如果想要吸引用户的注意，可以考虑使用jQuery这样的JavaScript库所提供的内联对话框。它们易于使用，打扰程度低，而且在各种浏览器上都有着一致的行为和外观。要了解jQuery的更多信息，请参阅我撰写的 *Pro jQuery* 一书（由Apress出版）。

27.5　获取基本信息

Window对象让你能访问某些返回基本信息的对象，这些信息包括当前地址（即文档载入的来源URL）的详情和用户的浏览历史。表27-6介绍了这些属性。

表27-6　提供信息的对象属性

名　称	说　明	返　回
document	返回与此窗口关联的Document对象	Document
history	提供对浏览器历史的访问	History
location	提供当前文档地址的详细信息	Location

Document对象是第26章的主题。Window.location属性返回的Location对象和Document.location属性返回的相同，也在第26章进行介绍。下面我们来了解一下如何使用浏览器历史。

27.6　使用浏览器历史

Window.history属性返回一个History对象，你可以用它对浏览器历史进行一些基本的操作。表27-7介绍了History对象定义的一些属性和方法。

表27-7 History对象的属性和方法

名 称	说 明	返 回
back()	在浏览历史中后退一步	void
forward()	在浏览历史中前进一步	void
go(<index>)	转到相对于当前文档的某个浏览历史位置。正值是前进，负值是后退	void
length	返回浏览历史中的项目数量	数值
pushState(<state>, <title>, <url>)	向浏览器历史添加一个条目	void
replaceState(<state>, <title>, <url>)	替换浏览器历史中的当前条目	void
state	返回浏览器历史中关联当前文档的状态数据	对象

27.6.1 在浏览历史中导航

back、forward和go这三个方法告诉浏览器该导航到浏览历史中的哪个URL上。back/forward方法的效果与浏览器的后退/前进按钮是一致的。go方法会导航至相对于当前文档的某个浏览历史位置。正值指示浏览器应该在浏览历史中前进，负值则是后退。值的大小则指定了具体的步数。举个例子，-2这个值告诉浏览器要导航至最近浏览历史之前的那个文档。代码清单27-5演示了如何使用这三个方法。

代码清单27-5　在浏览器历史中导航

```
<!DOCTYPE HTML>
<html>
    <head>
        <title>Example</title>
    </head>
    <body>
        <button id="back">Back</button>
        <button id="forward">Forward</button>
        <button id="go">Go</button>

        <script type="text/javascript">
            var buttons = document.getElementsByTagName("button");
            for (var i = 0 ; i < buttons.length; i++) {
                buttons[i].onclick = handleButtonPress;
            }

            function handleButtonPress(e) {
                if (e.target.id == "back") {
                    window.history.back();
                } else if (e.target.id == "forward") {
                    window.history.forward();
                } else if (e.target.id == "go") {
                    window.history.go("http://www.apress.com");
```

```
            }
        }
    </script>
</body>
</html>
```

除了这些基本的函数，HTML5还支持在某些约束条件下对浏览器历史进行修改。最好的说明方式莫过于展示一个能通过修改浏览历史加以解决的问题范例，如代码清单27-6所示。

代码清单27-6　处理浏览器历史

```
<!DOCTYPE HTML>
<html>
    <head>
        <title>Example</title>
    </head>
    <body>
        <p id="msg"></p>
        <button id="banana">Banana</button>
        <button id="apple">Apple</button>

        <script type="text/javascript">

            var sel = "No selection made";
            document.getElementById("msg").innerHTML = sel;

            var buttons = document.getElementsByTagName("button");
            for (var i = 0; i < buttons.length; i++) {
                buttons[i].onclick = function(e) {
                    document.getElementById("msg").innerHTML = e.target.innerHTML;
                };
            }
        </script>
    </body>
</html>
```

这个例子包含了一段脚本，它根据用户点击的按钮显示出一段对应的消息，十分简单。问题在于，当用户离开示例文档后，关于被点击按钮的信息就丢失了。从图27-3可以看到这一点。

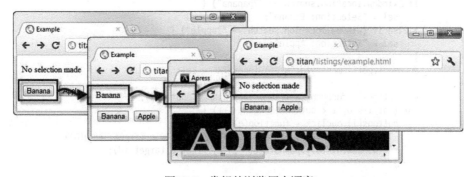

图27-3　常规的浏览历史顺序

各个事件的发生顺序如下所示：
(1) 导航至示例文档，显示的是No selection made这条消息；
(2) 点击Banana按钮，现在显示的是Banana这条消息；
(3) 导航至http://apress.com；
(4) 点击后退按钮返回到示例文档。

在这一串事件的最后，我回到了示例文档，但里面没有之前选择的记录。这是浏览器的常规行为，它处理浏览历史用的是URL。当我点击后退按钮时，浏览器就返回到示例文档的URL上，我则需要重新开始。这段会话历史看上去就像这样：

❑ http://titan/listings/example.html
❑ http://apress.com

27.6.2 在浏览历史里插入条目

History.pushState方法允许我们给浏览器历史添加一个URL，但带有一些约束条件。URL的服务器名称和端口号必须与当前文档的相同。添加URL的方法之一是只使用附在当前文档后面的查询字符串或锚片段，如代码清单27-7所示。

代码清单27-7　向浏览器历史添加一个条目

```
<!DOCTYPE HTML>
<html>
    <head>
        <title>Example</title>
    </head>
    <body>
        <p id="msg"></p>
        <button id="banana">Banana</button>
        <button id="apple">Apple</button>

        <script type="text/javascript">
            var sel = "No selection made";
            if (window.location.search == "?banana") {
                sel = "Selection: Banana";
            } else if (window.location.search == "?apple") {
                sel = "Selection: Apple";
            }
            document.getElementById("msg").innerHTML = sel;

            var buttons = document.getElementsByTagName("button");
            for (var i = 0; i < buttons.length; i++) {
                buttons[i].onclick = function(e) {
                    document.getElementById("msg").innerHTML = e.target.innerHTML;
                    window.history.pushState("", "", "?" + e.target.id);
                };
            }
        </script>
```

```
</body>
</html>
```

此示例中的脚本使用pushState方法来向浏览器历史添加一个条目。它添加的URL是当前文档的URL加上一个标识用户点击了哪个按钮的查询字符串。我还添加了一些代码，用Location对象（在第26章介绍）来读取查询字符串和所选择的值。这段脚本带来了两种用户可以识别的变化。第一种在用户点击某个按钮时出现，如图27-4所示。

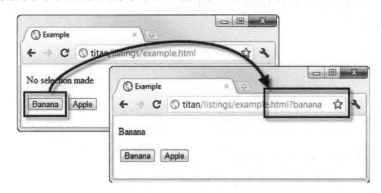

图27-4　将某个条目推入浏览器历史的效果

当用户点击Banana按钮时，我推入浏览器历史的URL会显示在浏览器的导航栏中。文档并没有被重新加载，只有浏览历史和显示的URL发生了变化。此时，浏览器历史看上去就像这样：

❑ http://titan/listings/example.html
❑ http://titan/listings/example.html?banana

用户点击某个按钮后，一个新的URL就会被添加到浏览历史当中，以此创建一个条目来记录用户的导航路径。这些额外条目的好处体现在用户导航至别处然后返回文档时，如图27-5所示。

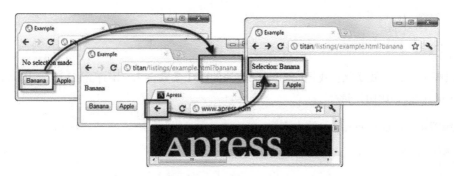

图27-5　在浏览器历史中保存应用程序的面包屑[①]

---

① 面包屑（breadcrumb）是指在用户界面上通过标注当前所在位置以及之前的各个节点来帮助用户导航。这一概念来源于格林童话故事《汉赛尔与格莱特》中主人公沿路撒面包屑以标记路径。——译者注

27.6.3 为不同的文档添加条目

当你向浏览器历史添加条目时,不需要局限于将查询字符串或者文档片段作为URL。你可以指定任何URL,只要它的来源和当前文档相同即可。不过,有一个特别之处需要注意。代码清单27-8对此进行了演示。

代码清单27-8 在浏览历史条目中使用不同的URL

```html
<!DOCTYPE HTML>
<html>
    <head>
        <title>Example</title>
    </head>
    <body>
        <p id="msg"></p>
        <button id="banana">Banana</button>
        <button id="apple">Apple</button>

        <script type="text/javascript">

            var sel = "No selection made";
            if (window.location.search == "?banana") {
                sel = "Selection: Banana";
            } else if (window.location.search == "?apple") {
                sel = "Selection: Apple";
            }
            document.getElementById("msg").innerHTML = sel;

            var buttons = document.getElementsByTagName("button");
            for (var i = 0; i < buttons.length; i++) {
                buttons[i].onclick = function(e) {
                    document.getElementById("msg").innerHTML = e.target.innerHTML;
                    window.history.pushState("", "", "otherpage.html?" + e.target.id);
                };
            }
        </script>
    </body>
</html>
```

这段脚本只有一处变化:我把pushState方法的URL参数设为otherpage.html。代码清单27-9列出了otherpage.html的内容。

代码清单27-9 otherpage.html的内容

```html
<!DOCTYPE HTML>
<html>
    <head>
        <title>Other Page</title>
    </head>
    <body>
        <h1>Other Page</h1>
        <p id="msg"></p>
```

```
<script>
    var sel = "No selection made";
    if (window.location.search == "?banana") {
        sel = "Selection: Banana";
    } else if (window.location.search == "?apple") {
        sel = "Selection: Apple";
    }
    document.getElementById("msg").innerHTML = sel;
</script>
</body>
</html>
```

我仍旧使用查询字符串来保存用户的选择,但是文档本身发生了改变。特别之处此时就会表现出来。图27-6展示了运行这个示例时你将会得到的结果。

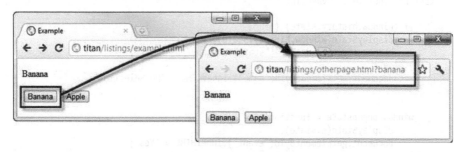

图27-6 在浏览历史条目中使用不同的URL

如图所示,导航框里显示的是另一个文档的URL,但文档自身并没有发生变化。陷阱就在这里:如果用户导航至别的文档,然后点击后退按钮,浏览器就可以选择是显示原本的文档(在这个例子中是example.html),还是显示所指定的文档(otherpage.html)。你没有办法控制它显示哪一种,更糟糕的是,不同的浏览器会以不同的方式进行处理。

27.6.4 在浏览历史中保存复杂状态

请注意当我在之前几个例子里使用pushState方法时,我给头两个参数用的是空字符串("")。中间这个参数会被所有的主流浏览器忽略,在这里不提也罢。但是第一个参数可能会很有用,因为它让你能在浏览器历史里将URL与一个复杂状态对象进行关联。

在之前的例子里,我用查询字符串来代表用户的选择。把它用于这样一段简单的数据是可行的,但如果你要保存更为复杂的数据,它就帮不上忙了。代码清单27-10演示了如何用pushState的第一个参数来保存更为复杂的数据。

代码清单27-10 在浏览器历史中保存状态对象

```
<!DOCTYPE HTML>
<html>
    <head>
        <title>Example</title>
        <style>
```

```html
            * { margin: 2px; padding: 4px; border-collapse: collapse;}
        </style>
    </head>
    <body>
        <table border="1">
            <tr><th>Name:</th><td id="name"></td></tr>
            <tr><th>Color:</th><td id="color"></td></tr>
            <tr><th>Size:</th><td id="size"></td></tr>
            <tr><th>State:</th><td id="state"></td></tr>
            <tr><th>Event:</th><td id="event"></td></tr>
        </table>
        <button id="banana">Banana</button>
        <button id="apple">Apple</button>

        <script type="text/javascript">

            if (window.history.state) {
                displayState(window.history.state);
                document.getElementById("state").innerHTML = "Yes";
            } else {
                document.getElementById("name").innerHTML = "No Selection";
            }

            window.onpopstate = function(e) {
                displayState(e.state);
                document.getElementById("event").innerHTML = "Yes";
            }

            var buttons = document.getElementsByTagName("button");
            for (var i = 0; i < buttons.length; i++) {
                buttons[i].onclick = function(e) {
                    var stateObj;
                    if (e.target.id == "banana") {
                        stateObj = {
                            name: "banana",
                            color: "yellow",
                            size: "large"
                        }
                    } else {
                        stateObj = {
                            name: "apple",
                            color: "red",
                            size: "medium"
                        }
                    }
                    window.history.pushState(stateObj, "");
                    displayState(stateObj);
                };
            }

            function displayState(stateObj) {
                document.getElementById("name").innerHTML = stateObj.name;
                document.getElementById("color").innerHTML = stateObj.color;
                document.getElementById("size").innerHTML = stateObj.size;
            }
```

```
            </script>
        </body>
</html>
```

在这个例子中，我用一个对象来代表用户的选择。它带有三个属性，分别是用户所选水果的名称、颜色和尺寸，就像这样：

```
stateObj = { name: "apple", color: "red", size: "medium"}
```

当用户做出选择后，我用History.pushState方法创建一个新的浏览历史条目，并把它与状态对象进行关联，就像这样：

```
window.history.pushState(stateObj, "");
```

我在这个例子中没有指定一个URL，这就意味着状态对象是关联到当前文档上。（我这么做是为了演示可能性。我本可以像之前的例子那样指定一个URL。）

当用户返回到你的文档，可以使用两种方式来取回状态对象。第一种方式是通过history.state属性，就像这样：

```
...
if (window.history.state) {
    displayState(window.history.state);
...
```

此时你面临一个问题：不是所有的浏览器都支持通过这个属性获取状态对象（比如Chrome就不支持）。要解决这个问题，必须同时监听popstate事件。我会在第30章解释事件，但这个例子对使用浏览历史功能而言十分重要，所以你可能应该在阅读那一章后返回这一节。下面这段代码会监听和响应popstate事件：

```
window.onpopstate = function(e) {
    displayState(e.state);
    document.getElementById("event").innerHTML = "Yes";
}
```

请注意我在一个table元素里显示状态信息，并加上了状态对象的获取细节：是通过属性还是通过事件。你可以在图27-7中看到它的显示情况，不过理解这个例子最好的方式还是亲手实验一下。

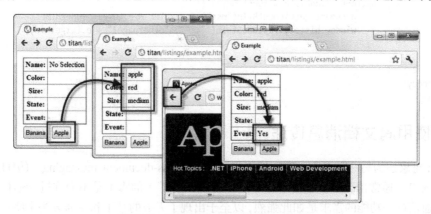

图27-7 使用浏览器历史中的状态对象

> **警告** 必须注意避免依赖状态信息的存在。浏览器的历史在很多情形下会丢失,包括用户有意删除它。

27.6.5 替换浏览历史中的条目

之前的那些例子都把焦点放在给当前文档的浏览历史添加条目上,但你还可以用replaceState方法来为当前文档替换条目。代码清单27-11对此进行了演示。

代码清单27-11 替换浏览器历史中的当前条目

```
<!DOCTYPE HTML>
<html>
    <head>
        <title>Example</title>
    </head>
    <body>
        <p id="msg"></p>
        <button id="banana">Banana</button>
        <button id="apple">Apple</button>

        <script type="text/javascript">
            var sel = "No selection made";
            if (window.location.search == "?banana") {
                sel = "Selection: Banana";
            } else if (window.location.search == "?apple") {
                sel = "Selection: Apple";
            }
            document.getElementById("msg").innerHTML = sel;

            var buttons = document.getElementsByTagName("button");
            for (var i = 0; i < buttons.length; i++) {
                buttons[i].onclick = function(e) {
                    document.getElementById("msg").innerHTML = e.target.innerHTML;
                    window.history.replaceState("", "", "otherpage?" + e.target.id);
                };
            }
        </script>
    </body>
</html>
```

27.7 使用跨文档消息传递

Window对象还为另一种名为"跨文档消息传递"(cross-document messaging)的HTML5新功能提供了入口。通常情况下,不同来源(被称为"origins")的脚本是不允许进行通信的,但是对脚本间通信这一功能的需求是如此强烈,以至于出现了无数的补丁和变通方法来绕过浏览器的安全防护措施。

> **注意** 这是一个会用到事件的高级主题,我将在第30章介绍事件。你可能应该先去看看那一章,然后再回来阅读本节内容。

理解脚本的来源

浏览器通过URL的各个组成部分来判断某个资源(比如一个脚本)的来源。不同来源的脚本间会被加上交互和通信限制。如果两个脚本的协议、主机名和端口号相同,那么它们就被认为是拥有同一个来源,即使URL的其他部分不一样也是如此。下面的表格给出了一些例子,其中的每一项都是与http://titan.mydomain.com/example.html这个URL进行比较。

URL	结 果
http://titan.mydomain.com/apps/other.html	来源相同
https://titan.mydomain.com/apps/other.html	来源不同,协议不一致
http://titan:**81**.mydomain.com/apps/example.html	来源不同,端口号不一致
http://**myserver**.mydomain.com/doc.html	来源不同,主机不一致

脚本可以使用document.domain属性来改变它们的来源,但是只能扩展当前URL的涵盖范围。举个例子,来源于http://server1.domain.com和http://server2.domain.com的两个脚本可以把它们的domain属性都设置为domain.com以获得相同的来源。

HTML5通过Window里的方法为这类通信提供了一种规范,如表27-8所示。

表27-8 跨文档消息传递方法

名 称	说 明	返 回
postMessage(<msg>, <origin>)	给另一个文档发送指定的消息	void

作为给这个功能设置的一个场景,代码清单27-12展示了我想要解决的问题。

代码清单27-12 跨文档问题

```
<!DOCTYPE HTML>
<html>
    <head>
        <title>Example</title>
    </head>
    <body>
        <p id="status">Ready</p>
        <button id="send">Send Message</button>
        <p>
            <iframe name="nested" src="http://titan:81/otherdomain.html" width="90%"
                height="75px"></iframe>
        </p>
        <script>
```

```
                document.getElementById("send").onclick = function() {
                    document.getElementById("status").innerHTML = "Message Sent";
                }
            </script>
        </body>
</html>
```

这个文档包含一个iframe元素,用于载入一个不同来源的文档。脚本只有来自相同的主机和端口才算属于同一个来源。我会从名为titan的服务器上的80端口载入这个文档,因此81端口的另一个服务器就被认为是不同的来源。代码清单27-13展示了文档otherdomain.html的内容,它会由iframe载入。

代码清单27-13　文档otherdomain.html

```
<!DOCTYPE HTML>
<html>
    <head>
        <title>Other Page</title>
    </head>
    <body>
        <h1 id="banner">This is the nested document</h1>
        <script>
            function displayMessage(msg) {
                document.getElementById("banner").innerHTML = msg;
            }
        </script>
    </body>
</html>
```

主文档example.html的目标是能够调用嵌入文档otherdomain.html里script元素所定义的displayMessage函数。

我将使用postMessage方法,但是我需要在包含目标文档的Window上调用这个方法。幸运的是,Window对象提供了寻找嵌入文档所需的支持,如表27-9所示。

表27-9　寻找内嵌的Window

名称	说明	返回
defaultView	返回活动文档的Window	Window
frames	返回文档内嵌iframe元素的Window对象数组	Window[]
opener	返回打开当前浏览上下文环境的Window	Window
parent	返回当前Window的父Window	Window
self	返回当前文档的Window	Window
top	返回最上层的Window	Window
length	返回文档内嵌的iframe元素数量	数值
[<index>]	返回指定索引位置内嵌文档的Window	Window
[<name>]	返回指定名称内嵌文档的Window	Window

在这个例子里，我将使用数组风格的表示法来定位我要的Window对象，这样就能调用postMessage方法了。代码清单27-14展示了文档example.html所需要添加的代码。

代码清单27-14 定位Window对象并调用postMessage方法

```html
<!DOCTYPE HTML>
<html>
    <head>
        <title>Example</title>
    </head>
    <body>
        <p id="status">Ready</p>
        <button id="send">Send Message</button>
        <p>
            <iframe name="nested" src="http://titan:81/otherdomain.html" width="90%"
                    height="75px"></iframe>
        </p>
        <script>
            document.getElementById("send").onclick = function() {
                window["nested"].postMessage("I like apples", "http://titan:81");
                document.getElementById("status").innerHTML = "Message Sent";
            }
        </script>
    </body>
</html>
```

先找到目标Window对象（window["nested"]），它包含我想要发送消息的脚本，接着再调用postMessage方法。其中的两个参数是我想要发送的消息和目标脚本的来源。来源在这个例子中是http://titan:81，但如果你正在重现这个例子，则会根据你的运行环境有所不同。

> **警告** 作为一项安全措施，如果调用postMessage方法时目标来源错误，浏览器就会丢弃这条消息。

为了接收这条消息，我需要在另一个脚本里监听message事件。（之前提示过，我会在第30章解释事件。如果你不熟悉事件和它们的操作方法，现在也许应该去阅读那一章。）浏览器会传递一个MessageEvent对象，它定义的属性如表27-10所示。

表27-10 MessageEvent的属性

名 称	说 明	返 回
data	返回别的脚本发送的消息	对象
origin	返回发送消息脚本的来源	字符串
source	返回发送消息脚本所关联的窗口	Window

代码清单27-15展示了如何使用message事件来接收跨文档的消息。

代码清单27-15　监听message事件

```
<!DOCTYPE HTML>
<html>
    <head>
        <title>Other Page</title>
    </head>
    <body>
        <h1 id="banner">This is the nested document</h1>
        <script>
            window.addEventListener("message", receiveMessage, false);

            function receiveMessage(e) {
                if (e.origin == "http://titan") {
                    displayMessage(e.data);
                } else {
                    displayMessage("Message Discarded");
                }
            }

            function displayMessage(msg) {
                document.getElementById("banner").innerHTML = msg;
            }
        </script>
    </body>
</html>
```

从第30章可以了解addEventListener方法。请注意当收到message事件时，我会检查MessageEvent对象的origin属性，以确保我能识别并信任另一个脚本。这是个重要的预防措施，防止对来自未知和不受信任脚本的消息进行操作。现在我就有了一套简单的机制，可以从一个脚本向另一个发送消息，即使它们的来源不同也没问题。从图27-8可以看到这种效果。

图27-8　使用跨文档消息传递功能

27.8　使用计时器

Window对象提供的一个有用功能是可以设置一次性和循环的计时器。这些计时器被用于在预设的时间段后执行某个函数。表27-11概述了支持这项功能的方法。

表27-11 计时方法

名称	说明	返回
clearInterval(<id>)	撤销某个时间间隔计时器	void
clearTimeout(<id>)	撤销某个超时计时器	void
setInterval(<function>, <time>)	创建一个计时器，每隔time毫秒调用指定的函数	整数
setTimeout(<function>, <time>)	创建一个计时器，等待time毫秒后调用指定的函数	整数

setTimeout方法创建的计时器只执行一次指定的函数，而setInterval方法创建的计时器会重复执行某个函数。这些方法返回一个唯一的标识符，你可以稍后把它们作为clearTimeout和clearInterval方法的参数来撤销计时器。代码清单27-16展示了如何使用这些计时器方法。

代码清单27-16　使用计时器方法

```html
<!DOCTYPE HTML>
<html>
    <head>
        <title>Example</title>
    </head>
    <body>
        <p id="msg"></p>
        <p>
            <button id="settime">Set Time</button>
            <button id="cleartime">Clear Time</button>
            <button id="setinterval">Set Interval</button>
            <button id="clearinterval">Clear Interval</button>
        </p>
        <script>
            var buttons = document.getElementsByTagName("button");
            for (var i = 0; i < buttons.length; i++) {
                buttons[i].onclick = handleButtonPress;
            }

            var timeID;
            var intervalID;
            var count = 0;

            function handleButtonPress(e) {
                if (e.target.id == "settime") {
                    timeID = window.setTimeout(function() {
                        displayMsg("Timeout Expired");
                    }, 5000);
                    displayMsg("Timeout Set");
                } else if (e.target.id == "cleartime") {
                    window.clearTimeout(timeID);
                    displayMsg("Timeout Cleared");
                } else if (e.target.id == "setinterval") {
                    intervalID = window.setInterval(function() {
                        displayMsg("Interval expired. Counter: " + count++);
```

```
            }, 2000);
            displayMsg("Interval Set");
        } else if (e.target.id == "clearinterval") {
            window.clearInterval(intervalID);
            displayMsg("Interval Cleared");
        }
    }
    function displayMsg(msg) {
        document.getElementById("msg").innerHTML = msg;
    }
    </script>
  </body>
</html>
```

这个例子中的脚本会设置并撤销超时计时器与时间间隔计时器，这些计时器调用displayMsg函数来设置某个p元素的内容。从图27-9可以看到实现的效果。

图27-9　使用超时计时器和时间间隔计时器

超时计时器和时间间隔计时器也许很有用，但你应该仔细考虑如何使用它们。用户通常期望一个应用程序的状态保持不变，除非他们正在直接与其交互。如果你只是用计时器自动改变应用程序的状态，那么应该思考这样做的结果是对用户有帮助，还是完全只是在烦人。

27.9　小结

本章我向你展示了由Window对象所归组的奇特功能集合。其中一些功能直接与窗口有关，例如获取浏览器窗口和所属屏幕的内外尺寸。其他功能就不那么直接相关了，它们包括浏览历史和跨文档消息传递功能，两者都是重要的HTML5功能。

第 28 章 使用DOM元素

我在前一章讨论文档级功能时涉及了HTMLElement对象的某些功能。现在我们可以把焦点转移到元素对象本身，给予它应有的重视了。在这一章里，我会向你展示各种不同的HTMLElement属性和方法，并演示如何使用它们。表28-1提供了这一章的概要。请注意，不是所有示例都能在任意主流浏览器上正常工作。

表28-1 本章内容概要

问 题	解决方案	代码清单
获取元素的信息	使用HTMLElement的元数据属性	28-1
获取或设置包含某个元素所属全部类的单个字符串	使用className属性	28-2
检查或修改元素的各个类	使用classList属性	28-3
获取或设置元素的属性	使用attribute、getAttribute、setAttribute、removeAttribute和hasAttribute方法	28-4 ~ 28-6
获取或设置元素的自定义属性	使用dataset属性	28-5
操作元素的文本内容	使用Text对象	28-7 ~ 28-9
创建或删除元素	使用以document.create开头的方法以及用于管理子元素的HTMLElement方法	28-10
复制元素	使用cloneNode方法	28-11
移动元素	使用appendChild方法	28-12
比较两个对象是否相同	使用isSameNode方法	28-13
比较两个元素是否相同	使用isEqualNode方法	28-14
直接操作HTML片段	使用innerHTML和IouterHTML属性以及insertAdjacentHTML方法	28-15 ~ 28-17
在文本块里插入元素	使用splitText和IappendChild方法	28-18

28.1 使用元素对象

HTMLElement对象提供了一组属性，你可以用它们来读取和修改被代表元素的数据。表28-2介绍了这些属性。

表28-2 元素数据属性

属　性	说　明	返　回
checked	获取或设置checked属性是否存在	布尔值
classList	获取或设置元素所属的类列表	DOMTokenList
className	获取或设置元素所属的类列表	字符串
dir	获取或设置dir属性的值	字符串
disabled	获取或设置disabled属性是否存在	布尔值
hidden	获取或设置hidden属性是否存在	布尔值
id	获取或设置id属性的值	字符串
lang	获取或设置lang属性的值	字符串
spellcheck	获取或设置spellcheck属性是否存在	布尔值
tabIndex	获取或设置tabindex属性的值	数值
tagName	返回标签名（标识元素类型）	字符串
title	获取或设置title属性的值	字符串

代码清单28-1展示了如何使用表中所列的一些基本属性。

代码清单28-1　使用基本元素数据属性

```
<!DOCTYPE HTML>
<html>
    <head>
        <title>Example</title>
        <meta name="author" content="Adam Freeman"/>
        <meta name="description" content="A simple example"/>
        <link rel="shortcut icon" href="favicon.ico" type="image/x-icon" />
        <style>
            p {border: medium double black;}
        </style>
    </head>
    <body>

        <p id="textblock" dir="ltr" lang="en-US">
            There are lots of differentß kinds of fruit - there are over 500 varieties
            of <span id="banana">banana</span> alone. By the time we add the countless
            types of <span id="apple">apples</span>,
            <span="orange">oranges</span>, and other well-known fruit, we are
            faced with thousands of choices.
        </p>

        <pre id="results"></pre>
        <script>
            var results = document.getElementById("results");
            var elem = document.getElementById("textblock");

            results.innerHTML += "tag: " + elem.tagName + "\n";
            results.innerHTML += "id: " + elem.id + "\n";
            results.innerHTML += "dir: " + elem.dir + "\n";
```

```
            results.innerHTML += "lang: " + elem.lang + "\n";
            results.innerHTML += "hidden: " + elem.hidden + "\n";
            results.innerHTML += "disabled: " + elem.disabled + "\n";
        </script>
    </body>
</html>
```

从图28-1可以看到浏览器为这些属性所提供的结果。

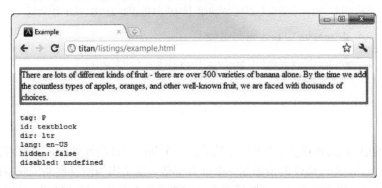

图28-1　获取某个元素的信息

28.1.1　使用类

你可以用两种方式处理某个元素所属的类。第一种方式是使用className属性，它会返回一个类的列表。通过改变这个字符串的值，你就能添加或移除类。你可以在代码清单28-2里看到用这种方式来读取和修改类。

提示　类的一个常见用途是有针对性地给元素应用样式。你将在第29章里学会如何在DOM里操作样式。

代码清单28-2　使用className属性

```
<!DOCTYPE HTML>
<html>
    <head>
        <title>Example</title>
        <meta name="author" content="Adam Freeman"/>
        <meta name="description" content="A simple example"/>
        <link rel="shortcut icon" href="favicon.ico" type="image/x-icon" />
        <style>
            p {
                border: medium double black;
            }
            p.newclass {
                background-color: grey;
```

```
        color: white;
    }
    </style>
</head>
<body>
    <p id="textblock" class="fruit numbers">
        There are lots of different kinds of fruit - there are over 500 varieties
        of banana alone. By the time we add the countless types of apples, oranges,
        and other well-known fruit, we are faced with thousands of choices.
    </p>
    <button id="pressme">Press Me</button>
    <script>
        document.getElementById("pressme").onclick = function(e) {
            document.getElementById("textblock").className += " newclass";
        };
    </script>
</body>
</html>
```

在这个例子中，点击按钮会触发脚本，然后使一个新的类被附加到元素的类列表上。请注意，我需要给附加到className属性的值添加一个前置空格。这是因为浏览器期望获得由空格间隔的类列表。当我做出这样的修改后，浏览器就会应用那些基于类选择器的样式，这就意味着示例会发生明显的视觉变化，如图28-2所示。

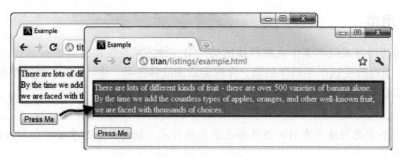

图28-2　使用className属性

当你想要快速给某个元素添加类时，className属性是易于使用的，但如果你想要做别的事（比如移除一个类），用它就很困难了。幸好，可以使用classList属性，它返回的是一个DOMTokenList对象。这个对象定义了一些有用的方法和属性来管理类列表，如表28-3所示。

表28-3　DOMTokenList的成员

成　　员	说　　明	返　　回
add(<class>)	给元素添加指定的类	void
contains(<class>)	如果元素属于指定的类就返回true	布尔值
length	返回元素所属类的数量	数值
remove(<class>)	从元素上移除指定的类	void
toggle(<class>)	如果类不存在就添加它，如果存在就移除它	布尔值

除了这些属性和方法,还可以使用数组风格的表示法,通过索引来获得类。代码清单28-3展示了如何使用DOMTokenList对象。

代码清单28-3 使用classList属性

```html
<!DOCTYPE HTML>
<html>
    <head>
        <title>Example</title>
        <meta name="author" content="Adam Freeman"/>
        <meta name="description" content="A simple example"/>
        <link rel="shortcut icon" href="favicon.ico" type="image/x-icon" />
        <style>
            p {
                border: medium double black;
            }
            p.newclass {
                background-color: grey;
                color: white;
            }
        </style>
    </head>
    <body>
        <p id="textblock" class="fruit numbers">
            There are lots of different kinds of fruit - there are over 500 varieties
            of banana alone. By the time we add the countless types of apples, oranges,
            and other well-known fruit, we are faced with thousands of choices.
        </p>
        <pre id="results"></pre>
        <button id="toggle">Toggle Class</button>
        <script>
            var results = document.getElementById("results");
            document.getElementById("toggle").onclick = toggleClass;

            listClasses();
            function listClasses() {
                var classlist = document.getElementById("textblock").classList;
                results.innerHTML = "Current classes: "
                for (var i = 0; i < classlist.length; i++) {
                    results.innerHTML += classlist[i] + " ";
                }
            }

            function toggleClass() {
                document.getElementById("textblock").classList.toggle("newclass");
                listClasses();
            }
        </script>
    </body>
</html>
```

在这个例子里,listClasses函数使用classList属性来获取和枚举p元素所属的类,并使用数组风格的索引表示法来得到类名。

toggleClass函数会在点击按钮时被调用，它使用toggle方法添加和移除一个名为newclass的类。这个类关联了一个样式，从图28-3可以看到类的变化所带来的视觉效果。

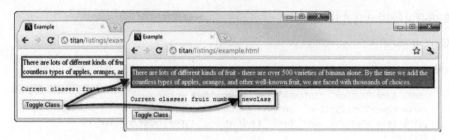

图28-3　枚举和切换一个类

28.1.2　使用元素属性

HTMLElement对象既有一些属性来对应最重要的HTML全局属性，又支持对单个元素的任意属性进行读取和设置。表28-4介绍了HTMLElement对象为这个目的所定义的可用方法和属性。

表28-4　与HTML属性相关的属性和方法

成员	说明	返回
attributes	返回应用到元素上的属性	Attr[]
dataset	返回以data-开头的属性	字符串数组[<name>]
getAttribute(<name>)	返回指定属性的值	字符串
hasAttribute(<name>)	如果元素带有指定的属性则返回true	布尔值
removeAttribute(<name>)	从元素上移除指定属性	void
setAttribute(<name>, <value>)	应用一个指定名称和值的属性	void

这四种操作属性的方法易于使用，所表现的行为也是可预料的。代码清单28-4演示了如何使用这些方法。

代码清单28-4　使用属性方法

```
<!DOCTYPE HTML>
<html>
    <head>
        <title>Example</title>
        <meta name="author" content="Adam Freeman"/>
        <meta name="description" content="A simple example"/>
        <link rel="shortcut icon" href="favicon.ico" type="image/x-icon" />
        <style>
            p {border: medium double black;}
        </style>
    </head>
    <body>
```

```
<p id="textblock" class="fruit numbers">
    There are lots of different kinds of fruit - there are over 500 varieties
    of banana alone. By the time we add the countless types of apples, oranges,
    and other well-known fruit, we are faced with thousands of choices.
</p>
<pre id="results"></pre>
<script>
    var results = document.getElementById("results");
    var elem = document.getElementById("textblock");

    results.innerHTML = "Element has lang attribute: "
        + elem.hasAttribute("lang") + "\n";
    results.innerHTML += "Adding lang attribute\n";
    elem.setAttribute("lang", "en-US");
    results.innerHTML += "Attr value is : " + elem.getAttribute("lang") + "\n";
    results.innerHTML += "Set new value for lang attribute\n";
    elem.setAttribute("lang", "en-UK");
    results.innerHTML += "Value is now: " + elem.getAttribute("lang") + "\n";
</script>
</body>
</html>
```

在这个例子里，我检查、添加并修改了lang属性的值。从图28-4中可以看到这段脚本所产生的效果。

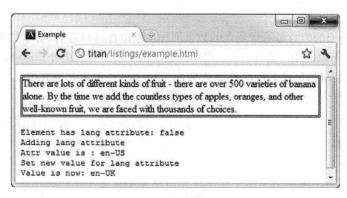

图28-4 使用属性方法

1. 使用以data-开头的属性

第3章中介绍了HTML5是如何支持带data-前缀的自定义属性的，如data-mycustomattribute。在DOM里可以通过dataset属性来操作这些自定义属性，它会返回一个包含值的数组，其索引根据的是名称的自定义部分。代码清单28-5包含了一个例子。

代码清单28-5 使用dataset属性

```
<!DOCTYPE HTML>
<html>
    <head>
        <title>Example</title>
```

```html
        <meta name="author" content="Adam Freeman"/>
        <meta name="description" content="A simple example"/>
        <link rel="shortcut icon" href="favicon.ico" type="image/x-icon" />
        <style>
            p {border: medium double black;}
        </style>
    </head>
    <body>
        <p id="textblock" class="fruit numbers" data-fruit="apple" data-sentiment="like">
            There are lots of different kinds of fruit - there are over 500 varieties
            of banana alone. By the time we add the countless types of apples, oranges,
            and other well-known fruit, we are faced with thousands of choices.
        </p>
        <pre id="results"></pre>
        <script>
            var results = document.getElementById("results");
            var elem = document.getElementById("textblock");

            for (var attr in elem.dataset) {
                results.innerHTML += attr + "\n";
            }

            results.innerHTML += "Value of data-fruit attr: " + elem.dataset["fruit"];
        </script>
    </body>
</html>
```

dataset属性返回的值数组不像通常的数组那样根据位置进行索引。如果你想要枚举以data-*开头的各个属性，可以使用一条for...in语句，如示例所示。除此之外，还可以通过名称来请求值。请注意你只需要提供属性名称的自定义部分。举个例子，如果想要获得data-fruit属性的值，就应该请求dataset["fruit"]的值。从图28-5可以看到这段脚本的效果。

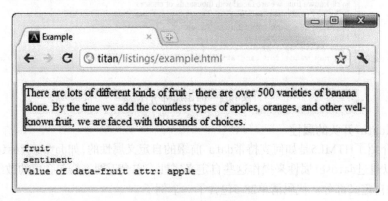

图28-5　使用dataset属性

2. 使用所有属性

可以通过attributes属性获得一个包含某元素所有属性的集合，它会返回一个由Attr对象构成的数组。表28-5介绍了Attr对象的属性。

表28-5 Attr对象的属性

属性	说明	返回
name	返回属性的名称	字符串
value	获取或设置属性的值	字符串

代码清单28-6展示了如何使用attributes属性和Attr对象来读取与修改某个元素的属性。

代码清单28-6 使用attributes属性

```
<!DOCTYPE HTML>
<html>
    <head>
        <title>Example</title>
        <meta name="author" content="Adam Freeman"/>
        <meta name="description" content="A simple example"/>
        <link rel="shortcut icon" href="favicon.ico" type="image/x-icon" />
        <style>
            p {border: medium double black;}
        </style>
    </head>
    <body>
        <p id="textblock" class="fruit numbers" data-fruit="apple" data-sentiment="like">
            There are lots of different kinds of fruit - there are over 500 varieties
            of banana alone. By the time we add the countless types of apples, oranges,
            and other well-known fruit, we are faced with thousands of choices.
        </p>
        <pre id="results"></pre>
        <script>
            var results = document.getElementById("results");
            var elem = document.getElementById("textblock");

            var attrs = elem.attributes;

            for (var i = 0; i < attrs.length; i++) {
                results.innerHTML += "Name: " + attrs[i].name + " Value: "
                    + attrs[i].value + "\n";
            }

            attrs["data-fruit"].value = "banana";

            results.innerHTML += "Value of data-fruit attr: "
                + attrs["data-fruit"].value;
        </script>
    </body>
</html>
```

正如你从上面的代码中看到的，Attr对象数组中的各个属性同时根据位置和名称进行索引。在这个例子里，我枚举了应用到某个元素上的属性名称和值，然后修改了其中一个的值。从图28-6可以看到这段脚本的效果。

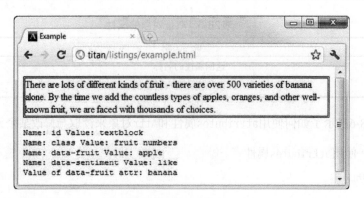

图28-6　使用attributes属性

28.2　使用 Text 对象

元素的文本内容是由Text对象代表的,它在文档模型里表现为元素的子对象。代码清单28-7展示了带有一段文本内容的元素。

代码清单28-7　一个带有文本内容的元素

```
...
<p id="textblock" class="fruit numbers" data-fruit="apple" data-sentiment="like">
    There are lots of different kinds of fruit - there are over 500 varieties
    of banana alone. By the time we add the countless types of apples, oranges,
    and other well-known fruit, we are faced with thousands of choices.
</p>
...
```

当浏览器在文档模型里生成p元素的代表时,元素自身会有一个HTMLElement对象,内容则会有一个Text对象,如图28-7所示。

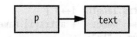

图28-7　代表一个元素和其内容的对象之间的关系

如果一个元素拥有多个子对象且它们都包含文本,那么这些对象都会以同样的方式进行处理。代码清单28-8给这个段落添加了一个元素。

代码清单28-8　给段落添加一个元素

```
...
<p id="textblock" class="fruit numbers" data-fruit="apple" data-sentiment="like">
    There are lots of different kinds of fruit - there are over <b>500</b> varieties
    of banana alone. By the time we add the countless types of apples, oranges,
    and other well-known fruit, we are faced with thousands of choices.
</p>
...
```

b元素的添加改变了用于代表p元素及其内容的节点层级结构，如图28-8所示。

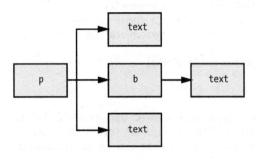

图28-8　给段落添加一个元素后的效果

p元素的第一个子对象是个Text对象，它代表从文本块开头到b元素的文本。然后是b元素，它有着自己的Text子对象，代表开始标签和结束标签之间的文本。接下来是p元素的最后一个子对象，这个Text对象代表b元素之后直到文本块末尾的文本。表28-6介绍了Text对象支持的成员。

表28-6　Text对象的成员

成员	说明	返回
appendData(<string>)	把指定字符串附加到文本块末尾	void
data	获取或设置文本	字符串
deleteData(<offset>, <count>)	从文本中移除字符串。第一个数字是偏移量，第二个是要移除的字符数量	void
insertData(<offset>, <string>)	在指定偏移量处插入指定字符串	void
length	返回字符的数量	数值
replaceData(<offset>, <count>, <string>)	用指定字符串替换一段文本	void
replaceWholeText(<string>)	替换全部文本	Text
splitText(<number>)	将现有的Text元素在指定偏移量处一分为二（这个方法的演示请参见28.3.6节）	Text
substringData(<offset>, <count>)	返回文本的子串	字符串
wholeText	获取文本	字符串

不幸的是，没有什么方便的方法能定位Text元素，只能先找到它们的父元素对象，然后在其子对象中查找。这使得Text元素不必要地难以使用。代码清单28-9展示了某些Text元素方法和属性的用法。

代码清单28-9　处理文本

```
<!DOCTYPE HTML>
<html>
    <head>
```

```html
        <title>Example</title>
        <meta name="author" content="Adam Freeman"/>
        <meta name="description" content="A simple example"/>
        <link rel="shortcut icon" href="favicon.ico" type="image/x-icon" />
        <style>
            p {border: medium double black;}
        </style>
    </head>
    <body>
        <p id="textblock" class="fruit numbers" data-fruit="apple" data-sentiment="like">
            There are lots of different kinds of fruit - there are over <b>500</b>
            varieties of banana alone. By the time we add the countless types of apples,
            oranges, and other well-known fruit, we are faced with thousands of choices.
        </p>
        <button id="pressme">Press Me</button>
        <pre id="results"></pre>
        <script>
            var results = document.getElementById("results");
            var elem = document.getElementById("textblock");

            document.getElementById("pressme").onclick = function() {
                var textElem = elem.firstChild;
                results.innerHTML = "The element has " + textElem.length + " chars\n";
                textElem.replaceWholeText("This is a new string ");
            };
        </script>
    </body>
</html>
```

当button元素被按下，我会显示出p元素第一个Text子对象里的字符数量，并用replaceWholeText方法修改它的内容。

> **警告** 操作文本时有一点需要注意：空白字符是不会被压缩的。这就意味着你用来组织HTML结构的空格和其他空白字符都会被计算为文本的一部分。

28.3 修改模型

在之前的几节里，我向你展示了如何使用DOM来修改各个元素。比如，你可以修改它们的属性和文本内容。你能够这么做的原因是文档自身与DOM之间有着实时的连接。一旦你对DOM做了改动，浏览器就会让文档发生相应的变化。你可以进一步利用这种连接来改变文档自身的结构。你可以按照任何你想要的方式添加、移除和复制元素。具体而言就是改动DOM的层级结构，因为连接是实时的，所以你对层级结构所做的改动会立即反映到浏览器中。表28-7介绍了可用于修改DOM层级结构的属性和方法。

28.3 修改模型

表28-7 DOM操纵成员

成员	说明	返回
appendChild(HTMLElement)	将指定元素添加为当前元素的子元素	HTMLElement
cloneNode(boolean)	复制一个元素	HTMLElement
compareDocumentPosition(HTMLElement)	判断一个元素的相对位置	数值
innerHTML	获取或设置元素的内容	字符串
insertAdjacentHTML(<pos>, <text>)	相对于元素插入HTML	void
insertBefore(<newElem>, <childElem>)	在第二个（子）元素之前插入第一个元素	HTMLElement
isEqualNode(<HTMLElement>)	判断指定元素是否与当前元素相同	布尔值
isSameNode(HTMLElement)	判断指定元素是否就是当前元素	布尔值
outerHTML	获取或设置某个元素的HTML和内容	字符串
removeChild(HTMLElement)	从当前元素上移除指定的子元素	HTMLElement
replaceChild(HTMLElement, HTMLElement)	替换当前元素的某个子元素	HTMLElement

这些属性和方法对所有元素对象都是可用的。另外，document对象定义了两个允许你创建新元素的方法。当你想给文档添加内容时它们至关重要。表28-8介绍了这些创建方法。

表28-8 DOM操纵成员

成员	说明	返回
createElement(<tag>)	创建一个属于指定标签类型的新HTMLElement对象	HTMLElement
createTextNode(<text>)	创建一个带有指定内容的新Text对象	Text

28.3.1 创建和删除元素

你需要通过document对象创建新的元素，然后找到一个现存的HTMLElement，并使用之前介绍的某种方法来插入它们。代码清单28-10对此进行了演示。

代码清单28-10 创建和删除元素

```
<!DOCTYPE HTML>
<html>
    <head>
        <title>Example</title>
        <meta name="author" content="Adam Freeman"/>
        <meta name="description" content="A simple example"/>
        <link rel="shortcut icon" href="favicon.ico" type="image/x-icon" />
        <style>
```

```html
            table {
                border: solid thin black;
                border-collapse: collapse;
                margin: 10px;
            }
            td { padding: 4px 5px; }
        </style>
    </head>
    <body>
        <table border="1">
            <thead><th>Name</th><th>Color</th></thead>
            <tbody id="fruitsBody">
                <tr><td>Banana</td><td>Yellow</td></tr>
                <tr><td>Apple</td><td>Red/Green</td></tr>
            </tbody>
        </table>

        <button id="add">Add Element</button>
        <button id="remove">Remove Element</button>

        <script>
            var tableBody = document.getElementById("fruitsBody");

            document.getElementById("add").onclick = function() {
                var row = tableBody.appendChild(document.createElement("tr"));
                row.setAttribute("id", "newrow");
                row.appendChild(document.createElement("td"))
                    .appendChild(document.createTextNode("Plum"));
                row.appendChild(document.createElement("td"))
                    .appendChild(document.createTextNode("Purple"));
            };

            document.getElementById("remove").onclick = function() {
                var row = document.getElementById("newrow");
                row.parentNode.removeChild(row);
            }
        </script>
    </body>
</html>
```

这个例子中的脚本使用DOM来添加和移除一张HTML table的行（第11章介绍过）。在添加行时，我会首先创建一个tr元素，然后把它作为td和Text对象的父元素。请注意我是怎样利用方法返回的结果进行链式调用的，这样做同时也（略微）简化了代码。

如你所见，创建元素的过程很辛苦。你需要创建元素，把它与父元素进行关联，然后对所有的子元素或文本内容重复这一过程。移除元素的过程同样很别扭。必须找到元素，导航至它的父元素，然后使用removeChild方法。从图28-9可以看到这段脚本的效果。

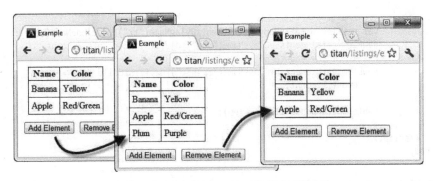

图28-9　使用DOM来创建和移除元素

28.3.2　复制元素

可以使用cloneNode方法来复制现有的元素。这个方法有时候很方便，因为它允许你不必从头开始创建想要的元素。代码清单28-11演示了这种技巧。

代码清单28-11　复制元素

```
<!DOCTYPE HTML>
<html>
    <head>
        <title>Example</title>
        <meta name="author" content="Adam Freeman"/>
        <meta name="description" content="A simple example"/>
        <link rel="shortcut icon" href="favicon.ico" type="image/x-icon" />
        <style>
            table {
                border: solid thin black;
                border-collapse: collapse;
                margin: 10px;
            }
            td { padding: 4px 5px; }
        </style>
    </head>
    <body>
        <table border="1">
            <thead><tr><th>Multiply</th><th>Result</th></tr></thead>
            <tbody id="fruitsBody">
                <tr><td class="sum">1 x 1</td><td class="result">1</td></tr>
            </tbody>
        </table>

        <button id="add">Add Row</button>
        <script>
            var tableBody = document.getElementById("fruitsBody");

            document.getElementById("add").onclick = function() {
                var count = tableBody.getElementsByTagName("tr").length + 1;
```

```
            var newElem = tableBody.getElementsByTagName("tr")[0].cloneNode(true);
            newElem.getElementsByClassName("sum")[0].firstChild.data = count
                + " * " + count;
            newElem.getElementsByClassName("result")[0].firstChild.data =
                count * count;

            tableBody.appendChild(newElem);
        };
    </script>
    </body>
</html>
```

在这个例子中,我通过复制表格里现有的一行来创建更多的行。cloneNode方法的布尔值参数指定了是否应该同时复制该元素的所有子元素。在这个例子中,我将它设为true,因为我想让tr元素所含的那些td元素构筑起新行的结构。

> 提示 请注意示例中为了设置单元格文本而使用的别扭方法。处理Text对象真的很让人头疼。还有一种更加简单的方法,请参见28.3.5节。

28.3.3 移动元素

要把元素从文档的一处移到另一处,需要做的仅仅是把待移动的元素关联到新的父元素上,而不需要让该元素脱离它的初始位置。代码清单28-12通过把表格的某一行移至另一个表格对此进行了演示。

代码清单28-12 移动元素

```
<!DOCTYPE HTML>
<html>
    <head>
        <title>Example</title>
        <meta name="author" content="Adam Freeman"/>
        <meta name="description" content="A simple example"/>
        <link rel="shortcut icon" href="favicon.ico" type="image/x-icon" />
        <style>
            table {
                border: solid thin black;
                border-collapse: collapse;
                margin: 10px;
                float: left;
            }
            td { padding: 4px 5px; }
            p { clear:left; }
        </style>
    </head>
    <body>
        <table border="1">
```

```
            <thead><tr><th>Fruit</th><th>Color</th></tr></thead>
            <tbody>
                <tr><td>Banana</td><td>Yellow</td></tr>
                <tr id="apple"><td>Apple</td><td>Red/Green</td></tr>
            </tbody>
        </table>

        <table border="1">
            <thead><tr><th>Fruit</th><th>Color</th></tr></thead>
            <tbody id="fruitsBody">
                <tr><td>Plum</td><td>Purple</td></tr>
            </tbody>
        </table>

        <p>
            <button id="move">Move Row</button>
        </p>
        <script>
            document.getElementById("move").onclick = function() {
                var elem = document.getElementById("apple");
                document.getElementById("fruitsBody").appendChild(elem);
            };
        </script>
    </body>
</html>
```

当button元素被按下后，脚本会移动id为apple的tr元素，具体做法是在id为fruitsBody的tbody元素上调用appendChild方法。这么做就实现了把该行从一个表格移动到另一个表格的效果，如图28-10所示。

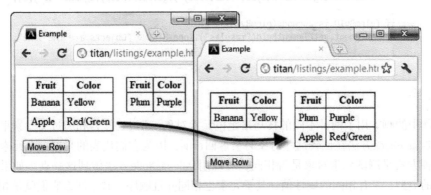

图28-10　把元素从文档的一处移至另一处

28.3.4　比较元素对象

可以通过两种方式来比较元素对象。第一种方式是简单地检查它们是否代表了同一个元素，用isSameNode方法可以做到这一点。这让你能够比较从不同查询中获得的对象，如代码清单28-13所示。

代码清单28-13 比较元素对象

```
<!DOCTYPE HTML>
<html>
    <head>
        <title>Example</title>
        <meta name="author" content="Adam Freeman"/>
        <meta name="description" content="A simple example"/>
        <link rel="shortcut icon" href="favicon.ico" type="image/x-icon" />
        <style>
            table {
                border: solid thin black;
                border-collapse: collapse;
            }
            td { padding: 4px 5px; }
        </style>
    </head>
    <body>
        <table border="1">
            <thead><tr><th>Fruit</th><th>Color</th></tr></thead>
            <tbody id="fruitsBody">
                <tr id="plumrow"><td>Plum</td><td>Purple</td></tr>
            </tbody>
        </table>
        <pre id="results"></pre>
        <script>
            var elemByID = document.getElementById("plumrow");
            var elemByPos
                = document.getElementById("fruitsBody").getElementsByTagName("tr")[0];

            if (elemByID.isSameNode(elemByPos)) {
                document.getElementById("results").innerHTML = "Objects are the same";
            }
        </script>
    </body>
</html>
```

此示例中的脚本用了两种不同的技巧来定位元素对象：通过id搜索和通过父元素里的标签类型搜索。isSameNode方法在比较这些对象时会返回true，因为它们代表的是同一个元素。

另一种方式是测试元素对象是否相同，可以用isEqualNode方法做到这一点。如果多个元素具有相同的类型，带有相同的属性值，其子元素也相同并且顺序一致，那么它们就是相同的。代码清单28-14演示了一对相同的元素。

代码清单28-14 使用相同的元素

```
<!DOCTYPE HTML>
<html>
    <head>
        <title>Example</title>
        <meta name="author" content="Adam Freeman"/>
```

```html
        <meta name="description" content="A simple example"/>
        <link rel="shortcut icon" href="favicon.ico" type="image/x-icon" />
        <style>
            table {
                border: solid thin black;
                border-collapse: collapse;
                margin: 2px 0px;
            }
            td { padding: 4px 5px; }
        </style>
    </head>
    <body>
        <table border="1">
            <thead><tr><th>Fruit</th><th>Color</th></tr></thead>
            <tbody>
                <tr class="plumrow"><td>Plum</td><td>Purple</td></tr>
            </tbody>
        </table>

        <table border="1">
            <thead><tr><th>Fruit</th><th>Color</th></tr></thead>
            <tbody>
                <tr class="plumrow"><td>Plum</td><td>Purple</td></tr>
            </tbody>
        </table>

        <pre id="results"></pre>
        <script>
            var elems = document.getElementsByClassName("plumrow");

            if (elems[0].isEqualNode(elems[1])) {
                document.getElementById("results").innerHTML = "Elements are equal";
            } else {
                document.getElementById("results").innerHTML = "Elements are NOT equal";
            }
        </script>
    </body>
</html>
```

在这个例子里，虽然两个tr元素各自独立存在并处于文档的不同位置，但它们是相同的。如果我改变了其中的任何属性或者td子元素里的内容，那么这两个元素就不再是相同的了。

28.3.5 使用 HTML 片段

innerHTML属性、outerHTML属性和insertAdjacentHTML方法都是便利的语法捷径，它们让你能够使用HTML片段，从而不再需要创建元素和文本对象的详细层级结构。代码清单28-15演示了如何使用innerHTML和outerHTML属性从元素中获取HTML片段。

代码清单28-15 使用innerHTML和outerHTML属性

```
<!DOCTYPE HTML>
<html>
```

```html
<head>
    <title>Example</title>
    <meta name="author" content="Adam Freeman"/>
    <meta name="description" content="A simple example"/>
    <link rel="shortcut icon" href="favicon.ico" type="image/x-icon" />
    <style>
        table {
            border: solid thin black;
            border-collapse: collapse;
            margin: 5px 2px;
            float: left;
        }
        td { padding: 4px 5px; }
        p {clear: left};
    </style>
</head>
<body>
    <table border="1">
        <thead><tr><th>Fruit</th><th>Color</th></tr></thead>
        <tbody>
            <tr id="applerow"><td>Plum</td><td>Purple</td></tr>
        </tbody>
    </table>
    <textarea  rows="3" id="results"></textarea>
    <p>
        <button id="inner">Inner HTML</button>
        <button id="outer">Outer HTML</button>
    </p>
    <script>
        var results = document.getElementById("results");
        var row = document.getElementById("applerow");
        document.getElementById("inner").onclick = function() {
            results.innerHTML = row.innerHTML;
        };

        document.getElementById("outer").onclick = function() {
            results.innerHTML = row.outerHTML;
        }
    </script>
</body>
</html>
```

outerHTML属性返回一个字符串，它包含定义这个元素及其所有子元素的HTML。innerHTML属性则只返回子元素的HTML。在这个例子里，我定义了一对按钮来显示某个表格行的内部和外部HTML。我选择在一个textarea元素里显示内容，这样浏览器就会把这些属性返回的字符串视作文本，而非HTML。从图28-11可以看到这段脚本的效果。

1. 改变文档结构

你也可以使用outerHTML和innerHTML属性来改变文档的结构。我在本书这一部分的许多例子里都使用了innerHTML属性，将它作为一种设置元素内容的简便方法，这是因为我不需要创建Text

元素就可以使用该属性来设置文本内容。代码清单28-16展示了如何使用这些属性来修改文档模型。

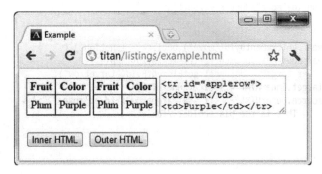

图28-11　显示某个表格行的outerHTML属性

代码清单28-16　修改文档模型

```
<!DOCTYPE HTML>
<html>
    <head>
        <title>Example</title>
        <meta name="author" content="Adam Freeman"/>
        <meta name="description" content="A simple example"/>
        <link rel="shortcut icon" href="favicon.ico" type="image/x-icon" />
        <style>
            table {
                border: solid thin black;
                border-collapse: collapse;
                margin: 10px;
                float: left;
            }
            td { padding: 4px 5px; }
            p { clear:left; }
        </style>
    </head>
    <body>
        <table border="1">
            <thead><tr><th>Fruit</th><th>Color</th></tr></thead>
            <tbody>
                <tr><td>Banana</td><td>Yellow</td></tr>
                <tr id="apple"><td>Apple</td><td>Red/Green</td></tr>
            </tbody>
        </table>

        <table border="1">
            <thead><tr><th>Fruit</th><th>Color</th></tr></thead>
            <tbody id="fruitsBody">
                <tr><td>Plum</td><td>Purple</td></tr>
                <tr id="targetrow"><td colspan="2">This is the placeholder</td></tr>
            </tbody>
```

```
        </table>

        <p>
            <button id="move">Move Row</button>
        </p>
        <script>
            document.getElementById("move").onclick = function() {
                var source = document.getElementById("apple");
                 var target = document.getElementById("targetrow");
                target.innerHTML = source.innerHTML;
                source.outerHTML = '<tr id="targetrow"><td colspan="2">' +
                    'This is the placeholder</td>';
            };
        </script>
    </body>
</html>
```

在这个例子里，我用innerHTML属性设置了某个表格行的子元素，并用outerHTML内联替换了某个元素。这些属性处理的是字符串，这就意味着你可以通过读取属性值或从头创建字符串来得到HTML片段，如前面的代码清单所示。从图28-12可以看到它的效果。

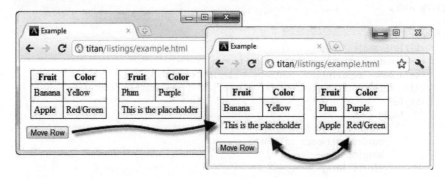

图28-12　使用innerHTML和outerHTML属性

2. 插入HTML片段

innerHTML和outerHTML属性对于替换现有的元素而言是很有用的，但是如果你想要用HTML片段来插入新元素，就必须使用insertAdjacentHTML方法。这个方法需要两个参数：第一个参数是表28-9中的某个值，它指明片段应该被插入到相对于当前元素的哪个位置，第二个参数是要插入的片段。

表28-9　insertAdjacentHTML方法的定位参数值

值	说明
afterbegin	将片段作为当前元素的第一个子元素插入
afterend	将片段插入当前元素之后
beforebegin	将片段插入当前元素之前
beforeend	将片段作为当前元素的最后一个子元素插入

代码清单28-17展示了如何使用insertAdjacentHTML方法将HTML片段插入某个表格行元素的内部和周围。

代码清单28-17 使用insertAdjacentHTML方法

```
<!DOCTYPE HTML>
<html>
    <head>
        <title>Example</title>
        <meta name="author" content="Adam Freeman"/>
        <meta name="description" content="A simple example"/>
        <link rel="shortcut icon" href="favicon.ico" type="image/x-icon" />
    </head>
    <body>
        <table border="1">
            <thead><tr><th>Fruit</th><th>Color</th></tr></thead>
            <tbody id="fruitsBody">
                <tr id="targetrow"><td>Placeholder</td></tr>
            </tbody>
        </table>

        <p>
            <button id="ab">After Begin</button>
            <button id="ae">After End</button>
            <button id="bb">Before Begin</button>
            <button id="be">Before End</button>
        </p>
        <script>
            var target = document.getElementById("targetrow");
            var buttons = document.getElementsByTagName("button");
            for (var i = 0; i < buttons.length; i++) {
                buttons[i].onclick = handleButtonPress;
            }

            function handleButtonPress(e) {
                if (e.target.id == "ab") {
                    target.insertAdjacentHTML("afterbegin", "<td>After Begin</td>");
                } else if (e.target.id == "be") {
                    target.insertAdjacentHTML("beforeend", "<td>Before End</td>");
                } else if (e.target.id == "bb") {
                    target.insertAdjacentHTML("beforebegin",
                        "<tr><td colspan='2'>Before Begin</td></tr>");
                } else {
                    target.insertAdjacentHTML("afterend",
                        "<tr><td colspan='2'>After End</td></tr>");
                }
            }
        </script>
    </body>
</html>
```

在这个例子里，我使用不同的定位值来演示如何将HTML片段插入不同的位置。这个例子最好的理解方式是在浏览器中实际操作一下，不过从图28-13也可以看到它的基本效果。

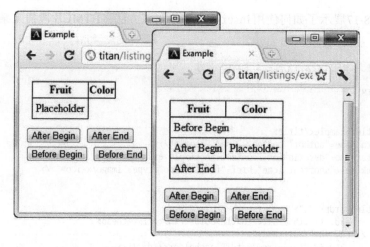

图28-13　将HTML片段插入文档

28.3.6　向文本块插入元素

修改模型的另一种重要方式是向由Text对象代表的文本块添加元素。代码清单28-18展示了具体的做法。

代码清单28-18　将一个元素插入文本块

```
<!DOCTYPE HTML>
<html>
    <head>
        <title>Example</title>
        <meta name="author" content="Adam Freeman"/>
        <meta name="description" content="A simple example"/>
        <link rel="shortcut icon" href="favicon.ico" type="image/x-icon" />
    </head>
    <body>
        <p id="textblock">There are lots of different kinds of fruit - there are over
            500 varieties of banana alone. By the time we add the countless types of
            apples, oranges, and other well-known fruit, we are faced with thousands of
            choices.
        </p>
        <p>
            <button id="insert">Insert Element</button>
        </p>
        <script>
            document.getElementById("insert").onclick = function() {
                var textBlock = document.getElementById("textblock");
                textBlock.firstChild.splitText(10);
                var newText = textBlock.childNodes[1].splitText(4).previousSibling;
                textBlock.insertBefore(document.createElement("b"),
                    newText).appendChild(newText);
            }
```

```
        </script>
    </body>
</html>
```

在这个例子里，我完成了一项稍有难度的任务，即从现有的文本取出一个单词，然后让它变成新元素b的一个子元素。和之前这些例子一样，对模型进行操作就意味着要写一些繁琐的代码。图28-14展示了结果。

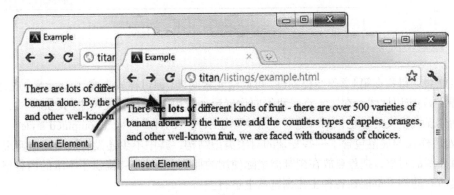

图28-14　向文本块插入一个元素

28.4　小结

这一章介绍了`HTMLElement`和`Text`对象的功能，它们分别代表HTML文档里的元素和内容。你看到了如何从对象上获取元素信息，如何操作文本内容，以及如何利用DOM的功能来添加、修改、复制、移动和删除元素。使用DOM有时候需要编写繁琐的脚本代码，但是因为有了对象模型和文档对用户的显示方式之间的实时连接，所以这些努力都是值得的。

第 29 章 为DOM元素设置样式

你可能会记得我在第4章曾经提到过，可以给元素间接（通过样式表或style元素）或直接（通过style属性）应用样式。在这一章，我将向你展示如何用DOM操作文档中的CSS样式，这些样式既包括你显式定义的，也包括浏览器用来实际显示元素的计算样式（computed style）。关于在DOM中处理样式的规范包含了一些复杂的对象类型结构，其中不少还没有被浏览器实现。我简化了本章介绍的对象，把焦点放在浏览器实际使用的那些上。表29-1提供了本章的内容概要。请注意不是所有的例子都能在各种主流浏览器上运行。

表29-1 本章内容概要

问 题	解决方案	代码清单
获取某个样式表的基本信息	使用CSSStyleSheet属性	29-1
获取应用到某个样式表上的媒介限制详情	使用MediaList对象	29-2
启用或禁用样式表	使用CSSStyleSheet对象的disabled属性	29-3
获取某个样式表内定义的单个样式细节	使用CSSRuleList和ICSSStyleRule对象	29-4
从元素的style属性获取样式	使用HTML.style属性	29-5
获取或设置核心CSS属性的值	使用CSSStyleDeclaration对象提供的便捷属性	29-6
获取或设置所有CSS属性	使用setProperty和IgetPropertyValue方法	29-7
探查某个样式里的属性	用length属性和IgetPropertyValue方法枚举样式	29-8
获取或设置属性优先级	使用getPropertyPriority和IsetProperty方法	29-9
操作细粒度的CSS DOM对象	使用getPropertyCSSValue方法	29-10
获取某个元素的计算样式	使用document.defaultView.getComputedStyle方法	29-11

29.1 使用样式表

可以通过document.styleSheets属性访问文档中可用的CSS样式表，它会返回一组对象集合，这些对象代表了与文档关联的各个样式表。表29-2概述了document.styleSheets属性。

表29-2 访问样式表

属性	说明	返回
document.stylesheets	返回样式表的集合	CSSStyleSheet[]

每个样式表都由一个CSSStyleSheet对象代表，它提供了一组属性和方法来操作文档里的样式。表29-3概述了CSSStyleSheet的成员。

表29-3 CSSStyleSheet对象的成员

成员	说明	返回
cssRules	返回样式表的规则集合	CSSRuleList
deleteRule(<pos>)	从样式表中移除一条规则	void
disabled	获取或设置样式表的禁用状态	布尔值
href	返回链接样式表的href	字符串
insertRule(<rule>, <pos>)	插入一条新规则到样式表中	数值
media	返回应用到样式表上的媒介限制集合	MediaList
ownerNode	返回样式所定义的元素	HTMLElement
title	返回title属性的值	字符串
type	返回type属性的值	字符串

29.1.1 获得样式表的基本信息

第一步是获得定义在文档中的样式表的一些基本信息。代码清单29-1对此进行了演示。

代码清单29-1 获得文档内样式表的基本信息

```
<!DOCTYPE HTML>
<html>
    <head>
        <title>Example</title>
        <meta name="author" content="Adam Freeman"/>
        <meta name="description" content="A simple example"/>
        <link rel="shortcut icon" href="favicon.ico" type="image/x-icon" />
        <style title="core styles">
            p {
                border: medium double black;
                background-color: lightgray;
            }
            #block1 { color: white;}
            table {border: thin solid black; border-collapse: collapse;
                margin: 5px; float: left;}
```

```
                td {padding: 2px;}
        </style>
        <link rel="stylesheet" type="text/css" href="styles.css"/>
        <style media="screen AND (min-width:500px)" type="text/css">
            #block2 {color:yellow; font-style:italic}
        </style>
    </head>
    <body>
        <p id="block1">There are lots of different kinds of fruit - there are over
            500 varieties of banana alone. By the time we add the countless types of
            apples, oranges, and other well-known fruit, we are faced with thousands of
            choices.
        </p>
        <p id="block2">
            One of the most interesting aspects of fruit is the variety available in
            each country. I live near London, in an area which is known for
            its apples.
        </p>
        <div id="placeholder"/>
        <script>
            var placeholder = document.getElementById("placeholder");
            var sheets = document.styleSheets;

            for (var i = 0; i < sheets.length; i++) {
                var newElem = document.createElement("table");
                newElem.setAttribute("border", "1");
                addRow(newElem, "Index", i);
                addRow(newElem, "href", sheets[i].href);
                addRow(newElem, "title", sheets[i].title);
                addRow(newElem, "type", sheets[i].type);
                addRow(newElem, "ownerNode", sheets[i].ownerNode.tagName);
                placeholder.appendChild(newElem);
            }

            function addRow(elem, header, value) {
                elem.innerHTML += "<tr><td>" + header + ":</td><td>"
                    + value + "</td></tr>";
            }
        </script>
    </body>
</html>
```

这个例子中的脚本枚举了文档内定义的所有样式表,并为每个样式表都创建了一个table元素以容纳可用的基本信息。这个文档里有三个样式表。其中两个是用script元素定义的,另一个则包含在名为styles.css的外部文件里,是通过link元素导入文档中的。从图29-1可以看到脚本输出的结果。

请注意,不是所有的属性都带有值。举个例子,href属性只有在样式表由外部文件载入时才会返回一个值。

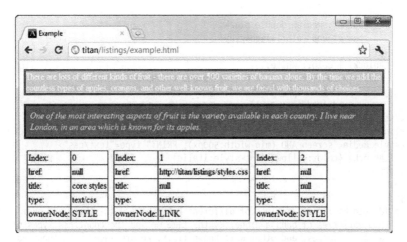

图29-1　获得文档内样式表的基本信息

29.1.2　使用媒介限制

正如我在第7章所演示的，当你定义样式表时可以使用media属性来限制样式应用的场合。可以使用CSSStyleSheet.media属性访问这些限制，它会返回一个MediaList对象。表29-4介绍了MediaList对象的方法和属性。

表29-4　MediaList对象的成员

成员	说明	返回
appendMedium(<medium>)	添加一个新媒介到列表中	void
deleteMedium(<medium>)	从列表中移除一个媒介	void
item(<pos>)	返回指定索引的媒介	字符串
length	返回媒介的数量	数值
mediaText	返回media属性的文本值	字符串

代码清单29-2演示了如何使用MediaList对象。

代码清单29-2　使用MediaList对象

```
<!DOCTYPE HTML>
<html>
    <head>
        <title>Example</title>
        <meta name="author" content="Adam Freeman"/>
        <meta name="description" content="A simple example"/>
        <link rel="shortcut icon" href="favicon.ico" type="image/x-icon" />
        <style title="core styles">
            p {
```

```
            border: medium double black;
            background-color: lightgray;
        }
        #block1 { color: white;}
        table {border: thin solid black; border-collapse: collapse;
            margin: 5px; float: left;}
            td {padding: 2px;}
    </style>
    <link rel="stylesheet" type="text/css" href="styles.css"/>
    <style media="screen AND (min-width:500px), PRINT" type="text/css">
        #block2 {color:yellow; font-style:italic}
    </style>
</head>
<body>
    <p id="block1">There are lots of different kinds of fruit - there are over
        500 varieties of banana alone. By the time we add the countless types of
        apples, oranges, and other well-known fruit, we are faced with thousands of
        choices.
    </p>
    <p id="block2">
        One of the most interesting aspects of fruit is the variety available in
        each country. I live near London, in an area which is known for
        its apples.
    </p>
    <div id="placeholder"/>
    <script>
        var placeholder = document.getElementById("placeholder");
        var sheets = document.styleSheets;

        for (var i = 0; i < sheets.length; i++) {
            if (sheets[i].media.length > 0) {
                var newElem = document.createElement("table");
                newElem.setAttribute("border", "1");
                addRow(newElem, "Media Count", sheets[i].media.length);
                addRow(newElem, "Media Text", sheets[i].media.mediaText);
                for (var j =0; j < sheets[i].media.length; j++) {
                    addRow(newElem, "Media " + j, sheets[i].media.item(j));
                }
                placeholder.appendChild(newElem);
            }
        }

        function addRow(elem, header, value) {
            elem.innerHTML += "<tr><td>" + header + ":</td><td>"
                + value + "</td></tr>";
        }
    </script>
</body>
</html>
```

在这个例子里，我为所有具备media属性的样式表分别创建了一张表格，并枚举了其中的各个媒介、属性值里的媒介总数和整个media字符串。从图29-2可以看到这段脚本的效果。

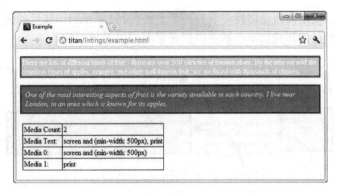

图29-2　使用MediaList对象

29.1.3　禁用样式表

CSSStyleSheet.disabled属性可用来一次性启用和禁用某个样式表里的所有样式。代码清单29-3演示了如何使用这个属性来切换样式表的开启和关闭。

代码清单29-3　启用和禁用样式表

```
<!DOCTYPE HTML>
<html>
    <head>
        <title>Example</title>
        <meta name="author" content="Adam Freeman"/>
        <meta name="description" content="A simple example"/>
        <link rel="shortcut icon" href="favicon.ico" type="image/x-icon" />
        <style title="core styles">
            p {
                border: medium double black;
                background-color: lightgray;
            }
            #block1 { color: white; border: thick solid black; background-color: gray;}
        </style>
    </head>
    <body>
        <p id="block1">There are lots of different kinds of fruit - there are over
            500 varieties of banana alone. By the time we add the countless types of
            apples, oranges, and other well-known fruit, we are faced with thousands of
            choices.
        </p>
        <div><button id="pressme">Press Me </button></div>
        <script>
            document.getElementById("pressme").onclick = function() {
                document.styleSheets[0].disabled = !document.styleSheets[0].disabled;
            }
        </script>
    </body>
</html>
```

在这个例子里,点击按钮会切换(唯一一个)样式表上disabled属性的值。一旦某个样式表被禁用,它所包含的任何样式都不会被应用到元素上,如图29-3所示。

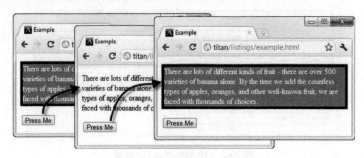

图29-3　禁用和启用样式表

29.1.4　CSSRuleList对象的成员

CSSStyleSheet.cssRules属性会返回一个CSSRuleList对象,它允许你访问样式表里的各种样式。表29-5介绍了这个对象的成员。

表29-5　CSSRuleList对象的成员

成　员	说　明	返　回
item(<pos>)	返回指定索引的CSS样式	CSSStyleRule
length	返回样式表里的样式数量	数值

样式表里的每一种CSS样式都由一个CSSStyleRule对象代表(如果你愿意,可以忽略这种不一致的命名方式)。表29-6展示了CSSStyleRule的成员。

表29-6　CSSStyleRule对象的成员

成　员	说　明	返　回
cssText	获取或设置样式的文本(包括选择器)	字符串
parentStyleSheet	获取此样式所属的样式表	CSSStyleSheet
selectorText	获取或设置样式的选择器文本	字符串
style	获取一个代表具体样式属性的对象	CSSStyleDeclaration

代码清单29-4展示了CSSRuleList对象的用法和CSSStyleRule对象的基本属性。我说基本是因为style属性所返回的CSSStyleDeclaration对象让你可以深入样式的内部,而且你给某个元素应用样式时用的也是这个对象。你可以在29.3节进一步了解CSSStyleDeclaration对象。

代码清单29-4　使用CSSRuleList和CSSStyleRule对象

```
<!DOCTYPE HTML>
<html>
```

```html
<head>
    <title>Example</title>
    <meta name="author" content="Adam Freeman"/>
    <meta name="description" content="A simple example"/>
    <link rel="shortcut icon" href="favicon.ico" type="image/x-icon" />
    <style title="core styles">
        p {
            border: medium double black;
            background-color: lightgray;
        }
        #block1 { color: white; border: thick solid black; background-color: gray;}
        table {border: thin solid black; border-collapse: collapse;
            margin: 5px; float: left;}
        td {padding: 2px;}
    </style>
</head>
<body>
    <p id="block1">There are lots of different kinds of fruit - there are over
        500 varieties of banana alone. By the time we add the countless types of
        apples, oranges, and other well-known fruit, we are faced with thousands of
        choices.
    </p>
    <p id="block2">
        One of the most interesting aspects of fruit is the variety available in
        each country. I live near London, in an area which is known for
        its apples.
    </p>
    <div><button id="pressme">Press Me </button></div>
    <div id="placeholder"></div>
    <script>
        var placeholder = document.getElementById("placeholder");
        processStyleSheet();

        document.getElementById("pressme").onclick = function() {

            document.styleSheets[0].cssRules.item(1).selectorText = "#block2";

            if (placeholder.hasChildNodes()) {
                var childCount = placeholder.childNodes.length;
                for (var i = 0; i < childCount; i++) {
                    placeholder.removeChild(placeholder.firstChild);
                }
            }
            processStyleSheet();
        }

        function processStyleSheet() {
            var rulesList = document.styleSheets[0].cssRules;

            for (var i = 0; i < rulesList.length; i++) {
                var rule = rulesList.item(i);

                var newElem = document.createElement("table");
                newElem.setAttribute("border", "1");
```

```
                    addRow(newElem, "parentStyleSheet", rule.parentStyleSheet.title);
                    addRow(newElem, "selectorText", rule.selectorText);
                    addRow(newElem, "cssText", rule.cssText);
                    placeholder.appendChild(newElem);
                }
            }
            function addRow(elem, header, value) {
                elem.innerHTML += "<tr><td>" + header + ":</td><td>"
                    + value + "</td></tr>";
            }
        </script>
    </body>
</html>
```

上面的例子对这些对象做了两件事。第一件事是简单地获取已定义样式的信息,报告它的父样式表、选择器和样式所包含的各条规则声明。从图29-4可以看到它们。

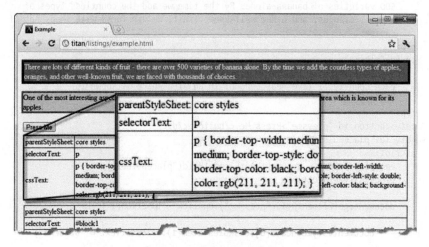

图29-4 获取某个样式的信息

> **提示** 请注意我在样式声明里所用的简写属性已经被浏览器扩展成了它的各个组成部分。不是所有的浏览器都会这么做,有些浏览器会在你使用简写属性时直接显示它们(比如,Firefox浏览器会显示简写属性,而图中的Chrome就不会),如果你试图把CSS作为字符串进行解析,那就需要考虑到这一点。不过,通常而言,像这样直接处理CSS的值不是一个好主意。更好的方式请参见本章后面关于CSSStyleDeclaration对象的29.3节。

这段脚本还向你演示了如何轻松改变某个样式。点击button后,其中一个样式的选择器会从#block1变成#block2,产生的效果是改变了此样式所应用的p元素。就像其他对DOM的改动一样,浏览器会立即反映出新选择器并更新样式应用的方式,如图29-5所示。

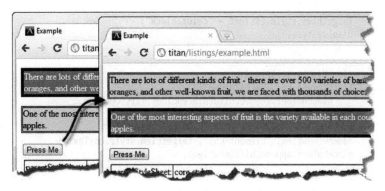

图29-5　改变样式的选择器

29.2　使用元素样式

要获取某个元素的style属性所定义的样式属性，需要读取HTMLElement对象里定义的style属性值（要了解HTMLElement对象的更多信息，请参见第28章）。style属性会返回一个CSSStyleDeclaration对象，它和你通过样式表所获取的对象属于同一类型。我会在下一节详细介绍这个对象。为演示HTMLElement.style属性，我在代码清单29-5中用CSSStyleDeclaration.cssText属性来显示和修改应用到某个元素上的style属性。

代码清单29-5　从一个HTMLElement上获取CSSStyleDeclaration对象

```
<!DOCTYPE HTML>
<html>
    <head>
        <title>Example</title>
        <meta name="author" content="Adam Freeman"/>
        <meta name="description" content="A simple example"/>
        <link rel="shortcut icon" href="favicon.ico" type="image/x-icon" />
    </head>
    <body>
        <p id="block1"
            style="color:white; border: thick solid black; background-color: gray">
            There are lots of different kinds of fruit - there are over
            500 varieties of banana alone. By the time we add the countless types of
            apples, oranges, and other well-known fruit, we are faced with thousands of
            choices.
        </p>
        <div><button id="pressme">Press Me </button></div>
        <div id="placeholder"></div>
        <script>
            var placeholder = document.getElementById("placeholder");
            var targetElem = document.getElementById("block1");
            displayStyle();

            document.getElementById("pressme").onclick = function() {
```

```
            targetElem.style.cssText = "color:black";
            displayStyle();
        }

        function displayStyle() {
            if (placeholder.hasChildNodes()) {
                placeholder.removeChild(placeholder.firstChild);
            }
            var newElem = document.createElement("table");
            addRow(newElem, "Element CSS", targetElem.style.cssText);
            placeholder.appendChild(newElem);
        }

        function addRow(elem, header, value) {
            elem.innerHTML += "<tr><td>" + header + ":</td><td>"
                + value + "</td></tr>";
        }
    </script>
</body>
</html>
```

这段脚本会显示某个元素的style属性值,并且button被点击后还会修改这个值以应用另一种样式。从图29-6可以看到它的效果。

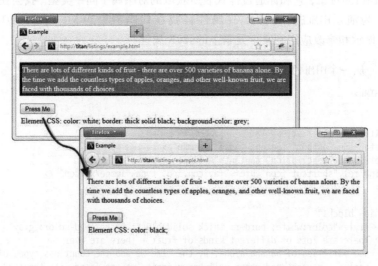

图29-6 读取和修改应用到某个元素上的样式

我在这张图里用的是Firefox浏览器,因为它会显示出cssText值里的简写属性名。

> **提示** 在关于样式表的那一节,我说过尝试解析cssText属性的值不是一个好主意。这句话同样适用于处理单个元素。请参见29.3节,里面介绍了一种更为健壮的方式来深入探索CSS属性值的细节。

29.3 使用 CSSStyleDeclaration 对象

你处理的是样式表还是某个元素的style属性并不重要。要通过DOM完全控制CSS，必须使用CSSStyleDeclaration对象。表29-7介绍了这个重要对象的成员。

表29-7　CSSStyleDeclaration对象的成员

成员	说明	返回
cssText	获取或设置样式的文本	字符串
getPropertyCSSValue(<name>)	获取指定的属性	CSSPrimitiveValue
getPropertyPriority(<name>)	获取指定属性的优先级	字符串
getPropertyValue(<name>)	获取字符串形式的指定值	字符串
item(<pos>)	获取指定位置的项目	字符串
length	获取项目的数量	数值
parentRule	如果存在样式规则就获取它	CSSStyleRule
removeProperty(<name>)	移除指定的属性	字符串
setProperty(<name>, <value>, <priority>)	设置指定属性的值和优先级	void
<style>	获取或设置指定CSS属性的便捷属性	字符串

除了item方法，大多数浏览器还支持数组风格的表示法，因此item(4)和item[4]是等价的。

29.3.1 使用便捷属性

操作CSSStyleDeclaration对象最简单的方式是使用便捷属性，它们分别对应于各个CSS属性。可以通过读取对象属性来确定对应CSS属性的当前值，并通过给对象属性指派新值来改变CSS的值。

> 提示　我在这一节里读取和修改的值属于设置值（configured value）。实际读取和修改的是定义在HTML文档中的值，它们或者位于样式表中，或者直接被应用到元素上。当浏览器准备显示某个元素时，它会生成一组计算值（computed value），通过使用第4章介绍的模型来处理浏览器样式、样式表和style属性的层叠和继承。关于如何获取某个元素CSS计算值的详情，请参见29.4节。

代码清单29-6对此提供了演示。

代码清单29-6　使用CSSStyleDeclaration对象的便捷属性

```
<!DOCTYPE HTML>
<html>
    <head>
```

```html
<title>Example</title>
<meta name="author" content="Adam Freeman"/>
<meta name="description" content="A simple example"/>
<link rel="shortcut icon" href="favicon.ico" type="image/x-icon" />
<style title="core styles">
    #block1 { color: white; border: thick solid black; background-color: gray;}
    p {
        border: medium double black;
        background-color: lightgray;
    }
    table {border: thin solid black; border-collapse: collapse;
        margin: 5px; float: left;}
    td {padding: 2px;}
</style>
</head>
<body>
    <p id="block1">There are lots of different kinds of fruit - there are over
        500 varieties of banana alone. By the time we add the countless types of
        apples, oranges, and other well-known fruit, we are faced with thousands of
        choices.
    </p>
    <p id="block2" style="border: medium dashed blue; color: red; padding: 2px">
        One of the most interesting aspects of fruit is the variety available in
        each country. I live near London, in an area which is known for
        its apples.
    </p>
    <div><button id="pressme">Press Me </button></div>
    <div id="placeholder"></div>
    <script>
        var placeholder = document.getElementById("placeholder");
        displayStyles();

        document.getElementById("pressme").onclick = function() {
            document.styleSheets[0].cssRules.item(1).style.paddingTop = "10px";
            document.styleSheets[0].cssRules.item(1).style.paddingRight = "12px";
            document.styleSheets[0].cssRules.item(1).style.paddingLeft = "5px";
            document.styleSheets[0].cssRules.item(1).style.paddingBottom = "5px";
            displayStyles();
        }

        function displayStyles() {
            if (placeholder.hasChildNodes()) {
                var childCount = placeholder.childNodes.length;
                for (var i = 0; i < childCount; i++) {
                    placeholder.removeChild(placeholder.firstChild);
                }
            }
            displayStyleProperties(document.styleSheets[0].cssRules.item(1).style);
            displayStyleProperties(document.getElementById("block2").style);
        }

        function displayStyleProperties(style) {
            var newElem = document.createElement("table");
            newElem.setAttribute("border", "1");
```

```
                    addRow(newElem, "border", style.border);
                    addRow(newElem, "color", style.color);
                    addRow(newElem, "padding", style.padding);
                    addRow(newElem, "paddingTop", style.paddingTop);

                    placeholder.appendChild(newElem);
                }
                function addRow(elem, header, value) {
                    elem.innerHTML += "<tr><td>" + header + ":</td><td>"
                        + value + "</td></tr>";
                }
            </script>
        </body>
</html>
```

代码清单29-6中的脚本显示了4个CSSStyleDeclaration便捷属性的值。它们分别读取自从样式表获得的对象和元素的style属性，以此演示获得这些对象的两种方式。从图29-7可以看到这些值是如何显示的。

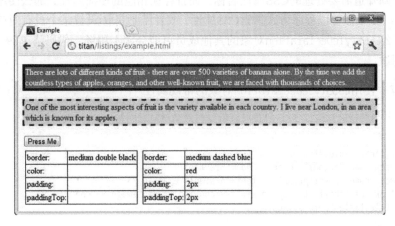

图29-7　从样式便捷属性中读取值

便捷属性border、color和padding各自对应于同名CSS属性。便捷属性paddingTop对应于CSS的padding-top属性。这就是多单词CSS属性的一般命名模式：去掉连字符，然后大写第二个及之后单词的首字母。如你所见，简写的CSS属性和单独属性都有着对应的便捷属性（比如，padding和paddingTop）。如果你没有给CSS属性设置值，那么对应的便捷属性就会返回一个空白字符串（""）。

当按钮被按下后，脚本会修改各个单独的内边距属性值，具体做法是使用来自文档第一个样式表的CSSStyleDeclaration对象上的便捷属性paddingTop、paddingBottom、paddingLeft和paddingRight。从图29-8中可以看到它的效果。这些值的变动不仅立即影响了文档的外观，而且还与简写和单独的便捷属性进行了同步，使它们反映出这些新值。

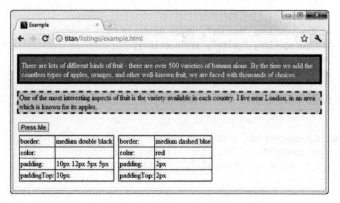

图29-8 通过CSSStyleDeclaration对象改变CSS属性

29.3.2 使用常规属性

如果你明确知道需要处理的CSS属性名称，而且存在相应的便捷属性，那么使用便捷属性是件很简单的事。如果需要以程序方式探索CSS属性，或者需要获取/设置某个没有对应便捷属性的CSS属性，那么CSSStyleDeclaration对象的其他成员可能会派上用场。代码清单29-7展示了其中一些属性的用途。

代码清单29-7 使用CSSStyleDeclaration对象的常规属性

```html
<!DOCTYPE HTML>
<html>
    <head>
        <title>Example</title>
        <meta name="author" content="Adam Freeman"/>
        <meta name="description" content="A simple example"/>
        <link rel="shortcut icon" href="favicon.ico" type="image/x-icon" />
        <style title="core styles">
            p {
                color: white;
                border: medium double black;
                background-color: gray;
                padding-top: 5px;
            }
            table {border: thin solid black; border-collapse: collapse;
                    margin: 5px; float: left;}
            td {padding: 2px;}
        </style>
    </head>
    <body>
        <p id="block1">There are lots of different kinds of fruit - there are over
            500 varieties of banana alone. By the time we add the countless types of
            apples, oranges, and other well-known fruit, we are faced with thousands of
            choices.
        </p>
```

```
<div><button id="pressme">Press Me </button></div>
<div id="placeholder"></div>
<script>
    var placeholder = document.getElementById("placeholder");
    displayStyles();

    document.getElementById("pressme").onclick = function() {
        var styleDeclr = document.styleSheets[0].cssRules[0].style;
        styleDeclr.setProperty("background-color", "lightgray");
        styleDeclr.setProperty("padding-top", "20px");
        styleDeclr.setProperty("color", "black");
        displayStyles();
    }

    function displayStyles() {
        if (placeholder.hasChildNodes()) {
            var childCount = placeholder.childNodes.length;
            for (var i = 0; i < childCount; i++) {
                placeholder.removeChild(placeholder.firstChild);
            }
        }

        var newElem = document.createElement("table");
        newElem.setAttribute("border", "1");

        var style = document.styleSheets[0].cssRules[0].style;

        addRow(newElem, "border", style.getPropertyValue("border"));
        addRow(newElem, "color", style.getPropertyValue("color"));
        addRow(newElem, "padding-top", style.getPropertyValue("padding-top"));
        addRow(newElem, "background-color",
                style.getPropertyValue("background-color"));

        placeholder.appendChild(newElem);
    }

    function addRow(elem, header, value) {
        elem.innerHTML += "<tr><td>" + header + ":</td><td>"
            + value + "</td></tr>";
    }
</script>
</body>
</html>
```

这个例子只从一个来源读取样式属性：样式表。使用getPropertyValue方法来获得某个CSS属性的值，并用setProperty方法定义新值。请注意你在这些方法中要使用真正的CSS属性名，而非便捷属性的名称。

1. 以程序方式探索属性

到目前为止，我在示例里都显式指定了想要操作的CSS属性名称。如果我想在事先不知情的情况下获取已应用哪些属性的信息，就必须通过CSSStyleDeclaration的成员进行探索，如代码清单29-8所示。

代码清单29-8　以程序方式探索CSS属性

```html
<!DOCTYPE HTML>
<html>
    <head>
        <title>Example</title>
        <meta name="author" content="Adam Freeman"/>
        <meta name="description" content="A simple example"/>
        <link rel="shortcut icon" href="favicon.ico" type="image/x-icon" />
        <style title="core styles">
            p {
                color: white;
                background-color: gray;
                padding: 5px;
            }
            table {border: thin solid black; border-collapse: collapse;
                margin: 5px; float: left;}
            td {padding: 2px;}
        </style>
    </head>
    <body>
        <p id="block1">There are lots of different kinds of fruit - there are over
            500 varieties of banana alone. By the time we add the countless types of
            apples, oranges, and other well-known fruit, we are faced with thousands of
            choices.
        </p>
        <div id="placeholder"></div>
        <script>
            var placeholder = document.getElementById("placeholder");
            displayStyles();

            function displayStyles() {
                var newElem = document.createElement("table");
                newElem.setAttribute("border", "1");

                var style = document.styleSheets[0].cssRules[0].style;
                for (var i = 0; i < style.length; i++) {
                    addRow(newElem, style[i], style.getPropertyValue(style[i]));
                }

                placeholder.appendChild(newElem);
            }

            function addRow(elem, header, value) {
                elem.innerHTML += "<tr><td>" + header + ":</td><td>"
                    + value + "</td></tr>";
            }
        </script>
    </body>
</html>
```

这个例子中的脚本枚举了样式表第一条样式的所有属性。可以从图29-9看到结果。

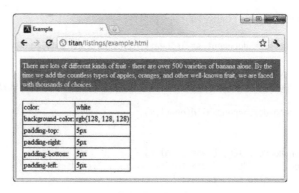

图29-9 枚举样式中的所有属性

2. 获知样式属性的重要性

正如我在第4章解释过的那样，可以应用!important到某条属性声明上，让浏览器优先使用这个值显示元素。操作CSSStyleDeclaration对象时可以使用getPropertyPriority方法来查看!important是否已被应用到某个属性上，如代码清单29-9所示。

代码清单29-9 获知某个属性的重要性

```html
<!DOCTYPE HTML>
<html>
    <head>
        <title>Example</title>
        <meta name="author" content="Adam Freeman"/>
        <meta name="description" content="A simple example"/>
        <link rel="shortcut icon" href="favicon.ico" type="image/x-icon" />
        <style title="core styles">
            p {
                color: white;
                background-color: gray !important;
                padding: 5px !important;
            }
            table {border: thin solid black; border-collapse: collapse;
                margin: 5px; float: left;}
            td {padding: 2px;}
        </style>
    </head>
    <body>
        <p id="block1">There are lots of different kinds of fruit - there are over
            500 varieties of banana alone. By the time we add the countless types of
            apples, oranges, and other well-known fruit, we are faced with thousands of
            choices.
        </p>
        <div id="placeholder"></div>
        <script>
            var placeholder = document.getElementById("placeholder");
            displayStyles();

            function displayStyles() {
                var newElem = document.createElement("table");
```

```
            newElem.setAttribute("border", "1");

            var style = document.styleSheets[0].cssRules[0].style;
            for (var i = 0; i < style.length; i++) {
                addRow(newElem, style[i], style.getPropertyPriority(style[i]));
            }
            placeholder.appendChild(newElem);
        }
            function addRow(elem, header, value) {
                elem.innerHTML += "<tr><td>" + header + ":</td><td>"
                    + value + "</td></tr>";
            }
    </script>
  </body>
</html>
```

getPropertyPriority方法对高优先级的值会返回important，如果没有指定重要性则会返回一个空白字符串（""）。

> 提示　可以使用setProperty方法来指定某个值是否重要。我在本章前面演示setProperty方法时省略了这个重要性参数，但如果你想给某个值应用！important，可以将important作为第三个参数指定给setProperty方法。

29.3.3　使用细粒度的CSS DOM对象

枚举某个样式里的属性和使用getPropertyValue方法，可以找出哪些属性已被使用。但是，你仍然需要进一步了解各个属性才能使用它们。举个例子，你得知道width属性的值是用长度表达的，而animation-delay属性的值是用时间跨度表达的。

某些情形下你不想预先知道这个，可以使用CSSStyleDeclaration.getPropertyCSSValue方法来获取CSSPrimitiveValue对象，这些对象代表了样式里各个属性所定义的值。表29-8介绍了CSSPrimitiveValue对象的成员。

表29-8　CSSPrimitiveValue对象的成员

成　员	说　明	返　回
cssText	获得一个用文本表示的值	字符串
getFloatValue(<type>)	获得一个数值	数值
getRGBColorValue()	获得一个颜色值	RGBColor
getStringValue()	获得一个字符串值	字符串
primitiveType	获得值的单位类型	数值
setFloatValue(<type>,<value>)	设置一个数值	void
setStringValue(<type>, <value>)	设置一个基于字符串的值	void

CSSPrimitiveValue对象的关键在于primitiveType属性,它会告诉你属性的值是用什么单位表达的。表29-9展示了已定义的单位类型集合。它们对应于我在第4章介绍过的CSS单位。

表29-9　CSSPrimitiveValue对象的成员

基本单位类型	说　　明
CSS_NUMBER	此单位是用数字表达的
CSS_PERCENTAGE	此单位是用百分比表达的
CSS_EMS	此单位是以em表达的
CSS_PX	此单位是以CSS像素表达的
CSS_CM	此单位是以厘米表达的
CSS_IN	此单位是以英寸表达的
CSS_PT	此单位是以点(point)表达的
CSS_PC	此单位是以十二点活字表达的
CSS_DEG	此单位是以度表达的
CSS_RAD	此单位是以弧度表达的
CSS_GRAD	此单位是以梯度(gradian)表达的
CSS_MS	此单位是以毫秒表达的
CSS_S	此单位是以秒表达的
CSS_STRING	此单位是用字符串表达的
CSS_RGBCOLOR	此单位是用颜色表达的

代码清单29-10向你展示了如何使用这个对象来判断某个CSS属性值的单位数量和单位类型。

代码清单29-10　使用CSSPrimitiveValue对象

```
<!DOCTYPE HTML>
<html>
    <head>
        <title>Example</title>
        <meta name="author" content="Adam Freeman"/>
        <meta name="description" content="A simple example"/>
        <link rel="shortcut icon" href="favicon.ico" type="image/x-icon" />
        <style title="core styles">
            p {
                color: white;
                background-color: gray !important;
                padding: 7px !important;
            }
            table {border: thin solid black; border-collapse: collapse;
                   margin: 5px; float: left;}
            td {padding: 2px;}
        </style>
    </head>
    <body>
```

```html
        <p id="block1">There are lots of different kinds of fruit - there are over
            500 varieties of banana alone. By the time we add the countless types of
            apples, oranges, and other well-known fruit, we are faced with thousands of
            choices.
        </p>
        <div id="placeholder"></div>
        <script>
            var placeholder = document.getElementById("placeholder");
            displayStyles();

            function displayStyles() {
                var newElem = document.createElement("table");
                newElem.setAttribute("border", "1");

                var style = document.styleSheets[0].cssRules[0].style;

                for (var i = 0; i < style.length; i++) {
                    var val = style.getPropertyCSSValue(style[i]);

                    if (val.primitiveType == CSSPrimitiveValue.CSS_PX) {
                        addRow(newElem, style[i],
                            val.getFloatValue(CSSPrimitiveValue.CSS_PX), "pixels");
                        addRow(newElem, style[i],
                            val.getFloatValue(CSSPrimitiveValue.CSS_PT), "points");
                        addRow(newElem, style[i],
                            val.getFloatValue(CSSPrimitiveValue.CSS_IN), "inches");
                    } else if (val.primitiveType == CSSPrimitiveValue.CSS_RGBCOLOR) {
                        var color = val.getRGBColorValue();
                        addRow(newElem, style[i], color.red.cssText + " "
                            + color.green.cssText + " "
                            + color.blue.cssText, "(color)");
                    } else {
                        addRow(newElem, style[i], val.cssText, "(other)");
                    }
                }
                placeholder.appendChild(newElem);
            }

            function addRow(elem, header, value, units) {
                elem.innerHTML += "<tr><td>" + header + ":</td><td>"
                    + value + "</td><td>" + units + "</td></tr>";
            }
        </script>
    </body>
</html>
```

CSSPrimitiveValue对象最有用的功能之一是能将一种单位转换成另一种。在代码清单29-10中，脚本辨认出值是以像素表达的，并请求以点和英寸的表达形式返回相同的值。这就意味着你在处理值时可以选择合适的单位，而不是它们最初所表达的单位。

请注意颜色值是通过GetRGBColorValue方法获得的，此方法会返回一个RGBColor对象。这个对象有三个属性（红、绿和蓝），它们分别返回各自的CSSPrimitiveValue对象。从图29-10可以看到浏览器是如何处理单位类型的。

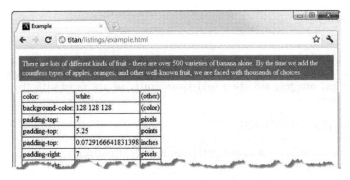

图29-10　使用CSSPrimitiveValue对象

29.4　使用计算样式

这一章到目前为止的例子都把焦点放在了样式表或style属性中指定的CSS属性值上。这对确定文档里直接包含了什么很有用，但正如我在第4章解释的那样，浏览器会从多个来源汇聚样式以计算出该用哪个值来显示某一元素。这里包括了你没有为其显式指定值的那些属性，没有指定的原因或是值是继承的，或是某种浏览器样式惯例。

浏览器用于显示某个元素的CSS属性值集合被称为计算样式。你可以通过document.defaultView.getComputedStyle方法获取包含某一元素计算样式的CSSStyleDeclaration对象。用这个方法获得的对象包含了浏览器用来显示元素的所有属性细节，以及各个属性的值。

> 提示　无法通过以getComputedStyle方法获得的CSSStyleDeclaration对象修改计算样式。要做到这一点，必须修改样式表，或者通过元素的style属性直接给它应用样式属性，就像本章之前所展示的那样。

代码清单29-11展示了如何使用一些计算样式的值。

代码清单29-11　使用某个元素的计算样式

```
<!DOCTYPE HTML>
<html>
    <head>
        <title>Example</title>
        <meta name="author" content="Adam Freeman"/>
        <meta name="description" content="A simple example"/>
        <link rel="shortcut icon" href="favicon.ico" type="image/x-icon" />
        <style title="core styles">
            p {
                padding: 7px !important;
            }
            table {border: thin solid black; border-collapse: collapse;
                margin: 5px; float: left;}
            td {padding: 2px;}
```

```
        </style>
    </head>
    <body>
        <p id="block1">There are lots of different kinds of fruit - there are over
            500 varieties of banana alone. By the time we add the countless types of
            apples, oranges, and other well-known fruit, we are faced with thousands of
            choices.
        </p>
        <div id="placeholder"></div>
        <script>
            var placeholder = document.getElementById("placeholder");
            displayStyles();

            function displayStyles() {
                var newElem = document.createElement("table");
                newElem.setAttribute("border", "1");

                var targetElem = document.getElementById("block1");
                var style = document.defaultView.getComputedStyle(targetElem);
                addRow(newElem, "Property Count", style.length);
                addRow(newElem, "margin-top", style.getPropertyValue("margin-top"));
                addRow(newElem, "font-size", style.getPropertyValue("font-size"));
                addRow(newElem, "font-family", style.getPropertyValue("font-family"));

                placeholder.appendChild(newElem);
            }

            function addRow(elem, header, value) {
                elem.innerHTML += "<tr><td>" + header + ":</td><td>"
                    + value + "</td></tr>";
            }
        </script>
    </body>
</html>
```

在这个例子中，我展示了一些未曾显式定义过的属性值。从图29-11可以看到它的效果。你还可以看出我为什么只显示了少数几个属性。表格的第一行报告了计算样式含有多少属性。这个数字根据浏览器的不同会有所增减，不过Chrome浏览器报告的223是个典型的数量。

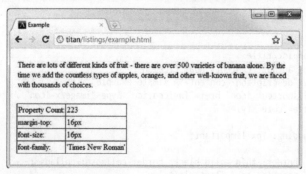

图29-11　使用计算样式

29.5 小结

本章向你展示了使用DOM操作HTML文档内CSS属性和值的各种方法。可以使用样式表或者各个元素的`style`属性，也可以利用多种多样的对象来深入样式的细节。不仅可以使用显式定义过的属性和值，还可以使用浏览器用于显示元素的计算样式，这让你能够比较定义的样式和实际使用的样式。

第 30 章 使用事件

我在本书这一部分的例子中已经多次使用事件来响应按钮点击。现在是时候在这一章深入细节,解释事件到底是什么,向你展示它们如何工作以及如何融入DOM的其余部分了。简单地说,事件可用来定义一些JavaScript函数,使它们响应某个元素状态的改变,比如元素获得或失去键盘焦点,或者用户在元素上方点击了鼠标按钮。

本章重点介绍事件的机制以及document和HTMLElement对象所定义的事件。这些事件是最为常用的,而且对所有的文档和元素都适用。表30-1提供了本章内容概要。

表30-1 本章内容概要

问 题	解决方案	代码清单
内联处理事件	在元素上使用某个以on开头的属性	30-1、30-2
用函数处理事件	定义函数,并用它的名称作为以on开头的属性里的值	30-3
用DOM处理事件	使用标准的DOM搜索技巧,并用以on开头的属性指派一个函数,或者用代表该元素的HTMLElement对象上的addEventListener方法	30-4、30-5
区分事件类型	使用Event.type属性	30-6
在事件到达后代元素之前对其进行处理	使用事件捕捉	30-7
停止某一事件的传播	使用Event对象上的stopPropagation或stopImmediatePropagation方法	30-8
在事件到达后代元素之后对其进行处理	使用事件冒泡	30-9
撤销关联到事件上的默认操作	使用Event对象上的preventDefault方法	30-10
响应鼠标操作	处理鼠标事件	30-11
响应元素获得和失去键盘焦点	使用键盘焦点事件	30-12
响应键盘按键	使用键盘事件	30-13

30.1 使用简单事件处理器

可以用几种不同的方式来处理事件。最直接的方式是用事件属性创建一个简单事件处理器（simple event handler）。元素为它们支持的每一种事件都定义了一个事件属性。举个例子，onmouseover事件属性对应于全局事件mouseover，后者会在用户把光标移动到元素占据的浏览器屏幕区域上方时触发。（这是一种通用的模式：大多数事件都有一个对应的事件属性，其名称定义为on<eventname>）。

30.1.1 实现简单的内联事件处理器

使用某个事件属性最直接的方式是给它指派一组JavaScript语句。当该事件被触发后，浏览器就会执行你提供的语句。代码清单30-1提供了一个简单的例子。

代码清单30-1 用内联JavaScript处理事件

```html
<!DOCTYPE HTML>
<html>
    <head>
        <title>Example</title>
        <style type="text/css">
            p {
                background: gray;
                color:white;
                padding: 10px;
                margin: 5px;
                border: thin solid black
            }
        </style>
    </head>
    <body>
        <p onmouseover="this.style.background='white'; this.style.color='black'">
            There are lots of different kinds of fruit - there are over
            500 varieties of banana alone. By the time we add the countless types of
            apples, oranges, and other well-known fruit, we are faced with thousands of
            choices.
        </p>
    </body>
</html>
```

在这个例子中，我指定两条JavaScript语句用来响应mouseover事件。具体的方式是设置它们作为文档里p元素onmouseover事件属性的值。这些语句如下：

```
this.style.background='white';
this.style.color='black'
```

正如我在第4章解释的，这些是直接应用到元素style属性上的CSS属性。浏览器会把特殊变量this的值设置为代表触发事件元素的HTMLElement对象，而style属性会返回该元素的CSSStyleDeclaration对象。

提示 请注意我用双引号来界定整个属性值,而用单引号来指定我想要的颜色(以JavaScript字符串的形式)。如果你愿意的话,可以更改它们的次序,但是在属性中嵌入引用值用的正是这种技巧。

如果你在浏览器中载入这个文档,style元素定义的初始样式就会被应用到p元素上。当你把鼠标移至元素上方时,JavaScript语句就会被执行,用我在第4章介绍的技巧改变指派给background和color这些CSS属性的值。从图30-1可以看到这种转变。

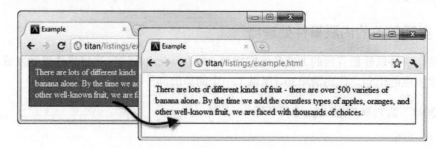

图30-1 处理MouseOver事件

这种转变是单向的:当鼠标离开元素的屏幕区域时样式不会重置。许多事件是成双成对的。与mouseover相对的事件被称为mouseout,可以通过onmouseout事件属性来处理这一事件,如代码清单30-2所示。

代码清单30-2 处理MouseOut事件

```
<!DOCTYPE HTML>
<html>
    <head>
        <title>Example</title>
        <style type="text/css">
            p {
                background: gray;
                color:white;
                padding: 10px;
                margin: 5px;
                border: thin solid black
            }
        </style>
    </head>
    <body>
        <p onmouseover="this.style.background='white'; this.style.color='black'"
            onmouseout="this.style.removeProperty('color');
            this.style.removeProperty('background')">
            There are lots of different kinds of fruit - there are over
            500 varieties of banana alone. By the time we add the countless types of
            apples, oranges, and other well-known fruit, we are faced with thousands of
            choices.
```

```
        </p>
    </body>
</html>
```

添加这些代码后,此元素就能响应鼠标进入和离开它所占据的屏幕区域了。从图30-2可以看出新的转变。

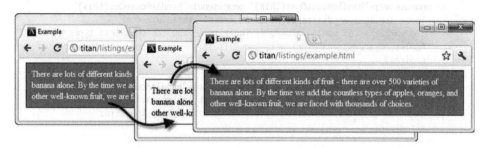

图30-2　组合成对事件之后的转变效果

代码清单30-2展示了内联事件处理器存在的两个问题:其一是它们太繁琐,会使HTML非常难以阅读;其二是这些JavaScript语句只应用在一个元素上。我必须在其他每个应当拥有相同行为的p元素上重复添加这些语句。

30.1.2　实现一个简单的事件处理函数

为了在一定程度上解决繁琐和重复添加问题,我们可以定义一个函数,并将函数名指定为元素事件属性的值。代码清单30-3展示了如何做到这一点。

代码清单30-3　用函数来处理事件

```
<!DOCTYPE HTML>
<html>
    <head>
        <title>Example</title>
        <style type="text/css">
            p {
                background: gray;
                color:white;
                padding: 10px;
                margin: 5px;
                border: thin solid black
            }
        </style>
        <script type="text/javascript">
            function handleMouseOver(elem) {
                elem.style.background='white';
                elem.style.color='black';
            }

            function handleMouseOut(elem) {
```

```
            elem.style.removeProperty('color');
            elem.style.removeProperty('background');
        }
    </script>
</head>
<body>
    <p onmouseover="handleMouseOver(this)" onmouseout="handleMouseOut(this)">
        There are lots of different kinds of fruit - there are over
        500 varieties of banana alone. By the time we add the countless types of
        apples, oranges, and other well-known fruit, we are faced with thousands of
        choices.
    </p>
    <p onmouseover="handleMouseOver(this)" onmouseout="handleMouseOut(this)">
        One of the most interesting aspects of fruit is the variety available in
        each country. I live near London, in an area which is known for
        its apples.
    </p>
</body>
</html>
```

在这个例子中,我定义了一些JavaScript函数,它们所包含的语句是我想要用来响应鼠标事件的。我还在onmouseover和onmouseout属性里指定了这些函数。特殊值this指的是触发事件的元素。

这种方式相对于之前的技巧有了进步。重复添加工作变得更少了,代码也更容易阅读了。但是,我希望能让事件与HTML元素互相分离,要做到这一点,我需要再次访问我们的老朋友:DOM。

30.2 使用 DOM 和事件对象

我在之前几节里演示的简单事件处理器用于基本任务是可行的,但如果你想要进行更为复杂的处理(以及更优雅地定义事件处理器),就需要使用DOM和JavaScript的Event对象了。代码清单30-4展示了如何使用Event对象,以及如何用DOM来将某个函数与事件关联起来。

代码清单30-4 使用DOM构建事件处理

```
<!DOCTYPE HTML>
<html>
    <head>
        <title>Example</title>
        <style type="text/css">
            p {
                background: gray;
                color:white;
                padding: 10px;
                margin: 5px;
                border: thin solid black
            }
        </style>
    </head>
    <body>
        <p>
            There are lots of different kinds of fruit - there are over
```

```
            500 varieties of banana alone. By the time we add the countless types of
            apples, oranges, and other well-known fruit, we are faced with thousands of
            choices.
        </p>
        <p>
            One of the most interesting aspects of fruit is the variety available in
            each country. I live near London, in an area which is known for
            its apples.
        </p>
        <script type="text/javascript">
            var pElems = document.getElementsByTagName("p");
            for (var i = 0; i < pElems.length; i++) {
                pElems[i].onmouseover = handleMouseOver;
                pElems[i].onmouseout = handleMouseOut;
            }

            function handleMouseOver(e) {
                e.target.style.background='white';
                e.target.style.color='black';
            }

            function handleMouseOut(e) {
                e.target.style.removeProperty('color');
                e.target.style.removeProperty('background');
            }
        </script>
    </body>
</html>
```

这就是你在之前几章见到的方式。这段脚本（必须把它移到页尾，因为操作的是DOM）找到我想要处理事件的所有元素，然后给事件处理器属性设置一个函数名。所有事件都拥有像这样的属性。它们的命名方式是一致的：以on开头，后接事件的名称。30.3节会进一步介绍可用的事件。

提示 请注意我使用函数的名称来将它注册成一个事件监听器。一个常见的错误是把括号加在函数名的后面，使handleMouseOver变成handleMouseOver()。这样做的后果是你的函数会在脚本执行时（而不是事件触发时）被调用。

代码清单中那些处理事件的函数定义了一个名为e的参数。它会被设成浏览器所创建的一个Event对象，用于在事件触发时代表该事件。这个Event对象向你提供了所发生的事件信息，让你能够更加灵活地（相对于把代码放在元素属性中而言）对用户交互行为作出反应。在这个例子中，我用target属性来获取触发事件的HTMLElement，这样我就能使用样式属性来改变它的外观。

在向你展示事件对象之前，我想先演示另一种指定事件处理函数的方式。事件属性（名称以on开头的那些）一般来说是最容易的方式，但你也可以使用addEventListener方法，它由HTMLElement对象实现。你还可以使用removeEventListener方法来取消函数与事件之间的关联。你在这两个方法中都能把事件类型和处理它们的函数表达为参数，如代码清单30-5所示。

代码清单30-5　使用addEventListener和removeEventListener方法

```html
<!DOCTYPE HTML>
<html>
    <head>
        <title>Example</title>
        <style type="text/css">
            p {
                background: gray;
                color:white;
                padding: 10px;
                margin: 5px;
                border: thin solid black
            }
        </style>
    </head>
    <body>
        <p>
            There are lots of different kinds of fruit - there are over
            500 varieties of banana alone. By the time we add the countless types of
            apples, oranges, and other well-known fruit, we are faced with thousands of
            choices.
        </p>
        <p id="block2">
            One of the most interesting aspects of fruit is the variety available in
            each country. I live near London, in an area which is known for
            its apples.
        </p>
        <button id="pressme">Press Me</button>
        <script type="text/javascript">
            var pElems = document.getElementsByTagName("p");
            for (var i = 0; i < pElems.length; i++) {
                pElems[i].addEventListener("mouseover", handleMouseOver);
                pElems[i].addEventListener("mouseout", handleMouseOut);
            }

            document.getElementById("pressme").onclick = function() {
                document.getElementById("block2").removeEventListener("mouseout",
                    handleMouseOut);
            }

            function handleMouseOver(e) {
                e.target.style.background='white';
                e.target.style.color='black';
            }

            function handleMouseOut(e) {
                e.target.style.removeProperty('color');
                e.target.style.removeProperty('background');
            }
        </script>
    </body>
</html>
```

这个例子中的脚本使用addEventListener方法把handleMouseOver和handleMouseOut函数注册成p元素的事件处理器。当button被点击后，脚本用removeEventListener方法取消了id值为block2的p元素与handleMouseOut函数之间的关联。请注意我用了onclick属性来设置按钮元素的click事件处理器，以此演示你可以在同一个脚本里自由搭配各种技巧。

addEventListener方法的优点在于它让你能够访问某些高级事件特性，我不久就会谈到。表30-2介绍了Event对象的成员。

表30-2 Event对象的函数和属性

名 称	说 明	返 回
type	事件的名称（如mouseover）	字符串
target	事件指向的元素	HTMLElement
currentTarget	带有当前被触发事件监听器的元素	HTMLElement
eventPhase	事件生命周期的阶段	数值
bubbles	如果事件会在文档里冒泡则返回true，否则返回false	布尔值
cancelable	如果事件带有可撤销的默认行为则返回true，否则返回false	布尔值
timeStamp	事件的创建时间，如果时间不可用则为0	字符串
stopPropagation()	在当前元素的事件监听器被触发后终止事件在元素树中的流动	void
stopImmediatePropagation()	立即终止事件在元素树中的流动。当前元素上未被触发的事件监听器会被忽略	void
preventDefault()	防止浏览器执行与事件关联的默认操作	void
defaultPrevented	如果调用过preventDefault()则返回true	布尔值

提示 Event对象定义了所有事件都常用的那些功能。但是，当我在本章后面向你展示基本事件时你将会看到，还有其他一些与事件相关的对象定义了额外的功能，这些功能特别针对某些特定种类的事件。

30.2.1 按类型区分事件

type属性会告诉你正在处理的是哪种类型的事件。这个值以字符串的形式提供，比如mouseover。有了探测事件类型的能力，你就可以用一个函数来处理多个类型了，如代码清单30-6所示。

代码清单30-6 使用type属性

```
<!DOCTYPE HTML>
<html>
    <head>
        <title>Example</title>
        <style type="text/css">
```

```
                    p {
                        background: gray;
                        color:white;
                        padding: 10px;
                        margin: 5px;
                        border: thin solid black;
                    }
                </style>
            </head>
            <body>
                <p>
                    There are lots of different kinds of fruit - there are over
                    500 varieties of banana alone. By the time we add the countless types of
                    apples, oranges, and other well-known fruit, we are faced with thousands of
                    choices.
                </p>
                <p id="block2">
                    One of the most interesting aspects of fruit is the variety available in
                    each country. I live near London, in an area which is known for
                    its apples.
                </p>
                <script type="text/javascript">
                    var pElems = document.getElementsByTagName("p");
                    for (var i = 0; i < pElems.length; i++) {
                        pElems[i].onmouseover = handleMouseEvent;
                        pElems[i].onmouseout = handleMouseEvent;
                    }

                    function handleMouseEvent(e) {
                        if (e.type == "mouseover") {
                            e.target.style.background='white';
                            e.target.style.color='black';
                        } else {
                            e.target.style.removeProperty('color');
                            e.target.style.removeProperty('background');
                        }
                    }
                </script>
            </body>
        </html>
```

在这个例子的脚本中，我只用了handleMouseEvent这一个事件处理函数，通过使用type属性来判断我正在处理的是哪一种事件。

30.2.2 理解事件流

一个事件的生命周期包括三个阶段：捕捉（capture）、目标（target）和冒泡（bubbling）。在这一节里，我会分别解释这些阶段，向你展示它们是如何工作的，以及如何使用事件监听函数来控制它们。

1. 理解捕捉阶段

当某个事件被触发时,浏览器会找出事件涉及的元素,它被称为该事件的目标。浏览器会找出body元素和目标之间的所有元素并分别检查它们,看看它们是否带有事件处理器且要求获得其后代元素触发事件的通知。浏览器会先触发这些事件处理器,然后才会轮到目标自身的处理器。代码清单30-7对此进行了演示。

代码清单30-7 捕捉事件

```
<!DOCTYPE HTML>
<html>
    <head>
        <title>Example</title>
        <style type="text/css">
            p {
                background: gray;
                color:white;
                padding: 10px;
                margin: 5px;
                border: thin solid black
            }
            span {
                background: white;
                color: black;
                padding: 2px;
                cursor: default;
            }
        </style>
    </head>
    <body>
        <p id="block1">
            There are lots of different kinds of fruit - there are over
            500 varieties of <span id="banana">banana</span> alone. By the time we add
            the countless types of apples, oranges, and other well-known fruit, we are
            faced with thousands of choices.
        </p>
        <script type="text/javascript">

            var banana = document.getElementById("banana");
            var textblock = document.getElementById("block1");

            banana.addEventListener("mouseover", handleMouseEvent);
            banana.addEventListener("mouseout", handleMouseEvent);
            textblock.addEventListener("mouseover", handleDescendantEvent, true);
            textblock.addEventListener("mouseout", handleDescendantEvent, true);

            function handleDescendantEvent(e) {
                if (e.type == "mouseover" && e.eventPhase == Event.CAPTURING_PHASE) {
                    e.target.style.border = "thick solid red";
                    e.currentTarget.style.border = "thick double black";
                } else if (e.type == "mouseout" && e.eventPhase == Event.CAPTURING_PHASE) {
                    e.target.style.removeProperty("border");
```

```
            e.currentTarget.style.removeProperty("border");
        }
    }
            function handleMouseEvent(e) {
                if (e.type == "mouseover") {
                    e.target.style.background='white';
                    e.target.style.color='black';
                } else {
                    e.target.style.removeProperty('color');
                    e.target.style.removeProperty('background');
                }
            }
        </script>
    </body>
</html>
```

在这个例子中，我定义了一个span作为p元素的子元素，然后注册了mouseover和mouseout事件的处理器。请注意当我注册父元素（即p元素）时，我给addEventListener方法添加了第三个参数，就像这样：

```
textblock.addEventListener("mouseover", handleDescendantEvent, true);
```

这个额外的参数告诉浏览器我想让p元素在捕捉阶段接收后代元素的事件。当mouseover事件被触发时，浏览器会从HTML文档的根节点起步，一路沿着DOM向目标（也就是触发事件的元素）前进。对层级里的每一个元素，浏览器都会检查它是否对捕捉到的事件感兴趣。可以从图30-3看到示例文档的顺序。

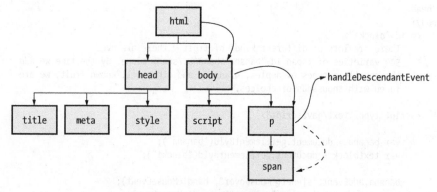

图30-3　捕捉事件流

对每一个元素，浏览器都会调用它所有启用捕捉的监听器。在这个例子中，浏览器会找到并调用注册在p元素上的handleDescendantEvent函数。当handleDescendantEvent函数被调用时，Event对象包含了目标元素的信息（通过target属性），还有导致函数被调用的元素（通过currentTarget属性）。我同时使用了这两个属性，这样就能修改p元素和其子元素span的样式了。从图30-4可以看到这样做的效果。

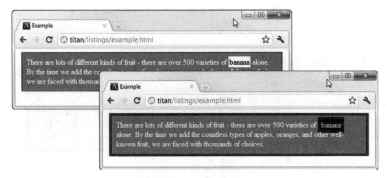

图30-4 处理事件捕捉

事件捕捉让目标元素的各个上级元素都有机会在事件传递到目标元素本身之前对其作出反应。上级元素的事件处理器可以阻止事件流向目标，方法是对Event对象调用stopPropagation或stopImmediatePropagation函数。这两个函数的区别在于，stopPropagation会确保调用当前元素上注册的所有事件监听器，而stopImmediatePropagation会忽略任何未触发的监听器。代码清单30-8展示了如何给handleDescendantEvent事件处理器添加stopPropagation函数。

代码清单30-8　阻止事件流前进

```
...
function handleDescendantEvent(e) {
    if (e.type == "mouseover" && e.eventPhase == Event.CAPTURING_PHASE) {
        e.target.style.border = "thick solid red";
        e.currentTarget.style.border = "thick double black";
    } else if (e.type == "mouseout" && e.eventPhase == Event.CAPTURING_PHASE) {
        e.target.style.removeProperty("border");
        e.currentTarget.style.removeProperty("border");
    }
    e.stopPropagation();
}
...
```

做了这个改动之后，浏览器的捕捉阶段就会在p元素上的处理器被调用时结束。浏览器不会再检查其他任何元素，并且会跳过目标和冒泡阶段（稍后就会介绍）。对这个例子来说，这就意味着handleMouseEvent函数里的样式变化不会被应用（以响应mouseover事件），如图30-5所示。

请注意我在处理器里检查了事件类型，并用eventPhase属性来确定事件所处的阶段，就像这样：

```
...
if (e.type == "mouseover" && e.eventPhase == Event.CAPTURING_PHASE) {
...
```

在注册事件监听器时启用捕捉事件并不能停止针对元素自身的事件。在这个例子中，p元素占据了浏览器屏幕空间，它同样会响应mouseover事件。为了避免这一点，我进行了检查，确保只有在处理捕捉阶段的事件（指针对后代元素的事件，处理此事件完全是因为我注册了启用捕捉的监听器）时才会应用样式改动。eventPhase属性会返回表30-3里展示的三个值之一，它们代表了事件生命周期的三个阶段。我会在接下来的几节里解释其他两个阶段。

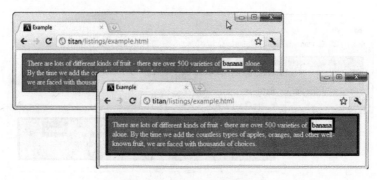

图30-5 停止事件的传播

表30-3 Event.eventPhase属性的值

名 称	说 明
CAPTURING_PHASE	此事件处于捕捉阶段
AT_TARGET	此事件处于目标阶段
BUBBLING_PHASE	此事件处于冒泡阶段

2. 理解目标阶段

目标阶段是三个阶段中最简单的。当捕捉阶段完成后，浏览器会触发目标元素上任何已添加的事件类型监听器，如图30-6所示。

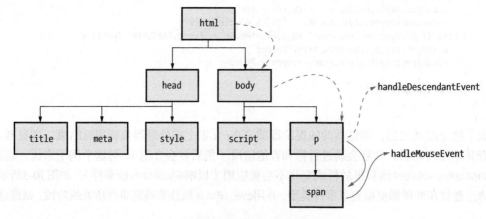

图30-6 目标阶段

你在之前的一些例子中已经见过这个阶段了。这里要注意的唯一一点是可以多次调用addEventListener函数，因此某个给定事件类型可以有不止一个监听器。

> 提示 如果在目标阶段调用stopPropagation或stopImmediatePropagation函数，相当于终止了事件流，不再进入冒泡阶段。

3. 理解冒泡阶段

完成目标阶段之后，浏览器开始转而沿着上级元素链朝body元素前进。在沿途的每个元素上，浏览器都会检查是否存在针对该事件类型但没有启用捕捉的监听器（也就是说，addEventListener函数的第三个参数是false）。这就是所谓的事件冒泡。代码清单30-9提供了一个例子。

代码清单30-9　事件冒泡

```html
<!DOCTYPE HTML>
<html>
    <head>
        <title>Example</title>
        <style type="text/css">
            p {
                background: gray;
                color:white;
                padding: 10px;
                margin: 5px;
                border: thin solid black
            }
            span {
                background: white;
                color: black;
                padding: 2px;
                cursor: default;
            }
        </style>
    </head>
    <body>
        <p id="block1">
            There are lots of different kinds of fruit - there are over
            500 varieties of <span id="banana">banana</span> alone. By the time we add
            the countless types of apples, oranges, and other well-known fruit, we are
            faced with thousands of choices.
        </p>
        <script type="text/javascript">

            var banana = document.getElementById("banana");
            var textblock = document.getElementById("block1");

            banana.addEventListener("mouseover", handleMouseEvent);
            banana.addEventListener("mouseout", handleMouseEvent);
            textblock.addEventListener("mouseover", handleDescendantEvent, true);
            textblock.addEventListener("mouseout", handleDescendantEvent, true);
            textblock.addEventListener("mouseover", handleBubbleMouseEvent, false);
            textblock.addEventListener("mouseout", handleBubbleMouseEvent, false);

            function handleBubbleMouseEvent(e) {
                if (e.type == "mouseover" && e.eventPhase == Event.BUBBLING_PHASE) {
                    e.target.style.textTransform = "uppercase";
                } else if (e.type == "mouseout" && e.eventPhase == Event.BUBBLING_PHASE) {
                    e.target.style.textTransform = "none";
                }
```

```
            }
            function handleDescendantEvent(e) {
                if (e.type == "mouseover" && e.eventPhase == Event.CAPTURING_PHASE) {
                    e.target.style.border = "thick solid red";
                    e.currentTarget.style.border = "thick double black";
                } else if (e.type == "mouseout" && e.eventPhase == Event.CAPTURING_PHASE) {
                    e.target.style.removeProperty("border");
                    e.currentTarget.style.removeProperty("border");
                }
            }

            function handleMouseEvent(e) {
                if (e.type == "mouseover") {
                    e.target.style.background='black';
                    e.target.style.color='white';
                } else {
                    e.target.style.removeProperty('color');
                    e.target.style.removeProperty('background');
                }
            }
        </script>
    </body>
</html>
```

我添加了一个名为handleBubbleMouseEvent的新函数，并把它附到文档的p元素上。现在p元素就有了两个事件监听器，一个启用了捕捉，另一个启用了冒泡。当使用addEventListener方法时，你始终都处于这两种状态中的一种，这就意味着某个元素的监听器除了自身事件的通知，还会收到后代元素事件的通知。你要选择的是在后代元素事件的目标阶段之前还是之后调用监听器。

这些新代码带来的结果是，文档里的span元素在发生mouseover事件时会触发三个监听函数。handleDescendantEvent函数会在捕捉阶段被触发，handleMouseEvent函数会在目标阶段被调用，而handleBubbleMouseEvent则是在冒泡阶段。从图30-7可以看到它的效果。

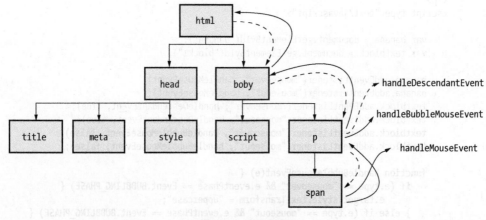

图30-7　冒泡阶段

现在，所有监听函数里的样式改动都会影响到元素的外观，如图30-8所示。

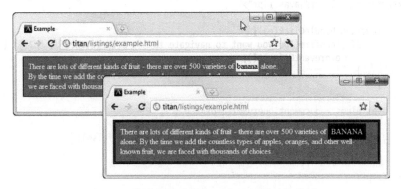

图30-8　给冒泡阶段添加一个处理器后的效果

> 提示　不是所有事件都支持冒泡。可以用bubbles属性来检查某个事件能否冒泡。如果值是true，就说明此事件会冒泡，false则意味着它不会冒泡。

30.2.3　使用可撤销事件

有些事件定义了一种默认的行为，会在事件被触发时执行。举个例子，a元素click事件的默认行为是浏览器会载入href属性所指定的URL的内容。当某一事件拥有默认行为时，它的cancelable属性就会是true。你可以调用preventDefault函数来阻止默认行为的执行。代码清单30-10里的例子演示了如何在事件处理函数中处理可撤销事件。

代码清单30-10　撤销默认的行为

```
<!DOCTYPE HTML>
<html>
    <head>
        <title>Example</title>
        <style type="text/css">
            a {
                background: gray;
                color:white;
                padding: 10px;
                border: thin solid black
            }
        </style>
    </head>
    <body>
        <p>
            <a href="http://apress.com">Visit Apress</a>
            <a href="http://w3c.org">Visit W3C</a>
        </p>
```

```
        <script type="text/javascript">
            function handleClick(e) {
                if (!confirm("Do you want to navigate to " + e.target.href + " ?")) {
                    e.preventDefault();
                }
            }

            var elems = document.querySelectorAll("a");
            for (var i = 0; i < elems.length; i++) {
                elems[i].addEventListener("click", handleClick, false);
            }
        </script>
    </body>
</html>
```

在这个例子里，我用confirm函数来提示用户考虑他们是否真想导航到a元素指向的URL上。如果用户点击Cancel按钮，我就会调用preventDefault函数。这就意味着浏览器不再会导航到该URL上。

请注意，调用preventDefault函数不会阻止事件流经历捕捉、目标和冒泡阶段。这些阶段仍然会进行，但是浏览器不会在冒泡阶段的最后执行默认行为。可以通过读取defaultPrevented属性来检测preventDefault函数是否已经被之前的某个事件处理器在事件上调用过。如果它返回true，那么preventDefault函数就已经被调用过了。

30.3 使用 HTML 事件

HTML定义了一些按类型分组的事件，我会在下一节介绍它们。下一节开始部分的文档和窗口事件适用于Document和Window对象，我已经在第25章和第26章讨论了这些对象。

其他的事件在HTMLElement对象里都有定义，实际上是通用的。为了支持每种事件类型的特点，浏览器会指派带有额外属性（相对于核心对象Event上的属性而言）的对象。看看下面这些例子你就会明白我的意思了。

30.3.1 文档和窗口事件

除了你在之前几章见过的那些功能，Document对象还定义了表30-4里介绍的事件。你可以在第25章的一个例子看到此事件的使用方法。

表30-4 Document对象的事件

名 称	说 明
readystatechange	在readyState属性的值发生变化时触发

Window对象定义了多种多样的事件，表30-5对其进行了介绍。可以通过body元素处理其中一些事件，但浏览器对这种方法的支持程度不太一致，一般而言使用Window对象会更可靠一些。

表30-5 Window对象的事件

名称	说明
onabort	在文档或资源加载过程被中止时触发
onafterprint	在已调用Window.print()方法,但尚未给用户提供打印选项时触发
onbeforeprint	在用户完成文档打印后触发
onerror	在文档或资源的加载发生错误时触发
onhashchange	在锚部分发生变化时触发
onload	在文档或资源加载完成时触发
onpopstate	触发后提供一个关联浏览器历史的状态对象
onresize	在窗口缩放时触发
onunload	在文档从窗口或浏览器中卸载时触发

30.3.2 使用鼠标事件

你已经在本章前面见过mouseover和mouseout事件了,而表30-6展示了鼠标相关事件的完整集合。

表30-6 与鼠标相关的事件

名称	说明
click	在点击并释放鼠标键时触发
dblclick	在两次点击并释放鼠标键时触发
mousedown	在点击鼠标键时触发
mouseenter	在光标移入元素或某个后代元素所占据的屏幕区域时触发
mouseleave	在光标移出元素及所有后代元素所占据的屏幕区域时触发
mousemove	当光标在元素上移动时触发
mouseout	与mouseleave基本相同,除了当光标仍然在某个后代元素上时也会触发
mouseover	与mouseenter基本相同,除了当光标仍然在某个后代元素上时也会触发
mouseup	在释放鼠标键时触发

当某个鼠标事件被触发时,浏览器会指派一个MouseEvent对象。它是一个Event对象,但带有表30-7中展示的额外属性和方法。

表30-7 MouseEvent对象

名称	说明	返回
button	标明点击的是哪个键。0是鼠标主键,1是中键,2是次键/右键	数值
altKey	如果在事件触发时按下了alt/option键则返回true	布尔值
clientX	返回事件触发时鼠标相对于元素视口的X坐标	数值
clientY	返回事件触发时鼠标相对于元素视口的Y坐标	数值

名　称	说　明	返　回
screenX	返回事件触发时鼠标相对于屏幕坐标系的X坐标	数值
screenY	返回事件触发时鼠标相对于屏幕坐标系的Y坐标	数值
shiftKey	如果在事件触发时按下了Shift键则返回true	布尔值
ctrlKey	如果在事件触发时按下了Ctrl键则返回true	布尔值

代码清单30-11展示了如何使用MouseEvent对象所提供的额外功能。

代码清单30-11　使用MouseEvent对象响应鼠标事件

```html
<!DOCTYPE HTML>
<html>
    <head>
        <title>Example</title>
        <style type="text/css">
            p {
                background: gray;
                color:white;
                padding: 10px;
                margin: 5px;
                border: thin solid black
            }
            table { margin: 5px; border-collapse: collapse; }
            th, td {padding: 4px;}
        </style>
    </head>
    <body>
        <p id="block1">
            There are lots of different kinds of fruit - there are over
            500 varieties of banana alone. By the time we add the countless types of
            apples, oranges, and other well-known fruit, we are faced with thousands
            of choices.
        </p>
        <table border="1">
            <tr><th>Type:</th><td id="eType"></td></tr>
            <tr><th>X:</th><td id="eX"></td></tr>
            <tr><th>Y:</th><td id="eY"></td></tr>
        </table>

        <script type="text/javascript">
            var textblock = document.getElementById("block1");
            var typeCell = document.getElementById("eType");
            var xCell = document.getElementById("eX");
            var yCell = document.getElementById("eY");

            textblock.addEventListener("mouseover", handleMouseEvent, false);
            textblock.addEventListener("mouseout", handleMouseEvent, false);
            textblock.addEventListener("mousemove", handleMouseEvent, false);
```

```
            function handleMouseEvent(e) {
                if (e.eventPhase == Event.AT_TARGET) {
                    typeCell.innerHTML = e.type;
                    xCell.innerHTML = e.clientX;
                    yCell.innerHTML = e.clientY;

                    if (e.type == "mouseover") {
                        e.target.style.background='black';
                        e.target.style.color='white';
                    } else {
                        e.target.style.removeProperty('color');
                        e.target.style.removeProperty('background');
                    }
                }
            }
        </script>
    </body>
</html>
```

这个例子中的脚本会更新表格的一些单元格,以此来响应两类鼠标事件。从图30-9也可以看到它的效果。

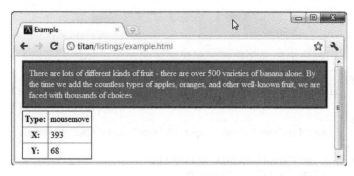

图30-9 处理鼠标事件

30.3.3 使用键盘焦点事件

与键盘焦点相关的事件触发于元素获得和失去焦点之时。表30-8概述了这些事件。

表30-8 与键盘焦点相关的事件

名 称	说 明
blur	在元素失去焦点时触发
focus	在元素获得焦点时触发
focusin	在元素即将获得焦点时触发
focusout	在元素即将失去焦点时触发

FocusEvent对象代表了这些事件,相对于Event对象的核心功能,它还增加了表30-9里展示的属性。

表30-9 FocusEvent对象

名称	说明	返回
relatedTarget	元素即将获得或失去焦点。这个属性只用于focusin和focusout事件	HTMLElement

代码清单30-12演示了如何使用键盘焦点事件。

代码清单30-12 使用键盘焦点事件

```html
<!DOCTYPE HTML>
<html>
    <head>
        <title>Example</title>
        <style type="text/css">
            p {
                background: gray;
                color:white;
                padding: 10px;
                margin: 5px;
                border: thin solid black
            }
        </style>
    </head>
    <body>
        <form>
            <p>
                <label for="fave">Fruit: <input autofocus id="fave" name="fave"/></label>
            </p>
            <p>
                <label for="name">Name: <input id="name" name="name"/></label>
            </p>
            <button type="submit">Submit Vote</button>
            <button type="reset">Reset</button>
        </form>

        <script type="text/javascript">
            var inputElems = document.getElementsByTagName("input");
            for (var i = 0; i < inputElems.length; i++) {
                inputElems[i].onfocus = handleFocusEvent;
                inputElems[i].onblur = handleFocusEvent;
            }

            function handleFocusEvent(e) {
                if (e.type == "focus") {
                    e.target.style.backgroundColor = "lightgray";
                    e.target.style.border = "thick double red";
                } else {
                    e.target.style.removeProperty("background-color");
                    e.target.style.removeProperty("border");
                }
```

```
            }
        </script>
    </body>
</html>
```

这个例子里的脚本用focus和blur事件来改变一对input元素的样式。从图30-10可以看到它的效果。

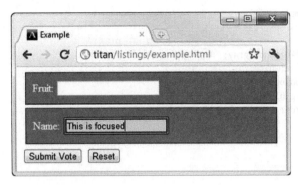

图30-10　使用focus和blur事件

30.3.4　使用键盘事件

键盘事件由按键操作触发。表30-10展示了这一类事件。

表30-10　与键盘相关的事件

名　　称	说　　明
keydown	在用户按下某个键时触发
keypress	在用户按下并释放某个键时触发
keyup	在用户释放某个键时触发

KeyboardEvent对象代表了这些事件，相对于Event对象的核心功能，它还增加了表30-11里展示的属性。

表30-11　KeyboardEvent对象

名　　称	说　　明	返　　回
char	返回按键代表的字符	字符串
key	返回所按的键	字符串
ctrlKey	如果在按键时Ctrl键处于按下状态则返回true	布尔值
shiftKey	如果在按键时Shift键处于按下状态则返回true	布尔值
altKey	如果在按键时Alt键处于按下状态则返回true	布尔值
repeat	如果该键一直处于按下状态则返回true	布尔值

代码清单30-13展示了其中一些键盘事件的用法。

代码清单30-13 使用键盘事件

```
<!DOCTYPE HTML>
<html>
    <head>
        <title>Example</title>
        <style type="text/css">
            p {
                background: gray;
                color:white;
                padding: 10px;
                margin: 5px;
                border: thin solid black
            }
        </style>
    </head>
    <body>
        <form>
            <p>
                <label for="fave">Fruit: <input autofocus id="fave" name="fave"/></label>
            </p>
            <p>
                <label for="name">Name: <input id="name" name="name"/></label>
            </p>
            <button type="submit">Submit Vote</button>
            <button type="reset">Reset</button>
        </form>
        <span id="message"></span>

        <script type="text/javascript">
            var inputElems = document.getElementsByTagName("input");
            for (var i = 0; i < inputElems.length; i++) {
                inputElems[i].onkeyup = handleKeyboardEvent;
            }

            function handleKeyboardEvent(e) {
                document.getElementById("message").innerHTML = "Key pressed: " +
                    e.keyCode + " Char: " + String.fromCharCode(e.keyCode);
            }
        </script>
    </body>
</html>
```

这个例子里的脚本通过改变某个span元素的内容来显示发送给一对input元素的按键。请注意我如何用String.fromCharCode函数把keyCode属性的值转换成了一个更有用的值。从图30-11可以看到这段脚本的效果。

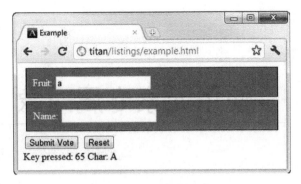

图30-11　使用键盘事件

30.3.5　使用表单事件

form元素定义了两种只适用于此元素的特殊事件。表30-12介绍了它们。

表30-12　form事件

名　　称	说　　明	名　　称	说　　明
submit	在表单提交时触发	reset	在表单重置时触发

我会在第33章和第34章向你展示Ajax，到时你可以了解如何使用表单事件。

30.4　小结

在这一章里，我解释了事件系统让你可以如何对文档元素的状态变化作出反应。我向你展示了处理事件的不同方法，从以on开头的简单属性，到使用处理器函数，再到addEventListener方法，它们各有优势。我还解释了事件生命周期的三个阶段（捕捉、目标和冒泡），以及如何用这些阶段来拦截传播中的事件。在这一章的最后，我介绍了大多数HTML元素都可用的那些事件。

第 31 章 使用元素专属对象

文档对象模型（DOM）定义了一组对象来代表文档里不同类型的HTML元素。这些对象可以被当做HTMLElement对象，而且在大多数情况下你的脚本也正是这么做的。但是，如果想要访问某些元素特有的属性或功能，经常可以通过它们中的某个对象做到。

这些对象的用处并不大。它们通常定义了一些属性来对应元素所支持的HTML属性，而HTML属性的值可以通过HTMLElement中的功能进行访问。不过有几处例外：表单元素有一些有用的方法可以进行输入验证，表格元素则有一些方法可以用于构建表格内容。

31.1 文档和元数据对象

这一节介绍代表数据元素和元数据元素的对象。从第7章可以进一步了解这些元素。

31.1.1 base 元素

base元素是由HTMLBaseElement对象代表的。这个对象没有定义任何额外的事件，但有两个属性，如表31-1所示。

表31-1 HTMLBaseElement对象

名 称	说 明	返 回
href	对应于href属性	字符串
target	对应于target属性	字符串

31.1.2 body 元素

body元素是由HTMLBodyElement对象代表的。这个对象没有定义任何额外的属性，但有一组事件，如表31-2所示。

表31-2 HTMLBodyElement的事件

事 件	说 明
error	在脚本或图像等资源的加载发生错误时触发
load	在文档和它的所有资源都已加载完成时触发
unload	在浏览器卸载文档（通常是因为用户导航到了别处）时触发

> 提示　有些浏览器通过Window对象来支持这些事件，第27章介绍过这个对象。

31.1.3　link 元素

link元素是由HTMLLinkElement对象代表的。这个对象定义的属性如表31-3所示。

表31-3　HTMLLinkElement对象

名　称	说　明	返　回
disabled	对应于disabled属性	布尔值
href	对应于href属性	字符串
rel	对应于rel属性	字符串
media	对应于media属性	字符串
hreflang	对应于hreflang属性	字符串
type	对应于type属性	字符串

31.1.4　meta 元素

meta元素是由HTMLMetaElement对象代表的。这个对象定义的属性如表31-4所示。

表31-4　HTMLMetaElement对象

名　称	说　明	返　回
name	对应于name属性	字符串
httpEquiv	对应于http-equiv属性	字符串
content	对应于content属性	字符串

31.1.5　script 元素

script元素在DOM里是由HTMLScriptElement对象代表的。这个对象定义的额外属性如表31-5所示。

表31-5　HTMLScriptElement对象

名　称	说　明	返　回
src	对应于src属性	字符串
async	对应于async属性	布尔值
defer	对应于defer属性	布尔值
type	对应于type属性	字符串
charset	对应于charset属性	字符串
text	对应于text属性	字符串

31.1.6 style 元素

style元素在DOM里是由`HTMLStyleElement`对象代表的。这个对象定义的额外属性如表31-6所示。

表31-6 `HTMLStyleElement`对象

名 称	说 明	返 回
disabled	对应于disabled属性	布尔值
media	对应于media属性	字符串
typed	对应于typed属性	字符串
scoped	对应于scoped属性	布尔值

31.1.7 title 元素

title元素在DOM里是由`HTMLTitleElement`对象代表的。这个对象定义的属性如表31-7所示。

表31-7 `HTMLTitleElement`对象

名 称	说 明	返 回
text	获取或设置title元素的内容	字符串

31.1.8 其他文档和元数据元素

head和html元素分别是由`HTMLHeadElement`和`HTMLHtmlElement`对象代表的。这些对象没有定义`HTMLElement`之外的任何方法、属性或事件。noscript元素没有专属的DOM对象，只由`HTMLElement`代表。

31.2 文本元素

这一节介绍代表文本元素的对象。你可以从第8章进一步了解这些元素。

31.2.1 a 元素

a元素是由`HTMLAnchorElement`对象代表的。这个对象定义的属性如表31-8所示。除了给对应的元素属性定义属性外，此对象还定义了一组便捷属性，让你能够很容易地获取或设置URL（由`href`属性指定）的各个组成部分。

表31-8 HTMLAnchorElement对象

名 称	说 明	返 回
href	对应于href属性	字符串
target	对应于target属性	字符串
rel	对应于rel属性	字符串
media	对应于media属性	字符串
hreflang	对应于hreflang属性	字符串
type	对应于type属性	字符串
text	获取或设置此元素包含的文本	字符串
protocol	这个便捷属性用于获取或设置href属性值里的协议名部分	字符串
host	这个便捷属性用于获取或设置href属性值里的主机名和端口号部分	字符串
hostname	这个便捷属性用于获取或设置href属性值里的主机名部分	字符串
port	这个便捷属性用于获取或设置href属性值里的端口号部分	字符串
pathname	这个便捷属性用于获取或设置href属性值里的路径部分	字符串
search	这个便捷属性用于获取或设置href属性值里的查询字符串部分	字符串
hash	这个便捷属性用于获取或设置href属性值里的文档片段部分	字符串

31.2.2 del 和 ins 元素

del和ins元素都是由HTMLModElement对象代表的。可以用HTMLElement定义的tagName属性来区分它们,详情请参见第26章。HTMLModElement定义的额外属性如表31-9所示。

表31-9 HTMLModElement对象

名 称	说 明	返 回
cite	对应于cite属性	字符串
dateTime	对应于datetime属性	字符串

31.2.3 q 元素

q元素是由HTMLQuoteElement对象代表的。这个对象定义的属性如表31-10所示。

表31-10 HTMLQuoteElement对象

名 称	说 明	返 回
cite	对应于cite属性	字符串

31.2.4 time 元素

time元素是由HTMLTimeElement对象代表的。这个对象定义的额外属性如表31-11所示。

表31-11 HTMLTimeElement对象

名称	说明	返回
dateTime	对应于datetime属性	字符串
pubDate	对应于pubdate属性	字符串
valueAsDate	解析时间和日期,并返回一个Date对象	Date

31.2.5 其他文本元素

br和span分别是由HTMLBRElement和HTMLSpanElement对象代表的。这些对象没有定义HTMLElement之外的任何方法、属性或事件。以下这些元素只由HTMLElement代表：abbr、b、cite、code、dfn、em、i、u、kbd、mark、rt、rp、ruby、s、samp、small、strong、sub、sup、var和wbr。

31.3 分组元素

这一节介绍了代表分组元素的对象。你可以在第9章进一步了解这些元素。

31.3.1 blockquote 元素

blockquote元素是由HTMLQuoteElement对象代表的。这个对象就是我在表31-10介绍过的q元素所用的对象。

31.3.2 li 元素

li元素是由HTMLLIElement对象代表的。这个对象定义的属性如表31-12所示。

表31-12 HTMLLIElement对象

名称	说明	返回
value	对应于value属性	数值

31.3.3 ol 元素

ol元素是由HTMLOListElement对象代表的。这个对象定义的属性如表31-13所示。

表31-13 HTMLOListElement对象

名称	说明	返回
reversed	对应于reversed属性	布尔值
start	对应于start属性	数值
type	对应于type属性	字符串

31.3.4 其他分组元素

表31-14展示了一些分组元素,代表它们的元素专属对象没有定义任何HTMLElement之外的功能。

表31-14 没有额外属性的分组元素对象

名称	DOM对象
div	HTMLDivElement
dl	HTMLDListElement
hr	HTMLHRElement
p	HTMLParagraphElement
pre	HTMLPreElement
ul	HTMLUListElement

以下这些元素没有对应的DOM对象,由HTMLElement代表:dd、dt、figcaption和figure。

31.4 区块元素

这一节介绍了代表区块元素的对象。你可以在第10章进一步了解这些元素。

31.4.1 details 元素

details元素是由HTMLDetailsElement对象代表的。这个对象定义的属性如表31-15所示。

表31-15 HTMLDetailsElement对象

名称	说明	返回
open	对应于open属性	布尔值

31.4.2 其他区块元素

h1~h6元素是由HTMLHeadingElement对象代表的,但这个对象没有定义任何额外的属性。以下这些区块元素不由专属对象代表:address、article、aside、footer、header、hgroup、nav、section和summary。

31.5 表格元素

这一节介绍了代表表格元素的对象。你可以从第11章进一步了解这些元素。

31.5.1 col 和 colgroup 元素

col和colgroup元素都是由HTMLTableColElement对象代表的。这个对象定义的属性如表31-16所示。

表31-16 HTMLTableColElement对象

名 称	说 明	返 回
span	对应于span属性	数值

31.5.2 table 元素

table元素是由HTMLTableElement对象代表的。它是最有用的元素专属对象之一。这个对象定义的属性和方法如表31-17所示。

表31-17 HTMLTableElement对象

名 称	说 明	返 回
border	对应于border属性	字符串
caption	返回表格的caption元素	HTMLElement
createCaption()	返回表格的caption元素,如果有必要就创建它	HTMLElement
deleteCaption()	删除表格的caption元素	void
tHead	返回表格的thead元素	HTMLTableSectionElement
createTHead()	返回表格的thead元素,如果有必要就创建一个	HTMLTableSectionElement
deleteTHead()	删除表格的thead元素	void
tFoot	返回表格的tfoot元素	HTMLTableSectionElement
createTFoot()	返回表格的tfoot元素,如果有必要就创建一个	HTMLTableSectionElement
deleteTFoot()	删除表格的tfoot元素	void
tBodies	返回表格的tbody元素	HTMLTableSectionElement[]
createTBody()	返回表格的tbody元素,如果有必要就创建一个	HTMLTableSectionElement
rows	返回表格各行	HTMLTableRowElement[]
insertRow(<index>)	在表格的指定位置创建一个新行	HTMLTableRowElement
deleteRow(<index>)	删除指定索引处的表格行	void

31.5.3 thead、tbody 和 tfoot 元素

thead、tbody和tfoot元素都是由HTMLTableSectionElement对象代表的。这个对象定义的属性和方法如表31-18所示。

表31-18 HTMLTableSectionElement对象

名 称	说 明	返 回
rows	返回表格此区块的各行	HTMLTableRowElement[]
insertRow(<index>)	在指定索引处插入一个新行	HTMLTableRowElement
deleteRow(<index>)	删除指定索引处的行	void

31.5.4 th 元素

th元素是由HTMLTableHeaderCellElement对象代表的。这个对象定义的属性如表31-19所示。

表31-19　HTMLTableHeaderCellElement对象

名称	说明	返回
rows	返回表格此区块的各行	HTMLTableRowElement[]
insertRow(<index>)	在指定索引处插入一个新行	HTMLTableRowElement
deleteRow(<index>)	删除指定索引处的行	void

31.5.5 tr 元素

tr元素是由HTMLTableRowElement对象代表的。这个对象定义的属性和方法如表31-20所示。

表31-20　HTMLTableRowElement对象

名称	说明	返回
rowIndex	返回行在表格里的位置	数值
sectionRowIndex	返回行在表格区块里的位置	数值
cells	返回单元格元素的集合	HTMLElement[]
insertCell(<index>)	在指定索引处插入一个新单元格	HTMLElement
deleteCell(<index>)	删除指定索引处的单元格	void

31.5.6 其他表格元素

表31-21展示了一些表格元素，代表它们的元素专属对象没有定义任何HTMLElement之外的功能。

表31-21　没有额外属性的表格元素对象

名称	DOM对象	名称	DOM对象
caption	HTMLTableCaptionElement	td	HTMLTableDataCellElement

31.6 表单元素

这一节介绍代表表单元素的对象。你可以在第12章至第14章进一步了解这些元素。

31.6.1 button 元素

button元素是由HTMLButtonElement对象代表的。这个对象定义的属性和方法如表31-22所示。

表31-22　HTMLButtonElement对象

名　称	说　明	返　回
autofocus	对应于autofocus属性	布尔值
disabled	对应于disabled属性	布尔值
form	返回此元素关联的form元素	HTMLFormElement
formAction	对应于formaction属性	字符串
formEncType	对应于formenctype属性	字符串
formMethod	对应于formmethod属性	字符串
formNoValidate	对应于formnovalidate属性	字符串
formTarget	对应于formtarget属性	字符串
name	对应于name属性	字符串
type	对应于type属性	字符串
value	对应于value属性	字符串
labels	返回属性与此button元素相关的说明标签元素	HTMLLabelElement[]

31.6.2　datalist 元素

datalist元素是由HTMLDataListElement对象代表的。这个对象定义的属性如表31-23所示。

表31-23　HTMLDataListElement对象

名　称	说　明	返　回
options	返回datalist元素包含的option元素集合	HTMLOptionElement[]

31.6.3　fieldset 元素

fieldset元素是由HTMLFieldSetElement对象代表的。这个对象定义的属性如表31-24所示。

表31-24　HTMLFieldSetElement对象

名　称	说　明	返　回
disabled	对应于disabled属性	布尔值
form	对应于form属性	HTMLFormElement
name	对应于name属性	字符串
elements	返回fieldset包含的表单控件集合	HTMLElement[]

31.6.4　form 元素

form元素是由HTMLFormElement对象代表的。这个对象定义的属性和方法如表31-25所示。

表31-25 HTMLFormElement对象

名称	说明	返回
acceptCharset	对应于accept-charset属性	字符串
action	对应于action属性	字符串
autocomplete	对应于autocomplete属性	字符串
enctype	对应于enctype属性	字符串
encoding	对应于enctype属性	字符串
method	对应于method属性	字符串
name	对应于name属性	字符串
noValidate	对应于novalidate属性	布尔值
target	对应于target属性	字符串
elements	返回表单里的所有元素	HTMLElement[]
length	返回表单里的元素数量	数值
[<name>]	返回具有指定名称的表单元素	HTMLElement
[<index>]	返回位于指定索引处的表单元素	HTMLElement
submit()	提交表单	void
reset()	重置表单	void
checkValidity()	如果所有表单元素都通过了输入验证就返回true，否则返回false	布尔值

31.6.5 input 元素

input元素是由HTMLInputElement对象代表的。这个对象支持的属性和方法如表31-26所示。

表31-26 HTMLInputElement对象

名称	说明	返回
accept	对应于accept属性	字符串
alt	对应于alt属性	字符串
autocomplete	对应于autocomplete属性	字符串
autofocus	对应于autofocus属性	布尔值
checked	如果元素被选中则返回true	布尔值
dirName	对应于dirname属性	字符串
disabled	对应于disabled属性	布尔值
form	对应于form属性	字符串
formAction	对应于formaction属性	字符串
formEnctype	对应于formenctype属性	字符串
formMethod	对应于formmethod属性	字符串

（续）

名 称	说 明	返 回
formNoValidate	对应于formnovalidate属性	字符串
formTarget	对应于formTarget属性	字符串
list	对应于list属性	HTMLElement
max	对应于max属性	字符串
maxLength	对应于maxlength属性	数值
min	对应于min属性	字符串
multiple	对应于multiple属性	布尔值
name	对应于name属性	字符串
pattern	对应于pattern属性	字符串
placeholder	对应于placeholder属性	字符串
readOnly	对应于readonly属性	布尔值
required	对应于required属性	布尔值
size	对应于size属性	数值
src	对应于src属性	字符串
step	对应于step属性	字符串
type	对应于type属性	字符串
value	对应于value属性	字符串
valueAsDate	获取或设置日期形式的value属性	Date
valueAsNumber	获取或设置数字形式的value属性	数值
selectedOption	从list属性指定的datalist里获取匹配input元素value的option元素	HTMLOptionElement
stepUp(<step>)	给value增加指定的量	void
stepDown(<step>)	给value减少指定的量	void
willValidate	如果此元素将在提交表单时进行输入验证就返回true，否则返回false	布尔值
validity	返回对输入的有效性评估	ValidityState
validationMessage	返回在应用输入验证时展示给用户的错误消息	字符串
checkValidity()	对此元素执行输入验证	布尔值
setCustomValidity(<msg>)	设置一条自定义的验证消息	void
labels	返回与此元素关联的说明标签元素	HTMLLabelElement[]

31.6.6 label 元素

label元素是由HTMLLabelElement对象代表的。这个对象定义的属性如表31-27所示。

表31-27　HTMLLabelElement对象

名称	说明	返回
form	返回与此元素关联的form	HTMLFormElement
htmlFor	对应于for属性	字符串
control	返回for属性所指定的元素	HTMLElement

31.6.7　legend 元素

legend元素是由HTMLLegendElement对象代表的。这个对象定义的属性如表31-28所示。

表31-28　HTMLLegendElement对象

名称	说明	返回
form	返回与此元素关联的form	HTMLFormElement

31.6.8　optgroup 元素

optgroup元素是由HTMLOptGroupElement对象代表的。这个对象定义的属性如表31-29所示。

表31-29　HTMLOptGroupElement对象

名称	说明	返回
disabled	对应于disabled属性	布尔值
label	对应于label属性	字符串

31.6.9　option 元素

option元素是由HTMLOptionElement对象代表的。这个对象定义的属性如表31-30所示。

表31-30　HTMLOptionElement对象

名称	说明	返回
disabled	对应于disabled属性	布尔值
form	返回与此元素关联的form	HTMLFormElement
label	对应于label属性	字符串
selected	对应于selected属性	布尔值
value	对应于value属性	字符串
text	对应于text属性	字符串
index	返回此元素在select父元素里的索引	数值

31.6.10　output 元素

output元素是由HTMLOutputElement对象代表的。这个对象定义的属性如表31-31所示。

表31-31　HTMLOutputElement对象

名称	说明	返回
htmlFor	对应于for属性	字符串
form	返回与此元素关联的form	HTMLFormElement
name	对应于name属性	字符串
type	对应于type属性	字符串
value	对应于value属性	字符串
willValidate	如果此元素将在提交表单时进行输入验证就返回true，否则返回false	布尔值
validationMessage	返回在应用输入验证时展示给用户的错误消息	字符串
checkValidity()	对此元素执行输入验证	布尔值
setCustomValidity(<msg>)	设置一条自定义的验证消息	void
labels	返回与此元素关联的说明标签元素	HTMLLabelElement[]

31.6.11　select元素

select元素是由HTMLSelectElement对象代表的。这个对象实现的属性如表31-32所示。

表31-32　HTMLSelectElement对象

名称	说明	返回
autofocus	对应于autofocus属性	布尔值
disabled	对应于disabled属性	布尔值
form	返回与此元素关联的form	HTMLFormElement
multiple	对应于multiple属性	布尔值
name	对应于name属性	字符串
required	对应于required属性	布尔值
size	对应于size属性	数值
type	如果此元素带有multiple属性就返回select-multiple，否则返回select-one	字符串
options	返回option元素的集合	HTMLOptionElement[]
length	获取或设置选项元素的数量	数值
[<index>]	获取指定索引处的元素	HTMLElement
selectedOptions	返回选中的option元素	HTMLOptionElement[]
selectedIndex	返回第一个选中option元素的索引	数值
value	获取或设置选中的值	字符串
willValidate	如果此元素将在提交表单时进行输入验证就返回true，否则返回false	布尔值
validationMessage	返回在应用输入验证时展示给用户的错误消息	字符串
checkValidity()	对此元素执行输入验证	布尔值
setCustomValidity(<msg>)	设置一条自定义的验证消息	void
labels	返回与此元素关联的说明标签元素	HTMLLabelElement[]

31.6.12 textarea 元素

textarea元素是由HTMLTextAreaElement对象代表的。这个对象定义的方法和属性如表31-33所示。

表31-33 HTMLTextAreaElement对象

名 称	说 明	返 回
autofocus	对应于autofocus属性	布尔值
cols	对应于cols属性	数值
dirName	对应于dirname属性	字符串
disabled	对应于disabled属性	布尔值
form	返回与此元素关联的form	HTMLFormElement
maxLength	对应于maxlength属性	数值
name	对应于name属性	字符串
placeholder	对应于placeholder属性	字符串
readOnly	对应于readonly属性	布尔值
required	对应于required属性	布尔值
rows	对应于rows属性	数值
wrap	对应于wrap属性	字符串
type	返回textarea	字符串
value	返回此元素的内容	字符串
textLength	返回value属性的长度	数值
willValidate	如果此元素将在提交表单时进行输入验证就返回true，否则返回false	布尔值
validationMessage	返回在应用输入验证时展示给用户的错误消息	字符串
checkValidity()	对此元素执行输入验证	布尔值
setCustomValidity(<msg>)	设置一条自定义的验证消息	void
labels	返回与此元素关联的说明标签元素	HTMLLabelElement[]

31.7 内容元素

这一节介绍的对象代表了用于在文档里嵌入内容的元素。你可以在第15章进一步了解这些元素。

注意 其他内容元素（比如canvas和video）会在后面的第34章介绍。

31.7.1 area 元素

area元素是由HTMLAreaElement对象代表的。这个对象实现的属性如表31-34所示。

表31-34 HTMLAreaElement对象

名　　称	说　　明	返　　回
alt	对应于alt属性	字符串
coords	对应于coords属性	字符串
shape	对应于shape属性	字符串
href	对应于href属性	字符串
target	对应于target属性	字符串
rel	对应于rel属性	字符串
media	对应于media属性	字符串
hrefLang	对应于hreflang属性	字符串
type	对应于type属性	字符串
protocol	这个便捷属性用于获取或设置href属性值里的协议名部分	字符串
host	这个便捷属性用于获取或设置href属性值里的主机名和端口号部分	字符串
hostname	这个便捷属性用于获取或设置href属性值里的主机名部分	字符串
port	这个便捷属性用于获取或设置href属性值里的端口号部分	字符串
pathname	这个便捷属性用于获取或设置href属性值里的路径部分	字符串
search	这个便捷属性用于获取或设置href属性值里的查询字符串部分	字符串
hash	这个便捷属性用于获取或设置href属性值里的文档片段部分	字符串

31.7.2 embed 元素

embed元素是由HTMLEmbedElement对象代表的。这个对象实现的属性如表31-35所示。

表31-35 HTMLEmbedElement对象

名　　称	说　　明	返　　回
src	对应于src属性	字符串
type	对应于type属性	字符串
width	对应于width属性	字符串
height	对应于height属性	字符串

31.7.3 iframe 元素

iframe元素是由HTMLIFrameElement对象代表的。这个对象实现的属性如表31-36所示。

表31-36 HTMLIFrameElement对象

名称	说明	返回
src	对应于src属性	字符串
srcdoc	对应于srcdoc属性	字符串
name	对应于name属性	字符串
sandbox	对应于sandbox属性	字符串
seamless	对应于seamless属性	字符串
width	对应于width属性	字符串
height	对应于height属性	字符串
contentDocument	返回document对象	Document
contentWindow	返回window对象	Window

31.7.4 img 元素

img元素是由HTMLImageElement对象代表的。这个对象实现的属性如表31-37所示。

表31-37 HTMLImageElement对象

名称	说明	返回
alt	对应于alt属性	字符串
src	对应于src属性	字符串
useMap	对应于usemap属性	字符串
isMap	对应于ismap属性	布尔值
width	对应于width属性	数值
height	对应于height属性	数值
complete	如果图像已被下载则返回true	布尔值

31.7.5 map 元素

map元素是由HTMLMapElement对象代表的。这个对象实现的属性如表31-38所示。

表31-38 HTMLMapElement对象

名称	说明	返回
name	对应于name属性	字符串
areas	返回分区响应图里所有的area元素	HTMLAreaElement[]
images	返回分区响应图里所有的img和object元素	HTMLElement[]

31.7.6 meter 元素

meter元素是由HTMLMeterElement对象代表的。这个对象实现的属性如表31-39所示。

表31-39　HTMLMeterElement对象

名称	说明	返回
value	对应于value属性	数值
max	对应于max属性	数值
form	返回与此元素关联的form	HTMLFormElement
labels	返回与此元素关联的说明标签元素	HTMLLabelElement[]

31.7.7　object 元素

object元素是由HTMLObjectElement对象代表的。这个对象实现的属性如表31-40所示。

表31-40　HTMLObjectElement对象

名称	说明	返回
data	对应于data属性	字符串
type	对应于type属性	字符串
form	返回与此元素关联的form	HTMLFormElement
name	对应于name属性	字符串
useMap	对应于usemap属性	字符串
width	对应于width属性	字符串
height	对应于height属性	字符串
contentDocument	返回document对象	Document
contentWindow	返回window对象	Window
willValidate	如果此元素将在提交表单时进行输入验证就返回true,否则返回false	布尔值
validationMessage	返回在应用输入验证时展示给用户的错误消息	字符串
checkValidity()	对此元素执行输入验证	布尔值
setCustomValidity(<msg>)	设置一条自定义的验证消息	void
labels	返回与此元素关联的说明标签元素	HTMLLabelElement[]

31.7.8　param 元素

param元素是由HTMLParamElement对象代表的。这个对象实现的属性如表31-41所示。

表31-41　HTMLParamElement对象

名称	说明	返回
name	对应于name属性	字符串
value	对应于value属性	字符串

31.7.9 progress 元素

progress元素是由HTMLProgressElement对象代表的。这个对象实现的属性如表31-42所示。

表31-42 HTMLProgressElement对象

名称	说明	返回
value	对应于value属性	数值
max	对应于max属性	数值
position	对应于position属性	数值
form	返回与此元素关联的form	HTMLFormElement
labels	返回与此元素关联的说明标签元素	HTMLLabelElement[]

31.8 小结

在这一章里，我列举了各组在DOM中代表不同类型元素的对象。在大多数情况下，它们并不是特别有用（除了两个例外）。一个例外是表单元素，它们提供了一些有用的验证和表单提交控制。另一个例外是表格元素，它们提供了一些管理表格内容的方法。此外，本章介绍的对象大体上都是一些属性的集合，分别代表具体的HTML属性，而后者的值可以通过无处不在的HTMLElement对象进行访问。

Part 5

第五部分

高级功能

在本书最后部分,我将向你展示 HTML5 中一些可用的高级功能。这些功能包括 Ajax(用于在后台向 Web 服务器发送请求)和 canvas 元素(让我们能用 JavaScript 执行绘图操作)。

第 32 章

使用Ajax（第1部分）

Ajax是现代Web应用程序开发的一项关键工具。它让你能向服务器异步发送和接收数据，然后用JavaScript解析。Ajax是Asynchronous JavaScript and XML（异步JavaScript与XML）的缩写。这个名称诞生于XML还是数据传输首选格式的时期，不过，我后面会谈到，这种情形已不复存在。

Ajax属于那种带有争议性的技术。它对于创建富Web应用程序是如此有用，以至于设计师和开发者们围绕它创建了一种文化，并且时常会参与到"怎样才算是正确使用Ajax"的激烈论战中。这些争论大多数毫无价值，也没有必要。当你深入Ajax的细节后，会发现它其实出人意料地简单，你几乎不用花多少时间就能像高手一样创建请求。我在如何应对极端人士上的通用建议同样适用于Ajax极端人士：有礼貌地点头，后退，然后在自己的项目上做正确的事。

> **提示** 你会发现Ajax存在许多不同的大小写方式。目前"Ajax"似乎是使用最广泛的一种，不过AJAX也很常见，有些人甚至使用AJaX（这些挑剔的人坚信你永远不应该大写"and"）。它们所指的都是同样的技术和技巧。我在这本书里尽量统一使用Ajax。

Ajax核心规范的名称继承于你用来建立和发起请求的JavaScript对象：XMLHttpRequest。这一规范有两个等级。所有主流浏览器都实现了第一级（Level 1），它代表了基础级别的功能。第二级（Level 2）扩展了最初的规范，纳入了额外的事件和一些功能来让它更容易与form元素协作，并且支持一些相关的规范（例如CORS，我会在本章后面加以介绍）。

在这一章里，我会讲解Ajax的基础知识，向你展示如何创建、配置和执行简单的请求。我会向你展示如何将事件作为请求的进度信号，如何处理请求和应用程序错误，以及如何跨源发起请求。

本章所有例子都是关于从服务器上获取数据的。下一章则都是关于发送数据的，特别是表单数据，因为它是Ajax最常见的用途之一。表32-1提供了本章内容概要。

表32-1 本章内容概要

问 题	解决方案	代码清单
发起一个Ajax请求	创建一个XMLHttpRequest对象，然后调用open和send方法	32-1 ~ 32-3
使用一次性事件追踪请求的进度	使用第二级的事件，比如onload、onloadstart和onloadend	32-4
探测和处理错误	响应错误事件，或者使用try...catch语句	32-5

（续）

问题	解决方案	代码清单
设置Ajax请求的标头	使用setRequestHeader方法	32-6～32-7
读取服务器响应的标头	使用getResponseHeader和lgetAllResponseHeaders方法	32-8
发起跨源Ajax请求	设置服务器响应里的Access-Control-Allow-Origin标头	32-9～32-12
中止一个请求	使用abort方法	32-13、32-14

32.1 Ajax 起步

Ajax的关键在于XMLHttpRequest对象，而理解这个对象的最佳方式是看个例子。代码清单32-1展示了XMLHttpRequest对象的基本用法。

代码清单32-1 使用XMLHttpRequest对象

```html
<!DOCTYPE HTML>
<html>
    <head>
        <title>Example</title>
    </head>
    <body>
        <div>
            <button>Apples</button>
            <button>Cherries</button>
            <button>Bananas</button>
        </div>
        <div id="target">
            Press a button
        </div>
        <script>
            var buttons = document.getElementsByTagName("button");
            for (var i = 0; i < buttons.length; i++) {
                buttons[i].onclick = handleButtonPress;
            }

            function handleButtonPress(e) {
                var httpRequest = new XMLHttpRequest();
                httpRequest.onreadystatechange = handleResponse;
                httpRequest.open("GET", e.target.innerHTML + ".html");
                httpRequest.send();
            }

            function handleResponse(e) {
                if (e.target.readyState == XMLHttpRequest.DONE &&
                    e.target.status == 200) {
                    document.getElementById("target").innerHTML
                        = e.target.responseText;
                }
            }
```

```
        </script>
    </body>
</html>
```

这个例子里有三个button元素，它们分别带有不同的水果说明标签：Apples（苹果）、Cherries（樱桃）和Bananas（香蕉）。另外还有一个div元素，它在一开始会显示一段简单的消息，让用户按下其中一个按钮。从图32-1可以看到这个文档的样子。

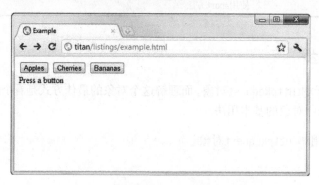

图32-1　一个简单的Ajax示例的开始状态

当某一个按钮被按下后，示例中的脚本会载入另一个HTML文档，并让它成为div元素的内容。其他的文档一共有三个，分别对应button元素上的说明标签：apples.html、cherries.html和bananas.html。图32-2显示了其中的一个文档，以此作为对按钮点击的响应。

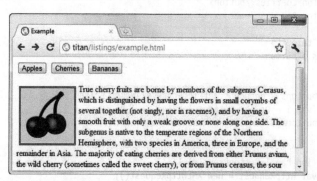

图32-2　显示一个异步载入的文档

这三个额外的文档非常简单：一张图片加上一段从维基百科的相关水果页面上摘录下来的文本。作为参考，代码清单32-2展示了cherries.html的内容，但三个文档都遵循相同的结构（并且包含在本书的源代码下载之内，可以在http://apress.com上免费获取）。

代码清单32-2　cherries.html的内容

```
<!DOCTYPE HTML>
<html>
    <head>
```

```
            <title>Cherries</title>
            <style>
                img {
                    float: left; padding: 2px; margin: 5px;
                    border: medium double black; background-color: lightgrey;
                }
            </style>
        </head>
        <body>
            <p>
                <img src="cherries.png" alt="cherry"/>
                True cherry fruits are borne by members of the subgenus Cerasus, which is
                distinguished by having the flowers in small corymbs of several together
                (not singly, nor in racemes), and by having a smooth fruit with only a weak
                groove or none along one side. The subgenus is native to the temperate
                regions of the Northern Hemisphere, with two species in America,
                three in Europe, and the remainder in Asia. The majority of eating cherries
                are derived from either Prunus avium, the wild cherry (sometimes called the
                sweet cherry), or from Prunus cerasus, the sour cherry.
            </p>
        </body>
</html>
```

随着用户点击各个水果按钮，浏览器会异步执行并取回所请求的文档，而主文档不会被重新加载。这就是典型的Ajax行为。

如果把注意力移到脚本上，你就能明白这一切是如何实现的。首先是handleButtonPress函数，脚本会调用它以响应button控件的click事件：

```
function handleButtonPress(e) {
    var httpRequest = new XMLHttpRequest();
    httpRequest.onreadystatechange = handleResponse;
    httpRequest.open("GET", e.target.innerHTML + ".html");
    httpRequest.send();
}
```

第一步是创建一个新的XMLHttpRequest对象。与之前在DOM中见过的大多数对象不同，你并非通过浏览器定义的某个全局变量来访问这类对象，而是使用关键词new，就像这样：

```
var httpRequest = new XMLHttpRequest();
```

下一步是给readystatechange事件设置一个事件处理器。这个事件会在请求过程中被多次触发，向你提供事情的进展情况。我会在本章后面讨论这个事件（以及其他由XMLHttpRequest对象定义的事件）。我将onreadystatechange属性的值设为handleResponse，稍后会讨论这个函数：httpRequest.onreadystatechange = handleResponse;

现在你可以告诉XMLHttpRequest对象你想要做什么了。使用open方法来指定HTTP方法（在这里是GET）和需要请求的URL：

```
httpRequest.open("GET", e.target.innerHTML + ".html");
```

> 提示　我在这里展示的是open方法最简单的形式。你还可以给浏览器提供向服务器发送请求时使用的认证信息，就像这样：httpRequest.open("GET", e.target.innerHTML + ".html", true, "adam", "secret")。最后两个参数是应当发送给服务器的用户名和密码。剩下的那个参数指定了该请求是否应当异步执行。它应该始终被设置为true。

根据用户按下的button来生成请求的URL。如果按的是Apples按钮，就请求Apples.html这个URL。浏览器可以足够智能地处理相对URL，它会在需要时使用当前文档的地址。在这个例子中，我的主文档是从http://titan/listings/example.html这个URL上载入的，因此Apples.html会被当成http://titan/listings/Apples.html。这些URL在你的环境里会有所不同，但效果是一样的。

> 提示　为你的请求选择正确的HTTP方法是很重要的。正如我在第12章所说的，GET请求适用于安全的交互行为，就是那些你可以反复发起而不会带来副作用的请求。POST请求适用于不安全的交互行为，意思是每一个请求都会导致服务器端发生某种变化，而重复的请求可能会带来问题。虽然还有一些别的HTTP方法，但GET和POST是使用最为广泛的，广泛到如果你想用其他方法，就必须使用32.4.1节描述的惯例来确保你的请求能通过防火墙。

这个函数的最后一步是调用send方法，就像这样：

```
httpRequest.send();
```

我在这个例子里没有向服务器发送任何数据，所以send方法无参数可用。我会在这一章的后面向你展示如何发送数据，但在这个简单的示例中，你只是从服务器请求HTML文档。

32.1.1　处理响应

一旦脚本调用了send方法，浏览器就会在后台发送请求到服务器。因为请求是在后台处理的，所以Ajax依靠事件来通知你这个请求的进展情况。在这个例子中，我用handleResponse函数处理这些事件：

```
function handleResponse(e) {
    if (e.target.readyState == XMLHttpRequest.DONE && e.target.status == 200) {
        document.getElementById("target").innerHTML = e.target.responseText;
    }
}
```

当readystatechange事件被触发后，浏览器会把一个Event对象传递给指定的处理函数。这个Event对象我在第30章介绍过，target属性则会被设为与此事件关联的XMLHttpRequest。

多个不同的阶段会通过readystatechange事件传递信号，你可以读取XMLHttpRequest.readyState属性的值来确定当前处理的是哪一个。表32-2展示了这个属性的各个值。

表32-2 XMLHttpRequest readyState属性的值

值	数值	说明
UNSENT	0	已创建XMLHttpRequest对象
OPENED	1	已调用open方法
HEADERS_RECEIVED	2	已收到服务器响应的标头
LOADING	3	已收到服务器响应
DONE	4	响应完成或已失败

DONE状态并不意味着请求成功，它只代表请求已完成。可以通过status属性获得HTTP状态码，它会返回一个数值（比如，200这个值代表成功）。只有结合readyState和status属性的值才能够确定某个请求的结果。

在handleResponse函数里可以看到我怎样检查这两个属性。只有当readyState的值为DONE并且status的值为200时我才会设置div元素的内容。用XMLHttpRequest.responseText属性获得服务器发送的数据，就像这样：

```
document.getElementById("target").innerHTML = e.target.responseText;
```

responseText属性会返回一个字符串，代表从服务器上取回的数据。我用这个属性来设置div元素innerHTML属性的值，以显示被请求文档的内容。这些就构成了一个简单的Ajax示例：用户点击一个按钮，浏览器在后台向服务器请求一个文档，当它到达时你处理一个事件，并显示被请求文档的内容。图32-3展示了这段脚本的效果以及它所显示的不同文档。

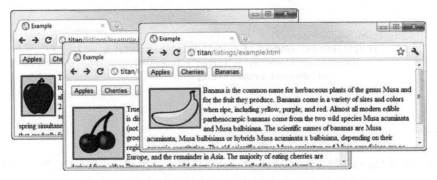

图32-3 基本Ajax示例中的脚本效果

32.1.2 主流中的异类：应对Opera

进入下一部分之前，我们必须花点时间来应对Opera浏览器的XMLHttpRequest标准实现方式，这种方式……怎么说呢，不如其他浏览器那么好或者完整。本章开头所展示的例子在其他主流浏览器上都能完美工作，但需要做些修改来应对Opera的几个问题。代码清单32-3展示了这个例子，其中已做了必要的修改。

代码清单32-3　修改示例以支持Opera

```html
<!DOCTYPE HTML>
<html>
    <head>
        <title>Example</title>
    </head>
    <body>
        <div>
            <button>Apples</button>
            <button>Cherries</button>
            <button>Bananas</button>
        </div>
        <div id="target">
            Press a button
        </div>
        <script>
            var buttons = document.getElementsByTagName("button");
            for (var i = 0; i < buttons.length; i++) {
                buttons[i].onclick = handleButtonPress;
            }

            var httpRequest;

            function handleButtonPress(e) {
                httpRequest = new XMLHttpRequest();
                httpRequest.onreadystatechange = handleResponse;
                httpRequest.open("GET", e.target.innerHTML + ".html");
                httpRequest.send();
            }

            function handleResponse() {
                if (httpRequest.readyState == 4 && httpRequest.status == 200) {
                    document.getElementById("target").innerHTML
                        = httpRequest.responseText;
                }
            }
        </script>
    </body>
</html>
```

第一个问题是Opera在触发readystatechange事件时不会生成一个Event对象。这就意味着必须把XMLHttpRequest对象指派给一个全局变量，这样才能在以后引用它。我定义了一个名为httpRequest的var，随后在handleButtonPress函数创建对象以及handleResponse函数处理已完成请求时调用了它。

看上去可能不像是什么大问题，但如果用户在请求处理过程中按下按钮，全局变量就会被指派给一个新的XMLHttpRequest对象，你就无法再与原来那个请求交互了。

第二个问题是Opera没有在XMLHttpRequest对象上定义就绪状态常量。这就意味着你必须用我在表32-2里展示的数值来比对readyState属性的值。必须得检查4这个值，而不是XMLHttpRequest.DONE。

希望当你阅读本书时Opera已经升级和改进了它的XMLHttpRequest实现方式，但如果情况并非如此，你就需要编写脚本来适应这种有问题的行为。

32.2 使用 Ajax 事件

建立和探索一个简单的示例之后，你现在可以开始深入了解XMLHttpRequest对象支持的功能，以及如何在你的请求中使用它们了。起点就是第二级规范里定义的那些额外事件。你已经见过其中一个了：readystatechange。它是从第一级转过来的，其他还有一些，如表32-3所示。

表32-3　XMLHttpRequest对象定义的事件

名　　称	说　　明	事件类型
abort	在请求被中止时触发	ProgressEvent
error	在请求失败时触发	ProgressEvent
load	在请求成功完成时触发	ProgressEvent
loadend	在请求已完成时触发，无论成功还是发生错误	ProgressEvent
loadstart	在请求开始时触发	ProgressEvent
progress	触发以提示请求的进度	ProgressEvent
readystatechange	在请求生命周期的不同阶段触发	Event
timeout	如果请求超时则触发	ProgressEvent

这些事件大多数会在请求的某一个特定时点上触发。readystatechange（之前介绍过）和progress这两个事件是例外，它们可以多次触发以提供进度更新。

除了readystatechange之外，表中展示的其他事件都定义于XMLHttpRequest规范的第二级。在我编写本书时，浏览器对这些事件的支持程度不一。比如，Firefox浏览器有着最完整的支持，Opera完全不支持它们，而Chrome支持其中的一些，但是所使用的方式并不符合规范。

> **警告**　考虑到第二级事件的实现还不到位，readystatechange是目前唯一能可靠追踪请求进度的事件。

调度这些事件时，浏览器会对readystatechange事件使用常规的Event对象（在第30章介绍过），对其他事件则使用ProgressEvent对象。ProgressEvent对象定义了Event对象的所有成员，并增加了表32-4中介绍的这些成员。

表32-4　ProgressEvent定义的额外属性

名　　称	说　　明	事件类型
lengthComputable	如果能够计算数据流的总长度则返回true	布尔值
loaded	返回当前已载入的数据量	数值
total	返回可用的数据总量	数值

代码清单32-4展示了如何使用这些事件。我使用Firefox浏览器进行展示,因为它的实现方式最为完整和正确。

代码清单32-4　使用XMLHttpRequest定义的一次性事件

```html
<!DOCTYPE HTML>
<html>
    <head>
        <title>Example</title>
        <style>
            table { margin: 10px; border-collapse: collapse; float: left}
            div {margin: 10px;}
            td, th { padding: 4px; }
        </style>
    </head>
    <body>
        <div>
            <button>Apples</button>
            <button>Cherries</button>
            <button>Bananas</button>
        </div>
        <table id="events" border="1">

        </table>
        <div id="target">
            Press a button
        </div>
        <script>
            var buttons = document.getElementsByTagName("button");
            for (var i = 0; i < buttons.length; i++) {
                buttons[i].onclick = handleButtonPress;
            }

            var httpRequest;

            function handleButtonPress(e) {
                clearEventDetails();
                httpRequest = new XMLHttpRequest();
                httpRequest.onreadystatechange = handleResponse;
                httpRequest.onerror = handleError;
                httpRequest.onload = handleLoad;
                httpRequest.onloadend = handleLoadEnd;
                httpRequest.onloadstart = handleLoadStart;
                httpRequest.onprogress = handleProgress;
                httpRequest.open("GET", e.target.innerHTML + ".html");
                httpRequest.send();
            }

            function handleResponse(e) {
                displayEventDetails("readystate(" + httpRequest.readyState + ")");
                if (httpRequest.readyState == 4 && httpRequest.status == 200) {
                    document.getElementById("target").innerHTML
                        = httpRequest.responseText;
```

```
            }
        }
        function handleError(e) { displayEventDetails("error", e);}
        function handleLoad(e) { displayEventDetails("load", e);}
        function handleLoadEnd(e) { displayEventDetails("loadend", e);}
        function handleLoadStart(e) { displayEventDetails("loadstart", e);}
        function handleProgress(e) { displayEventDetails("progress", e);}

        function clearEventDetails() {
            document.getElementById("events").innerHTML
                = "<tr><th>Event</th><th>lengthComputable</th>"
                + "<th>loaded</th><th>total</th></tr>"
        }

        function displayEventDetails(eventName, e) {
            if (e) {
                document.getElementById("events").innerHTML +=
                "<tr><td>" + eventName + "</td><td>" + e.lengthComputable
                + "</td><td>" + e.loaded + "</td><td>" + e.total
                + "</td></tr>";
            } else {
                document.getElementById("events").innerHTML +=
                "<tr><td>" + eventName
                    + "</td><td>NA</td><td>NA</td><td>NA</td></tr>";
            }
        }
    </script>
  </body>
</html>
```

这是之前示例的一种变型。我为一些事件注册了处理函数，并在一个table元素里为处理的每个事件都创建了一条记录。从图32-4可以看到Firefox浏览器是如何触发这些事件的。

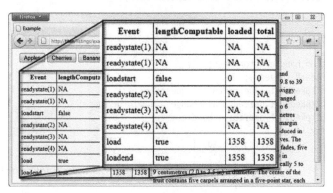

图32-4　Firefox浏览器触发的第二级事件

32.3　处理错误

使用Ajax时必须留心两类错误。它们之间的区别源于视角不同。

第一类错误是从XMLHttpRequest对象的角度看到的问题：某些因素阻止了请求发送到服务器，例如DNS无法解析主机名、连接请求被拒绝，或者URL无效。

第二类问题是从应用程序的角度看到的问题，而非XMLHttpRequest对象。它们发生于请求成功发送至服务器，服务器接受请求、进行处理并生成响应，但该响应并不指向你期望的内容时。举个例子，如果你请求的URL不存在，这类问题就会发生。

有三种方式可以处理这些错误，如代码清单32-5所示。

代码清单32-5　处理Ajax错误

```
<!DOCTYPE HTML>
<html>
    <head>
        <title>Example</title>
    </head>
    <body>
        <div>
            <button>Apples</button>
            <button>Cherries</button>
            <button>Bananas</button>
            <button>Cucumber</button>
            <button id="badhost">Bad Host</button>
            <button id="badurl">Bad URL</button>
        </div>
        <div id="target">Press a button</div>
        <div id="errormsg"></div>
        <div id="statusmsg"></div>
        <script>
            var buttons = document.getElementsByTagName("button");
            for (var i = 0; i < buttons.length; i++) {
                buttons[i].onclick = handleButtonPress;
            }

            var httpRequest;

            function handleButtonPress(e) {
                clearMessages();
                httpRequest = new XMLHttpRequest();
                httpRequest.onreadystatechange = handleResponse;
                httpRequest.onerror = handleError;
                try {
                    switch (e.target.id) {
                        case "badhost":
                            httpRequest.open("GET", "http://a.nodomain/doc.html");
                            break;
                        case "badurl":
                            httpRequest.open("GET", "http://");
                            break;
                        default:
                            httpRequest.open("GET", e.target.innerHTML + ".html");
                            break;
                    }
```

```
                    httpRequest.send();
                } catch (error) {
                    displayErrorMsg("try/catch", error.message);
                }
            }

            function handleError(e) {
                displayErrorMsg("Error event", httpRequest.status
                        + httpRequest.statusText);
            }

            function handleResponse() {
                if (httpRequest.readyState == 4) {
                    var target = document.getElementById("target");
                    if (httpRequest.status == 200) {
                        target.innerHTML = httpRequest.responseText;
                    } else {
                        document.getElementById("statusmsg").innerHTML =
                            "Status: " + httpRequest.status + " "
                                + httpRequest.statusText;
                    }
                }
            }

            function displayErrorMsg(src, msg) {
                document.getElementById("errormsg").innerHTML = src + ": " + msg;
            }

            function clearMessages() {
                document.getElementById("errormsg").innerHTML = "";
                document.getElementById("statusmsg").innerHTML = "";
            }
        </script>
    </body>
</html>
```

32.3.1 处理设置错误

你需要处理的第一类问题是向XMLHttpRequest对象传递了错误的数据，比如格式不正确的URL。它们极其容易发生在生成基于用户输入的URL时。为了模拟这类问题，我给示例文档添加了一个标签为Bad URL（错误的URL）的button。按下这个button会以下列形式调用open方法：

```
httpRequest.open("GET", "http://");
```

我已经记不清见过多少次这种问题了（不得不承认，我自己造成的也不少）。通常，提示用户在某个input元素里输入一个值，其中的内容会被用于生成Ajax请求所需的URL。当用户触发了请求却没有输入值时，传递给open方法的就会是一个残缺的URL，在这个例子中只有协议部分。

这是一种会阻止请求执行的错误，而XMLHttpRequest对象会在发生这类事件时抛出一个错误。这就意味着你需要用一条try...catch语句来围住设置请求的代码，就像这样：

```
try {
    …
    httpRequest.open("GET", "http://");
    …
    httpRequest.send();
} catch (error) {
    displayErrorMsg("try/catch", error.message);
}
```

catch子句让你有机会从错误中恢复。可以选择提示用户输入一个值，也可以回退至默认的URL，或是简单地丢弃这个请求。在这个例子中，我仅仅调用了displayErrorMsg函数来显示错误消息。这个函数是在示例脚本中定义的，它会在ID为errormsg的div元素里显示Error.message这个属性。

32.3.2 处理请求错误

第二类错误发生在请求已生成，但其他方面出错时。为了模拟这类问题，我给示例添加了一个标签为Bad Host（错误的主机）的按钮。当这个按钮被按下后，就会调用open方法访问一个不可用的URL：

```
httpRequest.open("GET", "http://a.nodomain/doc.html");
```

这个URL存在两个问题。第一个问题是主机名不能被DNS解析，因此浏览器无法生成服务器连接。这个问题直到XMLHttpRequest对象开始生成请求时才会变得明显，因此它会以两种方式发出错误信号。如果你注册了一个error事件的监听器，浏览器就会向你的监听函数发送一个Event对象。以下是我在示例中使用的函数：

```
function handleError(e) {
    displayErrorMsg("Error event", httpRequest.status + httpRequest.statusText);
}
```

当这类错误发生时，你能从XMLHttpRequest对象获得何种程度的信息取决于浏览器，遗憾的是，大多数情况下你会得到值为0的status和空白的statusText值。

第二个问题是URL和生成请求的脚本具有不同的来源，在默认情况下这是不允许的。你通常只能向载入脚本的同源URL发送Ajax请求。浏览器报告这个问题时可能会抛出Error或者触发error事件，不同浏览器的处理方式不尽相同。不同浏览器还会在不同的时点检查来源，这就意味着你不一定总是能看到浏览器对同一个问题突出显示。你可以使用跨站资源规范（CORS，Cross-Origin Resource Sharing）来绕过同源限制，参见32.5节。

32.3.3 处理应用程序错误

最后一类错误发生于请求成功完成（从XMLHttpRequest对象的角度看），但没有返回你想要的数据时。为了制造这类问题，我添加了一个说明标签为Cucumber（黄瓜）的button。按下这个按钮会生成类似于Apples、Cherries和Bananas按钮那样的请求URL，但是服务器上不存在cucumber.html这个文档。

这一过程本身没有错误（因为请求已成功完成），你需要根据status属性来确定发生了什么。当你请求某个不存在的文档时，你会获得404这个状态码，它的意思是服务器无法找到请求的文档。你可以看到我是如何处理200（意思是OK）以外的状态码的：

```
if (httpRequest.status == 200) {
    target.innerHTML = httpRequest.responseText;
} else {
    document.getElementById("statusmsg").innerHTML =
        "Status: " + httpRequest.status + " " + httpRequest.statusText;
}
```

在这个例子中，我只是简单地显示了status和statusText的值。而在真正的应用程序里，你需要以一种有用且有意义的方式进行恢复（比如显示备用内容或警告用户有问题，具体看哪种更适合应用程序）。

32.4 获取和设置标头

XMLHttpRequest对象让你可以设置发送给服务器的请求标头（Header）和读取服务器响应里的标头。表32-5介绍了与标头有关的方法。

表32-5　XMLHttpRequest对象中与标头有关的方法

方　　法	说　　明	返　　回
setRequestHeader(<header>, <value>)	用指定值设置标头	void
getResponseHeader(<header>)	获取指定标头的值	字符串
getAllResponseHeaders()	以单个字符串的形式获取所有标头	字符串

32.4.1　覆盖请求的 HTTP 方法

通常不需要添加或修改Ajax请求里的标头。浏览器知道需要发送些什么，服务器也知道如何进行响应。不过，有几种情况例外。第一种是X-HTTP-Method-Override标头。

HTTP标准通常被用于在互联网上请求和传输HTML文档，它定义了许多方法。大多数人都知道GET和POST，因为它们的使用最为广泛。不过还存在其他一些方法（包括PUT和DELETE），这些HTTP方法用来给向服务器请求的URL赋予意义，而且这种用法正在呈现上升趋势。举个例子，假如你想查看某条用户记录，就可以生成这样一个请求：

```
httpRequest.open("GET", "http://myserver/records/freeman/adam");
```

这里只展示了HTTP方法和请求的URL。要使这个请求能顺利工作，服务器端必须有应用程序能理解这个请求，并将它转变成一段合适的数据以发送回服务器。如果想删除数据，可以这么写：

```
httpRequest.open("DELETE", "http://myserver/records/freeman/adam");
```

此处的关键在于通过HTTP方法表达出你想让服务器做什么，而不是把它用某种方式编码进

URL。这是一种被称为RESTful API的趋势的一部分。RESTful API还包括哪些元素尚处在频繁和激烈的争论之中,我在这里就不参与了。

以这种方式使用HTTP方法的问题在于:许多主流的Web技术只支持GET和POST,而且不少防火墙只允许GET和POST请求通过。有一种惯用做法可以规避这个限制,就是使用X-HTTP-Method-Override标头来指定想要使用的HTTP方法,但形式上是再发送一个POST请求。代码清单32-6对此进行了演示。

代码清单32-6　设置一个请求标头

```
<!DOCTYPE HTML>
<html>
    <head>
        <title>Example</title>
    </head>
    <body>
        <div>
            <button>Apples</button>
            <button>Cherries</button>
            <button>Bananas</button>
        </div>
        <div id="target">Press a button</div>
        <script>
            var buttons = document.getElementsByTagName("button");
            for (var i = 0; i < buttons.length; i++) {
                buttons[i].onclick = handleButtonPress;
            }

            var httpRequest;
            function handleButtonPress(e) {
                httpRequest = new XMLHttpRequest();
                httpRequest.onreadystatechange = handleResponse;
                httpRequest.open("GET", e.target.innerHTML + ".html");
                httpRequest.setRequestHeader("X-HTTP-Method-Override", "DELETE");
                httpRequest.send();
            }

            function handleError(e) {
                displayErrorMsg("Error event", httpRequest.status
                        + httpRequest.statusText);
            }

            function handleResponse() {
                if (httpRequest.readyState == 4 && httpRequest.status == 200) {
                    document.getElementById("target").innerHTML
                        = httpRequest.responseText;
                }
            }
        </script>
    </body>
</html>
```

在这个例子中,我用XMLHttpRequest对象上的setRequestHeader方法来表明我想让这个请求以HTTP DELETE方法的形式进行处理。请注意我在调用open方法之后才设置了这个标头。如果你试图在open方法之前使用setRequestHeader方法,XMLHttpRequest对象就会抛出一个错误。

> 提示 覆盖HTTP方法需要服务器端的Web应用程序框架能理解X-HTTP-Method-Override这个惯例,并且你的服务器端应用程序要设置成能寻找和理解那些用得较少的HTTP方法。

32.4.2 禁用内容缓存

第二个可以添加到Ajax请求上的有用标头是Cache-Control,它在编写和调试脚本时尤其有用。一些浏览器会缓存通过Ajax请求所获得的内容,在浏览会话期间不会再请求它。对我在这一章所使用的例子而言,意味着apples.html、cherries.html和bananas.html上的改动不会立即反映到浏览器中。代码清单32-7展示了可以如何设置标头来避免这一点。

代码清单32-7 禁用内容缓存

```
...
function handleButtonPress(e) {
    httpRequest = new XMLHttpRequest();
    httpRequest.onreadystatechange = handleResponse;
    httpRequest.open("GET", e.target.innerHTML + ".html");
    httpRequest.setRequestHeader("Cache-Control", "no-cache");
    httpRequest.send();
}
...
```

设置标头值的方式和之前的例子一样,但这次用到的标头是Cache-Control,而你想要的值是no-cache。放置这条语句后,如果通过Ajax请求的内容发生了改变,就会在下一次请求文档时体现出来。

32.4.3 读取响应标头

可以通过getResponseHeader和getAllResponseHeaders方法来读取服务器响应某个Ajax请求时发送的HTTP标头。在大多数情况下,你不需要关心标头里有什么,因为它们是浏览器和服务器之间交互事务的组成部分。代码清单32-8展示了如何使用这些属性。

代码清单32-8 读取响应标头

```
<!DOCTYPE HTML>
<html>
    <head>
        <title>Example</title>
        <style>
            #allheaders, #ctheader {
```

```html
            border: medium solid black;
            padding: 2px; margin: 2px;
        }
    </style>
</head>
<body>
    <div>
        <button>Apples</button>
        <button>Cherries</button>
        <button>Bananas</button>
    </div>
    <div id="ctheader"></div>
    <div id="allheaders"></div>
    <div id="target">Press a button</div>
    <script>
        var buttons = document.getElementsByTagName("button");
        for (var i = 0; i < buttons.length; i++) {
            buttons[i].onclick = handleButtonPress;
        }

        var httpRequest;

        function handleButtonPress(e) {
            httpRequest = new XMLHttpRequest();
            httpRequest.onreadystatechange = handleResponse;
            httpRequest.open("GET", e.target.innerHTML + ".html");
            httpRequest.send();
        }

        function handleResponse() {
            if (httpRequest.readyState == 2) {
                document.getElementById("allheaders").innerHTML =
                    httpRequest.getAllResponseHeaders();
                document.getElementById("ctheader").innerHTML =
                    httpRequest.getResponseHeader("Content-Type");

            } else if (httpRequest.readyState == 4 && httpRequest.status == 200) {
                document.getElementById("target").innerHTML
                    = httpRequest.responseText;
            }
        }
    </script>
</body>
</html>
```

响应标头在readyState变成HEADERS_RECEIVED（数值为2）时就可以使用了。标头是服务器在响应时首先发送回来的信息，因此你可以在内容本身就绪前先读取它们。在这个例子里，我通过getResponseHeader和getAllResponseHeaders方法获取了标头，然后将某一个标头（Content-Type）和其他所有标头的值分别设为两个div元素的内容。从图32-5可以看到结果。

根据此图，你可以看到我的开发服务器titan正在运行的Web服务器软件是IIS 7.5（对拥有一台Windows Server 2008 R2服务器并从事大量.NET开发工作的人而言，这是可以预料到的），而我最后修改apples.html文档的时间是8月29日（但屏幕截图是9月1日）。

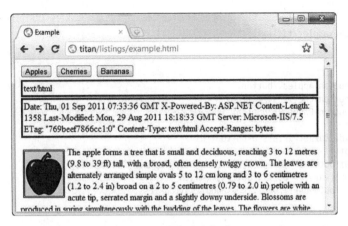

图32-5　读取响应标头

32.5　生成跨源Ajax请求

默认情况下，浏览器限制脚本只能在它们所属文档的来源内生成Ajax请求。你应该还记得，来源由URL中的协议、主机名和端口号组成。这就意味着当我从http://titan载入一个文档后，文档内含的脚本通常无法生成对http://titan:8080的请求，因为第二个URL的端口号是不同的，所以处于文档来源之外。从一个来源到另一个来源的Ajax请求被称为跨源请求（cross-origin request）。

> **提示**　这一策略的目的是降低跨站脚本攻击（cross-site scripting，简称CSS）的风险，即诱导浏览器（或用户）执行恶意脚本。CSS攻击不属于本书的讨论范围，但维基百科上有一篇文章很好地介绍了这个主题：http://en.wikipedia.org/wiki/Cross-site_scripting。

这个策略的问题在于它一刀切地禁止了跨源请求。这就导致人们使用一些非常丑陋的手段来诱使浏览器生成违反这一策略的请求。

幸好，跨源资源共享（Cross-Origin Resource Sharing，CORS）规范提供了一种合法的方式来生成跨源请求。

> **注意**　这个高级主题要求读者拥有一些HTTP标头的基本知识。因为本书是关于HTML5的，所以我不会深入谈及HTTP的细节。如果你不熟悉HTTP，建议你跳过这一节。

作为准备，让我们来看一下想要解决的问题。代码清单32-9展示了一个HTML文档，它包含的脚本会尝试生成跨源请求。

代码清单32-9　尝试生成跨源请求的脚本

```html
<!DOCTYPE HTML>
<html>
    <head>
        <title>Example</title>
    </head>
    <body>
        <div>
            <button>Apples</button>
            <button>Cherries</button>
            <button>Bananas</button>
        </div>
        <div id="target">Press a button</div>
        <script>
            var buttons = document.getElementsByTagName("button");
            for (var i = 0; i < buttons.length; i++) {
                buttons[i].onclick = handleButtonPress;
            }

            var httpRequest;

            function handleButtonPress(e) {
                httpRequest = new XMLHttpRequest();
                httpRequest.onreadystatechange = handleResponse;
                httpRequest.open("GET", "http://titan:8080/" + e.target.innerHTML);
                httpRequest.send();
            }

            function handleResponse() {
                if (httpRequest.readyState == 4 && httpRequest.status == 200) {
                    document.getElementById("target").innerHTML
                        = httpRequest.responseText;
                }
            }
        </script>
    </body>
</html>
```

这个例子中的脚本扩展了用户所按按钮的内容，把它附加到http://titan:8080上，然后尝试生成一个Ajax请求（如http://titan:8080/Apples）。我会从http://titan/listings/example.html载入此文档，这就意味着脚本正在试图生成一个跨源请求。

脚本尝试连接的服务器运行的是Node.js。代码清单32-10展示了代码，我把它保存在一个名为fruitselector.js的文件里。（获取Node.js的细节请参见第2章。）

代码清单32-10　Node.js脚本：fruitselector.js

```
var http = require('http');

http.createServer(function (req, res) {
    console.log("[200] " + req.method + " to " + req.url);

    res.writeHead(200, "OK", {"Content-Type": "text/html"});
```

```
        res.write('<html><head><title>Fruit Total</title></head><body>');
        res.write('<p>');
        res.write('You selected ' + req.url.substring(1));
        res.write('</p></body></html>');
        res.end();
}).listen(8080);
```

这是一个非常简单的服务器:它根据客户端请求的URL生成一小段HTML文档。举例来说,如果客户端请求了http://titan:8080/Apples,那么服务器就会生成并返回下列HTML文档:

```
<html>
    <head>
        <title>Fruit Total</title>
    </head>
    <body>
        <p>You selected Apples</p>
    </body>
</html>
```

按照现在这个样子,example.html里的脚本无法从服务器获取它想要的数据。解决方法是为服务器返回浏览器的响应信息添加一个标头,如代码清单32-11所示。

代码清单32-11 添加跨源标头

```
var http = require('http');

http.createServer(function (req, res) {
    console.log("[200] " + req.method + " to " + req.url);

    res.writeHead(200, "OK", {
                    "Content-Type": "text/html",
                    "Access-Control-Allow-Origin": "http://titan"
                  });
    res.write('<html><head><title>Fruit Total</title></head><body>');
    res.write('<p>');

    res.write('You selected ' + req.url.substring(1));
    res.write('</p></body></html>');
    res.end();
}).listen(8080);
```

Access-Control-Allow-Origin标头指定了某个来源应当被允许对此文档生成跨源请求。如果标头里指定的来源与当前文档的来源匹配,浏览器就会加载和处理该响应所包含的数据。

> **提示** 支持CORS要求浏览器必须在联系服务器和获取响应标头之后应用跨源安全策略,这就意味着即使响应因为缺少必要的标头或指定了不同的域而被丢弃,请求也已被发送过了。这种方式和没有实现CORS的浏览器非常不同,后者只会简单地阻挡请求,不会去联系服务器。

给服务器响应添加这个标头之后,example.html文档中的脚本就能够请求和接收来自服务器的数据了,如图32-6所示。

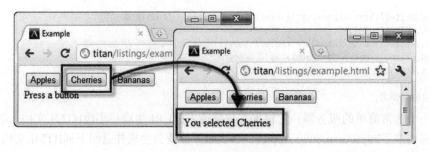

图32-6　启用跨源Ajax请求

32.5.1　使用Origin请求标头

作为CORS的一部分，浏览器会给请求添加一个Origin标头以注明当前文档的来源。可以通过它来更灵活地设置Access-Control-Allow-Origin标头的值，如代码清单32-12所示。

代码清单32-12　使用Origin请求标头

```
var http = require('http');

http.createServer(function (req, res) {
    console.log("[200] " + req.method + " to " + req.url);

    res.statusCode = 200;
    res.setHeader("Content-Type", "text/html");

    var origin = req.headers["origin"];
    if (origin.indexOf("titan") > -1) {
        res.setHeader("Access-Control-Allow-Origin", origin);
    }

    res.write('<html><head><title>Fruit Total</title></head><body>');
    res.write('<p>');

    res.write('You selected ' + req.url.substring(1));
    res.write('</p></body></html>');
    res.end();

}).listen(8080);
```

我修改了服务器端的脚本，让它只有在请求包含Origin标头并且值里有titan时才设置Access-Control-Allow-Origin响应标头。这是一种非常粗略的请求来源检查方式，但你可以根据具体项目的上下文环境来调整这种方式，使它更加精确。

> 提示　还可以把Access-Control-Allow-Origin标头设置成一个星号（*），意思是允许任意来源的跨源请求。使用这个设置之前应该仔细考虑这么做的安全隐患。

32.5.2 高级 CORS 功能

CORS规范定义了许多额外的标头,可用于精细化控制跨域请求,包括限制请求能够使用的HTTP方法。这些高级功能需要进行一次预先请求(preflight request),即浏览器先向服务器发送一个请求来确定有哪些限制,然后再发送请求来获取数据本身。本书编写过程中,这些高级功能尚未被可靠地实现。

32.6 中止请求

XMLHttpRequest对象定义了一个让你可以中止请求的方法,如表32-6所示。

表32-6 XMLHttpRequest的abort方法

成 员	说 明	返 回
abort()	中断当前的请求	void

为了演示这个功能,我修改了fruitselector.js这段Node.js脚本来引入一个10秒延迟,如代码清单32-13所示。

代码清单32-13 在服务器端引入一段延迟

```
var http = require('http');

http.createServer(function (req, res) {
    console.log("[200] " + req.method + " to " + req.url);

    res.statusCode = 200;
    res.setHeader("Content-Type", "text/html");

    setTimeout(function() {
        var origin = req.headers["origin"];
        if (origin.indexOf("titan") > -1) {
            res.setHeader("Access-Control-Allow-Origin", origin);
        }

        res.write('<html><head><title>Fruit Total</title></head><body>');
        res.write('<p>');
        res.write('You selected ' + req.url.substring(1));
        res.write('</p></body></html>');
        res.end();
    }, 10000);

}).listen(8080);
```

当服务器接收到一个请求后,它会先写入初始的响应标头,暂停10秒钟后再完成整个响应。代码清单32-14展示了如何在浏览器上使用XMLHttpRequest的中止功能。

代码清单32-14 中止请求

```html
<!DOCTYPE HTML>
<html>
    <head>
        <title>Example</title>
    </head>
    <body>
        <div>
            <button>Apples</button>
            <button>Cherries</button>
            <button>Bananas</button>
        </div>
        <div>
            <button id="abortbutton">Abort</button>
        </div>
        <div id="target">Press a button</div>
        <script>
            var buttons = document.getElementsByTagName("button");
            for (var i = 0; i < buttons.length; i++) {
                buttons[i].onclick = handleButtonPress;
            }
            var httpRequest;

            function handleButtonPress(e) {
                if (e.target.id == "abortbutton") {
                    httpRequest.abort();
                } else {
                    httpRequest = new XMLHttpRequest();
                    httpRequest.onreadystatechange = handleResponse;
                    httpRequest.onabort = handleAbort;
                    httpRequest.open("GET", "http://titan:8080/" + e.target.innerHTML);
                    httpRequest.send();
                    document.getElementById("target").innerHTML = "Request Started";
                }
            }

            function handleResponse() {
                if (httpRequest.readyState == 4 && httpRequest.status == 200) {
                    document.getElementById("target").innerHTML
                        = httpRequest.responseText;
                }
            }

            function handleAbort() {
                document.getElementById("target").innerHTML = "Request Aborted";
            }
        </script>
    </body>
</html>
```

我给文档添加了一个Abort（中止）按钮，它通过调用XMLHttpRequest对象上的abort方法来中止进行中的请求。因为我在服务器端引入了一段延迟，所以有充足的时间来执行它。

XMLHttpRequest通过abort事件和readystatechange事件给出中止信号。在这个例子中，我响应了abort事件，并更新了id为target的div元素中的内容，以此标明请求已被中止。从图32-7可以看到它的效果。

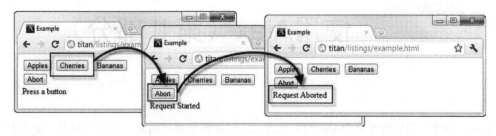

图32-7 中止一个请求

32.7 小结

本章通过XMLHttpRequest对象向你介绍了Ajax。Ajax让你可以在后台生成请求，为用户创建更平滑的体验。我解释了XMLHttpRequest对象如何通过一系列事件给出某个请求的进度信号，以及你可以如何探测和处理不同类型的错误，还有如何设置请求标头来向浏览器或服务器指明你想要执行的操作类型。作为一个更高级的主题，我介绍了跨源请求规范（CORS），它是一组请求标头，让脚本能对另一个来源生成Ajax请求。这是一种有用的技巧，只是你需要有给服务器响应添加标头的能力。

这一章的所有示例都是关于从服务器取回数据的。下一章将向你展示如何发送数据。

第 33 章　使用 Ajax（第 II 部分）

在这一章里，我将继续介绍 Ajax 的工作方式，向你展示如何向客户端发送数据。发送表单和文件是 Ajax 的两个常见用途，它们能让 Web 应用程序创建出更丰富的用户体验。我还会向你展示如何监视向服务器发送数据的进度，以及如何处理服务器响应 Ajax 请求时传回的不同响应格式。表 33-1 提供了本章内容概要。前三份代码清单建立了在其他示例中使用的服务器和 HTML 文档。

表 33-1　本章内容概要

问　　题	解决方案	代码清单
向服务器发送表单数据	用 DOM 获得各个值，然后以 URL 编码格式连接它们	33-4
在不使用 DOM 的情况下编码和发送表单数据	使用 FormData 对象	33-5
发送额外的表单值或选择性发送表单数据	使用 FormData 对象上的 append 方法	33-6
发送 JSON 数据	使用 JSON.stringify 方法，并设置请求的内容类型为 application/json	33-7
向服务器发送文件	给表单添加一个 type 为 file 的 input 元素，并使用 FormData 对象	33-8
跟踪向服务器上传数据的进度	使用 XMLHttpRequestUpload 对象	33-9
从服务器接收 HTML 片段	读取 responseText 属性	33-10、33-11
覆盖服务器发送的 MIME 类型	使用 overrideMimeType 方法	33-12
从服务器接收 XML	使用 responseXML 属性	33-13、33-14
从服务器接收 JSON 数据	使用 JSON.parse 方法	33-15、33-16

33.1　准备向服务器发送数据

Ajax 最常见的一大用途是向服务器发送数据。最典型的情况是从客户端发送表单数据，即用户在 form 元素所含的各个 input 元素里输入的值。代码清单 33-1 展示了一张简单的表单，它将会成为本章这一部分的基础。我把这段 HTML 保存在一个名为 example.html 的文件里。

代码清单 33-1　基本表单

```
<!DOCTYPE HTML>
<html>
```

```html
<head>
    <title>Example</title>
    <style>
        .table {display:table;}
        .row {display:table-row;}
        .cell {display: table-cell; padding: 5px;}
        .label {text-align: right;}
    </style>
</head>
<body>
    <form id="fruitform" method="post" action="http://titan:8080/form">
        <div class="table">
            <div class="row">
                <div class="cell label">Bananas:</div>
                <div class="cell"><input name="bananas" value="2"/></div>
            </div>
            <div class="row">
                <div class="cell label">Apples:</div>
                <div class="cell"><input name="apples" value="5"/></div>
            </div>
            <div class="row">
                <div class="cell label">Cherries:</div>
                <div class="cell"><input name="cherries" value="20"/></div>
            </div>
            <div class="row">
                <div class="cell label">Total:</div>
                <div id="results" class="cell">0 items</div>
            </div>
        </div>
        <button id="submit" type="submit">Submit Form</button>
    </form>
</body>
</html>
```

这个例子中的表单包含三个input元素和一个提交button。这些input元素让用户可以指定三种不同种类的水果各自要订购多少，button则会将表单提交给服务器。要了解这些元素的更多信息，请参见第12章、第13章和第14章。

33.1.1 定义服务器

我们需要为这些示例创建处理请求的服务器。我再一次使用了Node.js，原因主要是它很简单，而且用的是JavaScript。关于如何获取Node.js的细节请参见第2章。我不会深入讨论这段脚本的工作方式，但它是用JavaScript编写的，所以你应该能了解这段脚本的大致意思。话虽如此，能否理解服务器脚本对于理解Ajax而言并不关键，如果你愿意，可以直接将服务器作为一个黑盒对待。代码清单33-2展示了fruitcalc.js里的脚本。

代码清单33-2 用于Node.js的fruitcalc.js脚本

```
var http = require('http');
var querystring = require('querystring');
```

```js
var multipart = require('multipart');

function writeResponse(res, data) {
    var total = 0;
    for (fruit in data) {
        total += Number(data[fruit]);
    }
    res.writeHead(200, "OK", {
        "Content-Type": "text/html",
        "Access-Control-Allow-Origin": "http://titan"});
    res.write('<html><head><title>Fruit Total</title></head><body>');
    res.write('<p>' + total + ' items ordered</p></body></html>');
    res.end();
}

http.createServer(function (req, res) {
    console.log("[200] " + req.method + " to " + req.url);
    if (req.method == 'OPTIONS') {
        res.writeHead(200, "OK", {
            "Access-Control-Allow-Headers": "Content-Type",
            "Access-Control-Allow-Methods": "*",
            "Access-Control-Allow-Origin": "*"
        });
        res.end();
    } else if (req.url == '/form' && req.method == 'POST') {
        var dataObj = new Object();
        var contentType = req.headers["content-type"];
        var fullBody = '';

        if (contentType) {
            if (contentType.indexOf("application/x-www-form-urlencoded") > -1) {

                req.on('data', function(chunk) { fullBody += chunk.toString();});
                req.on('end', function() {
                    var dBody = querystring.parse(fullBody);
                    dataObj.bananas = dBody["bananas"];
                    dataObj.apples = dBody["apples"];
                    dataObj.cherries= dBody["cherries"];
                    writeResponse(res, dataObj);
                });

            } else if (contentType.indexOf("application/json") > -1) {
                req.on('data', function(chunk) { fullBody += chunk.toString();});
                req.on('end', function() {
                    dataObj = JSON.parse(fullBody);
                    writeResponse(res, dataObj);
                });

            } else if (contentType.indexOf("multipart/form-data") > -1) {
                var partName;
                var partType;
                var parser = new multipart.parser();
                parser.boundary = "--" + req.headers["content-type"].substring(30);

                parser.onpartbegin = function(part) {
```

```
                partName = part.name; partType = part.contentType};
            parser.ondata = function(data) {
                if (partName != "file") {
                    dataObj[partName] = data;
                }
            };
            req.on('data', function(chunk) { parser.write(chunk);});
            req.on('end', function() { writeResponse(res, dataObj);});
        }
    }
}).listen(8080);
```

我将脚本中需要加以注意的那一部分进行了加粗：writeResponse函数。这个函数会在提取请求的表单值之后调用，它负责生成对浏览器的响应。当前，这个函数会创建简单的HTML文档（如代码清单33-3所展示的），但我们会在本章后面处理不同格式时修改并增强这个函数。

代码清单33-3 writeResponse函数生成的简单HTML文档

```
<html>
    <head>
        <title>Fruit Total</title>
    </head>
    <body>
        <p>27 items ordered</p>
    </body>
</html>
```

这个响应很简单，但它是一个不错的开始。它实现的效果是让服务器计算出了用户通过form中各个input元素所订购的水果总数。服务器端脚本的其余部分负责解码客户端用Ajax发送的各种可能的数据格式。可以像这样启动服务器程序：

```
bin\node.exe fruitcalc.js
```

这段脚本的目标使用范围仅限于这一章。它不是一种通用的服务器，我也不建议你将它的任何部分用于生产服务。本章后续的示例绑定了许多假定和便捷做法，其脚本也不适合用于任何正式的用途。

33.1.2 理解问题所在

图33-1清楚地描述了我想要用Ajax解决的问题。

当你提交表单后，浏览器会在新的页面显示结果。这意味着两点：
- 用户必须等待服务器处理数据并生成响应；
- 所有文档上下文信息都丢失了，因为结果是作为新文档进行显示的。

这就是应用Ajax的理想情形了。可以异步生成请求，这样用户就能在表单被处理时继续与文档进行交互。

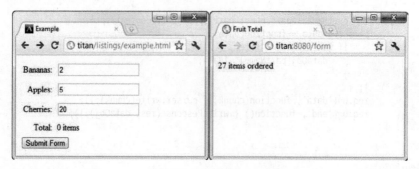

图33-1 提交一张简单的表单

33.2 发送表单数据

向服务器发送数据的最基本方式是自己收集并格式化它。代码清单33-4展示了添加到example.html的一段脚本，它用的就是这种方式。

代码清单33-4 手动收集和发送数据

```
<!DOCTYPE HTML>
<html>
    <head>
        <title>Example</title>
        <style>
            .table {display:table;}
            .row {display:table-row;}
            .cell {display: table-cell; padding: 5px;}
            .label {text-align: right;}
        </style>
    </head>
    <body>
        <form id="fruitform" method="post" action="http://titan:8080/form">
            <div class="table">
                <div class="row">
                    <div class="cell label">Bananas:</div>
                    <div class="cell"><input name="bananas" value="2"/></div>
                </div>
                <div class="row">
                    <div class="cell label">Apples:</div>
                    <div class="cell"><input name="apples" value="5"/></div>
                </div>
                <div class="row">
                    <div class="cell label">Cherries:</div>
                    <div class="cell"><input name="cherries" value="20"/></div>
                </div>
                <div class="row">
                    <div class="cell label">Total:</div>
                    <div id="results" class="cell">0 items</div>
                </div>
```

```
        </div>
        <button id="submit" type="submit">Submit Form</button>
    </form>
    <script>
        document.getElementById("submit").onclick = handleButtonPress;

        var httpRequest;

        function handleButtonPress(e) {
            e.preventDefault();

            var form = document.getElementById("fruitform");

            var formData = "";
            var inputElements = document.getElementsByTagName("input");
            for (var i = 0; i < inputElements.length; i++) {
                formData += inputElements[i].name + "="
                    + inputElements[i].value + "&";
            }

            httpRequest = new XMLHttpRequest();
            httpRequest.onreadystatechange = handleResponse;
            httpRequest.open("POST", form.action);
            httpRequest.setRequestHeader('Content-Type',
                                        'application/x-www-form-urlencoded');
            httpRequest.send(formData);
        }

        function handleResponse() {
            if (httpRequest.readyState == 4 && httpRequest.status == 200) {
                document.getElementById("results").innerHTML
                    = httpRequest.responseText;
            }
        }
    </script>
</body>
</html>
```

这段脚本看上去比实际情况更复杂一些。为了更好地加以解释，我会把它分成独立的步骤。所有的动作都发生在handleButtonPress函数里，脚本会调用这个函数来响应button元素的点击事件。

我所做的第一件事是调用Event对象（由浏览器指派给此函数）上的preventDefault方法。第30章介绍过这个方法，解释了有些事件带有关联的默认行为。对表单里的button元素而言，其默认行为是用常规的非Ajax方式提交表单。我不想让它发生，所以调用了preventDefault方法。

> **提示** 我喜欢在事件处理函数的开头调用preventDefault方法，因为这能让调试变得更容易。如果我在函数的最后调用这个方法，脚本里任何未捕捉到的错误都会导致执行终止并启动默认行为。这一切发生得如此之快，你可能完全无法在浏览器的脚本控制台中看到错误细节。

下一步是收集并格式化各个input元素的值,就像这样:

```
var formData = "";
var inputElements = document.getElementsByTagName("input");
for (var i = 0; i < inputElements.length; i++) {
    formData += inputElements[i].name + "=" + inputElements[i].value + "&";
}
```

我用DOM获取了input元素的集合,然后创建了一个字符串,内含各个元素的name和value属性。name和value之间用等号(=)分隔,各个input元素之间则用&符号分隔。结果看上去就像这样:

bananas=2&apples=5&cherries=20&

如果回顾第12章,你会看到这是编码表单数据的默认方式,即application/x-www-form-urlencoded编码。虽然它是form元素使用的默认编码,但却不是Ajax的默认编码,因此我需要添加一个标头来告诉服务器准备接收哪一种数据格式,就像这样:

httpRequest.setRequestHeader('Content-Type','application/x-www-form-urlencoded');

脚本的其余部分是常规的Ajax请求,它们和前一章里的很相似,但有几处不同。

首先,我在调用XMLHttpRequest对象上的open方法时用了HTTP的POST方法。这是一条原则:数据必须通过POST方法发送给服务器,而不是GET方法。通过读取HTMLFormElement的action属性获得了请求需要发送的URL:

httpRequest.open("POST", form.action);

form的行为会产生一个跨域请求,我用前一章介绍的CORS技巧在服务器端对它进行了处理。第二点值得注意的是我把想要发送给服务器的字符串作为参数传递给send方法,就像这样:

httpRequest.send(formData);

当得到服务器返回的响应信息时,我用DOM给id为results的div元素设置了内容。从图33-2可以看到它的效果。

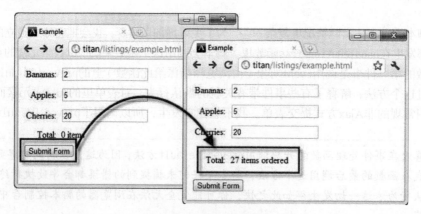

图33-2 用Ajax提交表单

服务器响应表单提交后返回的HTML文档会显示在同一页上,而且该请求是异步执行的。这样做的效果比刚开始要好多了。

33.3 使用FormData对象发送表单数据

另一种更简洁的表单数据收集方式是使用一个FormData对象,它是在XMLHttpRequest的第二级规范中定义的。

> **注意** 在编写本书过程中,Chrome、Safari和Firefox浏览器已经支持FormData对象了,但Opera和Internet Explorer还不支持[①]。

33.3.1 创建FormData对象

创建FormData对象时可以传递一个HTMLFormElement对象(在第31章介绍过),这样表单里所有元素的值都会被自动收集起来。代码清单33-5提供了一个示例。此代码清单只展示了脚本部分,因为HTML部分没有变化。

代码清单33-5 使用FormData对象

```
...
<script>
    document.getElementById("submit").onclick = handleButtonPress;

    var httpRequest;

    function handleButtonPress(e) {
        e.preventDefault();

        var form = document.getElementById("fruitform");

        var formData = new FormData(form);

        httpRequest = new XMLHttpRequest();
        httpRequest.onreadystatechange = handleResponse;
        httpRequest.open("POST", form.action);
        httpRequest.send(formData);
    }
    function handleResponse() {
        if (httpRequest.readyState == 4 && httpRequest.status == 200) {
            document.getElementById("results").innerHTML
                = httpRequest.responseText;
        }
    }
</script>
...
```

---

① Opera 12和Internet Explorer 10已经开始支持FormData对象了。——译者注

当然，关键的变化是使用了FormData对象：

```
var formData = new FormData(form);
```

其他需要注意的地方是我不再设置Content-Type标头的值了。如果使用FormData对象，数据总是会被编码为multipart/form-data（第12章介绍过）。

33.3.2 修改FormData对象

FormData对象定义了一个方法，它允许你给要发送到服务器的数据添加名称/值对。表33-2介绍了这个方法。

表33-2　XMLHttpRequest对象中与标头有关的方法

方　　法	说　　明	返　　回
append(<name>, <value>)	给数据集附加名称和值	void

可以用append方法增补从表单中收集的数据，也可以在不使用HTMLFormElement的情况下创建FormData对象。这就意味着可以使用append方法来选择向客户端发送哪些数据值。代码清单33-6对此进行了演示。我又一次只展示了脚本元素，因为其他的HTML元素没有变化。

代码清单33-6　用FormData对象选择性发送数据到服务器

```
...
<script>
    document.getElementById("submit").onclick = handleButtonPress;

    var httpRequest;

    function handleButtonPress(e) {
        e.preventDefault();

        var form = document.getElementById("fruitform");

        var formData = new FormData();
        var inputElements = document.getElementsByTagName("input");
        for (var i = 0; i < inputElements.length; i++) {
            if (inputElements[i].name != "cherries") {
                formData.append(inputElements[i].name, inputElements[i].value);
            }
        }

        httpRequest = new XMLHttpRequest();
        httpRequest.onreadystatechange = handleResponse;
        httpRequest.open("POST", form.action);
        httpRequest.send(formData);
    }

    function handleResponse() {
        if (httpRequest.readyState == 4 && httpRequest.status == 200) {
```

```
            document.getElementById("results").innerHTML
                = httpRequest.responseText;
        }
    }
</script>
...
```

在这段脚本里，我创建FormData对象时并没有提供HTMLFormElement对象。随后我用DOM找到文档里所有的input元素，并为那些name属性的值不是cherries的元素添加名称/值对。从图33-3可以看到它的效果，其中服务器返回的总数值不包括用户提供的cherries数值。

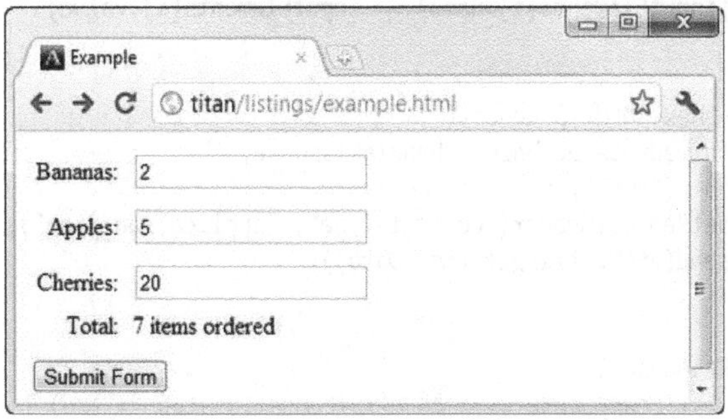

图33-3 用FormData对象选择性发送数据

33.4 发送JSON数据

Ajax不止用来发送表单数据，几乎可以发送任何东西，包括JavaScript对象表示法（JavaScript Object Notation，JSON）数据，而它已经成为一种流行的数据格式了。Ajax扎根于XML，但这一格式很繁琐。当你运行的Web应用程序必须传输大量XML文档时，繁琐就意味着带宽和系统容量方面的实际成本。

JSON经常被称为XML的"脱脂"替代品。JSON易于阅读和编写，比XML更紧凑，而且已经获得了令人难以置信的广泛支持。JSON发源于JavaScript，但它的发展已经超越了JavaScript，被无数的程序包和系统理解并使用。

以下是一个简单的JavaScript对象用JSON表达的样子：

```
{"bananas":"2","apples":"5","cherries":"20"}
```

这个对象有三个属性：bananas、apples和cherries。这些属性的值分别是2、5和20。

JSON的功能不如XML丰富，但对许多应用程序来说，那些功能是用不到的。JSON简单、轻量和富有表现力。代码清单33-7演示了发送JSON数据到服务器有多简单。

代码清单33-7 发送JSON数据到服务器

```
...
<script>
    document.getElementById("submit").onclick = handleButtonPress;
```

```
var httpRequest;

function handleButtonPress(e) {
    e.preventDefault();

    var form = document.getElementById("fruitform");

    var formData = new Object();
    var inputElements = document.getElementsByTagName("input");
    for (var i = 0; i < inputElements.length; i++) {
        formData[inputElements[i].name] = inputElements[i].value;
    }

    httpRequest = new XMLHttpRequest();
    httpRequest.onreadystatechange = handleResponse;
    httpRequest.open("POST", form.action);
    httpRequest.setRequestHeader("Content-Type", "application/json");
    httpRequest.send(JSON.stringify(formData));
}

function handleResponse() {
    if (httpRequest.readyState == 4 && httpRequest.status == 200) {
        document.getElementById("results").innerHTML
            = httpRequest.responseText;
    }
}
</script>
...
```

在这段脚本里,我创建了一个新的Object,并定义了一些属性来对应表单内各个input元素的name属性值。我可以使用任何数据,但input元素很方便,而且能和之前的例子保持一致。

为了告诉服务器我正在发送JSON数据,把请求的Content-Type标头设为application/json,就像这样:

```
httpRequest.setRequestHeader("Content-Type", "application/json");
```

用JSON对象与JSON格式进行相互的转换。(大多数浏览器能直接支持这个对象,但你也可以用下面网址里的脚本来给旧版浏览器添加同样的功能:https://github.com/douglascrockford/JSON-js/blob/master/json2.js。)JSON对象提供了两个方法,如表33-3所示。

表33-3 JSON对象定义的方法

方 法	说 明	返 回
parse(<json>)	解析用JSON编码的字符串并创建一个对象	对象
stringify(<object>)	为指定对象创建用JSON编码的数据表示	字符串

在代码清单33-7里,我使用了stringify方法,然后把结果传递给XMLHttpRequest对象的send方法。这个例子中只有数据的编码方式发生了变化。提交文档表单的效果还是一样的。

33.5 发送文件

可以使用FormData对象和type属性为file的input元素向服务器发送文件。当表单提交时，FormData对象会自动确保用户选择的文件内容与其他的表单值一同上传。代码清单33-8展示了如何以这种方式使用FormData对象。

> **注意** 在尚未支持FormData对象的浏览器里用Ajax上传文件是有难度的。当前有许多修补和变通方法可供使用：其中一些利用了Flash，另一些则有着复杂的程序，需要提交表单到隐藏的iframe元素里。它们都带有严重的缺陷，应该谨慎使用。

代码清单33-8　使用FormData对象发送文件到服务器

```
<!DOCTYPE HTML>
<html>
    <head>
        <title>Example</title>
        <style>
            .table {display:table;}
            .row {display:table-row;}
            .cell {display: table-cell; padding: 5px;}
            .label {text-align: right;}
        </style>
    </head>
    <body>
        <form id="fruitform" method="post" action="http://titan:8080/form">
            <div class="table">
                <div class="row">
                    <div class="cell label">Bananas:</div>
                    <div class="cell"><input name="bananas" value="2"/></div>
                </div>
                <div class="row">
                    <div class="cell label">Apples:</div>
                    <div class="cell"><input name="apples" value="5"/></div>
                </div>
                <div class="row">
                    <div class="cell label">Cherries:</div>
                    <div class="cell"><input name="cherries" value="20"/></div>
                </div>
                <div class="row">
                    <div class="cell label">File:</div>
                    <div class="cell"><input type="file" name="file"/></div>
                </div>
                <div class="row">
                    <div class="cell label">Total:</div>
                    <div id="results" class="cell">0 items</div>
                </div>
```

```
            </div>
            <button id="submit" type="submit">Submit Form</button>
        </form>
        <script>
            document.getElementById("submit").onclick = handleButtonPress;

            var httpRequest;

            function handleButtonPress(e) {
                e.preventDefault();

                var form = document.getElementById("fruitform");

                var formData = new FormData(form);
                httpRequest = new XMLHttpRequest();
                httpRequest.onreadystatechange = handleResponse;
                httpRequest.open("POST", form.action);
                httpRequest.send(formData);
            }

            function handleResponse() {
                if (httpRequest.readyState == 4 && httpRequest.status == 200) {
                    document.getElementById("results").innerHTML
                        = httpRequest.responseText;
                }
            }
        </script>
    </body>
</html>
```

在这个例子里，最明显的变化发生在form元素身上。添加了input元素后，FormData对象就会上传用户所选的任意文件。从图33-4可以看到添加后的效果。

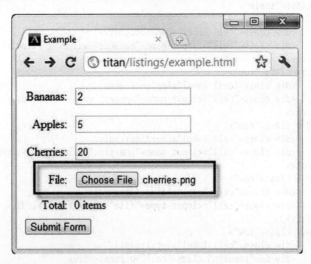

图33-4　添加一个input元素，使文件通过FormData对象上传

提示　第37章会向你展示如何使用拖放API，让用户能够从操作系统拖入要上传的文件，而不是使用文件选择器。

33.6　追踪上传进度

可以在数据发送到服务器时追踪它的进度。具体的做法是使用XMLHttpRequest对象的upload属性，如表33-4所示。

表33-4　upload属性

名　　称	说　　明	返　　回
upload	返回一个可用于监控进度的对象	XMLHttpRequestUpload

upload属性返回的XMLHttpRequestUpload对象只定义了注册事件处理器所需的属性，这些事件在前一章介绍过：onprogress、onload等。代码清单33-9展示了如何用这些事件来向用户显示上传进度。

代码清单33-9　监控并显示上传进度

```
<!DOCTYPE HTML>
<html>
    <head>
        <title>Example</title>
        <style>
            .table {display:table;}
            .row {display:table-row;}
            .cell {display: table-cell; padding: 5px;}
            .label {text-align: right;}
        </style>
    </head>
    <body>
        <form id="fruitform" method="post" action="http://titan:8080/form">
            <div class="table">
                <div class="row">
                    <div class="cell label">Bananas:</div>
                    <div class="cell"><input name="bananas" value="2"/></div>
                </div>
                <div class="row">
                    <div class="cell label">Apples:</div>
                    <div class="cell"><input name="apples" value="5"/></div>
                </div>
                <div class="row">
                    <div class="cell label">Cherries:</div>
                    <div class="cell"><input name="cherries" value="20"/></div>
                </div>
                <div class="row">
                    <div class="cell label">File:</div>
```

```html
                    <div class="cell"><input type="file" name="file"/></div>
                </div>
                <div class="row">
                    <div class="cell label">Progress:</div>
                    <div class="cell"><progress id="prog" value="0"/></div>
                </div>
                <div class="row">
                    <div class="cell label">Total:</div>
                    <div id="results" class="cell">0 items</div>
                </div>
            </div>

            <button id="submit" type="submit">Submit Form</button>
        </form>
        <script>
            document.getElementById("submit").onclick = handleButtonPress;

            var httpRequest;

            function handleButtonPress(e) {
                e.preventDefault();

                var form = document.getElementById("fruitform");
                var progress = document.getElementById("prog");

                var formData = new FormData(form);
                httpRequest = new XMLHttpRequest();

                var upload = httpRequest.upload;
                upload.onprogress = function(e) {
                    progress.max = e.total;
                    progress.value = e.loaded;
                }
                upload.onload = function(e) {
                    progress.value = 1;
                    progress.max = 1;
                }

                httpRequest.onreadystatechange = handleResponse;
                httpRequest.open("POST", form.action);
                httpRequest.send(formData);
            }

            function handleResponse() {
                if (httpRequest.readyState == 4 && httpRequest.status == 200) {
                    document.getElementById("results").innerHTML
                        = httpRequest.responseText;
                }
            }
        </script>
    </body>
</html>
```

在这个例子中,我添加了一个progress元素(在第15章介绍过),然后用它向用户提供数据上传进度信息。通过读取XMLHttpRequest.upload属性获得了一个XMLHttpRequestUpload对象,并注册了一些函数以响应progress和load事件。

浏览器不会给出小数据量传输的进度信息,因此测试这个例子的最佳方式是选择一个大文件。图33-5展示了把一个电影文件发送到服务器的过程。

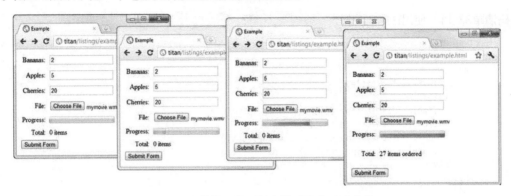

图33-5　在数据上传到服务器过程中显示进度

33.7　请求并处理不同内容类型

到目前为止,所有Ajax示例返回的都是一个完整的HTML文档,里面包含了head、title和body元素。这些元素都是多余的信息,考虑到实际从服务器上传输过来的数据其实很少,有用信息和无用信息的比率并不理想。

幸好,你不必返回完整的HTML文档。事实上,根本无需返回HTML。接下来的几节会向你展示如何处理不同类型的数据,以及如何在这么做的同时降低Ajax请求带来的多余的数据量。

33.7.1　接收 HTML 片段

最简单的改变是让服务器返回一个HTML片段,而不是整个文档。要做到这一点,首先需要修改Node.js服务器脚本里的writeResponse函数,如代码清单33-10所示。

代码清单33-10　修改服务器以发回HTML片段

```
...
function writeResponse(res, data) {
    var total = 0;
    for (fruit in data) {
        total += Number(data[fruit]);
    }
    res.writeHead(200, "OK", {
        "Content-Type": "text/html",
        "Access-Control-Allow-Origin": "http://titan"});
```

```
    res.write('You ordered <b>' + total + '</b> items');
    res.end();
}
...
```

相对于形式完整的文档,现在的服务器只会发送一小段HTML。代码清单33-11展示了客户端的HTML文档。

代码清单33-11 使用HTML片段

```html
<!DOCTYPE HTML>
<html>
    <head>
        <title>Example</title>
        <style>
            .table {display:table;}
            .row {display:table-row;}
            .cell {display: table-cell; padding: 5px;}
            .label {text-align: right;}
        </style>
    </head>
    <body>
        <form id="fruitform" method="post" action="http://titan:8080/form">
            <div class="table">
                <div class="row">
                    <div class="cell label">Bananas:</div>
                    <div class="cell"><input name="bananas" value="2"/></div>
                </div>
                <div class="row">
                    <div class="cell label">Apples:</div>
                    <div class="cell"><input name="apples" value="5"/></div>
                </div>
                <div class="row">
                    <div class="cell label">Cherries:</div>
                    <div class="cell"><input name="cherries" value="20"/></div>
                </div>
                <div class="row">
                    <div class="cell label">Total:</div>
                    <div id="results" class="cell">0 items</div>
                </div>
            </div>
            <button id="submit" type="submit">Submit Form</button>
        </form>
        <script>
            document.getElementById("submit").onclick = handleButtonPress;

            var httpRequest;

            function handleButtonPress(e) {
                e.preventDefault();

                var form = document.getElementById("fruitform");

                var formData = new Object();
```

```
                var inputElements = document.getElementsByTagName("input");
                for (var i = 0; i < inputElements.length; i++) {
                    formData[inputElements[i].name] = inputElements[i].value;
                }

                httpRequest = new XMLHttpRequest();
                httpRequest.onreadystatechange = handleResponse;
                httpRequest.open("POST", form.action);
                httpRequest.setRequestHeader("Content-Type", "application/json");
                httpRequest.send(JSON.stringify(formData));
            }

            function handleResponse() {
                if (httpRequest.readyState == 4 && httpRequest.status == 200) {
                    document.getElementById("results").innerHTML
                        = httpRequest.responseText;
                }
            }
        </script>
    </body>
</html>
```

我移除了一些最近添加的文件上传和进度监控代码。将数据以JSON格式发送给服务器，然后接收一个HTML片段作为回应（但我用来向服务器发送数据的格式和从服务器上收到的数据格式之间并无关联）。

我有服务器的控制权，于是我确保Content-Type标头被设置成text/html，以此告诉浏览器它处理的是HTML（尽管它获得的数据不以DOCTYPE或html元素开头）。如果想覆盖Content-Type标头并自己指定数据类型，可以使用overrideMimeType方法，如代码清单33-12所示。

代码清单33-12　覆盖数据类型

```
<script>
    document.getElementById("submit").onclick = handleButtonPress;

    var httpRequest;

    function handleButtonPress(e) {
        e.preventDefault();

        var form = document.getElementById("fruitform");

        var formData = new Object();
        var inputElements = document.getElementsByTagName("input");
        for (var i = 0; i < inputElements.length; i++) {
            formData[inputElements[i].name] = inputElements[i].value;
        }

        httpRequest = new XMLHttpRequest();
        httpRequest.onreadystatechange = handleResponse;
        httpRequest.open("POST", form.action);
        httpRequest.setRequestHeader("Content-Type", "application/json");
        httpRequest.send(JSON.stringify(formData));
    }
```

```
          function handleResponse() {
              if (httpRequest.readyState == 4 && httpRequest.status == 200) {
                  httpRequest.overrideMimeType("text/html");
                  document.getElementById("results").innerHTML
                      = httpRequest.responseText;
              }
          }
      </script>
```

如果服务器归类数据的方式不是你想要的，指定数据类型就很有用了。在你想传输来自文件的内容片段，但服务器预先定义了应当如何设置Content-Type标头的时候，最容易出现这种情况。

33.7.2 接收XML数据

XML在Web应用程序里的流行程度已今非昔比，大多数情况下都被JSON所取代。话虽如此，处理XML数据的能力仍然可以派上用场，特别是在处理旧数据源的时候。代码清单33-13展示了向浏览器发送XML所需的服务器端脚本改动。

代码清单33-13　从服务器发送XML数据

```
function writeResponse(res, data) {
    var total = 0;
    for (fruit in data) {
        total += Number(data[fruit]);
    }
    res.writeHead(200, "OK", {
        "Content-Type": "application/xml",
        "Access-Control-Allow-Origin": "http://titan"});

    res.write("<?xml version='1.0'?>");
    res.write("<fruitorder total='" + total + "'>");
    for (fruit in data) {
        res.write("<item name='" + fruit + "' quantity='" + data[fruit] + "'/>");
        total += Number(data[fruit]);
    }
    res.write("</fruitorder>");
    res.end();
}
```

修订后的函数生成了一个简短的XML文档，就像这个：

```
<?xml version='1.0'?>
<fruitorder total='27'>
    <item name='bananas' quantity='2'/>
    <item name='apples' quantity='5'/>
    <item name='cherries' quantity='20'/>
</fruitorder>
```

这是我需要在客户端显示的信息的一个超集，但它的格式无法再用DOM innerHTML属性简单显示了。幸好，XMLHttpRequest对象让你能够轻松处理XML，这并不奇怪，因为XML正是Ajax里的x。代码清单33-14展示了如何在浏览器上使用XML。

代码清单33-14 处理XML Ajax响应

```
<script>
    document.getElementById("submit").onclick = handleButtonPress;

    var httpRequest;

    function handleButtonPress(e) {
        e.preventDefault();

        var form = document.getElementById("fruitform");

        var formData = new Object();
        var inputElements = document.getElementsByTagName("input");
        for (var i = 0; i < inputElements.length; i++) {
            formData[inputElements[i].name] = inputElements[i].value;
        }

        httpRequest = new XMLHttpRequest();
        httpRequest.onreadystatechange = handleResponse;
        httpRequest.open("POST", form.action);
        httpRequest.setRequestHeader("Content-Type", "application/json");
        httpRequest.send(JSON.stringify(formData));
    }

    function handleResponse() {
        if (httpRequest.readyState == 4 && httpRequest.status == 200) {
            httpRequest.overrideMimeType("application/xml");
            var xmlDoc = httpRequest.responseXML;
            var val = xmlDoc.getElementsByTagName("fruitorder")[0].getAttribute("total");
            document.getElementById("results").innerHTML = "You ordered "
                + val + " items";
        }
    }
</script>
```

所有为处理XML数据所做的改动都位于脚本的handleResponse函数内。当请求成功完成后，我所做的第一件事就是覆盖响应的MIME类型：

```
httpRequest.overrideMimeType("application/xml");
```

这一改动对示例来说其实并非必需，因为服务器发送的是一张完整的XML文档。但是，在使用XML片段时，很重要的一点是要明确告知浏览器你正在处理XML，否则XMLHttpRequest对象不会正确支持responseXML属性。我在下面的语句里使用了这个属性：

```
var xmlDoc = httpRequest.responseXML;
```

responseXML属性是responseText的替代属性。它解析接收到的XML，然后将其作为一个Document对象返回。之后你就可以采用这种技巧在XML里导航了，方法是使用针对HTML的DOM功能（在第26章介绍过），就像这样：

```
var val = xmlDoc.getElementsByTagName("fruitorder")[0].getAttribute("total");
```

这条语句获取了第一个fruitorder元素里的total属性值，随后我用它和innerHTML属性一起向用户显示出结果：

```
document.getElementById("results").innerHTML = "You ordered "+ val + " items";
```

比较DOM里的HTML和XML

是时候承认一些事了。在本书的第四部分，我有意弥合了HTML、XML和DOM之间的联系。这一部分介绍的所有导航和处理HTML文档元素的功能都可以用于处理XML。

事实上，代表HTML元素的那些对象都源于一些从XML支持中产生的核心对象。在大多数情况下，对本书的大多数读者来说，HTML支持才是重点。如果你正在使用XML，或许应该花些时间研读核心XML支持，它的定义可以在这里找到：www.w3.org/standards/techs/dom。

话虽如此，如果你所做的事大量涉及XML，可能应该考虑换一种编码策略。XML很繁琐，而且浏览器执行复杂处理的能力并不总让人满意。像JSON这样定制并简化过的格式也许能更好地为你服务。

33.7.3 接收JSON数据

一般来说，JSON数据比XML更容易处理，因为你最终会得到一个JavaScript对象，可以用核心语言功能来查询和操作它。代码清单33-15展示了生成JSON响应所需的服务器端脚本修改。

代码清单33-15 在服务器上生成JSON响应

```
function writeResponse(res, data) {
    var total = 0;
    for (fruit in data) {
        total += Number(data[fruit]);
    }
    data.total = total;
    var jsonData = JSON.stringify(data);

    res.writeHead(200, "OK", {
        "Content-Type": "application/json",
        "Access-Control-Allow-Origin": "http://titan"});
    res.write(jsonData);
    res.end();
}
```

就生成JSON响应而言，我要做的仅仅是定义一个对象（它作为data参数传递到函数中）的total属性，然后通过JSON.stringify用字符串表示这个对象。服务器会发送响应给浏览器，就像这样：

```
{"bananas":"2","apples":"5","cherries":"20","total":27}
```

代码清单33-16展示了让浏览器处理这个响应所需的脚本修改。

代码清单33-16　从服务器接收JSON响应

```
<script>
    document.getElementById("submit").onclick = handleButtonPress;

    var httpRequest;

    function handleButtonPress(e) {
        e.preventDefault();

        var form = document.getElementById("fruitform");

        var formData = new Object();
        var inputElements = document.getElementsByTagName("input");
        for (var i = 0; i < inputElements.length; i++) {
            formData[inputElements[i].name] = inputElements[i].value;
        }

        httpRequest = new XMLHttpRequest();
        httpRequest.onreadystatechange = handleResponse;
        httpRequest.open("POST", form.action);
        httpRequest.setRequestHeader("Content-Type", "application/json");
        httpRequest.send(JSON.stringify(formData));
    }

    function handleResponse() {
        if (httpRequest.readyState == 4 && httpRequest.status == 200) {
            var data = JSON.parse(httpRequest.responseText);
            document.getElementById("results").innerHTML = "You ordered "
                + data.total + " items";
        }
    }
</script>
```

JSON极其易于使用，就像这两份代码清单所演示的那样。这种易用性，加上表示方法的紧凑性，正是JSON变得如此流行的原因。

33.8　小结

在这一章里，我继续介绍了Ajax的复杂细节。我向你展示了如何用手动和FormData对象的方式发送数据到服务器。你还学会了如何发送文件，以及如何在数据上传到服务器时监控进度。我还谈到了如何处理服务器发送的各种数据格式：HTML、HTML片段、XML和JSON。

第 34 章

使用多媒体

HTML5支持直接在浏览器中播放音频和视频文件,不需要使用Adobe Flash这样的插件。插件是令浏览器崩溃的主要原因之一,特别是Flash,这个插件导致的诸多问题已经让它声名狼藉。

抛开名声不提,我也已经因为媒体播放的原因开始讨厌Flash了。我喜欢在写作的时候听播客(podcast),而Chrome浏览器默认使用Flash来播放它们。我喜欢集成带来的方便[①],但是它时不时会因为某些问题导致机器锁死。这都快让我发疯了,每一次我都会咒骂Adobe公司。Flash的普遍性是很有用的,但软件的质量还有很多不尽如人意的地方。

正如你将在这一章里看到的,HTML对原生音频和视频的支持潜力巨大,但还有一些问题亟待解决。这些问题主要是关于每种浏览器支持的媒体格式,以及浏览器对它播放文件格式能力所做的不同解释。表34-1提供了本章内容概要。

> **提示** 想重现这一章中的示例,可能需要给你的Web服务器添加一些MIME类型。从代码清单34-7中可以看到哪些是必需的。

表34-1 本章内容概要

问 题	解决方案	代码清单
给HTML文档加入视频	使用video元素	34-1
指定某个视频文件是否应当在用户开始播放前载入	使用preload属性	34-2
指定在视频回放开始前显示的图像	使用poster属性	34-3
设置视频在屏幕上的尺寸	使用width和lheight属性	34-4
指定视频来源	使用src属性	34-5
指定同一视频来源的多种格式	使用source元素	34-6、34-7
给HTML文档加入音频	使用audio元素	34-8、34-9
通过DOM操作媒体元素	使用HTMLMediaElement、HTMLVideoElement或HTMLAudioElement对象	34-10
获取浏览器是否支持某个媒体格式的提示信息	使用canPlayType方法	34-11
控制媒体回放	使用HTMLMediaElement的play和lpause方法,以及提供回放详情的属性	34-12、34-13

[①] Flash插件是直接集成在Chrome浏览器中的。——译者注

34.1 使用 video 元素

可以用video元素在网页里嵌入视频内容。表34-2介绍了video元素。

表34-2 video元素

元素	video
元素类型	流/短语
允许具有的父元素	任何能包含流或短语元素的元素
局部属性	autoplay、preload、controls、loop、poster、height、width、muted、src
内容	source和track元素，以及短语和流内容
标签用法	开始和结束标签
是否为HTML5新增	是
在HTML5中的变化	无
习惯样式	无

代码清单34-1展示了这个元素的基本用法。

代码清单34-1 使用video元素

```
<!DOCTYPE HTML>
<html>
    <head>
        <title>Example</title>
    </head>
    <body>
        <video width="360" height="240" src="timessquare.webm"
            autoplay controls preload="none" muted>
            Video cannot be displayed
        </video>
    </body>
</html>
```

如果曾经在网页里看过视频，那么你会很熟悉使用video元素的效果，如图34-1所示。

如果浏览器不支持video元素或者无法播放视频，那么备用内容（开始和结束标签之间的内容）就会代替它显示。在这个例子里中，我显示了一段简单的文本消息，但常用的技巧是提供使用非HTML5技术（例如Flash）的视频播放，以支持旧版的浏览器。

video元素有许多属性，表34-3列出了它们。

表34-3 video元素的属性

属 性	说 明
autoplay	如果存在，此属性会使浏览器尽可能立刻开始播放视频
preload	告诉浏览器是否要预先载入视频。详情请参见下一节

(续)

属性	说明
controls	除非此属性存在,否则浏览器不会显示播放控件
loop	如果存在,此属性会让浏览器反复播放视频
poster	指定在视频数据载入时显示的图片。详情请参见34.1.2节
height	指定视频的高度。详情请参见34.1.3节
width	指定视频的宽度。详情请参见34.1.3节
muted	如果此属性存在,视频从一开始就会处于静音状态
src	指定要显示的视频。详情请参见34.1.4节

图34-1 使用video元素

34.1.1 预先加载视频

preload属性告诉浏览器:当它加载完包含video元素的网页后,是否应该积极地去下载视频。预先加载视频减少了用户播放时的初始延迟,但如果用户不观看视频则会造成网络带宽的浪费。表34-4介绍了这个属性允许设置的值。

表34-4 preload属性所允许的值

值	说明
none	用户开始播放之前不会载入视频
metadata	用户开始播放之前只能载入视频的元数据(宽度、高度、第一帧、长度和其他此类信息)
auto	请求浏览器尽快下载整个视频。浏览器可以忽略这个请求。这是默认行为

在决定是否预先加载视频时，应当权衡用户想要观看视频的可能性与自动载入视频内容所需要的带宽。自动载入视频会带来更平滑的用户体验，但它可能会大大提升经营成本，如果用户没有观看视频就离开网页，那么这些成本就浪费了。

这个属性的metadata值可以被用来在none和auto值之间建立起适度的平衡。none值的问题在于视频内容会在屏幕上显示为一片空白区域。metadata值会让浏览器获取足够的信息来向用户展示视频的第一帧，而不必下载全部内容。代码清单34-2展示了在同一个文档里使用none和metadata值。

代码清单34-2　将none和metadata值用于preload属性

```
<!DOCTYPE HTML>
<html>
    <head>
        <title>Example</title>
    </head>
    <body>
        <video width="360" height="240" src="timessquare.webm"
            controls preload="none" muted>
            Video cannot be displayed
        </video>
        <video width="360" height="240" src="timessquare.webm"
            controls preload="metadata" muted>
            Video cannot be displayed
        </video>
    </body>
</html>
```

从图34-2可以看到这些值如何影响展示给用户的预览画面。

图34-2　将none和metadata值用于preload属性

> **警告**　metadata值向用户提供了漂亮的预览画面，但你需要慎重一些。当我用网络分析工具测试这个属性时，我发现尽管只请求了元数据，但是有些浏览器实际上会预先下载整个视频。平心而论，浏览器可以自由选择是否忽略preload属性所表达的偏好。但是，如果你需要限制带宽的消耗，poster属性可能更胜任一些。详情请参见下一节。

34.1.2 显示占位图像

可以用poster属性向用户呈现一张占位图像。这张图像会显示在视频的位置,直至用户开始播放。代码清单34-3展示了如何使用poster属性。

代码清单34-3　使用poster属性来指定占位图像

```html
<!DOCTYPE HTML>
<html>
    <head>
        <title>Example</title>
    </head>
    <body>
        <video width="360" height="240" src="timessquare.webm"
            controls preload="none" poster="poster.png">
            Video cannot be displayed
        </video>
        <img src="poster.png"/>
    </body>
</html>
```

我给视频文件的第一帧做了一张屏幕截图,然后在它上面叠加了单词Poster(海报)。这张图像包括了视频控件,以此提示用户这张海报代表一段视频剪辑。我还在示例中加入了一个img元素,以演示video元素会不加改动地展示这张海报图像。图34-3展示了两种形式的海报。

图34-3　将海报用于视频剪辑

34.1.3 设置视频尺寸

如果省略width和height属性,浏览器就会显示一个很小的占位元素,并在元数据可用时(也就是当用户开始播放,或者preload属性被设为metadata时)把它调整到视频原始尺寸的大小。这可能会产生颤动感,因为页面布局需要调整以容纳视频。

如果指定width和height属性,浏览器会保持视频的长宽比(不必担心视频会向任一方向拉伸)。代码清单34-4展示了width和height属性的用法。

代码清单34-4 应用width和height属性

```html
<!DOCTYPE HTML>
<html>
    <head>
        <title>Example</title>
        <style>
            video {
                background-color: lightgrey;
                border: medium double black;
            }
        </style>
    </head>
    <body>
        <video src="timessquare.webm" controls preload="auto" width="600" height="240">
            Video cannot be displayed
        </video>
    </body>
</html>
```

这个例子中设置的width属性与height属性的比例是失衡的。我还给video元素应用了一个样式，以凸显浏览器为了保持视频的长宽比，只会使用部分指派给该元素的空间。图34-4展示了这样做的结果。

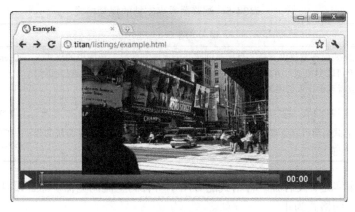

图34-4 浏览器保持视频的长宽比

34.1.4 指定视频来源（和格式）

指定视频最简单的方式是使用src属性，并提供所需视频文件的URL。这就是我在之前例子里所用的方法，代码清单34-5再次展示了它。

代码清单34-5 用src属性指定视频来源

```html
<!DOCTYPE HTML>
<html>
    <head>
```

```
        <title>Example</title>
    </head>
    <body>
        <video src="timessquare.webm" controls width="360" height="240">
            Video cannot be displayed
        </video>
    </body>
</html>
```

在这份代码清单中,我用src属性指定了文件timessquare.webm。这是一个用WebM格式编码的文件。从这里开始,你就进入了视频格式的迷宫。本书前面提到过浏览器战争,也就是几家公司试图通过给HTML和相关技术添加非标准内容来控制浏览器市场。让人高兴的是,那些日子已经一去不复返,遵循标准现在已经跟速度、易用性和Logo有吸引力一样,成为浏览器的一个卖点。

不幸的是,视频格式还没有实现这一点。对一些当事方来说,如果他们能将自己的格式确立为HTML5的主导格式,就有机会赚取大笔财富。他们可以收取授权费,征收版税,专利组合的价值也将增长。因此,目前还没有哪一种视频格式被普遍支持,如果你想将视频推向各种各样的HTML5用户,就要做好以多种格式编码视频的准备。表34-5展示了当前得到大力支持的格式(但随着时间推移几乎肯定会发生变化)。

表34-5 浏览器重点支持的视频格式

格式	说明	支持
WebM	此格式由谷歌提供支持,目标是创建一个无专利约束、免版税的格式。MP4/H.264格式一方的人士已经公开寻求使用专利池来对WebM提起诉讼(或者至少让人们因为担心而不再使用它)	Opera、Chrome、Firefox
Ogg/Theora	Ogg Theora是一种开放、免版税和无专利约束的格式	Opera、Chrome、Firefox
MP4/H.264	此格式当前可以免费使用到2015年,因为许可方已经公开放弃了常规的分发收费计划	Internet Explorer、Chrome、Safari

一个不幸的事实是,没有哪一种格式能够用于所有的主流浏览器。你必须以多种格式编码视频,直到出现统一的格式为止。

> **注意** 将会跳过大量视频编码方面的细节。它们包括容器、编解码器和其他让人兴奋的概念。要点在于,每种格式都包含一些选项,以质量或压缩率为代价换取兼容性(考虑到浏览器对视频的支持日新月异,其中的组合也会经常发生变化)。我建议你查阅主流浏览器的发布说明来确定支持的程度,或者像我一样,干脆以所有可能的组合形式编码视频,看哪一种会得到最广泛的支持。

可以使用source元素来指定多个格式。表34-6介绍了这个元素。

表34-6 source元素

元素	source
元素类型	无
允许具有的父元素	video、audio
局部属性	src、type、media
内容	无
标签用法	虚元素形式
是否为HTML5新增	是
在HTML5中的变化	无
习惯样式	无

代码清单34-6展示了如何使用source元素来向浏览器提供备选视频格式。

代码清单34-6 用source元素

```
<!DOCTYPE HTML>
<html>
    <head>
        <title>Example</title>
    </head>
    <body>
        <video controls width="360" height="240">
            <source src="timessquare.webm"/>
            <source src="timessquare.ogv"/>
            <source src="timessquare.mp4"/>
            Video cannot be displayed
        </video>
    </body>
</html>
```

浏览器会沿着列表顺序寻找它能够播放的视频文件。这可能会引发多个服务器请求以获得每个文件的额外信息。浏览器判断它是否能播放某个视频的依据之一是服务器返回的MIME类型。可以通过给source元素应用type属性来提示用户,方法是在其中指定文件的MIME类型,如代码清单34-7所示。

代码清单34-7 在source元素上应用type属性

```
<!DOCTYPE HTML>
<html>
    <head>
        <title>Example</title>
    </head>
    <body>
        <video controls width="360" height="240">
            <source src="timessquare.webm" type="video/webm" />
            <source src="timessquare.ogv" type="video/ogg" />
            <source src="timessquare.mp4" type="video/mp4" />
            Video cannot be displayed
```

```
        </video>
    </body>
</html>
```

> 提示 media属性向浏览器指明该视频最适合在哪种设备上播放。关于如何给这个属性定义值的详细说明请参见第7章。

34.1.5 track 元素

HTML5规范包含了track元素,它提供了一套视频相关内容的实现机制。这些内容包括字幕、说明和章节标题。表34-7介绍了这个元素,但目前还没有哪一种主流浏览器支持这个元素[1]。

表34-7 track元素

元素	track
元素类型	无
允许具有的父元素	video、audio
局部属性	kind、src、srclang、label、default
内容	无
标签用法	虚元素形式
是否为HTML5新增	是
在HTML5中的变化	无
习惯样式	无

34.2 使用 audio 元素

audio元素允许你在HTML文档里嵌入音频内容。表34-8介绍了这个元素。

表34-8 audio元素

元素	audio
元素类型	流/短语
允许具有的父元素	任何能包含流或短语元素的元素
局部属性	autoplay、preload、controls、loop、muted、src
内容	source和track元素,以及短语和流内容
标签用法	开始和结束标签
是否为HTML5新增	是
在HTML5中的变化	无
习惯样式	无

---

[1] Chrome 23、Internet Explorer 10、Opera 12.10和Safari 6已经开始支持这个元素了。——译者注

可以看到，audio元素和video元素有许多共同点。代码清单34-8展示了audio元素的用法。

代码清单34-8　使用audio元素

```html
<!DOCTYPE HTML>
<html>
    <head>
        <title>Example</title>
    </head>
    <body>
        <audio controls src="mytrack.mp3" autoplay>
            Audio content cannot be played
        </audio>
    </body>
</html>
```

可以用src属性指定音频的来源。虽然音频格式的世界不像视频那样充满争议，但是仍然没有哪一种格式能够被所有的浏览器原生播放，不过，我对音频将会发生的改变比对视频要更乐观一些。

> **提示**　应用autoplay属性并忽略controls属性可以制造出一种情形，让音频能自动播放而用户无法停止它。我代表你的所有用户请求你不要这么做，特别是当你打算播放沉闷、合成、无名等本质上无法识别的音乐类型时。把这样的音乐施加给用户会让每一次操作感觉就像是一次无穷无尽的电梯之旅，当你的音轨不含有可辨认的乐器时尤为如此。请不要将乏味、无精打采和无意义的音乐施加给你的用户，尤其不要让它在自动播放的同时还不给用户禁用它的方法。

代码清单34-9展示了可以如何使用source元素来提供多种格式。

代码清单34-9　用source元素提供多种音频格式

```html
<!DOCTYPE HTML>
<html>
    <head>
        <title>Example</title>
    </head>
    <body>
        <audio controls autoplay>
            <source src="mytrack.ogg" />
            <source src="mytrack.mp3" />
            <source src="mytrack.wav" />
            Audio content cannot be played
        </audio>
    </body>
</html>
```

我在这两个例子中都使用了controls属性，这样浏览器就会对用户显示默认的播放控件。它们在不同的浏览器中外观各异，但图34-5能让你大致了解会有些什么。

图34-5 音频元素在Chrome浏览器里的默认播放控件

34.3 通过DOM操作嵌入式媒体

audio和video元素有着很大的相似性，所以HTMLMediaElement对象在DOM里为它们统一定义了核心功能。audio元素在DOM里由HTMLAudioElement对象所代表，但此对象没有定义不同于HTMLMediaElement的额外功能。video元素由HTMLVideoElement对象所代表，而它定义了一些额外的属性，我会在本章后面进行介绍。

> 提示　audio和video元素的相似度是如此之高，以至于它们的唯一区别仅仅是在屏幕上占据的空间大小。audio元素不会占用一大块屏幕空间来显示视频图像。事实上，甚至可以用audio元素来播放视频文件（当然，这么做只能听到配乐），也可以用video元素来播放音频文件（不过视频显示区域会保持空白）。这看起来很奇怪，但其实是可行的。

34.3.1 获得媒体信息

HTMLMediaElement对象定义了许多成员，你可以用它们来获取和修改元素及其关联媒体的信息。表34-9介绍了它们。

表34-9 HTMLMediaElement对象的基本成员

成员	说明	返回
autoplay	获取或设置autoplay属性是否存在	布尔值
canPlayType(<type>)	获取浏览器能否播放特定MIME类型的提示	字符串
currentSrc	获取当前的来源	字符串
controls	获取或设置controls属性是否存在	布尔值
defaultMuted	获取或设置muted属性一开始是否存在	布尔值
loop	获取或设置loop属性是否存在	布尔值
muted	获取或设置muted属性是否存在	布尔值
preload	获取或设置preload属性的值	字符串
src	获取或设置src属性的值	字符串
volume	获取或设置音量，范围从0.0到1.0	数值

HTMLVideoElement对象定义了表34-10中展示的额外属性。

表34-10 HTMLVideoElement对象定义的属性

成员	说明	返回
height	获取或设置height属性的值	数值
poster	获取或设置poster属性的值	字符串
videoHeight	获取视频的原始高度	数值
videoWidth	获取视频的原始宽度	数值
width	获取或设置width属性的值	数值

代码清单34-10展示了如何使用一些HTMLMediaElement属性来获取媒体元素的基本信息。

代码清单34-10 获取媒体元素的基本信息

```
<!DOCTYPE HTML>
<html>
    <head>
        <title>Example</title>
        <style>
            table {border: thin solid black; border-collapse: collapse;}
            th, td {padding: 3px 4px;}
            body > * {float: left; margin: 2px;}
        </style>
    </head>
    <body>
        <video id="media" controls width="360" height="240" preload=metadata">
            <source src="timessquare.webm"/>
            <source src="timessquare.ogv"/>
            <source src="timessquare.mp4"/>
            Video cannot be displayed
        </video>
        <table id="info" border="1">
            <tr><th>Property</th><th>Value</th></tr>
        </table>
        <script>
            var mediaElem = document.getElementById("media");
            var tableElem = document.getElementById("info");

            var propertyNames = ["autoplay", "currentSrc", "controls", "loop", "muted",
                                "preload", "src", "volume"];
            for (var i = 0; i < propertyNames.length; i++) {
                tableElem.innerHTML +=
                    "<tr><td>" + propertyNames[i] + "</td><td>" +
                    mediaElem[propertyNames[i]] + "</td></tr>";
            }
        </script>
    </body>
</html>
```

这个例子中的脚本在一张表格中显示了许多属性的值，位置就在video元素的旁边。从图34-6可以看到它的结果。

第 34 章 使用多媒体

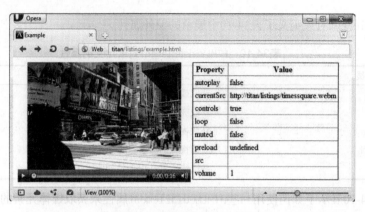

图34-6　显示视频元素的基本信息

图中显示的是Opera，因为它是唯一正确实现了currentSrc属性的浏览器。这个属性显示了src属性的值，它或者来自媒体元素本身，或者在有多种格式可用的情况下来自所使用的source元素。

34.3.2　评估回放能力

canPlayType方法可以用来了解浏览器是否能够播放特定的媒体格式。这个方法会返回表34-11里列出的其中一个值。

表34-11　canPlayType属性所允许的值

值	说　　明
""（空字符串）	浏览器无法播放该媒体类型
maybe	浏览器也许可以播放该媒体类型
probably	浏览器有相当把握能播放该媒体类型

这些值显然不够明确，这源于一些媒体格式及其创建时可用编码选项的复杂性。代码清单34-11展示了canPlayType方法的用法。

代码清单34-11　使用canPlayType方法

```
<!DOCTYPE HTML>
<html>
    <head>
        <title>Example</title>
        <style>
            table {border: thin solid black; border-collapse: collapse;}
            th, td {padding: 3px 4px;}
            body > * {float: left; margin: 2px;}
        </style>
    </head>
    <body>
```

```
<video id="media" controls width="360" height="240" preload="metadata">
    Video cannot be displayed
</video>
<table id="info" border="1">
    <tr><th>Property</th><th>Value</th></tr>
</table>
<script>
    var mediaElem = document.getElementById("media");
    var tableElem = document.getElementById("info");

    var mediaFiles = ["timessquare.webm", "timessquare.ogv", "timessquare.mp4"];
    var mediaTypes = ["video/webm", "video/ogv", "video/mp4"];
    for (var i = 0; i < mediaTypes.length; i++) {
        var playable = mediaElem.canPlayType(mediaTypes[i]);
        if (!playable) {
            playable = "no";
        }

        tableElem.innerHTML +=
            "<tr><td>" + mediaTypes[i] + "</td><td>" + playable + "</td></tr>";
        if (playable == "probably") {
            mediaElem.src = mediaFiles[i];
        }
    }
</script>
</body>
</html>
```

在这个例子的脚本中,我用canPlayType方法评估了一组媒体类型。如果收到一个probably答复,就会设置video元素的src属性值。通过这种方式,我在一张表格里记录了每一种媒体类型的答复。

用这种方式选择媒体时需要多加小心,因为浏览器评估自身格式播放能力的方法各不相同。举个例子,图34-7展示了Firefox浏览器的答复。

图34-7 评估Firefox浏览器的媒体格式支持

Firefox浏览器相当看好WebM，同时确定自己无法播放Ogg和MP4文件。然而，Firefox浏览器似乎能很好地处理Ogg视频文件。图34-8展示了Chrome浏览器的答复。

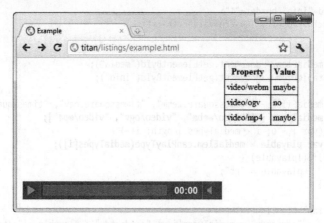

图34-8　评估Chrome浏览器的媒体格式支持

Chrome浏览器的观点则要保守得多，但它其实可以自如地播放全部三种媒体文件。事实上，Chrome是如此保守，以至于我不能从canPlayType方法获得一个probably答复，因此没有选择媒体。

很难评论浏览器在答复中所表现出的不一致性。有太多因素使它们无法给出明确的答案，但它们在评估支持时使用不同方式这一点意味着你应当非常谨慎地使用canPlayType方法。

34.3.3　控制媒体回放

HTMLMediaElement对象定义了许多成员，它们让你能够控制回放和获得回放信息。这些属性和方法如表34-12所示。

表34-12　HTMLMediaElement对象的回放成员

成员	说明	返回
currentTime	返回媒体文件当前的回放点	数值
duration	返回媒体文件的总时长	数值
ended	如果媒体文件已经播放完毕则返回true	布尔值
pause()	暂停媒体回放	void
paused	如果回放暂停就返回true，否则返回false	布尔值
play()	开始回放媒体	void

代码清单34-12展示了如何使用表格中的属性来获取回放信息。

代码清单34-12 用HTMLMediaElement属性获取媒体回放详情

```html
<!DOCTYPE HTML>
<html>
    <head>
        <title>Example</title>
        <style>
            table {border: thin solid black; border-collapse: collapse;}
            th, td {padding: 3px 4px;}
            body > * {float: left; margin: 2px;}
            div {clear: both;}
        </style>
    </head>
    <body>
        <video id="media" controls width="360" height="240" preload="metadata">
            <source src="timessquare.webm"/>
            <source src="timessquare.ogv"/>
            <source src="timessquare.mp4"/>
            Video cannot be displayed
        </video>
        <table id="info" border="1">
            <tr><th>Property</th><th>Value</th></tr>
        </table>
        <div>
            <button id="pressme">Press Me</button>
        </div>
        <script>
            var mediaElem = document.getElementById("media");
            var tableElem = document.getElementById("info");

            document.getElementById("pressme").onclick = displayValues;

            displayValues();

            function displayValues() {
                var propertyNames = ["currentTime", "duration", "paused", "ended"];
                tableElem.innerHTML = "";
                for (var i = 0; i < propertyNames.length; i++) {
                    tableElem.innerHTML +=
                        "<tr><td>" + propertyNames[i] + "</td><td>" +
                        mediaElem[propertyNames[i]] + "</td></tr>";
                }
            }
        </script>
    </body>
</html>
```

这个例子包含一个button元素,当它被按下后会使表格显示出currentTime、duration、paused和ended属性的当前值。从图34-9可以看到它的效果。

可以使用回放方法代替默认的媒体控件。代码清单34-13对此进行了演示。

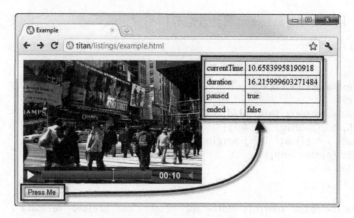

图34-9 用截取回放属性值作为对按钮点击的响应

代码清单34-13 替换默认的媒体控件

```
<!DOCTYPE HTML>
<html>
    <head>
        <title>Example</title>
    </head>
    <body>
        <video id="media" width="360" height="240" preload="auto">
            <source src="timessquare.webm"/>
            <source src="timessquare.ogv"/>
            <source src="timessquare.mp4"/>
            Video cannot be displayed
        </video>
        <div>
            <button>Play</button>
            <button>Pause</button>
        </div>
        <script>
            var mediaElem = document.getElementById("media");

            var buttons = document.getElementsByTagName("button");
            for (var i = 0; i < buttons.length; i++) {
                buttons[i].onclick = handleButtonPress;
            }

            function handleButtonPress(e) {
                switch (e.target.innerHTML) {
                    case 'Play':
                        mediaElem.play();
                        break;
                    case 'Pause':
                        mediaElem.pause();
                        break;
                }
            }
```

```
        </script>
    </body>
</html>
```

在这个例子里,我省略了video元素的controls属性,并用点击button按钮触发的play和pause方法来启动和停止媒体回放。从图34-10可以看到它的效果。

图34-10　替换默认的媒体控件

> 提示　HTML规范定义了一系列有关载入和播放媒体的事件,它们在HTMLMediaElement对象的controller属性里体现。在本书编写过程中,还没有任何一种主流浏览器支持这个属性或它返回的MediaController对象。

34.4　小结

在这一章里,我向你展示了HTML5如何通过video和audio元素支持原生的媒体回放,以及如何用DOM控制这些元素。考虑到Flash等插件存在的种种问题,原生媒体支持具有很大的潜力,但对这种方式的接纳程度仍然处于早期阶段。现在你只能使用混合搭配的做法,直至格式支持问题得到解决,以及有超过临界数量的浏览器能支持这种方式为止。

第 35 章 使用canvas元素(第1部分)

在前一章里,我间接提到(并简短地抱怨)了大多数Web应用程序开发者和设计师与Adobe Flash之间又爱又恨的关系。恨源于缺乏稳定性和安全性,因为Adobe公司近期被指责软件质量糟糕。对Flash的爱源于它已经被普遍安装,以及你可以用它来制作富内容的方式。

HTML5定义了canvas元素作为原生的Flash替代。如果你阅读过任何对HTML5新功能的介绍,canvas也许会是最先被提及的功能之一,它也很可能被描述成"Flash杀手"。

就像你常见的那样,广告宣传与事实并不相符。canvas元素是一种可供绘图的平面,我们用JavaScript对它进行配置和操作。它很灵活,相对容易使用,并且提供了足够多的功能来代替Flash制作某些类型的富内容。但把canvas元素称为"Flash杀手"(甚至仅仅是Flash替代品)还为时过早,因为canvas要想接管局面还需要一段时间。

这是关于canvas元素的第一章(一共有两章)。在这一章,我会向你展示如何准备canvas元素,并介绍我们会用来与canvas交互的那些JavaScript对象。我还会向你展示此元素对基本图形的支持,如何使用纯色和渐变色,以及如何在画布上绘制图像。下一章会向你展示如何绘制更复杂的图形,以及如何应用特效和变换。表35-1提供了本章内容概要。

表35-1 本章内容概要

问题	解决方案	代码清单
准备用来绘图的canvas	在DOM里找到canvas元素,然后调用HTMLCanvasObject上的getContext方法	35-1、35-2
绘制矩形	使用fillRect或strokeRect方法	35-3
清除矩形	使用clearRect方法	35-4
设置绘图操作的样式	在执行操作前设置绘制状态属性(如lineWidth和lineJoin)的值	35-5、35-6
在绘图操作中使用纯色	给fillStyle或strokeStyle属性设置一个颜色值或者名称	35-7
创建线性渐变	调用createLinearGradient方法,并通过addColorStop方法给渐变添加颜色	35-8 ~ 35-11
创建径向渐变	调用createRadialGradient方法,并通过addColorStop方法给渐变添加颜色	35-12、35-13
创建图案	调用createPattern方法,指定图案文件的来源和重复方式	35-14、35-15
保存和恢复绘制状态	使用save和restore方法	35-16
在画布上绘制图像	使用drawImage方法,指定一个img、canvas或video元素作为来源	35-17 ~ 35-20

35.1 开始使用 canvas 元素

canvas元素非常简单，这是指它所有的功能都体现在一个JavaScript对象上，因此该元素本身只有两个属性，如表35-2所示。

表35-2 canvas元素

元素	canvas
元素类型	短语/流
允许具有的父元素	任何能包含短语或流元素的元素
局部属性	height、width
内容	短语或流内容
标签用法	开始和结束标签
是否为HTML5新增	是
在HTML5中的变化	此处不适用
习惯样式	无

canvas元素里的内容会在浏览器不支持此元素时作为备用内容显示。代码清单35-1展示了canvas元素和一些简单的备用内容。

代码清单35-1 使用带有基本备用内容的canvas元素

```
<!DOCTYPE HTML>
<html>
    <head>
        <title>Example</title>
        <style>
            canvas {border: medium double black; margin: 4px}
        </style>
    </head>
    <body>
        <canvas width="500" height="200">
            Your browser doesn't support the <code>canvas</code> element
        </canvas>
    </body>
</html>
```

你可能已经猜到了，width和height属性指定了这个元素在屏幕上的大小。从图35-1可以看到浏览器是如何显示这个例子的（当然，现在还没什么可看的）。

提示 我在这个例子里给canvas元素应用了一个样式来设置边框。否则你是没有办法在浏览器窗口看到canvas的。本章所有的例子中都会显示一个边框，这样我描述的操作与画布坐标之间的关系就会始终很清晰。

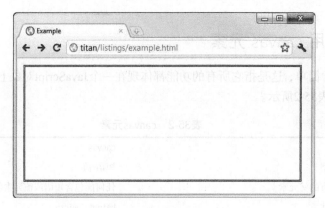

图35-1　给HTML文档添加canvas元素

35.2　获取画布的上下文

为了在canvas元素上绘图，我们需要获得一个上下文对象，这个对象会开放针对特定图形样式的绘图函数。我们的案例会使用2d上下文，它是用来执行二维操作的。有些浏览器提供了实验性的3D上下文支持，但仍然处于早期阶段。

通过在DOM里代表canvas元素的对象获得上下文。表35-3介绍了这个对象：HTMLCanvasElement。

表35-3　HTMLCanvasElement对象

成　　员	说　　明	返　　回
height	对应于height属性	数值
width	对应于width属性	数值
getContext(<context>)	为画布返回绘图上下文	对象

其中关键的方法是getContext。为了获得二维上下文对象，我们需要给这个方法传递参数2d。一旦得到这个上下文，就可以开始绘图了。代码清单35-2对此进行了演示。

代码清单35-2　为画布获取二维上下文对象

```
<!DOCTYPE HTML>
<html>
    <head>
        <title>Example</title>
        <style>
            canvas {border: medium double black; margin: 4px}
        </style>
    </head>
    <body>
        <canvas id="canvas" width="500" height="100">
            Your browser doesn't support the <code>canvas</code> element
        </canvas>
```

```html
        <script>
            var ctx = document.getElementById("canvas").getContext("2d");
            ctx.fillRect(10, 10, 50, 50);
        </script>
    </body>
</html>
```

我突出显示了代码清单里的关键语句。用document对象找到在DOM里代表canvas元素的对象，并使用参数2d调用了getContext方法。本章所有例子中都会看到这条语句，或是类似的变体。

得到上下文对象就可以开始绘图了。在这个例子中，首先调用fillRect方法，它会在画布上绘制一个实心矩形。从图35-2可以看到这个（简单的）效果。

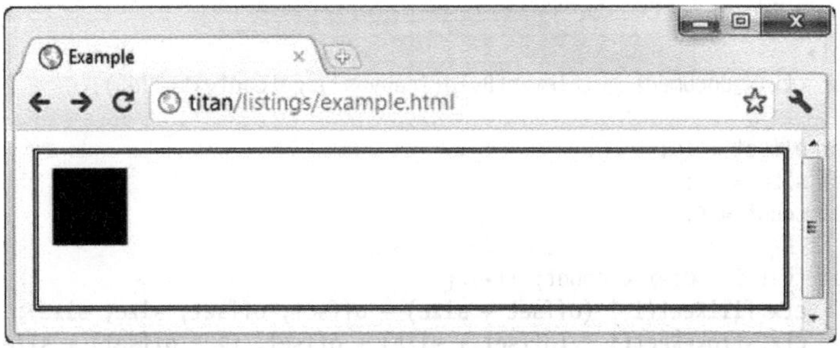

图35-2　获取上下文对象并执行简单的绘图操作

35.3　绘制矩形

让我们从canvas对矩形的支持开始。表35-4介绍了相关的方法，所有这些方法都要用在上下文对象上（而不是画布本身）。

> 提示　我们可以绘制更复杂的图形，但我在第36章之前不会向你展示如何做。这样我们就能利用矩形来探索canvas的某些功能，而不会被其他图形的绘制步骤所束缚。

表35-4　简单的图形方法

成　员	说　明	返　回
clearRect(x, y, w, h)	清除指定的矩形	void
fillRect(x, y, w, h)	绘制一个实心矩形	void
strokeRect(x, y, w, h)	绘制一个空心矩形	void

所有这三个方法都需要四个参数。前两个（如表格所示的x和y）是从canvas元素左上角算起的偏移量。w和h参数指定了待绘制矩形的宽度和高度。代码清单35-3展示了fillRect和strokeRect方法的用法。

代码清单35-3 使用fillRect和strokeRect方法

```html
<!DOCTYPE HTML>
<html>
    <head>
        <title>Example</title>
        <style>
            canvas {border: thin solid black; margin: 4px}
        </style>
    </head>
    <body>
        <canvas id="canvas" width="500" height="140">
            Your browser doesn't support the <code>canvas</code> element
        </canvas>
        <script>
            var ctx = document.getElementById("canvas").getContext("2d");

            var offset = 10;
            var size = 50;
            var count = 5;

            for (var i = 0; i < count; i++) {
                ctx.fillRect(i * (offset + size) + offset, offset, size, size);
                ctx.strokeRect(i * (offset + size) + offset, (2 * offset) + size,
                    size, size);
            }
        </script>
    </body>
</html>
```

这个例子中的脚本用fillRect和strokeRect方法来创建一系列实心和空心的矩形。从图35-3可以看到结果。

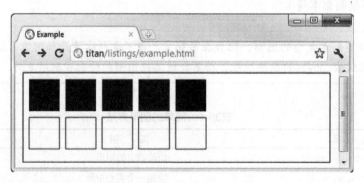

图35-3 绘制实心和空心的矩形

用这种方式编写脚本是为了突出canvas元素的编程本质。使用JavaScript的for循环绘制这些矩形。我本可以使用10条独立的语句，每一条都带有特定的坐标参数，但是canvas的一大乐趣就是可以不必这么做。如果你没有编程背景，也许会难以理解canvas的这种特点。

clearRect方法会清除指定矩形里已绘制的所有内容。代码清单35-4对此进行了演示。

代码清单35-4 使用clearRect方法

```html
<!DOCTYPE HTML>
<html>
    <head>
        <title>Example</title>
        <style>
            canvas {border: thin solid black; margin: 4px}
        </style>
    </head>
    <body>
        <canvas id="canvas" width="500" height="140">
            Your browser doesn't support the <code>canvas</code> element
        </canvas>
        <script>
            var ctx = document.getElementById("canvas").getContext("2d");

            var offset = 10;
            var size = 50;
            var count = 5;

            for (var i = 0; i < count; i++) {
                ctx.fillRect(i * (offset + size) + offset, offset, size, size);
                ctx.strokeRect(i * (offset + size) + offset, (2 * offset) + size,
                        size, size);
                ctx.clearRect(i * (offset + size) + offset, offset + 5, size, size -10);
            }
        </script>
    </body>
</html>
```

在这个例子中，我用clearRect方法清除了之前被fillRect方法绘制过的一片画布区域。从图35-4可以看到它的效果。

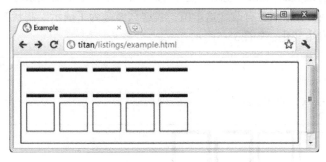

图35-4 使用clearRect方法

35.4 设置画布绘制状态

绘图操作由绘制状态（drawing state）加以配置。后者是一组属性，指定了从线条宽度到填充色的所有参数。当我们绘制一个图形时，就会用到绘制状态的当前设置。代码清单35-5对此进行了演示,它使用了lineWidth属性,此属性是绘制状态的一部分,负责设置用于图形(比如strokeRect方法生成的那些)的线条宽度。

代码清单35-5　在执行操作前设置绘制状态

```
<!DOCTYPE HTML>
<html>
    <head>
        <title>Example</title>
        <style>
            canvas {border: thin solid black; margin: 4px}
        </style>
    </head>
    <body>
        <canvas id="canvas" width="500" height="70">
            Your browser doesn't support the <code>canvas</code> element
        </canvas>
        <script>
            var ctx = document.getElementById("canvas").getContext("2d");

            ctx.lineWidth = 2;
            ctx.strokeRect(10, 10, 50, 50);
            ctx.lineWidth = 4;
            ctx.strokeRect(70, 10, 50, 50);
            ctx.lineWidth = 6;
            ctx.strokeRect(130, 10, 50, 50);
            ctx.strokeRect(190, 10, 50, 50);
        </script>
    </body>
</html>
```

当我使用strokeRect方法时,lineWidth属性的当前值就会用于绘制矩形。在这个例子中,我把这个属性的值先后设成2、4和6个像素,这样做的效果是让矩形的线条越来越粗。请注意我在最后两次调用strokeRect中间没有改变这个值。我这么做是为了演示绘制状态里的属性值不会在各个绘图操作之间发生变化,如图35-5所示。

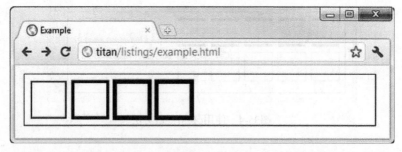

图35-5　在各个绘图操作之间改变绘制状态值

表35-5展示了基本的绘制状态属性。还有其他一些属性,我们会在讨论更高级的功能时遇到它们。

35.4 设置画布绘制状态

表35-5 基本的绘制状态属性

名 称	说 明	默认值
fillStyle	获取或设置用于实心图形的样式	black
lineJoin	获取或设置线条与图形连接时的样式	miter
lineWidth	获取或设置线条的宽度	1.0
strokeStyle	获取或设置用于线条的样式	black

35.4.1 设置线条连接样式

lineJoin属性决定了相互连接的线条应该如何绘制，它有三个值：round、bevel和miter，默认值是miter。代码清单35-6展示了这三种样式的用法。

代码清单35-6 设置lineJoin属性

```
<!DOCTYPE HTML>
<html>
    <head>
        <title>Example</title>
        <style>
            canvas {border: thin solid black; margin: 4px}
        </style>
    </head>
    <body>
        <canvas id="canvas" width="500" height="140">
            Your browser doesn't support the <code>canvas</code> element
        </canvas>
        <script>
            var ctx = document.getElementById("canvas").getContext("2d");
            ctx.lineWidth = 20;

            ctx.lineJoin = "round";
            ctx.strokeRect(20, 20, 100, 100);

            ctx.lineJoin = "bevel";
            ctx.strokeRect(160, 20, 100, 100);

            ctx.lineJoin = "miter";
            ctx.strokeRect(300, 20, 100, 100);
        </script>
    </body>
</html>
```

我在这个例子里使用了lineWidth属性，这样strokeRect方法就会用非常粗的线条来绘制矩形，随后我依次使用了每一个lineJoin样式值。从图35-6可以看到它的结果。

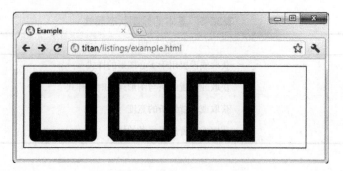

图35-6　lineJoin属性

35.4.2　设置填充和笔触样式

当用fillStyle或strokeStyle属性设置样式时，可以用第4章介绍的CSS颜色值来指定一种颜色，名称或颜色模型都可以。代码清单35-7提供了一个例子。

代码清单35-7　用fillStyle和strokeStyle属性设置颜色

```
<!DOCTYPE HTML>
<html>
    <head>
        <title>Example</title>
        <style>
            canvas {border: thin solid black; margin: 4px}
        </style>
    </head>
    <body>
        <canvas id="canvas" width="500" height="140">
            Your browser doesn't support the <code>canvas</code> element
        </canvas>
        <script>
            var ctx = document.getElementById("canvas").getContext("2d");

            var offset = 10;
            var size = 50;
            var count = 5;
            ctx.lineWidth = 3;
            var fillColors = ["black", "grey", "lightgrey", "red", "blue"];
            var strokeColors = ["rgb(0,0,0)", "rgb(100, 100, 100)",
                                "rgb(200, 200, 200)", "rgb(255, 0, 0)",
                                "rgb(0, 0, 255)"];

            for (var i = 0; i < count; i++) {
                ctx.fillStyle = fillColors[i];
                ctx.strokeStyle = strokeColors[i];

                ctx.fillRect(i * (offset + size) + offset, offset, size, size);
                ctx.strokeRect(i * (offset + size) + offset, (2 * offset) + size,
                               size, size);
```

```
            }
        </script>
    </body>
</html>
```

在这个例子里,我用CSS颜色名和rgb模型定义了两个颜色数组。然后在for循环中把这些颜色指派给fillStyle和strokeStyle属性,并调用了fillRect和strokeRect方法。从图35-7可以看到它的效果。

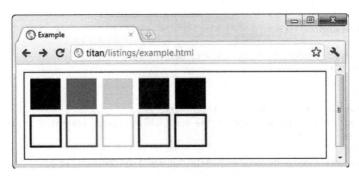

图35-7 用CSS颜色设置填充与笔触样式

> **注意** 当然,任何带有颜色的东西复制到黑白的印刷页上都会有所损失,所以也许你应该在浏览器里载入这个示例来看看它的效果。如果你打算这么做,可以从apress.com上免费下载这本书的所有代码示例。

35.4.3 使用渐变

除了纯色,我们还可以把填充和笔触样式设置成渐变色。渐变是两种或更多颜色之间的渐进转变。canvas元素支持两类渐变:线性和径向,表35-6介绍了所需的方法。

表35-6 渐变方法

名称	说明	返回
createLinearGradient(x0, y0, x1, y1)	创建线性渐变	CanvasGradient
createRadialGradient(x0, y0, r0, x1, y1, r1)	创建径向渐变	CanvasGradient

这两个方法都返回一个CanvasGradient对象,它定义了表35-7里展示的方法。其中的参数描述了渐变使用的线条或圆,我会在下面的例子里进行解释。

表35-7 CanvasGradient的方法

名称	说明	返回
addColorStop(<position>, <color>)	给渐变的梯度线添加一种纯色	void

1. 使用线性渐变

线性渐变（linear gradient）指的是沿着一条线设定要用的若干颜色。代码清单35-8展示了如何创建一个简单的线性渐变。

代码清单35-8　创建线性渐变

```html
<!DOCTYPE HTML>
<html>
    <head>
        <title>Example</title>
        <style>
            canvas {border: thin solid black; margin: 4px}
        </style>
    </head>
    <body>
        <canvas id="canvas" width="500" height="140">
            Your browser doesn't support the <code>canvas</code> element
        </canvas>
        <script>
            var ctx = document.getElementById("canvas").getContext("2d");

            var grad = ctx.createLinearGradient(0, 0, 500, 140);
            grad.addColorStop(0, "red");
            grad.addColorStop(0.5, "white");
            grad.addColorStop(1, "black");

            ctx.fillStyle = grad;
            ctx.fillRect(0, 0, 500, 140);
        </script>
    </body>
</html>
```

使用createLinearGradient方法时，提供的四个值会作为画布上一条线段的开始和结束坐标。在这个例子里，我用坐标描述了一条开始于(0, 0)，结束于(500, 140)的线段。这些点分别对应画布的左上角和右下角，如图35-8所示。

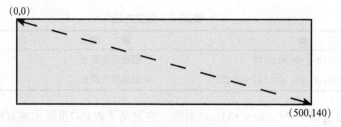

图35-8　线性渐变中的线段

这条线就代表了渐变。现在我们可以在createLinearGradient方法返回的CanvasGradient上使用addColorStop方法，沿着梯度线添加各种颜色了，就像这样：

```
grad.addColorStop(0, "red");
```

```
grad.addColorStop(0.5, "white");
grad.addColorStop(1, "black");
```

addColorStop方法的第一个参数是我们想要在线段上应用颜色的位置，颜色则由第二个参数指定。线段的起点（在这个例子中是坐标(0, 0)）由0这个值代表，1则代表终点。在这个例子里，我告诉canvas我想让red（红色）处于线段起点，white（白色）处于线段中点，而black（黑色）处于线段终点。然后画布会计算出如何在这些点上逐渐转变这些颜色。我们想指定多少个颜色点都可以（但如果我们太过投入，得到的就会是像彩虹那样的东西了）。

定义渐变并添加颜色点之后，就可以用CanvasGradient对象来设置fillStyle或strokeStyle属性了，就像这样：

```
ctx.fillStyle = grad;
```

最后，我们可以绘制一个图形。在这个例子里，我绘制了一个实心的矩形，就像这样：

```
ctx.fillRect(0, 0, 500, 140);
```

从图35-9可以看到，这个矩形填满了画布，并展示出完整的渐变。

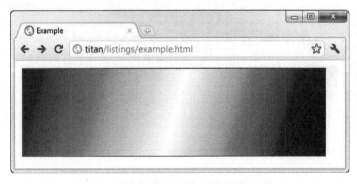

图35-9　在实心矩形里使用线性渐变

可以看到颜色顺着渐变线变化。左上角是纯红色，中央是纯白色，左下角是纯黑色。在这些点之间，颜色是逐渐变化的。

2. 在更小的图形里使用线性渐变

我们在定义梯度线时要相对于画布进行设置，而不是绘制的图形。这一点经常会在初期造成混淆。代码清单35-9演示了我所表达的意思。

代码清单35-9　在不填满画布的图形中使用渐变

```html
<!DOCTYPE HTML>
<html>
    <head>
        <title>Example</title>
        <style>
            canvas {border: thin solid black; margin: 4px}
        </style>
    </head>
```

```
<body>
    <canvas id="canvas" width="500" height="140">
        Your browser doesn't support the <code>canvas</code> element
    </canvas>
    <script>
        var ctx = document.getElementById("canvas").getContext("2d");

        var grad = ctx.createLinearGradient(0, 0, 500, 140);
        grad.addColorStop(0, "red");
        grad.addColorStop(0.5, "white");
        grad.addColorStop(1, "black");

        ctx.fillStyle = grad;
        ctx.fillRect(10, 10, 50, 50);
    </script>
</body>
</html>
```

对这个例子的改动只是让矩形变小。从图35-10可以看到结果。

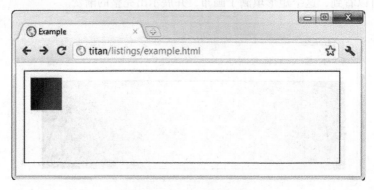

图35-10　失去变化的渐变

这就是我说的梯度线相对于画布的意思。我在一个纯红色区域里绘制了这个矩形。（事实上，如果我们能靠得足够近，也许可以觉察颜色略微向白色过渡，但外观整体上是纯色的。）最好的理解方式是：我们绘制图形时其实是让底下的一部分渐变显露了出来。这就意味着必须思考梯度线如何对应将要显露的区域。代码清单35-10展示了如何针对图形来设置梯度线。

代码清单35-10　让梯度线匹配想要的图形

```
<!DOCTYPE HTML>
<html>
    <head>
        <title>Example</title>
        <style>
            canvas {border: thin solid black; margin: 4px}
        </style>
    </head>
    <body>
        <canvas id="canvas" width="500" height="140">
```

```
            Your browser doesn't support the <code>canvas</code> element
        </canvas>
        <script>
            var ctx = document.getElementById("canvas").getContext("2d");

            var grad = ctx.createLinearGradient(10, 10, 60, 60);
            grad.addColorStop(0, "red");
            grad.addColorStop(0.5, "white");
            grad.addColorStop(1, "black");

            ctx.fillStyle = grad;
            ctx.fillRect(0, 0, 500, 140);
        </script>
    </body>
</html>
```

在这个例子里，我对梯度线进行了设置，使它开始和终止于我想用小矩形显露出的区域之内。但是，我绘制了显露全部渐变的矩形，这样你就可以看到改动产生的效果了，如图35-11所示。

图35-11　移动和缩短梯度线的效果

可以看到渐变色如何转移到了将用小矩形显露出的区域内。最后一步是让矩形匹配渐变，如代码清单35-11所示。

代码清单35-11　使图形匹配渐变

```
<!DOCTYPE HTML>
<html>
    <head>
        <title>Example</title>
        <style>
            canvas {border: thin solid black; margin: 4px}
        </style>
    </head>
    <body>
        <canvas id="canvas" width="500" height="140">
            Your browser doesn't support the <code>canvas</code> element
        </canvas>
        <script>
            var ctx = document.getElementById("canvas").getContext("2d");
```

```
            var grad = ctx.createLinearGradient(10, 10, 60, 60);
            grad.addColorStop(0, "red");
            grad.addColorStop(0.5, "white");
            grad.addColorStop(1, "black");

            ctx.fillStyle = grad;
            ctx.fillRect(10, 10, 50, 50);
        </script>
    </body>
</html>
```

> **提示** 请注意,我在createLinearGradient参数里使用的数值和在fillRect参数里使用的有所不同。createLinearGradient的值代表画布里的一组坐标,而fillRect的值代表了矩形相对于单个坐标点的宽度和高度。如果你发现渐变和图形没有对齐,这可能就是导致问题的原因。

现在,图形和渐变已经完美对齐了,如图35-12所示。当然,我们并不总是想让它们完美对齐。我们可能想要显露出较大渐变里的特定区域来获得不同的效果。无论目的是什么,重要的是要理解手头上的渐变和图形之间的关系。

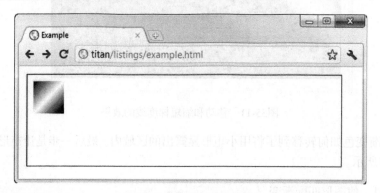

图35-12 对齐图形和渐变

35.4.4 使用径向渐变

我们用两个圆定义径向渐变。渐变的起点由第一个圆定义,终点则是第二个圆,在两者之间添加颜色点。代码清单35-12提供了一个例子。

代码清单35-12 使用径向渐变

```
<!DOCTYPE HTML>
<html>
    <head>
        <title>Example</title>
```

```html
        <style>
            canvas {border: thin solid black; margin: 4px}
        </style>
    </head>
    <body>
        <canvas id="canvas" width="500" height="140">
            Your browser doesn't support the <code>canvas</code> element
        </canvas>
        <script>
            var ctx = document.getElementById("canvas").getContext("2d");

            var grad = ctx.createRadialGradient(250, 70, 20, 200, 60, 100);
            grad.addColorStop(0, "red");
            grad.addColorStop(0.5, "white");
            grad.addColorStop(1, "black");

            ctx.fillStyle = grad;
            ctx.fillRect(0, 0, 500, 140);
        </script>
    </body>
</html>
```

createRadialGradient方法的六个参数分别代表：
- 起点圆的圆心坐标（第一个和第二个参数）
- 起点圆的半径（第三个参数）
- 终点圆的圆心坐标（第四个和第五个参数）
- 终点圆的半径（第六个参数）

图35-13展示了用例子里的值生成的起点圆和终点圆。请注意，我们可以指定画布之外的渐变（这句话对线性渐变同样适用）。

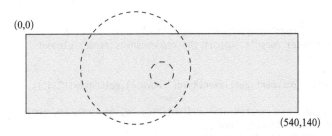

图35-13　径向渐变里的起点圆和终点圆

在这个例子里，起点圆较小，被终点圆所包围。当我们给这个渐变添加颜色点时，它们会被放置在起点圆边界（该点的值为0.0）和终点圆边界（该点的值为1.0）之间的一条线段上。

提示　当你设定的一个圆与另一个不存在包含关系时要小心。各种浏览器对于如何开始渐变存在不一致性，结果也很混乱。

因为我们可以指定这两个圆的位置，所以圆边界之间的距离可能会有变化，颜色之间的渐变速度也会不同。从图35-14可以看到它的效果。

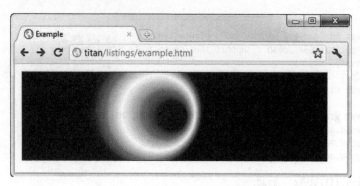

图35-14　使用较小的图形和径向渐变

这张图展示了整个渐变，但是渐变与绘制图形之间的对应方式适用于同样的规则。代码清单35-13创建了一对较小的图形，它们显露出了渐变的子区域。

代码清单35-13　使用较小的图形和径向渐变

```
<!DOCTYPE HTML>
<html>
    <head>
        <title>Example</title>
        <style>
            canvas {border: thin solid black; margin: 4px}
        </style>
    </head>
    <body>
        <canvas id="canvas" width="500" height="140">
            Your browser doesn't support the <code>canvas</code> element
        </canvas>
        <script>
            var ctx = document.getElementById("canvas").getContext("2d");

            var grad = ctx.createRadialGradient(250, 70, 20, 200, 60, 100);
            grad.addColorStop(0, "red");
            grad.addColorStop(0.5, "white");
            grad.addColorStop(1, "black");

            ctx.fillStyle = grad;
            ctx.fillRect(150, 20, 75, 50);

            ctx.lineWidth = 8;
            ctx.strokeStyle = grad;
            ctx.strokeRect(250, 20, 75, 50);
        </script>
    </body>
</html>
```

请注意我可以同时将渐变用于fillStyle和strokeStyle属性，这让我们不仅能将渐变用在实心图形上，还能够用于线条，如图35-15所示。

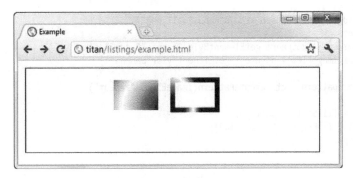

图35-15　将径向渐变同时用于填充和笔触

35.4.5　使用图案

除了纯色和渐变之外，我们还可以创建图案（pattern）。具体做法是使用画布上下文对象所定义的createPattern方法。2D绘图上下文定义了对三种图案类型的支持：图像、视频和画布。但是只有图像得以实现（而且只在Firefox和Opera浏览器中。在本书编写过程中，其他浏览器会忽略这个图案类型）。

要将图像作为图案，需要把一个HTMLImageElement对象作为第一个参数传递给createPattern方法。第二个参数是重复样式，它的值必须是表35-8中的一个。

表35-8　图案的重复值

值	说　　明
repeat	图像应当被垂直和水平重复
repeat-x	图像应当被水平重复
repeat-y	图像应当被垂直重复
no-repeat	图像在图案里不应当被重复

代码清单35-14展示了如何创建和使用图像类型的图案。

代码清单35-14　使用图像类型的图案

```
<!DOCTYPE HTML>
<html>
    <head>
        <title>Example</title>
        <style>
            canvas {border: thin solid black; margin: 4px}
        </style>
    </head>
```

```
            <body>
                <canvas id="canvas" width="500" height="140">
                    Your browser doesn't support the <code>canvas</code> element
                </canvas>
                <img id="banana" hidden src="banana-small.png"/>
                <script>
                    var ctx = document.getElementById("canvas").getContext("2d");
                    var imageElem = document.getElementById("banana");

                    var pattern = ctx.createPattern(imageElem, "repeat");

                    ctx.fillStyle = pattern;
                    ctx.fillRect(0, 0, 500, 140);
                </script>
            </body>
        </html>
```

这个例子里的文档包含一个img元素，它对用户是不可见的，因为我应用了hidden属性（第4章介绍过）。在脚本中，我用DOM定位了代表img元素的HTMLImageElement对象，并将它作为createPattern方法的第一个参数。我对第二个参数使用了repeat这个值，使图像在两个方向上都会重复。最后，将这个图案设为fillStyle属性的值，并使用fillRect方法绘制了一个大小与画布相当的实心矩形。从图35-16可以看到它的结果。

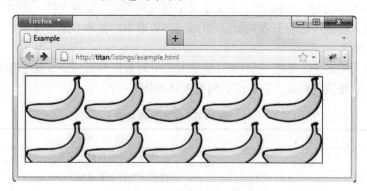

图35-16　创建图像类型的图案

这个图案复制的是img元素的当前状态，这就意味着即使我们用JavaScript和DOM修改了img元素src属性的值，此图案也不会改变。

和渐变一样，这个图案会应用到整张画布上，由我们来决定图案的哪些部分将通过我们绘制的图形显露出来。代码清单35-15展示了将图案用于较小的填充和笔触图形上。

代码清单35-15　使用较小的图形与图像类型的图案

```
<!DOCTYPE HTML>
<html>
    <head>
        <title>Example</title>
        <style>
```

```
        canvas {border: thin solid black; margin: 4px}
    </style>
</head>
<body>
    <canvas id="canvas" width="500" height="140">
        Your browser doesn't support the <code>canvas</code> element
    </canvas>
    <img id="banana" hidden src="banana-small.png"/>
    <script>
        var ctx = document.getElementById("canvas").getContext("2d");
        var imageElem = document.getElementById("banana");

        var pattern = ctx.createPattern(imageElem, "repeat");

        ctx.fillStyle = pattern;
        ctx.fillRect(150, 20, 75, 50);

        ctx.lineWidth = 8;
        ctx.strokeStyle = pattern;
        ctx.strokeRect(250, 20, 75, 50);
    </script>
</body>
</html>
```

可以从图35-17看到它的结果。

图35-17 使用较小的图形与图像类型的图案

35.5 保存和恢复绘制状态

可以用表35-9中介绍的方法保存绘制状态，稍后再返回。

表35-9 保存和恢复状态

值	说 明
save()	保存绘制状态属性的值，并把它们推入状态栈
restore()	取出状态栈的第一组值，用它们来设置绘制状态

绘制状态保存时会被存放在一个后进先出（LIFO）的栈中，意思是我们用save方法最后保存的状态会被restore方法首先进行恢复，代码清单35-16展示了这些方法的用法。

代码清单35-16　保存和恢复状态

```
<!DOCTYPE HTML>
<html>
    <head>
        <title>Example</title>
        <style>
            canvas {border: thin solid black; margin: 4px}
        </style>
    </head>
    <body>
        <canvas id="canvas" width="500" height="140" preload="auto">
            Your browser doesn't support the <code>canvas</code> element
        </canvas>
        <div>
            <button>Save</button>
            <button>Restore</button>
        </div>
        <script>
            var ctx = document.getElementById("canvas").getContext("2d");

            var grad = ctx.createLinearGradient(500, 0, 500, 140);
            grad.addColorStop(0, "red");
            grad.addColorStop(0.5, "white");
            grad.addColorStop(1, "black");

            var colors = ["black", grad, "red", "green", "yellow", "black", "grey"];

            var cIndex = 0;

            ctx.fillStyle = colors[cIndex];
            draw();

            var buttons = document.getElementsByTagName("button");
            for (var i = 0; i < buttons.length; i++) {
                buttons[i].onclick = handleButtonPress;
            }

            function handleButtonPress(e) {
                switch (e.target.innerHTML) {
                    case 'Save':
                        ctx.save();
                        cIndex = (cIndex + 1) % colors.length;
                        ctx.fillStyle = colors[cIndex];
                        draw();
                        break;
                    case 'Restore':
                        cIndex = Math.max(0, cIndex -1);
                        ctx.restore();
                        draw();
```

```
                    break;
                }
            }
            function draw() {
                ctx.fillRect(0, 0, 500, 140);
            }
        </script>
    </body>
</html>
```

在这个例子里，我定义了一个包含CSS颜色名的数组和一个线性渐变。当Save（保存）按钮被按下就会用save方法保存当前的绘制状态。当Restore（恢复）按钮被按下，之前的绘制状态就会被恢复。无论哪个按钮被按下都会调用draw函数，它会用fillRect方法绘制一个实心矩形。fillStyle属性会在数组里来回移动，并在按钮被点击时进行保存与恢复，因为这个属性是绘制状态的一部分。从图35-18可以看到它的效果。

图35-18　保存和恢复绘制状态

画布里的内容不会被保存或恢复，只有绘制状态的属性值才会。它们包括我们在这一章里见过的属性，如lineWidth、fillStyle和strokeStyle，以及我将在第36章介绍的一些额外属性。

35.6　绘制图像

可以用drawImage方法在画布上绘制图像。这个方法需要三个、五个或九个参数。第一个参数始终是图像的来源，它可以是代表img、video或其他canvas元素的DOM对象。代码清单35-17提供了一个例子，里面使用一个img元素作为来源。

代码清单35-17　使用drawImage方法

```
<!DOCTYPE HTML>
<html>
    <head>
        <title>Example</title>
        <style>
            canvas {border: thin solid black; margin: 4px}
        </style>
```

```html
</head>
<body>
    <canvas id="canvas" width="500" height="140" preload="auto">
        Your browser doesn't support the <code>canvas</code> element
    </canvas>
    <img id="banana" hidden src="banana-small.png"/>
    <script>
        var ctx = document.getElementById("canvas").getContext("2d");
        var imageElement = document.getElementById("banana");

        ctx.drawImage(imageElement, 10, 10);
        ctx.drawImage(imageElement, 120, 10, 100, 120);
        ctx.drawImage(imageElement, 20, 20, 100, 50, 250, 10, 100, 120);
    </script>
</body>
</html>
```

使用三个参数时,第二个和第三个参数给出了图像应当在画布上绘制的坐标。图像按照它原始的宽度和高度进行绘制。使用五个参数时,额外的参数指定了应当给图像绘制的宽度和高度,以代替原始尺寸。

使用九个参数时:

❑ 第二个和第三个参数是在源图像内的偏移量;
❑ 第四个和第五个参数是源图像所需使用区域的宽度和高度;
❑ 第六个和第七个参数指定了所选区域的左上角将要在画布上绘制的坐标;
❑ 第八个和第九个参数指定了所选区域将要绘制的宽度和高度。

从图35-19可以看到这些参数的效果。

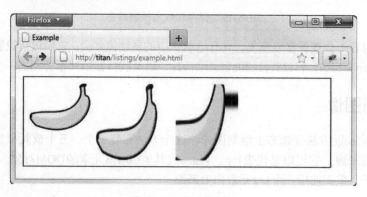

图35-19 绘制图像

35.6.1 使用视频图像

我们可以用video元素作为drawImage方法的图像来源。这么做其实是对视频做了截图。代码清单35-18对此进行了演示。

代码清单35-18 使用视频作为drawImage方法的来源

```html
<!DOCTYPE HTML>
<html>
    <head>
        <title>Example</title>
        <style>
            canvas {border: thin solid black}
            body > * {float:left;}
        </style>
    </head>
    <body>
        <video id="vid" src="timessquare.webm" controls preload="auto"
            width="360" height="240">
            Video cannot be displayed
        </video>
        <div>
            <button id="pressme">Snapshot</button>
        </div>
        <canvas id="canvas" width="360" height="240">
            Your browser doesn't support the <code>canvas</code> element
        </canvas>
        <script>
            var ctx = document.getElementById("canvas").getContext("2d");
            var imageElement = document.getElementById("vid");

            document.getElementById("pressme").onclick = function(e) {
                ctx.drawImage(imageElement, 0, 0, 360, 240);
            }
        </script>
    </body>
</html>
```

这个例子中有一个video元素、一个button和一个canvas元素。按下按钮后，当前的视频帧会被drawImage方法用来描绘桌面。从图35-20可以看到结果。

图35-20 使用一段视频作为canvas drawImage方法的来源

观看各种HTML5演示时，经常会见到canvas被用来在视频上绘图。这就是用我刚才向你展示的技巧,再加上一个计时器(例如第27章介绍过的那些)实现的。代码清单35-19展示了怎样结合使用它们。我不是特别喜欢这种技巧。如果你想知道为什么,只需要去看看显示这类文档的机器上的CPU负载就知道了。

代码清单35-19 用canvas显示视频并在上面绘图

```html
<!DOCTYPE HTML>
<html>
    <head>
        <title>Example</title>
        <style>
            canvas {border: thin solid black}
            body > * {float:left;}
        </style>
    </head>
    <body>
        <video id="vid" hidden src="timessquare.webm" preload="auto"
            width="360" height="240" autoplay></video>
        <canvas id="canvas" width="360" height="240">
            Your browser doesn't support the <code>canvas</code> element
        </canvas>
        <script>
            var ctx = document.getElementById("canvas").getContext("2d");
            var imageElement = document.getElementById("vid");

            var width = 100;
            var height = 10;
            ctx.lineWidth = 5;
            ctx.strokeStyle = "red";

            setInterval(function() {
                ctx.drawImage(imageElement, 0, 0, 360, 240);
                ctx.strokeRect(180 - (width/2),120 - (height/2), width, height);
            }, 25);

            setInterval(function() {
                width = (width + 1) % 200;
                height = (height + 3) % 200;
            }, 100);

        </script>
    </body>
</html>
```

在这个例子里,我给一个video元素应用了hidden属性,使它对用户不可见。我用了两个计时器:第一个每25毫秒触发一次,它会绘制当前的视频帧并添上一个空心矩形。第二个计时器每100毫秒触发一次,它会改变矩形所使用的值。实现的效果是矩形会改变大小,并且叠加在视频图像之上。图35-21可以让你有个大致的感受,但要真正领会所发生的一切,应该把示例文档加载到浏览器里。

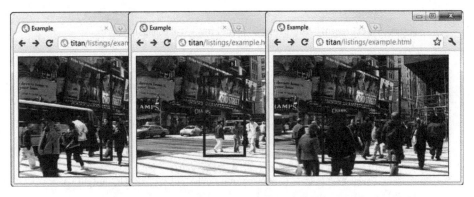

图35-21　用计时器在画布上反复创建带叠加的视频

像这样操作video元素时无法使用内置控件。我为了让示例保持简单而使用了autoplay属性，但更有用的解决方式是实现第34章中的自定义控件。

35.6.2　使用画布图像

我们可以将一张画布的内容作为另一张里drawImage方法的来源，如代码清单35-20所示。

代码清单35-20　将画布作为drawImage方法的来源

```
<!DOCTYPE HTML>
<html>
    <head>
        <title>Example</title>
        <style>
            canvas {border: thin solid black}
            body > * {float:left;}
        </style>
    </head>
    <body>
        <video id="vid" hidden src="timessquare.webm" preload="auto"
            width="360" height="240" autoplay></video>
        <canvas id="canvas" width="360" height="240">
            Your browser doesn't support the <code>canvas</code> element
        </canvas>
        <div>
            <button id="pressme">Press Me</button>
        </div>
        <canvas id="canvas2" width="360" height="240">
            Your browser doesn't support the <code>canvas</code> element
        </canvas>
        <script>
            var srcCanvasElement = document.getElementById("canvas");
            var ctx = srcCanvasElement.getContext("2d");
            var ctx2= document.getElementById("canvas2").getContext("2d");
            var imageElement = document.getElementById("vid");
```

```
document.getElementById("pressme").onclick = takeSnapshot;

var width = 100;
var height = 10;
ctx.lineWidth = 5;
ctx.strokeStyle = "red";
ctx2.lineWidth = 30;
ctx2.strokeStyle = "black;"

setInterval(function() {
    ctx.drawImage(imageElement, 0, 0, 360, 240);
    ctx.strokeRect(180 - (width/2),120 - (height/2), width, height);
}, 25);

setInterval(function() {
    width = (width + 1) % 200;
    height = (height + 3) % 200;
}, 100);

function takeSnapshot() {
    ctx2.drawImage(srcCanvasElement, 0, 0, 360, 240);
    ctx2.strokeRect(0, 0, 360, 240);
}
</script>
</body>
</html>
```

在这个例子里，我添加了第二个canvas元素和一个button。当按钮被按下时，我把代表原canvas的HTMLCanvasElement对象作为第一个参数，用于调用第二个canvas上下文对象上的drawImage方法。本质上，点击按钮会给左边的画布截图，并将它显示在右边的画布上。我们会复制画布上的一切，包括叠加的红色方框。还可以执行进一步的绘图操作，所以我给第二张画布绘制了一个黑色的粗边框作为截图的一部分。从图35-22可以看到它的效果。

图35-22　使用一张画布作为另一张画布上drawImage方法的来源

35.7 小结

在这一章里，我介绍了canvas元素，展示了如何绘制基本图形，如何配置、保存和恢复绘制状态，以及如何在绘图操作中使用纯色和渐变。我还展示了如何用img、video或其他canvas元素的内容作为来源绘制图像。第36章会向你展示如何绘制更复杂的图形，以及如何应用特效和变换。

第 36 章 使用canvas元素（第 II 部分）

在这一章里，我会继续介绍canvas元素的功能，展示如何绘制更复杂的图形（包括圆弧和曲线），如何使用裁剪区域（clipping region）来限制操作以及如何绘制文本。我还会介绍可以应用在画布上的特效和变换，包括阴影、透明度、旋转和坐标重映射。表36-1提供了本章内容概要。

表36-1　本章内容概要

问　　题	解决方案	代码清单
用线条绘制图形	使用beginPath、moveTo、lineTo和可选的closePath方法	36-1
设置用于绘制线条末端的样式	设置lineCap属性	36-2
绘制作为路径一部分的矩形	使用rect方法	36-3、36-4
绘制圆弧	使用arc或arcTo方法	36-5 ~ 36-7
绘制三次或二次贝塞尔曲线	使用bezierCurveTo或quadraticCurveTo方法	36-8、36-9
把绘图操作的效果限制在画布的特定区域内	使用clip方法	36-10
在画布上绘制文本	使用fillText或strokeText方法	36-11
给文本或图形添加阴影	使用阴影属性	36-12
设置总体透明度值	使用globalAlpha属性	36-13
设置合成样式	使用globalCompositeOperation属性	36-14
变换画布	使用某一种变换方法，如rotate或scale	36-15

36.1　用路径绘图

第35章的示例都依靠绘制矩形实现。矩形是一种有用的图形，但我们有时候需要用到的是其他图形。幸好，canvas元素和它的上下文提供了一组方法，让我们能用路径（path）绘制图形。路径本质上是一组独立的线条（被称为子路径），它们组合到一起构成图形。我们绘制子路径的方式就像用笔在纸上画图一样，笔尖不离开纸面：画布上的每一条子路径都以上一条的终点作为起点。表36-2展示了绘制基本路径的可用方法。

36.1 用路径绘图

表36-2 基本路径方法

名称	说明	返回
beginPath()	开始一条新路径	void
closePath()	尝试闭合现有路径，方法是绘制一条线，连接最后那条线的终点与初始坐标	void
fill()	填充由路径描述的图形	void
isPointInPath(x, y)	如果指定的点在当前路径所描述的图形之内则返回true	布尔值
lineTo(x, y)	绘制一条到指定坐标的子路径	void
moveTo(x, y)	移动到指定坐标而不绘制子路径	void
rect(x, y, w, h)	绘制一个矩形，其左上角位于(x, y)，宽度是w，高度是h	void
stroke()	给子路径描述的图形绘制轮廓线	void

绘制一条路径的基本顺序如下：
- 调用beginPath方法；
- 用moveTo方法移动到起点；
- 用arc和lineTo等方法绘制子路径；
- 调用closePath方法（可选）；
- 调用fill或stoke方法。

下一节会向你展示如何用不同的子路径方法实现这一顺序。

36.1.1 用线条绘制路径

最简单的路径是那些由直线所组成的。代码清单36-1对此进行了演示。

代码清单36-1 由直线创建路径

```
<!DOCTYPE HTML>
<html>
    <head>
        <title>Example</title>
        <style>
            canvas {border: thin solid black}
            body > * {float:left;}
        </style>
    </head>
    <body>
        <canvas id="canvas" width="500" height="140">
            Your browser doesn't support the <code>canvas</code> element
        </canvas>
        <script>
            var ctx = document.getElementById("canvas").getContext("2d");

            ctx.fillStyle = "yellow";
            ctx.strokeStyle = "black";
            ctx.lineWidth = 4;
```

```
            ctx.beginPath();
            ctx.moveTo(10, 10);
            ctx.lineTo(110, 10);
            ctx.lineTo(110, 120);
            ctx.closePath();
            ctx.fill();

            ctx.beginPath();
            ctx.moveTo(150, 10);
            ctx.lineTo(200, 10);
            ctx.lineTo(200, 120);
            ctx.lineTo(190, 120);

            ctx.fill();
            ctx.stroke();

            ctx.beginPath();
            ctx.moveTo(250, 10);
            ctx.lineTo(250, 120);
            ctx.stroke();
        </script>
    </body>
</html>
```

在这个例子里,我创建了三条路径。从图36-1可以看到它们在画布上的样子。

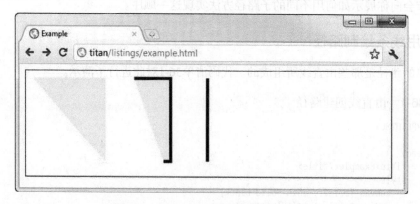

图36-1 用lineTo方法创建简单的路径

对于第一条路径,我明确地绘制了两条线,然后使用closePath方法。这样canvas就会闭合路径。然后我调用了fill方法,用fillStyle属性所指定的样式填充了这个图形(我在这个例子里使用的是纯色,但也可以使用第35章介绍过的所有渐变和图案)。

对于第二个图形,我指定了三条子路径,但没有闭合图形。可以看到我调用了fill和stroke这两个方法来给图形填色,并沿着路径绘制了一条线。请注意填充色的绘制方式就像图形已经闭合了那样。canvas元素会假定存在一条从终点到起点的子路径,然后借助它填充图形。相比之下,stroke方法只会沿着已经定义的子路径。

> **提示** 对于第二个图形，我在stroke方法之前先调用了fill方法，这会使canvas先用纯色填充图形，然后再沿着路径绘制线条。如果lineWidth属性大于1并且我们先调用了stroke方法，得到的视觉效果就会有所不同。更宽的线条会在路径两侧绘制，因此线条的一部分会在调用fill方法时被遮盖，导致线条的宽度变窄。

对于第三个图形，我只是简单地在两点之间绘制了一条线，因为路径不一定需要包含多条子路径。我们在绘制线条或未闭合图形时可以使用lineCap属性来设置线条末端的样式。这个属性允许的三个值是：butt、round和square（butt为默认值）。代码清单36-2展示了这个属性和各个值的用法。

代码清单36-2　设置lineCap属性

```
<!DOCTYPE HTML>
<html>
    <head>
        <title>Example</title>
        <style>
            canvas {border: thin solid black}
            body > * {float:left;}
        </style>
    </head>
    <body>
        <canvas id="canvas" width="200" height="140">
            Your browser doesn't support the <code>canvas</code> element
        </canvas>
        <script>
            var ctx = document.getElementById("canvas").getContext("2d");

            ctx.strokeStyle = "red";
            ctx.lineWidth = "2";
            ctx.beginPath();
            ctx.moveTo(0, 50);
            ctx.lineTo(200, 50);
            ctx.stroke();

            ctx.strokeStyle = "black";
            ctx.lineWidth = 40;

            var xpos = 50;
            var styles = ["butt", "round", "square"];
            for (var i = 0; i < styles.length; i++) {
                ctx.beginPath();
                ctx.lineCap = styles[i];
                ctx.moveTo(xpos, 50);
                ctx.lineTo(xpos, 150);
                ctx.stroke();
                xpos += 50;
            }
        </script>
    </body>
</html>
```

这个例子里的脚本为每一种样式都绘制了一条非常粗的线。我还添加了一条参考线，用它演示round和square样式在绘制时会超过线条末端，如图36-2所示。

图36-2　三种lineCap样式

36.1.2　绘制矩形

rect方法会给当前路径添加一条矩形的子路径。如果只需要一个单独的矩形，那么第35章介绍过的fillRect和strokeRect方法是更合适的选择。如果你需要给一个更复杂的图形添加矩形，rect方法就很有用了，如代码清单36-3所示。

代码清单36-3　用rect方法绘制矩形

```
<!DOCTYPE HTML>
<html>
    <head>
        <title>Example</title>
        <style>
            canvas {border: thin solid black}
            body > * {float:left;}
        </style>
    </head>
    <body>
        <canvas id="canvas" width="500" height="140">
            Your browser doesn't support the <code>canvas</code> element
        </canvas>
        <script>
            var ctx = document.getElementById("canvas").getContext("2d");

            ctx.fillStyle = "yellow";
            ctx.strokeStyle = "black";
            ctx.lineWidth = 4;

            ctx.beginPath();
            ctx.moveTo(110, 10);
```

```
        ctx.lineTo(110, 100);
        ctx.lineTo(10, 10);
        ctx.closePath();

        ctx.rect(110, 10, 100, 90);
        ctx.rect(110, 100, 130, 30);

        ctx.fill();
        ctx.stroke();
    </script>
  </body>
</html>
```

使用rect方法时不需要用moveTo方法,因为我们在此方法的前两个参数里已经指定了矩形的坐标。代码清单中绘制了一对线条,调用closePath方法创建了一个三角形,然后绘制了两个邻接的矩形。从图36-3里可以看到结果。

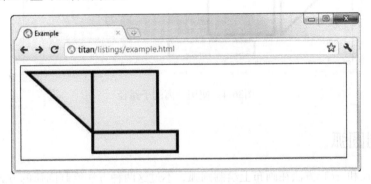

图36-3 用rect方法绘制矩形

子路径不一定需要相连才能组成路径。可以绘制几条分离的子路径,它们仍然会被视为同一个图形的组成部分。代码清单36-4对此进行了演示。

代码清单36-4 使用分离的子路径

```
...
<script>
    var ctx = document.getElementById("canvas").getContext("2d");

    ctx.fillStyle = "yellow";
    ctx.strokeStyle = "black";
    ctx.lineWidth = 4;

    ctx.beginPath();
    ctx.moveTo(110, 10);

    ctx.lineTo(110, 100);
    ctx.lineTo(10, 10);
    ctx.closePath();
```

```
            ctx.rect(120, 10, 100, 90);
            ctx.rect(150, 110, 130, 20);

            ctx.fill();
            ctx.stroke();
        </script>
...
```

在这个例子里，子路径之间并不相连，但总体结果仍然是一条单独的路径。当我调用stroke或fill方法时，它们的效果会应用到所有已创建的子路径上，如图36-4所示。

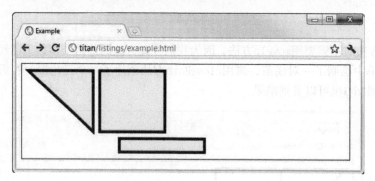

图36-4 使用分离的子路径

36.2 绘制圆弧

我们使用arc和arcTo方法在画布上绘制圆弧，不过这两种方法绘制圆弧的方式有所不同。表36-3介绍了canvas里与圆弧有关的方法。

表36-3 圆弧方法

名 称	说 明	返 回
arc(x, y, rad, startAngle, endAngle, direction)	绘制一段圆弧到(x, y)，半径为rad，起始角度为startAngle，结束角度为endAngle。可选参数direction指定了圆弧的方向。	void
arcTo(x1, y1, x2, y2, rad)	绘制一段半径为rad，经过(x1, y1)，直到(x2, y2)的圆弧	void

36.2.1 使用arcTo方法

代码清单36-5演示了如何使用arcTo方法。

代码清单36-5　使用arcTo方法

```
<!DOCTYPE HTML>
<html>
    <head>
        <title>Example</title>
```

```html
<style>
    canvas {border: thin solid black}
    body > * {float:left;}
</style>
</head>
<body>
<canvas id="canvas" width="500" height="140">
    Your browser doesn't support the <code>canvas</code> element
</canvas>
<script>
    var ctx = document.getElementById("canvas").getContext("2d");

    var point1 = [100, 10];
    var point2 = [200, 10];
    var point3 = [200, 110];

    ctx.fillStyle = "yellow";
    ctx.strokeStyle = "black";
    ctx.lineWidth = 4;

    ctx.beginPath();
    ctx.moveTo(point1[0], point1[1]);
    ctx.arcTo(point2[0], point2[1], point3[0], point3[1], 100);
    ctx.stroke();

    drawPoint(point1[0], point1[1]);
    drawPoint(point2[0], point2[1]);
    drawPoint(point3[0], point3[1]);

    ctx.beginPath();
    ctx.moveTo(point1[0], point1[1]);
    ctx.lineTo(point2[0], point2[1]);
    ctx.lineTo(point3[0], point3[1]);
    ctx.stroke();

    function drawPoint(x, y) {
        ctx.lineWidth = 1;
        ctx.strokeStyle = "red";
        ctx.strokeRect(x -2, y-2, 4, 4);
    }
</script>
</body>
</html>
```

arcTo方法绘制的圆弧依靠两条线完成。第一条线是从上一条子路径的终点绘制到前两个方法参数所描述的点。第二条线是从前两个方法参数所描述的点绘制到第三个和第四个参数所描述的点。然后canvas会绘制从上一条子路径的终点到第二个点之间最短的一条圆弧，其半径由最后一个参数指定。为了让它便于理解，我给画布添加了两条额外的路径来提供一些上下文信息，如图36-5所示。

可以看到两条红色的线。我指定了一个半径，两条线的长度也完全一致，这就意味着我们得到了一条匀称的曲线，刚好触碰到上一条子路径的终点和第三个与第四个参数所描述的点。半径和线条长度并不总是具有如此方便的尺寸,所以canvas会根据需要调整所绘制的圆弧。代码清单36-6对此进行了演示,它使用第30章介绍过的事件监控鼠标运动,在屏幕上的鼠标移动时为不同的点绘制圆弧。

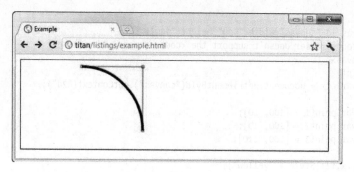

图36-5 使用arcTo方法

代码清单36-6 响应鼠标移动绘制圆弧

```
<!DOCTYPE HTML>
<html>
    <head>
        <title>Example</title>
        <style>
            canvas {border: thin solid black}
            body > * {float:left;}
        </style>
    </head>
    <body>
        <canvas id="canvas" width="500" height="140">
            Your browser doesn't support the <code>canvas</code> element
        </canvas>
        <script>
            var canvasElem = document.getElementById("canvas");
            var ctx = canvasElem.getContext("2d");

            var point1 = [100, 10];
            var point2 = [200, 10];
            var point3 = [200, 110];

            draw();

            canvasElem.onmousemove = function (e) {
                if (e.ctrlKey) {
                    point1 = [e.clientX, e.clientY];
                } else if(e.shiftKey) {
                    point2 = [e.clientX, e.clientY];
                } else {
                    point3 = [e.clientX, e.clientY];
                }
                ctx.clearRect(0, 0, 540, 140);
```

```
        draw();
    }
    function draw() {
        ctx.fillStyle = "yellow";
        ctx.strokeStyle = "black";
        ctx.lineWidth = 4;

        ctx.beginPath();
        ctx.moveTo(point1[0], point1[1]);
        ctx.arcTo(point2[0], point2[1], point3[0], point3[1], 50);
        ctx.stroke();

        drawPoint(point1[0], point1[1]);
        drawPoint(point2[0], point2[1]);
        drawPoint(point3[0], point3[1]);

        ctx.beginPath();
        ctx.moveTo(point1[0], point1[1]);
        ctx.lineTo(point2[0], point2[1]);
        ctx.lineTo(point3[0], point3[1]);
        ctx.stroke();
    }
    function drawPoint(x, y) {
        ctx.lineWidth = 1;
        ctx.strokeStyle = "red";
        ctx.strokeRect(x -2, y-2, 4, 4);
    }
    </script>
  </body>
</html>
```

根据按键的不同，这个例子里的脚本会随着鼠标运动移动不同的点。如果按下了Ctrl键，第一个点就会移动（即上一条子路径的终点）。如果按下了Shift键，第二个点就会移动（arcTo方法前两个参数所代表的点）。如果这两个键都没有按下，第三个点就会移动（第三个和第四个方法参数所代表的点）。这个例子值得你花一点时间尝试一下，体会圆弧和两条线的位置之间有着怎样的联系。从图36-6可以看到它的截图。

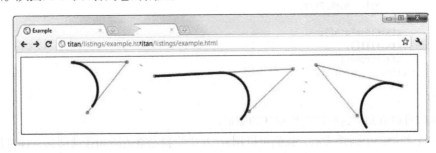

图36-6 线条和圆弧之间的联系

36.2.2 使用 arc 方法

arc方法使用起来略微简单一些。我们用前两个方法参数在画布上指定一个点。用第三个参数指定圆弧的半径，然后指定圆弧的起始和结束角度。最后一个参数指定绘制圆弧时是按顺时针还是逆时针方向。代码清单36-7给出了一些例子。

代码清单36-7　使用arc方法

```html
<!DOCTYPE HTML>
<html>
    <head>
        <title>Example</title>
        <style>
            canvas {border: thin solid black}
            body > * {float:left;}
        </style>
    </head>
    <body>
        <canvas id="canvas" width="500" height="140">
            Your browser doesn't support the <code>canvas</code> element
        </canvas>
        <script>
            var ctx = document.getElementById("canvas").getContext("2d");
            ctx.fillStyle = "yellow";
            ctx.lineWidth = "3";

            ctx.beginPath();
            ctx.arc(70, 70, 60, 0, Math.PI * 2, true);
            ctx.stroke();

            ctx.beginPath();
            ctx.arc(200, 70, 60, Math.PI/2, Math.PI, true);
            ctx.fill();
            ctx.stroke();

            ctx.beginPath();
            var val = 0;
            for (var i = 0; i < 4; i++) {
                ctx.arc(350, 70, 60, val, val + Math.PI/4, false);
                val+= Math.PI/2;
            }
            ctx.closePath();
            ctx.fill();
            ctx.stroke();
        </script>
    </body>
</html>
```

从图36-7可以看到由这些圆弧所描述的图形。

如第一个和第二个圆弧所示，我们可以用arc方法绘制完整的圆和普通圆弧，你可能已经想到了。但是，如第三个图形所示，我们可以用arc方法创建更为复杂的路径。如果使用arc方法时已经绘制了一条子路径，那么就会有一条线直接从上一条子路径的终点绘制到arc方法前两个参数所描述的坐标上。这条线是额外添加到我们描述的圆弧上的。我把这种特性与for循环结合使用，连接四小段围绕着同一个点绘制的圆弧，从而实现图36-7里展示的图形。

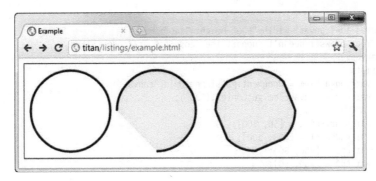

图36-7　使用arc方法

36.3　绘制贝塞尔曲线

canvas支持绘制两种贝塞尔曲线：三次和二次。你多半已经在某种绘图套件里使用过贝塞尔曲线。我们选择一个起点和一个终点，然后添加一个或多个控制点来形成曲线。canvas贝塞尔曲线的问题在于我们不能得到任何视觉反馈，这就更难以获得我们想要的曲线。在接下来的例子里，我会给脚本添加一些代码来提供一些上下文信息，而在实际的项目中你必须通过实验来获得需要的曲线。表36-4展示了可以用来绘制曲线的方法。

表36-4　曲线方法

名　　称	说　　明	返　　回
bezierCurveTo(cx1, cy1, cx2, cy2, x, y)	绘制一段贝塞尔曲线到点(x, y)，控制点为$(cx1, cy1)$和$(cx2, cy2)$。	void
quadraticCurveTo(cx, xy, x, y)	绘制一段二次贝塞尔曲线到点(x, y)，控制点为(cx, cy)	void

36.3.1　绘制三次贝塞尔曲线

bezierCurveTo方法会绘制一条曲线，范围是从上一条子路径的终点到第五个与第六个方法参数所指定的点。控制点有两个，它们由前四个参数指定。代码清单36-8展示了如何使用这个方法（并添加了一些额外路径以便你能够更容易理解参数值与生成的曲线之间的关系）。

代码清单36-8　绘制三次贝塞尔曲线

```
<!DOCTYPE HTML>
<html>
    <head>
        <title>Example</title>
```

```
            <style>
                canvas {border: thin solid black}
                body > * {float:left;}
            </style>
        </head>
        <body>
            <canvas id="canvas" width="500" height="140">
                Your browser doesn't support the <code>canvas</code> element
            </canvas>
            <script>
                var canvasElem = document.getElementById("canvas");
                var ctx = canvasElem.getContext("2d");

                var startPoint = [50, 100];
                var endPoint = [400, 100];
                var cp1 = [250, 50];
                var cp2 = [350, 50];

                canvasElem.onmousemove = function(e) {
                    if (e.shiftKey) {
                        cp1 = [e.clientX, e.clientY];
                    } else if (e.ctrlKey) {
                        cp2 = [e.clientX, e.clientY];
                    }
                    ctx.clearRect(0, 0, 500, 140);
                    draw();
                }

                draw();

                function draw() {
                    ctx.lineWidth = 3;
                    ctx.strokeStyle = "black";
                    ctx.beginPath();
                    ctx.moveTo(startPoint[0], startPoint[1]);
                    ctx.bezierCurveTo(cp1[0], cp1[1], cp2[0], cp2[1],
                        endPoint[0], endPoint[1]);
                    ctx.stroke();

                    ctx.lineWidth = 1;
                    ctx.strokeStyle = "red";
                    var points = [startPoint, endPoint, cp1, cp2];
                    for (var i = 0; i < points.length; i++) {
                        drawPoint(points[i]);
                    }
                    drawLine(startPoint, cp1);
                    drawLine(endPoint, cp2);
                }

                function drawPoint(point) {
                    ctx.beginPath();

                    ctx.strokeRect(point[0] -2, point[1] -2, 4, 4);
                }
```

```
                function drawLine(from, to) {
                    ctx.beginPath();
                    ctx.moveTo(from[0], from[1]);
                    ctx.lineTo(to[0], to[1]);
                    ctx.stroke();
                }
            </script>
        </body>
    </html>
```

为了让你对曲线的绘制方式有个大致的概念,这个例子里的脚本会响应鼠标运动而移动贝塞尔曲线上的控制点。如果按下了 **Shift** 键,第一个控制点就会移动。如果按下了 **Ctrl** 键,第二个控制点就会移动。从图36-8可以看到它的效果。

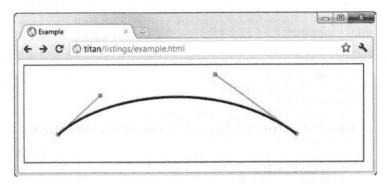

图36-8 绘制三次贝塞尔曲线

36.3.2 绘制二次贝塞尔曲线

二次贝塞尔曲线只有一个控制点,因此 quadraticCurveTo 方法的参数比 bezierCurveTo 方法要少两个。代码清单36-9展示了前一个例子重制后的版本,里面用 quadraticCurveTo 方法绘制了二次贝塞尔曲线。

代码清单36-9 绘制二次贝塞尔曲线

```
<!DOCTYPE HTML>
<html>
    <head>
        <title>Example</title>
        <style>
            canvas {border: thin solid black}
            body > * {float:left;}
        </style>
    </head>
    <body>
        <canvas id="canvas" width="500" height="140">
            Your browser doesn't support the <code>canvas</code> element
```

```
        </canvas>
        <script>
            var canvasElem = document.getElementById("canvas");
            var ctx = canvasElem.getContext("2d");

            var startPoint = [50, 100];
            var endPoint = [400, 100];
            var cp1 = [250, 50];

            canvasElem.onmousemove = function(e) {
                if (e.shiftKey) {
                    cp1 = [e.clientX, e.clientY];
                }
                ctx.clearRect(0, 0, 500, 140);
                draw();
            }

            draw();

            function draw() {
                ctx.lineWidth = 3;
                ctx.strokeStyle = "black";
                ctx.beginPath();
                ctx.moveTo(startPoint[0], startPoint[1]);
                ctx.quadraticCurveTo(cp1[0], cp1[1], endPoint[0], endPoint[1]);
                ctx.stroke();

                ctx.lineWidth = 1;
                ctx.strokeStyle = "red";
                var points = [startPoint, endPoint, cp1];
                for (var i = 0; i < points.length; i++) {
                    drawPoint(points[i]);
                }
                drawLine(startPoint, cp1);
                drawLine(endPoint, cp1);
            }

            function drawPoint(point) {
                ctx.beginPath();

                ctx.strokeRect(point[0] -2, point[1] -2, 4, 4);
            }

            function drawLine(from, to) {
                ctx.beginPath();
                ctx.moveTo(from[0], from[1]);
                ctx.lineTo(to[0], to[1]);
                ctx.stroke();
            }
        </script>
    </body>
</html>
```

从图36-9可以看到一条示例曲线。

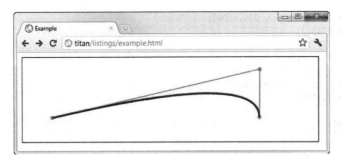

图36-9　一条二次贝塞尔曲线

36.4　创建剪辑区域

本章前面介绍过，可以用stroke和fill方法来绘制或填充一条路径。还有另一种方式可以做到这一点，那就是使用表36-5介绍的方法。

表36-5　裁剪方法

名　称	说　明	返　回
clip()	创建新的裁剪区域	void

一旦定义了一块裁剪区域，就只有区域内的路径才会显示到屏幕上了。代码清单36-10对此进行了演示。

代码清单36-10　使用裁剪区域

```
<!DOCTYPE HTML>
<html>
    <head>
        <title>Example</title>
        <style>
            canvas {border: thin solid black}
            body > * {float:left;}
        </style>
    </head>
    <body>
        <canvas id="canvas" width="500" height="140">
            Your browser doesn't support the <code>canvas</code> element
        </canvas>
        <script>
            var ctx = document.getElementById("canvas").getContext("2d");

            ctx.fillStyle = "yellow";
            ctx.beginPath();
            ctx.rect(0, 0, 500, 140);
            ctx.fill();

            ctx.beginPath();
```

```
        ctx.rect(100, 20, 300, 100);
        ctx.clip();

        ctx.fillStyle = "red";
        ctx.beginPath();
        ctx.rect(0, 0, 500, 140);
        ctx.fill();

    </script>
</body>
</html>
```

这个例子里的脚本绘制了一个填满画布的矩形,然后创建了一个较小的裁剪区域并绘制了另一个填满画布的矩形。从图36-10可以看到,第二个矩形只绘制了裁剪区域之内的部分。

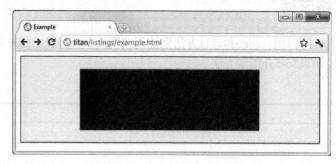

图36-10 裁剪区域的效果

36.5 绘制文本

可以在画布上绘制文本,不过对这种功能的支持还很初步。表36-6展示了可用的方法。

表36-6 文本方法

名 称	说 明	返 回
fillText(\<text\>, x, y, width)	在位置(x, y)上绘制并填充指定文本。宽度参数是可选的,它设置了文本宽度的上限	void
strokeText(\<text\>, x, y, width)	在位置(x, y)上绘制并描边指定文本。宽度参数是可选的,它设置了文本宽度的上限	void

我们可以使用三种绘制状态属性来控制文本绘制的方式,如表36-7所示。

表36-7 文本绘制状态属性

名 称	说 明	返 回
font	设置绘制文本时使用的字体	字符串
textAlign	设置文本的对齐方式:start、end、left、right、center	字符串
textBaseline	设置文本的基线:top、hanging、middle、alphabetic、ideographic、bottom	字符串

代码清单36-11展示了如何填充和描边文本。我们可以用与CSS字体简写属性相同的格式字符串（在第22章介绍过）来指定font属性的值。

代码清单36-11　在画布上绘制文本

```
<!DOCTYPE HTML>
<html>
    <head>
        <title>Example</title>
        <style>
            canvas {border: thin solid black}
            body > * {float:left;}
        </style>
    </head>
    <body>
        <canvas id="canvas" width="350" height="140">
            Your browser doesn't support the <code>canvas</code> element
        </canvas>
        <script>
            var ctx = document.getElementById("canvas").getContext("2d");

            ctx.fillStyle = "lightgrey";
            ctx.strokeStyle = "black";
            ctx.lineWidth = 3;

            ctx.font = "100px sans-serif";
            ctx.fillText("Hello", 50, 100);
            ctx.strokeText("Hello", 50, 100);
        </script>
    </body>
</html>
```

文本会使用fillStyle和strokeStyle属性进行绘制，这就意味着我们拥有与图形相同的一组颜色、渐变和图案。在这个例子里，我用两种纯色填充和描边了文本。从图36-11可以看到它的效果。

图36-11　填充和描边文本

36.6 使用特效和变换

我们可以为画布应用许多特效和变换，接下来的几节会对它们进行介绍。

36.6.1 使用阴影

可以用四种绘制状态属性来给我们在画布上绘制的图形和文本添加阴影。这些属性如表36-8所示。

表36-8 阴影属性

名称	说明	返回
shadowBlur	设置阴影的模糊程度	数值
shadowColor	设置阴影的颜色	字符串
shadowOffsetX	设置阴影的水平偏移量	数值
shadowOffsetY	设置阴影的垂直偏移量	数值

代码清单36-12展示了如何用这些属性来添加阴影。

代码清单36-12 给图形和文本应用阴影

```
<!DOCTYPE HTML>
<html>
    <head>
        <title>Example</title>
        <style>
            canvas {border: thin solid black}
            body > * {float:left;}
        </style>
    </head>
    <body>
        <canvas id="canvas" width="500" height="140">
            Your browser doesn't support the <code>canvas</code> element
        </canvas>
        <script>
            var ctx = document.getElementById("canvas").getContext("2d");

            ctx.fillStyle = "lightgrey";
            ctx.strokeStyle = "black";
            ctx.lineWidth = 3;

            ctx.shadowOffsetX = 5;
            ctx.shadowOffsetY = 5;
            ctx.shadowBlur = 5;
            ctx.shadowColor = "grey";

            ctx.strokeRect(250, 20, 100, 100);
```

```
            ctx.beginPath();
            ctx.arc(420, 70, 50, 0, Math.PI, true);
            ctx.stroke();

            ctx.beginPath();
            ctx.arc(420, 80, 40, 0, Math.PI, false);
            ctx.fill();

            ctx.font = "100px sans-serif";
            ctx.fillText("Hello", 10, 100);
            ctx.strokeText("Hello", 10, 100);
        </script>
    </body>
</html>
```

这个例子给文本、一个矩形、一个完整的圆和两段圆弧应用了阴影。如图36-12所示，无论图形是开放、闭合、填充还是描边的，都能应用阴影。

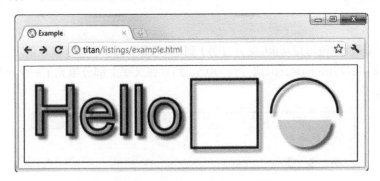

图36-12　给图形和文本应用阴影

36.6.2　使用透明度

可以用两种方式来给我们绘制的文本和图形设置透明度。第一种是用第4章介绍的rgba函数（而不是rgb）指定一个fillStyle或strokeStyle值。还可以使用绘制状态属性globalAlpha，它应用的透明度是全局性的。代码清单36-13展示了globalAlpha属性的用法。

代码清单36-13　使用globalAlpha属性

```
<!DOCTYPE HTML>
<html>
    <head>
        <title>Example</title>
        <style>
            canvas {border: thin solid black}
            body > * {float:left;}
        </style>
    </head>
```

```html
<body>
    <canvas id="canvas" width="300" height="120">
        Your browser doesn't support the <code>canvas</code> element
    </canvas>
    <script>
        var ctx = document.getElementById("canvas").getContext("2d");

        ctx.fillStyle = "lightgrey";
        ctx.strokeStyle = "black";
        ctx.lineWidth = 3;

        ctx.font = "100px sans-serif";
        ctx.fillText("Hello", 10, 100);
        ctx.strokeText("Hello", 10, 100);

        ctx.fillStyle = "red";
        ctx.globalAlpha = 0.5;
        ctx.fillRect(100, 10, 150, 100);
    </script>
</body>
</html>
```

globalAlpha属性的值可以从0（完全透明）到1（完全不透明，这是默认值）。在这个例子里，我绘制了一些文本，将globalAlpha属性设为0.5，然后在文字上部分填充了一个矩形。从图36-13可以看到它的结果。

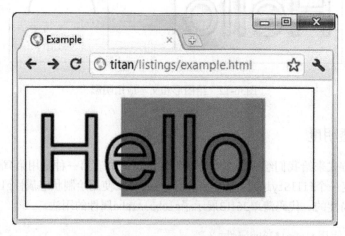

图36-13　通过globalAlpha属性使用透明度

36.6.3　使用合成

可以将透明度与globalCompositeOperation属性结合使用，来控制图形和文本在画布上绘制的方式。表36-9介绍了这个属性允许的值。对这个属性来说，source包括了在该属性设置后执行的所有操作，而目标图像是属性设置时的画布状态。

表36-9 globalCompositeOperation允许的值

值	说 明
copy	将来源绘制于目标之上,忽略一切透明度设置
destination-atop	与source-atop相同,但用目标图像替代来源图像,反之亦然
destination-in	与source-in相同,但用目标图像替代来源图像,反之亦然
destination-over	与source-over相同,但用目标图像替代来源图像,反之亦然
distination-out	与source-out相同,但用目标图像替代来源图像,反之亦然
lighter	显示来源图像与目标图像的总和,颜色值限制最高255(100%)
source-atop	在两个图像都不透明处显示来源图像。目标图像不透明但来源图像透明处显示目标图像。其他位置显示为透明
source-in	来源图像和目标图像都不透明处显示来源图像。其他位置显示为透明
source-out	来源图像不透明但目标图像透明处显示来源图像。其他位置显示为透明
source-over	来源图像不透明处显示来源图像。其他位置显示目标图像
xor	对来源图像和目标图像执行异或运算

globalCompositeOperation属性的值可以创造出一些引人注目的效果。代码清单36-14包含一个select元素,它里面的选项囊括了所有的合成属性值。这个例子值得你花一点时间尝试一下,看看每一种合成模式的工作方式。

代码清单36-14 使用globalCompositeOperation属性

```
<!DOCTYPE HTML>
<html>
    <head>
        <title>Example</title>
        <style>
            canvas {border: thin solid black; margin: 4px;}
            body > * {float:left;}
        </style>
    </head>
    <body>
        <canvas id="canvas" width="300" height="120">
            Your browser doesn't support the <code>canvas</code> element
        </canvas>
        <label>Composition Value:</label><select id="list">
            <option>copy</option>
            <option>destination-atop</option><option>destination-in</option>
            <option>destination-over</option><option>distination-out</option>
            <option>lighter</option><option>source-atop</option>
            <option>source-in</option><option>source-out</option>
            <option>source-over</option><option>xor</option>
        </select>
        <script>
            var ctx = document.getElementById("canvas").getContext("2d");

            ctx.fillStyle = "lightgrey";
```

```
            ctx.strokeStyle = "black";
            ctx.lineWidth = 3;

            var compVal = "copy";

            document.getElementById("list").onchange = function(e) {
                compVal = e.target.value;
                draw();
            }

            draw();

            function draw() {
                ctx.clearRect(0, 0, 300, 120);
                ctx.globalAlpha = 1.0;
                ctx.font = "100px sans-serif";
                ctx.fillText("Hello", 10, 100);
                ctx.strokeText("Hello", 10, 100);

                ctx.globalCompositeOperation = compVal;

                ctx.fillStyle = "red";
                ctx.globalAlpha = 0.5;
                ctx.fillRect(100, 10, 150, 100);
            }
        </script>
    </body>
</html>
```

可以从图36-14看到source-out和destination-over值。有些浏览器解释这些样式的方式稍有不同，因此你看到的可能与图中展示的不完全一致。

图36-14 使用globalCompositeOperation属性

36.6.4 使用变换

我们可以给画布应用变换，它会应用到后续所有的绘图操作上。表36-10介绍了变换方法。

表36-10 变换属性

名称	说明	返回
scale(<xScale>, <yScale>)	沿X轴缩放画布xScale倍，沿Y轴yScale倍	void
rotate(<angle>)	使画布围绕点(0, 0)顺时针旋转指定的弧度数	void
translate(<x>, <y>)	重映射画布坐标为沿X轴 x，沿Y轴 y	void
transform(a, b, c, d, e, f)	合并现有的变换和a-f值所指定的矩阵	void
setTransform(a, b, c, d, e, f)	用a-f值所指定的矩阵替换现有的变换	void

这些方法创建的变换只会应用到后续的绘图操作上（画布上现有的内容保持不变）。代码清单36-15展示了如何使用缩放、旋转和坐标重映射方法。

代码清单36-15　使用变换

```
<!DOCTYPE HTML>
<html>
    <head>
        <title>Example</title>
        <style>
            canvas {border: thin solid black; margin: 4px;}
            body > * {float:left;}
        </style>
    </head>
    <body>
        <canvas id="canvas" width="400" height="200">
            Your browser doesn't support the <code>canvas</code> element
        </canvas>
        <script>
            var ctx = document.getElementById("canvas").getContext("2d");

            ctx.fillStyle = "lightgrey";
            ctx.strokeStyle = "black";
            ctx.lineWidth = 3;

            ctx.clearRect(0, 0, 300, 120);
            ctx.globalAlpha = 1.0;
            ctx.font = "100px sans-serif";
            ctx.fillText("Hello", 10, 100);
            ctx.strokeText("Hello", 10, 100);

            ctx.scale(1.3, 1.3);
            ctx.translate(100, -50);
            ctx.rotate(0.5);

            ctx.fillStyle = "red";
            ctx.globalAlpha = 0.5;
            ctx.fillRect(100, 10, 150, 100);

            ctx.strokeRect(0, 0, 300, 200);
        </script>
    </body>
</html>
```

在这个例子里，我填充并描边了一些文本，然后缩放、坐标重映射和旋转了画布，这些操作影响了我接下来绘制的实心矩形和空心矩形。从图36-15可以看到它的效果。

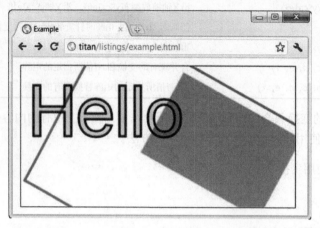

图36-15　变换画布

36.7　小结

本章展示了如何用不同种类的路径在画布上绘图，包括线条、矩形、圆弧和曲线。此外，还演示了canvas的文本工具，以及如何应用阴影和透明度等特效。最后演示了canvas支持的不同合成模式和变换方法。

第 37 章 使用拖放

HTML5添加了对拖放（drag and drop）的支持。我们之前只能依靠jQuery这样的JavaScript库才能处理这种操作。把拖放内置到浏览器的好处是它可以正确地集成到操作系统中，而且正如你将看到的，它能够跨浏览器工作。

这项功能仍处于起步阶段，规范与主流浏览器所提供的实现方式之间还存在着巨大的鸿沟。不是所有浏览器都能实现规范的全部内容，而且某些功能的实现方式还存在着实质上的区别。在这一章里，我会向你展示当前哪些功能能够正常工作。它不是HTML5标准定义的完整功能集，但是足以投入使用。表37-1提供了本章内容概要。

表37-1　本章内容概要

问　题	解决方案	代码清单
启用HTML元素的拖动功能	把draggable属性设为true	37-1
管理拖动的生命周期	处理dragstart、drag和dragend事件	37-2
创建一个释放区	处理dragenter和dragover事件	37-3
在释放区接收一个释放元素	处理drop事件	37-4
转移释放元素的数据到释放区	使用DataTransfer对象	37-5
根据项目携带的内容进行过滤	使用DataTransfer对象的getData方法	37-6
处理从操作系统拖动并释放到释放区的文件	使用DataTransfer对象的files方法	37-7
作为Ajax表单提交的一部分上传从操作系统拖动并释放到释放区的文件	使用FormData对象的append方法，并传递File对象作为第二个参数	37-8

37.1　创建来源项目

我们通过draggable属性告诉浏览器文档里的哪些元素可以被拖动。这个属性有三个允许的值，表37-2介绍了它们。

表37-2 draggable属性的值

值	说明
true	此元素能被拖动
false	此元素不能被拖动
auto	浏览器可以自主决定某个元素是否能被拖动

它的默认值是auto，即把决定权交给浏览器，通常来说这就意味着所有元素默认都是可拖动的，我们必须显式设置draggable属性为false来禁用拖动。使用拖放功能时，我倾向于显式设置draggable属性为true，即使主流浏览器默认把所有元素都视为draggable也是如此。代码清单37-1展示了一张简单的HTML文档，里面的一些元素可以被拖动。

代码清单37-1 定义可拖动项目

```html
<!DOCTYPE HTML>
<html>
    <head>
        <title>Example</title>
        <style>
            #src > * {float:left;}
            #target, #src > img {border: thin solid black; padding: 2px; margin:4px;}
            #target {height: 81px; width: 81px; text-align: center; display: table;}
            #target > p {display: table-cell; vertical-align: middle;}
            #target > img {margin: 1px;}

        </style>
    </head>
    <body>
        <div id="src">
            <img draggable="true" id="banana" src="banana100.png" alt="banana"/>
            <img draggable="true" id="apple" src="apple100.png" alt="apple"/>
            <img draggable="true" id="cherries" src="cherries100.png" alt="cherry"/>
            <div id="target">
                <p>Drop Here</p>
            </div>
        </div>

        <script>
            var src = document.getElementById("src");
            var target = document.getElementById("target");
        </script>
    </body>
</html>
```

这个例子里有三个img元素，每一个的draggable属性都被设为true。我还创建了一个id为target的div元素，稍后将设置它用来接收我们拖动的img元素。从图37-1可以看到这个文档在浏览器里的样子。

图37-1　三张可拖动图像和一个目标

我们不需要再做任何设置就能拖动水果图像,但浏览器会提示我们不能把它们释放到任何地方。通常的做法是展示一个禁止进入的标志作为光标,如图37-2所示。

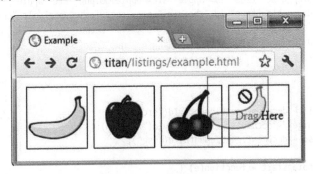

图37-2　浏览器显示不能释放被拖动的项目

处理拖动事件

我们通过一系列事件来利用拖放功能。这些事件有的针对被拖动的元素,有的针对可能的释放区。表37-3介绍了用于被拖动元素的事件。

表37-3　被拖动元素的事件

名　　称	说　　明
dragstart	在元素开始被拖动时触发
drag	在元素被拖动时反复触发
dragend	在拖动操作完成时触发

我们可以用这些事件在视觉上强调拖动操作,如代码清单37-2所示。

代码清单37-2　使用针对被拖动元素的事件

```
<!DOCTYPE HTML>
<html>
```

```html
<head>
    <title>Example</title>
    <style>
        #src > * {float:left;}
        #target, #src > img {border: thin solid black; padding: 2px; margin:4px;}
        #target {height: 81px; width: 81px; text-align: center; display: table;}
        #target > p {display: table-cell; vertical-align: middle;}
        #target > img {margin: 1px;}
        img.dragged {background-color: lightgrey;}
    </style>
</head>
<body>
    <div id="src">
        <img draggable="true" id="banana" src="banana100.png" alt="banana"/>
        <img draggable="true" id="apple" src="apple100.png" alt="apple"/>
        <img draggable="true" id="cherries" src="cherries100.png" alt="cherry"/>
        <div id="target">
            <p id="msg">Drop Here</p>
        </div>
    </div>

    <script>
        var src = document.getElementById("src");
        var target = document.getElementById("target");
        var msg = document.getElementById("msg");

        src.ondragstart = function(e) {
            e.target.classList.add("dragged");
        }

        src.ondragend = function(e) {
            e.target.classList.remove("dragged");
            msg.innerHTML = "Drop Here";
        }

        src.ondrag = function(e) {
            msg.innerHTML = e.target.id;
        }
    </script>
</body>
</html>
```

我定义了一个新的CSS样式，它会被应用到属于dragged类的元素上。我在dragstart事件触发时把被拖动的元素添加到这个类中，在dragend事件触发时把它从类中移除。作为对drag事件的响应，我把释放区里显示的文本设成被拖动元素的id值。在拖动操作过程中，drag事件每隔几毫秒就会触发一次，所以这不是最有效率的技巧，但它确实能演示这个事件。从图37-3可以看到它的效果。请注意我们仍然没有可使用的释放区，但它离我们已经不远了。

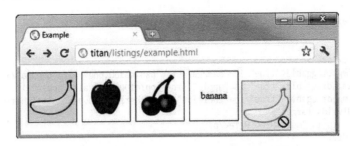

图37-3 使用dragstart、dragend和drag事件

37.2 创建释放区

要让某个元素成为释放区,我们需要处理dragenter和dragover事件。它们是针对释放区的其中两个事件。表37-4介绍了完整的释放区事件集合。

表37-4 释放区事件

名 称	说 明
dragenter	当被拖动元素进入释放区所占据的屏幕空间时触发
dragover	当被拖动元素在释放区内移动时触发
dragleave	当被拖动元素没有放下就离开释放区时触发
drop	当被拖动元素在释放区里放下时触发

dragenter和dragover事件的默认行为是拒绝接受任何被拖放的项目,因此我们必须要做的最重要的事就是防止这种默认行为被执行。代码清单37-3包含了一个示例。

> **注意** 拖放功能的规范告诉我们还必须给想要成为释放区的元素应用dropzone属性,而且此属性的值应当包含我们愿意接受的操作与数据类型细节。浏览器实际上不是这么实现拖放功能的。在这一章,我介绍的是真正有效的做法,而不是规范所指定的做法。

代码清单37-3 通过处理dragenter和dragover事件创建释放区

```
<!DOCTYPE HTML>
<html>
    <head>
        <title>Example</title>
        <style>
            #src > * {float:left;}
            #target, #src > img {border: thin solid black; padding: 2px; margin:4px;}
            #target {height: 81px; width: 81px; text-align: center; display: table;}
            #target > p {display: table-cell; vertical-align: middle;}
            #target > img {margin: 1px;}
            img.dragged {background-color: lightgrey;}
```

```
        </style>
    </head>
    <body>
        <div id="src">
            <img draggable="true" id="banana" src="banana100.png" alt="banana"/>
            <img draggable="true" id="apple" src="apple100.png" alt="apple"/>
            <img draggable="true" id="cherries" src="cherries100.png" alt="cherry"/>
            <div id="target">
                <p id="msg">Drop Here</p>
            </div>
        </div>

        <script>
            var src = document.getElementById("src");
            var target = document.getElementById("target");
            var msg = document.getElementById("msg");

            target.ondragenter = handleDrag;
            target.ondragover = handleDrag;

            function handleDrag(e) {
                e.preventDefault();
            }

            src.ondragstart = function(e) {
                e.target.classList.add("dragged");
            }

            src.ondragend = function(e) {
                e.target.classList.remove("dragged");
                msg.innerHTML = "Drop Here";
            }

            src.ondrag = function(e) {
                msg.innerHTML = e.target.id;
            }
        </script>
    </body>
</html>
```

添加这些代码后，我们就有了一个活动的释放区。当我们拖动一个项目到释放区元素上时，浏览器会提示如果我们放下它就会被接受，如图37-4所示。

图37-4　浏览器提示一个项目可以被释放

接收释放

我们通过处理drop事件来接收释放的元素,它会在某个项目被放到释放区元素上时触发。代码清单37-4展示了如何响应drop事件,具体的做法是使用一个全局变量作为被拖动元素和释放区之间的桥梁。

代码清单37-4　处理drop事件

```html
<!DOCTYPE HTML>
<html>
    <head>
        <title>Example</title>
        <style>
            #src > * {float:left;}
            #src > img {border: thin solid black; padding: 2px; margin:4px;}
            #target {border: thin solid black; margin:4px;}
            #target { height: 81px; width: 81px; text-align: center; display: table;}
            #target > p {display: table-cell; vertical-align: middle;}
            img.dragged {background-color: lightgrey;}
        </style>
    </head>
    <body>
        <div id="src">
            <img draggable="true" id="banana" src="banana100.png" alt="banana"/>
            <img draggable="true" id="apple" src="apple100.png" alt="apple"/>
            <img draggable="true" id="cherries" src="cherries100.png" alt="cherry"/>
            <div id="target">
                <p id="msg">Drop Here</p>
            </div>
        </div>

        <script>
            var src = document.getElementById("src");
            var target = document.getElementById("target");
            var msg = document.getElementById("msg");

            var draggedID;

            target.ondragenter = handleDrag;
            target.ondragover = handleDrag;

            function handleDrag(e) {
                e.preventDefault();
            }

            target.ondrop = function(e) {
                var newElem = document.getElementById(draggedID).cloneNode(false);
                target.innerHTML = "";
                target.appendChild(newElem);
                e.preventDefault();
            }
```

```
            src.ondragstart = function(e) {
                draggedID = e.target.id;
                e.target.classList.add("dragged");
            }
            src.ondragend = function(e) {
                var elems = document.querySelectorAll(".dragged");
                for (var i = 0; i < elems.length; i++) {
                    elems[i].classList.remove("dragged");
                }
            }
        </script>
    </body>
</html>
```

我在dragstart事件触发时设置了变量draggedID的值。这让我能够记录被拖动元素的id属性值。当drop事件触发时，我用这个值克隆了被拖动的img元素，把它添加为释放区元素的一个子元素。

提示　在这个例子里，我阻止了drop事件的默认行为。如果不这么做，浏览器就可能会做出一些出人意料的事。举个例子，在这种情况下，Firefox浏览器会关闭网页，转而显示被拖动img元素src属性所引用的图像。

从图37-5可以看到它的效果。

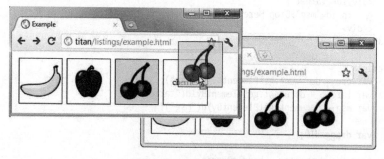

图37-5　响应drag事件

37.3　使用DataTransfer对象

与拖放操作所触发的事件同时派发的对象是DragEvent，它派生于MouseEvent。DragEvent对象定义了Event与MouseEvent对象（在第30章介绍过）的所有功能，并额外增加了表37-5展示的属性。

表37-5　DragEvent对象定义的属性

名　　称	说　　明	返　　回
dataTransfer	返回用于传输数据到释放区的对象	DataTransfer

37.3 使用 DataTransfer 对象

我们可以用DataTransfer对象从被拖动元素传输任意数据到释放区元素上。DataTransfer对象定义的属性和方法如表37-6所示。

表37-6 DataTransfer对象定义的属性

名 称	说 明	返 回
types	返回数据的格式	字符串数组
getData(\<format\>)	返回指定格式的数据	字符串
setData(\<format\>, \<data\>)	设置指定格式的数据	void
clearData(\<format\>)	移除指定格式的数据	void
files	返回已被拖动文件的列表	FileList

在上一个例子里，我克隆了元素本身。但DataTransfer对象允许我们使用一种更为复杂的方式。我们能做的第一件事是用DataTransfer对象从被拖动元素传输数据到释放区，如代码清单37-5所示。

代码清单37-5 使用DataTransfer对象传输数据

```html
<!DOCTYPE HTML>
<html>
    <head>
        <title>Example</title>
        <style>
            #src > * {float:left;}
            #src > img {border: thin solid black; padding: 2px; margin:4px;}
            #target {border: thin solid black; margin:4px;}
            #target { height: 81px; width: 81px; text-align: center; display: table;}
            #target > p {display: table-cell; vertical-align: middle;}
            img.dragged {background-color: lightgrey;}
        </style>
    </head>
    <body>
        <div id="src">
            <img draggable="true" id="banana" src="banana100.png" alt="banana"/>
            <img draggable="true" id="apple" src="apple100.png" alt="apple"/>
            <img draggable="true" id="cherries" src="cherries100.png" alt="cherry"/>
            <div id="target">
                <p id="msg">Drop Here</p>
            </div>
        </div>
        <script>
            var src = document.getElementById("src");
            var target = document.getElementById("target");

            target.ondragenter = handleDrag;
            target.ondragover = handleDrag;

            function handleDrag(e) {
```

```
                e.preventDefault();
            }
            target.ondrop = function(e) {
                var droppedID = e.dataTransfer.getData("Text");
                var newElem = document.getElementById(droppedID).cloneNode(false);
                target.innerHTML = "";
                target.appendChild(newElem);
                e.preventDefault();
            }
            src.ondragstart = function(e) {
                e.dataTransfer.setData("Text", e.target.id);
                e.target.classList.add("dragged");
            }
            src.ondragend = function(e) {
                var elems = document.querySelectorAll(".dragged");
                for (var i = 0; i < elems.length; i++) {
                    elems[i].classList.remove("dragged");
                }
            }
        </script>
    </body>
</html>
```

我在响应dragstart事件时用setData方法设置了我想要传输的数据。第一个参数指定了数据的类型，它只支持两个值：Text或Url（只有Text获得了浏览器的可靠支持）。第二个参数是我们想要传输的数据：在这个案例里是被拖动元素的id属性。为了获取它的值，我使用了getData方法，并把数据类型作为参数。

你可能会觉得奇怪：为什么这种方式比使用全局变量更好？答案是它能跨浏览器工作。我这么说的意思不是指跨同一个浏览器里的窗口或标签页，而是横跨不同类型的浏览器。这意味着我可以从Chrome浏览器的文档里拖动一个元素，然后在Firefox浏览器的文档里释放它，因为拖放功能的支持是集成在操作系统里的，有着相同的特性。如果你打开一个文本编辑器，输入单词banana，选中它然后拖动到浏览器的释放区，你就会看到香蕉的图像被显示出来，效果和我们拖动同一个文档里的某个img元素一样。

37.3.1 根据数据过滤被拖动项目

可以用DataTransfer对象里存放的数据来选择我们愿意在释放区接受哪些种类的元素。代码清单37-6展示了具体的做法。

代码清单37-6　使用DataTransfer对象过滤被拖动元素

```
...
<script>
    var src = document.getElementById("src");
    var target = document.getElementById("target");
```

```
    target.ondragenter = handleDrag;
    target.ondragover = handleDrag;

    function handleDrag(e) {
        if (e.dataTransfer.getData("Text") == "banana") {
            e.preventDefault();
        }
    }

    target.ondrop = function(e) {
        var droppedID = e.dataTransfer.getData("Text");
        var newElem = document.getElementById(droppedID).cloneNode(false);
        target.innerHTML = "";
        target.appendChild(newElem);
        e.preventDefault();
    }

    src.ondragstart = function(e) {
        e.dataTransfer.setData("Text", e.target.id);
        e.target.classList.add("dragged");
    }

    src.ondragend = function(e) {
        var elems = document.querySelectorAll(".dragged");
        for (var i = 0; i < elems.length; i++) {
            elems[i].classList.remove("dragged");
        }
    }
</script>
...
```

在这个例子里,我从DataTransfer对象获得数据值,然后检查它是什么。我表明只有当数据值是banana时才愿意接受被拖动的元素。这么做的效果是过滤掉了苹果和樱桃的图像。当用户拖动这些图像到释放区时,浏览器会提示它们不能被释放。

提示 这种过滤方式在Chrome浏览器里不可用,因为在dragenter和dragover事件的处理函数里调用getData方法是无效的。

37.3.2 拖放文件

另一种深深隐藏在浏览器里的HTML5新功能被称为文件API(File API),它允许我们使用本机文件,不过是以严格受控的方式。部分控制来自于我们通常不直接与文件API进行交互,而是使它通过其他功能显露出来,包括拖放功能。代码清单37-7展示了如何使用文件API,在用户从操作系统里拖动文件并放入我们的释放区时作出响应。

代码清单37-7 处理文件

```html
<!DOCTYPE HTML>
<html>
    <head>
        <title>Example</title>
        <style>
            body > * {float: left;}
            #target {border: medium double black; margin:4px; height: 75px;
                width: 200px; text-align: center; display: table;}
            #target > p {display: table-cell; vertical-align: middle;}
            table {margin: 4px; border-collapse: collapse;}
            th, td {padding: 4px};
        </style>
    </head>
    <body>
        <div id="target">
            <p id="msg">Drop Files Here</p>
        </div>
        <table id="data" border="1">
        </table>

        <script>
            var target = document.getElementById("target");

            target.ondragenter = handleDrag;
            target.ondragover = handleDrag;

            function handleDrag(e) {
                e.preventDefault();
            }

            target.ondrop = function(e) {
                var files = e.dataTransfer.files;
                var tableElem = document.getElementById("data");
                tableElem.innerHTML = "<tr><th>Name</th><th>Type</th><th>Size</th></tr>";
                for (var i = 0; i < files.length; i++) {
                    var row = "<tr><td>" + files[i].name + "</td><td>" +
                        files[i].type+ "</td><td>" +
                        files[i].size + "</td></tr>";
                    tableElem.innerHTML += row;
                }
                e.preventDefault();
            }
        </script>
    </body>
</html>
```

当用户把文件放入我们的释放区时，DataTransfer对象的文件属性会返回一个FileList对象。我们可以将它视为一个由File对象构成的数组，每个对象都代表用户释放的一个文件（用户可以选择多个文件然后一次性释放它们）。表37-7展示了File对象的属性。

表37-7 File对象定义的属性

名称	说明	返回
name	获取文件名	字符串
type	获取文件类型，以MIME类型表示	字符串
size	获取文件大小（以字节计算）	数值

在这个例子里，script枚举了放入释放区的文件，并在一张表格里显示了File属性的值。从图37-6可以看到它的效果，此时我已经把一些示例文件放入释放区了。

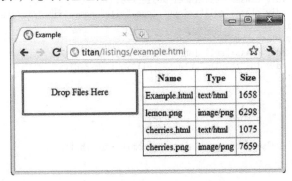

图37-6 显示与文件有关的数据

在表单里上传被释放文件

我们可以结合拖放功能、文件API和用Ajax请求上传数据，让用户能从操作系统拖动想要在表单里提交的文件。代码清单37-8对此进行了演示。

代码清单37-8 结合拖放、文件API和FormData对象

```
<!DOCTYPE HTML>
<html>
    <head>
        <title>Example</title>
        <style>
            .table {display:table;}
            .row {display:table-row;}
            .cell {display: table-cell; padding: 5px;}
            .label {text-align: right;}
            #target {border: medium double black; margin:4px; height: 50px;
                width: 200px; text-align: center; display: table;}
            #target > p {display: table-cell; vertical-align: middle;}
        </style>
    </head>
    <body>
        <form id="fruitform" method="post" action="http://titan:8080/form">
            <div class="table">
                <div class="row">
                    <div class="cell label">Bananas:</div>
```

```
            <div class="cell"><input name="bananas" value="2"/></div>
        </div>
        <div class="row">
            <div class="cell label">Apples:</div>
            <div class="cell"><input name="apples" value="5"/></div>
        </div>
        <div class="row">
            <div class="cell label">Cherries:</div>
            <div class="cell"><input name="cherries" value="20"/></div>
        </div>
        <div class="row">
            <div class="cell label">File:</div>
            <div class="cell"><input type="file" name="file"/></div>
        </div>
        <div class="row">
            <div class="cell label">Total:</div>
            <div id="results" class="cell">0 items</div>
        </div>
    </div>
    <div id="target">
        <p id="msg">Drop Files Here</p>
    </div>
    <button id="submit" type="submit">Submit Form</button>
</form>
<script>
    var target = document.getElementById("target");
    var httpRequest;
    var fileList;

    document.getElementById("submit").onclick = handleButtonPress;
    target.ondragenter = handleDrag;
    target.ondragover = handleDrag;

    function handleDrag(e) {
        e.preventDefault();
    }

    target.ondrop = function(e) {
        fileList = e.dataTransfer.files;
        e.preventDefault();
    }

    function handleButtonPress(e) {
        e.preventDefault();

        var form = document.getElementById("fruitform");
        var formData = new FormData(form);

        if (fileList || true) {
            for (var i = 0; i < fileList.length; i++) {
                formData.append("file" + i, fileList[i]);
            }
        }
```

```
            httpRequest = new XMLHttpRequest();
            httpRequest.onreadystatechange = handleResponse;
            httpRequest.open("POST", form.action);
            httpRequest.send(formData);
        }

        function handleResponse() {
            if (httpRequest.readyState == 4 && httpRequest.status == 200) {
                var data = JSON.parse(httpRequest.responseText);
                document.getElementById("results").innerHTML = "You ordered "
                    + data.total + " items";
            }
        }
    </script>
    </body>
</html>
```

在这个例子里,我给来自第33章的示例添加了一个释放区,在那个例子中我演示了如何用FormData对象上传表单数据到服务器。我们可以用FormData.append方法添加那些放入释放区的文件,并传递一个File对象作为此方法的第二个参数。当表单被提交时,文件内容会作为表单请求的一部分自动上传到服务器。

37.4 小结

本章向你展示了对拖放元素的支持。这项功能的实现还不尽如人意,但它的前景光明,我预计主流浏览器不久就会开始着手处理不一致性的问题。如果你等不到那一天(或者你不在乎能否与其他浏览器和操作系统相互拖放文件),那么你应该考虑使用一个JavaScript库,如jQuery和jQuery UI。

第 38 章 使用地理定位

地理定位（Geolocation）API 让我们可以获取关于用户当前地理位置的信息（或者至少是正在运行浏览器的系统的位置）。它不是 HTML5 规范的一部分，但经常被归组到与 HTML5 相关的新功能中。表 38-1 提供了本章内容概要。

表 38-1　本章内容概要

问题	解决方案	代码清单
获取当前位置	使用 getCurrentPosition 方法，提供一个位置信息可用时要调用的函数	38-1
处理地理定位错误	向 getCurrentPosition 方法传递第二个参数，指定一个发生错误时要调用的函数	38-2
指定地理定位请求的选项	向 getCurrentPosition 方法传递第三个参数，指定所需的选项	38-3
监控位置	使用 watchPosition 和 lclearWatch 方法	38-4

38.1　使用地理定位

我们通过全局属性 navigator.geolocation 访问地理定位功能，它会返回一个 Geolocation 对象。表 38-2 介绍了这个对象的方法。

表 38-2　Geolocation 对象

名　称	说　明	返　回
getCurrentPosition(callback, errorCallback, options)	获取当前位置	void
watchPosition(callback, error, options)	开始监控当前位置	数值
clearWatch(id)	停止监控当前位置	void

获取当前位置

顾名思义，getCurrentPosition 方法能获取当前的位置，不过位置信息不是由函数自身返回的。我们需要提供一个成功的回调函数，它会在位置信息可用时触发（这样做考虑到了请求位置和信息变得可用之间可能会有延迟）。代码清单 38-1 展示了如何用这个方法获得位置信息。

代码清单 38-1　获取当前位置

```
<!DOCTYPE HTML>
<html>
```

```html
<head>
    <title>Example</title>
    <style>
        table {border-collapse: collapse;}
        th, td {padding: 4px;}
        th {text-align: right;}
    </style>
</head>
<body>
    <table border="1">
        <tr>
            <th>Longitude:</th><td id="longitude">-</td>
            <th>Latitude:</th><td id="latitude">-</td>
        </tr>
        <tr>
            <th>Altitude:</th><td id="altitude">-</td>
            <th>Accuracy:</th><td id="accuracy">-</td>
        </tr>
        <tr>
            <th>Altitude Accuracy:</th><td id="altitudeAccuracy">-</td>
            <th>Heading:</th><td id="heading">-</td>
        </tr>
        <tr>
            <th>Speed:</th><td id="speed">-</td>
            <th>Time Stamp:</th><td id="timestamp">-</td>
        </tr>
    </table>
    <script>
        navigator.geolocation.getCurrentPosition(displayPosition);

        function displayPosition(pos) {
            var properties = ["longitude", "latitude", "altitude", "accuracy",
                            "altitudeAccuracy", "heading", "speed"];
            for (var i = 0; i < properties.length; i++) {
                var value = pos.coords[properties[i]];
                document.getElementById(properties[i]).innerHTML = value;
            }
            document.getElementById("timestamp").innerHTML = pos.timestamp;
        }
    </script>
</body>
</html>
```

这个例子中的脚本调用了getCurrentPosition，并传递displayPosition函数作为该方法的参数。当位置信息变得可用时，浏览器就会调用指定函数，并传入一个提供位置详情的Position对象（详情会显示在一个table元素的单元格里）。Position对象非常简单，如表38-3所示。

表38-3 Position对象

名 称	说 明	返 回
coords	返回当前位置的坐标	Coordinates
timestamp	返回获取坐标信息的时间	字符串

我们真正感兴趣的是Coordinates对象,它由Position.coords属性返回。表38-4介绍了Coordinates对象的属性。

表38-4 Coordinates对象

名 称	说 明	返 回
latitude	返回用十进制度表示的纬度	数值
longitude	返回用十进制度表示的经度	数值
altitude	返回用米表示的海拔高度	数值
accuracy	返回用米表示的坐标精度	数值
altitudeAccuracy	返回用米表示的海拔精度	数值
heading	返回用度表示的行进方向	数值
speed	返回用米/秒表示的行进速度	数值

不是所有Coordinates对象的数据值都时刻可用。浏览器获取位置信息的机制没有统一的规定,所使用的技术也有很多。移动设备越来越多地配置了GPS、加速度计和电子罗盘设备,这就意味着那些平台会拥有最精确和最完整的数据。

我们仍然可以为其他设备获取位置信息:浏览器使用的一种地理定位服务会尝试根据网络信息确定位置。如果你的系统里有Wi-Fi适配器,那么信号范围内的网络就会与一份网络目录进行对比,这份目录是街道级景观调查(如谷歌街景服务)结果的一部分。如果没有Wi-Fi,也可以用ISP所提供的IP地址获得大概的位置。

通过网络信息推断出的位置有着不同的精度,但它可以做到惊人的准确度。当我开始测试这项功能时,我很惊讶它报告的位置范围是如此之窄。事实上,它是如此的精确,以至于我得把屏幕截图里的坐标替换成帝国大厦的位置,因为通过真实的位置信息(来源于我家及附近的Wi-Fi网络)你可以很轻松地找到我的房子,看到我车道上的汽车照片。这东西实在很可怕,所以当文档使用地理定位功能时,所有浏览器会做的第一件事就是询问用户是否对其授权。从图38-1可以看到Chrome浏览器是如何做的。

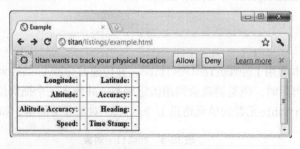

图38-1 对地理定位功能授权

如果用户允许此请求,浏览器就能获得位置信息,并在信息可用时调用回调函数。从图38-2可以看到我的台式机里显示了哪些可用数据。

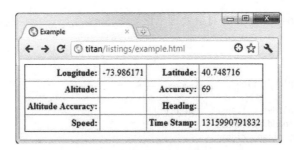

图38-2　显示由地理定位服务提供的位置信息

我用来写书的电脑没有安装任何类型的定位专用硬件：没有GPS、电子罗盘、高度计或者加速度计。因为这个原因，可用的数据只有纬度、经度和这些值的精度。Chrome浏览器估计我的位置在报告位置的69米（大约是75码）范围内，相对于实际情况算是低估了。

> 提示　Chrome、Firefox和Opera浏览器都使用谷歌的地理定位服务。Internet Explorer和Safari则用它们自己的。我能报告的只有我的位置，但微软服务报告的精度是48千米（大约是30英里）。我发现数据的实际精度大约是3英里。苹果服务报告的精度是500米，但提供了几家中最精确的数据：它确定的位置只差几英尺，厉害！

38.2　处理地理定位错误

我们可以给getCurrentPosition方法提供第二个参数，它让我们可以指定一个函数，在获取位置发生错误时调用它。此函数会获得一个PositionError对象，它定义的属性如表38-5所示。

表38-5　PositionError对象

名　　称	说　　明	返　　回
code	返回代表错误类型的代码	数值
message	返回描述错误的字符串	字符串

code属性有三个可能的值。表38-6介绍了这些值。

表38-6　PositionError.code属性的值

值	说　　明
1	用户未授权使用地理定位功能
2	不能确定位置
3	请求位置的尝试已超时

代码清单38-2展示了我们可以如何用PositionError对象接收错误。

代码清单38-2 使用PositionError对象处理错误

```html
<!DOCTYPE HTML>
<html>
    <head>
        <title>Example</title>
        <style>
            table {border-collapse: collapse;}
            th, td {padding: 4px;}
            th {text-align: right;}
        </style>
    </head>
    <body>
        <table border="1">
            <tr>
                <th>Longitude:</th><td id="longitude">-</td>
                <th>Latitude:</th><td id="latitude">-</td>
            </tr>
            <tr>
                <th>Altitude:</th><td id="altitude">-</td>
                <th>Accuracy:</th><td id="accuracy">-</td>
            </tr>
            <tr>
                <th>Altitude Accuracy:</th><td id="altitudeAccuracy">-</td>
                <th>Heading:</th><td id="heading">-</td>
            </tr>
            <tr>
                <th>Speed:</th><td id="speed">-</td>
                <th>Time Stamp:</th><td id="timestamp">-</td>
            </tr>
            <tr>
                <th>Error Code:</th><td id="errcode">-</td>
                <th>Error Message:</th><td id="errmessage">-</td>
            </tr>
        </table>

        <script>
            navigator.geolocation.getCurrentPosition(displayPosition, handleError);

            function displayPosition(pos) {
                var properties = ["longitude", "latitude", "altitude", "accuracy",
                            "altitudeAccuracy", "heading", "speed"];

                for (var i = 0; i < properties.length; i++) {
                    var value = pos.coords[properties[i]];
                    document.getElementById(properties[i]).innerHTML = value;
                }
                document.getElementById("timestamp").innerHTML = pos.timestamp;
            }

            function handleError(err) {
                document.getElementById("errcode").innerHTML = err.code;
                document.getElementById("errmessage").innerHTML = err.message;
            }
```

```
        </script>
    </body>
</html>
```

制造错误最简单的方式是在浏览器提示时拒绝授权。这个例子的脚本在table元素里显示了错误细节，从图38-3可以看到它的效果。

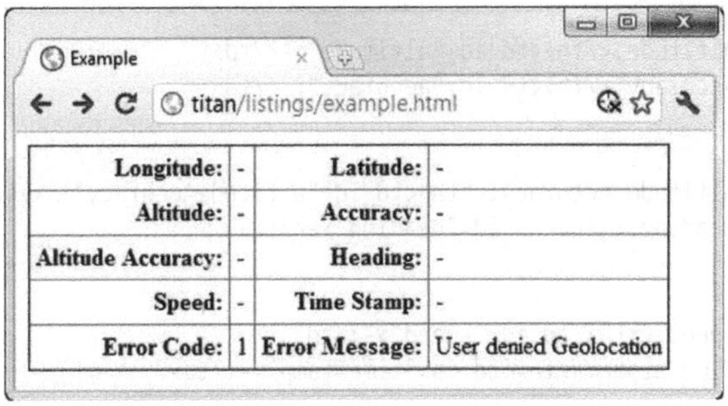

图38-3　显示地理定位错误的细节

38.3　指定地理定位选项

我们可以给getCurrentPosition方法提供的第三个参数是一个PositionOptions对象。这个功能允许我们可以部分控制位置信息的获取方式。表38-7展示了这个对象定义的属性。

表38-7　PositionOptions对象

名　　称	说　　明	返　　回
enableHighAccuracy	告诉浏览器我们希望得到可能的最佳结果	布尔值
timeout	限制请求位置的时间，设置多少毫秒后会报告一个超时错误	数值
maximumAge	告诉浏览器我们愿意接受缓存过的位置，只要它不早于指定的毫秒数	数值

设置highAccuracy属性为true只是请求浏览器给出可能的最佳结果，并不保证得到的位置一定会更准确。对移动设备来说，获得更准确位置的可能方式是禁用节能模式，或者在某些情况下打开GPS功能（低精度位置信息可能来源于Wi-Fi或基站数据）。其他设备则可能无法获得更高精度的数据。代码清单38-3展示了我们在请求位置时如何使用PositionOptions对象。

代码清单38-3　在请求位置数据时指定选项

```
<!DOCTYPE HTML>
<html>
    <head>
        <title>Example</title>
        <style>
            table {border-collapse: collapse;}
            th, td {padding: 4px;}
            th {text-align: right;}
```

```html
        </style>
    </head>
    <body>
        <table border="1">
            <tr>
                <th>Longitude:</th><td id="longitude">-</td>
                <th>Latitude:</th><td id="latitude">-</td>
            </tr>
            <tr>
                <th>Altitude:</th><td id="altitude">-</td>
                <th>Accuracy:</th><td id="accuracy">-</td>
            </tr>
            <tr>
                <th>Altitude Accuracy:</th><td id="altitudeAccuracy">-</td>
                <th>Heading:</th><td id="heading">-</td>
            </tr>
            <tr>
                <th>Speed:</th><td id="speed">-</td>
                <th>Time Stamp:</th><td id="timestamp">-</td>
            </tr>
            <tr>
                <th>Error Code:</th><td id="errcode">-</td>
                <th>Error Message:</th><td id="errmessage">-</td>
            </tr>
        </table>
        <script>

            var options = {
                enableHighAccuracy: false,
                timeout: 2000,
                maximumAge: 30000
            };

            navigator.geolocation.getCurrentPosition(displayPosition,
                                           handleError, options);

            function displayPosition(pos) {
                var properties = ["longitude", "latitude", "altitude", "accuracy",
                             "altitudeAccuracy", "heading", "speed"];

                for (var i = 0; i < properties.length; i++) {
                    var value = pos.coords[properties[i]];
                    document.getElementById(properties[i]).innerHTML = value;
                }
                document.getElementById("timestamp").innerHTML = pos.timestamp;
            }

            function handleError(err) {
                document.getElementById("errcode").innerHTML = err.code;
                document.getElementById("errmessage").innerHTML = err.message;
            }

        </script>
    </body>
</html>
```

这个脚本有一处不寻常的地方：我们没有创建一个新的PositionOptions对象，而是创建了一个普通的Object，并定义了表格里的那些属性。在这个例子里，我表明了不要求获得最高级的精度，并准备在请求超时前等待2秒，而且愿意接受缓存了不超过30秒的数据。

38.4 监控位置

可以用watchPosition方法不断获得关于位置的更新。这个方法所需的参数和getCurrentPosition方法相同，工作方式也一样。它们的区别在于：随着位置发生改变，回调函数会被反复地调用。代码清单38-4展示了如何使用watchPosition方法。

代码清单38-4　使用watchPosition方法

```
<!DOCTYPE HTML>
<html>
    <head>
        <title>Example</title>
        <style>
            table {border-collapse: collapse;}
            th, td {padding: 4px;}
            th {text-align: right;}
        </style>
    </head>
    <body>
        <table border="1">
            <tr>
                <th>Longitude:</th><td id="longitude">-</td>
                <th>Latitude:</th><td id="latitude">-</td>
            </tr>
            <tr>
                <th>Altitude:</th><td id="altitude">-</td>
                <th>Accuracy:</th><td id="accuracy">-</td>
            </tr>
            <tr>
                <th>Altitude Accuracy:</th><td id="altitudeAccuracy">-</td>
                <th>Heading:</th><td id="heading">-</td>
            </tr>
            <tr>
                <th>Speed:</th><td id="speed">-</td>
                <th>Time Stamp:</th><td id="timestamp">-</td>
            </tr>
            <tr>
                <th>Error Code:</th><td id="errcode">-</td>
                <th>Error Message:</th><td id="errmessage">-</td>
            </tr>
        </table>
        <button id="pressme">Cancel Watch</button>
        <script>
            var options = {
                enableHighAccuracy: false,
```

```
            timeout: 2000,
            maximumAge: 30000
        };

        var watchID = navigator.geolocation.watchPosition(displayPosition,
                                            handleError,
                                            options);

        document.getElementById("pressme").onclick = function(e) {
            navigator.geolocation.clearWatch(watchID);
        };

        function displayPosition(pos) {
            var properties = ["longitude", "latitude", "altitude", "accuracy",
                            "altitudeAccuracy", "heading", "speed"];

            for (var i = 0; i < properties.length; i++) {
                var value = pos.coords[properties[i]];
                document.getElementById(properties[i]).innerHTML = value;
            }
            document.getElementById("timestamp").innerHTML = pos.timestamp;
        }

        function handleError(err) {
            document.getElementById("errcode").innerHTML = err.code;
            document.getElementById("errmessage").innerHTML = err.message;
        }
    </script>
</body>
</html>
```

在这个例子里，脚本用watchPosition方法来监控位置。当我们想要停止监控时，可以把此方法返回的ID值传递给clearWatch方法。我选择在button按钮被按下时执行这个操作。

> **警告** 当前版本的主流浏览器还没有很好地实现watchPosition方法，地址更新也时有时无。对你来说，更好的选择可能是使用一个计时器（我在第27章介绍过）来周期性地调用getCurrentPosition方法。

38.5 小结

本章介绍了地理定位API，它提供了浏览器宿主系统的当前位置信息。介绍了浏览器通过不同的机制获取位置数据，而位置数据的获取也并不仅限于那些支持GPS的设备。

第 39 章 使用Web存储

Web存储允许我们在浏览器里保存简单的键/值数据。Web存储和cookie很相似,但它有着更好的实现方式,能保存的数据量也更大。这两种类型共享相同的机制,但是被保存数据的可见性和寿命存在区别。表39-1提供了本章内容概要。

> 提示　还有一种存储规范名为"索引数据库API"(Indexed Database API),它允许保存富格式数据和进行SQL风格的查询。在本书编写过程中,这个规范还未定型,浏览器的实现方式还是实验性和不稳定的。

表39-1　本章内容概要

问题	解决方案	代码清单
在浏览器里保存持久性数据	用localStorage属性获取一个Storage对象	39-1
监控由其他同源文档所导致的存储变化	处理storage事件	39-2
在浏览器里保存临时数据	用sessionStorage属性获取一个Storage对象	39-3
监控顶级浏览上下文的存储变化	处理storage事件	39-4

39.1　使用本地存储

我们可以通过全局属性localStorage访问本地存储功能。这个属性会返回一个Storage对象,表39-2对其进行了介绍。Storage对象被用来保存键/值形式的字符串对。

表39-2　Storage对象

名称	说明	返回
clear()	移除保存的键/值对	void
getItem(<key>)	取得与指定键关联的值	字符串
key(<index>)	取得指定索引的键	字符串
length	返回已保存的键/值对数量	数值
removeItem(<key>)	移除指定键对应的键/值对	字符串
setItem(<key>, <value>)	添加一个新的键/值对,如果键已使用就更新它的值	void
[<key>]	用数组的访问形式得到与指定键关联的值	字符串

Storage对象可用来存储键/值对,其中键和值都是字符串。键必须是唯一的,这就意味着如果我们用Storage对象里已经存在的键调用setItem方法,就会更新它的值。代码清单39-1展示了如何添加、修改和清除本地存储中的数据。

代码清单39-1 使用本地存储

```html
<!DOCTYPE HTML>
<html>
    <head>
        <title>Example</title>
        <style>
            body > * {float: left;}
            table {border-collapse: collapse; margin-left: 50px}
            th, td {padding: 4px;}
            th {text-align: right;}
            input {border: thin solid black; padding: 2px;}
            label {min-width: 50px; display: inline-block; text-align: right;}
            #countmsg, #buttons {margin-left: 50px; margin-top: 5px; margin-bottom: 5px;}
        </style>
    </head>
    <body>
        <div>
            <div><label>Key:</label><input id="key" placeholder="Enter Key"/></div>
            <div><label>Value:</label><input id="value" placeholder="Enter Value"/></div>
            <div id="buttons">
                <button id="add">Add</button>
                <button id="clear">Clear</button>
            </div>
            <p id="countmsg">There are <span id="count"></span> items</p>
        </div>

        <table id="data" border="1">
            <tr><th>Item Count:</th><td id="count">-</td></tr>
        </table>

        <script>
            displayData();

            var buttons = document.getElementsByTagName("button");
            for (var i = 0; i < buttons.length; i++) {
                buttons[i].onclick = handleButtonPress;
            }

            function handleButtonPress(e) {
                switch (e.target.id) {
                    case 'add':
                        var key = document.getElementById("key").value;
                        var value = document.getElementById("value").value;
                        localStorage.setItem(key, value);
                        break;
                    case 'clear':
                        localStorage.clear();
```

```
                    break;
                }
                displayData();
            }
            function displayData() {
                var tableElem = document.getElementById("data");
                tableElem.innerHTML = "";
                var itemCount = localStorage.length;
                document.getElementById("count").innerHTML = itemCount;
                for (var i = 0; i < itemCount; i++) {
                    var key = localStorage.key(i);
                    var val = localStorage[key];
                    tableElem.innerHTML += "<tr><th>" + key + ":</th><td>"
                        + val + "</td></tr>";
                }
            }
        </script>
    </body>
</html>
```

在这个例子里，我报告了本地存储中的项目数量，并枚举已保存的键/值对来填充一个表格元素。我添加了两个input元素，在Add（添加）按钮被按下时将它们的内容保存为项目。在响应Clear（清除）按钮时，我会清除本地存储中的内容。从图39-1可以看到它的效果。

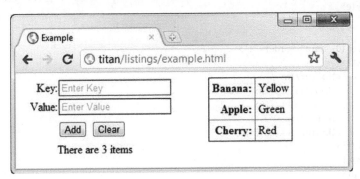

图39-1　使用本地存储

浏览器不会删除我们用localStorage对象添加的数据，除非用户自己清除浏览数据。（规范还允许数据因为安全原因被移除，但并没有说明什么样的安全原因需要删除本地数据。）

监听存储事件

通过本地存储功能保存的数据对所有来源相同的文档都是可用的。某个文档对本地存储进行修改时会触发storage事件，我们可以监听其他同源文档上的这个事件来确保我们能跟上最新的变化。

与storage事件同时指派的对象是一个StorageEvent对象，它的成员如表39-3所示。

表39-3 StorageEvent对象

名 称	说 明	返 回
key	返回发生变化的键	字符串
oldValue	返回关联此键的旧值	字符串
newValue	返回关联此键的新值	字符串
url	返回制造变化的文档URL	字符串
storageArea	返回发生变化的Storage对象	Storage

代码清单39-2展示了一个文档,我将其保存为storage.html。它会监听并编录本地存储对象上触发的事件。

代码清单39-2 编录本地存储事件

```
<!DOCTYPE HTML>
<html>
    <head>
        <title>Storage</title>
        <style>
            table {border-collapse: collapse;}
            th, td {padding: 4px;}
        </style>
    </head>
    <body>
        <table id="data" border="1">
            <tr>
                <th>key</th>
                <th>oldValue</th>
                <th>newValue</th>
                <th>url</th>
                <th>storageArea</th>
            </tr>
        </table>
        <script>
            var tableElem = document.getElementById("data");

            window.onstorage = handleStorage;

            function handleStorage(e) {
                var row = "<tr>";
                row += "<td>" + e.key + "</td>";
                row += "<td>" + e.oldValue + "</td>";
                row += "<td>" + e.newValue + "</td>";
                row += "<td>" + e.url + "</td>";
                row += "<td>" + (e.storageArea == localStorage) + "</td></tr>";
                tableElem.innerHTML += row;
            };
        </script>
```

```
    </body>
</html>
```

storage事件是通过Window对象触发的，此对象可以来自共享被改动存储的任何一个文档。在这个例子里，每次接收到事件时我都会给table元素添加一个新行，从图39-2可以看到它的效果。

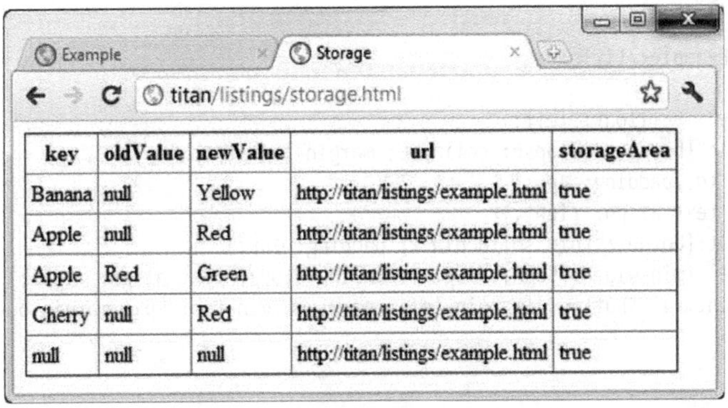

key	oldValue	newValue	url	storageArea
Banana	null	Yellow	http://titan/listings/example.html	true
Apple	null	Red	http://titan/listings/example.html	true
Apple	Red	Green	http://titan/listings/example.html	true
Cherry	null	Red	http://titan/listings/example.html	true
null	null	null	http://titan/listings/example.html	true

图39-2　显示存储事件的细节

图中的事件展示了我给本地存储添加新项目的过程。它们的顺序是：

- 添加一个新对Banana/Yellow；
- 添加一个新对Apple/Red；
- 更新Apple关联的值为Green；
- 添加一个新对Cherry/Red；
- 按下Clear按钮（它会调用clear方法）。

可以看到，如果事件里没有可报告的值，就会使用null。举个例子，当我给存储添加一个新项目时，oldValue属性会返回null。表格里最后一个事件的key、oldValue和newValue属性都是null。这个事件在clear方法被调用时触发，该方法会从存储中移除所有的项目。

url属性能帮助我们了解是哪个文档触发了变化。storageArea属性会返回发生变化的Storage对象，它可以是本地或会话存储对象（我稍后会解释会话存储）。这个例子里，我们只接收来自本地存储对象的事件。

注意　这些事件不会在制造变化的文档内指派。我猜想这大概是认为我们已经知道发生了什么。这些事件只在其他同源文档里可用。

39.2　使用会话存储

会话存储（session storage）的工作方式和本地存储很接近，不同之处在于数据是各个浏览上下文私有的，会在文档被关闭时移除。我们通过全局变量sessionStorage访问会话存储，它会返回一个Storage对象（在表39-2介绍过）。代码清单39-3展示了会话存储的用法。

代码清单39-3　使用会话存储

```html
<!DOCTYPE HTML>
<html>
    <head>
        <title>Example</title>
        <style>
            body > * {float: left;}
            table {border-collapse: collapse; margin-left: 50px}
            th, td {padding: 4px;}
            th {text-align: right;}
            input {border: thin solid black; padding: 2px;}
            label {min-width: 50px; display: inline-block; text-align: right;}
            #countmsg, #buttons {margin-left: 50px; margin-top: 5px; margin-bottom: 5px;}
        </style>
    </head>
    <body>
        <div>
            <div><label>Key:</label><input id="key" placeholder="Enter Key"/></div>
            <div><label>Value:</label><input id="value" placeholder="Enter Value"/></div>
            <div id="buttons">
                <button id="add">Add</button>
                <button id="clear">Clear</button>
            </div>
            <p id="countmsg">There are <span id="count"></span> items</p>
        </div>

        <table id="data" border="1">
            <tr><th>Item Count:</th><td id="count">-</td></tr>
        </table>

        <script>
            displayData();

            var buttons = document.getElementsByTagName("button");
            for (var i = 0; i < buttons.length; i++) {
                buttons[i].onclick = handleButtonPress;
            }

            function handleButtonPress(e) {
                switch (e.target.id) {
                    case 'add':
                        var key = document.getElementById("key").value;
                        var value = document.getElementById("value").value;
                        sessionStorage.setItem(key, value);
                        break;
                    case 'clear':
                        sessionStorage.clear();
```

```
                break;
        }
        displayData();
    }

    function displayData() {
        var tableElem = document.getElementById("data");
        tableElem.innerHTML = "";
        var itemCount = sessionStorage.length;
        document.getElementById("count").innerHTML = itemCount;
        for (var i = 0; i < itemCount; i++) {
            var key = sessionStorage.key(i);
            var val = sessionStorage[key];
            tableElem.innerHTML += "<tr><th>" + key + ":</th><td>"
                + val + "</td></tr>";
        }
    }
</script>
</body>
</html>
```

这个例子的工作方式和之前本地存储的例子很接近,不同之处在于可见性和寿命受到限制。这些限制会影响storage事件的处理方式:前面提到过storage事件只会在共享存储的文档中触发。对于会话存储,这就意味着事件只会在内嵌文档中触发,比如iframe里的文档。代码清单39-4展示了一个包含storage.html文档的iframe被添加到之前的例子中。

代码清单39-4　使用会话存储的storage事件

```
<!DOCTYPE HTML>
<html>
    <head>
        <title>Example</title>
        <style>
            body > * {float: left;}
            table {border-collapse: collapse; margin-left: 50px}
            th, td {padding: 4px;}
            th {text-align: right;}
            input {border: thin solid black; padding: 2px;}
            label {min-width: 50px; display: inline-block; text-align: right;}
            #countmsg, #buttons {margin-left: 50px; margin-top: 5px; margin-bottom: 5px;}
            iframe {clear: left;}
        </style>
    </head>
    <body>
        <div>
            <div><label>Key:</label><input id="key" placeholder="Enter Key"/></div>
            <div><label>Value:</label><input id="value" placeholder="Enter Value"/></div>
            <div id="buttons">
                <button id="add">Add</button>
                <button id="clear">Clear</button>
```

```
            </div>
            <p id="countmsg">There are <span id="count"></span> items</p>
        </div>

        <table id="data" border="1">
            <tr><th>Item Count:</th><td id="count">-</td></tr>
        </table>

        <iframe src="storage.html" width="500" height="175"></iframe>

        <script>
            displayData();

            var buttons = document.getElementsByTagName("button");
            for (var i = 0; i < buttons.length; i++) {
                buttons[i].onclick = handleButtonPress;
            }

            function handleButtonPress(e) {
                switch (e.target.id) {
                    case 'add':
                        var key = document.getElementById("key").value;
                        var value = document.getElementById("value").value;
                        sessionStorage.setItem(key, value);
                        break;
                    case 'clear':
                        sessionStorage.clear();
                        break;
                }
                displayData();
            }

            function displayData() {
                var tableElem = document.getElementById("data");
                tableElem.innerHTML = "";
                var itemCount = sessionStorage.length;
                document.getElementById("count").innerHTML = itemCount;
                for (var i = 0; i < itemCount; i++) {
                    var key = sessionStorage.key(i);
                    var val = sessionStorage[key];
                    tableElem.innerHTML += "<tr><th>" + key + ":</th><td>"
                        + val + "</td></tr>";
                }
            }
        </script>
    </body>
</html>
```

从图39-3可以看到这些事件的报告。

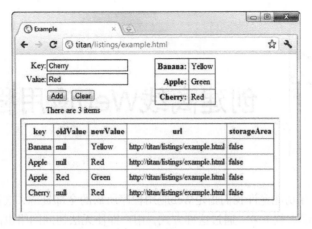

图39-3　会话存储的storage事件

39.3　小结

本章介绍了Web存储功能，它允许我们在浏览器里保存键/值对。这项功能很简单，但是本地存储的长寿命可以让它变得特别有用，尤其是用来保存简单的用户偏好。

第 40 章 创建离线Web应用程序

离线应用程序缓存功能允许我们指定Web应用程序所需的全部资源,这样浏览器就能在加载HTML文档时把它们都下载下来。通过这种方式,用户即使无法访问网络也能继续使用我们的应用程序。

在本书编写过程中,浏览器对本章所介绍功能的支持千差万别。我建议你将本章视为一个指示离线应用程序常见方向的路标,而不是排他性的参考资料。表40-1提供了本章内容概要。

表40-1 本章内容概要

问题	解决方案	代码清单
启用离线缓存	创建一个清单文件,并在html元素的manifest属性里引用它	40-1 ~ 40-3
指定离线应用程序里要缓存的资源	在清单文件的顶部或者CACHE区域里列出资源	40-4
指定资源不可用时要显示的备用内容	在清单文件的FALLBACK区域里列出内容	40-5 ~ 40-8
指定始终向服务器请求的资源	在清单文件的NETWORK区域里列出内容	40-9
判断浏览器是否离线	读取window.navigator.onLine属性的值	40-10
直接使用离线缓存	通过读取window.applicationCache属性获得一个ApplicationCache对象	40-11 ~ 40-13

40.1 定义问题

为了理解创建离线Web应用程序能解决什么样的问题,我们需要一个例子。代码清单40-1展示了一个非常简单的应用程序,它依赖的资源会根据需要从服务器上载入。

代码清单40-1 一个简单的Web应用程序

```
<!DOCTYPE HTML>
<html>
    <head>
        <title>Example</title>
        <style>
            img {border: medium double black; padding: 5px; margin: 5px;}
        </style>
    </head>
```

```
        <body>
            <img id="imgtarget" src="banana100.png"/>
            <div>
                <button id="banana">Banana</button>
                <button id="apple">Apple</button>
                <button id="cherries">Cherries</button>
            </div>
            <script>
                var buttons = document.getElementsByTagName("button");
                for (var i = 0; i < buttons.length; i++) {
                    buttons[i].onclick = handleButtonPress;
                }

                function handleButtonPress(e) {
                    document.getElementById("imgtarget").src = e.target.id + "100.png";
                }
            </script>
        </body>
    </html>
```

这个例子里有一个img元素，它的src属性会响应button点击进行设置。不同的按钮告诉浏览器向Web服务器请求不同的图像。这个应用程序在使用过程中可能会需要三张图像：

- banana100.png；
- apple100.png；
- cherries100.png。

其中的一张图像（banana100.png）会在文档加载时载入，因为它被指定为img元素src属性的初始值。从图40-1可以看到文档在浏览器中的样子。

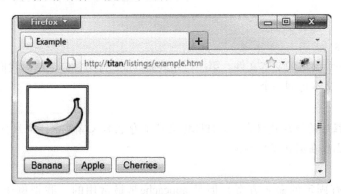

图40-1　一个简单的Web应用程序

我在这一章里使用的是Firefox浏览器，因为它有一种可以轻松访问的离线模式（File - Web Developer菜单里有一个选项）。我们把浏览器切换到离线就能模拟失去网络连接的情况（因此无须禁用我的无线适配器），然后就可以看到我尝试修复的问题了，如图40-2所示。

当我按下Apple按钮时，浏览器会试图载入图像apple100.png，由于没有网络连接，请求当然就失败了。但是，如果我点击Banana按钮，浏览器就会显示正确的图像，因为banana100.png自从文档首次载入后就在浏览器缓存中了。我们创建离线应用程序的目标是：确保所有需要的资源即使在离线状态下也可用，从而让应用程序能正常工作。

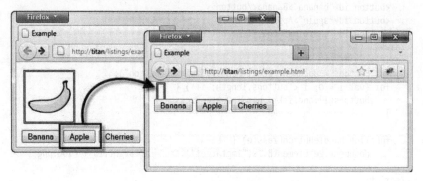

图40-2　在离线时请求不可用的资源

40.2　定义清单

清单（manifest）允许我们列出离线工作所需的全部资源。代码清单40-2展示了用于示例Web应用程序的一份清单。

代码清单40-2　一张简单的清单

```
CACHE MANIFEST
example.html
banana100.png
apple100.png
cherries100.png
```

清单文件是一个简单的文本文件。第一行始终是CACHE MANIFEST，然后我们再列出应用程序所需的资源，每个文本行列一个。

提示　离线应用程序的规范建议我们把HTML文档本身也加入清单中，虽然当清单被载入和读取时文档已经在浏览器缓存里了。

清单文件没有固定的命名方案，但是.appcache是最常用的。我把例子里的文件保存为fruit.appcache。无论你使用哪一种命名方案，都必须让Web服务器把里面的内容向浏览器描述为MIME类型text/cache-manifest。

警告　如果服务器没有正确设置MIME类型，浏览器就不会使用缓存文件。

我们通过html元素的manifest属性来关联文档与清单文件，如代码清单40-3所示。

代码清单40-3　关联清单文件与HTML文档

```html
<!DOCTYPE HTML>
<html manifest="fruit.appcache">
<head>
    <title>Example</title>
    <style>
        img {border: medium double black; padding: 5px; margin: 5px;}
    </style>
</head>
<body>
    <img id="imgtarget" src="banana100.png"/>
    <div>
        <button id="banana">Banana</button>
        <button id="apple">Apple</button>
        <button id="cherries">Cherries</button>
    </div>
    <script>
        var buttons = document.getElementsByTagName("button");
        for (var i = 0; i < buttons.length; i++) {
            buttons[i].onclick = handleButtonPress;
        }

        function handleButtonPress(e) {
            document.getElementById("imgtarget").src = e.target.id + "100.png";
        }
    </script>
</body>
</html>
```

当我们给html元素应用manifest属性时，浏览器可能会提示用户是否允许我们在本地保存离线内容。对此浏览器的处理方法各有不同。Chrome和Opera允许我们不提示用户就缓存离线数据。另一种极端是Firefox，它需要用户的许可，如图40-3所示。

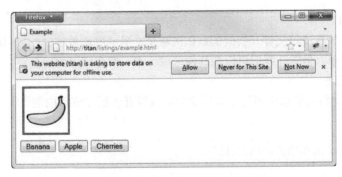

图40-3　寻求用户批准保存离线数据

浏览器会下载清单里指定的所有内容，无论现在是否需要。对我们的简单应用程序来说，这就意味着所有三个图像都会被下载。现在应用程序即使离线也能继续正常工作了，如图40-4所示。如你所见，创建一个离线Web应用程序是非常简单的。我们只需要创建清单，确保它包含应用程序所需的资源,然后设置文档html元素的manifest属性值即可。

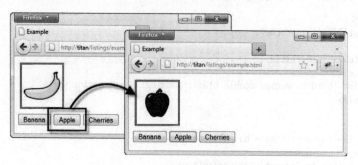

图40-4 创建离线应用程序

指定清单区域

我们可以给清单文件添加不同的区域。可用的区域共有三种,我会在接下来介绍它们。

1. 定义缓存区域

我们可以把需要缓存的文件列在清单的开头部分,也可以在文件里创建一个CACHE区域。代码清单40-4提供了一个例子。

代码清单40-4 定义清单文件的CACHE区域

```
CACHE MANIFEST

example.html
banana100.png

CACHE:
apple100.png
cherries100.png
```

我把一些资源放在清单文件开头处的默认区域里,另一些则放在CACHE区域里。这么做的效果等同于之前的清单,但它让我们可以在其他区域(下一节介绍)的后面定义我们想要的资源。

2. 定义备用区域

FALLBACK区域允许我们指定浏览器应当如何处理没有包括在清单内的资源。代码清单40-5提供了一个例子。

代码清单40-5 定义清单里的FALLBACK区域

```
CACHE MANIFEST

example.html
banana100.png

FALLBACK:
*.png offline.png
```

```
CACHE:
apple100.png
```

在这个例子里，我添加了一个FALLBACK区域。这个新的区域包含了一项内容，告诉浏览器如果需要未被离线缓存的png文件，就应当用offline.png代替。

提示　我们不需要给清单里的CACHE区域添加备用资源，因为浏览器会自动下载备用资源。

我从CACHE区域里移除了cherries100.png，这样我们就有了一个不可用的应用程序所需资源。从图40-5可以看到浏览器是如何处理备用资源的。

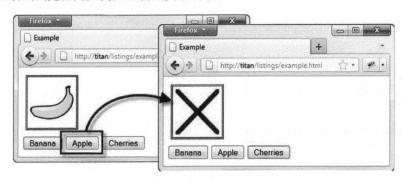

图40-5　使用备用内容

offline.png图像是一个简单的叉。提供备用图像不是理想的做法，但至少我们可以保持网页的结构和布局。对于指向其他文档的链接来说，备用内容就有用得多了。代码清单40-6展示了Web应用程序文档中的一处修改，里面添加了指向另一个HTML文件的链接。

代码清单40-6　添加指向另一个文件的链接

```
<!DOCTYPE HTML>
<html manifest="fruit.appcache">
    <head>
        <title>Example</title>
        <style>
            img {border: medium double black; padding: 5px; margin: 5px;}
        </style>
    </head>
    <body>
        <img id="imgtarget" src="banana100.png"/>
        <div>
            <button id="banana">Banana</button>
            <button id="apple">Apple</button>
            <button id="cherries">Cherries</button>
        </div>
        <a href="otherpage.html">Link to another page</a>
        <script>
```

```
            var buttons = document.getElementsByTagName("button");
            for (var i = 0; i < buttons.length; i++) {
                buttons[i].onclick = handleButtonPress;
            }

            function handleButtonPress(e) {
                document.getElementById("imgtarget").src = e.target.id + "100.png";
            }
        </script>
    </body>
</html>
```

然后我们可以创建一个备用文档,如果链接指向的HTML文件不在离线缓存中就可以用它来代替。我把这个网页命名为offline.html,代码清单40-7展示了它的内容。

代码清单40-7　offline.html文档

```
<!DOCTYPE HTML>
<html>
    <head>
        <title>Offline</title>
    </head>
    <body>
        <h1>Your browser is offline.</h1>
        Here is some placeholder content
    </body>
</html>
```

然后我们就可以给缓存清单文件添加一个备用条目了,如代码清单40-8所示。

代码清单40-8　给清单添加HTML文件的备用条目

```
CACHE MANIFEST

example.html
banana100.png

FALLBACK:
*.png offline.png
* offline.html

CACHE:
apple100.png
```

我用链接指向的文件(otherpage.html)不在清单内,因此它不会被包括在离线缓存中。如果我在离线状态点击主文档里的链接,备用的文件就会代替显示,如图40-6所示。(备用网页里显示的消息不是特别有帮助,但它足以演示这项功能。在实际应用程序里,我们可以显示一段更有用的消息,甚至还可以定义脚本,用离线缓存中现有的资源来提供某种精简功能。)

3. 定义网络区域

清单文件里的NETWORK区域定义了一组不该被缓存的资源,浏览器应该始终从服务器请求它们,甚至在离线时也不例外。代码清单40-9展示了NETWORK区域的用法。

图40-6　使用HTML文档的备用内容

代码清单40-9　定义清单里的NETWORK区域

```
CACHE MANIFEST

example.html
banana100.png

FALLBACK:
* offline.html

NETWORK:
cherries100.png

CACHE:
apple100.png
```

在这个例子里，我给NETWORK区域添加了图像cherries100.png。这就意味着浏览器会尝试从服务器请求这张图像，甚至在离线时也不例外（不过如果图像已经在清单外载入了，比如用户在浏览器离线前按下了Cherries按钮，浏览器就会使用它的缓存副本）。

> **提示**　在离线应用程序里设置网络区域可能看起来很奇怪，但是浏览器会使用缓存过的数据，即使在线也是如此。

40.3　检测浏览器状态

我们可以通过window.navigator.onLine属性判断浏览器是在线还是离线，表40-2介绍了这个属性。

表40-2　onLine属性

名称	说明	返回
window.navigator.onLine	如果浏览器确定为离线就返回false，如果浏览器可能在线则返回true	布尔值

这个属性只有当浏览器确定它为离线状态时才是明确的。true值并不等于确认浏览器在线，而是指它不能确定是否为离线。代码清单40-10展示了这个属性的用法。

代码清单40-10　检测浏览器状态

```html
<!DOCTYPE HTML>
<html>
    <head>
        <title>Example</title>
    </head>
    <body>
        The browser is: <span id="status">unknown</span>.
        <script>
            var statusValue;

            if (window.navigator.onLine) {
                statusValue = "online";
            } else {
                statusValue = "offline";
            }
            document.getElementById("status").innerHTML = statusValue;
        </script>
    </body>
</html>
```

从图40-7里看到这两种状态，它们是通过Firefox方便的离线模式实现的。在现实中，这个状态很少如此明确。浏览器可以自由评估自己的状态，而大多数浏览器不会把离线当成默认状态，除非它们尝试过发起请求然后失败了（另一方面，有些移动浏览器只要失去网络覆盖就会马上进入离线模式）。

图40-7　检测浏览器状态

40.4　使用离线缓存

我们可以通过调用window.applicationCache属性直接使用离线缓存，它会返回一个ApplicationCache对象。这个对象定义的成员如表40-3所示。

> 警告　这是一个高级主题，而且处理缓存机制可能会让人感到十分沮丧。使用本节介绍的对象和技巧前，请问问自己是否真的需要掌控缓存。

表40-3 ApplicationCache对象

名称	说明	返回
update()	更新缓存以确保清单里的项目都已下载了最新的版本	void
swapCache()	交换当前缓存与较新的缓存	void
status	返回缓存的状态	数值

status属性会返回一个数值，它所对应的集合如表40-4所示。

表40-4 ApplicationCache的status属性值

值	名称	说明
0	UNCACHED	此文档没有缓存，或者缓存数据尚未被下载
1	IDLE	缓存没有执行任何操作
2	CHECKING	浏览器正在检查清单或清单所指定项目的更新
3	DOWNLOADING	浏览器正在下载清单或内容的更新
4	UPDATEREADY	有更新后的缓存数据可用
5	OBSOLETE	缓存数据已废弃，不应该再使用了。这是请求清单文件时返回HTTP状态码4xx所造成的（通常表明清单文件已被移走/删除）

除了这些方法和状态属性之外，ApplicationCache对象还定义了一组事件，它们会在缓存状态改变时触发。表40-5介绍了这些事件。

表40-5 ApplicationCache对象定义的事件

名称	说明
checking	浏览器正在获取初始清单或者检查清单更新
noupdate	没有更新可用，当前的清单是最新版
downloading	浏览器正在下载清单里指定的内容
progress	在下载阶段中触发
cached	清单里指定的所有内容都已被下载和缓存了
updateready	新资源已下载并且可以使用了
obsolete	缓存已废弃

我们可以结合这些方法与status属性的值来显式控制离线缓存，如代码清单40-11所示。

代码清单40-11 直接使用应用程序缓存

```
<!DOCTYPE HTML>
<html manifest="fruit.appcache">
    <head>
        <title>Example</title>
        <style>
            img {border: medium double black; padding: 5px; margin: 5px;}
```

```html
            div {margin-top: 10px; margin-bottom: 10px}
            table {margin: 10px; border-collapse: collapse;}
            th, td {padding: 2px;}
            body > * {float: left;}
        </style>
    </head>
    <body>
        <div>
            <img id="imgtarget" src="banana100.png"/>
            <div>
                <button id="banana">Banana</button>
                <button id="apple">Apple</button>
                <button id="cherries">Cherries</button>
            </div>
            <div>
                <button id="update">Update</button>
                <button id="swap">Swap Cache</button>
            </div>
            The status is: <span id="status"></span>
        </div>
        <table id="eventtable" border="1">
            <tr><th>Event Type</th></tr>
        </table>
        <script>
            var buttons = document.getElementsByTagName("button");
            for (var i = 0; i < buttons.length; i++) {
                buttons[i].onclick = handleButtonPress;
            }

            window.applicationCache.onchecking = handleEvent;
            window.applicationCache.onnoupdate = handleEvent;
            window.applicationCache.ondownloading = handleEvent;
            window.applicationCache.onupdateready = handleEvent;
            window.applicationCache.oncached = handleEvent;
            window.applicationCache.onobselete = handleEvent;

            function handleEvent(e) {
                document.getElementById("eventtable").innerHTML +=
                    "<tr><td>" + e.type + "</td></td>";
                checkStatus();
            }

            function handleButtonPress(e) {
                switch (e.target.id) {
                    case 'swap':
                        window.applicationCache.swapCache();
                        break;
                    case 'update':
                        window.applicationCache.update();
                        checkStatus();
                        break;
                    default:
                        document.getElementById("imgtarget").src = e.target.id
                            + "100.png";
```

```
            }
        }
        function checkStatus() {
            var statusNames = ["UNCACHED", "IDLE", "CHECKING", "DOWNLOADING",
                               "UPDATEREADY", "OBSOLETE"];
            var status = window.applicationCache.status;
            document.getElementById("status").innerHTML = statusNames[status];
        }
        </script>
    </body>
</html>
```

这个例子包含了一些按钮，它们会调用ApplicationCache对象的update和swapCache方法。这段脚本还定义了一个监听器来监听某些事件，并在一个table元素里显示事件的类型。接下来，我们需要一份清单。代码清单40-12展示了这个例子所用的清单。

代码清单40-12　缓存示例所用的清单

```
CACHE MANIFEST

CACHE:
example.html
banana100.png
cherries100.png
apple100.png

FALLBACK:
* offline.html
```

这份清单里没有什么新东西，它列出了主文档，用到的图像文件和一个通用的备用文档。从图40-8可以看到这个例子是如何显示的。

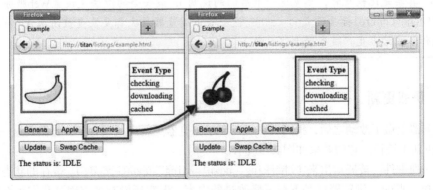

图40-8　手动控制缓存

这张图里有一点需要注意：事件的顺序。当文档载入时，浏览器检测到html元素上的manifest

属性，于是开始下载和缓存内容。在table元素里可以看到它的效果：checking、downloading和cached事件被触发了。

40.4.1 制作更新

要引发缓存变化，我们必须在服务器上制作某种更新。为了把柠檬换成樱桃，我将简单地用柠檬图像覆盖服务器上的cherries100.png文件。这里强调一下：文件名仍然是cherries100.png，但内容已经被换成一个柠檬。

当我们调用ApplicationCache对象上的update方法时，浏览器会检查清单文件是否有变化。但是，它不会检查清单里指定的那些单独文件是否已被修改。因此，为了让浏览器载入修改过的图像，还需要改动一下清单文件。简单起见，我改变了备用HTML文件的名称，如代码清单40-13所示。

代码清单40-13　改动清单文件

```
CACHE MANIFEST

CACHE:
example.html
banana100.png
cherries100.png
apple100.png

FALLBACK:
* offline2.html
```

> **警告**　调试离线缓存时造成混淆的一个重要原因是浏览器会遵守清单文件里各个条目的缓存策略。这就意味着如果你在不同类型的内容上设置了不同的缓存过期标头，就可能会搞得一团糟，因为浏览器只会检查其中一些的更新，另一些则不会。要让缓存发生及时的变化（其实是比较及时，参见这一节后面的说明），最安全的做法是设置Web服务器，让它把Cache-Control标头设成no-cache。这会告诉浏览器每次都要检查被请求资源的更新（不过你不应该在生产服务器上这么做）。

40.4.2 获取更新

在服务器上做了改动之后，我们现在可以要求浏览器更新离线缓存了。要做到这一点，请按Update（更新）按钮。它的效果如图40-9所示。

新的一列事件会被展示出来（checking、downloading、updateready），缓存的状态也会变成UPDATEREADY。此时，浏览器已经下载了修改过的内容，但它还没有被应用到我们正在使用的缓存中。这就是说，即使浏览器已经下载并缓存了名字相同的柠檬替代图像，点击Cherries按钮仍然会展示一张樱桃图片。

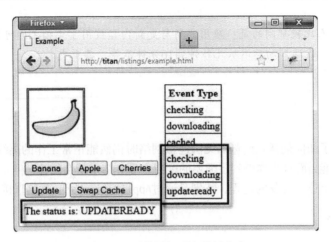

图40-9　下载更新到离线缓存中

40.4.3　应用更新

当我们准备好接收更新内容时，就可以按下Swap Cache（交换缓存）按钮了。它会调用ApplicationCache对象上的swapCache方法。更新内容就被应用到应用程序的离线缓存中。

> **警告**　另一个使用缓存时造成混淆的原因是应用更新所产生的效果。改动只有在下一次从缓存请求资源时才会使用。这就意味着浏览器缓存的所有样式表或脚本文件都不会被重新加载，必须显式重载包含它们的文档才能从改动中获益。

当我们按下Cherries按钮后，就会看到柠檬的图片，如图40-10所示。

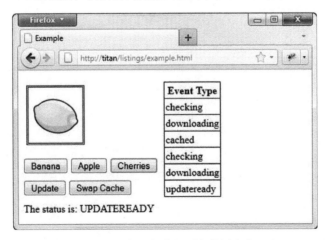

图40-10　把更新应用到离线缓存中

> **警告** 还有一点让人比较郁闷的是：应用更新与更新内容被用于文档之间可能会有延迟。在编写这一章时，我遇到的延迟从几秒钟到10分钟不等，甚至更久。

40.5 小结

本章向你展示了如何创建在浏览器无法连接网络时仍然能正常工作的离线应用程序。这实在是一项很有用的功能，而且当你得到了需要的配置之后，结果就会很棒。但是，测试和调试应用程序的缓存可能是个让人发狂的过程，特别是通过ApplicationCache对象直接掌控缓存的情况。